飞行器制造工艺与装备

主　编　王　扬　杨立军
副主编　张宏志　刘俊岩　王懋露

U0363202

哈尔滨工业大学出版社

内 容 提 要

飞行器制造工艺与装备直接反映了工业生产的最高技术水平和能力,又集中应用了科学技术的最新成果。本书全面系统地介绍了目前飞行器制造的工艺与装备,内容包括飞行器制造装备设计、钣金件成形与结构件连接工艺、复合材料零件制造工艺、典型飞行器制造工艺与装备、战术导弹典型零部件的制造技术、运载火箭典型零部件的制造技术、火箭发动机典型零部件的制造技术、卫星典型零部件的制造技术。本书内容丰富,不仅介绍了航天器、导弹和火箭的制造工艺与装备,还涵盖了整体制造装备的设计技术。

本书可作为高等学校飞行器制造工程类专业本科生的教材,同时也可作为航空宇航制造工程专业研究生和从事航天飞行器制造工作的科技人员的重要参考书。

图书在版编目(CIP)数据

飞行器制造工艺与装备/王扬,杨立军主编. —哈尔滨:哈尔滨工业大学出版社,2015.5
ISBN 978 - 7 - 5603 - 5016 - 5

Ⅰ.①飞… Ⅱ.①王…②杨… Ⅲ.①飞行器-制造-高等学校-教材 Ⅳ.①V47

中国版本图书馆 CIP 数据核字(2014)第 270430 号

策划编辑 任莹莹 王桂芝
责任编辑 李长波
出版发行 哈尔滨工业大学出版社
社 址 哈尔滨市南岗区复华四道街 10 号 邮编 150006
传 真 0451 - 86414749
网 址 http://hitpress.hit.edu.cn
印 刷 哈尔滨圣铂印刷有限公司
开 本 787mm×1092mm 1/16 印张 29.75 字数 740 千字
版 次 2015 年 5 月第 1 版 2015 年 5 月第 1 次印刷
书 号 ISBN 978 - 7 - 5603 - 5016 - 5
定 价 58.00 元

前　　言

　　航空、航天工业是机械制造工业中的一个专门部分。航空航天产品制造包括飞机制造、导弹制造、发动机制造、仪表附件制造、人造卫星、飞船、航天飞机制造等。它直接反映了工业生产的最高技术水平和能力，又集中应用了科学技术的最新成果。为了适应飞行器制造工程学科课程教学的需要，特编写《飞行器制造工艺与装备》一书。本书以典型航天飞行器机械制造为主线，主要以航天飞行器机械制造装备——金属切削机床为研究对象，重点介绍机床总体设计、传动系统设计、主轴组件、支承件和导轨等方面的基本知识、设计原理和设计方法，同时结合典型航天器整机以及卫星、战术导弹、运载火箭、火箭发动机典型部件的常用工艺和装备进行介绍。

　　通过本书可以使学生在设计思想层面上掌握飞行器机械制造装备的工作原理和结构，熟悉飞行器机械制造装备设计的要求、方法和步骤，建立飞行器机械制造装备设计系列化、标准化、模块化的设计思想，正确理解和运用机械制造装备设计的基本理论与方法，并具备一定的机械制造装备总体设计和结构设计的能力。与此同时掌握典型飞行器的制造工艺和基本装备，建立飞行器基本结构和典型部件的工艺基础和基本理论，具备飞行器典型结构和典型零件的工艺设计和装备设计能力。

　　本书主要内容包括飞行器制造装备设计、钣金件成形与结构件连接工艺、复合材料零件制造工艺、典型飞行器制造工艺与装备、战术导弹典型零部件的制造技术、运载火箭典型零部件的制造技术、火箭发动机典型零部件的制造技术、卫星典型零部件的制造技术。本书可作为高等学校飞行器制造工程类专业本科生的教材，同时也可作为航空宇航制造工程专业研究生和从事航天飞行器制造工作的科技人员的重要参考书。

　　本书编写分工如下：第1章、第2章由杨立军编写；第3章、第4章由刘俊岩编写；第5章、第9章由张宏志编写；第6章、第7章由王扬编写；第8章由王懋露编写。同时，在本书的编写过程中还得到多家航天制造企业和相关同志的协助，在此表示感谢。

　　飞行器制造工艺与装备是不断更新和发展的技术，许多新工艺和新装备的使用大大提升了飞行器的制造水平，由于编者水平所限及编写时间仓促，书中难免有疏漏与不足之处，恳请读者提出宝贵意见。

编　者

2015 年 3 月

目 录

第1章 绪 论

1.1 航空与航天的基本内涵

航空航天技术是 20 世纪人类在认识自然和改造自然过程中最活跃、发展最迅速、对人类社会生活最有影响的科学技术领域之一,也是表征一个国家科学技术先进性的重要标志。

航空是指在地球周围稠密大气层内的航行活动。航天是指在大气层之外的近地空间、行星际空间、行星附近以及恒星际空间的航行活动。但是,在地面发射航天飞行器或者当航天飞行器返回地面时,都要经过大气层;特别是水平起降的航天飞机,虽然主要活动在大气层之外的空间中,但其起飞和降落过程与飞机极为相似,兼有航空和航天的特点。所以从科学技术上看,航空与航天不仅是紧密联系的,有时甚至是难以区别的。航空航天一词,既指进行航空航天活动所涉及的科学技术,又指研制航空航天飞行器所涉及的科学技术。

航空航天技术是高度综合的现代科学技术,它们综合运用了基础科学和应用科学的最新成就,应用了工程技术的最新成果。力学、热力学、材料学、电子技术、自动控制理论和技术、计算机技术、喷气推进技术以及制造工艺等科学技术的进步都对航空航天科技的进步和发展发挥重要作用。上述科学技术在航空航天领域的应用中相互交叉、渗透,产生了一些新的学科,航空航天技术发展中提出的新要求,又促进这些学科的发展。

航空航天技术的发展与军事应用密切相关,而其巨大进展对国民经济和社会生活都产生了重大影响。航空航天技术用于军事,使军事装备和军事技术发生了根本性的变化,使战争从平面向立体转化,战争的格局发生巨大变化。飞机在战争中执行拦击、侦察、轰炸、攻击、预警、反潜、电子干扰以及运输、空降等任务。民用航空的发展,改变了交通运输的结构,为人们提供了一种快速、方便、舒适、安全的交通运输工具。飞机和直升机还广泛用于农业作业、森林防火、大地测绘、地质勘探以及在高空进行各种科学研究工作。

航天技术和其他科学技术相结合,开拓了许多新的技术领域。卫星通信成为现代传递信息的重要手段。卫星广播可以对广大地区的公众直接进行电视广播。卫星导航引起了导航技术的重大变化,实现了全球、全天候、高精度的导航定位。气象卫星、地球资源卫星给人类带来的益处更是显著的。环绕地球运行的航天站(空间站)、航天飞机、行星际和行星探测器等,是人类认识自然、改造自然的先进工具。

1.2 飞行器的分类

在地球大气层内或大气层之外的空间(含环地球空间、行星和行星际空间)飞行的器械通称为飞行器。通常,飞行器可分为三大类:航空器、航天器、火箭和导弹。在大气层内飞行的飞行器,称为航空器,如气球、滑翔机、飞艇、飞机、直升机等。它们靠空气的静浮力或空气相对运动产生的空气动力升空飞行。在大气层之外的空间飞行的飞行器,称为航天器,如人造地球卫星、载人飞船、空间探测器、航天飞机等。它们在运载火箭的推动下获得必要的速度进入太空，然后在引力作用下完成轨道运动。靠火箭发动机提供推进力的飞行器，称为火箭，火箭可以在大气层内，也可以在大气层外飞行。导弹是依靠制导系统控制其飞行轨迹的飞行武器，也就是装有战斗部的可控制的火箭，有主要在大气层外飞行的弹道导弹和装有翼面在大气层内飞行的地空导弹、巡航导弹等。

1.2.1 航空器

任何航空器都需要产生升力克服自身重力才能升空飞行。按照产生升力的基本原理，可将航空器分为两大类，即靠空气静浮力升空飞行的航空器（习惯上称为轻于空气的航空器）和靠航空器与空气相对运动产生空气动力升空飞行的航空器（习惯上称为重于空气的航空器）。航空器的分类如图1.1所示。

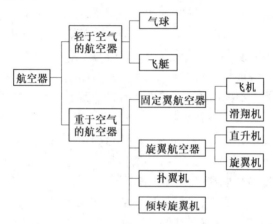

图1.1　航空器的分类

1. 轻于空气的航空器

轻于空气的航空器包括气球和飞艇，主体是一个气囊，其中充以密度小于外界空气密度的气体（如热空气、氢气或氦气），由于气球所排开的空气重量大于气球本身的重量，故静浮力使气球升空。气球没有动力装置，升空后只能随风飘动或被系留在固定位置上。飞艇装有发动机和螺旋桨、安定面和操纵面以及装载人或物的吊舱，飞行路线可以控制。

2. 重于空气的航空器

重于空气的航空器是靠自身与空气相对运动产生的升力升空飞行的。这种航空器主要有两类：固定翼航空器和旋翼航空器。前者包括飞机和滑翔机，后者包括直升机和旋翼机。除了上述两种航空器之外，还有一种为许多工程师和航空爱好者探索研究而至今尚未成功的、模拟鸟类飞行的扑翼机。滑翔机在飞行原理与构造形式上与飞机基本相同，只是它没有动力装置和推进装置，一般由弹射或拖曳升空，然后靠有利的气流（如上升气流）或降低高度（势能转变为动能）继续飞行。旋翼机与直升机的区别是，前者的旋翼没有动力直接驱动，而是靠自身前进时（前进的动力由动力装置提供）相对气流吹动旋翼转动产生升力。

1.2.2 航天器

航天器是在稠密大气层之外环绕地球，或在行星际空间、恒星际空间，基本上按照天体力学规律运行的各种飞行器,又称空间飞行器。与自然天体不同的是,航天器可以按照人的意志,改变其运行轨道。航天器可以分为无人航天器和载人航天器。前者可以按照是否环绕地球运行分为人造地球卫星和空间探测器;后者又可分为载人飞船、航天站(空间站)、航天飞机和空天飞机。航天器的分类如图1.2所示。

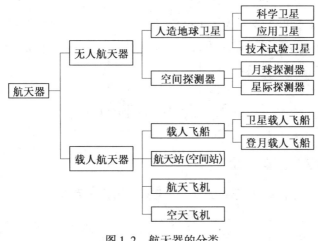

图1.2 航天器的分类

1. 无人航天器

(1)人造地球卫星,简称人造卫星,是由运载火箭发射到一定高度,获得必要的速度,沿一定轨道环绕地球,基本上按天体力学规律运行的一种航天器。按其用途又可分为:用于科学研究的科学卫星,直接为国民经济和军事服务的应用卫星和进行航天技术试验的技术试验卫星等。它们又可按用途再加以细分,例如,应用卫星可分为通信卫星、气象卫星、侦察卫星等。

(2)空间探测器,又称深空探测器,是对月球、行星和行星际空间进行探测的航天器。目前,已发展到探测太阳系之外宇宙空间的探测器。

2. 载人航天器

载人航天器按照飞行和工作情况可分为载人飞船、航天站(空间站)、航天飞机和空天飞机。

(1)载人飞船有卫星载人飞船和登月载人飞船。它们提供航天员在外层空间生活和工作的条件,并能安全返回地面。载人飞船可以独立进行航天活动,也可以作为往返于地面和航天站(或月球)之间的"渡船"。

(2)航天站是可供多名航天员长期生活的航天器。它的运行原理与环绕地球的卫星载人飞船类似,其主要区别是,后者运行时间很短,一般仅能一次使用后返回地面。航天站是供多名航天员巡访、长期工作的航天器。航天站的基本组成部分与乘人飞船类似,但是由于航天员要在航天站内长期地工作,所以要有保障航天员能长期生活和工作的设施。

(3)航天飞机是可以重复使用,往返于地面和近地轨道之间运送有效载荷或在轨道上完成规定活动的航天器。一般可设计成飞机形式,由运载火箭送入轨道,返回地面时可像飞机那样着陆。目前正在探索像飞机那样水平起飞、水平着陆的航天飞机(又称空天飞机)。

1.2.3　火箭和导弹

在许多文献中,"火箭"一词有时既指火箭发动机又指以火箭发动机为动力的飞行器。如指前者,可按能源分为化学火箭、核火箭、电火箭;如指后者,可按用途分为无控火箭弹、探空火箭、运载火箭等。导弹是由制导系统控制其飞行轨迹的飞行武器,其特点是带有战斗部。按导弹飞行特点可分为弹道式导弹、巡航导弹和可做高机动飞行的导弹(如地空导弹、空空导弹等)三大类。导弹的动力装置可以是火箭发动机,也可以是涡轮喷气发动机或冲压发动机。每类导弹都可以按用途或射程大小再予以细分。

1.3　航天器的特点

1.3.1　航天器的基本系统

航天器由不同功能的若干分系统组成,一般有专用系统和保障系统。前者用于直接执行特定的航天任务,后者则用于保障专用系统的正常工作。

1. 专用系统

专用系统随航天器的任务而异,例如天文卫星的天文望远镜、光谱仪等;侦察卫星的可见光照相机、电视摄像机、无线电侦察接收机等;通信卫星的转发器和通信天线;空间站上供航天员进行各种试验和观测用的各种专用设备等。

2. 保障系统

各类航天器的保障系统是类似的,一般包括下列分系统。

(1)结构系统。用于支承和固定航天器上各种仪器设备,并以骨架结构与外壳结构相连,造成一个密闭的整体,为仪器设备和航天员提供必要的工作和生活环境,还需承受地面运输、发射和空间运行时的各种力学和环境载荷。

(2)热控制系统。热控制系统是用来保障各种仪器设备(或航天员)处于允许的温度环境中。

(3)生命保障系统。生命保障系统用于载人航天器,维持航天员正常生活所必需的设备和条件,其中包括温度、湿度调节,供水供氧、空气净化、废物排除和封存,食品制作、保管和水的再生等。

(4)电源系统。电源系统用来为航天器所有仪器设备提供电能。人造地球卫星多采用蓄电池和太阳能电池阵电源,空间探测器采用太阳能电池阵电源系统或空间核电源,载人航天器则大多采用氢氧燃料电池或太阳能电池阵电源系统。

(5)姿态控制系统。姿态控制系统用来保持或改变航天器的运行姿态。

(6)轨道控制系统。轨道控制系统用来保持或改变航天器的运行轨道。由机动发动机提供动力,通过程序控制装置控制或地面测控站遥控。

(7)返回着陆系统。返回着陆系统用以保障返回型航天器的安全,由伞、着陆装置、标位装置和控制装置等组成。

此外尚需配有无线电测控系统、计算机系统等。

飞行器结构是飞行器各受力部件和支承构件的总称。它像人的躯体一样把飞行器上的有效载荷、控制系统和动力装置等联结成一个整体,形成良好的气动力外形(对航空器),保护其内的人员和所安装的设备。对于飞机来说,称机体,包括机翼、机身、尾翼等;对于导弹来说,称弹体,包括弹翼、弹身、舵面等;对于人造地球卫星来说,称星体,包括壳体和太阳能电池板等。

飞行器各部分的功用不同,结构上也有各自的特点,因此对每个部分的要求也就不同。但它们又都是整体的一个组成部分,有许多共同的地方,因此在结构设计上都应满足以下共同的基本要求。

(1)空气动力要求。保证飞行器具有良好的空气动力外形以及必要的准确度和表面质量。飞行器的气动外形主要是根据飞行器性能要求和飞行品质(操纵性、稳定性等)要求决定的。如果飞行器结构达不到必要的气动要求,将会导致飞行阻力增加,升力降低,飞行性能和飞行品质变坏。空气动力要求不仅航空器要求满足,而且穿过大气飞行的运载火箭和航天器(返回式卫星和载人飞船的返回舱)也要满足。

(2)质量和强度、刚度要求。要保证在足够的强度和刚度条件下,结构质量最轻。强度是指飞行器结构在承受外载荷时抵抗破坏的能力。刚度是指结构在外载荷作用下,抵抗变形的能力。强度不够,会引起结构破坏。刚度不足,不仅会产生过大变形,破坏气动外形,而且在一定的飞行速度下会发生很危险的振动现象。飞行器的结构质量要求,相对于其他地面工程设计来说,有其特殊的意义。因为结构质量的增加,在总质量不变的情况下,就意味着有效载荷的减少,或飞行性能的降低。对于航天器和运载火箭来说,质量问题就更为突出,例如"长征3号"运载火箭的第三级结构质量每增加 1 kg,在保证相同的轨道参数条件下,火箭的起飞质量就要增加 135 kg。

(3)使用维护要求。要求使用方便,便于检查、维护和修理。在使用过程中要安全、可靠,具有较长的寿命和较强的生存力,并易于储存和保管。

(4)工艺性和经济性要求。要求制造容易,成本低廉,能多快好省地进行生产。同时也要尽量减少使用和维修费用。

1.3.2 卫星结构

卫星结构形式因其用途而异,但从功能上看都由承力结构、外壳、安装部件、天线结构、太阳能电池阵、分离连接装置等组成。

(1)承力结构。承力结构与运载火箭相连接,承受发射时火箭的推力,因而需要有很高的强度和刚度,一般由铝合金、钛合金或纤维增强复合材料的薄壁圆柱壳、波纹或蜂窝夹层圆柱或截锥壳与杆件组成。

(2)外壳。外壳是卫星最外层,形成卫星的外表面,也承受一部分外力,起承力构件的作用。外壳的形状可分为球形、多面柱形、锥形和不规则的多面体等。除维持外形外,外壳还应满足容积、热控制、防辐射等要求。其结构形式有半硬壳式、蜂窝结构和夹层结构、整体结构和柔性张力表面结构。

(3)安装部件。安装部件是安装仪器设备,并保证安装精度和防振、防磁、密封等要求的结构,可以是仪器舱式或盘式结构。

(4)天线结构。天线结构为抛物面形,有固定式和展开式。前者的反射面是一个大面积的薄壁构件。为了防止热变形影响天线的电性能,通常用线膨胀系数很小的石墨纤维复合材料制成。可展开式天线有伞式、花瓣式、渔网式和桁架式。

（5）太阳能电池阵。太阳能电池阵可以是直接粘贴在卫星外表面的一组太阳能电池片。有些卫星外壳做成套筒式伸展结构，卫星发射时缩叠，进入空间轨道后外筒伸展，以增加太阳能电池阵的面积。另一种为可伸展开太阳能电池翼（或称太阳能帆板），进入轨道后可伸展成翼状，加大太阳能电池阵的面积。

（6）分离连接装置。卫星在发射时必须可靠地连接在运载火箭上，入轨后又必须可靠地与运载火箭分离。为实现这种功能，采用了专用的分离连接装置。为减少分离时冲击的影响，卫星与火箭之间多采用包带夹块式分离连接装置，用侧向爆炸螺栓解锁。

1.3.3　空间探测器结构

空间探测器是在人造地球卫星的基础上发展起来的，由于它对月球或更远的星体进行探测，要承受非常严酷的空间环境条件，因此需采用特殊的防护结构。例如月球探测器要在月球着陆或行走，就要求一些特殊形式的结构。

空间探测器的形式多样，具有与卫星相同的部分，如承力部件、天线、太阳能电池阵结构等；也有一些特殊形式的结构，如探测臂和着陆装置。探测臂往往由可以伸展的杆件组成，它的功能是把有特殊要求的探测仪器伸出探测器本体之外，以免受本体磁场或辐射的干扰，这种探测臂有时也用在卫星上。需要在行星或月球表面着陆的空间探测器采用着陆支架、着陆舱等着陆装置。硬着陆的着陆装置须有良好的缓冲性能。在行星或月球表面上行走的探测器（如自动月球车）则须有挠性轮之类的挠性结构，以适应凹凸不平的表面。

1.3.4　载人飞船结构

载人飞船是载人在外层空间生活、工作以执行预定的航天任务并返回地面的航天器。载人飞船一般由轨道舱（又称指挥舱）、服务舱、对接舱、应急舱和乘员返回舱等几部分组成。乘员返回舱是飞船的核心部分，是整个飞船的控制中心，供航天员在上升和返回时乘坐。轨道舱是航天员在轨道上的工作场所，里面有各种实验仪器设备。服务舱通常安装推进系统、电源、气源等设备，对飞船起服务保障作用。对接舱是用来与航天站或其他航天器对接的舱段。应急舱可保障航天员在危险情况下安全返回地面或转移到其他航天器上。

载人飞船与卫星和空间探测器的结构形式有较大区别。早期发射的飞船大多是截锥加上圆柱段，最外面都有防热结构。例如"阿波罗"号飞船的结构由救生塔、指挥舱、服务舱、登月舱等几大部分组成。救生塔是一个桁架式的塔形结构，它的功能是在发射过程出现紧急情况时，使飞船逃离危险区。登月舱是一个极其复杂的特殊结构，供载人登月之用。指挥舱的外形呈圆锥形，是需要返回地面的部分，它的外部由烧蚀材料层和不锈钢蜂窝夹层组成防热外壳。内部是铝蜂窝夹层结构的密封舱体，用多根锻铝纵梁加强。密封舱体为航天员提供可靠的工作环境。服务舱的外壳是一个铝蜂窝夹层的圆柱壳体，舱内有铝合金的径向壁板，用以安装主发动机、燃料和氧化剂箱等设备。载人飞船和返回式卫星在重返大气层时会遇到极高的温度，必须采用特殊的防热结构。

1.3.5　航天飞机结构

航天飞机一般由轨道器、助推器、外贮箱三部分组成。助推器实际上是两枚固体火箭。外贮箱与火箭贮箱类似。轨道器是返回部分,它是一个类似于飞机的薄壁结构,但增加了特殊的表面防热结构。约70%的表面上覆以陶瓷防热瓦,它与烧蚀防热结构不同,可以多次重复使用。轨道器分为前机身、中机身、后机身、机翼、尾翼等几部分。前机身又分为头锥和乘员舱两部分。乘员舱是由铝合金蒙皮和加强桁条焊接而成的密封舱。中机身是一个铝合金半硬壳结构的大型货舱,许多部件都采用了新型复合材料结构。

1.3.6 火箭结构

火箭是各个受力和支承构件的总成。它的作用是安装连接有效载荷、仪器设备和动力装置,储存推进剂,承受地面操作和飞行中的外力,维持良好的气动外形,保持火箭的完整性。火箭的结构基本上是一个薄壁圆柱壳体,由蒙皮、纵向和横向的加强件构成。早期火箭有较大的鳍状稳定面和控制面,后来靠改变火箭发动机喷出的燃气流的方向来稳定和控制火箭飞行,箭体上的鳍状面渐被取消。火箭的总体结构安排(又称部位安排)是在方案设计阶段确定的。

1. 液体火箭结构

液体火箭结构一般由头部、头部整流罩、氧化剂贮箱和燃料(燃烧剂)贮箱、仪器舱、级间段、发动机推力结构、尾舱等部分组成(图1.3,图1.4),需要分离的部位有分离连接装置。

(1)头部。头部位于火箭的顶端,可以是战斗部,也可以是航天器。

(2)头部整流罩。头部整流罩是具有一定刚度的可抛掷薄壁结构,它是卫星或运载火箭末级的包封部件(图1.4),在大气层内飞行时保护卫星或最后一级火箭,承受气动载荷和热流。整流罩一般具有良好的无线电波穿透性,同时结构质量小,有足够的刚度,在气动外形上具有较小的抖振载荷和迎面阻力。头部整流罩的外形和结构随运载火箭运送的有效载荷大小和形状而异。罩内有足够的空间,以容纳一个或数个卫星或更多的实验物体。头部整流罩通常由两个半扇(或多瓣)形结构沿纵向分离面对合而成。每扇整流罩固定在端部圆周结合面上,一般采用半硬壳结构或复合材料结构。半硬壳结构的骨架承受主要载荷,蒙皮维持光滑的气动外形,并把空气动力传递到骨架上。整流罩的分离系统多采用简单的爆炸螺栓(或爆炸索)与弹簧分离装置组合,也有采用气体分离装置的。

(3)氧化剂贮箱。贮箱占火箭体积的大部分,除了储存推进剂外,还是火箭的承力结构(图1.5)。主要承受轴向载荷、弯矩和内压力。贮箱一般是薄壁结构,壁厚小于或等于箱体曲率半径的1/20,箱壁结构形式取决于载荷类型。主要结构形式有:半硬壳结构,多用于承受大轴向载荷的箱壁;网络结构,多用于承受较小轴向载荷的箱壁;硬壳结构,多用于承受充压载荷的箱壁。为增加结构稳定性,贮箱通常采用充压方式。推进剂贮箱一般采用铝镁或铝铜锌的合金材料,也可以采用不锈钢或其他合金材料制作。箱底外形对贮箱长度影响较大,有椭球形底、修正的椭球形底(椭球与球形的组合)、环球形底(圆环与球形组合)、环锥形底(圆环与圆锥组合)、半球形底等。箱底的结构形式分为两类:单层底多用作贮箱的上、下底;蜂窝夹层底多用作贮箱的共底,将氧化剂与燃料隔开(对于低温推进剂还起隔热作用)。低温推进剂贮箱还需要采取充分的隔热措施,以减少液体蒸发。隔热有多种方法,广泛采用的是泡沫塑料隔热结构,分为贮箱内层隔热和贮箱外层隔热两种形式。此外,还有外层氦气吹除的泡沫隔热结构,用氦气(沸点−269 ℃)喷吹隔热层与箱壁之间的空间,防止空气冷凝。

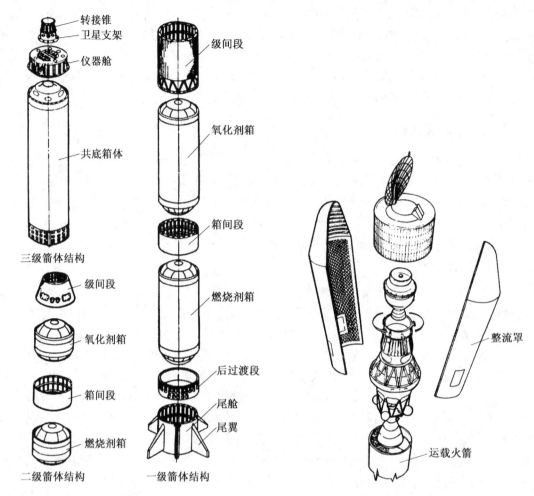

图 1.3　液体火箭结构　　　　　　　　图 1.4　头部整流罩

（4）仪器舱。仪器舱用以安装飞行控制仪器、遥测仪器和热调节设备等，承受轴向载荷和弯矩。按所处部位不同，仪器舱有截锥和圆筒两种形式。仪器舱多采用半硬壳结构。直径较小的火箭采用整体网络结构。壁板可用铸造、机械铣切、化学铣切等方法制成。然后用螺接、焊接的方法将壁板组装成舱体。为了便于安装检查和操作，在舱体上开有一些舱口，并配有快速连接舱口盖。仪器舱的结构材料一般用普通硬铝、超硬铝、复合材料和钛合金等。仪器通过安装支架或安装座板固定在仪器舱壁的桁条或框上。安装座板一般设计成散热器，以保持正常的工作环境。

（5）级间段。级间段是多级火箭级间的连接部件，其结构形式与分离方式有关。冷分离方式的级间段采用半硬壳结构；热分离方式的级间段可采用合金钢管焊接成形的杆系结构（图 1.6），便于上面级发动机燃气流顺畅排出；也可采用开有排气舱口的网络结构。

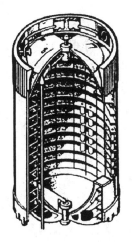
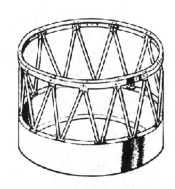

图1.5 贮箱结构　　　　　图1.6 级间段杆系结构

（6）发动机推力结构。发动机推力结构是安装发动机并把推力传给贮箱的承力构件（图 1.7）。它还是发动机零、组件的安装支持部件。大型运载火箭发动机推力结构为杆系结构或半硬壳结构，后者有圆筒形和截锥形两种形式，它们能均匀地传递推力。

（7）尾舱。尾舱位于火箭的尾部，是火箭竖立在发射台上的承力构件，又是发动机的保护罩。当火箭有尾翼时，它是尾翼的支持部件。尾舱一般是多开口半硬壳圆筒形（或截锥形）铆接结构。尾舱上如有发射支点，它还承受轴向载荷和侧风引起的弯矩和剪力。发射支点如在火箭的其他部件上，尾舱则只承受在大气层飞行时的空气动力载荷，所以质量较小。尾舱的结构材料一般选用普通硬铝和超硬铝，尾舱底部由于温度较高必须采用防热材料，如耐热不锈钢、石墨、复合材料等。在一些火箭的尾舱上装有4个尾翼，用以增加火箭的静稳定性，改善火箭的稳定控制性能。

2. 固体火箭结构

固体火箭结构与液体火箭结构类似，差别在于固体火箭的箭体同时又是发动机的壳体，推进剂装于其内（图1.8）。固体火箭的运动组件较少，结构简单。固体火箭的比冲和燃烧时间有限，在运载能力相同时固体火箭比液体火箭所需级数多。固体火箭发动机结构由前封头、外壳、装药、喷管装置和后封头等部分组成。封头、外壳和喷管装置构成发动机燃烧室，固体推进剂在其中燃烧。燃烧室能承受 1 ~ 20 MPa（约 10 ~ 200 大气压）高压和 2 500 ~ 3 500 K 高温，并具有足够的动强度。前封头上通常装有点火装置。前封头是薄壁结构，用金属制成，形状有球形、椭球形或环–球形。大型固体火箭发动机常分段制造，靠增加段数获得所需的推力，外壳为薄壁壳体，用合金钢、铝合金、复合材料制成。外壳内壁有浸胶石棉布隔热层。外壳外表面也涂有很薄的隔热层，以减小气动加热的影响。喷管装置（单喷管或多喷管）固定或铰接在火箭发动机后封头上，在控制系统操纵下使燃气流偏转，产生控制力矩。喷管装置在高温条件下工作，经受燃烧产物的强烈侵蚀，需要采用耐热材料。

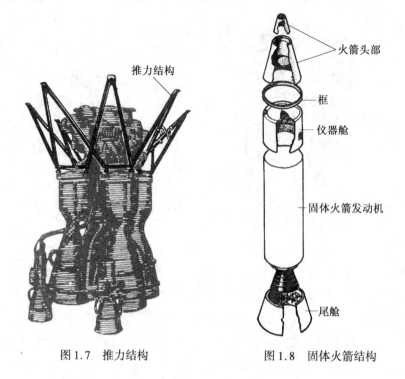

图 1.7　推力结构　　　　　　图 1.8　固体火箭结构

1.4　航天器的材料特点

一般纯金属的机械性能都不太好,只有加入一种或几种金属元素后所形成的合金才具有良好的机械性能。

(1)铝合金。飞行器中应用较早、使用最广泛的是有色轻金属结构材料。它主要是铝与铜、镁和锌的合金。铝合金的密度约为 2.8 g/cm^3(约为钢的 1/3),具有高的比刚度、断裂韧性和疲劳强度,具有高的耐腐蚀性,有极为良好的低温性能(在 -183 ~ -253 ℃下不冷脆),且价格低廉,一般适用于在 120 ℃以下长期工作;而耐热硬铝可在 250 ~ 300 ℃的条件下正常工作。

(2)镁合金。镁合金密度很小(1.75 ~ 1.9 g/cm^3),其比强度和比刚度与铝合金和合金钢大致相同。由于所做元件的壁厚大,故十分适宜于制造刚性好的零件。镁合金的机械加工性能优良;但耐腐蚀性较差,必须经过相应的防腐处理后,才能长期可靠地工作。镁合金主要用于制造低承力的零件,一般适用于在 120 ℃以下长期工作,而耐热铸造镁合金则可以在 250 ~ 350 ℃范围内长期工作。

(3)合金钢。合金钢包括高强度的结构钢和耐高温、耐腐蚀的不锈钢。高强度合金钢具有较高的比强度,工艺简单、性能稳定、价格低廉,是制造承受大载荷的接头、起落架和主梁等构件的最合适的结构材料;但工作温度一般不超过 350 ℃。不锈钢中一般铬的质量分数均在 12% 以上,此外还有镍、钼等元素。不锈钢具有良好的耐蚀性,可作为浓硝酸的容器;具有较高的耐热性,可以在 480 ~ 870 ℃范围内长期工作;具有优异的超低温性能,可用以制造液氧、液氢的容器。不同种类的不锈钢,其性能也会有所不同。由于不锈钢中合金比例较高,故其价格比结构钢高得多。

（4）钛合金。钛的密度小（4.5 g/cm³），钛合金的强度接近于合金钢，因此钛合金具有较高的比强度，用它制造的高压气瓶比用钢制的可减轻50%。钛合金还具有较高的耐热性，工作温度可达400～550 ℃，在该温度下的比强度明显地优于不锈钢和耐热钢。它具有良好的抗腐蚀性，在潮湿的大气和海水中的抗腐蚀能力优于不锈钢。此外，某些钛合金还具有优良的超低温性能。钛合金的主要问题是加工成形困难，价格比较昂贵。但我国的钛矿资源极为丰富，钛合金有广阔的发展前途。

（5）复合材料。复合材料是由两种或多种材料复合而成的多相材料。复合材料中起增强作用的材料称增强体，起黏结作用的材料称为基体。一般增强体为高强度、高模量的纤维，主要有玻璃纤维、芳纶纤维（又称聚芳酰胺纤维）、硼纤维、碳纤维和石墨纤维等。基体材料则是有一定韧性的低模量的树脂，主要有环氧树脂、聚酰亚胺树脂以及铝合金和钛合金等。复合材料的密度低，比强度和比刚度很高，抗疲劳性能、减震性能和工艺成形性能都很好，并可按结构性能的要求进行设计。不同基体材料的复合材料的耐热性能有所不同：用环氧树脂，温度不超过200 ℃；用聚酰亚胺树脂，温度在200～350 ℃；用铝合金，温度在350～500 ℃；用钛合金，温度可达500～600 ℃。

玻璃纤维增强塑料（俗称"玻璃钢"）是以玻璃纤维作为增强体，树脂作为基体的复合材料。其比强度约为铝合金的3倍，但弹性模量较低，约为铝合金的50%，因而其应用受到限制。凯芙拉（Kevlar）-49复合材料，是以凯芙拉-49纤维（一种芳纶纤维）作为增强体，树脂作为基体的复合材料。其密度更小（约为玻璃钢的70%），比强度约为强度较高的玻璃钢的1.8倍，比模量约为其2倍，用它制造的固体火箭发动机壳体比玻璃钢轻35%以上。石墨-环氧复合材料是以石墨纤维作为增强体，以环氧树脂作为基体的复合材料。它的比强度超过凯芙拉-49复合材料，模量约为其2倍，用它制造的固体火箭发动机壳体又比凯芙拉-49复合材料轻20%～30%。

陶瓷基复合材料是以陶瓷为基体的复合材料。常用的增强材料有碳化硅、氮化硅、氧化铝的晶须或纤维。基体与增强材料均具有低密度、高强度、高刚度、耐腐蚀、耐高温等特性。增强陶瓷的主要缺点是性脆，而在复合材料中纤维有明显的增韧作用。陶瓷基复合材料在800～1 650 ℃有良好的力学性能。

碳-碳（C/C）复合材料是以碳纤维增强碳基体的复合材料。将碳纤维预制件反复浸渍沥青或合成树脂后，经高温碳化制成，或者用碳氢化合物化学沉积碳制成。在1 000～2 000 ℃的高温下，碳-碳复合材料仍有相当高的强度和韧性，其耐热性远高于其他任何高温合金和复合材料。此外，它的热膨胀系数低（只有金属的1/10～1/5），导热性能良好，摩擦特性优异。可用它制造再入大气层的头锥及飞机刹车盘等，其寿命是钢烧结材料刹车盘的6～7倍。它的缺点是在高温氧化性气氛中容易氧化，所以需在其表面涂覆耐高温氧化的陶瓷质保护层。

由于复合材料有着非常优越的性能，航空、航天飞行器的结构将越来越多地采用复合材料。

1.5　航天飞行器的工艺特点

　　航空航天工业是机械制造工业中的一个专门部分。航空航天产品制造包括飞机制造、导弹制造、发动机制造、仪表附件制造、人造卫星制造、飞船制造、航天飞机制造等。它直接反映了工业生产的最高技术水平和能力,又集中应用了科学技术的最新成果。所以,航空航天工业的发展水平,常常是一个国家科学技术发展水平的标志。

　　随着航天事业的发展,对于航天飞行器的性能提出越来越高的要求。为了满足这些要求,从设计上已采用了各种新的系统、新的设计、新的技术以及各种新型的材料和新的工艺。而先进的工艺技术是实现先进的结构设计、减轻结构质量、保证整体系统可靠性的重要基础。

　　1. 要满足飞行器质量轻的要求

　　质量轻是航天飞行器性能中的一个重要指标。减轻飞行器结构质量,可以大大提高飞行器的性能和降低总的发射成本。以"阿波罗"指挥舱为例,如果能减轻质量30%则能多载907 kg的仪器设备,或能提供宇航员在月球周围多生活几个星期的生活用品。对于使用100次的航天飞机而言,减轻1 kg的质量,可以节省90万美元。为了要满足飞行器质量轻的要求,在飞行器的结构设计中采用了新型结构材料,从而带来新的工艺特点。例如非金属复合材料的比相对体积质量很小,一般在1~2之间。因此,谋求非金属复合材料结构代替现有金属结构的飞行器已越来越多地得到了应用。而复合材料的工艺特点是分为初次制造工艺(纤维与树脂组成复合材料的制造过程)和二次制造工艺(产品的成形、机加、连接、表面处理等制造过程),一般均比金属材料困难。这是因为它的毛坯就是原材料——纤维本身,而纤维很硬、很脆并耐磨,因此加工困难。对于两种不同性能材料组合的结构件则加工更为困难。

　　复合材料的另一重要工艺特点是所谓工艺不像金属材料那样,它的材料性能不是预先知道的,而是要根据结构的具体要求,在设计、制造时加以确定。所以,存在一个"材料设计"的问题。这是因为复合材料与金属材料在结构上有很大的不同,它是由纤维和基体两种性能完全不同的材料组合,而且还将不同纤维方向的单向层交叉铺叠而成。因此,严格说来复合材料本身已是一种比较复杂的"结构"。工艺上采用不同的纤维体积分数、各层纤维方向、厚度、层数、交叉排列次序等,可使材料的力学性能和物理性能有很大的差异。

　　2. 要满足飞行器机械性能的要求

　　为提高飞行器结构自然频率(以避免与运载自然频率、姿控系统频率相接近)和结构的抗压稳定强度(飞行器主要受发射轴压载荷),都要求材料的弹性模量尽量高。为适应高温(再入飞行器)和低温(低温容器)条件下的强度要求,同时增加有效载荷,要求材料的比强度尽量高。为了满足飞行器高模量、高强度的要求,飞行器也越来越多地采用钛合金和钨、铂、铌、钽等难熔合金,从而带来新的工艺特点。

　　以应用较广的钛合金为例,它的成形、切削加工、焊接、热处理均有它自己的工艺特点。

　　成形特点:一般均需采用加热成形(550~650 ℃)。这是因为钛在室温下不仅不易成形,即使成形其性能反比铝、镁、钢均差。其主要原因是因为强度高,冲压压力要求高。因为塑性性能差,塑变范围小,屈服极限与破坏极限相差不大,不易控制,弹性变形范围大,回弹大,不易达到要求的尺寸和形状,对表面缺陷比较敏感,易产生裂缝。

切削加工特点:一般采用低的切削速度,大的进给量和适当的切削深度,使刀刃离开表面硬化层,在切削时不中断进给运动,并正确选择刀具的材料和刀具的几何形状。

焊接特点:钛在高温下易受空气污染,同时晶粒粗大,冷却过快,易呈脆性,这些特点均使焊接质量下降。一般说,α 合金焊接性能优于 α+β 合金,而 β 合金基本上不宜用作熔焊。所以,一般钛合金焊接时均需采用惰性气体保护,以防空气污染。焊后做真空退火来消除应力。

热处理特点:钛合金在加工过程及加工后,常做各种热处理,以改善工艺性能和机械性能。主要有消除应力退火的热处理(约在 650 ℃以下),再结晶退火(750 ~ 850 ℃),以提高塑性;淬火及时效处理,以强化合金。但对 α 合金,因在高温时无 β 组织,不能做淬火及时效处理。

3. 要满足飞行器物理性能的要求

这里,飞行器结构件的尺寸稳定性问题是飞行器工艺中必须解决的一个重要工艺课题。

以热膨胀性能来说,对于飞行器高微波天线反射器结构,最重要的准则是尺寸精度。据称其增益损失为 $684(\sigma_{RMS}/\lambda)^2$($\lambda$ 为波长,σ_{RMS} 为天线与理想抛物面的均方根偏差)。因此,在空间温度交变的条件下,保持天线尺寸的稳定性,就是一个最重要的问题。又例如对于航天相机的镜筒结构件,为了使光学镜头玻璃与镜筒结构件组合不产生应力问题(其间隙仅为微米量级),要求光学镜头和镜筒两者不同材料热膨胀系数相近。除了复合材料之外,钛合金的热膨胀系数与光学镜头玻璃的热膨胀系数相近。(微米量级)是航天飞行器物理性能对飞行器制造工艺要求的一个特点。其他诸如导热性能、比热性能、导电性能等对飞行器的工艺也提出一些相应的要求。例如通信卫星转发器结构件的镀金工艺,它既要求保证导热性能以满足温控要求,同时要保证导电性能以满足电性能要求,还要保证防腐蚀性能以满足长寿命环境要求。而目前我国尚无这样的宇航镀金工艺标准。

4. 要满足飞行器空间性能的要求

航天飞行器由一系列部件构成,这些部件只有在适当的温度环境中,才能有效、可靠地工作。但飞行器在空间要经历从在月球阴影中的低于绝对零度几度,到在日照直射下高至一万度以上的飞行温度环境,它的工作时间从几天到长达几年之久。可见,建立航天飞行器的温度平衡系统是必须的。这就是航天飞行器独有的新的系统,通称温控系统。温控系统从设计上讲有被动温度控制和主动温度控制。被动式温控:依靠选取合适的热控材料和合理的总装布局来处理航天器内外的热交换过程,该方式没有自动调节温度的能力,但简单可靠,是热控的主要手段。主动式温控:当航天器外热流或内热源发生变化时,自动调节其内部设备温度。在被动温度控制中涂层工艺非常关键。为了给航天飞行器准备一种适当的涂层,其工艺上难度很大,即这种涂层必须具备特殊的光学和电学性质,而且必须在空间环境中保持这种性质。对温控涂层工艺来讲,重要的是要保证 α_S/ε_H 的比值(α_S 为太阳吸收率,ε_H 为红外辐射率),为了获得不同的 α_S/ε_H 比值,可采用多种涂层工艺。

(1)未涂的金属表面。为了获得稳定的、重复的表面辐射性质,需要对表面进行处理。一般用喷砂和抛光来处理。喷砂一般可使表面的 $\alpha_S/\varepsilon_H=1$,抛光处理使 α_S/ε_H 比值提高。

(2)涂漆工艺。其特点是此类涂层工艺热辐射性质可控范围大,性能重复好,成本低工艺简单,所以这种工艺应用最为广泛。如返回式卫星的表面涂层。根据所使用的溶剂或称黏合剂又可以分为有机和无机两大类涂层。

(3)电化学涂层工艺。其特点是利用电化学原理,使金属表面改变结构,或镀上所需要的金属。这一类有阳极氧化、电镀等涂层工艺。如探测卫星星体蒙皮涂层。

（4）蒸发沉积涂层工艺。其特点是在真空中使金属或电介质蒸发，并沉积到被涂表面形成金属膜或电介质膜，以满足所需要的温控表面。如太阳电池的温控涂层。

（5）第二表面镜涂层工艺，也称光学太阳反射器（OSR）。它是由于航天飞行器需要有很低的 α_S/ε_H 值（可小于0.1）、高稳定性的涂层而新发展的涂层工艺。它的特点是在对可见光透明的薄片（或薄膜）的背面（第二表面）镀上一薄层具有高反射率的金属银、铝。这样的组合，使 α_S/ε_H 值极低，接近于纯金属银或铝的 α_S，可达0.06～0.1，而反射率 ε_H 则因底材薄片或薄膜对红外辐射是不透明的，因此 ε_H 值可达0.8左右。第二表面镜的空间稳定性取决于底材，一般用石英玻璃片或透明塑料膜作为底材，并用银或铝真空沉积在第二表面上。这类涂层国外已成功用于通信卫星上。

（6）自控涂层工艺。其特点是当表面温度升高时此类涂层表面本身的反射率也提高，或当用作飞行器外表面时其 α_S 下降，可自动地调节表面的温度。这种自控涂层工艺有单色辐射性质不变的自控涂层，有单色辐射性质随温度变化的自控涂层。后者又有单色辐射率曲线随温度变化而移动的涂层工艺；变色涂层工艺，这种涂层随温度而变化；相变涂层工艺，这种涂层工艺的特点是涂层与底材的热辐射性质复合起作用。

5. 要满足飞行器高精度的要求

以自旋稳定来控制其空间运行姿态的通信卫星，要实现其同步定点的要求，跟踪测轨的高精度要求使得卫星的质量特性参数严格地限制在某个测试精度范围。例如要保证卫星的几何轴线与其惯性主轴的夹角在零点零几度的高精度范围，以限制它在空间的进动和章动，从而保证其稳定的姿态，这在工艺上是较大的技术难题。为此，提出测试星体质量特性（动平衡和转动惯量的测试）的动平衡机要求噪声极小，以获得机器的高敏感量，卫星的刚度之差，横向强度之低，使其自旋转速很低，必须提高动平衡机支承系统的刚度，使其弹性系统的固有频率大于卫星测试转速的3倍以上，以满足卫星自旋转速趋于更低的特点。由于航天飞行器独有的超低转速（20～80 r·min），促使超低频、立式、硬支承高精度宇航动平衡机的诞生。其他，诸如陀螺、太阳角计、红外地平仪等姿控敏感测量元件在卫星中的安装精度及其检测工艺技术都是飞行器高精度对工艺提出的要求。

6. 要满足飞行器高可靠的要求

除了采用高可靠元件带来的电子元部件的高可靠工艺外，对整星结构来说，最主要的是要确保姿控系统执行机构的高可靠密封性。由于整星的系统泄漏率要求在 $1×10^{-5}$ Pa·m^3/s（对通信卫星来讲）以上，而且在系统内不允许有大于50 μm 的任何硬颗粒存在。否则将使系统泄漏而导致卫星工作的失败（国际通信卫星已有先例）。对工艺来讲，除了要提供一个洁净的（100级以上）净化环境条件之外，清洗工艺和焊接工艺是保证系统具有高可靠性的主要因素。因为管路的所有接头（一颗通信卫星有100个以上的接头），包括焊接接头要求一次焊成，不允许切断重焊，以免导致产生大于50 μm 的硬颗粒掉入系统而不能保证整星的密封性。尤其对采用不脱装的姿控管路系统，在整星状态下进行焊接，由于受到空间位置的限制，这种焊接是困难的。为此，就要求采用先进的能确保焊接一次成功的焊接新工艺，以及选择合理的焊接参数。例如对钛合金管路的焊接采用高频感应钎焊、全位置焊接等新工艺。

7. 要满足飞行器长寿命的要求

为了满足飞行器长寿命的要求,对有密封要求的窗门结构件和起基准作用的薄壁大尺寸框类结构件(例如通信卫星中的铝合金中框,厚 2 mm,最大直径 1.5 m,要求不平度小于 0.2 mm,椭圆度小于 0.5 mm)要保证在−20 ~ 50 ℃使用温度范围内,几年之内保持尺寸稳定,就必须采取有效的稳定化处理工艺。目前通常对铝合金薄壁大尺寸框件在工序间采用两次冰冷处理(即冷热交变稳定处理),经三个月的实测数据表明几何精度保持不变,但对在空间几年工作后的尺寸稳定性尚缺乏数据。其次,对涂层工艺而言,要考虑长时间空间环境(如辐照和热冲击)对涂层性能的影响,就要从材料和工艺上设法保持和提高 α_S 和 ε_H 值的工艺稳定性。对长寿命卫星的姿控管路系统,致命的要害是系统内"微观多余物"的控制,以及整星泄漏率的检漏技术的可靠性。对胶接工艺而言,主要是胶黏剂的寿命试验和胶接结构耐辐照等空间环境的模拟试验技术的可靠性。

根据飞行器的工艺特点和我国的国情及现状,近期内航天飞行器的工艺发展前景,应重点考虑以下几点:复合材料工艺、胶接工艺、数控技术、热成形工艺、温控涂层工艺、焊接工艺、记忆合金工艺、质量特性测试技术、检测技术的应用和发展。

综上所述,航天飞行器的工艺特点是由飞行器的性能及其所选用的材料决定的。为了满足飞行器各种性能的要求,工艺上要采取相应的新工艺、新技术、新设备以及新的工艺方法和检测方法。因为工艺技术是航天飞行器研制的基础,只有不断完善和提高航天工艺技术水平,才能适应新型航天飞行器的需要。但工艺技术的发展还要结合我国的国情,有针对性地重点发展急需的工艺技术,以加速发展我国的航天事业。

飞行器制造工艺是一门综合性的技术应用科学,是研究机械加工过程中工艺过程的规律,以及合理选择过程参数和控制这些参数的方法和手段的科学,即研究制造过程的本质、相互联系和发展规律的科学。和一般机器制造一样,航空航天产品制造过程大致可分为毛坯制造、零件的机械加工、装配和试验四个阶段。飞行器制造工艺是研究零件的机械加工工艺过程的学科,是产品制造工艺的重要组成部分,它以一般机械制造工艺为基础,同时又有自己的特点。这些特点是由航空航天产品本身及其生产的特点以及航空航天技术发展的要求所决定的。

现代航空、航天产品的特点,主要表现在下列几个方面:

(1)零件和整机的制造质量要求非常高,技术要求、特种技术条件等要求严格。

(2)零件的构形复杂、壁薄,刚度低。

(3)使用的材料品种多,质量要求高,其中包括难加工的钛合金、耐热钢、耐热合金等。

(4)采用各种高效率的先进工艺方法和手段,如高能粒子加工、超精加工等,工艺过程细致而严密。

(5)要求有高度的专业化和广泛的协作关系。

(6)产品经常变动而产量不大。

现代航空航天产品的制造是一个极其复杂的过程,它所涉及的面很广,由于问题的综合性和实践性,因此,一方面必须深入总结和利用现有的丰富实践经验,另一方面更需要进行大量科学实验和研究,并结合运用有关部门的最新科学成就,以解决制造过程中的问题并优化整个生产系统,进一步推进国防科学的现代化。

学习本课程时,应该联系已修的基础课、技术基础课和专业基础课程,并应联系实际,注意有关科学技术的成就和发展,掌握工艺分析、工艺计算、工艺设计和工艺实验的基本技能和方法,培养综合解决工艺问题的独立工作能力。

第2章 飞行器制造装备设计

飞行器制造工艺过程是一个十分复杂的生产过程,所使用装备的类型很多,既要利用普通的机械制造装备,又必须利用一些专用的制造装备。总体上可划分为加工装备、工艺装备、储运装备和辅助装备四大类。机械制造装备的基本功能是保证加工工艺的实施、节能、降耗、优化工艺过程,并使被加工对象达到预期的功能和质量要求。

2.1 飞行器制造装备简介

2.1.1 机械制造装备类型

2.1.1.1 加工装备

加工装备是机械制造装备的主体和核心,是采用机械制造方法制作机器零件或毛坯的机器设备,又称为机床或工作母机。机床的类型很多,除了金属切削机床之外,还有锻压机床、冲压机床、注塑机、快速成形机、焊接设备、铸造设备等。

1. 金属切削机床

金属切削机床是采用切削、特种加工等方法,主要用于加工金属,使之获得所要求的几何形状、尺寸精度和表面质量的机器。机床可获得较高的精度和表面质量,完成40%~60%甚至60%以上的加工工作量。金属切削机床品种繁多,为了便于区别、使用和管理,需从不同角度对其进行分类。

(1)按机床工作原理和结构性能特点分类。我国把机床划分为:车床、钻床、镗床、磨床、齿轮加工机床、螺纹加工机床、铣床、刨插床、拉床、特种加工机床、切断机床和其他机床12大类。其中特种加工机床包括电加工机床、超声波加工机床、激光加工机床、电子束和离子束加工机床、水射流加工机床;电加工机床又包括电火花加工、电火花切割和电解加工机床。特种加工机床可解决用常规加工手段难以解决甚至无法解决的工艺难题,能够满足国防和高新科技领域的需要。

(2)按机床使用范围分类。可把机床分为通用机床、专用机床和专门化机床。

①通用机床(又称万能机床)。通用机床可加工多种工件,完成多种工序,是使用范围较广的机床,如万能卧式车床、万能升降台铣床等。这类机床的通用程度较高,结构较复杂,主要用于单件、小批量生产。

②专用机床。用于加工特定工件的特定工序的机床,如主轴箱的专用镗床。这类机床是根据特定工艺要求专门设计、制造与使用的,因此生产率很高,结构简单,适于大批量生产。组合机床是以通用部件为基础,配以少量专用部件组合而成的一种特殊形式的专用机床。

③专门化机床(又称专业机床)。用于加工形状相似尺寸不同工件的特定工序的机床。这类机床的特点介于通用机床与专用机床之间,既有加工尺寸的通用性,又有加工工序的专用

性,如精密丝杠车床、凸轮轴车床等,生产率较高,适于成批生产。

为了使设计、制造及管理部门对机床品种有计划地发展和管理,便于用户的订货和管理,需要规范机床型号,我国现行的《金属切削机床型号编制方法》,适用于各类通用、专门化及专用机床(组合机床另有规定)。机床型号是由类(12 类)代号、组系代号、主参数以及特性代号等组成。其中特性代号包括:高精度(G)、精密(M)、自动(Z)、半自动(B)、数控(K)、加工中心(自动换刀 H)、仿型(F)、轻型(Q)、加重型(C)和简式(J)等。

(3)按机床精度分类。同一种机床按其精度和性能,又可分为普通机床、精密机床和高精度机床。此外,按照机床质量大小又可分为仪表机床、中型机床、大型机床、重型机床和超重型机床等。

2. 锻压机床

锻压机床是利用金属塑性变形进行加工的一种无屑加工设备。主要包括锻造机、冲压机、挤压机和轧制机四大类。

锻造机是使坯料在工具的冲击力或静压力作用下成形,并使其性能和金相组织符合一定要求。按成形的方法可分为自由锻造、胎模锻造、模型锻造和特种锻造,按锻造温度不同可分为热锻、温锻和冷锻。冲压机是借助模具对板料施加外力,迫使材料按模具形状、尺寸进行剪裁或变形。按加工时温度的不同,可分为冷冲压和热冲压。冲压工艺具有省工、省料和生产率高的突出优点。挤压机是借助于凸模对放在凹模内的金属材料挤压成形,根据挤压时温度不同,可分为冷挤压、温挤压和热挤压。挤压成形有利于低塑性材料成形,与模锻相比,不仅生产率高,节省材料,而且可获得较高的精度。轧制机是使金属材料在旋转轧辊的作用下变形,根据轧制温度可分为热轧和冷轧,根据轧制方式可分为纵轧、横轧和斜轧。

2.1.1.2　工艺装备

工艺装备是产品制造过程中所用各种工具的总称,包括刀具、夹具、模具、测量器具和辅具等。它们是贯彻工艺规程、保证产品质量和提高生产率等的重要技术手段。

(1)刀具。能从工件上切除多余材料或切断材料的带刃工具称为刀具,工件的成形是通过刀具与工件之间的相对运动实现的,因此,高效的机床必须同先进的刀具相配合才能充分发挥作用。切削加工技术的发展与刀具材料的改进以及刀具结构和参数的合理设计有着密切联系。刀具类型很多,每一种机床,都有其代表性的一类刀具,如车刀、钻头、镗刀、砂轮、铣刀、刨刀、拉刀、螺纹加工刀具、齿轮加工刀具等。刀具种类虽然繁多,但大体上可分为标准刀具和非标准刀具两大类。标准刀具是按国家或部门制定的有关"标准"或"规范"制造的刀具,由专业化的工具厂集中大批量生产,占所用刀具的绝大部分。非标准刀具是根据工件与具体加工的特殊要求设计制造的,也可将标准刀具加以改制而实现,过去我国的非标准刀具主要由用户厂自行生产,随着专业化生产的发展和服务水平的提高,所谓非标准刀具也应由专业厂根据用户要求提供,以利于提高质量,降低成本。

(2)夹具。夹具是机床上用以装夹工件以及引导刀具的装置,对于贯彻工艺规程、保证加工质量和提高生产率有着决定性的作用。夹具一般由定位机构、夹紧机构、导向机构和夹具体等部分构成,按照其应用机床的不同可分为车床夹具、铣床夹具、钻床夹具、刨床夹具、镗床夹具、磨床夹具等;按照其专用化程度又可分为通用夹具、专用夹具、成组夹具和组合夹具等。通用夹具是已经规格化、标准化的夹具,主要用于单件小批量生产,如车床夹盘,铣床用分度头、台钳等;专用夹具是根据某一工件的特定工序专门设计制造的,主要用于有一定批量的生产中。

(3)测量器具。测量器具是以直接或间接方法测出被测对象量值的工具、仪器及仪表等,简称量具和量仪。测量器具可分为通用量具、专用量具和组合测量仪等。通用量具是标准化、系列化和商品化的量具,如千分尺、千分表、量块以及光学、气动和电动量仪等。专用量具是专门用于特定零件的特定尺寸而设计的,如量规、样板等,某些专用量规通常会在一定范围内具有通用性。组合测量仪可同时对多个尺寸测量,有时还能进行计算、比较和显示,一般属于专用量具,或在一定范围内通用。数控机床的应用大大简化了生产加工中的测量工作,减少了专用量具的设计、制造与使用;测试技术与计算机技术的发展,使得许多传统量具向数字化和智能化方向发展,适应了现代生产技术的发展。

(4)模具。模具是用以限定生产对象的形状和尺寸的装置。按填充方法和填充材料的不同,可分为粉末冶金模具、塑料模具、压铸模具、冲压模具、锻压模具等。数控技术和特种加工技术的发展,促进了模具制造技术的发展,也促进了少切削、无切削技术在生产制造中的广泛应用。

2.1.1.3　物料储运装备

物料储运装备是生产系统必不可少的装备,对企业生产的布局、运行与管理等有着直接影响。物料储运装备主要包括物料运输装置、机床上下料装置、刀具输送设备以及各级仓库及其装备。

(1)物料运输装置。物料运输主要指坯料、半成品及成品在车间内各工作站(或单元)间的输送,满足流水生产线或自动生产线的要求。主要有传送装置和自动运输小车两大类。传送装置的类型很多,如由辊轴构成流动通道,靠重力或人工实现物料输送;由刚性推杆推动工件做同步运动的步进式输送带;在两工位间输送工件的输送机械手;链式输送机带动工件或随行夹具做非同步输送等。用于自动线中的传送装置要求工作可靠、定位精度高、输送速度快、能方便地与自动线的工作协调等。与传送装置相比,自动运输小车具有较大的柔性,通过计算机控制,可方便地改变输送路线及节拍,主要用于柔性制造系统中。可分为有轨和无轨两大类。前者载质量大、控制方便、定位精度高,但一般用于近距离直线输送;后者一般靠埋入地下的制导电缆等进行电磁制导,也采用激光制导等方式,输送线路控制灵活。

(2)机床上下料装置。将坯料送至机床的加工位置的装置称为上料装置,加工完毕后将工件从机床上取走的装置称为下料装置,它们能缩短上下料时间,减轻工人劳动强度。机床上下料装置类型很多,有料仓式和料斗式上料装置、上下料机械手等。在柔性制造系统中,对于小型工件,常采用上下料机械手或机器人,大型复杂工件采用可交换工作台进行自动上下料。

(3)刀具输送设备。在柔性制造系统中,必须有完备的刀具储备与输送系统,完成包括刀具储备、输送及重磨刀具回收等工作,刀具输送常采用传输臂、机械手等,也可采用自动运输小车对备用刀库等进行输送。

(4)仓储装备。机械制造生产中离不开不同级别的仓库及其装备。仓库是用来存储原材料、外购器材、半成品、成品、工具、夹具等,分别进行厂级或车间级管理。现代化的仓储装备不仅要求布局合理,而且要求有较高的机械化程度,减小劳动强度,采用计算机管理,能与企业生产管理信息系统进行数据交换,能控制合理的库存量等。自动化立体仓库是一种现代化的仓储设备,具有布置灵活、占地面积小和自动化、方便计算机控制与管理等优点,具有良好的发展前景。

2.1.1.4 辅助装备

辅助装备包括清洗机、排屑设备和包装设备等。清洗机是用来对工件表面的尘屑油污等进行清洗的机械设备,能保证产品的装配质量和使用寿命,应该给予足够重视,可采用浸洗、喷洗、气相清洗和超声波清洗等方法,在自动装配中应能分步自动完成。排屑装置用于自动机床、自动加工单元或自动线上,包括切屑清除装置和输送装置。清除装置常采用离心力、压缩空气、冷却液冲刷、电磁或真空清除等方法;输送装置有带式、螺旋式和刮板式等多种类型,保证铁屑输送至机外或线外的集屑器中,并能与加工过程协调控制。

2.1.2 机械制造装备设计要求

机械制造装备设计工作是设计人员根据市场需求所进行的构思、计算、试验、选择方案、确定尺寸、绘制图样及编制设计文件等一系列创造性活动的总称。其目的是为新装备的生产、使用和维护提供完整的信息。设计工作是一切产品实现的前提,设计质量的优劣直接影响产品的质量、成本、生产周期及市场竞争能力,产品性能的差异首先是设计差异,据统计,产品成本的 60% 取决于设计。机械制造装备设计工作要适应科学技术的飞速发展及市场竞争的日趋激烈,要采用先进的设计技术,设计出质优价廉的产品。机械制造装备的类型很多,功能各异,但设计工作的总体要求是精密化、高效化、自动化、机电一体化,向成套设备与技术方向发展,不断增加品种、缩短供货周期以及满足工业工程和绿色工程的要求等。

(1)精密化。随着科学技术的发展和市场竞争的加剧,对产品性能的要求越来越苛刻,对其制造精度的要求越来越高。为此机械制造装备必须向精密化方向发展,全面采取提高精度的技术措施。一方面全面提高零件的加工精度、压缩零件的制造公差;另一方面要采用高精度的装置,如滚珠丝杠、滚动导轨等。同时还要采取各种误差补偿技术,以便提高其几何精度、传动精度、运动精度、定位精度。为了保证在高速、高负荷下保持加工精度,必须提高机械制造装备的刚度、抗振性,以及低温升和热稳定性。为了提高精度保持性,还必须重视零件的选材和热处理,以便提高相对运动表面的硬度、减少磨损,同时还要优化运动部件间的间隙,合理润滑和密封、降低磨损、提高精度保持性和工作可靠性,适应自动化和智能化控制的要求。

(2)高效化。不断提高生产效率,一直是机械制造装备设计所追求的目标。生产率通常是指在单位时间内机床、加工单元或生产线所能加工的工件数量,为此必须缩短加工一个工件的平均总时间,其中包括缩短切削加工时间、辅助时间以及分摊到每个工件上的准备时间和结束时间。为了提高切削速度、缩短切削时间,必须采用先进刀具,提高机床及有关装备的强度、刚度、高速运转平稳性、抗振性、切削稳定性等性能,适应高效化的要求;同时在自动化加工的前提下,提高空行程及调整运动速度,使加工时间与辅助时间相重合,采用自动测量技术和数字显示技术等,缩短辅助时间。此外,采用适应控制和智能控制也是提高高效化水平的有效措施。

(3)柔性自动化。机械制造装备实现自动化,可以减少加工过程的人工干预,可以保证加工质量及其稳定性,同时提高加工生产率和减轻工人劳动强度。机械加工自动化有全自动化和半自动化之分,全自动化是指能自动完成上料、卸料和加工循环的全过程,半自动化加工中的上下料需人工完成。实现自动化控制和运行的方法,可分为刚性自动化和柔性自动化两类。刚性自动化是指传统的凸轮和挡块控制,工件发生改变时必须重新设计凸轮及调整挡块,调整困难,因此只能适合于传统的大批量生产,已逐渐被现代化的柔性自动化技术所代替。柔性自动化是由计算机控制的生产自动化,主要有可编程逻辑控制和计算机数字控制。可编程逻辑控制主要用于形状简单的零件加工控制和生产过程控制,计算机数字控制用于复杂形状零件的加工控制和复杂的生产过程控制。计算机数字控制与可编程逻辑控制相结合,实现了单件小批量生产的柔性自动化控制。数控机床、加工中心、计算机直接数控(DNC)、柔性制造单元(FMC)和柔性制造系统(FMS)以及计算机集成制造(CIM),使柔性自动化技术不断向前发展,正在改变着机械制造行业生产自动化的面貌。在计算机数字控制的基础上,生产自动化技术不断向智能化方向发展。适应控制能在数控机床上根据实际工作条件(如切削力、变形、振动等)的变化,及时自动地改变切削用量(切削速度、吃刀深度和进给速度),使加工过程处于最佳状态,实现最优化加工质量控制和最优化生产率控制。

(4)机电一体化。为了实现机械制造装备的精密化、高效化和柔性自动化,其构成上必须是机电一体化,即实现机械技术,包括机械结构与传动、流体传动、电气传动同微电子技术和计算机技术等有机结合、整体优化,充分发挥各自的特点,组成一个最佳的技术系统,使得机械制造装备进一步减小体积、简化结构、节约原材料,以提高传动效率,提高可靠性。

(5)结构模块化。为了适应机电产品更新换代周期加快的要求,机械制造装备也要加快更新换代周期,不断推出新产品,满足市场不断变化的需求,为此必须采用先进的设计技术,提高设计效率与质量。在众多先进设计技术中,模块化设计技术显得尤为重要。一方面,通过不同模块的组合,可以快速获得不同性能的众多产品,最大限度地增加产品类型、降低生产成本,缩短新产品设计与制造周期,满足市场需求;另一方面,可方便地对结构模块进行更新,加快机械制造装备的更新换代。实践表明,绝大多数成功的机械制造装备产品,大都采用模块化结构。

(6)装备与技术配套化。我国的机械制造装备的制造企业必须改变过去只注重提供单机的状况,应向提供配套装备与相关技术的方向发展,包括与机床相关的工艺装备和物料储运装备,还应进一步提供包括生产组织、工艺方法及工艺参数在内的全套加工技术,真正在机械制造行业中起到"总工艺师"的作用。

(7)符合工业工程要求。工业工程是通过生产技术与管理的有机结合,对由人员、物料、设备、能源和信息所组成的系统进行设计、改善和实施的一门综合科学。现代工业工程充分应用计算机、运筹学和系统工程等先进技术,能采用定量分析方法,科学准确地对大型生产系统进行设计与分析,对其工作效率和成本等进行全面优化。产品设计要符合工业工程的要求,其内容包括在产品开发阶段,要充分考虑产品的结构工艺性,提高标准化和通用化水平;采用最佳工艺方案,选择合理的制造装备,尽可能地减少原材料及能源消耗;合理进行机械制造装备的总体布局,优化操作步骤和方法,提高工作效率,同时减轻体力劳动;对市场和消费者进行调查研究,保证产品正确的质量标准,减少因质量标准制定得过高而造成的不必要浪费等。

(8)符合绿色工程要求。绿色工程是一个注重环境保护、节约资源、保证可持续发展的工程。根据绿色工程要求,企业必须纠正过去那种不惜牺牲环境和消耗资源来增加产出的错误做法,使经济发展更多地与地球资源与承受能力达到有机协调。按绿色工程要求设计的产品称为绿色产品,绿色产品设计在充分考虑产品功能、质量、开发周期和成本的同时,优化各有关设计要素,使产品从设计、制造、包装、运输、使用到报废处理的整个生命周期中,对环境影响最小,资源利用效率最高。绿色产品设计中应考虑的问题很多,如产品材料的选择应是无毒、无污染、易回收、易降解、可重用;产品制造过程应充分考虑对环境的保护、资源回收、废弃物的再生和处理、原材料的再循环、零部件的再利用等。原材料再循环的成本一般较高,应考虑经济上、结构上和工艺上的可行性。为了使零部件能再利用,应通过改变材料、结构布局以及零部件的连接方式等改善和实现产品拆卸的方便性和经济性。

机床宜人性是指为操作者提供舒适、安全、方便、省力等劳动条件的程度。机床设计要布局合理、操作方便、造型美观、色彩悦目,符合人机工程学原理和工程美学原理,使操作者有舒适感、轻松感,以便减少疲劳、避免事故、提高劳动生产率。机床的操作不仅要安全可靠,方便省力,还要有误动作防止、过强保护、极限位置保护、有关动作的连锁、切屑防护等安全措施,切实保护操作者和设备的安全。机床工作中要低噪声、低污染、无泄漏、清洁卫生,符合绿色工程要求等。应该指出,在当前激烈的市场竞争中,机床的宜人性具有先声夺人的效果,在产品设计中应该给予高度重视。机床产品的成本是指寿命周期成本,包括制造成本和使用成本,是评价机床产品的重要指标。一般说来,机床成本的 80% 左右在设计阶段就已经确定,为了尽可能地降低机床成本,机床设计工作应在满足用户需求的前提下,努力做到结构简单,工艺性好,方便制造、装配、检验与维护;机床产品结构要模块化,品种要系列化,尽量提高零部件的通用化和标准化水平。在机床设计中,必须充分注意机床产品的评价指标以及用户的具体要求,技术先进、经济合理,即质优价廉的机床,提高机床在国内外市场上的竞争力。

(9)机床工艺范围。机床工艺范围是指机床适应不同生产要求的能力。一般包括在机床上完成的工序种类、工件的类型、材料、尺寸范围以及毛坯种类等。根据机床的工艺范围,可将机床设计成为通用机床、专门化机床和专用机床三种不同类型。机床工艺范围要根据市场需求及用户要求合理确定。不仅需考虑单个机床的工艺范围还要考虑生产系统整体,合理配置不同机床以及确定各自工艺范围,以便追求系统优化效果。

2.1.3　机械制造装备产品设计方法

2.1.3.1　机械制造装备产品设计类型

机械制造装备产品的设计工作可分为新产品设计和变型产品设计两大类。

(1)新产品设计。新开发的或在性能、结构、材质、原理等某一方面或几个方面具有重大变化的,以及技术有突破创新的产品,称为新产品。新产品开发设计是指从市场调研到新产品定型投产的全过程。因此新产品设计一般需要较长的开发设计周期,投入较大的工程量。企业要在激烈的竞争环境中"生存、发展并扩大竞争优势",必须要适时地推出具有竞争力的新产品,要做到生产一代,研制一代,构思一代,根据市场需求预测,采用知识创新和技术创新手段,开发设计具有高技术附加值的自主知识产权的新产品。

(2)变型产品设计。在现有产品基本工作原理和总体结构不变的基础上,仅对部分结构、尺寸或性能参数加以改变的产品,称为变型产品。变型产品的开发设计周期较短,工作量和难度较小,设计效率和质量较高,可以对市场做出快速响应。变型设计的基础是现有产品,它应是工作可靠、技术成熟和性能先进的产品,将其作为"基型产品",以较少规格和品种的变型产品来最大限度地满足市场的各种需求。

2.1.3.2　机械制造装备新产品开发设计内容与步骤

机械制造装备新产品开发设计内容与步骤的基本程序包括决策、设计、试制和定型投产四个阶段。JBITS055-91推荐了三种模式,即:第一种模式的工作程序比较全面完整,适用于精度较高或较复杂的、重要的或批量生产的新产品;其余两种模式的工作程序有所简化,适用于单件小批量生产的产品,或一次性生产的大型产品及专项合同产品。可根据生产类型、产品复杂程度、产品设计类型等情况,适当调整工作程序和内容。

(1)决策阶段。该阶段是对市场需求、技术和产品发展动态、企业生产能力及经济效益等进行可行性调查研究,分析决策开发项目和目标。主要内容如下:

①市场调研和预测。根据用户需求,收集市场和用户信息,预测产品发展动态和水平比较,提出新产品市场预测报告。

②技术调查分析。国内外同类产品的结构特征、性能指标、质量水平与发展趋势,对新产品的设想(包括使用条件、环境条件、性能指标、可靠性、外观、安装布局及应执行的标准或法规等),对新采用的原理、结构、材料、技术及工艺进行分析,确定需要的攻关项目和先行试验等,提出技术调查报告。

③可行性分析。对新产品设计和生产的可行性进行分析,并提出可行性分析报告,包括产品的总体方案、主要技术参数、技术水平、经济寿命周期、企业生产能力、生产成本与利润预测等。

④开发决策。对上述报告组织评审,提出评审报告及开发项目建议书,供企业领导决策,批准立项。

(2)设计阶段。该阶段要进行设计构思计算和必要的试验,完成全部产品图样和设计文件。它又分为初步设计、技术设计和工作图设计三个阶段的设计工作。

①初步设计。初步设计是完成产品总体方案的设计。按 ZB/TJ01035.5 规定,初步设计包括:编制技术任务书(通用产品)或技术建议书(专用产品),确定产品的基本参数及主要技术性能指标,总体布局主要部件结构,产品主要工作原理及各工作系统配置,标准化综合要求等。必要时进行试验研究,提出试验研究报告。对初步设计进行评审,通过后可作为技术设计的基础。

②技术设计。技术设计是设计、计算产品及其组成部分的结构、参数,并绘制产品总图及其主要零、部件图样的工作。在试验研究、设计计算及技术经济分析的基础上修改总体设计方案,编制技术设计说明书,并对技术任务书中确定的设计方案、性能参数和结构原理等变更情况、原因与依据等予以说明。技术设计中的试验研究是对主要零部件的结构、功能及可靠性进行试验,为零部件设计提供依据。在技术设计评审通过后,其产品技术设计说明书、总图、简图、主要零部件图等图样与文件,可作为工作图设计的依据。

③工作图设计。工作图设计是绘制产品全部工作图样和编制必需的设计文件的工作,以供加工、装配、供销、生产管理及随机出厂使用,要严格贯彻执行各级各类标准,要进行标准化审查和产品结构工艺性审查。工作图设计又称为详细设计或施工设计。

(3)试制阶段。该阶段通过样机试制和小批试制,验证产品图样、设计文件、工艺文件和工装图样等的正确性,以及产品的适用性和可靠性。

①样机试制。首先要编制产品试制的工艺方案和工艺规程等,试制 1~2 台样机后,经试验、生产考验后进行鉴定,提出改进设计方案,对设计图样和文件进行修改定型。

②小批试制。小批试制 5~10 台,为批量生产做工艺准备,根据鉴定及试销后的质量反

馈,进一步修改有关图样和文件,完善产品设计。

(4)定型投产阶段。该阶段是完成正式投产的准备工作,对工艺文件、工艺装备定型,对设备和检测仪器进行配置、调试和标定等,要求达到正式投产条件,具备稳定的批量生产能力。

2.1.3.3　机械制造装备设计的方法

设计技术是指在设计过程中解决具体问题的各种方法和手段。随着社会的进步,人类的设计活动经历了直觉设计阶段、经验设计阶段、半理论半经验设计(传统设计)阶段。自 20 世纪中期以来,随着科学技术的发展和各种新技术的出现,使机械制造装备产品的功能和结构日趋复杂,市场竞争日益激烈,传统的设计方法和手段已难以满足市场需求和产品设计的要求。随着计算机科学及应用技术的发展,一系列先进的设计技术在机械制造装备设计中得到广泛应用。机械制造装备设计的方法主要包括系列化设计、模块化设计、类比与相似设计、计算机辅助设计、优化设计、可靠性设计等。

1. 系列化设计

(1)系列化设计的概念。

市场对产品的要求是多种多样的,不可能用单一规格的产品去满足市场的需求,需要设计和制造出尺寸规格、功率参数和精度等各不相同的一系列产品投放市场。产品的系列化就是指同一品种或同一形式设备的规格按最佳数列科学排列,以最少的品种满足最广泛的需要。

系列化设计方法是在设计的某一类产品中,选择功能、结构和尺寸等方面较典型的产品为基型,以它为基础,运用结构典型化、零部件通用化、标准化的原则,设计出其他各种尺寸参数的产品,构成产品的基型系列。在产品基型系列的基础上,同样运用结构典型化、零部件通用化、标准化的原则,增加、减去、更换或修改少数零部件,派生出不同用途的变型产品,构成产品派生系列。编制反映基型系列和派生系列关系的产品系列型谱。在系列型谱中,各规格产品应有相同的功能结构、相似的结构形式;同一类型的零部件在规格不同的产品中具有完全相同的功能结构;不同规格的产品,同一种参数按一定规律(通常按等比级数)变化。

例如,为满足国民经济不同部门对机床的要求,国家根据机床的生产和使用情况,在调查研究的基础上,规定了每一种通用机床的主规格(主要参数),称为主参数系列,这是一个等比级数的数列。如中型卧式车床的主参数是床身上工件最大回转直径,其系列为 250 mm,320 mm,400 mm,500 mm,630 mm,800 mm,1 000 mm 七种规格,该系列是公比为 1.25 的等比数列。由于各使用部门的工件和生产规模不同,对机床性能和结构的要求也就不同,因此,同一规格的一类机床,还需要具备各种不同的形式,以满足各种各样的要求。通常是按照该类机床的参数标准,先确定一种用途最广、需要量较大的机床系列作为"基型系列",在此系列基础上,根据用户的需要派生出若干变型机床,形成"变型系列"。"基型"和"变型"构成了机床的"型谱"。表 2.1 为中型卧式车床的简略系列型谱的大致内容。

表 2.1 中型卧式车床的简略系列型谱表

形式 最大工件直径/mm	万能式	马鞍式	提高精度	无丝杠式	卡盘式	球面加工	端面车床
250	○		△	△			
320	○		△	△			
400	○	△	△	△	△	△	
500	○	△		△	△	△	
630	○	△		△	△	△	
800	○	△		△	△	△	△
1 000	○	△		△	△	△	△

注:○—基型,△—变型

由上表可见,每类通用机床都有它的主参数系列,而每一规格又有基型和变型,合称为这类机床的系列和型谱。机床的主参数系列是系列型谱的纵向(按尺寸大小)发展,而同规格的各种变型机床则是系列型谱的横向发展,因此,"系列型谱"也就是综合地表明机床产品规格参数的系列性与结构相似性的表。

系列化设计应遵循"产品系列化、零部件通用化、零部件标准化"原则,简称"三化"原则。"三化"之间有着密切的联系,零部件通用化依赖于产品系列化,而零部件通用化和零部件标准化又推动产品系列化。只有产品系列化才能使零部件通用化和零部件标准化具有可靠的基础。有时将"结构的典型化"作为第四条原则,即所谓的"四化"原则。

(2)系列化设计的优缺点。

系列化设计的优点有:

①可以较少品种规格的产品满足市场较大范围的需求。减少产品品种意味着提高每个品种产品的生产批量,有助于降低生产成本、提高产品制造质量的稳定性。

②系列中不同规格的产品是依据经过严格性能试验和长期生产考验的基型产品演变和派生而成的,可以大大减少设计工作量,提高设计质量,减少产品开发的风险,缩短产品的研制周期。

③产品有较高的结构相似性和零部件的通用性,因而可以压缩工艺装备的数量和种类,有助于缩短产品的研制周期,降低生产成本。

④零部件的种类少,系列中的产品结构相似,便于进行产品的维修,改善售后服务质量。

⑤为开展变型设计提供技术基础。

系列化设计的缺点是:为以较少品种规格的产品满足市场较大范围的需求,每个品种规格的产品都具有一定的通用性,满足一定范围的使用需求,用户只能在系列型谱内有限的一些品种规格中选择所需的产品,选到的产品,一方面其性能参数和功能特性不一定最符合用户的要求,另一方面有些功能还可能冗余。

(3)系列化设计的步骤。

①主参数和主要性能指标的确定。

系列化设计的第一步是确定产品的主参数和主要性能指标。主参数和主要性能指标应最大限度地反映产品的工作性能和设计要求。例如普通车床的主参数是在床身上的最大回转直径,主要性能指标之一是最大的工件长度;升降台铣床的主参数是工作台工作面的宽度,主要性能指标是工作台工作面的长度;摇臂钻床的主参数是最大钻孔直径,主要性能指标是主轴中心线至立柱母线的最大距离等。上述参数决定了相应机床的主要几何尺寸、功率和转速范围，因而决定了该机床的设计要求。

②制定参数标准。

经过技术和经济分析，将产品的主参数和主要性能指标按一定规律进行分级，制定参数标准。产品的主参数应尽可能采用优先数系。优先数系是公比为 $\sqrt[N]{10}$，$N = 5、10、20$ 或 40 的等比数列。例如，普通车床和升降台铣床的主参数系列公比为 1.25，其系列为 250、320、400、500、630、800、1000；摇臂钻床的主参数系列公比为 1.58，其系列为 25、40、60、100、160。

主参数系列公比如选得较小，则分级较密，有利于用户选到满意的产品，但系列内产品的规格品种较多，上述系列化设计的许多优点得不到充分利用；反之，则分级较粗，系列内产品的规格品种较少，可带来上述系列化设计的许多优点，但为了以较少的品种满足较大使用范围内的需求，系列内每个品种产品应具有较大的通用性，导致结构相对复杂，成本有所提高，对用户来说较难选到称心如意的产品。因此必须对市场、设计、制造和经销作为一个系统来进行全面的调查研究，经过技术经济分析，才能正确地确定最佳的参数分级。简单来说，产品的需求量越大，要求的技术性能越要准确，参数分级应越密；反之，参数分级可粗些。

③制订系列型谱。

系列型谱通常是二维甚至多维的，其中一维是主参数，其他维是主要性能指标。通过系列型谱的制订，确定产品的品种、基型和变型、布局，各产品品种的技术性能和技术参数等。在系列型谱中，结构最典型、应用最广泛的是所谓的"基型产品"，进行产品的系列设计通常从基型产品开始。

在制订系列型谱过程中，应周密地策划系列内产品零部件的通用化和标准化。通用化是指同一类型、不同规格或不同类型的产品中，部分零部件彼此相互适用。标准化是指使用要求相同的零部件按照现行的各种标准和规范进行设计和制造。

系列型谱内的产品是在基型产品的基础上经过演变和派生而扩展成的，扩展的方式有纵系列、横系列和跨系列扩展三类：

a. 纵系列产品。纵系列产品是一组功能、工作原理和结构相同，而尺寸和性能参数不同的产品。纵系列产品一般应综合考虑使用要求及技术经济原则，合理确定产品主参数和主要性能参数系列。如主参数和主要性能指标按优先数系选择，能较好地满足用户要求且便于设计。

b. 横系列产品。横系列产品是在基型产品基础上，通过增加、减去、更换或修改某些零部件，实现功能扩展的派生产品。例如在普通车床基础上开发的为加工轴承套圈的无尾架短床身车床，为加工大直径工作的马鞍形车床等。

c. 跨系列产品。跨系列产品是采用相同的主要基础件和通用部件的不同类型产品。例如通过改造坐标镗床的主轴箱部件和部分控制系统，可开发出坐标磨床、坐标电火花成形机床、三坐标测量机等不同类型产品，即跨系列产品。其中机床的工作台、立柱等主要基础件及一些通用部件适用于跨系列的各种产品。

2. 模块化设计

(1)模块化设计的概念。

模块化设计是指通过对一定范围内不同功能结构，或相同功能结构而性能不同的产品进行功能分析，从而划分并精心设计出一系列功能模块，通过对这些模块的选择和不同的组合来构成具有不同功能结构和性能的多种产品,以满足市场的不同需求。这类模块是具有一定功能的零件、组件和部件,模块的结构与外形设计要考虑不同模块组合时的协调性,模块上具有特定的连接表面和连接方法,以保证相互组合的互换性和精确度。

模块化设计是产品设计合理化的另一条途径,是提高产品质量、降低成本、加快设计进度、进行组合设计的重要途径。模块也应该用系列化设计原理进行,即每类模块具有多种规格,其规格参数按一定的规律变化,而功能结构则完全相同,不同模块中的零部件尽可能标准化和通用化。

(2)模块化设计的优点。

采用模块化设计方法开发产品的优缺点类似系列化设计方法,在缩短新产品开发周期、提高产品质量、降低成本和加强市场竞争能力方面的综合经济效果十分明显。除此之外,模块化设计尚有如下优点:

①根据科学技术的发展,便于用新技术设计性能更好的模块取代原有旧的模块,提高产品的性能,组合出功能更完善、性能更先进的组合产品,加快产品的更新换代。

②采用模块化设计,只需更换部分模块,或设计制造个别模块和专用部件,便可快速满足用户提出的特殊订货要求,大大缩短设计和供货周期。

③模块化设计方法推动了整个企业技术、生产、管理和组织体制的改革。由于产品的大多数零部件由单件小批生产性质变为批量生产,有利于采用成组加工等先进工艺,有利于组织专业化生产,既提高质量,又降低成本。

④模块系统中大部分部件由模块组成,设备如发生故障,只需更换有关模块,维护修理更为方便,对生产影响小。

(3)模块化设计的步骤。

①明确任务。为了能以最少的模块组合出数量最多、总功能各不相同的产品,需要对市场需求进行深入调查,对所有欲实现的总功能加以明确,摒弃市场需求很少而又需要付出很大设计和制造代价的那些总功能。表2.2是以车床的市场需求为例,对一批企业进行调查的结果。从表中可发现,带尾座的切削需求仅占10%～30%,因此,尾座可当作特殊模块类设计。在螺纹切削中,米制螺纹切削占大多数,因此米制螺纹切削应作为基本功能。

表2.2　车床的市场需求分析　　　　　　　　　　　%

机床类型	生产类型	刀具		后刀座刀数/把		无尾座车削	螺纹切削				仿形车削
		高速钢	硬质合金	1	2		总计	其中			
								米制	英制	模型	
简单通用	修理车间、车库用	50	50	—	—	60	10	65	35	—	—
	小工厂用	20	80	—	—	72	9	80	20	—	15
	单一产品加工用	12	88	10	—	70	7	82	16	2	5
数控数显	小批量生产	6	94	15	—	75	5	92	8	—	40
	中、小工厂中批量生产	—	100	18	—	80	2	96	4	—	35
	大工厂中批量生产	—	100	21	3	82	—	98	2	—	5
	大、中工厂大批量生产	—	100	20	4	79	—	96	4	—	—

②建立功能结构。待实现的总功能可由多个具有分功能的模块组合而成。如何划分模块是模块化产品设计中的关键问题。模块种类少,通用化程度高,加工批量大,对降低成本较有利。但每个模块需满足更多的功能和更高的性能,其结构必然复杂,组成的每个产品的功能冗余必然也多,整个模块化系统的结构柔性化程度也必然低。设计时应对功能、性能和成本等各方面因素进行全面分析,才能合理地划分模块。

划分模块的出发点是功能分析。根据产品的总功能分解为分功能、功能元,求相应的功能模块,再具体化为生产模块。功能模块是从满足技术功能的角度来确定,因此它可以通过模块的相互组合来实现各种总功能结构。生产模块则不是根据其功能,而纯粹是从制造的角度来确定的。

分功能包括基本功能、辅助功能、特殊功能和附加功能等几类,相应地建立基本模块、辅助模块、特殊模块、调整模块和非标模块等,如图 2.1 所示。

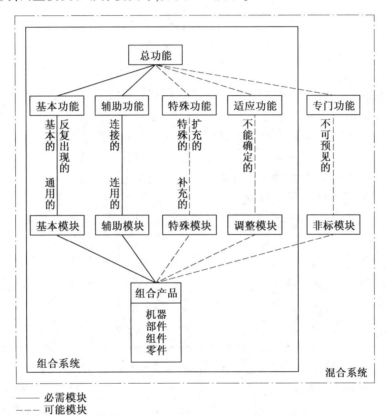

图2.1　模块分类

基本模块实现系统中最基本的功能,是反复使用和不可缺少的,它可能仅有一种参数规格,或者有多种参数规格,有时还可有不同的精度级别。

辅助模块的用途是实现模块间的连接,通常为连接元件和接头。辅助模块必须按基本模块和其他模块的参数规格开发,在组合产品中是必不可少的。

特殊模块完成某些特殊的、补充的和设计任务书特别要求的功能,它不一定在其他组合产品中出现,通常是基本模块的一个附件。

调整模块是为了适应其他系统和边界条件,模块某些结构尺寸是不确定的,可随着边界条件的变化加以调整。

非标模块是为某个具体任务单独开发的,以解决模块化系统有时满足不了一些意想不到的功能要求,与标准模块构成所谓的"混合系统"。

现以车床为例进行模块的划分。首先通过市场需求的分析,明确任务,绘出如图2.2所示的功能结构。

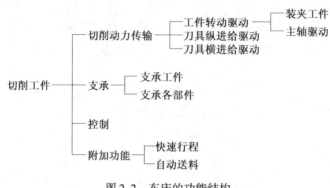

图 2.2　车床的功能结构

根据对功能结构分析的结果,可建立如图2.3所示的模块系统,共有9类26种模块,以组合成多种不同功能的车床。

在功能模块的基础上,根据具体生产条件确定生产模块。生产模块是实际使用时拼装组合的模块。它可以是部件、组件或零件。一个功能模块可能分解为几个生产模块。以部件作为生产模块应用较普遍,组件模块可以使部件有不同的功能和性能,有时比更换部件更灵活,零件模块的灵活性则更大。大的铸件或焊接件从便于加工考虑还可进一步模块化,划分为若干个结构要素。用这些结构要素可组合成不同规格的铸件或焊接件,以减少木模或胎具的数量。

③合理确定产品的系列型谱和参数。模块化系统也应遵循系列化设计的原理,以用户的需求为依据,通过市场调查及技术经济分析,确定模块的系列型谱。纵系列模块系统中模块功能及原理方案相同,结构相似,而尺寸参数有变化。随参数变化对系列产品划分合理区段,同一区段内模块通用。横系列模块系统是在一定基型产品基础上更换或添加模块,以得到扩展功能的同类变型产品。跨系列模块系统中包括具有相近动力参数的不同类型产品,可有两种模块化方式:在相同的基础件结构上选用不同模块系统的模块组成跨系列产品;基础件不同的跨系列产品中具有同一功能的零部件选用相同的功能模块。

④模块的组合。模块化系统的设计要考虑模块如何组合,达到用较少种类的模块组合出尽可能多的组合产品。

模块系统分闭式和开式两类。闭式系统由一定数量种类的模块组成有限数量的组合,而开式系统则是由模块得到无限多的组合。闭式系统可计算出模块的理论组合数。实际组合时要考虑使用需要、工艺可能及相容关系,实际组合数大大小于理论组合数。

模块组合要精心设计结合部的结构,结合部位的形状、尺寸、配合精度等应尽量符合标准。

⑤模块的计算机管理系统。先进的模块化系统不但可采用CAD,而且可用计算机进行管理,以更好地体现模块化设计的优越性。模块的计算机辅助管理的功能如下:

a.对模块进行编码,以便进行计算机管理。

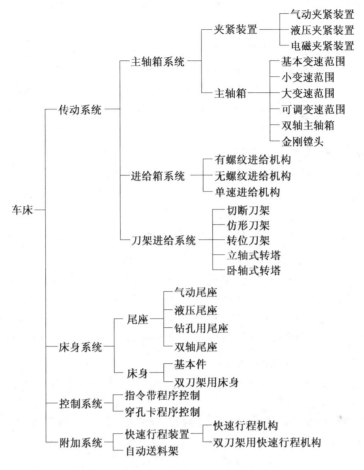

图 2.3　车床的模块系统划分

b. 给出模块系统最多可组合的产品数。

c. 对于用户的某一给定的设计要求,分析是否存在一种有效的组合方案。

d. 在满足要求的几种组合方案中进行评价,选择最佳的组合方案。

e. 若无有效的组合方案满足用户要求,则为新的模块设计提供信息。

f. 给出已选方案的模块组装图、明细表及价格表。

模块化设计可由销售部门将有关设计资料,包括模块组装图和明细表通过计算机网络直接传给生产计划部门,对产品的各个模块直接安排投产,实现所谓的"MRP Ⅱ 驱动"。

2.1.3.4　机械制造装备设计的评价

设计过程是通过分析、创造和综合而达到满足特定功能目标的一种活动。在此过程中需不断地对设计方案进行评价,根据评价结果进行修改,逐渐实现特定的功能目标。掌握评价的原理和方法,有助于建立正确的设计思想,在设计过程中不断地发现问题和解决问题。设计评价的内容十分丰富,结合机械制造装备设计的特点主要包括如下内容:技术经济评价、可靠性评价、人机工程评价、结构工艺性评价、产品造型评价和标准化评价等。

(1)技术经济性评价。设计的产品在技术上应具有先进性,经济上应合理。技术的先进性和经济的合理性往往是相互排斥的。技术经济评价就是通过深入分析这两方面的问题,建立目标系统和确定评价标准,对各设计方案的技术先进性和经济合理性进行评分,给出综合的技术经济评价。

(2)可靠性评价。可靠性是指产品在规定条件下和规定时间内完成规定功能的能力。这里所谓的"规定条件"包括使用条件、维护条件、环境条件和操作技术等;"规定时间"可以是某个预定的时间,也可以是与时间有关的其他指标,如作用或重复次数、距离等;"规定功能"是指产品应具有的技术指标。产品的可靠性主要取决于产品在研制和设计阶段形成的产品固有可靠性。

(3)人机工程评价。人机工程学是研究人机关系的一门学科,它把人和机作为一个系统,研究人机系统应具有什么样的条件,才能使人机实现高度的协调性,人只需付出适宜的代价使系统取得最大的功效和安全。产品设计中应充分考虑人的因素、机器的因素、环境的因素、人机系统等方面。

(4)结构工艺性评价。结构工艺性评价的目的是降低生产成本,缩短生产时间,提高产品质量。结构工艺性应从加工、装配、维修和运输等方面来评价。

(5)产品造型评价。机械产品造型不同于一般的艺术品。其造型必须与功能相适应,即功能决定造型,造型表现功能。机械产品造型的总原则是经济、实用、美观大方。"经济"指的是造型成本低,并有助于提高产品的可靠性、寿命和人机界面。"实用"指的是使用操作方便、舒适、符合人体的生理和心理特征,使人机系统的工作效能达到最高。"美观大方"是指产品的外观形象给人的心理、生理及视觉效应良好。

(6)标准化评价。标准化的定义是:在经济、技术、科学及管理等社会实践中,对重复性事物和概念通过制定、发布和实施标准,达到统一,以获得最佳秩序和社会效益。产品设计的标准化对提高设计水平、保证设计质量、简化设计程序、节约设计费用将产生显著效果。从编制产品设计任务书到设计、试制、鉴定各个阶段,都必须充分考虑标准化的要求,认真进行标准化审查。

2.1.4　机械制造装备(金属切削机床)设计的基本理论

1. 机床精度和精度保持性

金属切削机床是典型机械制造装备,所以此部分以金属切削机床为例。

(1)机床精度。机床精度是反映机床零部件加工和装配误差大小的重要技术指标,会直接影响工件的尺寸形位误差和表面粗糙度。机床精度包括几何精度、传动精度、运动精度、定位精度及工作精度等。

①几何精度。几何精度指最终影响机床工作精度的那些零部件的精度,包括尺寸、形状、相互位置精度等,如直线度、平面度、垂直度等,是在机床静止或低速运动条件下进行测量,可反映机床相关零部件的加工与装配质量。

②传动精度。传动精度是机床内联系传动链两端件之间相对运动的准确性,反映传动系统设计的合理性及有关零件的加工和装配质量。

③运动精度。机床主要零部件在工作状态速度下无负载运转时的精度,包括回转精度(如主轴轴心漂移)和直线运动的不均匀性(如运动速度周期性波动)等。运动精度与传动链的设计、加工与装配质量有关。

④定位精度。机床有关部件在直线坐标和回转坐标中定位的准确性,即实际位置与要求位置之间误差的大小,主要反映机床的测量系统、进给系统和伺服系统的特性。

⑤工作精度。机床对规定试件或工件进行加工的精度,不仅能综合反映出上述各项精度,而且还反映机床的刚度、抗振性及热稳定性等特性。

(2)机床精度等级。机床的精度可分为普通级、精密级和高精度级三种精度等级。其公差大致为 1∶0.4∶0.25,国家有关标准对不同类型和等级机床的检验项目及允许误差都有比较明确的规定,在机床设计与制造中必须贯彻执行,并注意留出一定的精度储备量,如有的厂家将规定精度标准压缩 1/3 作为生产标准执行。

(3)机床精度保持性。机床的精度保持性是指机床在工作中能长期保持其原始精度的能力,一般由机床某些关键零件,如主轴、导轨、丝杠等的首次大修期所决定,对于中型机床首次大修期应保证在 8 年以上。为了提高机床的精度保持性,要特别注意关键零件的选材和热处理,尽量提高其耐磨性,同时还要采用合理的润滑和防护措施。

2. 刚度

机床刚度是指机床受载时抵抗变形的能力,通常用下式表示,即

$$K = \frac{F}{y}$$

式中,K 为机床刚度,N/μm;F 为作用在机床上的载荷,N;y 为在载荷作用下,机床的变形量,μm。

作用在机床上的载荷有重力、夹紧力、切削力、传动力、摩擦力、冲击振动干扰力等。按照载荷的性质不同,可分为静载荷和动载荷。不随时间变化或变化极为缓慢的载荷称为静载荷,如重力、切削力的静力部分等。凡随时间变化的载荷如冲击振动力及切削力的交变部分等称为动态载荷。故机床刚度相应地分为静刚度及动刚度,后者是抗振性的一部分,习惯所说的刚度一般指静刚度。

机床是由众多的构件(零、部件)和柔性接合部组成,接合部的物理参数对机床的整机性能影响非常大,整机刚度的 50% 取决于接合部刚度,整机阻尼的 50% ~80% 来自接合部阻尼。在载荷作用下各构件及接合部都要产生变形,这些变形直接或间接地引起刀具和工件之间的相对位移。这个位移的大小代表了机床的整机刚度。因此,机床整机刚度不能用某个零部件的刚度评价,而是指整台机床在静载荷作用下,各构件及接合面抵抗变形的综合能力。显然,刀具和工件间的相对位移影响加工精度,同时静刚度对机床抗振性、生产率等均有影响。因此,在机床设计中对如何提高其刚度是十分重视的。国内外对结构刚度和接触刚度做了大量的研究工作。在设计中既要考虑提高各部件刚度,同时也要考虑接合部刚度及各部件间的刚度匹配。各个部件和接合部对机床整机刚度的贡献大小是不同的,设计中应进行刚度的合理分配和优化。

3. 抗振能力

机床的抗振能力是指抵抗产生受迫振动和切削自激振动(切削颤振)的能力,习惯上前者称为抗振性,后者称为切削稳定性。机床的受迫振动是在内部或外部振源,即交变力的作用下产生的,如果振源频率接近机床整机或某个重要零部件的固有频率时,会产生"共振",必须加以避免。切削颤振是机床—刀具—工件系统在切削加工中,由于内部具有某种反馈机制而产生的自激振动,其频率一般接近机床系统的某个固有频率。

机床零部件的振动会恶化其工作条件,加剧磨损,引起噪声;刀架与工件间的振动会直接

影响加工质量,降低刀具耐用度,是限制机床生产率的重要因素。

为了提高机床的抗振性能,应采取下列必要措施:

(1)提高机床主要零部件及整机的刚度,提高其固有频率,使其远离机床内部或外部振源的频率。

(2)改善机床的阻尼性能,特别注意机床零件结合面之间的接触刚度和阻尼,对滚动轴承及滚动导轨做适当预紧等。

(3)改善旋转零部件的动平衡状况,减少不平衡激振力,这一点对高速机床尤为重要。

4. 噪声

机床在工作中的振动还会产生噪声,这不仅是一种环境污染,而且能反映机床设计与制造的质量。随着现代机床切削速度的提高、功率的增大、自动化功能的增多,噪声污染问题也越来越严重,降低噪声是机床设计者的重要任务之一。根据有关规定,普通机床和精密机床不得超过85 dB(A),高精度机床不超过75 dB(A),对于要求严格的机床,前者应压缩到78 dB(A),后者应降低到70 dB(A)。除声压级以外,对噪声的品质也有严格要求,不能有尖叫声和冲击声,应达到所谓"悦耳"的要求。机床噪声源包含机械噪声、液压噪声、电磁噪声和空气动力噪声等不同成分,在机床设计中要提高传动质量,减少摩擦、振动和冲击,减少机械噪声。

5. 热变形

机床工作中由于受到内部热源和外部热源的影响,使机床各部分温度发生变化,引起热变形。机床热变形会破坏机床的原始精度,引起加工误差,还会破坏轴承、导轨等的调整间隙,加快运动件的磨损,甚至会影响正常运转。据统计,热变形引起的加工误差可达总误差的70%以上。特别是对于精密机床、大型机床以及自动化机床,热变形的影响是不容忽视的。机床的内部热源有电动机发热,液压系统发热,轴承、齿轮等摩擦传动发热以及切削热等;机床的外部热源主要是机床的环境温度变化和周围的辐射热源。机床开始工作时各部分温度较低,因此温升速度较快,随着温度升高,散热作用加强,温升速度减缓,如果热源在单位时间内发热量恒定,则经过一段时间,机床各部分的温升和热变形会基本保持稳定,处于热平衡状态。机床设计中要求采取各种措施减少内部热源的发热量、改善散热条件、均衡热源、减少温升和热变形;还可采用热变形补偿措施,减少热变形对加工精度的影响等。

6. 机床性能

机床在加工过程中产生的各种静态力、动态力以及温度变化,会引起机床变形、振动、噪声等,给加工精度和生产率带来不利影响。机床性能就是指机床对上述现象的抵抗能力。由于影响的因素很多,在机床性能方面,还像精度检验那样,制定出确切的检测方法和评价指标。

(1)传动效率。传动效率是衡量机床能否有效利用电动机输出功率的能力,用下式表示:

$$\eta = P/P_E \approx (P_E - P_0)/P_E = 1 - P_0/P_E$$

式中,η 为机床传动效率;P 为机床输出功率;P_E 为电动机输出功率;P_0 为机床空运转功率。

机床的功率损失主要转化成摩擦热,会造成传动件的磨损和引起机床热变形,因此,传动效率是间接反映机床设计与制造质量的重要指标之一。对于普通机床,主轴最高转速时的空运转功率不应超过主电机功率的1/3。机床的传动效率与机床传动链的长短及传动件的速度有关,也受轴承预紧、传动件平衡和润滑状态等因素影响。

（2）机床生产率。机床的生产率通常是指单位时间内机床所能加工的工件数量,即

$$Q=\frac{1}{t}=\frac{1}{t_1+t_2+t_3/n}$$

式中,Q 为机床生产率;t 为单个工件的平均加工时间;t_1 为单个工件的切削加工时间;t_2 为单个工件加工过程中的辅助时间;t_3 为加工一批工件的准备与结束工作时间;n 为一批工件的数量。

　　要提高机床的生产率,可以采用先进刀具提高切削速度,采用大切深、大进给、多刀多切削等缩短切削时间。采用空行程机动快移、自动工件夹紧、自动测量和数字显示等,缩短辅助时间。机床自动化加工可以减少人对加工的干预,减少失误,保证加工质量;减轻劳动强度,改善劳动环境;减少辅助时间,有利于提高劳动生产率。机床的自动化可分为大批大量生产自动化和单件小批量生产自动化。大批大量生产的自动化,通常采用自动化单机(如自动机床、组合机床或经过改造的通用机床等)和由它们组成的自动生产线。对于单件小批量生产自动化,则必须采用数控机床等柔性自动化设备,在数控机床及加工中心的基础上,配上计算机控制的物料输送和装卸装备,可构成柔性制造单元(Flexible Manufacturing Cell,FMC) 和柔性制造系统(Flexible Manufacturing System,FMS)。

7. 工件表面成形方法与机床运动分析

　　在切削加工过程中,机床上的刀具和工件按一定的规律做相对运动,通过刀具对工件毛坯的切削作用,切除毛坯上多余金属,从而得到所要求的零件表面形状。机械零件的任何表面都可以看作是一条线(称为母线)沿另一条线(称为导线)运动的轨迹。如平面是由一条直线(母线)沿另一条直线(导线)运动而形成的;圆柱面和圆锥面是由一条直线(母线)沿着一个圆(导线)运动而形成的;普通螺纹的螺旋面是由"∧"形线(母线)沿螺旋线(导线)运动而形成的;直齿圆柱齿轮的渐开线齿廓表面是渐开线(母线)沿直线(导线)运动而形成的;等等,如图2.4 所示。

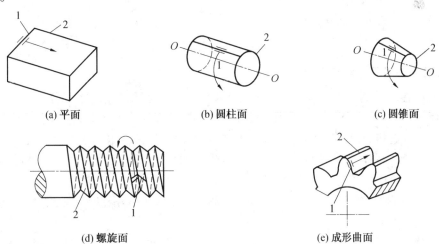

(a) 平面　　　　　　　　(b) 圆柱面　　　　　　　　(c) 圆锥面

(d) 螺旋面　　　　　　　　　　　(e) 成形曲面

图 2.4　成形运动的组成

1—母线;2—导线

　　母线和导线统称为发生线。切削加工中发生线是由刀具的切削刃与工件间的相对运动得到的。一般情况下,由切削刃本身或与工件相对运动配合形成一条发生线(一般是母线),而另一条发生线则完全是由刀具和工件之间的相对运动得到的。由于加工方法、刀具结构及切

削刃的形状不同,所以,形成母线和导线的方法及所需运动也不相同。概括起来有以下四种。

(1)轨迹法。指的是刀具切削刃与工件表面之间为近似点接触,通过刀具与工件之间的相对运动,由刀具刀尖的运动轨迹来实现表面的成形,如图2.5(a)所示。刨刀沿箭头 A_1 方向的运动形成母线,沿箭头 A_2 方向的运动形成导线。

(2)成形法。是指刀具切削刃与工件表面之间为线接触,切削刃的形状与形成工件表面的一条发生线完全相同,另一条发生线由刀具与工件的相对运动来实现,如图2.5(b)所示。

(3)相切法。利用刀具边旋转边做轨迹运动对工件进行加工的方法,如图2.5(c)所示。刀具作旋转运动 B_1 ,刀具圆柱面与被加工表面相切的直线就是母线。刀具沿 A_2 做曲线运动,形成导线。两个运动的叠加,形成加工表面。相切法又称包络线法。

(4)展成法。展成法是指对各种齿形表面进行加工时,刀具的切削刃与工件表面之间为线接触,刀具与工件之间做展成运动(或称啮合运动),齿形表面的母线是切削刃各瞬时位置的包络线,如图2.5(d)、(e)所示。

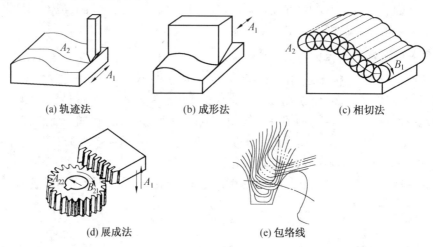

(a) 轨迹法　　　　　　(b) 成形法　　　　　　(c) 相切法

(d) 展成法　　　　　　　　(e) 包络线

图2.5　形成发生线的方法

8. 传动的基本组成和传动原理图

(1)机床传动的基本组成部分。机床的传动必须具备以下三个基本部分。

①运动源。运动源是执行件提供动力和运动的装置。通常为电动机,如交流异步电动机、直流电动机、直流和交流伺服电动机、步进电动机、交流变频调速电动机等。

②传动件。传动件是传递动力和运动的零件。如齿轮、链轮、带轮、丝杠、螺母等,除机械传动外,还有液压传动和电气传动元件等。

③执行件。执行件是夹持刀具或工件执行运动的部件。常用执行件有主轴、刀架、工作台等,是传递运动的末端件。

(2)机床的传动装置。机床的传动装置一般有机械、液压、电气传动等形式。液压、电气传动由专门课程讲解,这里不再讲述。机械传动按传动原理可分为分级传动和无级传动。

①离合器。用于实现运动的启动、停止、换向、变速。离合器的种类很多,按其结构和用途不同,可分为啮合式离合器、摩擦式离合器、超越离合器和安全离合器等。

②变速组。它是实现机床分级变速的基本机构。常见的形式如图2.6所示。

a.滑移齿轮变速组。如图2.6(a)所示,轴Ⅰ上装有齿数为 Z_1,Z_2,Z_3 3 个齿轮,它们与轴牢固连接,称为固定齿轮。轴的转动一定会带动三个齿轮转动。反之,任何一个齿轮转动也一定带动轴 I 转动。轴 II 上装有一个联体齿轮(齿数为 Z'_1、Z'_2、Z'_3),称为三联齿轮。该联体齿轮与轴 II 的连接是滑移连接,即该三联齿轮可以沿轴 II 的轴线方向移动,但不能与轴 II 发生相对转动。当三联滑移齿轮分别滑移至左、中、右三个不同的啮合工作位置时,即会获得三种不同的传动比 Z_1/Z'_1、Z_2/Z'_2、Z_3/Z'_3。此时,如果 I 轴只有一种转速,则 II 轴可得三种不同的转速,这个机构称为滑移齿轮变速组。滑移齿轮变速组结构紧凑,传动效率高,变速方便,传递动力大。但不能在运动过程中变速,只能在停车或很慢转动时变速。

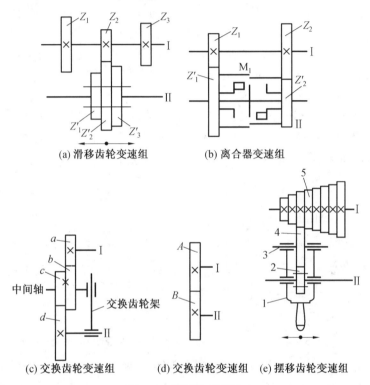

(a) 滑移齿轮变速组　　　(b) 离合器变速组

(c) 交换齿轮变速组　　　(d) 交换齿轮变速组　　(e) 摆移齿轮变速组

图 2.6　常用的变速组

1—摆移架;2—滑移齿轮;3—中间轴;4—中间轮;5—固定齿轮

b. 离合器变速组。如图 2.6(b)所示,轴 I 上装有两个固定齿轮 Z_1、Z_2,分别与空套在轴 II 上的齿轮 Z'_1、Z'_2 啮合。所谓"空套齿轮",是套装在轴上(轴只起支承作用),与轴是无传动连接的,即轴转动不会带动齿轮转动,反之,齿轮转动也不会带动轴转动。在 Z'_1 和 Z'_2 之间,装有端面齿双向离合器,且离合器用花键与轴 II 相连,由于 Z_1/Z'_1、Z_2/Z'_2 的传动比不同,所以,如果 I 轴只有一种转速,则离合器分别向左啮合或向右啮合,轴 II 就会得到两种转速。离合器变速组操作方便,变速时齿轮不需移动,故常用于斜齿圆柱齿轮传动中,使传动平稳。

c. 交换齿轮变速组。图 2.6(c)、(d)所示为最常见的交换齿轮机构,所谓交换齿轮是指根据传动需要可拆装的活动齿轮。图 2.6(d)所示为一对交换齿轮变速组,只要在固定中心距的轴 I 与轴 II 上装上传动比不同(即不同的 A、B),但"齿数和"相同的齿轮 A 和 B,则可由轴 I 的一种转速,使轴 II 得到不同的转速。图 2.6(c)所示为两对交换齿轮,其工作原理与一对交换齿轮变速组相似,不同的是两对交换齿轮的变速组需要有一可以绕轴 II 摆动的交换齿轮架,中间轴在交换齿轮架上可做径向调整移动,并用螺栓紧固在一定的径向位置上,以适合不同的

齿轮 a、b、c、d 啮合的需要。交换齿轮变速组机构简单、紧凑,但变速时较费时。

　　d. 摆移齿轮变速组。如图 2.6(e)所示,在轴 I 上装有八个齿数按一定规律排列的固定齿轮,通常称为塔齿轮,轴 II 上装有一个滑移齿轮 2,它通过一个可以轴向移动又能摆动的架子推动齿轮做左、右滑移,摆移架 1 的中间轴 3 上装有一中间空套齿轮,因此,当摆移架 1 摆动加移动依次地使中间轮 4 与塔齿轮中的一个齿轮相啮合时,如轴 I 只有一种转速,则轴 II 就会得到八种转速。该变速机构变速方便,结构紧凑,但因有摆移架故刚性较差。

　　③变向机构。其作用是改变机床执行件的运动方向。下面介绍两种常见的变向机构。

　　a. 滑移齿轮变向机构。如图 2.7(a)所示,轴 I 上装有一双联固定齿轮($Z_1 = Z_3$),轴 II 上装有一个滑移齿轮 Z_2,中间轴上装有一空套齿轮 Z_0。当 Z_2 滑至图中右侧位置时,轴 I 的运动由 Z_3 经 Z_0 传给 Z_2,使轴 II 的转向与轴 I 相同;当滑移齿轮 Z_2 向左滑移至与 Z_1 啮合位置,则轴 I 的运动经 Z_1,Z_2 直接传给轴 II,使轴 II 的转动方向与轴 I 相反,这种变向机构刚性较好,可实现机床的正反转。

　　b. 锥齿轮与离合器组成的变向机构。如图 2.7(b)所示,主动轴 I 上装有固定锥齿轮 Z_1;Z_1 同时与 Z_2、Z_3 啮合,使空套的 Z_2、Z_3 具有不同的转向。离合器 M 依次与 Z_2、Z_3 的端面齿相啮合,则轴 II 将获得两个不同的运动方向,这种变向机构刚性较圆柱齿轮变向机构差些。

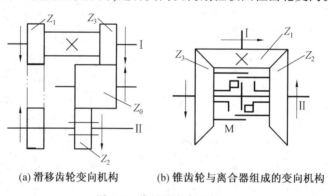

(a) 滑移齿轮变向机构　　　(b) 锥齿轮与离合器组成的变向机构

图 2.7　常见的变向机构

　　(3)机床的传动链。为了在机床上得到所需要的运动,必须通过一系列的传动件把运动源和执行件,或把执行件与执行件联系起来,以构成传动联系。构成一个传动联系的一系列传动件,称为传动链。根据传动链的性质,传动链可分为两类。

　　①外联系传动链。联系运动源与执行件的传动链,称为外联系传动链。它的作用是使执行件得到预定速度的运动,并传递一定的动力。此外,还起执行件变速、换向等作用。外联系传动链传动比的变化,只影响生产率或表面粗糙度,不影响加工表面的形状。因此,外联系传动链不要求两末端件之间有严格的传动关系。如卧式车床中,从主电动机到主轴之间的传动链,就是典型的外联系传动链。

　　②内联系传动链。联系两个执行件,以形成复合成形运动的传动链,称为内联系传动链。它的作用是保证两个末端件之间的相对速度或相对位移保持严格的比例关系,以保证被加工表面的性质。如在卧式车床上车螺纹时,连接主轴和刀具之间的传动链,就属于内联系传动链。此时,必须保证主轴(工件)每转一转,车刀移动工件螺纹一个导程,才能得到要求的螺纹导程。又如,滚齿机的范成运动传动链也属于内联系传动链。

(4)机床传动原理图。在机床的运动分析中,为了便于分析机床运动和传动联系,常用一些简明的符号来表示运动源与执行件、执行件与执行件之间的传动联系,这就是传动原理图。图 2.8 为传动原理图常用的部分符号。

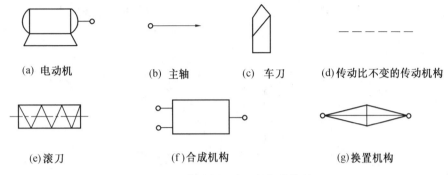

(a) 电动机　　　　　(b) 主轴　　　(c) 车刀　　(d) 传动比不变的传动机构

(e)滚刀　　　　　　(f)合成机构　　　　　(g)换置机构

图 2.8　传动原理常用的部分符号

下面以卧式车床的传动原理图为例,说明传动原理图的画法和所表示的内容。如图 2.9 所示,从电动机至主轴之间的传动属于外联系传动链,它是为主轴提供运动和动力的。即从电动机—1—2—u_v—3—4—主轴,这条传动链也称主运动传动链,其中 1—2 和 3—4 段为传动比固定不变的定比传动结构,2—3 段是传动比可变的换置机构 u_v,调整 u_v 值用以改变主轴的转速。从主轴—4—5—u_f—6—7—丝杠—刀具,得到刀具和工件间的复合成形运动(螺旋运动),这是一条内联系传动链,其中 4—5 和 6—7 段为定比传动机构,

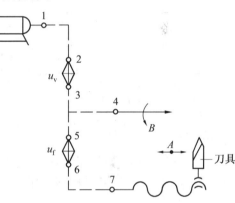

图 2.9　卧式车床传动原理图

5—6 段是换置机构 u_f,调整 u_f 值可得到不同的螺纹导程。在车削外圆面或端面时,主轴和刀具之间的传动联系无严格的传动比要求,二者的运动是两个独立的简单成形运动,因此,除了从电动机到主轴的主传动链外,另一条传动链可视为由电动机—1—2—u_v—3—5—u_f—6—7—刀具(通过光杠),此时这条传动链是一条外联系传动链。

传动原理图表示了机床传动的最基本特征。因此,用它来分析、研究机床运动时,最容易找出两种不同类型机床的最根本区别,对于同一类型机床来说,不管它们具体结构有何明显的差异,它们的传动原理图却是完全相同的。

2.1.5　机床传动系统图和运动计算

1. 机床传动系统图

机床的传动系统图是表示机床全部运动传动关系的示意图。它比传动原理图更准确、更清楚、更全面地反映了机床的传动关系。在图中用简单的规定符号代表各种传动元件(我国的机床传动系统图规定符号详见国家标准 GB 4460—84《机械制图机械运动简图符号》及 GB 138—74《机械制图—— 机动示意图中的规定符号》)。

机床的传动系统图画在一个能反映机床外形和各主要部件相互位置的投影面上,并尽可

能绘制在机床外形的轮廓线内。图中的各传动元件是按照运动传递的先后顺序,以展开图的形式画出来。该图只表示传动关系,并不代表各传动元件的实际尺寸和空间位置。在图中通常注明齿轮及蜗轮的齿数、带轮直径、丝杠的导程和头数、电动机功率和转数、传动轴的编号等。传动轴的编号,通常从运动源(电动机)开始,按运动传递顺序,依次用罗马数字Ⅰ,Ⅱ,Ⅲ,Ⅳ,…表示。图2.10是一台中型卧式车床主传动系统图。

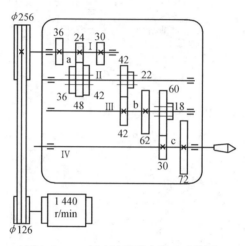

图2.10 12级变速车床主传动系统图

2. 传动路线表达式

为便于说明及了解机床的传动路线,通常把传动系统图数字化,用传动路线表达式(传动结构式)来表达机床的传动路线。图2.10车床主传动路线表达式为

$$
\text{电动机(1 440 r/min)} - \frac{\phi126}{\phi256} - \mathrm{I} - \begin{bmatrix} \dfrac{36}{36} \\ \dfrac{24}{48} \\ \dfrac{30}{42} \end{bmatrix} - \mathrm{II} - \begin{bmatrix} \dfrac{42}{42} \\ \dfrac{22}{62} \end{bmatrix} - \mathrm{III} - \begin{bmatrix} \dfrac{60}{30} \\ \dfrac{18}{72} \end{bmatrix} - \mathrm{IV(\text{主轴})}
$$

3. 主轴转数级数计算

电动机是单一转速,经过 V 型带轮定比传动,轴Ⅰ的3个齿轮带动轴Ⅱ的3个齿轮传动,使轴Ⅱ得到三级转速。同理,轴Ⅱ上的2个齿轮带动轴Ⅲ的2个齿轮传动,轴Ⅱ的每一种转速都可以传递给轴Ⅲ,则轴Ⅲ得到六级转速。轴Ⅲ的每一种转速又可以两种方式传给轴Ⅳ,轴Ⅳ将获得12种转速。通过变速组的变速方式与主轴变速级数的关系,可以得出结论,主轴的变速级数 Z 等于各变速组变速方式 P 的乘积,即

$$Z = P_{\mathrm{I-II}} \times P_{\mathrm{II-III}} \times P_{\mathrm{III-IV}}$$

根据前述主传动路线表达式可知,主轴正转时,利用各滑移齿轮组齿轮轴向位置的各种不同组合,主轴可得 $3 \times 2 \times 2 = 12$ 级正转转速。同理,当电机反转时主轴可得12级反转转速。

4. 运动计算

机床运动计算通常有两种情况:

(1)根据传动路线表达式提供的有关数据,确定某些执行件的运动速度或位移量。

（2）根据执行件所需的运动速度、位移量，或有关执行件之间需要保持的运动关系，确定相应传动链中换置机构的传动比，以便进行调整。

例 2.1 根据图 2.10 所示主传动系统，计算主轴转速。

解 主轴各级转速数值可应用下列运动平衡式进行计算：

$$n_{主}=n_{电}\times\frac{D}{D'}(1-\varepsilon)\times\frac{Z_{I-II}}{Z'_{I-II}}\times\frac{Z_{II-III}}{Z'_{II-III}}\times\frac{Z_{III-IV}}{Z'_{III-IV}}$$

式中，$n_{主}$ 为主轴转速，r/min；$n_{电}$ 为电动机转速，r/min；D,D' 分别为主动、被动皮带轮直径，mm；ε 为三角带传动的滑动系数，可近似地取 $\varepsilon=0.02$；Z_{I-II}、Z_{II-III}、Z_{III-IV} 以及 Z'_{I-II}、Z'_{II-III}、Z'_{III-IV} 分别为 I-II、II-III、III-IV 轴之间主动和被动齿轮齿数。

主轴各级转速均可由上述运动平衡式计算出来，如计算所得主轴最高转速和最低转速分别为

$$n_{主max}=1\,440\times\frac{126}{256}\times(1-0.02)\times\frac{36}{36}\times\frac{42}{42}\times\frac{60}{30}\approx1\,440\ （r/min）$$

$$n_{主min}=1\,440\times\frac{126}{256}\times(1-0.02)\times\frac{24}{48}\times\frac{22}{62}\times\frac{18}{72}\approx31.5\ （r/min）$$

例 2.2 图 2.11 所示为 X62W 型万能铣床主运动传动系统。

解 主运动传动装置的功能是使主轴实现变速、变向和主轴在停止转动时的制动。该铣床的主电动机转速为 1 450 r/min，共有 18 级转速，转速范围为 30～1 500 r/min。

主运动的传动路线图为

$$电动机（1\,450\ r/min）—I—\frac{26}{54}—II—\begin{bmatrix}\frac{22}{33}\\\frac{19}{36}\\\frac{16}{39}\end{bmatrix}—III—\begin{bmatrix}\frac{39}{26}\\\frac{28}{37}\\\frac{18}{47}\end{bmatrix}—IV—\begin{bmatrix}\frac{82}{38}\\\frac{19}{71}\end{bmatrix}—V（主轴）$$

主轴最高转速的传动路线为

$$n_{主max}=1\,450\times\frac{26}{54}\times\frac{22}{23}\times\frac{39}{26}\times\frac{82}{38}\approx1\,500\ （r/min）$$

例 2.3 根据图 2.12 所示的车削螺纹进给传动链，确定挂轮变速机构的换置公式。

解 由图示得到的运动平衡式为

$$1\times\frac{60}{60}\times\frac{40}{40}\times\frac{a}{b}\times\frac{c}{d}\times12=L_{工}$$

式中，$L_{工}$ 为被加工螺母的导程，mm。

将上式化简后，得到挂轮的换置公式，应用此换置公式，适当地选择挂轮 a、b、c、d 的齿数，就可车削出导程为 $L_{工}$ 的螺纹。

$$\mu_{挂}=\frac{a}{b}\times\frac{c}{d}=\frac{L_{工}}{12}$$

5. 机床的传动系统

实现机床加工过程中全部成形运动和辅助运动的各传动链，组成一台机床的传动系统。表示实现机床全部运动的传动示意图称为传动系统图。分析传动系统图的一般方法是：首先

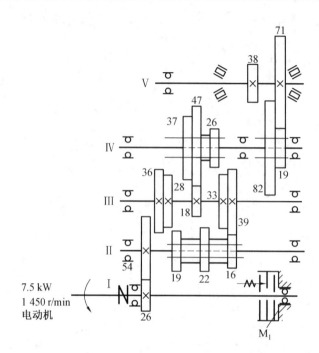

图 2.11　X62W 型万能铣床主运动传动系统

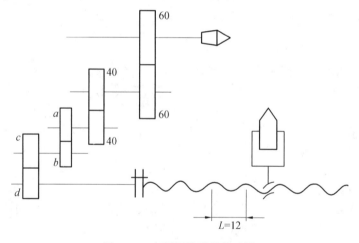

图 2.12　车削螺纹进给传动链

找出运动链所联系的两个末端件,然后按运动传动(或联系)顺序,依次分析各传动轴之间的传动结构和运动的传递关系。分析传动结构时,特别注意齿轮、离合器等传动件与传动轴之间的连接关系(如固定、空套或滑移)。

　　图 2.13 为 CA6140 型卧式车床的传动系统图。图中左上方的方框内表示机床的主轴箱,框中是从主电动机到车床主轴的主运动传动链。传动链中的滑移齿轮变速机构,可使主轴得到不同的转速;片式摩擦离合器换向机构,可使主轴得到正、反向转速。左下方框表示进给箱,右下方框表示溜板箱。从主轴箱中下半部分传动件,到左外侧的挂轮机构、进给箱中的传动件、丝杠或光杠以及溜板箱中的传动件,构成了从主轴到刀架的进给传动链。进给换向机构位

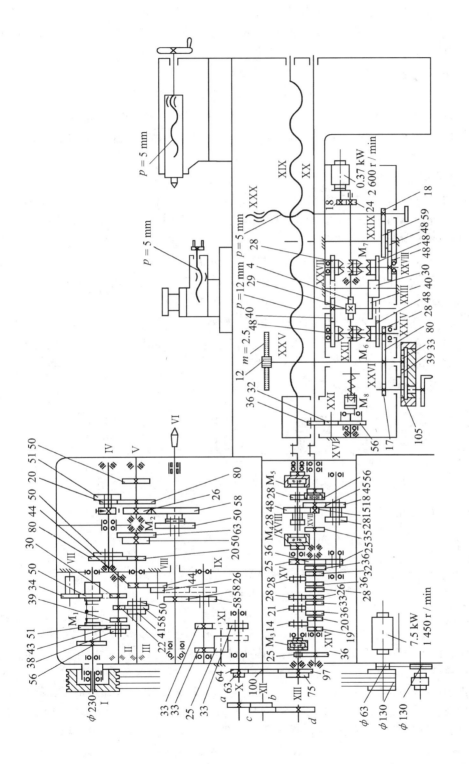

图2.13　CA6140 型卧式车床的传动系统图

于主轴箱下部,用于切削左旋或右旋螺纹,挂轮或进给箱中的变换机构,用来决定将运动传给丝杠还是光杠。若传给丝杠,则经过丝杠和溜板箱中的开合螺母,把运动传给刀架,实现切削螺纹传动链;若传给光杠,则通过光杠和溜板箱中的转换机构传给刀架,形成机动进给传动链。溜板箱中的转换机构用来确定是纵向进给或是横向进给。

主运动传动链:两个末端分别是主电动机和主轴,它的功用是把动力源(电动机)的运动及动力传给主轴,使主轴带动工件旋转实现主运动,并满足卧式车床主轴变速和换向的要求。

进给运动传动链:两个末端分别是主轴和刀架,其功用是使刀架实现纵向或横向移动及变速与换向。

(1)主运动传动链。

主运动传动链的两末端件是主电动机与主轴,它的功用是把动力源(电动机)的运动及动力传给主轴,使主轴带动工件旋转实现主运动,并满足卧式车床主轴变速和换向的要求。

①主运动传动路线。主运动的动力源是电动机,执行件是主轴。运动由电动机经 V 型带轮传动副 φ130/φ230 传至主轴箱中的轴 I。轴 I 上装有双向多片摩擦离合器 M_1,离合器左半部接合时,主轴正转;右半部接合时,主轴反转;左右都不接合时,轴 I 空转,主轴停止转动。轴 I 运动经 M_1→轴Ⅱ→轴Ⅲ,然后分成两条路线传给主轴:当主轴Ⅵ上的滑移齿轮($Z=50$)移至左边位置时,运动从轴Ⅲ经齿轮副 63/50 直接传给主轴Ⅵ,使主轴得到高转速;当主轴Ⅵ上的滑移齿轮($Z=50$)向右移,使齿轮式离合器 M_2 接合时,则运动经轴Ⅲ→Ⅳ→Ⅴ传给主轴Ⅵ,使主轴获得中、低转速。

主运动传动路线表达如下:

$$
电动机 - \frac{\phi130}{\phi230} - I
\begin{cases}
M_1 左(正转) \begin{cases} \frac{56}{38} \\ \frac{51}{43} \end{cases} \\
M_1 右(反转) - \frac{50}{34} - Ⅶ - \frac{34}{30}
\end{cases}
Ⅱ - \begin{cases} \frac{39}{41} \\ \frac{30}{50} \\ \frac{22}{58} \end{cases} - Ⅲ -
$$

$$
\begin{cases} \frac{20}{80} \\ \frac{50}{50} \end{cases} - Ⅳ - \begin{cases} \frac{20}{80} \\ \frac{51}{50} \end{cases} - Ⅴ - M_2 \frac{26}{58} \Bigg\rbrace - Ⅵ(主轴)
$$

$$
\underline{\qquad \frac{63}{50} \qquad}
$$

②主轴转速级数与转速。由传动系统图和传动路线表达式可以看出,主轴正转时,轴Ⅱ上的双联滑移齿轮可有两种啮合位置,分别经 56/38 或 51/43 使轴Ⅱ获得两种速度。其中的每一种转速经轴Ⅲ的三联滑移齿轮 39/41 或 30/50 或 22/58 的齿轮啮合,使轴Ⅲ获得 3 种转速,因此轴Ⅱ的两种转速可使轴Ⅲ获得 2×3=6 种转速。经高速分支传动路线时,由齿轮副 63/50 使主轴Ⅵ获得 6 种高转运。经低速分支传动路线时,轴Ⅲ的 6 种转速经轴Ⅳ上的两对双联滑移齿轮,使主轴得到 6×2×2=24 种低转速。因为轴Ⅲ到轴Ⅴ间的两个双联滑移齿轮变速组得到的 4 种传动比中,有两种重复,即

$$\mu_1 = \frac{50}{50} \times \frac{51}{50} \approx 1, \quad \mu_2 = \frac{50}{50} \times \frac{20}{80} = \frac{1}{4}$$

$$\mu_3 = \frac{20}{80} \times \frac{51}{50} \approx \frac{1}{4}, \quad \mu_4 = \frac{20}{80} \times \frac{20}{80} = \frac{1}{16}$$

其中 μ_2、μ_3 基本相等,因此经低速传动路线时,主轴Ⅵ获得的实际只有 $6 \times (4-1) = 18$ 级转速。同理,主轴反转时,只能获得 $3 + 3 \times (2 \times 2 - 1) = 12$ 级转速。主轴的转速可按下列运动平衡式计算:

$$n_主 = n_电 \times \frac{130}{230} \times (1-\varepsilon) \mu_{I-II} \times \mu_{II-III} \times \mu_{III-IV}$$

式中,ε 为 V 带轮的滑动系数,可取 $\varepsilon = 0.02$;μ_{I-II} 为轴 Ⅰ 和轴 Ⅱ 间的可变传动比,其余类推。

例如,图 2.13 所示的齿轮啮合情况(离合器 M_2 拨向左侧),主轴的转速为

$$n_主 = 1\ 450 \times \frac{130}{230} \times (1-0.02) \times \frac{51}{43} \times \frac{22}{58} \times \frac{63}{50} \approx 450\ (\text{r/min})$$

根据运动平衡方程式计算各级转速时,中间各级转速不易判断出所经过的各传动副。若利用转速图这种分析机床传动系统的有效工具则可清楚地看出各级转速的传动路线。CA6140 型卧式车床主运动传动链转速图如图 2.14 所示。

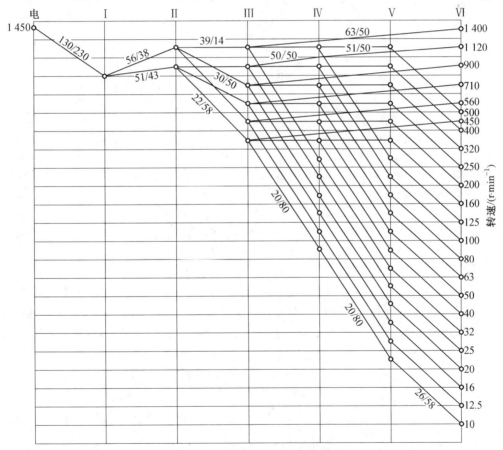

图 2.14　CA6140 型卧式车床主运动传动链转速图

主轴反转时,轴 Ⅰ – Ⅱ 间传动比的值大于正转时传动比的值,所以反转转速大于正转转速。主轴反转一般不用于切削,而是用于车削螺纹时,切削完一刀后,使车刀沿螺旋线退回,以免下一次切削时"乱扣"。转速高,可节省辅助时间。

（2）进给运动传动链。

进给运动传动链的两个末端件分别是主轴和刀架，其作用是实现刀具纵向或横向移动及变速与换向。它包括车螺纹进给运动传动链和机动进给运动传动链。

①车螺纹进给运动传动链。CA6140 型普通车床可以车削米制、英制、模数和径节四种螺纹。车削螺纹时，主轴与刀架之间必须保持严格的传动比关系，即主轴每转一转，刀架应均匀地移动一个导程 P。由此可列出车削螺纹传动链的运动平衡方程式为

$$1_{（主轴）} \times u \times L_{丝} = P$$

式中，u 为从主轴到丝杠之间全部传动副的总传动比；$L_{丝}$ 为机床丝杠的导程，CA6140 型车床 $L_{丝} = 12$ mm；P 为被加工工件的导程，mm。

a. 车削米制螺纹。

a）车削米制螺纹的传动路线。车削米制螺纹时，运动由主轴Ⅵ经齿轮副 58/58 至轴Ⅸ，再经三星轮换向机构 33/33（车左螺纹时经 33/25×25/33）传至轴Ⅹ，再经挂轮 63/100×100/75 传到进给箱中轴ⅩⅢ，进给箱中的离合器 M_3 和 M_4 脱开，M_5 接合，再经移换机构的齿轮副 25/36 传到轴ⅩⅣ，由轴ⅩⅣ和ⅩⅤ间的基本变速组 u_j、移换机构的齿轮副 25/36×36/25 将运动传到轴ⅩⅥ，再经增倍变速组 u_b 传至轴ⅩⅧ，最后经齿式离合器 M_5，传动丝杠ⅩⅨ，经溜板箱带动刀架纵向运动，完成米制螺纹的加工。其传动路线表达如下：

$$主轴Ⅵ— \frac{58}{58} —Ⅸ— \left\{ \begin{array}{l} \frac{33}{33}（右螺纹） \\ \frac{33}{25} —Ⅺ— \frac{25}{33}（左螺纹） \end{array} \right\} —Ⅹ— \frac{63}{100} \times \frac{100}{75} —ⅩⅢ— \frac{25}{36} —ⅩⅣ$$

$$—u_j—ⅩⅤ— \frac{36}{25} \times \frac{25}{36} —ⅩⅥ—u_b—ⅩⅧ—M_5（啮合）—ⅩⅨ（丝杠）—刀架$$

b）车削米制螺纹的运动平衡式。由传动系统图和传动路线表达式，可以列出车削米制螺纹的运动平衡式：

$$P = 1_{（主轴）} \times \frac{58}{58} \times \frac{33}{33} \times \frac{63}{100} \times \frac{100}{75} \times \frac{25}{36} \times u_j \times \frac{25}{36} \times \frac{36}{25} \times u_b \times 12 \ （mm）$$

式中，u_j、u_b 分别为基本变速组传动比和增倍变速组传动比。

将上式化简可得

$$P = 7u_j u_b$$

进给箱中的基本变速组 u_j 为双轴滑移齿轮变速机构，由轴ⅩⅣ上的 8 个固定齿轮和轴ⅩⅤ上的 4 个滑移齿轮组成，每个滑移齿轮可分别与邻近的两个固定齿轮相啮合，共有 8 种不同的传动比：

$$u_{j1} = \frac{26}{28} = \frac{6.5}{7}, \quad u_{j2} = \frac{28}{28} = \frac{7}{7}, \quad u_{j3} = \frac{32}{28} = \frac{8}{7}, \quad u_{j4} = \frac{36}{28} = \frac{9}{7}$$

$$u_{j5} = \frac{19}{14} = \frac{9.5}{7}, \quad u_{j6} = \frac{20}{14} = \frac{10}{7}, \quad u_{j7} = \frac{33}{21} = \frac{11}{7}, \quad u_{j8} = \frac{36}{21} = \frac{12}{7}$$

不难看出，除了 u_{j1} 和 u_{j5} 外，其余的 6 个传动比组成一个等差数列。改变 u_j 的值，就可以车削出按等差数列排列的导程组。进给箱中的增倍变速组 u_b 由轴ⅩⅦ—轴ⅩⅧ间的三轴滑移齿轮机构组成，可变换 4 种不同的传动比：

$$u_{b1} = \frac{18}{45} \times \frac{15}{48} = \frac{1}{8}, \quad u_{b2} = \frac{28}{35} \times \frac{15}{48} = \frac{1}{4}$$

$$u_{b3}=\frac{18}{45}\times\frac{35}{28}=\frac{1}{2}, \quad u_{b4}=\frac{28}{35}\times\frac{35}{28}=1$$

它们之间依次相差 2 倍,改变 u_b 的值,可将基本组的传动比成倍地增加或缩小。

把 u_j、u_b 的值代入上式,得到 $8\times4=32$ 种导程值,其中符合标准的有 20 种,见表 2.3。可以看出,表中的每一行都是按等差数列排列的,而行与行之间成倍数关系。

表 2.3　CA6140 型普通车床米制螺纹导程　　　　　　　　　　　mm

增倍组 u_b ＼ 基本组 u_j ＼ 导程 P	$\frac{26}{28}$	$\frac{28}{28}$	$\frac{32}{28}$	$\frac{36}{28}$	$\frac{19}{14}$	$\frac{20}{14}$	$\frac{33}{21}$	$\frac{36}{21}$
$u_{b1}=\frac{18}{45}\times\frac{15}{48}=\frac{1}{8}$	—	—	1	—	—	1.25	—	1.5
$u_{b2}=\frac{28}{35}\times\frac{15}{48}=\frac{1}{4}$	—	1.75	2	2.25	—	2.5	—	3
$u_{b3}=\frac{18}{45}\times\frac{35}{28}=\frac{1}{2}$	—	3.5	4	4.5	—	5	5.5	6
$u_{b4}=\frac{28}{35}\times\frac{35}{28}=1$	—	7	8	9	—	10	11	12

c)扩大导程传动路线。从表 2.3 可以看出,此传动路线能加工的最大螺纹导程是 12 mm。如果需车削导程大于 12 mm 的米制螺纹,应采用扩大导程传动路线。这时,主轴Ⅵ的运动(此时 M_2 接合,主轴处于低速状态)经斜齿轮传动副 58/26 到轴Ⅴ,背轮机构 80/20 与 80/20 或 50/50 至轴Ⅲ,再经 44/44、26/58(轴Ⅸ滑移齿轮 Z_{58} 处于右位与轴Ⅷ Z_{26} 啮合)传到轴Ⅸ,其传动路线表达式为

$$主轴Ⅵ\left\{\begin{array}{l}(扩大导程)\dfrac{58}{26}-Ⅴ-\dfrac{80}{20}-Ⅳ\left\{\begin{array}{l}\dfrac{50}{50}\\[2mm]\dfrac{80}{20}\end{array}\right\}-Ⅲ-\dfrac{44}{44}\times\dfrac{26}{58}-Ⅸ-(接正常导程传动路线)\\[6mm](正常导程)\underline{\qquad\quad\dfrac{58}{58}\qquad\quad}\end{array}\right.$$

从传动路线表达式可知,扩大螺纹导程时,主轴Ⅵ到轴Ⅸ的传动比为:

当主轴转速为 $40\sim125$ r/min 时,$u_1=\dfrac{58}{26}\times\dfrac{80}{20}\times\dfrac{50}{50}\times\dfrac{44}{44}\times\dfrac{26}{58}=4$

当主轴转速为 $10\sim32$ r/min 时,$u_2=\dfrac{58}{26}\times\dfrac{80}{20}\times\dfrac{80}{20}\times\dfrac{44}{44}\times\dfrac{26}{58}=16$

而正常螺纹导程时,主轴Ⅵ到轴Ⅸ的传动比为:$u=\dfrac{58}{58}=1$

所以,通过扩大导程传动路线可将正常螺纹导程扩大 4 倍或 16 倍。CA6140 型车床车削大导程米制螺纹时,最大螺纹导程为 $P_{max}=12\times16=192$ mm。

b. 车削英制螺纹。英制螺纹是英、美等少数英寸制国家所采用的螺纹标准。我国部分管螺纹也采用英制螺纹。英制螺纹以每英寸长度上的螺纹扣数 α(扣/in)表示,其标准值也按分段等差数列的规律排列。英制螺纹的导程为

$$P_\alpha = 1/\alpha \quad (\text{in})$$

由于 CA6140 型车床的丝杠是米制螺纹,被加工的英制螺纹也应换算成以毫米为单位的相应导程值,即

$$P_\alpha = \frac{1}{\alpha}\text{in} = \frac{25.4}{\alpha} \text{ mm}$$

车削英制螺纹时,对传动路线做如下变动,首先,改变传动链中部分传动副的传动比,使其包含特殊因子 25.4;其次,将基本组两轴的主、被动关系对调,以便使分母为等差级数。其余部分的传动路线与车削米制螺纹时相同。

c. 车削径节螺纹。径节螺纹主要用于同英制蜗轮相配合,即为英制蜗杆,其标准参数为径节,用 DP 表示,其定义为:对于英制蜗轮,将其总齿数折算到每一英寸分度圆直径上所得的齿数值,称为径节。根据径节的定义可得蜗轮齿距为

$$\text{蜗轮齿距 } p = \frac{\pi D}{z} = \frac{\pi}{\dfrac{z}{D}} = \frac{\pi}{DP} \quad (\text{in})$$

式中,z 为蜗轮的齿数;D 为蜗轮的分度圆直径,in。

只有英制蜗杆的轴向齿距 P_{DP} 与蜗轮齿距 $\pi/(DP)$ 相等才能正确啮合,而径节制螺纹的导程为英制蜗杆的轴向齿距,即

$$P_{DP} = \frac{\pi}{DP}\text{in} = \frac{25.4k\pi}{DP} \text{ mm}$$

标准径节的数列也是分段等差数列。径节螺纹的导程排列的规律与英制螺纹相同,只是含有特殊因子 25.4π。车削径节螺纹时,可采用英制螺纹的传动路线,但挂轮需换为 $\dfrac{64}{100} \times \dfrac{100}{97}$。

d. 车削非标准螺纹和精密螺纹。非标准螺纹是指利用上述传动路线无法得到的螺纹。这时需将进给箱中的齿式离合器 M_1、M_4 和 M_5 全部啮合,被加工螺纹的导程 $L_\text{工}$ 依靠调整挂轮的传动比 $\mu_\text{挂}$ 来实现。

(3)机动进给传动链。

车削外圆柱或内圆柱表面时,可使用机动的纵向进给。车削端面时,可使用机动的横向进给。

①纵向机动进给传动链。纵向进给一般用于外圆车削,CA6140 型车床纵向机动进给量有 64 种。当运动由主轴经正常导程的米制螺纹传动路线时,可获得正常进给量。这时的运动平衡式为

$$f_\text{纵} = 1_\text{主轴} \times \frac{58}{58} \times \frac{33}{33} \times \frac{63}{100} \times \frac{100}{75} \times \frac{25}{36} \times u_\text{j} \times \frac{25}{36} \times \frac{36}{25} \times u_\text{b} \times \frac{28}{56} \times \frac{36}{32} \times \frac{32}{36} \times$$

$$\frac{4}{29} \times \frac{40}{48} \times \frac{28}{80} \times \pi \times 2.5 \times 12 \quad (\text{mm/r})$$

将上式化简可得

$$f_\text{纵} = 0.711 u_\text{j} u_\text{b}$$

通过改变 u_j、u_b 的值,可得到 32 种正常进给量(范围为 0.08 ~ 1.22 mm/r),其余 32 种进给量可分别通过英制螺纹传动路线和扩大导程传动路线得到。

②横向机动进给传动链。横向进给用于端面车削。由传动系统图分析可知,当横向机动

进给与纵向进给的传动路线一致时,所得到的横向进给量是纵向进给量的一半,横向与纵向进给量的种数相同,都为 64 种。为了减少丝杠的磨损和便于操纵,纵向和横向机动进给是由光杠经溜板箱传动的。

③刀架快速机动移动。为了缩短辅助时间,提高生产效率,CA6140 型卧式车床的刀架可实现快速机动移动。刀架的纵向和横向快速移动由快速移动电动机($P = 0.25\ \mathrm{kW}$,$n = 2\ 800\ \mathrm{r/min}$)传动,经齿轮副 18/24 使轴 XⅡ高速转动,再经蜗轮蜗杆副 4/29、溜板箱内的转换机构,使刀架实现纵向或横向的快速移动。

2.2　机床初步设计

金属切削机床的初步设计,又称总体方案设计,是一项全局性的设计工作,其任务是研究确定机床产品的最佳设计方案,为技术设计工作提供依据。初步设计工作的质量将影响机床产品的结构、性能、工艺和成本,关系到产品的技术水平和市场竞争能力。机床初步设计主要包括:拟定机床的工艺方案、运动方案,确定技术参数和机床总体布局等。

2.2.1　机床工艺方案拟订

机床工艺方案的主要内容有:确定加工方法、刀具类型、工件的工艺基准及夹压方式等。工艺方法在很大程度上决定了机床的类型、规格、运动、技术参数、布局及生产率等。因此,对工件进行工艺分析,通过调查研究拟定出经济合理的工艺方案,是机床设计的重要基础。工艺方案的拟订,应正确处理加工质量、生产率和经济性这三者的关系。

工件是机床的加工对象,是机床设计的依据。不同的工件表面可采用不同的加工方法,但相同的工件表面也可采用不同的加工方法,如平面加工可采用铣、刨、拉、磨、车等;回转表面加工可采用车、钻、镗、拉、磨、铣等。而且,工件的工艺基准、夹压方式及刀具类型等也是各式各样的。可见,一种工件的加工,可采用多种工艺方案来实现,随之所设计的机床也不同。因此,机床是实现工艺方案的一种工具。新工艺方法的出现,必然会促进新型机床的发展。

通用机床在生产中已广泛应用,其工艺比较成熟。通用机床的工艺方案可参照已有的成熟工艺来设计,但有时必须根据市场需求,在传统工艺基础上,扩大工艺范围,以增加机床的功能和适应新工艺发展的需求。例如卧式车床增加仿形刀架附件,在完成传统车削工艺外,还可以进行仿形车削加工。又如立式车床增加磨头附件,还可对大型回转工件进行精加工等。数控加工中心由于采用了刀库和自动换刀装置,形成了可实现多种加工方法、工序高度集中的新型机床。

专用机床工艺方案的拟订,通常根据特定工件的具体加工要求,确定出多种工艺方案,通过方案比较加以确定,常需要绘制出加工示意图或刀具布置图等。

2.2.2　机床运动方案拟订

机床运动方案拟订的主要内容有:确定机床运动的类型、传动联系、运动的分配及传动方式等。

1. 机床运动类型的确定

机床运动方案拟定中,首先要确定机床运动的类型。根据运动的功能,可将机床运动划分成表面成形运动和辅助运动两大类。表面成形运动(或简称成形运动)是保证得到工件要求的表面形状的运动。成形运动又分为简单成形运动和复合成形运动,简单成形运动都是相对独立的旋转运动或直线运动,如外圆车削加工中的工件回转运动和车刀沿工件轴线的直线运动。复合成形运动可分解成两个或两个以上的旋转运动或直线运动,但分解后的旋转运动或直线运动之间必须保持严格的相对运动关系,这种严格的相对运动关系在普通机床上由内联系传动链来完成,在数控机床上由坐标轴之间的联动控制来完成。表面成形运动根据运动速度和消耗动力的大小又可分为主运动和进给运动,其中主运动是形成机床切削速度或消耗主要动力的成形运动,如车床上工件的旋转运动;进给运动是维持切削连续进行的运动,一般速度较低、动力消耗较小,如车床上刀架的纵向运动和横向运动。根据成形运动的类型,主运动和进给运动可能是简单成形运动,也可能是复合成形运动的一部分。机床辅助运动类型很多,如切入及退刀运动、单行程调整运动、转位运动、各种操纵和控制运动等。

2. 机床运动的分配

由工艺方法确定的表面成形运动,还只是工件与刀具间的相对运动,因此还会有不同的运动分配形式。机床运动的分配是由多种因素决定的,应由全面的经济技术分析加以确定。一般应注意下述问题:

(1)简化机床的传动和结构。一般把运动分配给质量小的执行件,如毛坯为棒料的自动车床,由工件旋转作为主运动;对于毛坯为卷料的车床,由于卷料不便于旋转,可由车刀旋转做主运动,形成套车加工。管螺纹加工机床也采用套车加工。

(2)提高加工精度。对于一般钻孔加工,主运动和进给运动都由钻头完成,但在深孔加工中,为了提高被加工孔中心线的直线度,由工件回转运动形成主运动。

(3)缩小占地面积。对于中小型外圆磨床,由于工件长度较小,多由工件移动完成进给运动,对于大型外圆磨床,为了缩短床身、减少占地面积,多采用砂轮架纵向移动实现进给运动。

3. 机床传动形式选择

机床有机械、液压、电气、气动等多种传动形式,每种形式中又可采用不同类型的传动元件。为满足机床运动的功能要求、机床性能和经济要求,要对多种传动方案进行分析、对比,合理选择传动形式,并与机床的整体水平相适应。

2.2.3　机床技术参数确定

机床技术参数包括主参数和一般技术参数,一般技术参数又包括机床的尺寸参数、运动参数和动力参数。

1. 主参数

主参数(或称主要规格)是机床最重要的一个或两个技术参数,它表示机床的规格和最大工作能力。通用机床和专门化机床的主参数已有标准规定,并已形成系列。它们通常是机床加工最大工件的尺寸,如卧式车床是床身上最大的回转直径,铣床是工作台的宽度,钻床是最大钻孔直径等。也有例外,如拉床是指额定拉力。有些机床还有第二主参数,一般是指主轴数、最大跨距或最大加工长度等。专用机床的主参数一般以工件或被加工表面的尺寸参数来代表。

2. 尺寸参数

机床的尺寸参数是指机床的主要结构尺寸,特别包括与工件有关的尺寸和标准化工具或夹具的安装面尺寸,前者如卧式车床刀架上的最大回转直径,后者如卧式车床主轴前端的锥孔直径及其他有关尺寸等。通用机床的主要尺寸参数已在有关标准中做了规定,其他一般参数可根据使用要求,参考同类同规格机床加以确定。

3. 运动参数

运动参数分主运动参数、进给运动参数两大类。

(1)主运动参数。机床主运动为回转运动时,主运动参数是机床的主轴转速;为直线运动时(如刨、插床),其主运动参数是刀具每分钟的往复次数(次/min),或称双行程数。

主运动是回转运动的专用机床,由于是完成特定工序,通常只需要一种固定的主轴转速,即 $n = 1\ 000\ v/\pi d$,其中 n 为主轴转速(r/min),v 为切削速度(m/min),d 为工件或刀具直径(mm)。主运动是回转运动的通用机床或专门化机床,需适应不同尺寸、不同材料工件的加工,主轴应在一定范围内实现变速,为此在机床设计中要确定主轴的最高和最低转速,如果采用有级变速,还要确定变速级数和中间各级转速的排列。

①最高转速和最低转速的确定。主轴最高、最低转速可由下式求出:
$$n_{max} = 1\ 000 v_{max}/(\pi d_{min}),\quad n_{min} = 1\ 000 v_{min}/(\pi d_{max})$$
式中,n_{max}、n_{min} 为主轴的最高、最低转速,r/min;v_{max}、v_{min} 为最高、最低的切削速度,m/min;d_{max}、d_{min} 为相应的最大、最小计算直径,mm。

使用上式时,必须进行调查和分析,在机床的全部工艺范围内,要选择可能出现最低转速和最高转速的若干加工类型,再根据相应的切削速度和加工直径进行计算,从中选定 n_{max}、n_{min}。最大、最小计算直径由下式确定:
$$d_{max} = k \cdot D,\quad d_{min} = R_d \cdot d_{max}$$
式中,D 为机床的最大加工直径,mm;R_d 为计算直径范围,$R_d = 0.20 \sim 0.35$,卧式车床 $R_d = 0.25$,摇臂钻床 $R_d = 0.20$,多刀车床 $R_d = 0.30$;k 为系数,根据现有机床调查而定,卧式车床 $k = 0.5$,丝杠车床 $k = 0.1$,多刀车床 $k = 0.9$,摇臂钻床 $k = 1.0$。

为给今后工艺和刀具方面的发展留有贮备,一般可将 n_{max} 的计算值提高 20% ~ 25%。

②主轴转速系列。对于有级变速传动,主轴转速一般按照等比数列,即 $n_1 = n_{min}$,$n_2 = n_{min}\varphi$,$n_3 = n_{min}\varphi^2$,……,$n_Z = n_{max} = n_{min}\varphi^{Z-1}$,其中 φ 是主轴转速数列的公比,则变速范围 $R_n = n_{max}/n_{min} = \varphi^{Z-1}$,主轴转速级数 $Z = \lg R_n/\lg \varphi + 1$。

主轴转速采用等比级数排列,主要为了实现均匀的相对速度损失。如某一工序要求的合理转速为 n,但是在 Z 级转速中没有这个转速,该转速却处于主轴转速数列的 n_j 与 n_{j+1} 之间,为了保证刀具的耐用度,一般选取低于理想转速 n 的转速 n_j,此时便会出现所谓相对速度损失 $A = (n - n_j)/n$。当理想转速 n 趋近于 n_{j+1} 时,会出现最大相对速度损失 A_{max},即
$$A_{max} = \lim_{n \to n_{j+1}} \frac{n - n_j}{n} = \frac{n_{j+1} - n_j}{n_{j+1}} = 1 - \frac{1}{\varphi} = \text{const}$$

③标准公比和标准转速数列。为了便于机床的设计与使用,机床主轴转速数列的公比 φ 值已经标准化,如表2.4。

表 2.4　标准公比 φ

φ	1.06	1.12	1.26	1.41	1.58	1.78	2
$\sqrt[F]{10}$	$\sqrt[40]{10}$	$\sqrt[20]{10}$	$\sqrt[10]{10}$	$\sqrt[20/3]{10}$	$\sqrt[5]{10}$	$\sqrt[4]{10}$	$\sqrt[10/3]{10}$
$\sqrt[E]{2}$	$\sqrt[12]{2}$	$\sqrt[6]{2}$	$\sqrt[3]{2}$	$\sqrt{2}$	$\sqrt[3/2]{2}$	$\sqrt[6/5]{2}$	2
A_{max}	5.7%	11%	21%	29%	37%	44%	50%
与 1.06 的关系	1.06^1	1.06^2	1.06^4	1.06^6	1.06^8	1.06^{10}	1.06^{12}

标准公比值的制定原则是：

a. 限制最大相对速度损失 $A_{max} < 50\%$，因此 $1 < \varphi < 2$。

b. 为方便记忆和使用，转速数列为 10 进位，即相隔一定数级，使转速呈 10 倍关系，即 $n_j\varphi^{E_1} = 10n_j$（E_1 为相隔的转速级数），$\varphi = \sqrt[E_1]{10}$。

c. 转速数列为 2 进位，即相隔一定级数，使转速成 2 倍关系，以便于采用转速成倍数关系的双速或三速电动机，即 $n_j\varphi^{E_2} = 2n_j$（E_2 为相隔的转速级数），$\varphi = \sqrt[E_2]{2}$。

在 7 个标准公比 φ 值中，只有 1.06、1.12 和 1.26 完全满足上述三原则，1.58 和 1.78 仅符合 10 进位，1.41 和 2 仅符合 2 进位。

若采用标准公比时，转速数列可以从表 2.5 中查出。表中列出的是 1～15 000 间公比为 1.06 时的全部数值；对于其他标准公比，可根据其与 1.06 的整数次方关系，以整数次方数为间隔查出转速数列。例如某卧式车床 $n_{min} = 25$（r/min），$Z = 12$，$\varphi = 1.41$，则相应转速数列可从 25 查起，按相隔 6 级取值，即 25，35.5，50，71，100，140，200，280，400，560，800，1 120。

表 2.5 不仅可用于主轴转速数列，还可用于双行程数列、进给量数列以及机床尺寸和功率等数列。

表 2.5　标准数列

1	2	4	8	16	31.5	63	125	250	500	1 000	2 000	4 000	8 000
1.06	2.12	4.25	8.5	17	33.5	67	132	265	530	1 060	2 120	4 250	8 500
1.12	2.24	4.5	9	18	35.5	71	140	280	560	1 120	2 240	4 500	9 000
1.18	2.36	4.75	9.5	19	37.5	75	150	300	600	1 180	2 360	4 750	9 500
1.25	2.5	5	10	20	40	80	160	315	630	1 250	2 500	5 000	10 000
1.32	2.65	5.3	10.6	21.2	42.5	85	170	335	670	1 320	2 650	5 300	10 600
1.4	2.8	5.6	11.2	22.4	45	90	180	355	710	1 400	2 800	5 600	11 200
1.5	3	6	11.8	23.6	47.5	95	190	375	750	1 500	3 000	6 000	11 800
1.6	3.15	6.3	12.5	25	50	100	200	400	800	1 600	3 150	6 300	12 500
1.7	3.35	6.7	13.2	26.5	53	106	212	425	850	1 700	3 350	6 700	132 00
1.8	3.55	7.1	14	28	56	112	224	450	900	1 800	3 550	7 100	14 100
1.9	3.75	7.5	15	30	60	118	236	475	950	1 900	3 750	7 500	15 000

④标准公比 φ 的选用。在机床主轴转速范围一定的情况下，公比 φ 越小、相对速度损失越小，则转速级数越多，主传动系统结构越复杂，反之亦然。因此，公比 φ 的选择应根据机床

的结构和使用特点合理来确定。一般说来,下列原则可供参考:

a. 小型通用机床,由于工件尺寸小,切削时间较短而辅助时间较长,转速损失的影响不明显,但要求机床结构简单,体积小,因此,可选取较大的标准公比,取 $\varphi = 1.58$、1.78 或 2。

b. 中型通用机床,由于应用广泛,兼顾速度损失适当小些和结构不致过于复杂,公比应取中等值,取 $\varphi = 1.26$ 或 1.41。

c. 大型通用机床,由于工件尺寸大因而切削时间较长,速度损失影响明显,需选用较合理切速,而主传动系统结构复杂些、体积大些是允许的,因此,应选较小的公比,取 $\varphi = 1.06$、1.12、1.26。

d. 自动和半自动机床,用于成批或大批量生产,生产率高,转速损失的影响较为显著,但这类机床转速范围一般不大,且多用交换齿轮变速,因此,公比应选小些,取 $\varphi = 1.12$ 或 1.26。

确定主运动参数小结:确定主轴极限转速 n_{min} 和 n_{max};初定主轴变速范围 $R_n = n_{max}/n_{min}$;选定公比 φ 值;确定主轴转速级数 $Z = (\lg R_n / \lg \varphi) + 1$,并取整数;选定主轴各级转速值;修正主轴变速范围 R_n。

(2)进给运动参数。数控机床的进给运动均采用无级调速方式,普通机床的进给运动既有无级调速方式,又有有级调速方式。

采用有级变速时,进给量一般为等比级数排列,其确定方法与主轴转速的确定方法相同,即首先根据工艺要求确定最大、最小进给量,然后选取进给量数列的公比或级数。

对于各种螺纹加工的机床,如卧式车床、螺纹车床和螺纹铣床等,因被加工螺纹的导程是分段成等差级数,因此,进给量也必须分段成等差级数排列。对于刨床和插床,若采用棘轮结构,由于受结构限制,进给量也设计成等差数列。

4. 动力参数

机床动力参数包括电动机的功率,液压缸的牵引力,液压马达、伺服电动机或步进电动机的额定转矩等。各传动件的参数(如轴或丝杠的直径、齿轮与蜗轮的模数等),都是根据动力参数设计计算的。机床的动力参数可通过调查类比法、试验法和计算法加以确定。

(1)调查法。对国内外同类型、同规格机床的动力参数进行统计分析,对用户使用或加工情况进行调查分析,作为选定动力参数的依据。

(2)试验法。利用现有的同类型、同规格机床进行若干典型的切削加工试验,测定有关电动机及动力源的输入功率,作为确定新产品动力参数的依据,这是一种简便、可靠的方法。

(3)计算法。对动力参数可进行估算或近似计算。专用机床由于工况单一,通过计算可得到比较可靠的结果。通用机床工况复杂,切削用量变化范围大,计算结果只能作为参考。

①主电动机功率的估算。在主传动结构尚未确定之前,主电动机功率可按下式估算:

$$P_E = P_m / \eta_m$$

式中,P_E 为主电动机功率,kW;P_m 为切削功率,kW;η_m 为主传动系统结构传动效率的估算值。对于通用机床,$\eta_m = 0.70 \sim 0.85$,结构简单、速度较低时取大值;反之取小值。切削功率 P_m 应通过工艺分析来确定。

②主电动机功率的近似计算。在主传动系统的结构确定之后,可进行主电动机功率的近似计算:

$$P_E = P_0 + P_m / \eta$$

式中，P_0 为主传动系统的空载功率，kW；η 为主传动系统的机械效率，等于各传动副机械效率的乘积，即 $\eta = \eta_1\eta_2\eta_3\cdots$。空载功率 P_0 是指消耗于机床空转时的功率损失，其主要影响因素是各传动件空转时的摩擦、搅油、空气阻力等，与传动件的预紧状态及装配质量有关。中型机床可用下列实验公式进行计算：

$$P_0 = k(3.5d_{\mathrm{a}}\sum n_i + ncd_{\mathrm{m}}) \times 10^{-6}$$

式中，d_{m} 为主轴前后轴颈的平均直径，mm；n 为主轴转速，r/min，应取切削功率 P_{m} 计算条件下的主轴转速，如果求 $P_{0\max}$，则取主轴最高转速 $n_{\max}$；d_{a} 为主传动系统中除主轴外所有传动轴的轴颈的平均直径，mm；$\sum n_i$ 为当主轴转速为 n 时，除主轴外所有运转的传动轴转速之和，r/min；c 为轴承系数，滚动或滑动两支承主轴 $c = 8.5$，滚动三支承主轴 $c = 10$；k 为润滑油黏度影响系数，30 号机油 $k = 1.0$，20 号机油 $k = 0.9$，10 号机油 $k = 0.75$。

③进给运动电动机功率确定。进给运动电动机功率的确定，可按下述三种情况考虑。

a. 进给运动与主运动共用电动机。进给运动所需功率远小于主运动，如卧式车床、六角车床仅占 3% ~ 4%，钻床占 4% ~ 5%，铣床占 10% ~ 15%。

b. 进给运动与快速移动共用电动机。因快速移动所得功率远大于进给运动，且二者不同时工作，可只考虑快移所需功率或转矩。

c. 进给运动采用单独电动机。因所需功率很小，可根据主电动机功率估算进给电动机功率。也可按下式计算：

$$P_{\mathrm{f}} = Qv_{\mathrm{f}}/6\,000\eta_{\mathrm{f}}$$

式中，P_{f} 为进给电动机功率，kW；Q 为进给牵引力，N，进给牵引力等于进给方向上切削分力和摩擦力之和，进给牵引力的估算公式见表 2.6；v_{f} 为进给速度，m/min；η_{f} 为进给传动系统的机械效率。

表 2.6　进给牵引力的估算

导轨形式　　进给形式	水平进给	垂直进给
三角形或三角形与矩形组合导轨	$KF_Z+f'(F_X+F_G)$	$K(F_Z+F_G)+f'F_X$
矩形导轨	$KF_Z+f'(F_X+F_Y+F_G)$	$K(F_Z+F_G)+f'(F_X+F_Y)$
燕尾形导轨	$KF_Z+f'(F_X+2F_Y+F_G)$	$K(F_Z+F_G)+f'(F_X+2F_Y)$
钻床主轴		$F_Q \approx F_{\mathrm{f}}+f(2T/d)$

表中，F_G 为移动件的重力，N；F_Z、F_Y、F_X 为切削力的三向分力，N（在局部坐标系内），其中 F_Z 为进给方向的分力，F_X 为垂直导轨面的力，F_Y 为横向力；F_{f} 为钻削进给抗力，N；f' 为当量摩擦因数，在正常润滑条件下，铸铁对铸铁的三角形导轨的 $f' = 0.17 \sim 0.18$，矩形导轨的 $f' = 0.12 \sim 0.13$，燕尾形导轨的 $f' = 0.2$，铸铁对塑料的 $f' = 0.02 \sim 0.05$，滚动导轨的 $f' = 0.01$ 左右；f 为钻床主轴套筒上的摩擦因数；K 为考虑颠覆力矩影响的系数，三角形和矩形导轨的 $K = 0.1 \sim 1.15$，燕尾形导轨的 $K = 1.4$；d 为主轴直径，mm；T 为主轴的转矩，N·mm。

④快速移动电动机功率和转矩的确定。快速移动电动机启动时所需的功率和转矩最大，要同时克服移动部件的惯性力和摩擦力，即：$P_{\mathrm{k}} = P_1+P_2$，其中 P_{k} 是快速移动电动机功率，kW，P_1 是克服惯性力所需功率，kW，P_2 是克服摩擦力所需功率，kW，可参考进给运动计算。

$$P_1 = M_1n/(9\,500\eta)$$

式中，M_1 为系统折算到电动机轴上的转矩，N·m；n 为电动机转速，r/min，η 为传动系统的机械效率。

$$M_1 = Jw/t_a = J\pi n/(30t_a)$$

式中，J 为折算到电动机轴上的当量转动惯量（包括电动机转子的转动惯量），kg·m^2；w 为电动机的角速度，rad/s；t_a 为电动机的启动时间，s；中型普通机床 $t_a = 0.5$ s，大型普通机床 $t_a = 1.0$ s，数控机床可取伺服电动机机械时间常数的 3～4 倍。

$$J = \sum_k J_k\left(\frac{\omega_k}{\omega}\right)^2 + \sum_i m_i\left(\frac{v_i}{\omega}\right)^2$$

式中，w_k 为各旋转体的角速度，rad/s；J_k 为各旋转体的转动惯量，kg·m^2；v_i 为各直线移动件的速度，m/s；m_i 为各直线移动件的质量，kg。

应该指出，P_1 仅在启动过程中存在，当电动机正常运行时即消失。交流异步电动机的启动转矩为额定转矩的 1.6～1.8 倍；此外，快速移动的时间一般很短，而电动机工作中允许短时间过载，输出转矩可为额定转矩的 1.8～2.2 倍。为了减少快移电动机的功率，一般不按功率 P_k 选择电动机，而是根据启动转矩来选择，即 $M_q > 9\ 500\ P_k/n$，其中 M_q 为交流电动机的启动转矩（N·m）。

2.2.4　机床总体布局设计

在机床的运动方案及主要技术参数确定后，应进行机床的总体布局设计，机床总体布局的主要内容有：确定机床形式、机床主要零部件及其相对位置关系等；需绘制机床的总体尺寸联系图，应表明机床的主要组成部分的外形尺寸及其相互位置的联系尺寸，保证工件与刀具间、其他各部件间所必需的相对运动和相互位置。这是进一步开展技术设计的依据，也是机床未来调整和安装的依据。机床总体布局设计及尺寸联系图的绘制是很难一次完成的，要由粗到精、由简到繁，需要多次反复修改和补充，逐步完善而成，即使在技术设计阶段，也可能做某些局部调整与修改。当机床的各部件设计完毕后，一般用机床总图代表尺寸联系图。

经过长期的生产实践，通用机床和某些专门化机床的布局已形成了传统形式，如卧式、立式、斜置式、单臂式、龙门式等。专用机床则要根据加工工件的工艺方案和运动方案来确定，形式可以多种多样。机床的总体布局设计直接影响机床的性能、使用和外观造型，在此项工作中既要注意吸收传统布局的优点，又要注意根据技术发展富于创新性。在机床总体布局设计中应注意下述要求。

（1）工件特征要求。机床上被加工工件的形状、尺寸和重量等特征对机床总体布局有着重要影响。例如车削轴类和盘套类工件时，可采用卧式车床布局，如图 2.15（a）所示。若车削直径较大但重量不大的盘、环类工件时，可采用落地式布局，主轴箱和刀架分别安装在地基上，如图 2.15（b）所示。对重量大、短而粗工件的车削，可采用立式车床布局，其中，加工直径较小（$D \leqslant 1\ 600$ mm）时可采用单立柱式布局，如图 2.15（c）所示；加工直径较大（$D \geqslant 2\ 000$ mm）时可采用双立柱式布局，如图 2.15（d）所示。其他各类普通机床总体布局的差异，也大多与工件特征有关。

（2）机床性能要求。根据机床性能要求，在总体布局上采取相应措施。为了提高机床的加工精度，在总体布局中要缩短传动链，改善受力状况，提高刚度、减少振动和热变形的影响等。如丝杠车床取消了进给箱，由挂轮实现主轴与丝杠间的传动联系，缩短传动链；将丝杠布

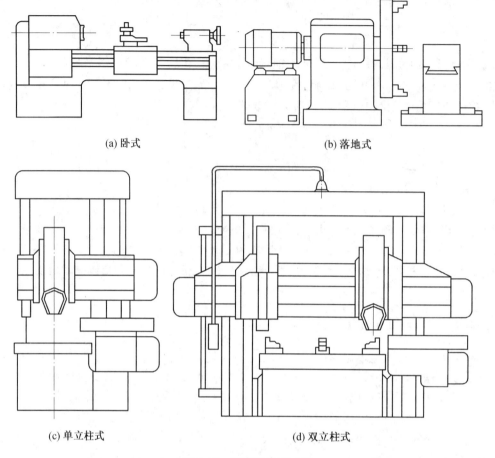

(a) 卧式　　　　　　　　　　　(b) 落地式

(c) 单立柱式　　　　　　　　　(d) 双立柱式

图 2.15　车床布局形式图

置在床身两导轨之间,消除了力矩的影响。为了提高刚度、减少振动,龙门刨床、龙门铣床和坐标镗床等采用整体式框架结构;为了减小电动机、变速箱的振动和发热对主轴的影响,采用分离式传动;单独布置液压站,将液压传动的油箱等与床身分开,减少液压油温度对机床的影响等。

(3)生产批量要求。工件的生产批量对机床布局有重要影响。对于单件小批量生产,若加工精度和生产率要求不高,采用工艺范围广、调整方便、成本和生产率较低的普通机床布局;若要求较高,则采用数控机床和加工中心布局。对于大批量生产,可采用工艺范围较窄但适于高生产率要求的布局,例如车削盘类工件,可分别采用卧式车床、转塔式车床、多刀半自动车床、立式多轴半自动车床等。

(4)宜人性要求。机床布局必须符合人机工程原理,处理好人机关系,方便对机床的操作、观察与调整。例如普通卧式车床采用水平式床身,操纵、观察与调整方便,但数控车床一般不需要手工操作,可采用倾斜式床身,刀架位于上方或斜上方,方便操作者的观察,同时便于排屑、改善机床的受力状况。大型立车和落地式镗铣床将基础部分落入地坑中,使操纵台略高于地面,减少了操作者的登高。机床的外观造型应在总体布局设计中基本完成,要注意把机床的使用功能、物质技术条件与产品的艺术形象统一起来,贯穿于总体布局设计的始终。

2.2.5 并联机床设计创新

20 世纪 90 年代发展起来的并联机床,是机床史上受人瞩目的重大创新。最早的两台并联机床样机,于 1994 年首次在芝加哥国际机床展览会上展出,立即引起轰动,被誉为"本世纪机床结构的最大变革与创新""21 世纪机床"等,其工作原理如图 2.16 所示。在机床下方的固定平台 1 上安装工件,在上方的运动平台 2 上装有主轴和刀具,两个平台之间采用 6 杆并联结构。通过数控系统、伺服电动机可改变 6 个驱动杆(滚珠丝杠副)长度,使带有刀具的运动平台的位姿(位置和姿态)发生变化,即可实现切削加工。这种新型机床尚未统一命名,可称为并联机床、并联机器人机床和虚轴机床等。

(1)并联机床特点。并联机床与串联机构传统机床相比,有下述优点:

①速度高。由于运动平台质量小,加工速度与加速度大,响应速度快。

②刚度高。各驱动杆只受拉力或压力,而无弯矩作用,刚度重量比大。

③精度高。加工误差可抵消而不积累,可提高加工精度。

④柔性大。硬件简单,软件复杂,可实现 6 轴甚至 8 轴联动,便于重组,可进行铣、钻、磨、抛光以及异形刀具的刃磨等各类加工,如安装机械手腕、测头和摄像机等末段执行件,还可进行精密装配及测量等作业。

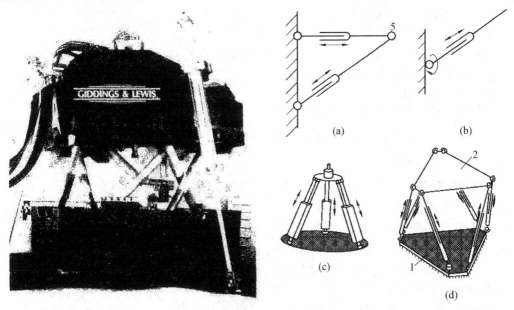

图 2.16 并联机床原理图

(2)并联机床发展趋势。并联机床近年在国外显示出强劲的发展势头,我国在这方面的发展也很快,可望成为 21 世纪高速轻型数控加工的主力设备。研究总体方案设计是并联机床开发的首要环节。总体方案应在满足给定自由度条件下,寻求并联机构驱动件的合理配置、驱动方式和总体布局的最优组合,并在运动学、动力学及精度设计方面加快进展。目前,并联机床一个重要发展趋势是采用串并联的混联机构,分别实现平动与转动自由度,可加大工作空间和增强可重组性。此外,采用传统机床成熟驱动方式实现两个方向的平动,用并联机构实现转动和另一方向的平动,工作空间还可加大,加工精度更易保证。

2.3　机床主传动系统设计

机床主传动系统是实现机床主运动的传动系统,属于外联系传动链,其功用是:将一定的动力由动力源传递给执行件(如主轴、工作台);保证执行件具有一定的转速(或速度)和足够的转速范围;能够方便地实现运动的开停、变速、换向和制动等。多数通用机床及专门化机床的主运动是有变速要求的回转运动。机床主传动系统的主要构成部分为动力源、主轴组件、变速装置、定比传动机构、开停、制动和换向装置、操纵机构等。机床主传动系统设计有下列要求:

(1)主轴具有一定的转速和足够的转速范围、转速级数,能够实现运动的开停、变速、换向和制动,以满足机床的运动要求。

(2)主电动机具有足够的功率,全部机构和元件具有足够的强度和刚度,以满足机床的动力要求。

(3)主传动的有关结构,特别是主轴组件要有足够的精度、抗振性,温升和噪声要小,传动效率要高,以满足机床的工作性能要求。

(4)操纵灵活可靠,调整维修方便。

(5)润滑密封良好,以满足机床的使用要求。

(6)结构简单紧凑,工艺性好,成本低,以满足经济性要求。

机床主传动系统的设计内容和程序:主传动的运动参数和动力参数及传动方案确定之后,进行运动设计、动力设计和结构设计等。

2.3.1　主传动系统方案确定

机床主传动系统方案包括选择传动布局,选择变速、开停、制动及换向方式。

2.3.1.1　传动布局选择

有变速要求的主传动,可分为集中传动式和分离传动式两种布局方式,如图2.17所示。

(1)集中传动式布局。把主轴组件和主传动的全部变速机构集中于同一个箱体内(图2.17(a)),称为集中传动式布局,一般将该部件称为主轴变速箱。目前,多数机床采用这种布局方式。其优点是:结构紧凑,便于实现集中操纵;箱体数少,在机床上安装、调整方便。缺点是:传动件的振动和发热会直接影响主轴的工作精度,降低加工质量。集中传动式布局适用于普通精度的中型和大型机床。

(2)分离传动式布局。把主轴组件和主传动的大部分变速机构分离装于两个箱体内(图2.17(b)),称为分离传动式布局,并将这两个部件分别称为主轴箱和变速箱,中间一般采用带传动。某些高速和精密机床采用这种传动布局方式。其优点是变速箱中的振动和热量不易传给主轴,从而减少主轴的振动和热变形。当主轴箱采用带轮传动时,主轴通过带传动直接得到高转速,故运转平稳,加工表面质量高。缺点是箱体数多,加工、装配工作量较大,成本较高;带传动在低转速时传递转矩较大,容易打滑;更换传动带不方便等。这种布局形式适用于中小型高速或精密机床。

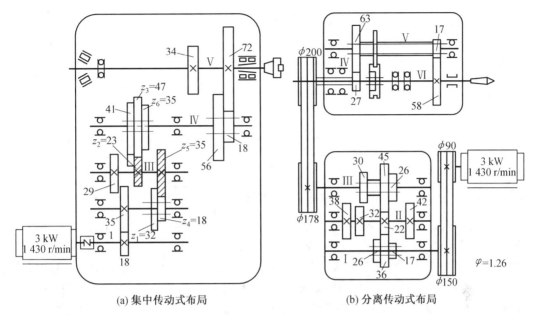

(a) 集中传动式布局   (b) 分离传动式布局

图 2.17 传动布局图

2.3.1.2 变速方式选择

机床主传动的变速方式可分为无级变速和有级变速两种。

(1)无级变速。无级变速是指在一定速度(或转速)范围内能连续、任意地变速。可选用最合理的切削速度,没有速度损失,生产率高,一般可在运转中变速,减少辅助时间,操纵方便,传动平稳等,因此在机床上应用有所增加。机床主传动采用的无级变速装置主要有以下几种。

①机械无级变速器。机械无级变速器靠摩擦传递转矩,通过摩擦传动副工作半径的变化实现无级变速。机构较复杂,维修较困难,效率低;摩擦传动的压紧力较大,影响工作可靠性及寿命;变速范围较窄(变速比不超过 10),需要与有级变速箱串联使用。多用于中小型机床。

②液压无级变速器。通过改变单位时间内输入液压缸或液动机中的液体量来实现无级变速。其特点是变速范围较大,传动平稳,运动换向时冲击小,变速方便等。

③电气无级调速器。电气无级调速器采用直流和交流调速电动机来实现,主要用于数控机床、精密和大型机床。直流并激电动机从额定转速到最高转速之间是用调节磁场(简称调磁)的方式实现调速,为恒功率调速段;从最低转速到额定转速之间是用调节电枢电压(简称调压)的方式进行调整,为恒转矩调速段。恒功率调速范围为 2 ~ 4,恒转矩调速范围较大,可达几十甚至上百。额定转速通常在 1 000 ~ 2 000 r/min 范围内。直流电动机在早期的数控机床上应用较多。

交流调速电动机通常采用变频调速方式进行调速,调速效率高,性能好,调速范围较宽,恒功率调速范围可达 5 甚至更大,额定转速为 1 500 r/min 或 2 000 r/min 等,没有电刷和换向器,采用全封闭外壳,体积小、重量轻,对灰尘和切削液防护好,应用越来越普遍,已逐渐取代直流调速电动机。直流和交流调速电动机的调速范围和功率特性如图 2.18 所示。

(2)有级变速。有级(或分级)变速是指在若干固定速度(或转速)级内不连续地变速。这是普通机床应用最广泛的一种变速方式,其传递功率大,变速范围大,传动比准确,工作可靠。但速度不能连续变化,有速度损失,传动不够平稳。通常由下述机构实现变速:

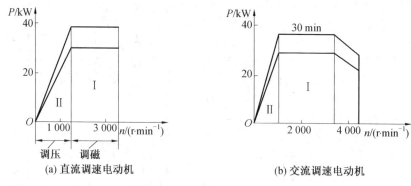

图 2.18　直流、交流调速电动机功率特性图

①滑移齿轮变速机构。滑移齿轮变速机构应用最普通,优点是:变速范围大,实现的转速级数多;变速较方便,可传递较大功率,非工作齿轮不啮合,空载功率损失较小。缺点是:变速箱结构较复杂;滑移齿轮多采用直齿圆柱齿轮,承载能力不如斜齿圆柱齿轮;传动不够平稳;不能在运转中变速。滑移齿轮多采用双联和三联齿轮,结构简单,轴向尺寸小。个别也采用四联滑移齿轮,但轴向尺寸大,也可将四联齿轮分成两组双联齿轮,但需连锁。

②交换齿轮变速机构。交换齿轮(又称配换齿轮、挂轮)变速的优点是:结构简单,不需要操纵机构;轴向尺寸小,变速箱结构紧凑;主动齿轮与从动齿轮可以对调使用,齿轮数量少。缺点是:更换齿轮费时费力;装于悬臂轴端,刚性差。适用于不需要经常变速或者挂轮时间对生产率影响不大,但要求结构简单紧凑的机床,如成批大量生产的某些自动或半自动机床、专门化机床等。

③多速电动机。多速交流异步电动机本身能够变速,多为双速或三速。其优点是:在运转中变速,使用方便;简化变速箱的机械结构。缺点是:多速电动机在高、低速时输出功率不同。按低速小功率选定电动机,使用高速时大功率不能完全发挥能力;多速电动机体积较大,价格较高。适用于自动或半自动机床、普通机床。

④离合器变速机构。机床主轴上有斜齿轮($\beta > 15°$)、人字齿轮或重型机床的传动齿轮又大又重时,不能采用滑移齿轮变速,可采用齿轮式或牙嵌式离合器变速。其特点是:结构简单,外形尺寸小;传动比准确,工作中不打滑;能传递较大转矩;但不能在运转中变速。片式摩擦离合器可实现运转中变速,接合平稳,冲击小;但结构较复杂,摩擦片间存在相对滑动,发热较大。主传动多采用液压或电磁片式摩擦离合器。电磁离合器不能装在主轴上,以免因发热、剩磁现象影响主轴正常工作。片式摩擦离合器多用于自动或半自动机床。

变速用离合器在主传动系统中的安放位置应注意两个问题:其一,尽量将离合器放置在高速轴上,可减小传递的转矩,缩小离合器尺寸。其二,应避免超速现象。当变速机构接通一条传动路线时,在另一条传动路线上的传动件(如齿轮、传动轴)高速空转,称为"超速"现象。这是不允许的,会加剧传动件、离合器的磨损,增加空载功率损失,增加发热和噪声。如图 2.19 所示,Ⅰ轴为主动轴,转速 $n_Ⅰ$,Ⅱ轴为从动轴,转速 $n_Ⅱ$。图(a)为接通 M_1、脱开 M_2 时,小齿轮 Z_3 的空转转速等于(80/40)×(96/24)·$n_Ⅰ = 8n_Ⅰ$,Z_3 与Ⅰ轴的相对转速为 $8n_Ⅰ - n_Ⅰ = 7n_Ⅰ$,Z_3 出现超速现象。同理,图(b)Z_3 也超速;图(c)、(d)则未超速。当两对齿轮的传动比相差悬殊时,特别要注意检查小齿轮是否产生超速现象。

根据机床的不同使用要求和结构特点,上述各种变速装置可单独使用,也可以组合使用。例如,CA6140 型卧式车床的主传动,主要采用滑移齿轮变速,也采用了齿轮式离合器。

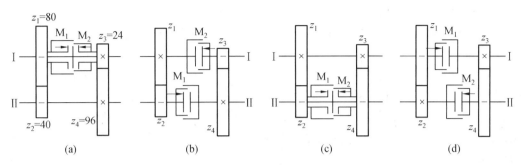

图 2.19 离合器变速机构的超速现象

CB3463—1 型液压半自动转塔车床的主传动,采用多速电动机、滑移齿轮和液压片式摩擦离合器变速机构。

2.3.1.3 开停方式选择

控制主轴启动与停止的开停方式:

(1)电动机开停。电动机开停的优点是操纵方便省力,简化机械结构。缺点是直接启动电动机,冲击较大;频繁启动会造成电动机发热甚至烧损;若电动机功率大且经常启动时,启动电流会影响车间电网的正常供电。电动机开停适用于功率较小或启动不频繁的机床,如铣床、磨床及中小型卧式车床等。若几个传动链共用一个电动机且不同时开停时,不能采用这种方式。

(2)机械开停。在电动机不停止运转的情况下,可采用机械开停方式使主轴启动或停止。

①锥式和片式摩擦离合器。可用于高速运转的离合,离合过程平稳,冲击小,容易控制主轴停转位置,离合器还能兼起过载保护作用。这种离合器应用较多,如卧式车床、摇臂钻床等。

②齿轮式和牙嵌式离合器。仅用于低速运转的离合,结构简单,尺寸较小,传动比准确,能传递较大转矩,但在离合过程中齿端有冲击和磨损。

应优先采用电动机开停方式,当开停频繁、电动机功率较大或有其他要求时,可采用机械开停方式。另外,尽可能将开停装置放在传动链前面且转速较高的传动轴上。

2.3.1.4 制动方式选择

有些机床主运动不需制动,如磨床和一般组合机床。但多数机床需要制动,如卧式车床、摇臂钻床和镗床。装卸及测量工件、更换刀具和调整机床时,要求主轴尽快停止转动;机床发生故障或事故时,能够及时刹车,可避免更大损失。主传动的制动方式可分为电动机制动和机械制动两种。

(1)电动机制动。制动时,让电动机的转矩方向与其实际转向相反,使之减速而迅速停转,多采用反接制动、能耗制动等。电动机制动操纵方便省力,简化机械结构。但频繁制动时,电动机易发热甚至烧损。因此,反接制动适用于直接开停的中小功率电动机,制动不频繁、制动平稳性要求不高以及具有反转的主传动。

(2)机械制动。在电动机不停转情况下需要制动时,可采用机械制动方式。

①闸带式制动器。闸带式制动器结构简单,轴向尺寸小,能以较小的操纵力产生较大的制动力矩;但径向尺寸较大,制动时在制动轮上产生较大的径向单侧压力,对所在传动轴有不良影响,故多用于中小型机床、惯量不大的主传动(如 CA6140 型卧式车床)。

②闸瓦式制动器。闸瓦式制动器结构简单,操纵方便;制动时对制动轮有很大径向单侧压力,制动力矩小,闸块磨损较快,故多用于中小型机床、惯量不大且制动要求不高的主传动(如多刀半自动车床)。

③片式摩擦制动器。制动时对轴不产生径向单侧压力,制动灵活平稳,但结构较复杂,轴向尺寸较大,可用于各种机床的主运动(如 Z3040 型摇臂钻床、CW6163 型卧式车床等)。

应优先采用电动机制动方式。对于制动频繁、传动链较长、惯量较大的主传动,可采用机械制动方式。应将制动器放在接近主轴且转速较高的传动件上,这样制动力矩小,结构紧凑,制动平稳。

2.3.1.5　换向方式选择

有些机床主运动不需要换向,如磨床、多刀半自动车床及一般组合机床。但多数机床需要换向,换向有两种不同目的:一是正反向都用于切削,工作中不需要变换转向(如铣床),正反向的转速、转速级数及传递动力应相同;二是正转用于切削而反转主要用于空行程,并在工作过程中需要经常变换转向(如卧式车床、钻床),为了提高生产率,反向应比正向的转速高、转速级数少、传递动力小。主传动换向方式分为电动机换向和机械换向(圆柱齿轮-多片摩擦离合器)两种。

2.3.2　主传动有级变速系统

机床主传动运动设计的任务是按照已确定的运动参数、动力参数和传动方案,设计出经济合理、性能先进的传动系统。其主要设计内容为:拟定结构式或结构网;拟定转速图;确定各传动副的传动比;确定带轮直径、齿轮齿数;布置、排列齿轮,绘制传动系统图。

2.3.2.1　转速图

转速图是分析和设计机床变速系统的重要工具。转速图由"三线一点"组成:传动轴格线、转速格线、传动线和转速点。图 2.20(a)是某机床主传动系统图,其传动路线表达式是

$$
\text{主电动机}\left(\frac{1\,400\ \text{r/min}}{4\ \text{kW}}\right)-\frac{\phi110}{\phi194}-\text{I}-\begin{bmatrix}\dfrac{36}{36}\\[4pt]\dfrac{30}{42}\\[4pt]\dfrac{24}{48}\end{bmatrix}-\text{II}-\begin{bmatrix}\dfrac{44}{44}\\[8pt]\dfrac{23}{65}\end{bmatrix}-\text{III}-\begin{bmatrix}\dfrac{76}{38}\\[8pt]\dfrac{19}{76}\end{bmatrix}-\text{IV(主轴)}
$$

图 2.20(b)为该传动系统的转速图(转速图多为立式排列,亦可卧式排列)。

(1)传动轴格线。传动轴格线是间距相同的竖直格线,表示各传动轴,自左而右依次标注 0、I、II、III、IV,与传动系统图的各轴对应。

(2)转速格线。转速格线是间距相同的水平格线,表示转速的对数坐标。由于主轴转速是个等比数列,则相邻两转速有下列关系:$n_2/n_1=\varphi$,$n_3/n_2=\varphi$,$n_4/n_3=\varphi$,$\cdots$,$n_z/n_{z-1}=\varphi$,两边取对数,有 $\lg n_2-\lg n_1=\lg \varphi$,$\lg n_3-\lg n_2=\lg \varphi$,$\lg n_4-\lg n_3=\lg \varphi$,$\cdots$,$\lg n_z-\lg n_{z-1}=\lg \varphi$。

可见,任意相邻两转速的对数之差均为同一数 $\lg \varphi$,将转速坐标取为对数坐标时,则任意相邻两转速都相距一格。为了方便,转速图上不写 $\lg$ 符号,而是直接标出转速值(即对数真值)。转速格线间距大小,并不代表公比 φ 的数值大小。

(3)转速点。转速点是传动轴格线上的圆点(或圆圈),表示该轴具有的转速。如 IV 轴(主

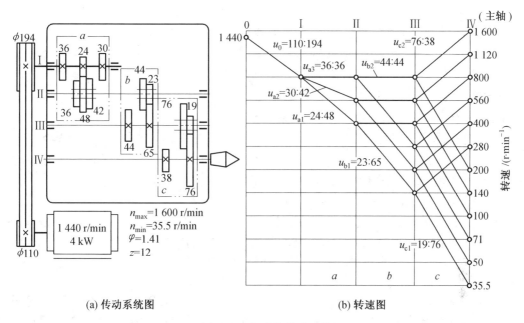

图 2.20　机床主传动系统

轴)上的 12 个圆点,表示具有 12 级转速。

(4)传动线。传动线是传动轴格线间的转速点连线,表示相应传动副的传动比。传动线(或称传动比连线)的三个特点是:

a. 传动线的高差表明传动比的数值。传动线的倾斜程度反映传动比的大小。传动线水平,表示等速传动,$u=1$;传动线向下方倾斜(按传动方向由主动转速点引向从动转速点),表示降速传动,$u<1$;反之,传动线向上方倾斜,表示升速传动,$u>1$。倾斜程度越大,表示降速比或升速比也越大。因此,传动比的数值 φ^x 可用传动线的高差 x(从动转速点与主动转速点相差的格数)来表示。例如第一变速组(a 组),水平传动线的高差为 0,传动比 $u_{a3}=\varphi^0=1$(36∶36);下斜 1 格的传动线,高差为 -1,$u_{a2}=\varphi^{-1}=1/1.41$(30∶42);下斜 2 格的传动线,高差为 -2,$u_{a1}=\varphi^{-2}=1.41^{-2}=1/2$(24∶48)。

b. 一个主动转速点引出的传动线数目表示该变速组中不同传动比的传动副数。如第一变速组,由 Ⅰ 轴的主动转速点向 Ⅱ 轴引出三条传动线,表示该变速组有三对传动副。

c. 两条传动轴格线间相互平行的传动线表示同一个传动副的传动比。如第三变速组(c 组),当 Ⅲ 轴为 800 r/min 时,通过升速传动副(76∶38)使主轴得到 1 600 r/min。因 Ⅲ 轴共有 6 级转速,通过该传动副可使主轴得到 6 级高转速 280～1 600 r/min,所以上斜的 6 条平行传动线都表示同一个升速传动副的传动比。

转速图可表达传动轴的数目、主轴及各传动轴的转速级数、转速值及其传动路线、变速组的个数及传动顺序、各变速组的传动副数及其传动比数值、变速规律(级比规律)等。

2.3.2.2　变速规律(级比规律)

图 2.20 机床主轴的 12 级转速是由三个变速传动组(简称变速组或传动组)串联起来的变速系统实现的。这是主传动变速系统的基本形式,或常规变速系统,即以单速电动机驱动,由若干变速组串联起来的、使主轴得到既不重复又排列均匀(指单一公比)的等比数列转速的

变速系统。基本形式变速系统中各个变速组具有下列变速特性。

（1）基本组的变速特性。变速组 a 的三个传动比也是公比为 φ 的等比数列，即 $u_{a2}/u_{a1} = \varphi^{-1}/\varphi^{-2} = \varphi$，$u_{a3}/u_{a2} = \varphi/\varphi^{-1} = \varphi$。使 II 轴得到三级转速（400 r/min，560 r/min，800 r/min）均相差 1 格，同样是公比为 φ 的等比转速数列。在其他变速组不改变传动比的条件下，该变速组可使主轴得到三级公比为 φ 的转速。可见，这个变速组是实现主轴等比转速数列的基本的、不可或缺的变速组，故称为基本变速组，简称基本组。

为了分析问题方便，把变速组传动比数列中相邻两个传动比的比值（大于 1）称为传动比的级比，简称为级比，用 φ^{x_i} 表示；并把级比值 φ^{x_i} 指数 x_i 称为级比指数。因此，基本组的级比 $\varphi^{x_0} = \varphi^1$，级比指数 $x_0 = 1$。基本组的变速特性：变速系统必有一个基本组，级比指数 $x_0 = 1$。转速图上的基本组，相邻两条传动线拉开 1 格。

（2）第一扩大组的变速特性。变速组 b 的级比为 $u_{b2}/u_{b1} = \varphi^3$，级比指数为 3，即两条传动线拉开 3 格，使 III 轴得到 6 级转速（140 ～ 800 r/min）。该变速组可使主轴转速扩大到 6 级连续的等比转速数列。在基本组的基础上，该变速组起到第一次扩大变速的作用，称为第一扩大变速组，简称第一扩大组。

由图 2.20 可见，第一扩大组的级比指数 x_1 应等于基本组的传动副数 $p_0 = 3$，否则会造成主轴转速重复或转速排列不均匀现象。第一扩大组的变速特性：级比指数 x_1 等于基本组的传动副数 p_0，即 $x_1 = p_0$。转速图上的第一扩大组，相邻两条传动线拉开的格数等于基本组的传动副数。

（3）第二扩大组的变速特性。变速组 c 的级比为 $u_{c2}/u_{c1} = 6$，级比指数为 6，即传动线拉开 6 格。通过这个变速组使主轴转速进一步扩大为 12 级连续的等比转速数列，它起到第二次扩大变速的作用，故称为第二扩大变速组，简称第二扩大组；它又是这个变速系统的"最后扩大组"。第二扩大组的级比指数 $x_2 = 6$。第二扩大组的变速特性：第二扩大组的级比指数 x_2 等于基本组的传动副数 p_0 和第一扩大组的传动副数 p_1 的乘积，即 $x_2 = p_0 p_1$。转速图上的第二扩大组，其相邻两条传动线拉开的倍数等于基本组的传动副数和第一扩大组的传动副数的乘积。

如果变速系统还有第三扩大组、第四扩大组……可以此类推得知各扩大组的变速特性。在转速图上寻找基本组和各扩大组时，可根据其变速特性，先找基本组，再依其扩大顺序找第一扩大组、第二扩大组、……。综上所述，变速系统中各变速组必须遵守变速规律（级比规律）：

① 基本组的级比指数必等于 1，即 $x_0 = 1$。

② 任一扩大组的级比指数必大于 1，且等于基本组传动副数与该扩大组之前（按扩大顺序计）各扩大组的传动副数的乘积，即 $x_i = p_0 p_1 p_2 \cdots p_{i-1}$，见表 2.7。

表 2.7 各变速组的级比、级比指数和变速范围

变速组	传动副数 p_i	级比指数 x_i	级比 φ_i^x	变速范围 r_i
基本组	p_0	$x_0 = 1$	$\varphi^{x_0} = \varphi$	$r_0 = \varphi^{x_0(p_0-1)} = \varphi^{p_0-1}$
第一扩大组	p_1	$x_1 = p_0$	$\varphi^{x_1} = \varphi^{p_0}$	$r_1 = \varphi^{x_1(p_1-1)} = \varphi^{p_0(p_1-1)}$
第二扩大组	p_2	$x_2 = p_0 p_1$	$\varphi^{x_2} = \varphi^{p_0 p_1}$	$r_2 = \varphi^{x_2(p_2-1)} = \varphi^{p_0 p_1(p_2-1)}$
⋮	⋮	⋮	⋮	⋮
第 i 扩大组	p_i	$x_i = p_0 p_1 p_2 \cdots p_{i-1}$	$\varphi^{x_i} = \varphi^{p_0 p_1 p_2 \cdots p_{i-1}}$	$r_i = \varphi^{x_i(p_i-1)} = \varphi^{p_0 p_1 p_2 \cdots (p_i-1)}$
⋮	⋮	⋮	⋮	⋮
第 j 扩大组	p_j	$x_j = p_0 p_1 p_2 \cdots p_{j-1}$	$\varphi^{x_j} = \varphi^{p_0 p_1 p_2 \cdots p_{j-1}}$	$r_j = \varphi^{x_j(p_j-1)} = \varphi^{p_0 p_1 p_2 \cdots (p_j-1)}$

2.3.2.3　变速组的变速范围

变速组的最大传动比 u_{imax} 与最小传动比 u_{imin} 之比，称为该变速组的变速范围，即 $r_i = u_{imax}/u_{imin} = \varphi^{x_i(p_i-1)}$，变速组变速范围 r_i 值中 φ 的指数，等于该变速组的级比指数 x_i 与其传动副数减 1（即 p_i-1）的乘积；也就是该变速组中最高传动线与最低传动线所拉开的格数。基型变速系统变速组的变速范围数值见表 2.7，由表可见，最后扩大组的变速范围 r 为最大。

主轴的转速范围（或变速范围）R_n 等于各变速组的变速范围的乘积，即 $R_n = r_0 r_1 \cdots r_i \cdots r_j$，主轴的转速级数为 $Z = p_0 p_1 p_2 p_3 \cdots$。

2.3.2.4　结构网和结构式

设计主传动变速系统时，为了便于分析、比较各变速组的变速特性，还常运用形式简单的结构网或结构式。图 2.21 为图 2.20 变速系统的结构网。结构网也由"三线一点"组成，但转速点和传动线仅表示相对值，只标出各变速组的传动副数及级比指数。结构网的传动线按对称分布画出，如图 2.21（a）所示。也可按不对称分布画出"上平下斜"式结构网，如图 2.21（b）所示。在一个结构网中，只允许选用一种表示方式。

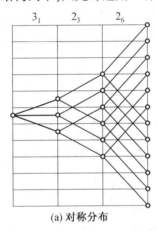
(a) 对称分布

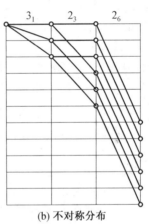
(b) 不对称分布

图 2.21　结构网

结构式能够表达变速系统主要的三个变速参量：主轴转速级数 Z、各变速组传动副数 p_i 和各变速组的级比指数 x_i。结构式表达：$Z = p_{a(\ )} \cdot p_{b(\ )} \cdot p_{c(\ )}$，按传动顺序列出各变速组的传动副数，括号内为各变速组的级比指数。图 2.20 变速系统的结构式可写成：$12 = 3_{(1)} \cdot 2_{(3)} \cdot 2_{(6)}$，还可以写成 $12 = 3_1 \cdot 2_3 \cdot 2_6$ 或 $12 = 3_{[1]} \cdot 2_{[3]} \cdot 2_{[6]}$，结构网或结构式与转速图具有一致的变速特性，但转速图表达得具体、完整，转速和传动比是绝对数值；而结构网和结构式表达变速特性较简单、直观，转速和传动比是相对数值。结构网比结构式更直观，结构式比结构网更简单。结构式与结构网的表达内容相同，二者是对应的。

2.3.2.5　主传动变速系统运动设计要点

1. 齿轮变速组的传动比和变速范围限制

直齿圆柱齿轮的极限传动比 $u_{max} = 2$，$u_{min} = 1/4$，其变速范围的限制值 $r_{max} = u_{max}/u_{min} = 8$。变速系统的齿轮变速组应遵守传动比和变速范围这两个限制条件。为限制变速组的变速范围不致超出极限值，需检验最后扩大组的变速范围 r_j。不超出极限值 r_{max}，其他变速组就不会超出限制,即 $r_j = \varphi^{x_j(p_j-1)} = \varphi^{p_0^{p_1 p_2 \cdots (p_j-1)}} \leqslant 8$。

2. 减小传动件结构尺寸的原则

根据公式 $T = 955 \times 10^4 \dfrac{P}{n_c} = 955 \times 10^4 \dfrac{P_E \eta}{n_c}$(其中 T 为传动件的传递转矩(N·mm)),P 为该传动件的传递效率(kW),P_E 为主电动机的功率(kW),n_c 为该传动件的计算转速(r·min^{-1}),η 为主电动机到该传动件间的传动效率)可知,当传递功率一定时,提高传动件的转速可降低传递转矩,减小传动件的结构尺寸。为此,应遵守下列一般原则:

(1)变速组传动副要"前多后少"。从电动机到主轴之间的变速系统,总的趋势是降速传动。传动链前面的转速较高,而传动链后面的转速较低,要把传动副数较多的变速组安排在传动链的前面,故 $p_a \geqslant p_b \geqslant p_c \geqslant \cdots$,$p_a$、$p_b$、$p_c$、$\cdots$ 依次代表第一变速组、第二变速组、第三变速组……的传动副数。

(2)变速组传动线要"前紧后松"。如果变速组的扩大顺序与传动顺序一致,即按传动顺序依次为基本组、第一扩大组、第二扩大组……最后扩大组,可提高中间传动轴的转速,如图 2.22(a)所示。反之,若扩大顺序与传动顺序不一致,则中间传动轴的转速就会降低,如图 2.22(b)中 Ⅱ 轴的最低转速要比图 2.22(a)低。扩大顺序与传动顺序一致时,在结构网与转速图上,前面变速组的传动线分布得紧密些,后面变速组的传动线分布得疏松些,故称为传动线"前紧后松"(或"前密后疏")的原则,即 $x_a < x_b < x_c < \cdots$,其中 x_a、x_b、x_c、$\cdots$ 顺次为第一变速组、第二变速组、第三变速组……的级比指数。

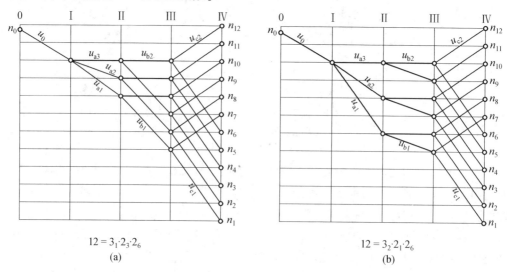

图 2.22 转速图比较

(3)变速组减速要"前慢后快"。主传动变速系统通常是降速传动,希望传动链前面的变速组降速要慢些,后面的变速组降速可快些,即 $u_{a\min} \geqslant u_{b\min} \geqslant u_{c\min} \geqslant \cdots$,其中 $u_{a\min}$、$u_{b\min}$、$u_{c\min}$、$\cdots$ 顺次为第一变速组、第二变速组、第三变速组……的最小传动比。

3. 改善传动性能的注意事项

提高传动件转速可减小结构尺寸,但转速过高又会恶化传动性能,增大空载功率损失、噪声、振动和发热等。为了改善传动性能,应注意下列事项:

（1）传动链要短。减少传动链中齿轮、传动轴和轴承数量，不仅制造、维修方便，降低成本，还可提高传动精度、传动效率，减少振动和噪声。主轴最高转速区内的机床空载功率损失和噪声最大，需特别注意缩短高速传动链，这是设计高效率、低噪声变速系统的重要途径。

（2）转速和要小。减小各轴转速和，可降低空载功率损失和噪声。要避免传动件有过高的转速，避免过早、过大的升速。

（3）齿轮线速度要低。齿轮线速度是影响噪声的重要因素，通常限制线速度小于 15 m/s。

（4）空转件要少。空转的齿轮、传动轴等元件要少，转速要低，能够减小噪声和空载功率损失。

变速系统运动设计要点小结：一个规律——级比规律。两个限制——齿轮传动比限制，$u_{max}=2$，$u_{min}=1/4$；齿轮变速组的变速范围限制，$r_{max}=u_{max}/u_{min}=8$（直齿）；三项原则——传动副要"前多后少"，传动线要"前紧后松"，降速要"前慢后快"。四项注意——传动链要短，转速和要小，齿轮线速度要低，空转件要少。

2.3.2.6　结构式和结构网拟定

现以某卧式车床主传动设计为例，说明结构式、结构网的拟定步骤及其主要内容。设已知主轴转速 $n=35.5\sim1\,600$ r/m，级数 $Z=12$，公比 $\varphi=1.41$，采用集中传动式布局、直齿滑移齿轮变速，采用电动机开停、换向及制动方式。

（1）确定变速组的个数和传动副数。主轴转速为 12 级的变速系统可用三个变速组，其中一个三联滑移齿轮变速组和两个双联滑移齿轮变速组。有的机床为了缩短传动链，当公比 φ 较小时，还可采用两个变速组，即四联和三联滑移齿轮变速组，但需注意采用四联滑移齿轮的可能性以及要有相应的结构措施。

（2）确定传动顺序方案。变速组的传动顺序是指各变速组在传动链中由先到后的排列顺序。不同的传动顺序方案有：$12=4\times3$，$12=3\times4$，$12=3\times2\times2$，$12=2\times3\times2$，$12=2\times2\times3$。如无特殊要求，根据传动副"前多后少"的原则，应优先选用 $12=4\times3$ 和 $12=3\times2\times2$ 两个方案。因结构和使用上的特殊要求，采用其他传动顺序方案时，应进行分析比较。

（3）确定扩大顺序方案。变速组的扩大顺序是指各变速组的级比指数由小到大的排列顺序。根据已选用的传动顺序方案，又可得出若干不同的扩大顺序方案。如无特殊要求，根据传动线"前紧后松"的原则，应使变速组的扩大顺序与传动顺序一致，故可选用 $12=4_1\times3_4$ 和 $12=3_1\times2_3\times2_6$，采用其他扩大顺序方案时，应进行分析比较。

综上所述，拟定结构式时，要"前多后少"地安排变速组的传动顺序；要"前紧后松"地安排其扩大顺序，使扩大顺序与传动顺序一致。这在一般情况下可得到最佳结构式方案。

（4）检验最后扩大组的变速范围。由变速范围知，结构式 $12=4_1\times3_4$ 最后扩大组的变速范围为 $r_1=\varphi^{x_1(p_1-1)}=1.41^{4(3-1)}=1.41^8=16>8$，不允许，而结构式 $12=3_1\times2_3\times2_6$ 最后扩大组的变速范围为 $r_2=\varphi^{x_2(p_2-1)}=1.41^{6(2-1)}=1.41^6=8$，允许。因此，结构式方案确定为 $12=3_1\times2_3\times2_6$。

（5）画结构网。根据已确定的结构式方案画出结构网，如图 2.23 所示。

2.3.2.7　转速图拟定

1. 确定 V 型带传动

考虑 I 轴转速不宜过低（结构尺寸增大），也不宜过高（带轮转动不平衡引起振动、噪声），初定 $n_1=800$ r/min，带传动比为

$$u_0 = \frac{n_{\mathrm{I}}}{n_0(1-\varepsilon)} = \frac{800}{1\,440(1-0.02)} = \frac{1}{1.764}$$

2. 画转速图的格线

该变速系统具有定比传动和三个变速组,画传动轴和转速格线,标定各轴号、主轴各转速点及电动机转速点的转速值,如图 2.23 所示。

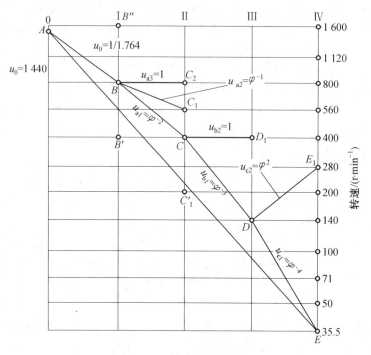

图 2.23　转速图的传动线

3. 分配传动比

分配各变速组,通常是"由后向前"进行,先分配最后变速组的传动比,再顺次向前分配或"由前向后"交叉进行。分配传动比应注意照顾有特殊要求的传动副、重要传动副以及最后扩大组传动副。

(1)分配第三变速组(Ⅲ-Ⅳ轴间)的传动比,由结构式 $12 = 3_1 \times 2_3 \times 2_6$ 可知,第三变速组即第二扩大组的传动副数 $p_2 = 2$,级比指数 $x_2 = 6$。因此,先在Ⅳ轴上找到相距 6 格的两个转速点 E 和 E_1(可选定各轴最低转速点)。根据传动比 $1/4 \leqslant u \leqslant 2$,$\varphi = 1.41$,则Ⅲ轴上相应主动转速点 D 只能有唯一位置,即 $u_{c1} = \varphi^{-4} = 1.41^{-4} = 1/4$,$u_{c2} = \varphi^2 = 1.41^2 = 2$。

(2)分配第二变速组(Ⅱ-Ⅲ轴间)的传动比。第二变速组即第一扩大组有两个传动副,$x_1 = 3$,因此,由Ⅲ轴上点 D 可定出点 D_1。Ⅱ轴上相应主动转速点 C 的位置只允许在 $C_1 \sim C_1'$ 范围内选定。若选点 C_1',则Ⅱ轴转速过低且升速传动比达极限值;若选点 C_1,则Ⅱ轴转速偏高且降速传动比达极限值。综合考虑上述问题,现选定点 C 位置,其传动比 $u_{b1} = \varphi^{-3} = 1.41^{-3} = 1/2.8$,$u_{b2} = \varphi^0 = 1.41^0 = 1$。

(3)分配第一变速组(Ⅰ-Ⅱ轴间)的传动比。第一变速组即基本组有三个传动副,$x_0 = 1$,故于Ⅱ轴上自点 C 向上取相邻三点 C、C_1 和 C_2。其Ⅰ轴上相应转速点 B 只能在 $B' \sim B''$ 范围内选定,考虑结构尺寸和传动性能,以及带轮轴(Ⅰ轴)的转速要求,已选定的点 B 是适宜的。

(4)画全传动线,可得到图2.22(a)所示的转速图。但图上仅有各轴转速及各传动副传动比。转速图的拟定往往需要多次修改,在以后的传动副参数确定甚至结构设计时仍有可能更改。因此应全面考虑,兼顾各个变速级,特别要注意结构尺寸和传动性能的影响,拟定出更加完善合理的转速图方案。

相关的齿轮齿数、轴类校核、轴布局形式可参阅机械设计、金属切削机床等课程。

几种特殊设计:

①具有多速电动机的主变速系设计和具有交换齿轮的变速传动系如图2.24所示。

②变速箱内各传动轴的空间布置,要考虑便于装配、调整和维修,如图2.25、2.26、2.27所示。

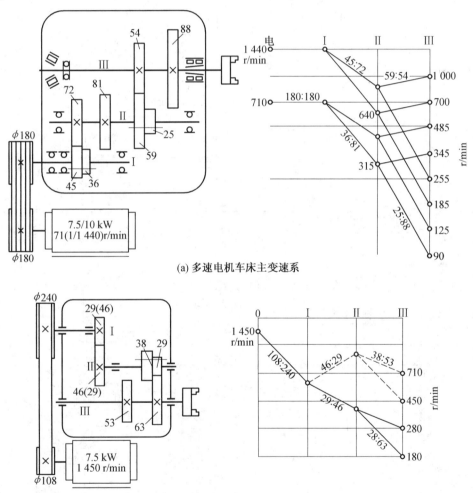

(a) 多速电机车床主变速系

(b) 具有交换齿轮的主变速系

图2.24　多刀半自动车床主变速系和具有交换齿轮的主变速系

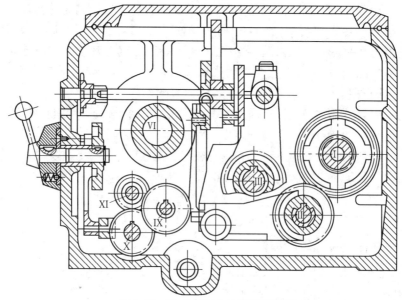

图 2.25　卧式车床主轴箱横断面图

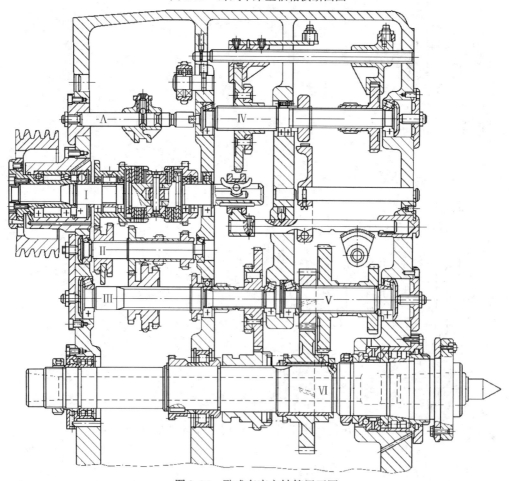

图 2.26　卧式车床主轴箱展开图

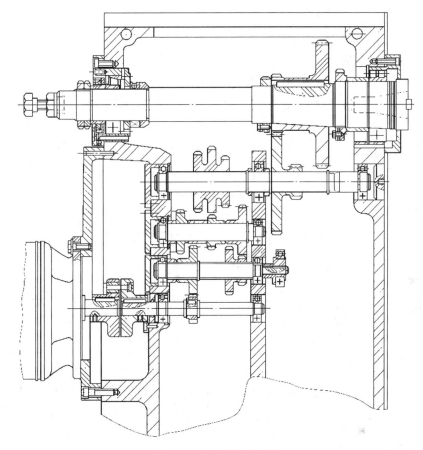

图 2.27　卧式铣床变速箱

2.3.2.8　机床的功率转矩特性

由切削理论得知,在背吃刀量和进给量不变的情况下,切削速度对切削力的影响较小。因此,主运动是直线运动的机床,如刨床的工作台,在背吃刀量和进给量不变的情况下,不论切削速度多大,所承受的切削力基本是相同的,驱动直线运动工作台的传动件在所有转速下承受的转矩当然也基本是相同的,这类机床的主传动属恒转矩传动。

主运动是旋转运动的机床,如车床、铣床等机床的主轴,在背吃刀量和进给量不变的情况下,主轴在所有转速下承受的转矩与工件或铣刀的直径基本上成正比,但主轴的转速与工件或铣刀的直径基本上成反比。可见,主运动是旋转运动的机床基本上是恒功率传动。

通用机床的工艺范围广,变速范围大,使用条件也复杂,主轴实际的转速和传递的功率,也就是承受的转矩是经常变化的。例如通用车床主轴转速范围的低速段,常用来切削螺纹、铰孔和精车等,消耗的功率较小,计算时如按传递全部功率计算,将会使传动件的尺寸不必要地增大,造成浪费;在主轴转速的高速段,由于受电动机功率的限制,背吃刀量和进给量不能太大,传动件所受的转矩随转速的增高而减小。

主变速传动系中各传动件究竟按多大的转矩进行计算,导出计算转速的概念。主轴或各传动件传递全部功率的最低转速为它们的计算转速 n_j。如图 2.28 所示的"主轴的功率转矩特性图"中,主轴从最高转速到计算转速之间应传递全部功率,而其输出转矩随转速的降低而增

大,称之为恒功率区;从计算转速到最低转速之间,主轴不必传递全部
功率,输出的转矩不再随转速的降低而增大,保持计算转速时的转矩不
变,传递的功率则随转速的降低而降低,称之为恒转矩区。

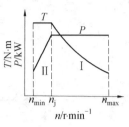

不同类型机床主轴计算转速的选取是不同的,对于大型机床,由于
应用范围很广,调速范围很宽,计算转速可取得高些。对于精密机床、
滚齿机,由于应用范围较窄,调速范围小,计算转速可取得低一些。各
类机床主轴计算转速的统计公式见表2.8。对于数控机床,调速范围比
普通机床宽,计算转速可比表中推荐的高些。

图 2.28　主轴的功率
转矩特性图

表 2.8　各类机床的主轴计算转速

机床类型		计算转速 n_j	
		等公比传动	混合公比或无级调速
中型通用机床和使用较广的半自动机床	车床,升降台式铣床,转塔车床,液压仿形半自动车床,多刀半自动车床,单轴自动车床,多轴自动车床,立式多轴半自动车床 卧式镗铣床($\phi63 \sim \phi90$)	$n_j = n_{min}\varphi^{\frac{Z}{3}-1}$ n_j 为主轴第一个(低的)三分之一转速范围内的最高一级转速	$n_j = n_{min}\left(\dfrac{n_{max}}{n_{min}}\right)^{0.3}$
	立式钻床,摇臂钻床,滚齿机	$n_j = n_{min}\varphi^{\frac{Z}{4}-1}$ n_j 为主轴第一个(低的)四分之一转速范围内的最高一级转速	$n_j = n_{min}\left(\dfrac{n_{max}}{n_{min}}\right)^{0.25}$
大型机床	卧式车床($\phi1\,250 \sim \phi4\,000$) 单柱立式车床($\phi1\,400 \sim \phi3\,200$) 单柱可移动式立式车床($\phi1\,400 \sim \phi1\,600$) 双柱立式车床($\phi3\,000 \sim \phi12\,000$) 卧式镗铣床($\phi110 \sim \phi160$) 落地式镗铣床($\phi125 \sim \phi160$)	$n_j = n_{min}\varphi^{\frac{Z}{3}}$ n_j 为主轴第二个三分之一转速范围内的最低一级转速	$n_j = n_{min}\left(\dfrac{n_{max}}{n_{min}}\right)^{0.35}$
高精度和精密机床	落地式镗铣床($\phi160 \sim \phi260$) 主轴箱可移动的落地式镗铣床($\phi125 \sim \phi300$)	$n_j = n_{min}\varphi^{\frac{Z}{2.5}}$	$n_j = n_{min}\left(\dfrac{n_{max}}{n_{min}}\right)^{0.4}$
	坐标镗床 高精度车床	$n_j = n_{min}\varphi^{\frac{Z}{4}-1}$ n_j 为主轴第一个(低的)四分之一转速范围内的最高一级转速	$n_j = n_{min}\left(\dfrac{n_{max}}{n_{min}}\right)^{0.25}$

2.4　机床进给传动系统设计

2.4.1　进给传动系统类型及设计要点

2.4.1.1　进给传动的类型及组成

机床进给传动系统是用来实现机床的进给运动和有关辅助运动(如快进、快退等调节运动)。根据机床的类型、传动精度、运动平稳性和生产率等要求,可采用机械、液压和电气等不同传动方式。

1. 机械进给传动

机械进给传动系统结构复杂、制造工作量大,但具有工作可靠、维修方便等特点,仍然广泛应用于中、小型普通机床中。图 2.29 是两种典型的机械进给传动系统,主要由动力源、变速机构、换向机构、运动分配机构、过载保险机构、运动转换机构、执行机构以及快速传动机构等组成。

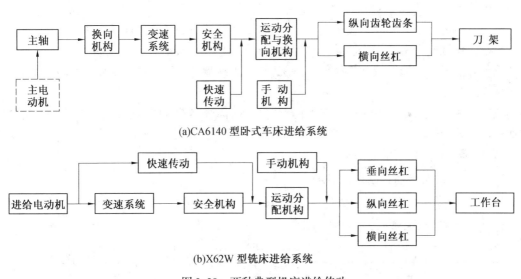

(a)CA6140 型卧式车床进给系统

(b)X62W 型铣床进给系统

图 2.29　两种典型机床进给传动

(1)动力源。进给传动可采用一个或多个电动机单独驱动,便于缩短传动链、实现进给运动的自动控制;也可以与主传动共用一个动力源,便于保证主传动和进给运动之间的严格传动比关系,适用于有内联系传动链的机床,如车床、齿轮加工机床等。

(2)变速机构。用来改变进给量大小,常用滑移齿轮、交换齿轮、齿轮离合器和机械无级变速器等。设计时,若几个进给运动共用一个变速机构,应将变速机构放置在运动分配机构前面。由于机床进给运动的功率较小、速度较低,有时也采用拉键机构、齿轮折回机构和棘轮机构等。

(3)换向机构。用来改变进给运动的方向,一般有两种方式,一种是进给电动机换向,换向方便,但普通进给电动机的换向次数不能太频繁;另一种是齿轮或离合器换向,换向可靠,应用广泛。

（4）运动分配机构。实现纵向、横向或垂直方向不同传动路线的转换,常采用各种离合器机构。

（5）过载保险机构。其作用是在过载时自动断开进给运动,过载排除后自动接通,常采用牙嵌离合器、摩擦片式离合器、脱落蜗杆等。

（6）运动转换机构。用来转换运动类型,一般是将回转运动转换为直线运动,常采用齿轮齿条、蜗杆齿条、丝杠螺母机构。

（7）快速传动机构。为了便于调整机床、节省辅助时间和改善工作条件,快速传动可与进给传动共用一个进给电动机,采用离合器等进给传动链转换;大多数采用单独电动机驱动,通过超越离合器、差动轮系机构或差动螺母机构等,将快速运动合成到进给传动中。

2. 液压进给传动

液压进给传动通过动力液压缸等传递动力和运动,并通过液压控制技术实现无级调速、换向、运动分配、过载保护和快速运动。油缸本身做直线运动,一般不需要运动转换。液压传动工作平稳、动作灵敏,便于实现无级调速和自动控制,而且在同等功率情况下体积小、质量轻、机构紧凑,因此广泛用于磨床、组合机床和自动车床的进给传动中。

3. 电气进给传动

电气进给传动是采用无级调速电动机,直接或经过简单的齿轮变速或同步齿形带变速,驱动齿轮条或丝杠螺母机构等传递动力和运动;若采用近年出现的直线电动机可直接实现直线运动驱动。电气传动的机械结构简单,可在工作中无级调速,便于实现自动化控制,因此应用越来越广泛。

数控机床的进给系统称为伺服进给传动系统,由伺服驱动系统、伺服进给电动机和高性能传动元件（如滚珠丝杠、滚动导航）组成,在计算机（即数控装置）的控制下,可实现多坐标联动下的高效、高速和高精度进给运动。

2.4.1.2　进给传动系统设计特点

（1）速度低、功耗小、恒转矩传动。

与机床主运动相比较,进给运动的速度一般较低,受力较小,传动功率也较小,可以看作恒转矩传动。传动系统中任一传动件所承受的转矩可用下式计算:

$$T_i = T_{max} u_i / \eta_i$$

式中,T_i为任一传动件承受的转矩;T_{max}为末端输出轴上允许的最大转矩;u_i为从i轴到末端轴的传动比;η_i为从i轴到末端轴的传动效率。

（2）计算转速。

确定进给传动系统计算转速（或计算速度）的目的是确定所需的功率,一般按下列三种情况确定:

①具有快速运动的进给系统,传动件的计算转速（或计算速度）取在最大快速运动时的转速（或速度）。

②对于中型机床,若进给运动方向的切削分力大于该方向的摩擦力,则传动件的计算转速（或速度）由该机床在最大切削力工作时所使用的最大进给速度来决定,一般为机床规定的最大进给速度的1/2～1/3。

③对于大型机床和精密或高精密级机床,若进给运动方向的摩擦力大于该方向的切削分

力,则传动件的计算转速(或速度)由最大进给速度来决定。

(3)变速系统的传动副要"前少后多"、降速要"前快后慢"、传动线要"前疏后密"。

对于进给量按等比级数排列的变速系统,其设计原则刚好与主传动变速系统的设计原则相反,对于 12 级进给变速系统,其结构式可取:$Z = 12 = Z_1 \cdot Z_2 \cdot Z_3$,可减小中间传动件至末端传动件的传动比,减少所承受的转矩,以便减小尺寸,使结构更为紧凑。

2.4.2　进给传动系统传动精度

机床的传动精度是指机床内联系传动链两端件之间相对运动的准确性。例如车削螺纹时机床的传动链应在整个加工过程中始终保证主轴转一转,刀架移动一个螺纹导程值。机床的传动精度是评价机床质量的重要标准之一。

1. 误差来源

在传动链中,各传动件的制造误差和装配误差以及传动件因受力和温度变化而产生的变形都会影响传动链的传动精度。在传动件的制造误差中,传动件的轴向跳动和径向跳动,齿轮和蜗轮的齿形误差、周节误差和周节累积误差,丝杠、螺母和蜗杆的半角误差、导程误差和导程累积误差等,是引起传动误差的主要来源。

2. 误差传递规律

在传动链中,各个传动件的传动误差都按一定传动比依次传递,最后集中反映到末端件上,其传动规律可用下式表示:

$$\left.\begin{aligned} \Delta\varphi_n &= \Delta\varphi_i u_i \\ \Delta l_n &= r_n \Delta\varphi_n = r_n \Delta\varphi_i u_i \end{aligned}\right\}$$

式中,$\Delta\varphi_i$ 为传动件 i 的角度误差;u_i 为传动件 i 到末端件 n 之间的传动比;$\Delta\varphi_n$,Δl_n 为由 $\Delta\varphi_n$ 引起的末端件 n 的角度误差和线值误差;r_n 为在末端件 n 上的与加工精度有关的半径。由于传动链是由若干传动件组成的,所以每一传动件的误差都将传递到末端件上。转角误差都是向量,总转角误差应为各误差的向量和,在向量方向未知的情况下,可用均方根误差来表示末端件的总误差 $\Delta\varphi_\Sigma$,Δl_Σ:

$$\left.\begin{aligned} \Delta\varphi_\Sigma &= \sqrt{(\Delta\varphi_1 u_1)^2 + (\Delta\varphi_2 u_2)^2 + \cdots + (\Delta\varphi_n u_n)^2} = \sqrt{\sum_{i=1}^{n}(\Delta\varphi_i u_i)^2} \\ \Delta l_\Sigma &= r_n \Delta\varphi_\Sigma \end{aligned}\right\}$$

3. 提高传动精度措施和内联系传动链设计原则

根据上述分析,可以给出提高传动精度的措施,这也是内联系传动链的设计原则。

(1)缩短传动链。设计传动链时尽量减少串联传动件的数目,以减少误差的来源。

(2)合理分配传动副的传动比。根据误差传递规律,传动链中传动比应采取递降原则。在内联系传动链中,运动通常是由某一中间传动件传入,此时向两末端件的传动应采用降速传动,则中间传动件的误差反映到末端件上可以被缩小,并且末端件传动副的传动比应最小,即降速幅度最大。所以在传递旋转运动时,末端传动副应采用蜗轮副;在传递直线运动时,末端传动副应采用丝杠副。

(3)合理选择传动件。内联系传动链中不允许采用传动比不准确的传动副,如摩擦传动副。斜齿圆柱齿轮的轴向窜动会使从动齿轮产生附加的角度误差;梯形螺纹的径向跳动会使螺母产生附加的线值误差;圆锥齿轮、多头蜗杆和多头丝杠的制造精度低。因此,传动精度要求高的传动链,应尽量不用或少用这些传动件。

为使传动平稳必须采用斜齿圆柱齿轮传动时,应将螺旋角取得小些;采用梯形螺纹丝杠时,应将螺纹半角取得小些,一般小于 7°30′;为了减少蜗轮的齿圈径向跳动引起节圆上的线值误差,齿轮精加工机床常采用小压力角的分度蜗轮,此外尽量加大蜗轮直径,以便缩小反映到工件上的误差。

(4)合理确定各传动副精度。根据误差传递规律,末端件上传动副误差直接反映到执行件上,对加工精度影响最大,因此其精度应高于中间传动副。

(5)采用校正装置。为了进一步提高进给传动精度,可以采用校正装置。机械式校正装置是针对具体机床的实际传动误差制成校正尺或校正凸轮,用以推动执行件产生附加运动,对传动误差进行补偿。由于机械校正装置结构复杂,补偿精度有限,应用并不普遍,近几年出现了利用光电原理制成的校正装置。数控机床采用检测反馈、软件或硬件补偿等方法,使机床的定位精度与传动精度得到了大幅度提高。

2.4.3　数控机床伺服进给传动系统类型

数控机床的伺服进给传动系统是以机械位移作为控制对象的自动控制系统,其作用是接受来自数控装置发出的进给脉冲,经变换和放大后,驱动工作台或刀架等按规定的速度和距离移动。相对于每一个进给脉冲信号,机床部件的移动量称为数控机床的脉冲当量或最小设定单位,其大小视机床的精度而定,一般为 0.01 ~ 0.005 mm。由于伺服系统直接决定刀具和工件的相对位置,是影响加工精度和生产率的主要因素之一。数控机床的伺服进给系统按有无检测反馈装置可分为开环、闭环和半闭环系统。

(1)开环系统。开环系统是对工作台等的实际位移不进行检测反馈处理的系统,如图 2.30所示。开环系统的伺服电动机一般采用步进电动机,经降速齿轮(或同步齿形带)和滚珠丝杠螺母,带动工作台移动。这种系统的精度、速度和功率都受到限制,但系统结构简单、调试方便、成本低廉,主要应用于各种经济型数控机床中。

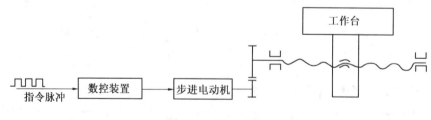

图 2.30　开环系统

(2)闭环系统。在闭环系统中,使用位移检测装置直接测量机床执行部件(如刀架或工作台)的移动,并反馈给数控装置,与指令位移进行比较,用其差值控制伺服电动机工作。闭环系统的伺服电动机一般采用直流或交流伺服电动机,为了提高系统稳定性,还必须对电动机速度进行检测,实行速度反馈控制,如图 2.31 所示。图中 A 为速度检测元件,C 为工作台线性位移检测元件。

闭环系统可以消除整个系统的误差,包括机械系统的传动误差等,其控制精度和动态性能

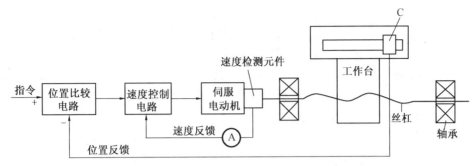

图 2.31 闭环系统

都比较理想,但系统结构复杂,安装和调试比较麻烦,成本高,用于精密型数控机床。

(3)半闭环系统。如果将闭环系统的位移检测装置改为角位移检测装置,不是安装在工作台上而是安装在伺服电动机上,通过对电动机的角位移进行检测,间接对工作台实行反馈控制,便形成了所谓半闭环控制,如图 2.32 所示。图中 B 为电动机转角检测元件,A 为直流或交流伺服电动机的速度检测元件。半闭环伺服控制系统将齿轮、丝杠螺母和轴承等机械传动部件排除在反馈控制之外,不能完全补偿它们的传动误差,因此精度比闭环差。但由于排除了机械传动系统的干扰,系统稳定性有所改善,调试方便,而且结构简单,成本较闭环系统低,所以应用比较广泛。

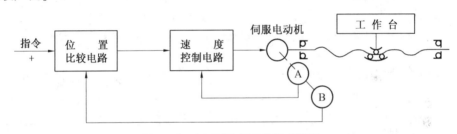

图 2.32 半闭环控制系统组成框图

2.4.4 进给伺服电动机选择

数控机床的进给伺服电动机与普通的电动机不同,必须满足调速范围宽、响应速度快、恒转矩输出且过载能力强、能承受频繁启动、停止和换向等要求。随着科学技术的发展,进给伺服电动机的类型越来越多,性能越来越优越,主要有步进电动机、直流伺服电动机、交流伺服电动机和直线伺服电动机等。

(1)步进电动机。步进电动机又称脉冲电动机,是利用电磁铁吸合原理工作,每接受一个电脉冲信号,电动机就转过一定的角度,称为步距角。步进电动机的角位移与输出脉冲的个数成正比,在时间上与输入脉冲同步,因此只要控制输入脉冲的数量、频率和分配方式,便可控制所需的转角、转速和转向,没有累计误差。无脉冲输入时,在绕组电源激励下,气隙磁场能使电动机转子处于定位状态。步进电动机类型很多,用于数控机床的主要是反应式和混合式两大类,其步距角为0.3°~3°,输出静转矩由小于 1 N·m 至几十 N·m。步进电动机结构简单、使用维修方便、成本低,在我国被广泛用于中、小型经济型数控机床中。

(2)直流伺服电动机。直流伺服电动机是最早用于数控机床进给伺服驱动的,一般通过调整电枢电压进行大范围调速,调整电枢电流保证恒转矩输出。主要有小惯量和大惯量直流电动机两大类。

①小惯量直流电动机。为了减小转动惯量、降低电动机的机械时间常数,其转子直径小、轴向尺寸大,长径比约为5;为了减小电感、降低电气时间常数,其转子表面无槽,电枢绕组用环氧树脂固定在转子的外圆柱表面上。这种结构特点决定了该类电动机动态特性好,响应速度快,加、减速能力强。其缺点是因惯量小,必须带负载进行调试;输出转矩较小,一般必须通过齿轮或同步齿形带传动进行降速,因此多用于高速轻载的数控机床。

②大惯量直流电动机。又称宽调速直流电动机,是通过加大电动机转子直径,增加电枢绕组中的导线数目,显著提高电磁转矩。大惯量直流电动机有电励磁式和永磁式两种,其中永磁式应用较为普遍。其特点是能在低速下平稳运行,输出转矩大,可以直接与丝杠相连;不需要降速传动机构,由于惯量大,可以无负载调试,调试方便。此外根据用户要求可内装测速发电机、旋转变压器或制动器,获得较高的速度环增益,构成精度较高的半闭环系统,及其优良低速刚度和动态性能。

(3)交流伺服电动机。自20世纪80年代中期开始,交流伺服电动机得到了迅速发展。可分为交流异步电动机和交流同步电动机,按产生磁场的方式又可分为永磁式和电磁式。在数控机床的进给驱动中大多采用永磁同步交流伺服电动机,转子为永磁材料制成。通过改变交流电动机频率实现电动机调速。同直流伺服电动机相比,交流伺服电动机结构简单、体积小、制造成本低;交流伺服电动机没有电刷和换向器,不需要经常维护,没有直流伺服电动机因换向火花影响运行速度的限制。因此,交流伺服电动机发展得很快,特别是新型永磁材料,如第三代稀土材料——钕铁硼材料、大功率晶体管和计算机技术的发展,使得交流伺服电动机不断完善,应用日益广泛。

(4)直线伺服电动机。直线伺服电动机是将电能直接转化为直线运动机械能的电力驱动装置。可取代传统的回转型伺服电动机加滚珠丝杠的伺服传动系统,可以简化结构,提高刚度和响应速度,使工作台的加(或减)速度提高10~20倍,移动速度提高3~4倍。直线电动机在近一二十年已在自动化仪表、计算机外围设备等方面得到实际应用,目前已开始用于数控机床。直线伺服电动机的工作原理同旋转伺服电动机相似,可以看成是旋转型伺服电动机沿径向切开,然后向两边展开拉平后演化而成,原来的旋转磁场变成平磁场,为了平衡单边磁力,可做成双边对称型。直线伺服电动机有感应式、同步式和直线步进电动机等多种类型,其技术有待进一步完善,制造成本有待进一步降低。

2.4.5　滚珠丝杠副设计

2.4.5.1　工作原理与特点

滚珠丝杠副是一种靠滚珠传递和转换运动的新型元件,其丝杠和螺母上分别加工有半圆弧形沟槽,合在一起形成滚珠的圆形滚道,并在螺母上加工有使滚珠形成循环的回珠通道,当丝杠和螺母相对转动时,滚珠可在滚道内循环滚动,因而迫使丝杠和螺母产生轴向相对移动。由于丝杠和螺母之间是滚动摩擦,因而具有下列特点:

(1)摩擦损失小,传动效率高,可达0.90~0.96,是普通滑动丝杠副的3~4倍。

(2)摩擦阻力小,几乎与运动速度无关,动、静摩擦力之差极小,因而运动灵敏,平稳,低速时不易产生爬行;且磨损小、精度保持性好,寿命长。

(3)丝杠螺母之间进行消隙或预紧,可以消除反向间隙,使反向无死区,定位精度高,轴间刚度大。

（4）不能自锁,传动具有可逆性,即能将旋转运动转换为直线运动或将直线运动转换为旋转运动,因此在某些场合,如传递垂直运动时,应增加制动或防逆转装置,以防工作台因自重而自动下降等。

2.4.5.2　轴向间隙调整方法

在一般情况下,滚珠同丝杠和螺母的滚道之间存在一定间隙。当滚珠丝杠开始运转时,总要先运转一个微小角度,以使滚珠同丝杠和螺母的圆弧形滚道的两侧面发生接触,然后才真正开始推动螺母做轴向移动,进入真正的工作状态。当滚珠丝杠反向运转时,也会先空运转一个微小角度。滚珠丝杠副的这种轴向间隙会引起轴向定位误差,严重时还会导致系统控制的"失步"。在载荷作用下滚珠与丝杠和螺母两滚道侧面的接触点处还会发生微小的接触变形,因此当丝杠转向发生改变时,滚珠向丝杠和螺母两滚道面一侧的弹性接触变形的恢复和另一侧接触变形的形成还会进一步增加滚珠的轴向移动量,导致丝杠空运转量的进一步增加。根据接触变形理论,滚珠同滚道面的接触变形会随载荷的增加急剧下降,因此为了提高滚珠丝杠副的定位精度和刚度,应对其进行预紧,即施加一定的预加载荷,使滚珠同两滚道侧面始终保持接触(即消隙状态)并产生一定的接触变形(即预紧状态)。

滚珠丝杠副进行消隙和预紧的方法很多,采用较多的有双螺母垫片式、双螺母齿差式、双螺母螺纹式和单螺母变导程式。

（1）双螺母垫片式。如图 2.33 所示,修磨垫片厚度 δ,使两个螺母间产生轴向位移。分为拉伸预紧(图(a)、(c))和压缩预紧(图(b))两种方式。图 2.33(a)方式结构简单、刚度高、可靠性好,应用普遍。

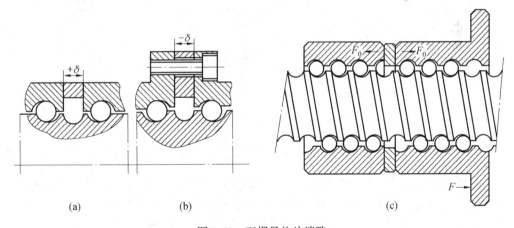

图 2.33　双螺母垫片消隙

（2）双螺母齿差式。如图 2.34 所示,左右螺母的凸缘都加工成外齿轮,齿数相差为 1,工作中这两个外齿轮分别与固定在螺母座上的两个内齿圈相啮合。调整时,将两个内齿圈卸下,同时转动齿轮相同齿数,则两螺母产生轴向相对位移,达到消隙和预紧的目的。两螺母的轴向相对位移量可用下式计算：

$$\Delta = k\left(\frac{1}{Z_1} - \frac{1}{Z_2}\right)S = \frac{kS}{Z_1 Z_2}$$

式中,Δ 为双螺母轴向相对位移;k 为两螺母同向转动的齿数;S 为滚珠丝杠导程;Z_1,Z_2 为两外齿轮的齿数。

这种方法用于需要对消隙或预紧量进行精确调整的场合,若 $Z_1 = 99$, $Z_2 = 100$, $S = 10$ mm,则每转过一个齿的调整量 $\Delta \approx 0.001$ mm。

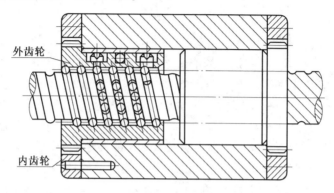

图 2.34　双螺母齿差消隙

(3)双螺母螺纹式。如图 2.35 所示,双螺母用平键与螺母座相连,其中右边螺母外伸部分有螺纹,用两个锁紧螺母可使两个滚珠螺母相对丝杠做轴向移动。此种结构调整方便,可随时调整,但调整量不精确。

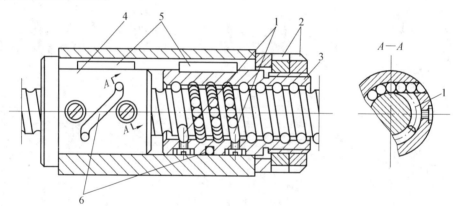

图 2.35　双螺母螺纹消隙
1—滚道;2—锁紧螺母;3—右螺母;4—左螺母;5—平键;6—滚珠循环返回槽

(4)单螺母变导程式。如图 2.36 所示,将滚珠螺母中央的圆弧螺纹滚道,根据调整量的大小 ΔL 使其导程发生突变,迫使滚珠从中央开始分成两半分别向两边错位,达到消隙和预紧的目的。这种方法可以减小轴向尺寸,用于轴向尺寸受到限制的场合,缺点是磨损后预紧量减小,再调整很困难。

2.4.5.3　预加载荷确定

必须合理确定滚珠丝杠副的预加载荷,若预加载荷过大,会加剧其磨损;若太小,在载荷作用下会使处于非工作状态的螺母仍然出现轴向间隙,影响定位精度。理论计算证明预加载荷应是工作载荷的1/3。通常滚珠丝杠出厂时,已由制造厂进行了预先调整,通常取预加负荷为额定动载荷的1/9~1/10。

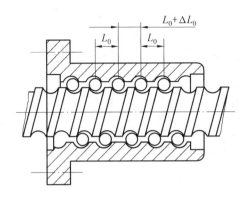

图 2.36　单螺母变导程自预紧式滚珠丝杠副

2.4.5.4　滚珠丝杠支承

为了提高传动刚度,除了合理确定滚珠丝杠副的参数以外,还必须合理设计螺母座与轴承座的结构,特别是合理选择轴承类型与设计支承形式。

(1)滚动轴承类型。滚动轴承主要有通用滚动轴承和专用滚动轴承两大类。

①普通向心球轴承和推力球轴承的组合,由于体积大、精度低,主要用于经济型数控机床。

②普通向心推力球轴承组合,这种轴承既是向心轴承又是推力轴承,可简化支承结构,但由于这类轴承接触角较小,轴向承载能力有限,主要用于轴向负荷较小的场合。

③60°接触角的向心推力球轴承,这是一种滚珠丝杠专用轴承,不仅接触角增大到60°,而且滚动体直径小、数目多,使得其承受轴向负荷的能力显著提高。

④滚针-推力圆柱滚子轴承组合,如图 2.37 所示。静圈 3 与壳体固定不动,动圈 1 和 5、隔套 6 随轴转动,滚针 7 可径向支承丝杠;两列圆柱滚子 2 和 4 装在保持架内,分别从两个方向对丝杠进行轴向支承;隔套 6 的长度决定轴承的轴向预紧量。这种轴承体积小、轴向刚度大,用于重载、高刚度场合,但与60°接触角向心推力球轴承相比,摩擦力较大,允许转速较低。

(2)丝杠的支承形式。主要可分为下列四种类型:

①一端固定、另一端自由,将包括两个推力轴承在内的全部轴承安装在丝杠一端,另一端不装轴承,用于短丝杠和垂直安装的丝杠。将图 2.38(a)中的左端轴承除去,便是这种类型。

②一端固定、另一端简支,如图 2.38(a)所示,是在第一种支承方式的基础上,在丝杠另一端加装向心轴承,用于轴向刚度较大的长丝杠支承。其优点是当丝杠发生热变形时,可以自由伸缩,不会影响推力轴承的调整间隙。

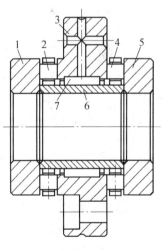

图 2.37　滚珠丝杠轴承
1、5—动圈;2、4—圆柱滚子;3—静圈;6—隔套;7—滚针

③两端固定,如图 2.38(b)所示,是将两个推力轴承分别安装在丝杠两端。这种支承形式可对丝杠施加预拉伸,此时丝杠工作中的最大拉压变形发生在支承跨距的中间位置,因此与一端固定的丝杠相比,其拉压刚度可增加 4 倍,是应用较多的支承形式。预拉伸载荷一般取最大工作载荷的1/3,同时要注意热变形对轴承间隙的影响,将预紧力适当增加。

④两端固定、多轴承支承,如图 2.38(c)所示,即在一个支承处安放多个推力轴承或向心轴承,一方面可提高支承刚度,另一方面可把丝杠的热变形转化为推力轴承的轴向预紧力,提高支承的可靠性,但结构复杂,要注意轴承座的结构刚度和加工及安装精度。

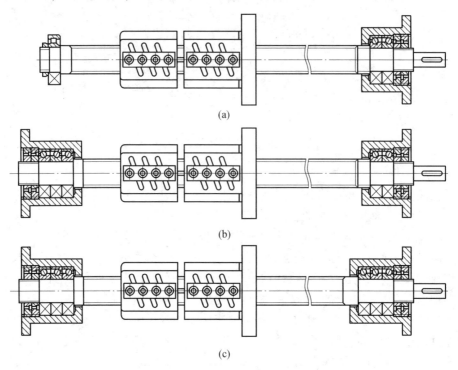

(a)

(b)

(c)

图 2.38　滚珠丝杠支承的典型结构

2.4.5.5　滚珠丝杠补偿热变形的预拉伸

滚珠丝杠在工作时难免要发热,使其温度高于床身温度,此时丝杠的热膨胀会使其导程加大,影响定位精度。对于高精度丝杠,为了补偿热膨胀的影响,可将丝杠预拉伸,并使其预拉伸量略大于丝杠的热膨胀量,丝杠热膨胀的大小可由下式计算:

$$\Delta l = \alpha l \Delta t$$

式中,Δl 为丝杠热膨胀量,mm;Δt 为丝杠比床身高出的温升,℃;l 为丝杠螺纹部分的长度,mm;α 为丝杠的热膨胀系数,mm/℃。

当丝杠温度升高发生热膨胀时,由于丝杠有预拉伸,则热膨胀的结果只会减少丝杠内部的拉应力,长度不会变化。为了保证定位精度,要进行预拉伸的丝杠在常温下的导程应该是其公称导程 S 减去预拉伸引起的导程变化量 ΔS,即 $\Delta S = \Delta l \cdot S/l$。

2.4.5.6　滚珠丝杠的设计计算

(1)疲劳强度计算。滚珠丝杠的工作转速一般大于 10 r/min,因此应与滚动轴承相类似,进行疲劳强度计算,计算其当量动负荷。

$$C_m = F_m \sqrt[3]{L} f_w / f_a \leqslant C_a$$

式中,C_m 为滚珠丝杠的计算当量动负荷,N;C_a 为滚珠丝杠的额定当量动负荷,N;F_m 为丝杠轴向当量负荷,N;f_w 为运动状态系数,无冲击取 1.2,一般情况取 1.2 ~ 1.5,有冲击取 1.5 ~

2.5；L 为工作寿命，单位为 10^6 r。

$$L = 60\,n_m h/10^6$$

式中，n_m 为当量工作转速，r/min；h 为以小时为单位的工作寿命，一般机床 $h=10\,000$ h，数控机床 $h=15\,000$ h。

丝杠在工作中其轴向负荷和转速是变化的，应根据载荷、转速及其时间分配求出，计算比较烦琐，一般可采用典型载荷与典型转速代替，也可用下式计算：

$$\left.\begin{array}{l} F_m = (2F_{max} + F_{min})/3 \\ n_m = (2n_{max} + n_{min})/3 \end{array}\right\}$$

式中，F_{max}、F_{min} 为丝杠的最大、最小轴向负荷，N，可根据表 2.3 计算；n_{max}、n_{min} 为丝杠的最大、最小工作转速，r/min。

（2）刚度计算。滚珠丝杠副的变形应包括滚动轴承的接触变形，丝杠、螺母与滚珠之间的接触变形，丝杠的扭转变形和拉压变形等几部分，考虑到滚动轴承和丝杠螺母有预紧，丝杠的扭转变形对纵向变形影响较小，因此一般情况仅对丝杠的轴向拉压变形进行校核计算。丝杠的拉压刚度不是一个定值，对于一端固定的丝杠，其刚度随螺母至轴向固定端距离的变化而变化，其最小拉压刚度 k_E（N/mm）可用下式计算：

$$k_E = \pi d^2 E/4l_1$$

式中，d 为丝杠螺纹的底径，mm；E 为材料弹性模量，$E = 2\times10^5$ MPa；l_1 为螺母至固定端的最大距离，mm。

对于两端固定的丝杠，丝杠的拉压刚度 k 为

$$k = \frac{\pi d^2 E}{4}\left(\frac{1}{l} + \frac{1}{L-l}\right)$$

式中，l 为螺母至丝杠一端的距离，mm；L 为丝杠的支承跨距，mm。

显然最小刚度出现在螺母处于支承跨距中点处，最小刚度为 $k_E = \dfrac{\pi d^2 E}{L}$。

（3）压杆稳定。对一端固定的长丝杠，应进行压杆稳定校核，如果验算不合格，应将其自由端改为简支或固定端。

2.4.6　伺服进给系统降速传动设计

为了提高传动效率和传动刚度，伺服电动机与滚珠丝杠之间应尽量采用直联传动，为了减少伺服电动机的输出转矩或运动匹配，有时也采用降速传动，由齿轮传动或同步齿形带传动完成，并尽量消除齿轮传动的齿侧间隙。

2.4.6.1　降速传动比的计算

（1）开环系统。开环系统的降速传动比 i 主要取决于机床坐标轴的脉冲当量 δ（mm）、步进电动机的步距角 φ（度）和滚珠丝杠的导程 S（mm），即 $i = \dfrac{\varphi S}{360\delta}$。

（2）闭环和半闭环系统。闭环和半闭环系统的降速传动比 i 主要取决于伺服电动机的最高额定转速 n_{max}（r/min）、机床的最高进给速度 v_{max}（mm/min）和滚珠丝杠的导程 S（mm），即 $i = \dfrac{n_{max}}{v_{max}} S$。

2.4.6.2　消除齿轮传动间隙的措施

无论是齿轮传动还是同步齿形带传动,都存在齿侧间隙,在开环和半闭环系统中会引起反向死区,直接影响定位精度;在闭环系统中,出于有反馈作用,滞后量可得到补偿,但会使伺服系统产生振荡而不稳定,因此必须采取措施,将齿侧间隙减小到允许范围内。对于齿形带的齿侧间隙,一般采用软件补偿法,对于齿轮传动的齿侧间隙,可采用消隙机构,若仍不能满足要求,可再进一步采用软件补偿法。齿轮传动的消隙机构类型很多,可分为刚性调整法和柔性调整法两大类型。

(1)刚性调整法。调整后齿侧间隙不能自动补偿。因此,齿轮的周节公差及齿厚公差等要严格控制,否则会影响传动的灵活性。这种调整方法结构比较简单,且有较好的传动刚度,主要有偏心轴套调整法和双片斜齿轮轴向垫片调整法。

①偏心轴套调整法。如图 2.39 所示,电动机 1 通过偏心套 2 安装在箱体上,转动偏心套可在一定程度上消除因齿厚误差和中心距误差引起的齿侧间隙,但不能消除因偏心误差引起的齿侧间隙变动。

②双片斜齿轮轴间垫片调整法。如图 2.40 所示,将一个斜齿轮制成两片,中间加一个垫片,改变垫片厚度可引起斜齿轮的螺旋线产生错位,使双齿轮的齿侧分别贴紧宽齿轮齿槽的左、右侧面,达到消除间隙的目的。

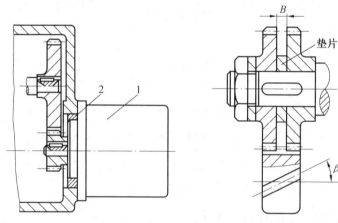

图 2.39　偏心轴套调整法　　　图 2.40　双斜齿轮轴向垫片调整法
1—电动机;2—偏心套

(2)柔性调整法。利用弹簧力消除齿侧间隙,并能自动补偿侧隙的变化,可补偿因周节或齿厚变化引起的侧隙变动,做到无间隙啮合。但其结构复杂、传动刚度低、平稳性差,一般仅用于传递动力较小的场合。

①双片直齿轮弹簧力错齿调整法。如图 2.41 所示,两薄片齿轮 1、2 套装在一起,同宽齿轮 3 啮合,齿轮 1、2 端面分别装有凸耳 4、5,用拉簧 6 连接,在弹簧力作用下,两薄片齿轮产生相对转动,引起错齿,使双薄片齿轮的左、右齿面分别压紧宽齿轮的左、右齿面,达到消除侧隙的目的。除了采用拉簧外,还可将拉簧变成压簧或将拉簧安放在端面外,并对弹簧拉力进行调整。

②双片斜齿轮轴向压簧调整法。如图 2.42 所示,是将图 2.40 中的垫片拆去,改用轴向弹簧使齿轮螺旋线错位,形成柔性调整方式。

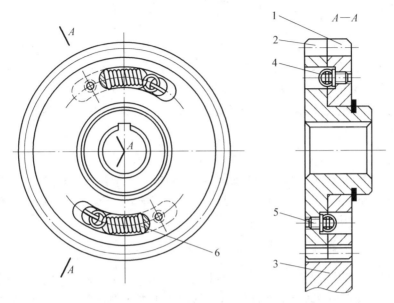

图 2.41　双片直齿轮弹簧力错齿间隙消除机构
1、2、3—齿轮；4、5—凸耳；6—拉簧

除了圆柱齿轮消隙机构外，还有锥齿轮消隙机构、蜗轮蜗杆消隙机构以及齿轮齿条传动消隙机构等。

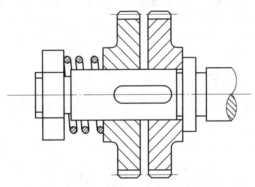

图 2.42　斜齿轮轴向压簧调整法

2.4.7　伺服进给系统性能分析

伺服进给系统是数控机床的重要组成部分，其性能的优劣直接影响机床的加工精度和效率。对于开环系统和半闭环系统主要是系统的定位精度，对于闭环系统主要是系统的稳定性。此外，系统的速度误差还会对工件的轮廓误差等产生影响，坐标轴瞬时起、停或改变速度时，由于系统的动态特性会影响轮廓跟随精度，也会引起轮廓误差，特别是在加工内、外拐角时，会引起欠程误差、超程误差或加工振荡等。

2.4.7.1　开环和半闭环系统的定位误差

一般来说，由于机械传动系统的刚度、摩擦等因素不包括在开环和半闭环伺服控制系统的位置控制环节中，所以一般情况下系统都能稳定工作，但必须考虑由此引起的定位误差。影响开环和半闭环系统定位精度的因素很多,除了传动误差(如丝杠螺旋误差等)外,主要是死区误差。

所谓死区误差是传动系统在启动或反向时产生的输入运动与输出运动的差值。死区误差主要有间隙死区误差和摩擦死区误差两大类型。由于机械传动装置存在间隙,伺服电动机在启动或反向时首先要消除这部分间隙,因而形成间隙死区误差;由于传动系统,特别是导轨摩擦的存在,伺服电动机在启动或反向要克服摩擦力引起传动装置变形,因而产生摩擦死区误差,即

$$\Delta = \delta_h + 2\delta_f = \sum \delta_{hi}/i_i + 2F_0/k_0$$

式中,Δ 为最大死区误差,mm;δ_h 为间隙死区误差,mm;δ_f 为摩擦死区误差,mm;δ_{hi} 为第 i 个传动副的传动间隙,mm;i_i 为第 i 个传动副至工作台的降速比($i_i > 1$);F_0 为进给导轨的静摩擦力,N;k_0 为系统折算到工作台上的综合刚度,N/μm。

$$\frac{1}{k_0} = \frac{1}{k_e} + \frac{1}{k'_R}, \quad k'_R = k_R (2\pi i/S)^2 \times 10^6$$

式中,k_e 为机械传动装置折算到工作台上的刚度,N/μm;k_R 为反映在伺服电动机轴上的控制系统伺服刚度,N/μm;S 为丝杠导程,m;i 为伺服电动机与工作台之间的降速比。

机械传动装置折算到工作台上的刚度包含所有传动件的刚度,但一般情况下主要是丝杠副的刚度。丝杠副的刚度主要是丝杠的拉压刚度,对滚动支承的接触刚度,滚珠与丝杠和螺母滚道间的接触刚度,在精确计算时也应予以考虑。

伺服控制系统反映在电动机上的伺服刚度是伺服电动机输出转矩与位置偏差之比,是反映控制系统克服外界干扰(即负载)的能力,与伺服电动机及有关控制元件的性能有关,对于一般的半闭环系统,可采用下式计算:

$$k_R = K_S K_t K_e (1+K_{vo})/R_M$$

式中,K_S 为控制系统的开环增益,1/s;K_t 为电动机转矩系数,N·m/A;K_e 为电动机反电动势系数,V·s/rad;K_{vo} 为速度控制环开环增益,V/V;R_M 为电动机电枢回路及伺服放大器的阻抗,Ω。

2.4.7.2　闭环系统的稳定性

闭环伺服进给系统中,有位移检测装置直接对刀架或工作台的位移进行检测和反馈,在数控装置的比较环节中,指令位移和检测位移进行比较,用其差值对伺服电动机进行控制,可以消除传动装置的定位误差,因此系统的稳定性是设计的主要问题,为此必须对系统的动态特性进行分析。对于大惯量直流电动机驱动的中、小型数控机床的伺服进给系统,其频率响应决定于电动机速度环的频率特性,可简化为二阶系统进行稳定性分析。系统开环传递函数 $G_K(s)$ 和阻尼比 ξ 可用下式表示:

$$G_K(s) = \frac{K}{s(Ts+1)}$$

$$\xi = \frac{1}{2\sqrt{KT}}$$

式中,K 为系统开环增益,1/s;T 为时间常数,s。

机床伺服进给系统的开环增益一般为 20 ~ 30。对轮廓加工的连续控制应选取较高的增益,同时注意使阻尼比不致太小,提高系统的稳定性。

　　对于小惯量直流伺服电动机驱动的中小型数控机床和大惯量直流伺服电动机驱动的大型数控机床,由于伺服传动机构的固有频率远低于电动机的固有频率,系统的频率特性主要取决于机械传动机构的频率特性。此时,机械传动装置可简化为滚珠丝杠做扭转振动的二阶振动系统,系统的开环传递函数可表示为

$$G_K(s) = \frac{K\omega_n^2}{s(s^2 + 2\xi\omega_n s + \omega_n^2)}$$

其中,ω_n 为系统的固有频率;

$$\omega_n = \sqrt{\frac{k}{J}}$$

$$\xi = \frac{f}{2\sqrt{Jk}}$$

式中,k 为系统折算到丝杠上的总刚度,$N \cdot m/rad$;J 为系统折算到丝杠上的总惯量,$kg \cdot m^3$;f 为折算到丝杠上的黏性阻尼系数,$N \cdot m \cdot s/rad$。

　　根据自动控制理论,系统稳定性的条件为

$$K < 2\xi\omega_n$$

2.4.7.3　系统跟随误差对轮廓加工误差的影响

　　在连续进行轮廓加工时,要求精确地控制每个坐标轴运动的位置和速度。实际上系统存在着稳态误差,会影响坐标轴的协调运动,产生轮廓跟随误差。

　　(1)跟随误差。数控机床的伺服进给系统可简化成一阶系统,由控制理论可知,对于一阶系统,当恒速输入时,稳态情况下系统的运动速度与速度指令值相同,但两者的瞬时位置有一恒定滞后。跟随误差可表示为 $E = V/K_s$,E 为坐标轴的跟随误差;V 为坐标轴运动速度;K_s 为该坐标轴控制系统的开环增益。

　　(2)直线加工的轮廓误差。根据几何关系,平面直线加工时的轮廓误差,即实际直线与理论直线的距离可表示为

$$\varepsilon = V\sin 2\alpha(K_{SX} - K_{SY})/2K_{SX}K_{SY}$$

式中,ε 为直线的轮廓误差;V 为加工的进给速度;α 为直线与 X 轴的夹角;K_{SX} 为 X 轴的系统增益;K_{SY} 为 Y 轴的系统增益。

　　显然,若两坐标轴控制系统的增益相等时,轮廓误差 ε 为零;若不等,则存在轮廓误差,与两坐标轴增益的差值、进给速度成正比,且与直线与 X 轴的夹角有关,$\alpha = 45°$时,ε 值最大。

　　(3)圆弧加工时的轮廓误差。平面圆弧加工时,若两坐标轴的系统增益相等时,被加工圆弧会产生半径误差,且有 $\Delta R = V^2/[2R(K_{VX}^2 + K_{VY}^2)]$,$\Delta R$ 为圆弧半径误差;R 为被加工圆弧的半径。

　　显然,圆弧半径误差与进给速度成平方正比,与被加工圆弧的半径及合成系统增益的平方成反比。若两坐标轴的系统增益不等,被加工形状会变成为椭圆。

　　(4)拐角加工时的误差。拐角加工为直角的零件,而且加工路径恰好沿着两个正交坐标轴时,在某一轴的位置指令输入停止的瞬间,另一轴紧接着接受位置指令。但在指令突然发生改变的瞬间,第一轴对指令位置有一滞后量,即位置偏差 v/k_s。此时第二轴已根据指令开始运动。但第一轴在消除滞后量过程中继续运动,结果构成了一个弯曲过渡。如图 2.43 所示,若进给系统的系统增益较低,位置响应特性如图(b)所示,则形成的弯曲过渡如图(a)所示;若进

给系统的系统增益较高,位置响应特性如图(c)所示,有位置超程,则形成的弯曲过渡如图(d)所示。图(e)为两轴联动,以 1 500 mm/min 的进给速度加工 90°拐角时不同系统增益的情况。对于低增益系统,如 $K_S = 20 \text{ s}^{-1}$,会使拐角处稍有圆弧,若为外拐角,则多切去一个小圆弧;若为内拐角,则留下多余金属,形成欠程误差,欠程误差可让刀具在拐角处停留 20 ~ 50 ms 加以消除。对于高增益系统,如 $K_S = 100 \text{ s}^{-1}$,在切外拐角处会留下一个鼓包,在切内拐角时会形成过切,形成超程误差,有时还会产生振荡,形成切削波纹。为限制超程时过切,可在编程时安排第一轴分级降速,或在程序段转换时,采用自动降速和加速功能。

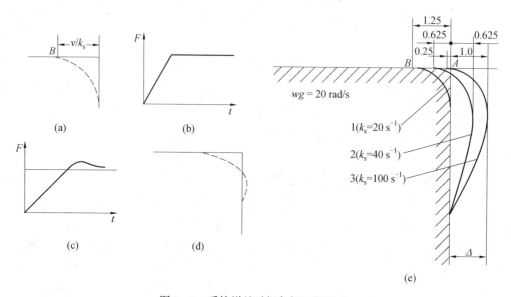

图 2.43　系统增益对拐角加工的影响

2.5　机床主轴组件设计

主轴组件是由主轴、主轴支承及安装在主轴上的传动件等组成。主轴的主要功用是夹持工件或刀具(包括砂轮)转动进行切削加工,传递运动、动力及承受切削力等,并保证刀具或工件具有准确的运动轨迹。主轴组件是机床的执行件,它带动工件或刀具直接参与表面成形运动,其工作性能对机床的加工质量及生产率有直接影响,是机床的一个重要组件。

2.5.1　主轴组件基本要求

为适应不同的使用要求和工作性能,机床主轴组件的结构形式是多种多样的,即使同一类机床,由于工作性能要求不同,主轴组件的结构也会存在较大差异。但是它们都应满足共同的要求,即主轴组件在给定的载荷与转速范围内,应能长期稳定地保持所需要的工作精度。因此,主轴组件设计时必须满足下述基本要求。

(1)旋转精度。主轴组件的旋转精度是指机床在空载低速时,主轴前端安装刀具或工件部位的径向圆跳动、端面圆跳动和轴向窜动量。旋转精度是机床精度的一项重要指标,直接影响工件的几何精度和表面粗糙度。通用机床(包括数控机床)主轴组件的旋转精度,国家已规定在各类机床的精度检验标准中。专用机床主轴组件的旋转精度应根据工件加工精度要求而定。旋转精度主要取决于主轴、轴承、调整螺母及支承座孔等的制造及装配(包括调整)质量。

(2)刚度。刚度是指主轴组件在外载荷作用下抵抗变形的能力。通常以主轴前端产生单位位移时,在位移方向上施加作用力的大小表示。位移量是在静态下加载测量的。如果主轴组件刚度不足,主轴产生较大的弹性变形,从而降低加工质量,恶化主轴上齿轮和轴承的工作条件,引起振动,降低机床的生产率和寿命。刚度是主轴、轴承和支承座刚度及其接触刚度的综合反映,主要取决于主轴的结构形状及尺寸、轴承的类型及配置、轴承间隙的调整、传动件的布置、主轴组件的制造及装配质量等。目前,机床主轴组件刚度尚无统一标准。

(3)抗振性。主轴组件的抗振性是指机床抵抗振动(包括受迫振动和自激振动)的能力。振动会造成工件表面质量和刀具耐用度降低、机床的生产率下降、加剧机床零件的损坏、恶化工作环境等不良后果。抗振性主要取决于主轴组件的刚度、阻尼和固有频率,轴承类型及配置,主轴传动方式,主轴组件质量分布情况,齿轮和轴承等主要零件的制造精度和装配质量等。抗振性指标目前尚无统一标准,可参考有关试验数据。

(4)热稳定性。主轴组件的热稳定性是指运转中抵抗热位移而保持准确、稳定运转的能力。主轴组件在运转中由于摩擦和搅油产生热量而引起温升。温升过高,主轴组件和箱体等会产生热变形,使主轴产生较大且变化的径向和轴向热位移,会影响加工精度,使轴承间隙变化,恶化工作条件等。主轴组件的热稳定性主要取决于轴承类型及配置、轴承间隙量、润滑和密封方式、散热条件等。其中轴承温升的影响最大,需加以控制。通常在室温 20 ℃ 条件下,普通精度小型机床主轴轴承外围或轴瓦允许温度为 45 ~ 50 ℃,普通精度大型机床为 50 ~ 55 ℃,精密机床为 35 ~ 40 ℃,高精度机床为 28 ~ 30 ℃。

(5)耐磨性。主轴组件的耐磨性是指抵抗磨损能长期保持其原始制造精度的能力。耐磨性不高,会引起主轴组件的精度保持性不好。为此,要求主轴轴承、安装刀具或工件的定位面、主轴轴颈及各滑动表面均应有较高的耐磨性。主轴组件的耐磨性主要取决于主轴、轴承的材料及热处理,轴承类型、润滑及密封条件等。数控机床除满足上述基本要求外,还应根据具体情况有所侧重,如高效数控机床主轴组件还应注意高速和高刚度要求等。

2.5.2　主轴

(1)主轴结构形状。主轴的结构形状比较复杂,应满足使用要求、结构要求及加工、装配工艺性要求等。主轴端部是安装刀具、夹具的部位,其结构形状取决于机床类型。安装方式应保证刀具或夹具的定心准确、连接可靠、装卸方便、悬伸量短以及能够传递足够的转矩等。通用机床的主轴端部结构已标准化,设计时可查相应的机床标准。有些机床如卧式车床、转塔车床、自动车床、铣床等主轴必须是空心的,用来通过棒料、拉杆以及取出顶尖等。对于主轴上需要安装气动、电动或液压式工件自动夹紧装置的机床,如卧式车床,主轴尾部应有安装基面及相应连接部位。

主轴上要安装各种传动件、轴承、紧固件及密封件等,其结构形状应考虑这些零件的类型、数量、安装定位及紧固方式的要求。为了便于装配,主轴一般为阶梯形,从前轴颈向后端或从中间向两端轴径逐渐减小。还应注意加工方便性,尽量减少复杂加工。

(2)主轴材料及热处理。机床主轴有较高的刚度要求,而刚度与主轴材料的弹性模量 E 值密切相关。由于各种钢材的 E 值相差无几($E = 2.1 \times 10^5$ MPa 左右),故影响不大。通常主轴材料根据主轴的耐磨性及热处理后变形大小选择。一般主轴多采用 45 号或 60 号优质中碳钢,调质到 HB220～250。在安装工件或刀具的定心表面以及滑动轴承轴颈处局部高频淬硬至 HRC50～55。对于高精度机床主轴,可选用 40Cr 或低碳合金钢 20Cr,16MnCr5,12CrNi2A 等渗碳淬硬至 HRC60 以上。高速中载的主轴,且表面硬度要求较高时,可选用 20Cr,20MnVB 或 20Mn2B 等;要求再高时,可选用 20CrMnTi 或 12CrNi3 合金钢,经渗碳后淬火,表面硬度可达 HRC58～63。若主轴要求表面硬度及耐磨性很高,如坐标镗床、镗床及加工中心主轴可用 38CrMoAlA 钢,经调质后渗氮,表面硬度可达 HV900 以上。对转速较低、精度要求较低或大型机床的主轴,也可选用球墨铸铁。

（3）主轴技术要求。主轴的技术要求主要应满足主轴精度及其他性能的设计要求,同时应考虑制造的可能性和经济性,便于检测等。为此应尽量做到检验、设计、工艺基准的一致性。

图 2.44 所示为一主轴的形位公差标注示意图。图中轴颈 A 和 B 是主轴旋转精度的基础,其公共轴心线 A–B 即为设计基准。为保证主轴的旋转精度,轴颈的精度和表面粗糙度应严格控制,同时轴颈 A 和 B 的公共轴心线又是前锥孔的工艺基准及各重要表面的检验基准。可以控制 A、B 表面的圆度和同轴度,也可控制这两个表面的径向圆跳动公差。普通精度机床主轴轴颈尺寸常取 IT5,形状公差数值一般为尺寸公差的 $1/4～1/3$。

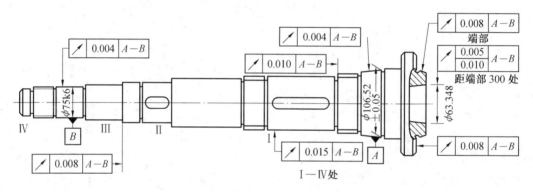

图 2.44　主轴的形位公差标注

主轴锥孔应保证与轴颈中心线同心,以轴颈为基准面最后精磨锥孔。分别在主轴端部和距主轴端部 300 mm 处测量锥孔中心线对主轴旋转中心线的径向圆跳动,其测量值应符合有关机床精度标准规定。

主轴端短锥面是卡盘定心面,其表面的径向圆跳动以及法兰的端面圆跳动,安装齿轮表面的径向圆跳动等均以公共轴心线 A–B 为基准进行测量,其数值可参见机床精度标准规定,其中安装齿轮表面的径向圆跳动,可取略小于直径公差的一半。主轴安装滚动轴承处的轴颈表面粗糙度为 $Ra0.4\ \mu m$,安装滑动轴承的轴颈表面粗糙度为 $Ra0.2\ \mu m$。

2.5.3　主轴传动件

2.5.3.1　主轴传动件类型选择

常用主轴传动件有齿轮、蜗轮、带轮及电动机直接驱动等类型,其类型选择取决于主轴传递动力、转速、运动平稳性及结构等要求。

（1）齿轮。齿轮是常用的主轴传动件,其特点是结构简单、紧凑、可传递较大转矩,并可适应变载荷、变转速工作条件。其缺点是线速度不宜过高,一般 $v\leqslant 2～15$ m/s。为降低噪声,要适当提高齿轮的加工精度。采用斜齿轮可提高传动平稳性,其螺旋角通常取 $\beta = 20° \sim 35°$,根据工作中产生的轴向力来合理确定螺旋线方向:粗加工时应使轴向力与切削力的轴向分力方向相反,有利于改善轴承的工作条件;精密、高速加工时,可使二者方向相同,避免工作中产生轴向窜动,有利于提高主轴的轴向精度。普通机床主轴上若采用高、低速两个斜齿轮时,因其分别用于精加工和粗加工,应按上述原则取不同旋向;若机床有不同轴向切削力时,应考虑主要切削力方向。

(2)蜗轮。蜗轮传动平稳、噪声小,但效率低,易发热、磨损,故适用于低速、小功率且加工质量要求较高的场合(如高精度丝杠车床)。

(3)带轮。带传动运转平稳,结构简单,适用于转速较高且表面加工质量要求较高的场合及中心距较大的两轴间的传动。缺点是有滑动,传动比不准确。常用的有平带、V 带、多楔带及同步齿形带等。

数控机床主轴转速向高速化发展,可达 5 000 ~ 6 000 r/min,通常采用多楔带或同步齿形带传动。同步齿形带是通过带上的齿形与带轮上的轮齿相啮合,无相对滑动,传动比准确,传动精度高,强度高。传动比大,可达 1∶10 以上,传递动力可超过 100 kW;质量轻,传动平稳,噪声小和效率高,适用于高速传动,速度可达 50 m/s。缺点是制造工艺复杂,安装条件要求较高。

(4)电动机直接驱动。近年来在数控机床、加工中心及精密机床上越来越多地采用电主轴单元。电主轴单元是将主轴与电动机制成一体,转子轴就是主轴,电动机座就是主轴单元的壳体。采用电主轴单元可提高主轴刚度,降低噪声和振动,获得较大的调速范围、较大的功率和转矩等,且简化主轴结构,参见图 2.57。

2.5.3.2　主轴传动件布置

通常主轴在前端承受切削力,主轴传动件的位置及受力方向能直接影响主轴变形和前支承受力的大小,因此需要合理布置传动件。根据主轴承受传动力的情况可归纳为以下几种方式:

(1)主轴不承受传动力(卸荷主轴)。图 2.45 所示传动件 3(齿轮或带轮)不直接安装在主轴 1 上,而是装在固定于箱体上的独立支承 2 上,通过键连接或离合器传动主轴。传动力通过独立支承传给箱体,而不能作用在主轴上,因此减少了主轴的弯曲变形。这种布置方式只传递转矩而卸掉了对主轴的径向力,使主轴只承受切削力而不受传动力,在高精度及精密机床、数控机床上应用较广泛。

(2)主轴尾端承受传动力。此种布置多用于外圆磨床、内圆磨床砂轮主轴,带轮装在主轴的外伸尾端上,便于防护和更换,使之承受传动力 Q,如图 2.46 所示。传动力 Q 在主轴前端引起的位移是由主轴本身变形和前支承变形所引起的位移叠加,二者方向相反,故位移量小,因此主轴前端位移量主要是由切削力 F 决定。如果 Q 与 F 同向时,则前支承的支反力较小,$R_A = F(1 + a/L) - Qb/L$,有利于改善前轴承的工作条件及减小主轴组件的振动。

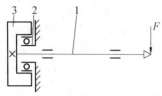

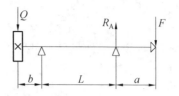

图 2.45　主轴不承受传动力　　　　　图 2.46　主轴尾端承受传动力

1—主轴;2—独立支承;3—传动件

（3）主轴前端承受传动力。传动件布置在主轴悬伸端,使 F 和 Q 力向相反,如图 2.47 所示。可使主轴前端位移量相互抵消一部分,减少了主轴前端位移量,同时前支承支反力也减小。主轴的受扭段变短,提高了主轴刚度,改善了轴承工作条件。但这种布置会引起主轴前端悬伸量增加,影响主轴组件的刚度及抗振性,只适于大型、重型机床。

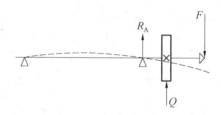

图 2.47　主轴前端承受传动力

（4）主轴两支承间承受传动力。这是主轴传动件最常见的布置方式。为减小主轴的弯曲变形和扭转变形,传动齿轮应尽量布置在靠近前支承处;当主轴上有两个传动齿轮时,由于大齿轮用于低速传动,作用力较大,应将大齿轮布置在靠近前支承处。

如图 2.48(a)所示,在影响加工精度敏感方向上的传动力 Q_y 与切削力 F_y 方向相反时,主轴前端的位移量增大,但前支承反力减小,这适于普通精度机床。因这类机床的加工精度要求不高,而主轴受力较大,需减少前支承的支反力,使轴承降低发热和提高寿命,并可提高主轴组件的抗振性。

如图 2.48(b)所示,Q_y 与 F_y 同向时,主轴前端的位移量减少,但前支承反力增大,这适于精密机床。因这类机床主要用于精加工,主轴受力较小,因而支反力 R_{Ay} 并不大,考虑精度是主要的。

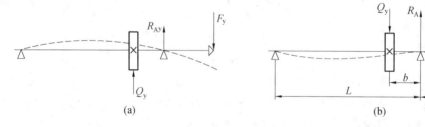

(a)　　　　　　　　　　　　　　　(b)

图 2.48　主轴两支承间承受传动力

机床上切削力 F_y 的方向是一定的,Q_y 方向取决于主轴的前一传动轴即末前轴的空间布置,可根据加工精度要求,以及传动方式空间结构等加以布置。

2.5.4　主轴滚动支承

主轴支承是主轴组件的重要组成部分,主轴支承是指主轴轴承、支承座及其相关零件的组合体,其中核心元件是轴承。因此,采用滚动轴承的支承称为主轴滚动支承;采用滑动轴承的支承称为主轴滑动支承。滚动轴承的主要优点是适应转速和载荷变动的范围大;能在零间隙或负间隙(一定的过盈量)条件下稳定运转,具有较高的旋转精度和刚度;轴承润滑容易,维修、供应方便,摩擦系数小等。其缺点是滚动轴承的滚动体数目有限,刚度是变化的,阻尼也较小,容易引起振动和噪声;径向尺寸也较大。滑动轴承具有抗振性好、运转平稳、旋转精度高及径向尺寸小等优点,但制造、维修比较困难,并受到使用场合限制,如立式主轴漏油问题解决较困难等。

设计主轴支承时,应尽量采用滚动轴承。当主轴速度、加工精度及工件加工表面有较高要求时才用滑动轴承。滚动支承的主要设计内容包括:滚动轴承类型的选择,轴承的配置,轴承的精度及选配,轴承的间隙调整,轴承的配合,支承座结构形式,润滑及密封等。

2.5.4.1　主轴常用滚动轴承的结构特点

(1)圆锥孔双列圆柱滚子轴承(NN3000K 型,原3182100 型)。

如图 2.49 所示,轴承内圈为锥度 1∶12 的锥孔,滚动体是两列交错排列的短圆柱滚子,可随同带滚道槽的内圈沿外围轴向移动。内圈锥孔与主轴的锥形轴颈相配合,当二者产生相对轴向位移时,可把较薄的内圈胀大,达到改变径向间隙或预紧的目的。该种轴承有滚道槽开在内圈上或外圈上两种不同形式。

这种轴承结构紧凑,能承受较大的径向载荷及较高转速,滚子数量多且交叉排列,抗振性好,但不能承受轴向载荷。适用于载荷较大、高速及精密机床主轴组件。

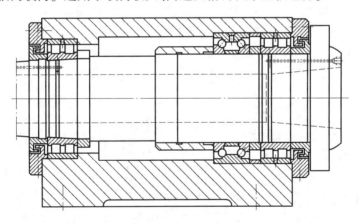

图 2.49　CNC 车床主轴组件

(2)双向推力角接触球轴承(234000B 型,原 2268100 型)。

如图 2.49 前支承所示,这种轴承与圆锥孔双列圆柱滚子轴承配套使用,由一个外圈、两个内圈、中间隔套及两列钢球组成。修磨中间隔套的厚度可准确调整轴承间隙或预紧。此类轴承主要用于承受两个方向的轴向载荷。接触角为 60°,轴承外圈开有油槽和油孔,以利润滑油进入轴承。

这种轴承的主要优点是承载能力大和刚度高;允许转速高,温升较低;抗振性较好。用于轴向载荷较大的高速、精密机床主轴组件。

（3）圆锥滚子轴承。

主轴常用圆锥滚子轴承，分为单列（32000 型，原 2007100 型）和双列（350000 型，原 297000 型）两种类型。单列圆锥滚子轴承既能承受径向载荷，又能承受单向轴向载荷。双列圆锥滚子轴承能承受径向载荷和双向轴向载荷。由于圆锥滚子轴承滚子大端面与内圈挡边之间有摩擦，发热较高，所以轴承转速受到限制。适用于中速、一般精度的主轴组件。美国 Timken 公司开发的单列圆锥滚子轴承改滚子为中空圆弧大端面，可减小摩擦发热，温升降低约 15%，图 2.50 所示为配置 Timken 轴承的卧式车床主轴组件。

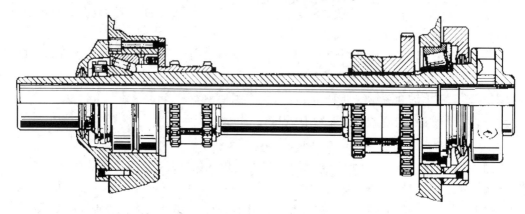

图 2.50 配置 Timken 轴承的卧式车床主轴组件

图 2.51 所示为配置 Gamet 轴承的主轴组件。双列（H 系列）用于前支承，单列（P 系列）用于后支承。保持架整体加工，采用中空滚子，润滑油的大部分被迫通过滚子的中孔，起冷却作用，少量流经滚子和滚道之间，起润滑作用。轴承散热好，极限转速可提高 20% ~ 40%。由于两列滚子数目相差一个，使其刚度变化频率不同，从而抑制了振动。单列圆锥滚子轴承外圈上有弹簧（16 ~ 20 个），用于自动调整间隙。

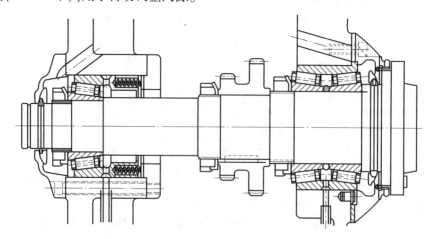

图 2.51 配置 Gamet 轴承的卧式车床主轴组件

（4）角接触球轴承。

角接触球轴承又称向心推力球轴承（70000 型），可以承受径向载荷和单向轴向载荷，极限转速较高。接触角有 15°、25°、40°和 60°等,其中主轴轴承多用 15°和 25°。所承受轴向载荷随接触角 α 的增大而增大。常用的有 70000C 型($α=15°$)、70000AC 型($α=25°$)等。

在同一个支承中,角接触球轴承可采用成对安装,也可三个、四个组配在一起。图 2.52 所示为成对安装角接触球轴承,已标准化。图 2.52(a)为串联配置,两个轴承大口方向相同,可承受较大的单向轴向载荷,实际结构如图 2.53 所示。图 2.52(b)为背靠背配置,两个轴承的反作用力组成的反力矩大,可抵消一部分外载荷产生的弯矩,对提高主轴组件刚度有利,应用较广泛,但轴承装卸较困难。图 2.52(c)为面对面配置,因两轴承产生的反力矩较小,故对主轴组件刚度提高不大,但轴承装卸方便。

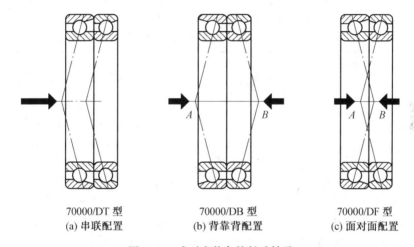

|70000/DT 型|70000/DB 型|70000/DF 型|
|(a) 串联配置|(b) 背靠背配置|(c) 面对面配置|

图 2.52　成对安装角接触球轴承

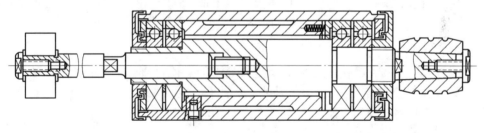

图 2.53　内圆磨头

(5)陶瓷滚动轴承。

陶瓷滚动轴承是近年来发展迅速的一种新型滚动轴承,其安装尺寸与钢质轴承相同,可以互换。现已制成角接触和双列短圆柱两种形式。采用的陶瓷材料为 Si_3N_4,此轴承材料的密度和线胀系数小,弹性模量大,因此质量轻、离心力小,可减小压力和滑动摩擦;滚动体的热胀系数小、温升小、运动平稳以及轴承刚度较高等,故适应高速运转。

根据轴承的滚动体和内、外圈是否采用陶瓷材料,可分为三种类型:滚动体是陶瓷;滚动体和内圈是陶瓷;全陶瓷。其中前两类由于采用不同材料,运转时分子亲和力小,摩擦系数小,有一定自润滑性能,应用较多,适于高速、超高速和精密机床。全陶瓷型适于耐高温、耐腐蚀、非磁性及超高速等特殊场合。

此外,主轴常用的滚动轴承还有推力球轴承(51000 型,原 8000 型)、深沟球轴承(60000 型)等。

2.5.4.2 主轴滚动轴承选择

主轴组件的滚动轴承既要有承受径向载荷的径向轴承,又要有承受两个方向轴向载荷的推力轴承。轴承类型及型号选用主要应根据主轴组件的刚度、承载能力、转速、抗振性及结构等要求合理进行选定。

同样尺寸的轴承,线接触的滚子轴承比点接触的球轴承的刚度要高,但极限转速要低;多个轴承比单个轴承承载能力要大;不同轴承承受载荷类型及大小不同;还应考虑结构要求,如中心距特别小的组合机床主轴,可采用滚针轴承。

为提高主轴组件的刚度,通常采用轻系列或特轻系列轴承,因为当轴承外径一定时其孔径(即主轴轴颈)较大。主轴常用的滚动轴承类型见表2.9。

表2.9 主轴常用滚动轴承类型选择

轴承工作条件			径向轴承及推力轴承类型
转速	径向载荷	轴向载荷	
高	较小	较小	70000
较高	较大	较小	NN3000K 及 70000
较高	较大	较大	NN3000K 及 234000B
中等	中等	中等	32000
中等	大	中等	350000
较低	小	大	60000 及 51000
较低	较大	大	NN3000K 及 51000

2.5.4.3 主轴滚动轴承配置

主轴组件需要使用若干个轴承,其配置方式对主轴组件的性能有重要影响,应根据主轴工作条件(载荷大小及方向、转速等)、机床用途及工作性能合理选择。

1. 径向轴承配置

主轴组件无论是两支承或三支承,各支承处均需配置径向轴承。一般前支承对主轴组件性能影响较大,应优先选定合适的轴承,其他支承轴承的性能可略低于前支承。三支承主轴组件的辅支承应配置间隙较大的轴承,一般取后支承为辅支承。

2. 推力轴承配置

主轴一般受两个方向轴向载荷,需至少配置两个相应的推力轴承,要特别注意轴向力的传递。主轴组件必须在两个方向上都要轴向定位,否则在轴向力作用下就会窜动,破坏精度和正常工作性能。主轴组件的轴向定位方式是由推力轴承的布置方式决定的,分为三种。

(1)前端定位。图2.54(a)所示主轴推力轴承均布置于主轴前支承。其特点是主轴受热变形向后伸长,不影响主轴前端的轴向精度;主轴在轴向切削力作用时受压段短,纵向稳定性好;前支承角刚度高,角阻尼大,有利于提高主轴组件的刚度及抗振性。缺点是前支承结构复杂,温升较高。适用于高速、精密机床主轴及对抗损性要求较高的普通机床主轴;如图2.49和图2.51所示结构。

图2.49左向轴向力,通过主轴法兰、隔套、NN3000K轴承内圈、内隔套、234000B轴承,传给箱体。右向轴向力,通过主轴套、23400DB轴承、外隔套、NN3000K轴承外圈、法兰盘和螺钉,传给箱体。

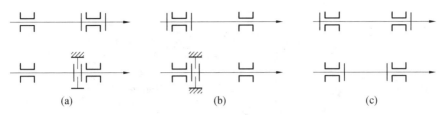

图 2.54 主轴组件的轴向定位方式

(2)后端定位。图 2.54(b)所示主轴两个推力轴承均布置在后支承,其特点是前支承结构简单,温升较小。但主轴受热向前伸长,影响主轴的轴向精度,刚度及抗振性较差。适用于要求不高的中速、普通精度机床主轴,如图 2.55 和图 2.56 所示结构。

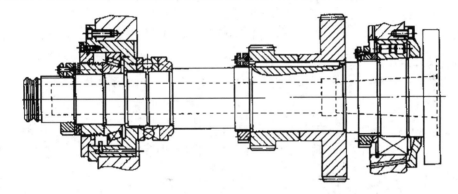

图 2.55 C7620 型多刀车床的主轴组件

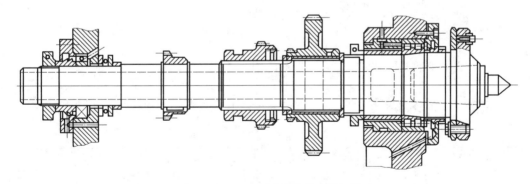

图 2.56 C6140 型卧式车床主轴组件

(3)两端定位。图 2.54(c)所示主轴推力轴承分别布置在前、后两个支承处,分别承受两个方向的轴向力,其特点是支承结构简单,间隙调整方便,只需在一端调整两个轴承间隙。缺点是主轴受热伸长会改变轴承间隙,影响其旋转精度及寿命,且刚度及抗振性较差。适用于轴向间隙变化不影响主轴组件正常工作的机床主轴,如钻床;或支距较短的主轴,如电主轴组合机床;或有自动补偿轴向间隙装置的机床。如图 2.51 和图 2.57 所示。

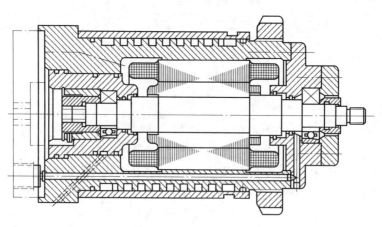

图 2.57　高速内圆磨床电主轴

几种类型主轴滚动轴承配置形式及其工作性能相对比较见表 2.10。

表 2.10　几种典型主轴滚动轴承配置形式及其工作性能相对比较

序号	轴承配置形式	前支承		后支承		极限转速	前支承承载能力		刚度			温升		轴向热位移	应用举例
		径向	轴向	径向	轴向		径向	轴向	径向	轴向	总的	总的	前支承		
1		NN3000K 234000B		NN3000K —		1.0	1.0	1.0	1.0	1.0	1.0	1.0	1.0	1.0	车、铣、镗、磨床
2		NN3000K 51000(2)		NN3000K —		0.65	1.0	1.0	0.9	3.0	1.15	1.2		1.0	车、铣、镗床
3		NN3000K —		70000AC/DB(2)		1.0	1.0	0.6	0.8	0.7	0.6	0.5		3.0	车、铣、镗床
4		30000		30000		0.6	0.8	1.0	0.7	1.0	0.8	0.75		0.8	车、铣床
5		350000		30000		0.8	1.5	1.0	1.13	1.0	1.4	0.6		0.8	车、铣、坐标镗床
6		70000AC /DB(2)		70000AC /DB(2)		1.2	0.7	0.7	0.45	1.0	0.7	0.5		0.8	内磨、外磨、精镗、组合机床
7		70000AC /DT(2)		70000AC /DT(2)		1.2	0.7	1.0	0.35	2.0	0.7	0.5		0.8	磨床
8		60000(2) 51000		60000 51000		0.75	0.7	1.0	0.35	1.5	0.85	0.7		0.85	立式、摇臂钻床

注:工作性能指标用相对值表示(第一种为 1.0)

3. 三支承配置

机床主轴通常采用两支承,结构简单,制造、装配方便,容易保证精度,可满足使用要求。一些大型、重型机床多采用三支承结构,其刚度和抗振性较高,但对三个支承座孔同心度要求高,增加了制造、装配的困难和结构的复杂程度。

为保证其刚度和旋转精度,需将其中两个支承预紧,称为紧支承或主要支承;另一个支承必须具有较大的间隙,称为松支承或辅助支承。对于一般精度机床,应选前、中支承为主要支承;后支承为辅助支承,主要起平稳定心作用。对于精密机床,应采用前、后支承为主要支承,中间支承为辅助支承,主要起增加阻尼作用。

2.5.4.4　主轴滚动轴承精度及选配

1. 主轴滚动轴承精度选择

机床主轴滚动轴承通常采用 P2、P4、P5 级(相当于旧标准的 B、C、D 级)。新标准增加了 SP 级(其尺寸精度相当于 P5 级,旋转精度相当于 P4 级)和 UP 级(其尺寸精度相当于 P4 级,旋转精度高于 P2 级)。P6 级(旧标准 E 级)目前已少用。轴承精度越高,主轴旋转精度及其他性能越好,但轴承价格越昂贵。

主轴前后支承的径向轴承对主轴旋转精度影响是不同的。图 2.58(a)表示前轴承内圈有偏心量 δ_A(即径向跳动量之半),后轴承偏心量为零的情况,则反映到主轴端部的偏心量为

$$\delta_1 = \left(1 + \frac{a}{L}\right)\delta_A$$

图 2.58(b)表示后轴承内圈有偏心量 δ_B,前轴承偏心量为零的情况,则反映到主轴端部的偏心量为

$$\delta_2 = \frac{a}{L}\delta_B$$

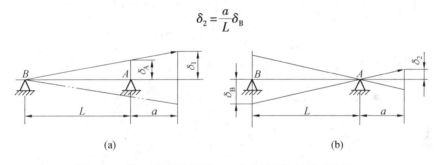

(a)　　　　　　　　　　　　　　　　　(b)

图 2.58　前、后轴承内圈偏心对主轴端部旋转精度的影响

当轴承内圈偏心量一定(即 $\delta_A = \delta_B$)时,则 $\delta_1 > \delta_2$,这说明前轴承内圈偏心量对主轴端部的旋转精度影响较大,具有误差放大作用,因此,前轴承的精度应比后支承高些,通常高一级。所以,主轴滚动轴承精度选择应注意:

(1)首先选择前支承的径向轴承(简称前轴承)的精度,应与机床精度相匹配。可参考表 2.11。镗床类机床应提高一级,数控机床可按精密级或高精度级选用。

(2)后轴承精度可比前轴承低一级。

(3)推力轴承相应可与后轴承相同。

表 2.11　机床主轴滚动轴承精度选择

机床精度等级	轴承精度等级	
	前轴承	后轴承和推力轴承
普通级	P5 或 P4(SP)	P6 或 P5(SP)
精密级	P4(SP)或 P2(UP)	P5 或 P4(SP)
高精度级	P2(UP)	P4 或 P2(UP)

2. 主轴滚动轴承选配

为了提高主轴组件的旋转精度,除应选用较高精度的轴承,提高主轴轴颈和支承座孔的制造精度,合理选择轴承配合之外,还可采用轴承选配方法。

主轴和轴承都存在制造误差,会影响主轴组件的旋转精度。在主轴组件设计时,应考虑装配过程中使二者的误差影响相互抵消一部分,则可进一步提高其旋转精度。

滚动轴承内圈、外圈及滚动体的误差都会影响其旋转精度。由于内圈随主轴旋转,它的径向圆跳动影响最大,现仅研究轴承内圈和主轴轴颈的径向圆跳动对主轴组件旋转精度的影响及选配方法。

(1)前轴承选配。如图 2.59 所示,主轴上安装刀具或工件的部位(图示为轴端锥孔)的轴心为 O,主轴前轴颈的轴心为 O_1,因制造误差所造成的偏心量为 δ_{A1}(即径向圆跳动量之半)。轴承内圈滚道(轴心为 O_2)相对于内圈孔(轴心为 O_1)的偏心量为 δ_{A2}。则主轴在前支承的实际旋转轴心为 O_2。

若按图 2.59(a)方式装配,主轴轴颈和轴承内圈的最大跳动点(即高点)都在轴心的同一个方向上,即高点同向,则主轴轴心 O 与其旋转轴心 O_2 的偏心量为 δ_A,即 $\delta_A = \delta_{A1} + \delta_{A2}$。若按图 2.59(b)方式装配,主轴轴颈和轴承内圈的高点异向,则偏心量 $\delta_A = \delta_{A2} - \delta_{A1}$;若使 $\delta_{A1} \approx \delta_{A2}$,偏心量 δ_A 可接近于零,因此,主轴组件的旋转精度能得以显著提高。

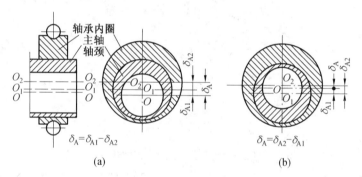

$$\delta_A = \delta_{A1} - \delta_{A2}$$
(a)

$$\delta_A = \delta_{A2} - \delta_{A1}$$
(b)

图 2.59　主轴轴颈和轴承内圈的高点位置

(2)后轴承选配。对主轴组件前轴承选配之后再对后轴承选配,还可进一步提高主轴组件的旋转精度。如图 2.60(a)所示,δ_A、δ_B 分别为主轴前、后支承处的偏心量,若最大跳动点位于同一轴向平面内,且在轴线的异侧时,轴端的偏心量 δ 为

$$\delta = \left(1 + \frac{a}{L}\right)\delta_A + \frac{a}{L}\delta_B$$

可见,$\delta > \delta_A$,轴端径向圆跳动增大。

如图 2.60(b)所示,主轴前、后支承处的最大跳动点位于同一轴向平面内,且在轴线的同侧时,轴端的偏心量 δ 为

$$\delta = \left(1 + \frac{a}{L}\right)\delta_A - \frac{a}{L}\delta_B$$

可见,当 $\delta_B > \delta_A$ 时,轴端径跳 δ 减小,甚至可接近于零。因此,后轴承的精度比前轴承低一级,不只因为它的影响程度较小,而且通过选配法还有利于提

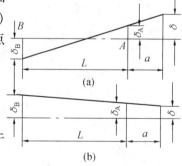

图 2.60　主轴前后支承处最大跳动点不同位置的影响

高主轴组件的旋转精度。主轴是采用同一个基准精磨各个轴颈,前、后轴颈对主轴轴心径跳点往往在同一方向,只要把后轴承如同前轴承那样选配(高点异向),通常可得到图 2.60(b) 所示的情况。

2.5.4.5　主轴滚动轴承的配合

轴承配合的松紧程度对主轴组件工作性能有一定影响。轴承内圈与轴颈,外圈与支座孔的配合应适宜。配合紧些,可提高轴承与轴颈、座孔的接触刚度,并有利于提高主轴组件的旋转精度和抗振性。但过紧会改变轴承的正常间隙,降低旋转精度,增加发热以及缩短寿命;配合过松也会影响主轴的旋转精度、刚度及寿命。对轻载、精密机床,为避免座孔形状误差的影响,常采用间隙配合,且与轴颈配合的过盈量也较小。通常,主轴滚动轴承外圈与座孔的配合要比内圈与轴颈的配合稍松些。

轴承的配合件精度能够直接影响主轴组件的旋转精度。通常采用过渡配合时,轴颈和座孔的形状误差将影响滚道的形状精度。主轴轴肩及座孔挡肩的端面圆跳动也会影响轴承的旋转精度等。因此,主轴组件选用较高精度的滚动轴承时,还必须相应提高轴颈和座孔的尺寸精度和形位精度。此外,还应注意轴承定位与调整元件的精度。

2.5.4.6　主轴滚动轴承间隙调整

主轴滚动轴承的间隙量大小对主轴组件工作性能及轴承寿命有重要影响。轴承在较大间隙下工作时,会造成主轴位置(径向或轴向)的偏移而直接影响加工精度。同时,由于轴承的承载区域较小,载荷集中作用于受力方向的一个或几个滚动体上,造成较大的应力集中,使轴承发热和磨损加剧而寿命降低,主轴组件的刚度和抗振性也大为削弱。当轴承调整为零间隙时,滚动体受力均匀,主轴旋转精度得到提高。当轴承调整为适当的负间隙时,滚动体产生弹性变形,与滚道的接触面积加大,则主轴组件的旋转精度、刚度和抗振性都得到显著提高。轴承预紧就是采用预加载荷的方法消除轴承间隙,使其产生一定的过盈量。

主轴滚动轴承的最佳间隙量应根据机床的工作条件和轴承类型通过试验加以确定。高速轻载或精密机床,可为零间隙或较小负间隙;中低速、载荷较大或一般精度机床,可使负间隙稍大。此外,球轴承和精度较高轴承所允许的预加载荷可以大些。轴承预紧可分为径向预紧和轴向预紧两种方式。

1. 径向预紧方式

径向预紧是利用轴承内圈膨胀,以消除径向间隙的方法。图 2.55 所示前支承的 NN3000K 型轴承,拧动轴承内侧的调整螺母推动内圈,使之与轴颈间产生相对轴向位移,即可达到预紧目的。

2. 轴向预紧方式

这类轴承是通过轴承内、外圈之间的相对轴向位移进行预紧的。

图 2.61 所示为角接触球轴承的几种预紧控制方式。

(1)修磨轴承圈。图 2.61(a)是通过将内圈(背靠背组配)或外圈(面对面组配)相靠的端面各磨去一定量 a,安装时把它们压紧以实现预紧。需要修磨轴承,工艺较复杂,使用中不能调整。

(2)内外隔套。图 2.61(b)是在两个轴承的内、外圈之间,分别安装两个厚度差为 $2a$ 的内、外隔套。隔套加工精度容易保证,使用效果较好,但使用中不能调整。

（3）无控制装置。图2.61（c）中两个内圈的位移量靠操作者经验控制，可在使用中调整，但难于准确掌握。

（4）弹簧预紧。图2.61（d）是靠数个均布弹簧可控制预加载荷基本不变，轴承磨损后能自动补偿间隙，效果较好。

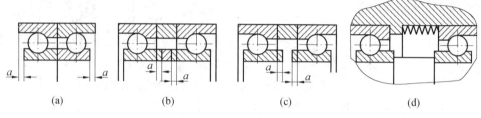

图2.61　角接触球轴承预紧控制

2.5.4.7　主轴滚动轴承的润滑

滚动轴承的润滑可在摩擦面间形成起隔离作用的润滑油膜，减小摩擦，防止锈蚀，冷却降温，降低噪声，增加阻尼及提高抗振性等。所以良好的润滑是提高主轴组件工作性能、提高精度保持性的重要措施。

1. 脂润滑

润滑脂是基油、稠化剂或添加剂在高温下混合成的脂状润滑剂。其特点是黏附力强，密封简单；不需经常添加和更换，维护方便；普通润滑脂摩擦阻力比润滑油略大，但高级润滑脂（如锂基润滑脂）摩擦阻力比润滑油略小。一般润滑脂适用于轴承的速度、温度较低且不需要冷却的场合。对于立式主轴以及装于套筒内的主轴轴承（如钻床、坐标镗床、立铣、龙门铣床、内圆磨床等）宜用脂润滑。数控加工中心主轴轴承也常用高级润滑脂润滑。为避免因搅拌发热而融化、变质失去润滑作用，通常油脂充填量约占轴承空间的1/3。

2. 油润滑

油润滑适用于速度、温度较高的轴承，由于黏度低、摩擦系数小，润滑及冷却效果都较好。适量的润滑油可使润滑充分，同时搅油发热小，使得轴承的温升及功率损耗都较低。据瑞典SKF公司测定，主轴前支承采用NN3015K型和234415B型轴承匹配使用时，供油量每分钟1～5滴为宜。主轴滚动轴承常用的润滑方式与轴承的转速、负荷、容许温升及轴承类型有关，一般可按轴承的dn（d为滚动轴承内径，n为轴承转速）值选择。

（1）滴油润滑。一般通过针阀式轴承注油杯向轴承间断滴油。润滑简单方便，搅油发热较小。用于需定量供油、高速运转的小型主轴。

（2）飞溅润滑。利用浸入油池内的齿轮或甩油环的旋转使油飞溅进行润滑。其结构简单，缺点是机床启动后才能供油，油不能过滤；搅油发热及噪声较大。用于要求不高的主轴轴承。溅油元件的速度一般为$0.8～6\ m/s$，浸油高度可为$(1～3)h$，h为齿高。油面高度一般不能高于箱体外露最低位置的孔。

（3）循环润滑。出油泵供油对轴承润滑。回油经冷却、过滤后可循环使用，能够保证对轴承充分润滑，并带走部分热量，但搅油发热较大，需调节供油量。适用于高速、重载机床的主轴轴承。

（4）油雾润滑。压缩空气通过专门的雾化器，再经喷嘴将油雾喷射到轴承中，有较好的润滑和冷却效果,但需要一套专门的油雾润滑系统,造价高,故适用于高速主轴轴承。

(5)喷射润滑。在轴承周围均布几个喷油嘴,周期性地将油喷射到轴承圈与保持架的间隙中,能够冲破轴承高速旋转时所形成的"气流隔层",把油送到工作表面上。它可准确地控制供油量,润滑效果好,但需一套专门润滑设备,成本高。适用于高速主轴轴承。

(6)油气润滑。针对高速主轴而开发的新型润滑方式。用极微量的油(8 ~ 16 min 约 0.03 cm³)与压缩空气混合,经喷嘴送入轴承中。与油雾润滑的区别在于,润滑油未被雾化,而是成滴状进入轴承,在轴承中容易沉积,不污染环境。由于使用大量空气冷却轴承,轴承温升更低。

对于角接触滚动轴承,由于转动离心力的甩油作用,润滑油必须从小端进油,如图 2.62 所示,否则润滑油很难进入轴承中的工作表面。

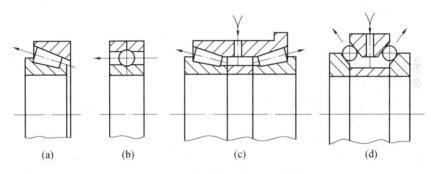

(a)　　　　　　　(b)　　　　　　　(c)　　　　　　　(d)

图 2.62　角接触滚动轴承进油位置

2.5.4.8　主轴滚动轴承密封

轴承密封的作用是防止润滑油外流,以免增加耗油量,影响外观和污染工作环境;防止外界灰尘、金属屑末、冷却液等杂质浸入而损坏轴承及恶化工作条件。脂润滑轴承的密封作用主要是防止外界杂质侵入而引起磨损破坏作用;同时也要防止润滑油混入润滑脂,使之稀释后甩离轴承,失去润滑效果。

主轴滚动轴承密封主要分接触式和非接触式密封两类。选择密封形式应根据轴的转速、轴承润滑方式、轴承的工作温度、外界环境及轴端结构特点等因素综合考虑。接触式密封在旋转件与密封件间有摩擦,发热较大,不宜用于高速主轴。非接触式密封的发热小,密封件寿命长,能适应各种转速,因此应用广泛。如图 2.56 的间隙密封,前后支承处外流润滑油经旋转的甩油沟疏导回流,再经间隙密封,具有良好的密封效果。图 2.53 采用曲路密封,利用旋转与固定密封件间的复杂而曲折的小缝隙起到密封作用。也可采用接触式和非接触式密封联合使用的方式。为了提高密封效果,减小主轴箱内、外压力差,可在箱体高处设置通气孔。

2.5.5　主轴组件结构尺寸

滚动支承主轴组件设计的内容主要包括确定主轴组件的基本形式(包括主轴的结构形状,主轴传动件的类型及布置,轴承的类型及配置等),确定主轴组件的结构尺寸,进行必要的验算,选择轴承的精度等级及配合间隙等。主轴组件结构尺寸中起决定作用的是外径、孔径、悬伸量和支距。

2.5.5.1　主轴外径 D

主轴外径的大小对主轴组件的性能有重要影响。弹性主轴端部的刚度 K 与主轴截面的

惯性矩 I 成正比,故 $K \propto D^4$。增大主轴的外径 D,可使主轴组件的刚度和抗振性得到提高。对空心主轴,增大外径还能相应地增加孔径,扩大机床的使用范围。所以,现代机床主轴的外径有增大的趋势。但要注意主轴结构及轴承速度的限制。

首先确定主轴前轴颈尺寸 D_1,可参考同类型机床。对于车床、铣床等一般机床,在主轴孔径和支承跨距初定之后,可按下式粗算:

$$D_0 \geqslant \sqrt[4]{\frac{L^3}{A} + d^4}$$

式中,D_0 为支承间的主轴平均外径,mm,$D_0 = \dfrac{\sum D_i L_i}{L}$;$L$ 为支承跨距,mm;D_i、L_i 为主轴各段的直径与长度,mm;d 为主轴孔径,mm;A 为系数,$A = 1.1 \sim 3.5$,精密机床 $A = 1.1$,要求较高的机床 $A = 2.1$,一般机床 $A = 3.5$。

主轴前轴颈 $D_1 = (1.1 \sim 1.15)D_0$,并按轴承所需直径加以确定。D_1 选定后,再根据结构及加工装配要求确定主轴其他部位的外径,轴径的递减应尽可能小些。

2.5.5.2　主轴孔径 d

主轴孔径过小,通过的棒料或自动夹具拉杆直径受到限制,而且深孔加工也较困难。为扩大机床的使用范围,主轴孔径应适当增大。但主轴外径一定时,孔径加大会受到限制:

(1)轴壁过薄会影响主轴正常工作。

(2)主轴刚度不能削弱过大。

图 2.63 所示为主轴孔径对刚度的影响,当 $d/D_0 \leqslant 0.5$ 时,$K_d/K \geqslant 0.94$,空心主轴的刚度 K_d 降低较小(K 为实心主轴刚度);当 $d/D_0 = 0.7$ 时,$K_d/K = 0.76$,主轴刚度降低了 24%,可取 $d/D_0 \leqslant 0.7$。通常根据使用要求先确定主轴孔径 d,然后再确定主轴外径,则 $D_0 \geqslant 1.43d$。

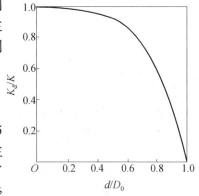

图 2.63　主轴孔径对刚度的影响

主轴孔径 d 确定后,可根据主轴的使用及加工要求选择锥孔的锥度。锥度仅用于定心时,锥度应大些;若锥孔除用于定心,还要求自锁,借以传递转矩时,锥度应小些。各类机床主轴锥孔的锥度都已标准化。

2.5.5.3　主轴悬伸量 a

主轴悬伸量是指主轴前端至前支承点的距离,对主轴组件的刚度和抗振性有显著影响,应尽量减小悬伸量 a 和悬伸段质量。主轴悬伸量 a 的大小主要取决于主轴端部的结构形式及尺寸、刀具或夹具的安装方式、前支承轴承的类型及配置、润滑与密封装置的结构尺寸等。设计主轴时,在满足结构要求的前提下,应最大限度地缩短主轴悬伸量。

2.5.5.4　支承跨距 L

主轴前后支承跨距(简称支距)L 对主轴组件的刚度、抗振性和旋转精度等有较大的影响,且影响效果比较复杂。

1. 支承跨距 L 对主轴组件刚度的影响

主轴端位移 y 值的大小,与主轴个体变形、轴承变形、支承座变形,以及它们之间的接触变形等有关,主要取决于主轴和轴承的变形,如图 2.64 所示。根据位移叠加原理,可得轴端总位移 y 为 $y = y_1 + y_2$,y_1 为刚性轴承(假定轴承不变形)上弹性主轴的端部位移;y_2 为弹性轴承上刚性主轴(假定主轴不变形)的端部位移。

(1)位移 y_1。

据材料力学知:

$$y_1 = \frac{Fa^3}{3EI_a} + \frac{Fa^2L}{3EI}$$

式中,E 为弹性模量;I,I_a 为两支承间和悬伸段的主轴截面惯性矩。

y_1 与支距 L 的关系如图 2.65 直线 1。表明作用力 F 和主轴悬伸量 a 一定时弹性主轴本身的变形所引起的轴端位移 y_1,随支距 L 的加长而增加,且呈线性关系,即支距 L 越大,主轴的刚度越低。

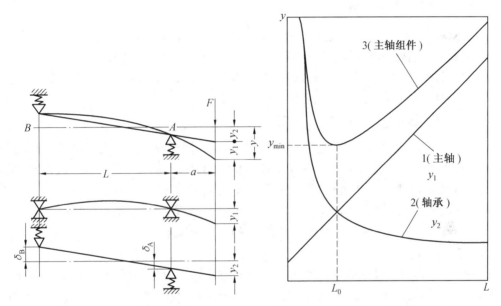

图 2.64　主轴端部位移　　　　　图 2.65　主轴支距 L 与轴端位移 y 的关系

(2)位移 y_2。

在力 F 作用下,主轴前、后支承的支反力分别为 $R_A = F(1 + a/L)$ 和 $R_B = Fa/L$。支反力会引起支承处轴承的变形,可近似认为线性变形。设前、后轴承的刚度为 K_A 和 K_B,则前、后轴承的变形分别为 δ_A 和 δ_B,即

$$\delta_A = \frac{R_A}{K_A} = \frac{F}{K_A}(1 + a/L), \quad \delta_B = \frac{R_B}{K_B} = \frac{F}{K_B} \cdot \frac{a}{L}$$

可由几何关系得出主轴端部位移 y_2 为

$$y_2 = \delta_A(1 + a/L) + \delta_B \frac{a}{L} = \frac{F}{K_A}\left(1 + \frac{a}{L}\right)^2 + \frac{F}{K_B}\left(\frac{a}{L}\right)^2$$

y_2 与支距 L 的关系如图 2.65 曲线 2,是一条双曲线。当 F、a 一定时,轴承变形所引起的刚件主轴的端部位移 y_2,随支距 L 的加大而减小。

(3)主轴端总位移为

$$y = y_1 + y_2 = F\left[\frac{a^3}{3EI_a} + \frac{a^2 L}{3EI} + \frac{1}{K_A}\left(1 + \frac{a}{L}\right)^2 + \frac{1}{K_B}\left(\frac{a}{L}\right)^2\right]$$

y 和支距 L 的关系如图 2.65 曲线 3。可见存在一个最佳支距 L_0，可根据上式求出。当支距为 L_0 时，轴端位移 y 最小，主轴组件的刚度最大。当主轴支距 $L<L_0$ 时，应设法提高轴承刚度；当 $L>L_0$ 时，应设法提高主轴刚度。

2. 支距 L 对主轴组件抗振性、旋转精度的影响

对于普通精度机床两支承主轴，支距可按刚度的最佳支距 L_0 选取，其主轴组件的刚度和共振频率最高，共振幅值小。对于精密机床，支距可选较大数值，使其主轴组件具有较高的旋转精度，较小的共振幅值，并可提高工作平稳性。一般应使 $L>2.5D_1$（D_1 为主轴前轴颈），精密卧式车床可取 $L=(5\sim6.5)D_1$。

2.5.6　主轴滑动轴承

机床主轴组件采用的滑动轴承，按流体介质不同可分为液体滑动轴承和气体滑动轴承。液体滑动轴承按其油膜的形成方式，又可分为液体动压滑动轴承和液体静压滑动轴承。滑动轴承具有良好的抗振性，运动平稳、旋转精度高；承载能力和刚度高；精度保持性好。因此在高速、精密及高精度机床和大型数控机床中得到了广泛应用。

2.5.6.1　液体动压滑动轴承

液体动压滑动轴承的工作原理是：主轴旋转时，带动润滑油从间隙大口向小口流动，形成压力油楔将轴浮起，产生压力油膜以承受载荷。承载能力与滑动表面的线速度成正比，低速时其承载能力低，难于保证液体润滑。主轴动压轴承的轴承间隙对旋转精度和油膜刚度影响很大，所以必须能够调整。主轴动压轴承除采用单油楔轴承，还广泛采用多油楔动压滑动轴承，使之产生的几个油楔可将轴颈同时推向中央，工作中运转稳定。

（1）固定多油楔轴承。

这种轴承工作时的尺寸精度、接触状况和油楔参数等均稳定，拆装后变化也很小，维修较方便，但加工较困难。图 2.66(a) 为某高精度外圆磨床砂轮架主轴组件。主轴前端支承是固定多油楔动压滑动轴承 1，后端是圆锥孔双列圆柱滚子轴承 6。

固定多油楔轴承的形状如图 2.66(b) 所示，外表面是圆柱形，内表面为 1∶20 的锥孔，与主轴轴颈相配合。轴瓦基体为 15 号钢，内壁浇铸镍铬青铜，在圆周上铲削出五个等分的阿基米德螺旋线油囊（油楔槽），深 0.1~0.15 mm。低压油从五个进油孔 a 分别进入油囊后，主轴如图 2.66(c) 所示单向旋转，可把油从间隙大口带向间隙小口，并从回油槽 b 流出，形成五个压力油楔。使用低压油可避免主轴在启动或停止时出现干摩擦现象。

主轴轴承的径向间隙用止推环 2 右侧面的调整螺母 3 来调整，螺母 4 用以调整推力轴承的轴向间隙。主轴的轴向定位是由前后两个止推环 2 和 5 控制，其端面上也有油楔以形成推力轴承。

（2）活动多油楔轴承。

活动多油楔轴承由三块或五块轴瓦组成。图 2.67(a) 为三瓦式活动多油楔滑动轴承。三瓦各有一球头螺钉支承，可稍微摆动以适应转速或载荷的变化。当轴颈转动时，将油从每个轴瓦与轴颈之间的间隙大口带向小口，如图 2.67(b) 所示形成三个压力油楔，所以又称活动三油

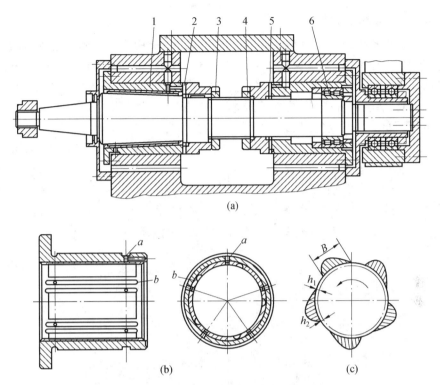

图 2.66　采用固定多油楔轴承的主轴组件

1—轴瓦;2,5—止推环;3—转动螺母;4—螺母;6—圆柱滚子轴承

楔动压滑动轴承。选择轴瓦支承点的最佳位置,可使轴承油膜的压力增高,压力分布合理及承载能力加大。可取轴瓦到间隙出口的距离 b_0 等于瓦块宽度 B 的 0.4 倍,即 $b_0 \approx 0.41B$。该支承点就是间隙比为最佳值(2.2)时的油楔压力中心。

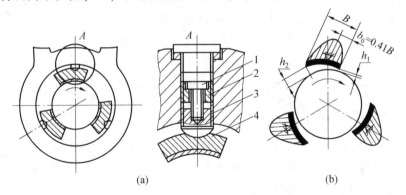

图 2.67　三瓦式活动多油楔轴承

1—螺钉;2—螺母;3—球头;4—轴瓦

　　一旦间隙比不是最佳值时,则压力中心就会变化,轴瓦便会绕该点摆动,直到间隙比恢复到最佳值,又处于新的平衡状态。因此能自动地保持最佳间隙比。这种轴承只能朝一个方向旋转,否则不能形成压力油楔。

　　这种轴承的优点是旋转精度高,抗振性好和运转平稳,结构简单,制造维修方便。缺点是轴瓦靠螺钉的球形头支承,其刚度比固定多油楔轴承低,多用于各种外圆磨床和平面磨床。

2.5.6.2　液体静压滑动轴承

液体静压轴承系统是由一套专用供油系统、节流器和轴承三部分组成。供油系统把压力油输进轴和轴承间隙中,利用轴承各个油腔中的静压力和节流器的调压作用,形成油膜,从而把轴颈推向中央。轴承油膜压强与主轴转速无关,承载能力不随转速变化而变化。其主要特点是承载能力高,旋转精度高,抗振性好,运转平稳,轴承寿命长并适合不同转速条件下工作。缺点是需要一套专门供油设备,制造工艺复杂,成本较高。

图 2.68 所示是静压轴承工作原理图。在轴承的内圆柱面上,开有四个对称的油腔,油腔之间由轴向回油槽隔开,油腔与回油槽之间是封油面。来自油泵的压力油,经过具有液阻的各个节流器 $T_1 \sim T_4$,分别流进轴承的四个油腔内,将轴颈推向中央,然后再流经轴颈与轴承封油面之间的微小间隙,由油槽集中起来流回油箱。各油腔封油面与轴颈的间隙和间隙液阻都相等,即 $h_1 = h_2 = h_3 = h_4$,$R_{h1} = R_{h2} = R_{h3} = R_{h4}$,各油腔的油压也相等,$p_1 = p_2 = p_3 = p_4$。

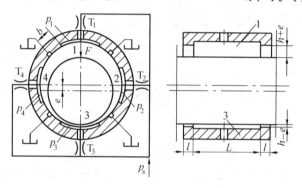

图 2.68　静压轴承工作原理图

当主轴受径向载荷 F 作用后,轴颈在载荷方向上偏移一微小距离 e,则油腔 3 的间隙减小为 $h_3 = h - e$,液阻 R_{h3} 增大;而油腔 1 的间隙增大为 $h + e$,液阻 R_{h1} 减小。此时油腔 3 中的油压 p_3 升高,油腔 1 中的油压 p_1 下降,产生一个与载荷方向相反的压力差 $\Delta p = p_3 - p_1$,将主轴推向中心以平衡外载荷 F。静压轴承的节流器对轴承的承载能力和刚度有着重要影响。一般可分为固定节流器和可变节流器两大类。固定节流器有小孔节流器和毛细管节流器。可变节流器主要有双向薄膜节流器和滑阀反馈节流器,可根据机床工作条件选用。

2.5.7　主轴电磁轴承

电磁轴承也称主动磁轴承,由机械、电气和软件三部分组成。图 2.69 所示为电磁轴承系统示意图。传感器将检测的转子偏离位移,通过反馈支路、控制器变换成控制电流,在电磁铁中产生磁力使转子维持其悬浮位置不变。

主轴磁轴承的主要特点是无接触、无润滑,维护费用低且工作寿命长;轴颈可取得较大,使刚度提高且对振动不敏感;允许转子高速旋转;功耗低,仅是传统轴承功耗的 1/5 ~ 1/20,且能在超低温或高温下正常工作。装有电磁轴承的主轴控制,其缺点是价格高,结构复杂。图2.70所示为采用电磁轴承(径向轴承 a 和 b 及右端一个推力轴承)的支承系统结构简图。主轴可在高转速条件下保持高精度;也可适用于真空及超净技术要求。不会污染环境;可获得预期的动态特性。

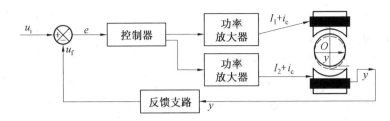

图 2.69　电磁轴承系统示意图

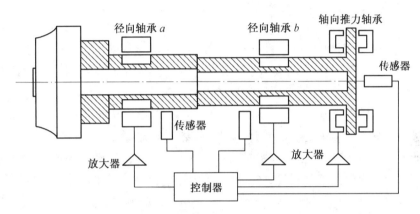

图 2.70　电磁轴承的支承系统结构简图

2.6　机床支承件设计

2.6.1　支承件功用及其基本设计要求

1. 支承件功用

机床支承件是指用于支承和连接若干部件的基础件,主要是床身、底座、立柱、横梁、工作台、箱体等大件。支承件的功用是支承和连接其他部件,承受各种载荷(包括部件及工件重力、切削力、摩擦力、夹紧力等静、动载荷)以及热变形,并保持各部件之间具有正确的相互位置和相对运动关系,从而保证机床的加工精度和表面质量。

2. 支承件基本要求

支承件设计目标:在节约材料的前提下,采用合理的结构,以满足使用、工艺以及性能等方面的要求。

(1)使用要求。根据机床类型和布局,能够顺利地容屑和排屑,吊运安全方便以及造型美观等。

(2)工艺要求。具有良好的热工艺性和冷工艺性,便于制造、装配、调整和维修。在结构设计上应尽量减小内应力,在制造过程中应进行时效处理。

(3)性能要求。具有足够的刚度,良好的抗振性,较小的热变形或热变形对加工精度的影响较小。

3. 支承件设计方法

支承件的结构比较复杂,以往是参照当前同类产品采用经验设计法,盲目性较大。当前,现代设计理论与方法的飞速发展,为支承件的设计提供了先进的手段。设计人员可根据设计要求和受力情况,在分析同类产品的基础上初步拟订方案,然后在计算机上利用有限元分析软件(如 ANSYS、SAP 等)对支承件结构的静、动态特性和热特性做定量计算。这样,就可在设计阶段对设计方案进行修改或对几个方案进行分析比较,从中选出最优方案。

2.6.2　支承件刚度

支承件应具有足够的刚度,在允许的最大载荷作用下,其变形量不得超过许用值,以保证机床的加工精度。在设计支承件时,为了保证足够的刚度,必须分析受力和变形以及所引起的加工误差,以便采取相应措施,合理进行支承件的结构设计。

2.6.2.1　支承件受力分析

机床工作时,支承件主要承受切削力、重力、夹紧力和运动部件的惯性力等。为了简化计算,根据各类机床的工作特点,受力分析时可有不同侧重,一般可分为三种情况:①中小型普通机床,外载荷以切削力为主,工件和移动部件的重力相对较小,可忽略不计;②精密和高精密机床,切削力相对较小,载荷应以移动部件重力为主;③大型机床,切削力、工件和移动部件的重力都较大,必须同时考虑。下面以卧式车床为例分析支承件的受力和变形情况。

图 2.71 所示工件支承在主轴和尾座的顶尖上,刀架位于床身中间位置。这类机床的外载荷以切削力为主,工件和移动部件的重力忽略不计。作用在刀尖上的切削力可分解为三个方向的分力 F_x、F_y、F_z,工件承受反方向的切削分力 $-F_x$、$-F_y$、$-F_z$,分别通过刀架、主轴箱和尾座传到床身上,并在床身内封闭。在这个封闭力系中,床身两端固定于床腿上,其弯曲变形可按简支梁分析,扭转变形可按两端固定梁分析,计算长度近似取为工件长度,如图 2.72 所示。

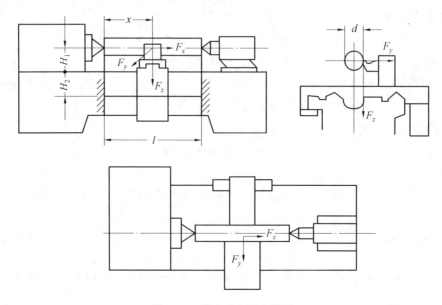

图 2.71　卧式车床受力简图

在图 2.72(a)所示的床身铅垂面(xz 面)内,力 F_x 和弯矩 $M_{xz}=F_x(H_1+H_2)$ 使床身产生弯曲变形,其中,H_1+H_2 为主轴中心至床身截面扭转中性线的距离。在图 2.72(b)所示的床身水平面(xy 面)内,力 F_y 和弯矩 $M_{xy}=F_x d/2$ 使床身产生弯曲变形。在图 2.72(c)所示的床身横截面(yz 面)内,转矩

$$T_{yz}=F_z\frac{d}{2}+F_y(H_1+H_2)$$

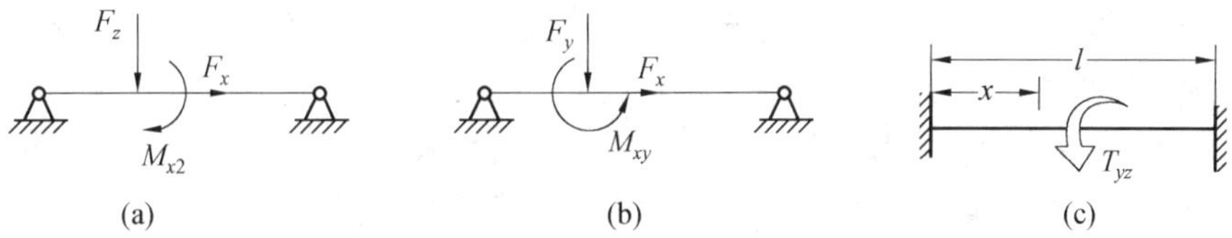

图 2.72 床身载荷简图

使床身产生扭转变形。

就床身变形对加工精度的影响而言,扭转变形的影响最大,其次是水平面内的弯曲变形,铅垂面内的弯曲变形影响相对较小,可忽略不计。

2.6.2.2 支承件本体刚度、局部刚度和接触刚度

在外载荷作用下,支承件本体抵抗变形的能力称为本体刚度,应以弯曲和扭转刚度为主。它的大小主要与支承件的材料、结构形状和尺寸等因素有关。

支承件的薄壁结构(如导轨、箱体连接部位)在外载荷作用下抵抗变形的能力称为局部刚度。局部变形主要发生在支承件局部载荷较为集中的部位,与受载处的结构和尺寸有关。支承件的结合面在外载荷作用下抵抗变形的能力称为接触刚度。接触刚度与结合面性质有关,通常固定接触面(如车床主轴箱与床身之间的结合面)的接触刚度要比活动接触面(如车床床鞍与床身导轨面)高。支承件的本体刚度和局部刚度对接触刚度也有影响。如果本体刚度和局部刚度较高,在集中载荷作用下,接触压强基本是均匀的,接触刚度较高;否则,接触压强分布不均匀,使得接触变形也不均匀,降低了接触刚度。因此,接触刚度不仅取决于接触表面的加工质量,也取决于支承件的结构。

2.6.3 支承件动态特性和热变形特性

2.6.3.1 支承件的动态特性

支承件的动态特性主要包括支承件的固有频率及振型、阻尼比、动刚度等。动刚度是衡量支承件结构抗振性的常用指标。分析支承件动态特性时,通常将其简化为多自由度振动系统,根据振动理论,有与自由度数相同的多个相应固有频率和振型(即在该固有频率下支承件的振动形态)。支承件的固有频率和振型是支承件的固有特性,主要取决于支承件系统的动态参数(包括质量、刚度、阻尼比等)。适当改变这些动态参数就可改变支承件的固有频率和振型。动刚度可用共振状态下激振力幅值与相应振幅之比表示,并可采用如下公式计算:

$$K_d=\frac{F}{A}=2\zeta K$$

式中,K_d 为动刚度,N/μm;F 为激振力幅值,N;A 为振幅,μm;ζ 为阻尼比;K 为静刚度,N/μm。

2.6.3.2　改善支承件动态特性的措施

由上式可知,提高静刚度和阻尼比可以提高动刚度。

(1)提高静刚度。合理设计支承件的形状和断面尺寸,合理布置隔板和加强筋,注意本体刚度、局部刚度和接触刚度的匹配。

(2)改善阻尼特性。结构的阻尼主要包括材料的内阻尼和结合面间的摩擦阻尼,主要决定于结合面间的摩擦性能。改善结构阻尼特性的主要方法有:适当调整结合面间的压力,可提高结合面间的摩擦阻尼;保留支承件内部的砂芯或填充混凝土,利用振动时的相对摩擦消耗振动能量;薄壁结构的表面涂上粘弹性阻尼材料等。

(3)使支承件结构的固有频率远离激振频率,避免共振。

2.6.3.3　支承件的热变形特性

机床工作时,切削热及一些零部件的相互摩擦以及液压系统和电动机都会产生热量,引起机床温度变化,产生热变形,破坏了各部件之间的相对位置精度和运动精度,从而影响机床加工精度,其中支承件热变形是主要影响因素。通常,支承件的结构形状比较复杂,受热后温度场的分布不均匀,使得各个部位热胀不均匀,从而产生热变形。热变形对普通机床加工精度的影响较小,对精密机床、自动化机床及重型机床影响明显。改善支承件热变形特性的主要措施有:

(1)采用热对称结构。使热变形后对称中心线的位置基本不变,从而减小对加工精度的影响。

(2)散热和隔热。对温升较高的部位加大散热面积,设置散热片,使之与空气流动方向一致;对于发热量较大的部件,可采用风扇、散热器以及制冷系统等加快散热。隔离热源也是一种减小热变形的有效手段,如将主要热源如液压油箱、电动机、变速箱等与机床分离,在液压缸、液压马达等热源外面加隔热罩等。

(3)温度均衡分布。在设计时,尽量减少支承件本身各个部位的温差,使温度的分布比较均匀,也可减小热变形。

(4)温度误差软件补偿。建立支承件的温升模型和热变形模型,用软件补偿热变形误差可达50%。

2.6.4　支承件结构设计

支承件结构设计,应根据机床类型、布局及支承件设计目标,参照同类产品结构,初步确定支承件的结构形状和尺寸,再通过各种验算校核确定方案。

支承件所受载荷主要为弯曲载荷和扭转载荷,支承件的抗弯刚度和抗扭刚度与其截面惯性矩成正比。对于截面积相同而截面形状不同的支承件,其截面惯性矩也不相同,因此,合理选择截面形状可以提高支承件的本体刚度。表2.12列出了八种截面积均为100 cm^2,但截面形状各不相同的惯性矩相对值。通过比较可以看出:

(1)空心截面的惯性矩比实心截面的大,刚度高。在截面积相同条件下,加大外形尺寸,减小壁厚,可显著提高惯性矩。因此,应采用空心截面,并适当加大外形尺寸,减小壁厚。

(2)圆形截面的抗扭刚度比方形或矩形截面的大,但抗弯刚度比方形或矩形截面的小。因此,以承受转矩为主的应采用圆形截面,以承受弯矩为主的应采用矩形截面,并以抗弯刚度较高的高度方向为承载方向;对于同时承受弯矩和转矩的,应采用近似方形的截面。

(3)封闭截面比不封闭截面的刚度大得多,因此,应尽量将支承件设计成封闭截面。如需要在其内部安装某些装置以及排屑面不能做成全封闭形时,可适当布置隔板和加强筋。

表 2.12　惯性矩与截面形状的关系

序号		1	2	3	4
截面形状		$\phi113$	$\phi113$ 23.5 $\phi160$	$\phi160$ 18 $\phi196$	$\phi160$ $\phi196$
惯性矩相对值	抗弯	1.0	3.02	5.03	
	抗扭	1.0	3.02	5.03	0.07
序号		5	6	7	8
截面形状		100 100	100 100 142 142	50 200	50 200 235 85
惯性矩相对值	抗弯	1.04	3.19	4.17	7.33
	抗扭	0.88	2.69	0.44	1.65

2.6.4.1　截面形状和尺寸的确定

图 2.73(a) ~ (d)为卧式床身截面的常见形状。图 2.73(a)为三面封闭式截面,主要用于无升降台铣床、龙门铣床及龙门刨床等,因不需要从床身排屑,所以顶面封闭。图 2.73(b)也是一种三面封闭的截面,内部可用于存储润滑油或冷却液,安装传动机构,主要用于载荷较小的机床,如磨床等。图 2.73(c)为两面封闭式截面,便于排除切屑和冷却液,但刚度较低,常用于中小型车床。图 2.73(d)是重型机床的床身截面,有三个床壁,适于承受重载。

图 2.73(e) ~ (h)是机床的立柱(立式床身)截面的常见形式,有圆形和方形两种,一般都可做成封闭结构。图 2.73(e)圆形截面抗扭刚度高,抗弯刚度差,适于载荷不大的机床,如摇臂钻床、台式钻床等。图 2.73(f)为对称方形截面,内部有加强筋和隔板,抗弯抗扭刚度都很高,用于承受复杂的空间载荷,如铣床和镗床的立柱。图 2.73(g)为对称矩形截面,抗弯刚度高,用于承受弯曲载荷较大的机床,如中、大型单轴或多轴立式钻床、组合机床等。图 2.73(h)为矩形截面,内部设有加强筋,抗弯刚度高,主要用在龙门机床上。

图 2.74 为数控车床床身截面形状,床身采用倾斜式空心封闭结构,抗扭刚度很高,且便于排屑,倾斜的导轨不易堆积脏物。

确定支承件壁厚时,在满足刚度和铸造工艺性的条件下应尽量取薄一些。铸件的壁厚可根据支承件的当量尺寸,由表 2.13 选取。支承件的当量尺寸可按下式计算:

$$C=\frac{2l+b+h}{3}$$

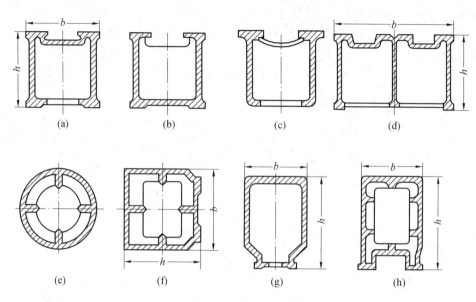

图 2.73 支承件截面形状

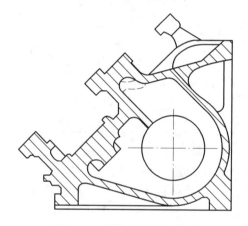

图 2.74 数控车床床身截面

式中，l、b、h 分别代表铸件的长、宽、高，m。

表 2.13 铸铁支承件壁厚推荐值

当量尺寸 C/m	0.75	1.0	1.5	1.8	2.0	2.5	3.0	3.5	4.5
外壁厚/mm	8	10	12	14	16	18	20	22	25
内壁厚/mm	8	8	10	12	12	14	16	18	20

表中推荐值为最薄部分的尺寸，对于支承件的导轨连接处、连接面以及安装轴承等凸台部位，应根据需要适当加厚，以减小局部变形。

2.6.4.2 隔板和加强筋的布置

1. 隔板

隔板是指在支承件外壁之间起连接作用的内板，对于提高截面不能封闭的支承件的刚度比较有效，它能够使支承件均衡地承受载荷，从而提高支承件的本体刚度。隔板有纵向隔板、横向隔板和斜向隔板三种布置形式。

纵向隔板布置在弯曲平面内(图 2.75(a)),其作用是提高抗弯刚度。若布置成图 2.75(b)所示的情况,则抗弯刚度会大为降低。

横向隔板将支承件的外壁横向连接起来,其作用是提高抗扭刚度。空心构件承受转矩作用时,会使壁板翘曲导致截面形状畸变,适当地布置横向隔板能够有效地减小这种畸变。图 2.76 所示为空心构件模型采用不同隔板布置的效果,增加横向隔板(No.2)与不加横向隔板(No.1)相比,端部位移和畸变都大为减小;但继续增加隔板(No.3,No.4),取得的效果不明显。斜向隔板可同时提高抗弯刚度和抗扭刚度。图 2.77(a)所示为未加斜向隔板支承件端部受到转矩 T 的作用,截面 $a_1b_1c_1d_1$ 相对 $abcd$ 扭转,并发生畸变。当增加斜向隔板后,如图 2.77(b)所示,扭转变形和畸变都大为减小,抗弯刚度也得到提高。

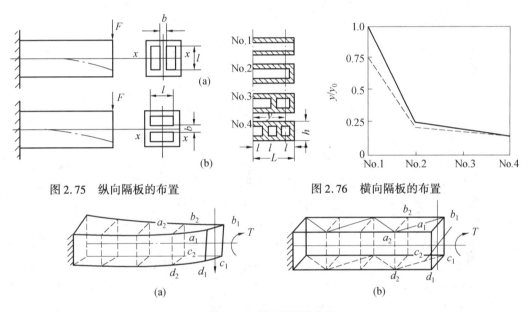

图 2.75　纵向隔板的布置　　　　　　　图 2.76　横向隔板的布置

图 2.77　斜向隔板的布置

常见的几种卧式车床床身隔板布置形式如图 2.78 所示。图 2.78(a)采用 T 形隔板将床身前后壁连接起来,可提高水平抗弯刚度,但对提高垂直抗弯刚度和抗扭刚度效果不明显。这种床身结构简单,铸造工艺性好,主要用于对刚度要求不高的小型车床。图 2.78(b)用 ∩ 形隔板连接,隔板为局部三面封闭截面,与图 2.78(a)相比,水平面和垂直面的抗弯刚度都得到提高,若适当增加隔板的宽度 b 和高度 h,效果会更好。这种结构铸造工艺性好,广泛应用于床身长度 $L \leqslant 750 \sim 1\,000$ mm 的中型车床。图 2.78(c)采用 W 形斜向隔板,使床身前后壁板与隔板形成封闭三角形,床身水平面抗弯刚度和抗扭刚度得到显著提高。用于床身长宽比小于 5 的短床身时,效果与 ∩ 形相似;用于长床身时,对提高抗扭刚度和水平面内抗弯刚度有显著效果。但这种隔板布置铸造工艺性差,常用于 $L \geqslant 1\,500$ mm 的长床身。图 2.78(d)为半封闭斜向隔板形式,由床身前壁向后壁下方倾斜,斜隔板为排屑底板,两侧横隔板与床身后壁连接,在床身主体部分形成封闭截面,刚性好。但这种结构复杂,铸造工艺性差,大都用于最大加工直径大于 630 mm 的卧式车床床身。

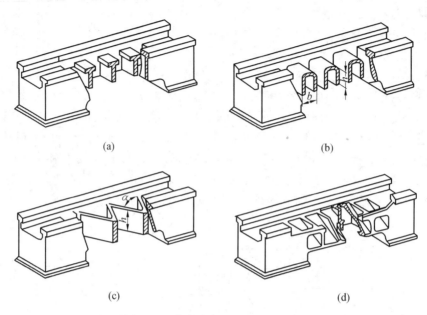

(a)　　　　　　　　　　　　　　　　　(b)

(c)　　　　　　　　　　　　　　　　　(d)

图 2.78　车床床身的几种隔板形式

2. 加强筋

加强筋一般布置在支承件的内壁上,主要作用是提高局部刚度和减小薄壁振动。与隔板不同,它只是壁板上局部凸起的窄条,不在壁板之间起连接作用,其厚度一般取壁厚的 0.8 倍,高度为壁厚的 4~5 倍。加强筋的几种常见形式如图 2.79 所示。图 2.79(a)为直线型加强筋,结构简单,容易制造,但刚性差,用于载荷较小的窄壁上。图 2.79(b)为直角相交的加强筋,制造简单,但容易产生内应力,广泛应用于箱形截面的床身与平板上。图 2.79(c)和图 2.79(d)为三角形及斜向交叉形加强筋,能保证足够的刚度,常用于支承件的宽壁与平板上。图 2.79(e)为蜂窝形加强筋,在各个方向都能均匀收缩,内应力小,但制造成本高,常用于平板上。图 2.79(f)为米字形加强筋,抗弯刚度和抗扭刚度都较高,但形状复杂,制造工艺性差,所以一般用于焊接床身。

3. 合理开孔和加盖

在支承件上开孔会降低刚度,其影响程度取决于开孔的位置、形状及大小。图 2.80 所示为方形立柱开孔对扭转刚度的影响,立柱高度与宽度之比 h/b,开孔前后扭转角之比为 φ_0/φ,实线表示前壁开一个孔,虚线表示前后壁各开一孔。从图 2.80 中可以看出,当开孔尺寸小于外形尺寸的 1/5,即 $b_0/b \le 0.2$,$h_0/h \le 0.2$ 时,开孔对立柱的抗扭刚度影响很小,但超过这个范围时,扭转刚度明显降低。从图中还可看出,在单壁上开孔与在相对的两个壁面上开孔相比,扭转刚度虽都有所降低,但二者相差不超过 20%。开孔的位置一般建议取在支承件壁的中心线上,或在中心线附近交错排列,孔宽或孔径以不大于壁宽的 0.25 倍为宜。

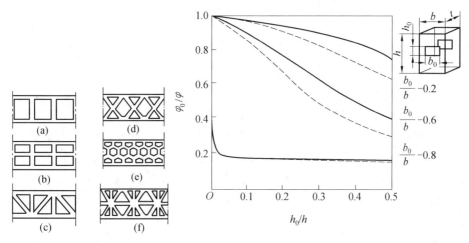

图 2.79 加强筋的形式   图 2.80 开孔对扭转刚度的影响

4. 提高支承件的局部刚度

支承件连接部位的壁厚较薄,往往是支承件刚度的薄弱环节,应合理设计连接结构,减小悬伸长度,增加壁厚,增设隔板和加强筋等,有效提高局部刚度。图 2.81 为连接部位的三种形式。图 2.81(a)结构简单,容易铸造,但局部刚度差,增加凸缘厚度虽可提高刚度,但连接螺钉随之加长,会降低连接刚度。图 2.81(b)在凸缘上设置加强筋,铸造较容易,局部刚度得到提高。图 2.81(c)的局部刚度最好,应用广泛,其占地面积小,外形美观,但铸造困难。

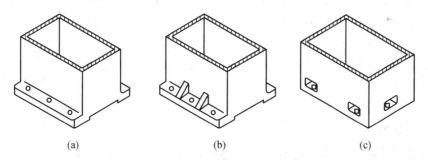

图 2.81 提高支承件连接部位的结构刚度

此外,结合面质量要好,螺钉尺寸和布置要合理,可以提高支承件的接触刚度。

5. 支承件的材料与热处理

支承件的材料主要是铸铁和钢,此外还有预应力钢筋混凝土、人造花岗岩、天然花岗岩等。当导轨和支承件做成一体时,支承件材料主要根据对导轨的要求进行选择。当导轨镶装在支承件上时,材料应按各自的要求进行选择。

一般的支承件用灰铸铁制成。灰铸铁铸造性能好,容易获得各种复杂形状,具有较大的内摩擦力,抗振性好,成本低。但铸件需要制作木模,制造周期长,有时会产生铸造缺陷。常用的灰铸铁有 HT200,HT150,HT100。可根据载荷大小、机床精度和支承件的复杂程度加以选择。

用钢板、型钢等焊接的支承件,能够克服铸件存在的缺点。可以通过有限元分析,根据受力情况布置隔板和加强筋,有效提高抗弯刚度和抗扭刚度。由于钢的机械性能比铸铁好,在满足同样刚度要求条件下钢件壁厚要比铸件薄,因此可减轻支承件质量。焊接结构成批生产时成本比铸件高,因此,大都用于单件小批量生产。预应力钢筋混凝土支承件阻尼大,抗振性好,刚度较大,成本较低,但耐腐蚀性、耐油性差,需做表面处理。人造花岗岩、天然花岗岩刚度高,抗振性和热稳定性好,用于三坐标测量机以及其他一些机床。

6. 支承件结构工艺性

为便于铸造和加工,应在满足使用要求和性能要求的前提下使支承件具有良好的结构工艺性。设计铸件时,应力求结构形状简单,造型和拔模容易,减少型芯数量,安装简单可靠,清砂方便。铸件的壁厚要尽量均匀,避免产生缩孔或气孔,减小铸造应力。对于支承件内部及不易加工的部位,应避免设置加工面。同一方向上的加工面应尽可能安排在同一平面内,以便于一次安装加工。所有加工面都应有可靠的基准面,以便于加工时定位、夹紧和测量。大型铸件应设置起吊孔或加工出吊环螺钉孔,以便吊运安装。

2.7　机床导轨设计

2.7.1　导轨功用及其基本要求

1. 导轨的功用与分类

导轨是指引导部件沿一定方向运动的一组平面或曲面。导轨的功用是导向和承载,即引导运动部件沿一定轨迹(通常为直线和圆)运动,并承受运动件及其安装件的重力以及切削力。在导轨副中,运动的导轨称为动导轨,固定不动的导轨称为支承导轨。

导轨按运动轨迹可分为直线运动导轨和圆运动导轨;按工作性质可分为主运动导轨、进给运动导轨和仅做部件相对位置调整用的移置导轨;按接触面的摩擦性质可分为滑动导轨和滚动导轨,滑动导轨按其摩擦状态又可分为普通滑动导轨、液体动压导轨、液体静压导轨和气体静压导轨。

2. 导轨的基本要求

导轨性能和质量的好坏对机床的加工精度、承载能力和使用寿命有直接影响。因此,应满足以下基本要求:

(1)导向精度。导向精度是指动导轨运动轨迹的准确度。主要影响因素有:导轨的几何精度和接触精度,结构形式,导轨和支承件的刚度和热变形,装配质量;对于动压导轨和静压导轨,还有油膜刚度等。

(2)耐磨性。耐磨性是指导轨抵抗磨损面长期保持其导向精度的能力。耐磨性是导轨设计制造的关键,也是衡量机床质量的重要指标之一,应尽可能提高导轨的耐磨性。常见的导轨磨损形式有磨料磨损、咬合磨损、接触疲劳磨损等。主要影响因素有:导轨的摩擦性质,材质、热处理及加工方法,受力情况,润滑和防护条件等。

(3)刚度。刚度是指导轨在外载荷作用下抵抗变形的能力。导轨应当具有足够的刚度,保证相关各部件的相对位置精度和导向精度。主要影响因素有:导轨的结构形式,尺寸,与支承件的连接方式以及受力情况等。

(4)低速运动平稳性。低速运动平稳性是指导轨抵抗摩擦自激振动的能力,即导轨在低速运动或微量进给时,消除爬行现象("时走时停"或"时快时慢"现象)的程度。爬行现象会严重影响加工精度、工件表面粗糙度和机床定位精度,因此,要求导轨低速运动时始终保持平稳,不产生爬行现象。主要影响因素有:静、动摩擦系数的差值,传动系统的刚度,运动部件的质量大小、导轨的结构形式以及润滑等。此外,还要求导轨具有良好的工艺性,结构简单,便于间隙调整,润滑和防护性能好。

2.7.2　普通滑动导轨

接触面为滑动摩擦副的导轨称为滑动导轨。普通滑动导轨是一种目前广泛使用的导轨。它结构简单,工艺性好,使用维修方便。但它的摩擦系数大,磨损快,寿命短,容易产生爬行。

2.7.2.1　导轨的截面形状

直线运动滑动导轨的截面形状主要有矩形、V 形、燕尾形和圆柱形四种,并且每种导轨副有凹凸之分,如图 2.82 所示。对于水平放置的导轨,凸形导轨(指支承导轨)不易积存切屑,但也不易存留润滑油,多用在低速运动的情况。凹形导轨易存留润滑油,用于高速运动的情况,但铁屑等杂物易落在导轨面上,因此必须有可靠的防护措施。

(1)矩形导轨。图 2.82(a)所示,矩形导轨靠两个彼此垂直的导轨面导向。若只用顶部的导轨面时,也称平导轨。矩形导轨刚度高,承载能力大,容易加工制造,便于维修。但侧导轨面磨损后不能自动补偿,需要有间隙调整装置。

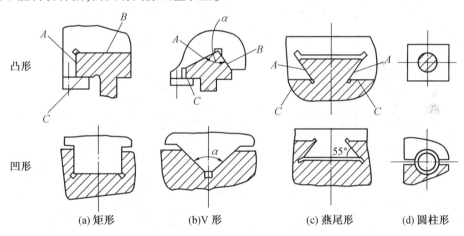

图 2.82　直线滑动导轨的截面形状

(2)V 形导轨。如图 2.82(b)所示,V 形导轨靠两个相交的导轨面导向。其中,凸形导轨习惯上又称山形导轨。V 形导轨磨损后,动导轨自动下沉补偿磨损量,消除间隙,因此导向精度高。导轨顶角 α 的大小取决于承载能力和导向精度等工作要求,α 增大,导轨承载能力提高,但摩擦力也随之增大。α 通常取为 90°(如车床,磨床),对于大型或重型机床(如龙门刨床),α 取为 110°~120°,对于精密机床,取 $\alpha<90$°。当导轨面承受的水平力和垂直力相差较大时,可采用不对称 V 形导轨,以使得导轨面的压强分布均匀。

(3)燕尾形导轨。如图 2.82(c)所示,燕尾形导轨高度较小,结构紧凑,可承受颠覆力矩,间隙调整方便。但摩擦阻力较大,刚度差,制造、检验和维修不便。一般用于受力较小、导向精度要求不高、速度较低、移动部件层次多、高度尺寸要求小的部件(如车床刀架、铣床工作台等)。

(4)圆柱形导轨。如图2.82(d)所示,圆柱形导轨制造方便,工艺性好,但磨损后较难调整间隙。一般用于承受轴向载荷的场合(如摇臂钻床的立柱)。

2.7.2.2　导轨的组合形式

机床通常采用两条导轨导向和承受载荷。根据导向精度、载荷情况、工艺性以及润滑和防护等方面的要求,可采用不同的组合形式。常见的有如下几种(图2.83)。

(1)三角形导轨。如图2.83(a)、(b)所示,三角形导轨导向精度高,磨损后能自动补偿间隙,精度保持性好;但加工、检验和维修困难,各个导轨面都要接触良好。常用于精度要求较高的机床,如坐标镗床、丝杠车床等。

(2)双矩形导轨。如图2.83(c)、(d)所示,双矩形导轨刚性好,承载能力大,易于加工和维修。但导向性差,磨损后不能自动补偿间隙。适用于普通精度机床和重型机床,如重型车床、升降合铣床、龙门铣床等。

(3)三角形—矩形导轨组合。如图2.83(e)、(f)所示,三角形—矩形导轨组合导向性好,刚度大,制造方便,在实际当中得到广泛应用,适用于卧式车床、龙门刨床等。

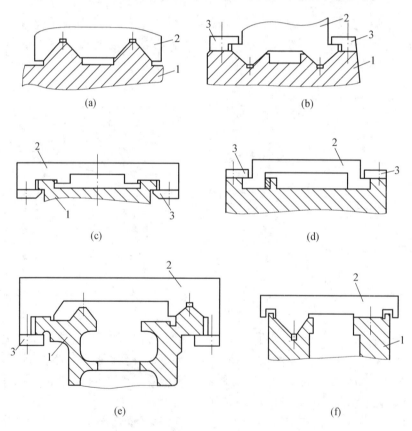

图2.83　直线滑动导轨常见组合形式
1—支承导轨;2—动导轨;3—压板

2.7.2.3　导轨间隙调整

导轨面之间的间隙应保持适当。若间隙过大,会使导向精度降低,甚至引起振动;若间隙过小,则会增大运动阻力,加速导轨磨损。因此,不仅要在装配时对导轨的间隙做适当调整,而且在机床工作一段时间后,因磨损还需要重新调整间隙。采用镶条和压板调整导轨间隙是广泛采用的两种方法。

1. 镶条调整

镶条用来调整矩形导轨和燕尾形导轨的侧向间隙。常用的镶条有平镶条和斜镶条两种。

(1)平镶条。平镶条在其长度方向是等厚度的,截面形状为矩形、平行四边形或梯形,通过横向位移调整间隙,如图 2.84 所示。图 2.84(a)、(b)是靠沿长度方向均布的几个螺钉调整间隙,镶条制造容易,但各处间隙不易调整均匀,刚性差;图 2.84(c)螺钉 1 用来调整间隙,螺钉 3 用来将镶条 2 固定在动导轨上,这种镶条刚性好,装配方便,但调整麻烦。

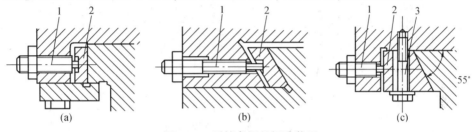

图 2.84　平镶条调整间隙装置
1、3—螺钉;2—镶条

(2)斜镶条。沿其长度方向有一定斜度,靠纵向位移使其两个侧面分别与动导轨和支承导轨接触,调整导轨间隙,常用斜度在 1:100 ~ 1:40 之间。图 2.85 为几种斜镶条间隙调整装置,其中,图 2.85(a)是用螺钉 2 带动镶条 1 移动调整间隙,这种方式结构简单,但螺钉凸肩和镶条凹槽之间的间隙会引起镶条在往复运动中的窜动,影响导向精度和刚度。图 2.85(b)是对图 2.85(a)的改进,为避免窜动增加了锁紧螺母 3,其结构简单,应用广泛。图 2.85(c)通过螺母 3、4 调整间隙,用螺母 5 锁紧,工作可靠,但结构相对复杂。图 2.85(d)是通过分别位于镶条两端的螺钉 2、3 调整间隙,避免了镶条 1 的窜动,适于镶条较短的场合。

(3)镶条的安装位置。应根据导轨的工作条件来确定。对于普通机床,由于导轨所受载荷较大,为了提高接触刚度和减小磨损,镶条应设置在不受力或受力较小的一侧,如图 2.86(a)镶条 3。对于精密机床,应将镶条设置在受力的一侧,理由是由于所受载荷较小,受力导轨面的磨损小;且调整镶条时,运动件是以导轨另一侧作为定位基准,运动件的中心线侧移量很小,有利于恢复机床精度和丝杠副的正常位置。镶条位置确定了导向面及其导向面间的距离。在两条导轨上采用一个侧面作为导向面的称为宽导向,如图 2.86(a)所示;采用一条导轨两个侧面作为导向面的称为窄导向,如图 2.86(b)所示。窄导轨制造容易,维修方便,且受变形的影响小。一般应尽可能采用窄导向,窄导轨位置的选择应有利于减小导轨磨损。当导轨宽度过小或结构受到限制时,可采用宽导轨。

2. 压板调整

机床工作时,若外载荷和部件自重能使两导轨面在全长上保持贴合,可采用无压板的开式导轨结构(图 2.83(a)、(f));否则需要用图 2.83(b)、(c)、(d)、(e)中的压板 3 调整间隙并承受颠覆力矩,增加辅助导轨面来保证主导轨面彼此贴合,这种形式的导轨称为闭式导轨。

图 2.87 为几种常用的压板形式。图 2.87(a)中 m 和 n 分别为压板的接合面和导向面,中间用空刀槽隔开,通过修磨或刮研压板 m 面调整间隙。图 2.87(b)是通过调整压板 1 和运动

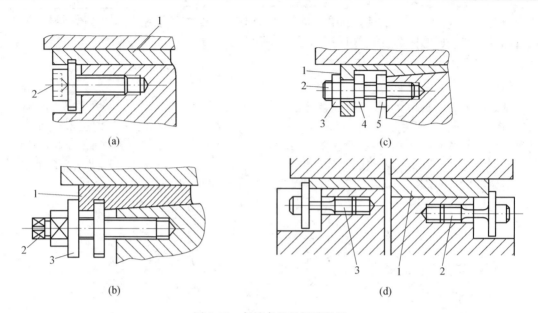

图 2.85　斜镶条调整间隙装置
1—镶条;2、3、4、5—螺母

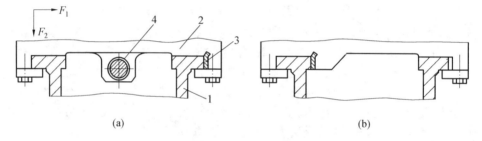

图 2.86　窄导向和宽导向
1—支承导轨;2—动导轨;3—镶条;4—传动件

部件 2 之间垫片 4 的数目来调整间隙,必要时还需改变垫片厚度。图 2.87(c)通过压板 1 上带有锁紧螺母的螺钉 6 压紧镶条 5 来调整间隙,调整方便,但刚性差。

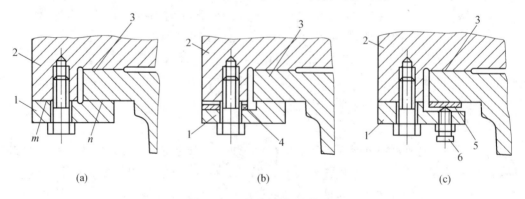

图 2.87　压板调整间隙装置
1—压板;2—运动部件;3—支承导轨;4—垫片;5—镶条;6—螺钉

2.7.2.4　提高机床导轨耐磨性的措施

导轨的磨损形式主要有磨料磨损和咬合磨损。提高耐磨性的主要措施如下。

(1)合理选用材料和热处理方法。常用的导轨材料有铸铁、钢、塑料和有色金属。

铸铁是一种应用最广泛的导轨材料,有良好的耐磨性和减振性,易于铸造,切削加工性好。床身导轨一般用 HT200 或 HT300,运动导轨一般用 HT150 或 HT200。灰铸铁常进行表面淬火以提高硬度。为了提高耐磨性,往往还采用磷钢钛铸铁、高磷铸铁以及钒钛铸铁等。镶钢导轨的耐磨性比灰铸铁高 5～10 倍,一般可通过焊接、螺钉连接等方式固定在支承件上。

塑料导轨具有摩擦系数小、抗咬合磨损性能好、不易爬行、工艺性好、化学性能稳定、成本低等优点。常用的塑料材料有酚醛夹布塑料、尼龙和环氧树脂耐磨涂料等。有色金属能够防止咬合磨损,提高耐磨性,使导轨运动平稳。

为了提高耐磨性,导轨副材料的匹配应"一软一硬",即动导轨和支承导轨采用不同材料,如果选用同一种材料,也应通过不同的热处理使二者具有不同硬度。通常,应使动导轨相对软一些。

(2)提高导轨的接触精度和改善表面粗糙度。这样可提高导轨的导向精度和刚度,从而有效提高耐磨性。对于铸铁和钢导轨,常采用刮研、精刨、磨削和滚压等方法。

(3)减小导轨面压强,使导轨面均匀磨损。应合理设计各导轨面的尺寸,提高运动部件和支承件的刚度,合理安排切削力、运动部件驱动力和导轨间的相互位置,使导轨面上的压强分布合理,磨损均匀。

(4)合理选择导轨润滑防护。常见的导轨的润滑方式有:人工加油润滑,适用于中小型机床的低速运动导轨;油泵供油润滑,适用于低中速、低载荷小行程或不经常运动的导轨;自动润滑,指采用专用的润滑系统,适用于重要的润滑场合。

导轨防护装置应能够挡住切屑和脏物进入导轨引起表面擦伤、磨损和腐蚀,并且便于拆卸。常见的有刮板式、毛毡式及防护罩等装置。

(5)滑动导轨设计内容。

滑动导轨设计主要包括以下几方面的内容:

①根据机床的工作条件、性能特点,选择导轨的结构类型。

②选择导轨的截面形状和结构尺寸。

③计算导轨面上的平均压强和最大压强,选择导轨材料、表面精加工方法和热处理方法以及摩擦表面的硬度匹配。

④设计导轨磨损后的补偿和间隙调整装置。

⑤设计导轨的润滑系统和防护装置。

⑥确定导轨的精度和技术要求。

2.7.3　爬行现象及其防止措施

机床的某些运动部件往往需要做低速运动或间歇微量位移,如采用普通滑动导轨就容易产生爬行现象。爬行会影响机床的定位精度、加工精度以及工件的表面粗糙度。因此,应对爬行问题予以足够的重视并采取有效措施防止爬行现象的产生。

2.7.3.1　爬行过程分析

机床爬行一般是在低速滑动摩擦情况下发生的。它是由摩擦力特性所引起的一种自激振动,主要与摩擦力特性和传动系统刚度等因素有关。图2.88为摩擦系数与相对运动速度之间的关系,由图中可以看出,静摩擦系数f_0大于动摩擦系数f_d,在低速范围内,动摩擦系数随着速度增加而减小。

图2.89是简化后的进给传动机构力学模型,A为驱动件,B为执行件(如刀架、工作台、砂轮架等),从驱动件到执行件之间的进给传动系统(包括齿轮、丝杠、螺母等)作为弹性体,可简化为弹簧C,其刚度系数为K,D为执行件的支承导轨。当A以较低的速度v_0匀速运动时,在开始阶段,由于B在导轨面上所受静摩擦阻力F_0较大,所以B仍保持不动,而弹簧C受到压缩储存能量,直到A移动x_0以后,弹簧的弹性力Kx_0超过静摩擦力,B开始移动,这时静摩擦力F_0变为动摩擦力F_d,且F_d要比F_0小得多,致使B加速运动,随着速度的增加,摩擦系数进一步减小,速度增加得更快。随着弹簧的伸长,其弹性能释放,弹簧力减小。当弹簧力小于动摩擦力时,B做减速运动,当B的移动距离超过A时,弹簧由压缩状态变为拉伸状态,对B的反向弹簧力使其进一步做减速运动,直至运动停止。然而,由于驱动件A仍继续以v_0做匀速运动,上述过程会周而复始地进行,使B做停顿—加速运动—减速运动—停顿的爬行运动。

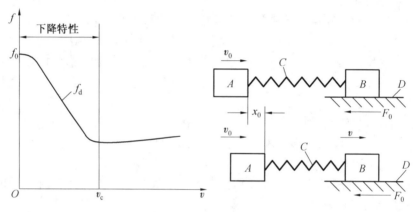

图2.88 滑动摩擦特性   图2.89 进给传动机构力学模型

2.7.3.2 爬行临界速度

由图2.90所示运动部件移动速度变化规律可以看出,当驱动速度$v_0 < v_c$(曲线1)时,执行件的速度(曲线1′)在$t = t_1$时将变为零,即出现爬行现象。当$v_0 > v_c$(曲线3)时则不会出现爬行现象,原因是此时摩擦力变化呈上升特性(图2.88),当执行件启动后,因静、动摩擦力的变化在加速运动过程中又受到随之加大的摩擦阻力的抑制作用,因此执行件在经过一段过渡过程后,将按v_0做匀速运动而不会爬行,如图中曲线3′所示。当$v_0 = v_c$(曲线2)时则处于临界状态。因此,要防止爬行现象,运动速度v_0必须大于临界速度v_c。

根据对爬行现象的理论分析,可以得出计算爬行的临界速度的公式。对于直线运动,临界速度v_c可按下式计算:

$$v_c = \frac{F\Delta f}{\sqrt{4\pi\xi Km}} \ (\text{m/s})$$

式中,F为导轨上的正压力,N;Δf为静、动摩擦系数之差;ξ为阻尼比;K为传动系统刚度,N/m;m为移动部件质量,kg。

2.7.3.3 防止爬行的措施

根据以上分析,防止爬行应采取措施降低爬行的临界速度,即减小Δf和m,增大K和ξ。

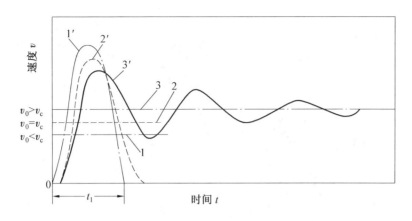

图 2.90　运动部件移动速度变化

1、2、3—驱动件运动速度；1′、2′、3′—执行件运动速度

具体来说,可采取以下几方面的措施:

(1)改善导轨的摩擦性能,以减少静、动摩擦系数之差 Δf,如采用导轨油;选用摩擦系数小的滑动导轨表面材料(镶装铝青铜、锌合金、聚四氟乙烯的动导轨与铸铁的支承导轨配合);用滚动摩擦或静压液体摩擦代替滑动摩擦等。

(2)提高传动系统刚度 K,如缩短传动链,减少传动件数量;提高各传动件及组件的刚度;合理确定传动系统传动比等。

(3)增加传动系统阻尼比 ξ,如在摩擦表面上使用黏度较大的润滑油,保证丝杠传动副润滑充分,在传动链中增加阻尼器等。

(4)减轻移动部件质量 m。

(5)减小传动间隙;减小运动部件的偏重,避免操纵手柄偏重或安装脱开装置;提高零件的加工和装配质量等。

2.7.4　滚动导轨

滚动导轨是指在动导轨面和支承导轨面之间安放多个滚动体(如滚珠、滚柱或滚针),使导轨面之间的摩擦成为滚动摩擦。滚动导轨广泛应用于各类机床,特别是数控机床。其优点是:运动灵敏度高,牵引力小;低速运动平稳性好,定位精度高;磨损小,精度保持性好,使用寿命长;润滑简单,可采用最简单的油脂润滑,维修方便,但滚动导轨的刚度和抗振性较差,对脏物比较敏感,必须有良好的防护装置。

2.7.4.1　滚动导轨的结构形式

按滚动体类型,可分为滚珠、滚柱、滚针三种结构形式。滚珠导轨结构紧凑,容易制造,但因为是点接触,承载能力低,刚度差,适用于载荷较小的场合。滚柱导轨结构简单,制造精度高,承载能力和刚度都比滚珠导轨高,适用于载荷较大的机床。滚针比滚柱的长径比大,因此,滚针导轨的尺寸小,结构紧凑,承载能力大,但摩擦系数也大,可用在结构尺寸受到限制的场合。按滚动体循环与否,可分为循环式和非循环式。非循环式结构简单,一般用于短行程导轨,逐渐被循环式滚动导轨所代替。循环式滚动导轨类型很多,主要有滚珠导套、滚珠导轨块和滚柱导轨块等。循环式导轨安装、使用、维护方便,已基本形成系列产品,由专业厂家生产。图 2.91 为循环式直线滚珠导轨。图 2.92 为滚柱导轨块,滚柱在支承块中形成循环。

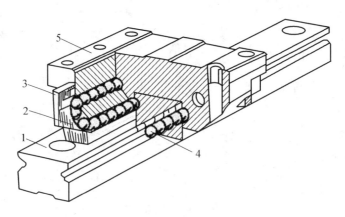

图 2.91　循环式直线滚珠导轨

1—导轨条;2—端面挡板;3—密封垫;4—滚珠;5—滑块

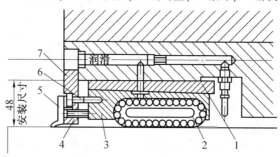

图 2.92　滚柱导轨块及其预紧

1—楔块;2—标准导轨块;3—支承导轨楔块;4,6—调整螺钉;5—刮屑板;7—楔块调节板

2.7.4.2　滚动导轨的预紧

在滚动体与导轨面之间预加一定载荷,可增加滚动体与导轨的接触面积,以减小导轨面平面度、滚子直线度以及滚动体直径不一致性等误差的影响,使大多数滚动体都能参加工作。由于有预加接触变形,接触刚度有所增加,从而提高了导轨的精度、刚度和抗振性。不过预加载荷应适当,太小不起作用,太大不仅对刚度的增加不起明显作用,而且会增加牵引力,降低导轨寿命。整体型直线滚动导轨副由制造厂用选配不同直径钢球的方法来进行调隙或预紧。用户可根据要求订货,一般不需用户自己调整。对于分离式直线滚动导轨副和各种滚动导轨块,一般采用各种调整元件进行调隙或预紧,如图 2.92 中用推拉螺钉 4、6 调整楔铁 3 的位置可达到预紧的效果。

2.7.4.3　滚动导轨的选择

目前,国内外已有很多专业化厂家生产各种规格型号的滚动导轨。设计人员进行导轨设计时可根据导轨所承受的载荷情况、工作条件(如运动速度、温度、硬度等)、使用寿命等多方面的因素,在厂家提供的产品样本目录中选择合适的滚动导轨副或滚动导轨块,再经过寿命验算,确定设计方案。

2.7.5　液体动压导轨和静压导轨

2.7.5.1　液体动压导轨

液体动压导轨的工作原理与动压轴承相同,即利用导轨副的相对运动,使两导轨面间的润滑油形成能够承载的压力油膜(也称油楔)。相对运动速度越高,油膜承载能力越大,而油膜厚度也会随着速度的不同而改变,影响加工精度。因此,动压导轨适用于速度高、精度一般的机床。

在一个导轨面上需要加工出楔形油腔,直线运动导轨的油腔必须设置在动导轨上,以保证工作时油楔始终不外露。圆运动导轨上的油腔一般设在支承导轨上,因上下两导轨面工作时始终接触,所以不会发生油楔外露现象。

2.7.5.2　液体静压导轨

液体静压导轨的工作原理与静压轴承相同,即将具有一定压力的油液输入到导轨副间形成承载油膜。工作过程中,导轨面油腔中的油压能随着外载荷的变化自动调节,并与之相平衡。静压导轨的特点是摩擦系数小,传动效率高,驱动功率小,导轨面几乎不磨损,油膜厚度几乎不受速度影响,运动平稳性好,承载能力大,刚度高,吸振性好。但需要一套供油系统,结构复杂,调整维修比较麻烦。因此,适用于各种大型、重型机床,数控机床和精密机床。

静压导轨按所承受的载荷不同可分为开式和闭式两种结构形式;按静压导轨的供油方式又可分为定压供油和定量供油两类。

图 2.93(a)为定压供油闭式静压导轨。它不仅能承受各个方向的载荷,而且也能承受较大的颠覆力矩。当工作台受一颠覆力矩作用而倾斜时(图2.93(b)),油腔2、3间隙变大,油腔1、4间隙变小。由于节流器的作用,油腔2、3的压力p_2、p_3降低,而油腔1、4的压力p_1、p_4升高,从而形成一个反颠覆力矩,使工作台恢复平衡。当工作台受到载荷F作用时,油腔1、3间隙变小,2、4间隙变大,使得p_1、p_3升高,p_2、p_4降低,所形成的作用力与外载荷F相平衡。

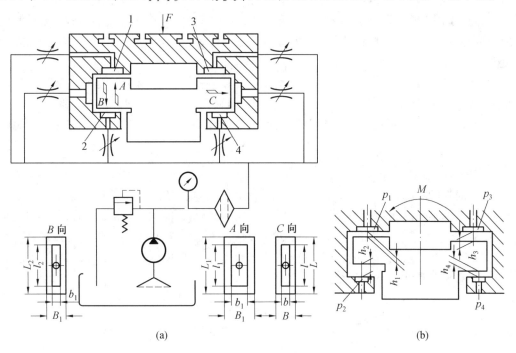

(a)　　　　　(b)

图 2.93　定压供油闭式静压导轨

第3章　钣金件成形与结构件连接工艺

3.1　钢材的矫形工艺技术

钢材和制件因受外力或加热等因素的影响,会产生各种变形,如弯曲、扭曲和局部变形等,这将直接影响产品的制造质量,因此必须对变形的钢材或制件进行矫形。

3.1.1　矫形原理

1. 变形原因

(1)钢材残余应力引起的变形。钢材在轧制过程中,可能产生残余应力而使钢材变形。例如:轧制钢板时,由于轧辊调节机构失灵等原因,造成轧辊的间隙不一致,使钢材沿轧制方向的延伸不一致,间隙小的部分,钢材的延伸大;间隙大的部分,钢材的延伸小,因此,延伸较大的部分受到延伸较小部分的阻碍而产生压缩应力,延伸较小的部分则产生拉应力,当钢材的冷却速度较快或因为其他原因,使这部分应力残留在钢中,形成残余应力。当钢材受热或其他因素的影响时,其残余应力部分释放,钢材便产生了变形。

(2)钢材在加工过程中引起的变形。钢材在加工过程中,由于外力或不均匀加热,都可能造成钢材的变形。例如钢板经剪切、气割或焊接,由于受力、不均匀加热和冷却,都会引起钢材的变形。

(3)钢材因运输、存放不当引起的变形。冷作、钣金使用的原材料均是较长、较大的钢板和型钢,如果吊装、运输和存放不当,钢材就会因自重而产生弯曲、扭曲和局部变形。

综上所述,造成钢材变形的原因是多方面的,如果钢材的变形量超过允许偏差,就必须进行矫正。

2. 矫正原理

假设钢材在厚度方向是由多层纤维组成的,钢材平直时,各层纤维长度是相等的,钢材弯曲时,各层的纤维长度是不相等的。如图 3.1(a)所示,钢材平直时,*ab* 和 *cd* 的长度相等;钢材弯曲时,*a'b'* 的长度较短,*c'd'* 的长度较长,如图 3.1(b)所示。矫正就是通过外力或加热,使钢材较短的纤维伸长,或使较长的纤维缩短,最后各部分的纤维长度趋于一致,从而消除钢材或制件的弯曲、扭曲和凹凸不平等变形。

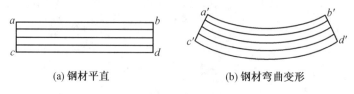

(a) 钢材平直　　　　　　　　　　(b) 钢材弯曲变形

图 3.1　钢材平直和弯曲变形时纤维长度比较

3.1.2　矫正方法

矫正的方法很多,根据外力的来源和性质可分为手工矫正、火焰矫正和机械矫正。

1. 手工矫正

手工矫正是采用手工工具,对变形钢材施加外力,达到矫正变形的方法。手工矫正一般用于小型构件、原材料和局部变形的矫正。矫正时,根据钢材的刚性大小和变形情况不同,有反向变形法和锤展伸长法。

(1)反向变形法。反向变形法是对刚性较好的钢材,采用与原变形方向相反的变形进行矫正。其方法有反向弯曲矫正法和反向扭曲矫正法。

①反向弯曲矫正法。对于刚性较好材料的弯曲变形件,可对其弯曲部分进行反向弯曲,以消除变形,达到矫正目的。如厚板的弯曲变形,矫正时,一般将弯曲凸面向上置于平台上,直接锤击凸起部分,使其产生反向弯曲,从而消除原先的变形,见表 3.1。由于钢板在塑性变形的同时,还存在着弹性变形,当外力消除后,会产生回弹,因此,为获得较好的矫正效果,反向弯曲时应适当过量。角钢、圆钢等材料弯曲变形及局部弯曲变形,均可采用反向弯曲法进行矫正,其应用实例见表 3.1。

表 3.1　反向弯曲矫正的应用实例

名称		变形图示	矫形图示	名称		变形图示	矫形图示
钢板	整体弯曲	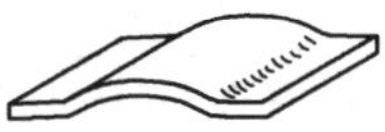	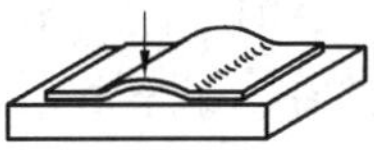	角钢	外弯	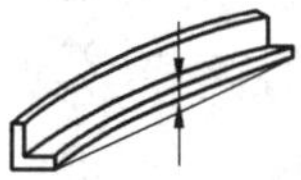	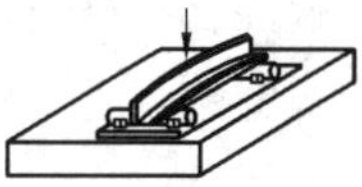
	局部弯曲	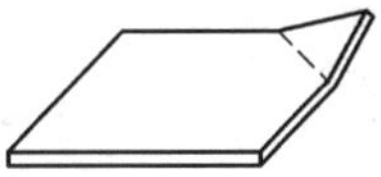	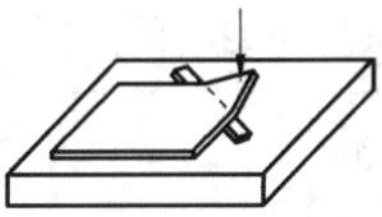		内弯	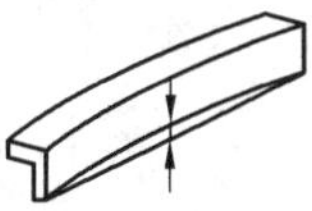	
圆钢	弯曲	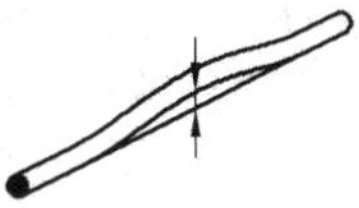	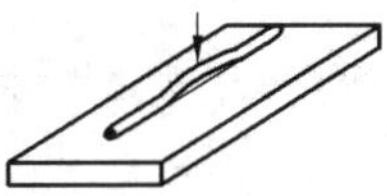	槽钢	局部弯曲	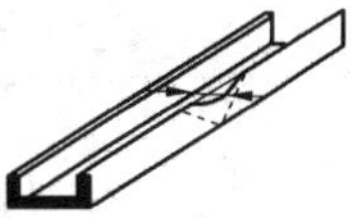	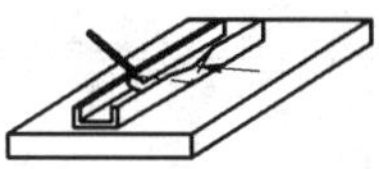

②反向扭曲矫正法。当钢材产生扭曲变形时,可对扭曲部分施加反向扭矩,使其产生反向扭曲,以消除原变形。例如矫正扁钢扭曲变形时,可用台虎钳和扳手夹持扁钢的两端进行反向扭转,在反力矩的作用下,扁钢产生反向扭曲,消除原先的变形。此外,也可将扭曲的扁钢斜置于平台边上,用锤锤击翘起部分,施加反向扭矩,消除扁钢的扭曲变形。反向扭曲矫正法的应用实例见表 3.2。

表 3.2　反向扭曲矫正法的应用实例

名称	变形图示	矫形图示
角钢	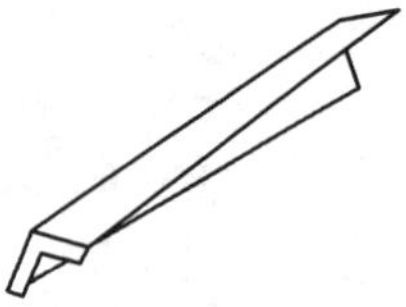	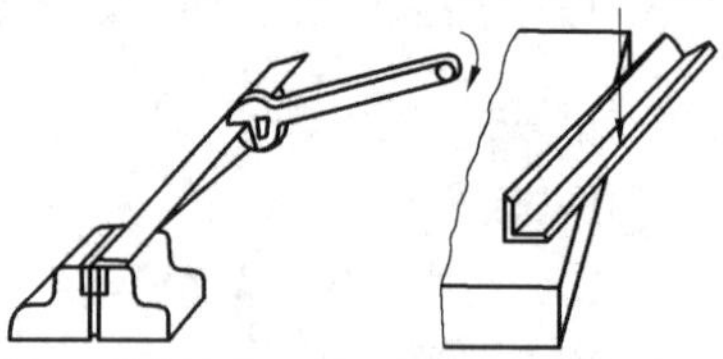
扁钢		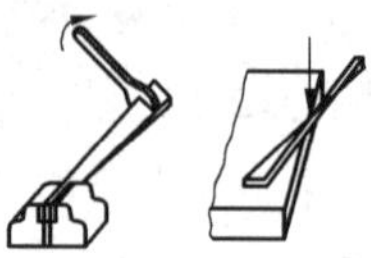
槽钢	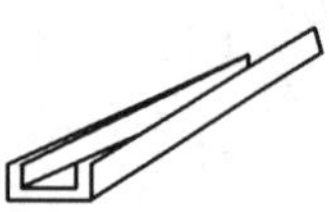	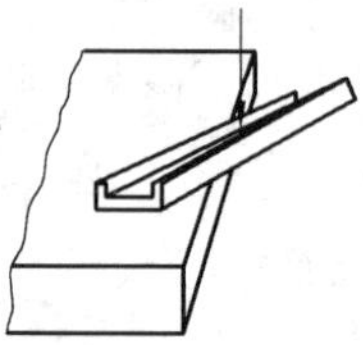

　　(2)锤展伸长法。对于变形较小或刚性较差钢材或制件的变形,可锤击纤维较短处使其伸长,与较长纤维趋于一致,从而达到矫正目的。如薄板中间凸起变形,矫正时,应锤击凸起部分的四周,使纤维伸长,则中间的凸起部分就会逐步消除。如果矫正时,直接锤击凸起部分,由于薄板的刚性差,锤击时凸起部分被压下,在压应力的作用下,凸起部分的纤维进一步伸长,其结果适得其反,凸起现象将更严重。因此,对刚性较差的材料的变形,应采用锤展伸长法进行矫正。锤展伸长法矫正的应用见表 3.3。

表 3.3　锤展伸长法矫正的应用实例

名称	变形图示	矫形图示	名称	变形图示	矫形图示
薄钢板	中凸变形		 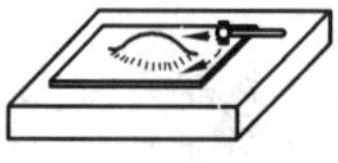 扁钢或窄钢板	弯曲变形  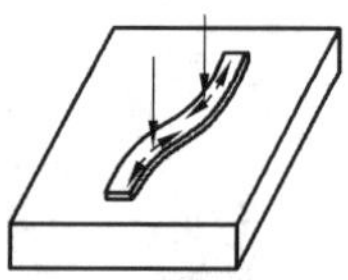	
	波浪变形		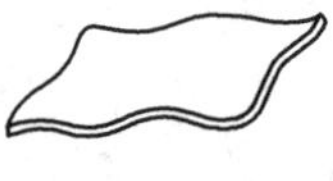 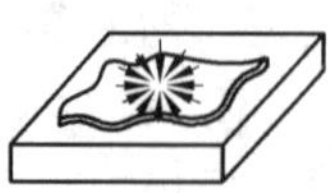 薄板折角件	弯曲变形 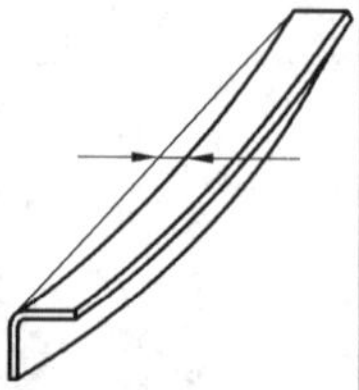 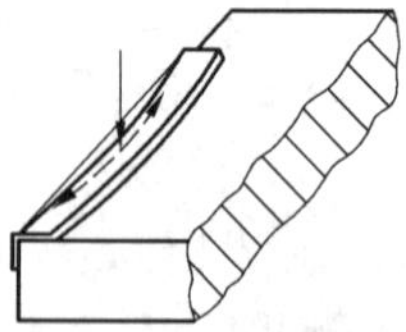	

　　当工件出现既有弯曲又有扭曲等较复杂变形时,矫正的步骤一般为先矫正扭曲,后矫正弯曲。对于强度较高的钢材或变形较严重的工件,为降低其强度,提高塑性,减小变形抗力,可将钢材加热至高温,然后再进行矫正,以提高矫正效率,钢材的加热温度一般取 750～1 000 ℃ 为宜,加热温度不应过高,否则会使钢材过热,造成力学性能下降。

　　手工矫正一般是在常温下进行的,由于塑性变形,钢材会发生硬度升高、塑性下降的冷硬现象,这给继续变形带来困难,因此在矫正中应尽可能减少不必要的锤击和变形,防止钢材硬化。如果被矫正钢材表面不允许有损伤,矫正时应衬钢板或用型锤作为衬垫,防止锤直接与钢材接触,造成表面损伤。

2. 火焰矫正

火焰矫正是采用火焰对钢材变形部位进行局部加热的矫正方法。它是利用钢材的热胀冷缩特性,在纤维较长的部位进行局部加热,使加热部分的纤维在四周较低温度部分的阻碍下,膨胀受阻,产生压缩塑性变形,冷却后纤维缩短,使纤维长度趋于一致,从而矫正了变形。火焰矫正一般用于淬硬倾向小、塑性较好材料的矫正,或结构刚性较大的局部和整体变形的矫正。

火焰矫正时,根据不同的变形情况和结构,采用的加热方式是不同的,常用的加热方式有:点状加热、线状加热和三角形加热。

(1)点状加热。点状加热的加热区域为一定直径的圆,其直径大小根据变形程度和工件的厚度而定。点状加热冷却后,能使钢材产生较均匀的径向收缩,其收缩量较小,因此点状加热常用于矫正变形较小的工件或要求径向均匀收缩的变形工件,如钢板局部的凹凸变形,可采用点状加热矫正。一般,厚板加热点的直径应适当大些,薄板要小些,但加热点直径应不小于15 mm。当变形区较大时,可采取多点加热,如图 3.2(a)所示。钢管较小的弯曲变形也可采用点状加热矫正,如图 3.2(b)所示。

(2)线状加热。线状加热的加热区域为一定宽度的带状区域,其宽度根据变形程度和工件的厚度而定。线状加热冷却后,其横向收缩量大于纵向收缩,横向的收缩量随加热宽度增加而增加,加热宽度一般为钢材厚度的 0.5~2 倍。加热深度在板厚方向应不超过板厚的 1/3~1/2,否则其在厚度方向上将产生不均匀收缩,会降低矫正效果。线状加热常用于变形区域较大的工件的矫正。图 3.3 所示为钢板弯曲或局部弯曲线状加热矫正示意图,矫正时可在弯曲部分的外侧用线状加热,加热的火焰功率应较大,速度应快,使加热深度不超过板厚的 1/3~1/2,以提高矫正效果。若加热线较多,其加热的起点与终点应相互交叉,即加热方向相反,以保证在整个宽度方向收缩均匀。

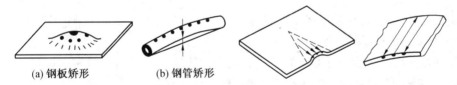

(a) 钢板矫形　　　　　(b) 钢管矫形

图 3.2　点状加热矫形钢板和钢管　　　图 3.3　线状加热矫形钢板弯曲变形

(3)三角形加热。三角形加热的加热区域为一定大小的三角形,其大小根据变形程度和工件大小而定。由于三角形加热的加热宽度不相等,且面积较大,所以能产生较大的不均匀收缩,因而常用于变形较大,或刚性较大工件的矫正。图 3.4 所示为 T 形梁、槽形工件和钢管等弯曲件,由于其刚度较大,火焰矫正均可采用三角形加热。矫正时在弯曲部分的外侧加热,加热的宽度由变形程度而定,变形越大,加热的宽度应越宽,反之,加热的宽度可取小些;加热高度为板宽或直径的 1/3~1/2。两个加热区域间隔 50~100 mm。如果经一次加热矫正后仍未平直,可重复进行第二次加热矫正,但加热位置应和第一次错开。

火焰矫正的加热温度一般取 600~800 ℃。火焰矫正时,为提高矫正效果,可采用浇水冷却,以加快加热区的收缩,但对具有淬硬倾向的钢材,不能采用水冷却,否则钢材会淬硬,影响

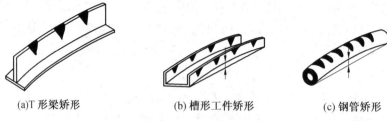

(a)T 形梁矫形　　　(b) 槽形工件矫形　　　(c) 钢管矫形

图 3.4　三角形加热矫形 T 形梁、槽形工件和钢管

其力学性能和使用性能。

3. 机械矫正

机械矫正是用通用或专用设备,对变形钢材施加外力,使其纤维长度趋于一致,从而消除钢材变形的方法。机械矫正效率高,劳动强度低,矫正质量好。矫正设备有专用设备和通用设备两种。专用设备有钢板矫正机,圆钢、钢管矫正和型钢矫正机等;通用设备是指一般的压力机。采用卷板机也可矫正弯曲变形的钢板。

(1)钢板矫正机。钢板矫正机由上下两排交错分布的辊轴组成。矫正时,钢板通过一系列辊轴,在辊轴的作用下,钢板发生反复弯曲,使较短的纤维拉长而趋于平整。图 3.5 所示为钢板矫正机工作示意图。一般下排辊轴是主动辊轴,由电动机带动旋转;上排辊轴是被动辊轴,能做上下调节,以适应矫正不同厚度的钢板。上排辊轴两端是导向辊,能单独上下调节,以引导板料出、入矫正机。

钢板矫正机有多种形式,根据辊轴的排列情况,有上、下排辊轴平行排列的,上排辊轴倾斜排列的和成对导向辊矫正机等多种。根据辊轴的多少,有 5、7、9、…、21 辊等多种,辊轴的数目越多,矫正的效果越好。

矫正时先将钢板吊运至矫正机平台上,调整上辊轴下压,使上、下辊的间隙略小于钢板厚度,然后让钢板进入矫正机进行矫正。矫正时,让钢板反复来回滚动,并由小到大逐步调整下压量,使钢板弯曲所产生的应力超过材料的屈服极限,直到矫正的钢板达到预定的平直度要求。

薄钢板的刚性较差,其矫正效果比厚钢板差,这时可以加一块较厚钢板作为衬垫一起矫正,也可将数块薄钢板叠在一起矫正,以提高矫正效率。

小块的板材也可以在矫正机上矫正,只要将相同厚度的小块板材放在一块较大的衬垫钢板上,如图 3.6 所示,然后一起进入矫正机进行矫正。

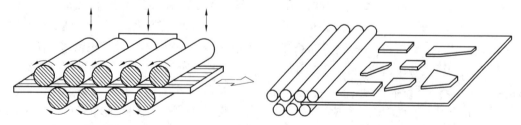

图 3.5　钢板矫正机工作示意图　　　　　图 3.6　矫正机矫正小块钢板

(2)多辊型钢矫正机。多辊型钢矫正机的矫正原理与钢板矫正机相同,让型钢通过一系列辊轮,型钢在辊轮之间反复弯曲,将较短的纤维拉长,从而消除型钢原先的变形。图 3.7(a)所示为型钢矫正机工作原理示意图。矫正机辊轮分上下两排交错排列,下辊是主动轮,由电动

机经变速后带动,上辊轮为被动轮,能通过调节机构做上下调节,产生不同的压力。不同型钢截面不同,可选用相应的辊轮,如图3.7(b)所示。

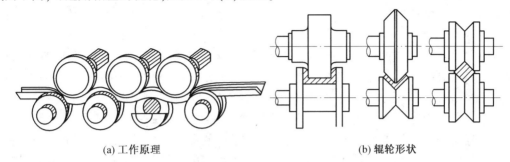

(a) 工作原理　　　　　　　　　　　　(b) 辊轮形状

图 3.7　型钢矫正机工作原理示意图

型钢矫正机不但能矫直型钢,还能矫正型钢断面的变形。其矫正过程与钢板矫正机相似,让变形的型钢在矫正机中往复滚压多次,并逐步调整辊轮加压,直至达到矫正目的。

(3)压力机矫正。在缺乏专用矫正设备的情况下,钢板和型钢也可以在通用压力机(油压机、水压机等)上进行矫正。

钢板矫正时,先以目视或用直尺对钢板进行测定,了解其变形情况,并找出弯曲部分最高点,将凸起朝上,用两块同等厚度的钢板间隔一定距离垫在钢板较低处,如图3.8(a)所示,两垫板间距随钢板弯曲情况而定,在凸起处可加一方钢,使压力机加压时受力均匀。由于钢板弯曲变形时总有一定的弹性变形,因而矫正时,应适当过弯一些,以补偿外力释放后钢板的回弹。矫正扭曲的方法如图3.8(b)所示。

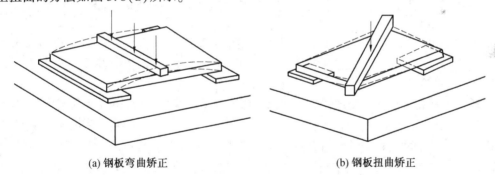

(a) 钢板弯曲矫正　　　　　　　　　(b) 钢板扭曲矫正

图 3.8　压力机矫正钢板

若钢板既有扭曲又有弯曲变形,应矫正扭曲后再矫正弯曲。

型钢变形也可用通用压力机矫正,如槽钢弯曲矫正(图3.9),让凸起部分向上,在较低处用同等厚度的钢板垫起,在加压部位加衬铁,以防槽钢侧板局部变形,衬铁的形状和尺寸由槽钢大小而定。

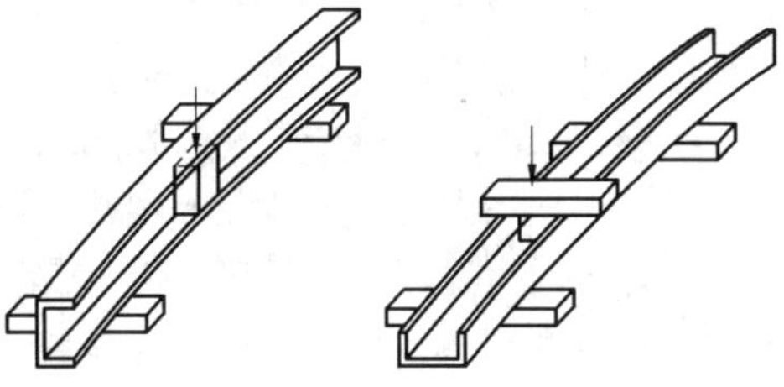

4. 其他矫正方法

(1)高频热点矫正。高频热点矫正是钢结构矫正的一种新工艺,用其矫正任何钢材的多种变形,尤其对一些尺寸大、变形复杂的矫正件更有

图 3.9　压力机矫正槽钢

显著的效果。高频热点矫正是在火焰矫正基础上发展起来的,因此矫正原理、加热位置等也与火焰矫正相同,其不同点是高频热点矫正的热源是利用高频感应产生的,能源来自交流电。当交流电通入高频感应圈即产生交变磁场并由交变磁场作用,使高频感应圈靠近钢材时使钢材内部产生感应电流,由于钢的电阻热效应而使钢的温度一般在 4 ~ 5 s 上升到 800 ℃ 左右。因此高频热点矫正具有效果显著、生产率高、操作简单、无污染等优点。但由于高频热点矫正电线要经常移动,在操作时要注意保护电线、电器设备等,以加强电器安全防范。

(2)热矫正。对变形较大的矫正件加热到一定的高温状态下,利用加热后钢的强度降低、塑性提高性质来矫正,这种矫正方法称加热矫正,简称热矫正。在热矫正时,要注意加热温度及时间,加热温度一般掌握在 800 ~ 900 ℃ 之间,加热时间不宜过长,要防止钢材在加热过程中可能产生氧化、脱碳、过热、裂纹等现象。由于矫正件加热区域不同,热矫正分为全部加热矫正和局部加热矫正。全部加热矫正就是对矫正件全部加热后矫正。一般利用地炉、箱式加热炉、壁炉等加热设备,对于小型矫正件也有用焊炬进行加热的。局部加热矫正就是对变形的矫正件局部区域进行加热后矫正。热矫正一般适用于变形严重,冷矫正时可能会产生折断或裂纹,变形量大而设备能力不足,材料塑性差、材质脆或采用其他方法克服不了构件的刚性,无法超过材料屈服强度等矫正件。

(3)喷砂矫正。喷砂矫正是利用铁丸、砂粒对钢材的巨大冲击力进行矫正。其适用于平整度要求不高的薄板结构件、薄板铸件或细长件等。内凹薄板件可用砂粒直接打在凹处反面使其逐渐外凸。直径或厚度小于 6 mm 的淬火、回火高硬度件矫正,可用喷砂冲击凸出部位。为避免喷伤矫正件表面可选用 16 mm 喷嘴,喷砂气压为 0.3 ~ 0.4 MPa,用粒度为 4 ~ 5 号石英砂粒,并使砂粒喷射方向与矫正件凸面垂直,为增大喷力,喷嘴与矫正件距离以 120 ~ 150 mm 为宜。

(4)热处理件矫正。热处理件在产生应力(热应力、组织应力以及组织不均匀而引起应力)后,当应力超过钢的屈服强度时会产生几何形状变形,矫正热处理件变形一般可用冷矫正、热点矫正和热矫正等方法。

冷矫正是指在常温下对变形件的一定部位施加某种形式的外力作用,使其变形得到矫正。其常用工艺方法有:冷压法、冷态正击法和冷态反击法。一般可矫正硬度 HRC ≤ 50 的碳钢及合金钢等。冷压法就是对变形件凸出的最高点施加压力,使凹面在拉应力作用下产生塑性变形(被拉长)从而使变形件得到矫正。此法适用于硬度 HRC ≤ (35 ~ 40)的碳钢及合金钢。正击法实质同冷压法,所不同的是冷压法用压力来矫正,正击法所使用的工具是锤,利用锤击力来矫正变形。反击法用锤击变形件凹处,利用锤击凹处从而使钢材产生小面积塑性变形(扩展延伸),达到凹处趋于平直的目的。

热点矫正可用火焰矫正及高频热点矫正。

热矫正利用钢在一定高温下塑性变形能力较常温时为佳,对于淬火,回火件其加热温度一般不应高于回火温度。对于淬火件,例如高铬钢、高速钢在淬火过程中当冷却到 MS(马氏体生成开始温度)附近,奥氏体尚未完全发生马氏体转变时具有较好的塑性,趁热进行矫正。

(5)焊后矫正。焊接因对钢材进行局部不均匀的加热,而导致焊接应力的产生,发生焊接变形。焊接件种类很多,下面仅举几例钢结构中常见的焊接件变形后的矫正方法。

①T 型梁、H 型梁角变形矫正。机械矫正法可制作模具进行,模具一般根据梁大小规格制作,长度应根据压力机压力等因素在 1 ~ 3 m。上模可用方钢或狭长厚钢板代替,下模由上下

两块钢板,中间加撑板成对制成。下模板应选择比被矫钢板厚,并考虑矫正时的回弹力,撑板上端面应向内略成一角度。下模下底板与压力机底座一般用螺栓连接。矫正梁一般较长,可分段进行压力矫正。

②箱型梁扭曲变形矫正。箱型梁焊接件刚性大,当发生扭曲时矫正工作量很大,因此在装配焊接时应制定合理工艺要求,特别规定焊接顺序以防扭曲。箱型梁扭曲矫正方法有几种,利用压力机、行车进行局部热矫正并辅以火焰矫正是其中的一种。采用此种方法进行矫正,在压力机外配制一平台,使箱型梁放置后与压力机底座成水平,一端用压板压紧下部,另一端用压力机活动横梁压紧。在扭曲反方向用钢丝绳穿上葫芦拉紧,如行车起重量不够可用滑轮组。矫正时在箱型梁中部进行局部加热,如焊炬热量不够,可同时利用木炭、木材加热,待将要加热到樱红色时,在两端腹板处同时进行火焰矫正,其加热线根据扭曲程度须倾斜,与此同时利用行车逐渐收紧钢丝绳,使梁向反方向扭转。

③筒体对接后矫正。筒体轧圆后应用样板检查,待矫圆后才允许焊接。筒体对接焊后会发生变形,如圆弧小于样板或圆弧大于样板可采用火焰矫正分别在外或内加热,有时还可以辅以手工矫正锤击加热处。封闭筒体,筒径较小或搅拌筒发生局部凹陷,如只能在筒体外部矫正时,可用局部加热法进行矫正,矫正前先将螺栓焊在凹处,放上垫板、压板,旋紧螺母,然后在凹处四周用火焰加热,加热同时逐渐旋紧螺母,把凹处拉出来。矫平后拆除螺栓平整焊疤。

3.2　金属热成形工艺技术

金属热成形是通过热加工工艺由合金材料制造机械零件或其毛坯的过程。它包括铸造、锻造及粉末冶金等方面技术,综合应用了材料、冶金、机电、力学、计算机等多学科多门类工程技术。金属热成形工艺是航天产品的主要制造工艺之一,对航天技术的发展起着重要作用。它是许多航天新产品研制的关键技术,其技术水平和工艺质量直接关系到航天产品的先进性和可靠性。航天产品的舱体、弹翼与尾翼、发动机壳体与涡轮转子、雷达基座等关键零部件均采用金属热成形技术。新一代高精尖航天产品不断开始预研和生产,它们需要达到射程远、射速快、精度高、质量轻的预期目标,并能承受各种恶劣环境的考验,其技术指标已大大超出了以往型号,接近或达到世界同类产品的水平。同时还必须做到生产周期短、生产成本低、质量综合性能好。为此逐步扩大采用精密铸件、精密锻件、粉末冶金件,更多地替代机械加工零件,已成为航天产品研制和批量生产的一种趋势。

3.2.1　铸造技术

1. 砂型铸造

砂型铸造是将液态合金注入预先用砂和黏结剂制备的铸型中,使之冷却凝固而获得毛坯的铸造方法,这是金属成形的一种传统方法,适用于生产各种形状、大小及各类合金铸件。在铸件成形中砂型铸造的生产量超过 90%,可以说砂型铸造是铸造生产的基础。砂型铸造的典型工艺过程包括模样和芯盒的制作、型砂和芯砂配制、造型制芯、合箱、熔炼金属、浇注、落砂、清理及检验。图 3.10 是套筒铸件的铸造生产工艺过程。

砂型铸造工艺的发展经历了自然砂、二氧化碳砂和树脂砂等阶段。树脂砂在室温下受酸的催化作用,会先后产生缩聚反应和聚合反应,其线型树脂分子交联成体型网状分子,达到铸

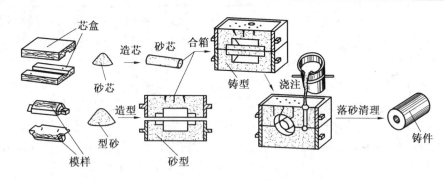

图 3.10　砂型铸造工艺过程

型硬化从而获得必要的强度。采用树脂自硬砂造型、制芯工艺,可以提高铸件质量,简化操作工艺,有利于实现机械化、自动化生产和提高模具使用寿命,减少有害气体,利于改善劳动条件,这是大型复杂铸件走向精化的方向。例如,一种导弹发射转塔台是 ZL104 铝合金铸件,其外形尺寸为 3.8 m×2.3 m×2.6 m,净重 2.7 t,采用树脂砂组芯造型浇注。对于砂型铸造来说,所生产的铸件的表面粗糙度 Ra 较其他凝固成形方法高,在 12.5 ~ 400 μm 范围内。如此大的表面粗糙度变化范围,完全取决于铸型的造型方法及造型材料,如采用树脂砂、机器造型,则铸件的表面粗糙度可达 Ra12.5 ~ 50 μm,从而极大地改善了砂型铸件的外观质量。此外,砂型铸造件的尺寸精度较其他凝固成形方法的尺寸精度差。

2. 熔模铸造

熔模铸造是一种精密铸造方法,这种方法是用易熔材料(例如石蜡)制成精确的模型,在模型上涂覆涂料,制成由耐火材料(石英、刚玉等)及高强度黏结剂(硅酸乙酯或水玻璃)组成多层的型壳,型壳硬化后,加热熔失模型,然后高温焙烧型壳,浇注金属进入型壳中,得到需要的铸件。由于熔模多以石蜡-硬脂酸模料制备,故此法又称蜡铸造。熔模铸造的工艺过程包括:制造蜡模、制壳、脱蜡、焙烧、浇注等,其基本工艺过程如图 3.11 所示。

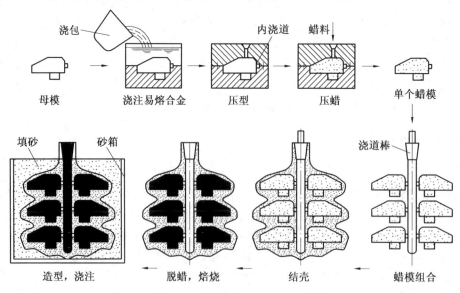

图 3.11　熔模铸造工艺过程

熔模铸造的工艺特点如下：

(1)铸件的尺寸和几何精度高,表面粗糙度值低。目前精铸件的尺寸精度可达 CT4~6 级,表面粗糙度值仅为 Ra0. 63~1. 25 μm,可大大减少铸件的加工量,实现无余量铸造。

(2)既能铸造形状复杂的铸件,宽度大于 3 mm 的凹槽、直径大于 2 mm 的小孔均可直接铸出;也能铸造壁厚为 0. 5 mm、质量小于 1 g 的铸件,还可以铸造组合的整体铸件,最大限度地提高了毛坯与零件之间的相似程度,为设计带来方便。

(3)合金种类不受限制,钢铁及非铁合金均可适用,尤其适用于高熔点及难加工的合金钢,如耐热合金、不锈钢、磁钢等。

(4)能显著减少产品型面和配合面的加工量,节省工时和减少刀具材料消耗。其浇冒口和废铸件几乎全部可以回用,提高了金属材料利用率。

(5)生产批量不受限制,单件、成批、大量生产均可,适宜加工中小型铸件。生产过程中无需复杂的机械设备,工装模具可以采用多种材料和工艺方法制造,急需单件时甚至可以用模料切削加工和手工制成熔模,以缩短研制周期并节约费用。

(6)其主要缺点是工艺过程较复杂,生产周期长;原材料价格贵,铸件成本高;铸件不能太大、太长,否则熔模易变形,丧失原有精度。

综上所述,熔模铸造是一种先进精密成形工艺,最适合 25 kg 以下的高熔点、难以切削加工合金铸件的成批、大量生产。在航天产品中,2 cm 和 3 cm 波导弯头等标准微波器件、铝合金的控制仪薄壁机架、主要壁厚为 2. 5~9 mm 的壳体、耐热合金的精铸叶片和喷嘴环(外形尺寸 ϕ400 mm×50 mm,20 kg)、钛合金的封头壳体、铝合金的涡喷发动机匣等都是采用熔模铸造的精铸件。

3. 金属型铸造

金属型铸造是利用重力将液态金属(合金)浇入金属材质的铸型中,并在重力的作用下凝固成形,以获得铸件的一种铸造方法。与砂型铸造的差别就是铸型材料,金属型一般是用钢、铸铁或其他金属制成,习惯上称作“硬模”。由于铸型用金属制成,可反复使用,故又称为永久型铸造。

金属型的结构有整体式、水平分形式、垂直分形式和复合分形式几种(图 3.12)。其中,垂直分形式开设浇冒口,开、合型方便,取出铸件容易,易于实现机械化,应用最为广泛。复合分形式多用于形状复杂的铸件。金属型一般用铸铁或铸钢制造,型腔采用机加工的方法制成,不妨碍抽芯的铸件内腔,可用金属芯获得,复杂的内腔多采用砂芯。

用金属型代替砂型,克服了砂型的许多缺点,但金属型也带来一些新的问题。如金属型无透气性,易使铸件产生气孔;金属型导热快,无退让性,铸件易产生浇不足、冷隔、裂纹等缺陷;在高温的金属液作用下,金属型易损坏等。金属型铸造的工艺要点:

(1)金属型预热。金属型浇注前需预热,预热温度为:铸铁件 250~350 ℃,非铁合金铸件 100~250 ℃。预热目的是减缓铸型的激冷作用,避免产生浇不到、冷隔、裂纹等缺陷。

(2)刷涂料。为保护铸型,调节铸件冷却速度,改善铸件表面质量,铸型表面应喷刷涂料。涂料由粉状耐火材料(氧化锌、石墨、石英粉等)、水玻璃黏结剂和水制成。

(3)浇注温度。由于金属型导热快,所以浇注温度应比砂型铸造高 20~30 ℃。铝合金为 680~740 ℃,铸铁为 1 300~1 370 ℃。

(4)开型时间。因为金属型无退让性,铸件在金属型内停留时间过长,容易产生铸造应力

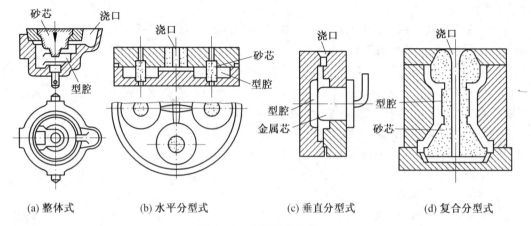

(a) 整体式　　　　(b) 水平分型式　　　　(c) 垂直分型式　　　　(d) 复合分型式

图 3.12　金属型的种类

而开裂,甚至会卡住铸型。因此,铸件凝固后应及时从铸型中取出。通常铸铁件出型温度为780~950 ℃,出型时间为 10~60 s。

与砂型铸造相比,金属型铸造可以获得尺寸精度高和表面质量好的铸件。金属型铸件冷却速度快,其结晶组织致密,偏析较少,力学性能好。如铝合金金属型铸件,其抗拉强度平均可提高 25%,屈服强度平均提高约 20%,同时抗蚀性能和硬度也显著提高。金属型可"一型多铸",省去了砂型铸造中的配砂、造型、落砂等许多工序,节省了大量的造型材料和生产场地,提高了生产率,易于实现机械化和自动化。并且使劳动条件得到改善,并减轻对环境的污染,符合"绿色铸造"的理念。金属型铸造特别适用于简单的小型铸件大批量生产,其铸件的壁厚应力尽可能均匀,而且没有侧凹和复杂内腔,金属型铸造也可用于生产中等复杂程度的铸件,但其批量必须多到足以补偿铸型的费用。金属型铸造可用于铝、镁、铜、锌合金以及铸铁的铸造,使用最多的是铝合金、镁合金和铜合金。

金属型铸造的主要缺点是:金属型不透气、无退让性、铸件冷却速度快,易产生气孔、应力、裂纹、浇不足、冷隔、白口组织等铸造缺陷。金属型不适宜生产形状复杂(尤其是内腔复杂)、薄壁和大型铸件。而且金属型的制造成本高,周期长,不适合单件、小批量生产。

目前金属型铸造主要用于钢、铝、镁等有色合金铸件的大批量生产。如内燃机活塞、汽缸盖、油泵壳体、轴瓦、轴套等。对于黑色金属件,只限形状简单的中、小件。

4. 压力铸造

压力铸造(简称压铸)是在压铸机的压室内,注入液态或半液态金属或合金,使其在高压下高速充填铸型,并在高压下成形和结晶而获得铸件的一种铸造方法。压铸具有机械化程度和生产效率都很高的特点,特别是大批量地生产结构复杂的精密铸件,具有独特的优越性。因此,它是近代金属成形工艺领域中的精密加工工艺。压铸与普通金属型铸造相比,变化的是充填方式和凝固条件;与注塑的最大不同是充填介质。

压铸机是压铸生产中最主要的设备,压铸过程是通过压铸机来实现的。压铸机按其压室工作环境的不同可分为热压室压铸机和冷压室压铸机两大类。目前生产中以冷压室压铸机为主,以卧式冷压室压铸机使用最为普遍。

(1)热压室压铸机。热压室压铸机的压室与坩埚多为一体,通常浸于熔化坩埚内的液态金属中。在此装置中,用杠杆机构或压缩空气产生压力。典型的热压室压铸机的压铸过程如

图 3.13 所示。工作时,压射冲头 3 下行,将压室 4 中的金属液通过通道 6 和喷嘴 7 压入压铸型 8 的型腔中。逐渐凝固后,打开压铸型,取出铸件。压射冲头上升,金属液从金属吸取孔中流入压室。热压室压铸机由于压力小,压室浸没在金属液中易被腐蚀,多适用于压铸低熔点合金(如铅、锡、锌合金),近年来也开始用于压铸铝、镁、铜等较高熔点合金的铸件。

(2)冷压室压铸机。冷压室压铸机是目前压铸生产中广泛采用的压铸设备,现代机械上采用较多的铝合金、镁合金和铜合金压铸件,大多是在冷压室压铸机上生产的。这种压铸机的压室与熔化坩埚是分开的。压铸时,需要以人工、机械方式或其他方法将金属液由熔化坩埚浇入压室,在压射冲头的作用下向模具型腔充填,直至形成铸件,最后开模将铸件取出,即完成一个操作循环。就压室而言,冷压室的压室组成比热压室的简单,更换方便,排除故障容易。根据压室与压铸型相对位置的不同,冷压室压铸机分为立式、卧式和全立式三种。

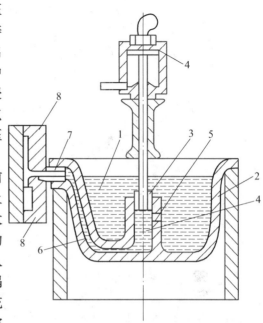

图 3.13　热压室压铸机工作过程示意图
1—液态金屑;2—坩埚;3—压射冲头;4—压室;
5—进口;6—通道;7—喷嘴;8—压铸型

立式冷压室压铸机的原理如图 3.14 所示,其压射机构是竖直放置的。压缩活塞又称上冲头,压室侧壁有喷孔。下活塞又称下冲头,它既可以在金属液浇入压室时做暂时封住喷孔之用,同时又用来在压射后切断余料和推出余料。

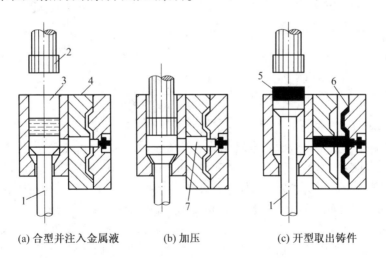

(a) 合型并注入金属液　　(b) 加压　　(c) 开型取出铸件

图 3.14　立式冷压室压铸机原理图
1—下活塞;2—压缩活塞;3—压室;4—压型;5—剩余金属;6—铸件;7—喷孔

卧式冷压室压铸机的原理如图 3.15 所示,它与立式的区别只在于活塞的运动方向不同。卧式冷压室压铸机的压射机构是水平放置的,由压缩活塞和压室组成,由于余料从模具分型面间随铸件推出,故无切断余料装置。卧式冷压室压铸机具有便于自动浇料,压射时金属液转折少、流程短、充填的动能损失少,免除切断余料的程序,更换压室、冲头方便等许多优点,故近年来发展很快,自动化程度也越来越高。特别是大型压铸机,都采用卧式冷压室的压铸形式。

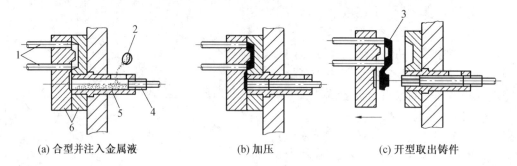

(a) 合型并注入金属液　　　　　　(b) 加压　　　　　　(c) 开型取出铸件

图 3.15　卧式冷压室压铸机原理图

1—顶杆;2—熔融金属;3—铸件;4—压缩活塞;5—压缩室;6—压型

全立式冷压室压铸机的模具分为上、下两半模,打开和合型呈竖直方向,金属液至下向上压射进入模具内。该类压铸机的工作原理如图 3.16 所示。将液态金属 2 浇入压室 3 中,动型 5 下行完成合型的动作,使压射冲头 1 向上运行将液态金属压入型腔。待铸件冷凝后,动型上升,开型取出铸件。这种压铸机占地面积小,操作平稳,同时因压铸型为水平分型,在铸型中安装镶嵌件比较方便,且容易实现真空压铸新工艺。

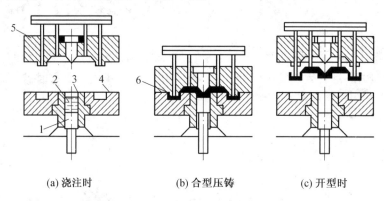

(a) 浇注时　　　　　　(b) 合型压铸　　　　　　(c) 开型时

图 3.16　全立式压铸机压铸过程示意图

1—压射冲头;2—液态金属;3—压室;4—定型;5—动型;6—铸件

高压力和高速度是压铸时液态金属充填金属型腔的两大特点,也是压铸与其他铸造方法最根本的区别。压铸所用的压力一般为 30 ~ 70 MPa(300 ~700 大气压),充填速度可达 0.5 ~ 120 m/s,充填时间为 0.05 ~0.2 s,最短只有千分之几秒,所以压力铸造可降低浇注温度,甚至可用糊状(半液态)金属进行压铸。压力铸造能获得晶粒细、组织致密的铸件,压铸件的强度要比普通砂型铸件提高 25% ~40%。可压铸各种结构复杂、轮廓清晰的薄壁深腔零件,甚至很小的孔和螺纹等。可以获得尺寸精度很高、表面粗糙度很小的铸件;绝大多数压铸件不需要进行机械加工就可以进行装配。可以压铸出用其他方法难以制造的零件。如镶铸法,可以在一定的部位铸入所需的其他材料(磁铁、衬套、金属管、绝缘材料等),既满足特殊部位的要求,又简化了装配结构和制造工艺。压力铸造生产率很高,有利于实现机械化和自动化。

但是压铸设备和压铸型费用高,由于压铸设备准备周期长,成本高,一般适于定型产品的大批量生产。而且因液态金属充型速度高,压力大,气体难以完全排出,在铸件内常存在皮下小气孔。另外,压铸件不能进行热处理,否则气孔中气体膨胀而导致铸件表面起泡。压铸用合金的范围在目前来说还有一定的局限性,多以有色合金为主。目前压铸生产还受到机器功率的限制,一般以生产几千克以内的铸件占多数。

压力铸造目前多用于生产有色金属的精密铸件。如发动机的气缸体、箱体、化油器以及仪表、电器、无线电、日用五金的中小零件等。质量从几克到几十千克,铸件最小壁厚可达 0.5 mm,最小孔径可达 0.7 mm,并能满足对产品质量越来越高的要求。

近几年来,为了进一步提高压铸件质量,在压铸工艺和设备方面又有了新的进展,如真空压铸。真空压铸是在压铸前先将压腔内的空气抽除,使液态金属在具有一定真空度的型腔内凝固成铸件。真空压铸对减小铸件内部的微小气孔、提高质量具有良好的效果。如锌合金经真空压铸后 σ_b 能从 245 MPa 提高到 294 MPa,压铸的最小壁厚能从 1 ~ 1.5 mm 减小到 0.5 ~ 0.8 mm,废品率明显下降。

5. 低压铸造

低压铸造是介于重力铸造(如金属型铸造、砂型铸造等)和压力铸造之间的一种铸造方法。它是在 20 ~ 70 kPa(0.2 ~ 0.7 大气压)的低压下将金属液注入型腔,并在压力下凝固成形以获得铸件的一种方法。其原理示意图如图 3.17 所示,在一个盛有液态金属的密封坩埚中,由进气管通入干燥的压缩空气或惰性气体,由于金属液面受到气体压力的作用,金属液则自下而上地沿升液导管和浇口充满铸型的型腔,保持压力直至铸件完全凝固。消除金属液面上压力后,这时升液导管及浇口中尚未凝固的金属因重力作用而回流坩埚中,然后打开铸型取出铸件。

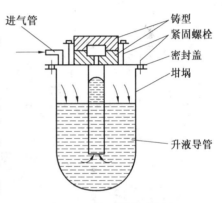

图 3.17　低压铸造示意图

低压铸造浇注时的压力和速度便于调节,故可适应各种不同的铸型(如金属型、砂型、熔模型壳等)。同时是底注充型,充型平稳,对铸型的冲刷力小,且液流和气流方向一致,气体较易排除,气孔、夹渣等缺陷较少,便于实现顺序凝固,使铸件在压力下结晶,组织致密、力学性能高。由于省去了补缩冒口,使金属的利用率提高到 90% ~ 98%。由于提高了充型能力,有利于形成轮廓清晰、表面光洁的铸件,这对于大型薄壁铸件的生产尤为显著。低压铸造设备费用较压铸低。低压铸造目前广泛应用于铸造铝合金铸件,如汽车发动机缸体、缸盖、活塞、叶轮等,也可用于球墨铸铁、铜合金等浇注较大的铸件,如球铁曲轴、铜合金螺旋桨等。低压铸造存在的主要问题是升液管寿命短,液态金属在保温过程中易产生氧化和夹渣,且生产率低于压铸。

6. 离心铸造

离心铸造是将液态金属浇入高速旋转(250 ~ 1 500 r/min)的铸型中,使金属液在离心力作用下充填铸型并凝固成形,离心铸造适合生产中空的回转体铸件,并可省去型芯。

为使铸型旋转,离心铸造必须在离心铸造机上进行。根据铸型旋转轴空间位置的不同,离心铸造机可分为立式和卧式两大类。

在立式离心铸造机上铸型是绕垂直轴旋转的,当浇注圆筒型铸件时(图3.18(a)),金属液并不填满型腔,而在离心力的作用下紧靠在铸型的内表面并冷凝,而铸件的壁厚则取决于浇入的金属量。这种方式的优点是便于铸型的固定及金属的浇注,但铸件的自由表面(即内表面)由于重力的作用面呈抛物线状,使铸件上薄下厚。显然在其他条件不变的前提下,铸件的高度越大,壁厚的差别越大。因此,主要用于高度小于直径的圆环类铸件。离心铸造也可用于生产成形铸件,此时多在立式离心铸造机上进行,如图3.18(b)所示。铸型紧固于旋转工作台上,浇注时金属液充满铸型,故不形成自由表面。成形铸件的离心铸造虽未省去型芯,但在离心力作用下,提高了金属液的充型能力,便于薄壁铸件的成形,而且浇口可起补缩作用,使铸件组织致密。

在卧式离心铸造机上铸型是绕水平轴旋转的(图3.18(c))。在离心力的作用下,液体金属贴在铸型内表面,而形成中空铸件。这种方法铸出的圆筒型铸件无论在轴向还是径向壁厚都是相同的,因此适合于生产长度较大的管类铸件,这也是最常用的离心铸造方法。

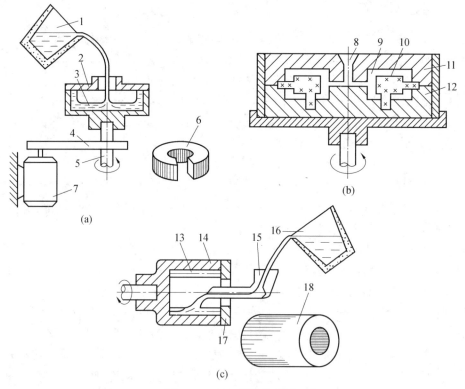

图 3.18　离心铸造示意图

1、16—浇包;2、14—铸型;3、13—液体金属;4—皮带轮和皮带;5—旋转轴;6、18—铸件;7—电动机;
8—浇注系统;9—型腔;10—型芯;11—上型;12—下型;15—浇注槽;17—端盖

离心铸造利用自由表面生产圆筒形铸件时,可省去型芯和浇注系统,因而省工、省料,降低了铸件成本。在离心力的作用下,铸件呈由外向内的顺序凝固,而气体和熔渣因比重轻向内腔(自由表面)移动而排除,故铸件组织致密,极少存有缩孔、气孔、夹渣等缺陷,力学性能好。合金的充型能力强,便于流动性差的合金及薄件的生产,便于铸造双金属铸件,如钢套镶铸铜衬,不仅表面强度高,内部耐磨性好,还可节约贵重金属。依靠自由表面所形成的内孔尺寸偏差大而内表面粗糙,若需切削加工,必须增大加工余量。不适于铸造比重偏析大的合金及轻合金,如铅青铜、铝合金、镁合金等。此外,因需要较多的设备投资,故不适宜单件、小批生产。

离心铸造是生产管、套类铸件的主要方法,如铸铁管、铜套、气缸套、双金属钢背铜套、双金属轧辊、加热炉滚道、造纸机滚筒等。铸件内径小至 $\phi 7$ mm,大到 $\phi 3$ m,长 8 m,重达十几吨。目前,我国已建有年产量达数十万吨的现代化离心铸管厂。

7. 挤压铸造

挤压铸造(又称液态模锻)是用铸型的一部分直接挤压金属液,使金属液在压力作用下成形、凝固而获得零件或毛坯的方法。

最简单的挤压铸造法如图 3.19 所示。其工作原理是在铸型中浇入一定量的液态金属,上型随即向下运动,使液态金属自下而上充型。挤压铸造的压力和速度较低,无涡流飞溅现象,且铸件成形时伴有局部塑性变形,因此铸件致密而无气孔。挤压铸造所采用的铸型大多是金属型,图 3.20 所示为挤压大型薄壁铝合金铸件的工艺过程。挤压铸型由两扇半型组成,一扇

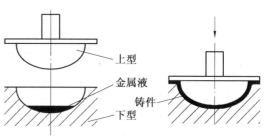

图 3.19 挤压铸造原理示意图

固定,另一扇活动。首先清理铸型、型腔内喷涂料、预热等,使铸型处于待注状态,然后向敞开的铸型底部浇入定量的金属液,逐渐合拢铸型,液态金属被挤压上升,并充满铸型,而多余的金属液由铸型顶部挤出。同时,金属液中所含的气体和杂质也随同一起挤出,进而升压并在预定的压力下保持一定时间,使金属液凝固,最后卸压、开型、取出铸件。

挤压铸件的尺寸精度和表面质量高,铸件致密;无需开设浇冒口,金属利用率高;适应性强,多数合金都可挤压铸造;工艺简单,节省能源和劳力,容易实现机械化和自动化;生产率比金属型铸造高 $1 \sim 2$ 倍。挤压铸造可用于生产强度要求较高、气密性好、薄板类型的铸件,如各种阀体、活塞、机架、轮毂、耙片和铸铁锅等。

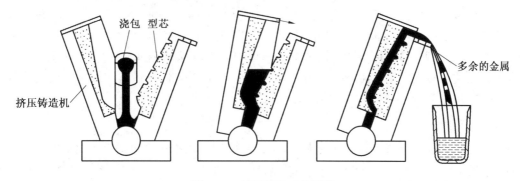

图 3.20 挤压铸造工艺过程

8. 陶瓷型铸造

陶瓷型铸造是在砂型铸造和熔模铸造的基础上发展起来的一种精密铸造方法。图 3.21 为陶瓷型铸造的工艺过程。

(1)砂套造型。为了节省昂贵的陶瓷材料和提高铸型的透气性,通常先用水玻璃砂制出

砂套(相当于砂型铸造的背砂)。砂套的制造方法与砂型铸造雷同(图3.21(b))。

(2)灌浆与胶结。将母模固定于平板上,刷上分型剂,扣上砂套,将配制好的陶瓷浆由浇口注满(图3.21(c)),经数分钟后,陶瓷浆便开始结胶。

(3)起模与喷烧。灌浆5~15 min后,趁浆料尚有一定弹性便可起模。为加速固化,必须用明火均匀地喷烧整个型腔(图3.21(d))。

(4)焙烧与合型。陶瓷型要在浇注前加热到350~550 ℃焙烧2~5 h,去除残存的乙醇、水分等,并使铸型的温度进一步提高(图3.21(e))。

(5)浇注。浇注温度可略高,以便获得轮廓清晰的铸件(图3.21(f))。

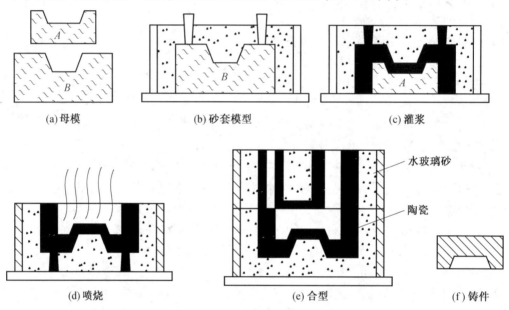

(a)母模   (b)砂套模型   (c)灌浆

(d)喷烧   (e)合型   (f)铸件

图3.21   陶瓶型铸造的工艺过程

由于是在陶瓷层处于弹性状态下起模,同时陶瓷型在高温下变形小,所以铸件的尺寸精度和表面粗糙度与熔模铸造相近。此外,陶瓷材料耐高温,故可浇注高熔点合金。对铸件的大小不受限制,可从几千克到数吨。在单件、小批生产下,需要的投资少,生产周期短,在一般铸造车间较易实现。陶瓷型铸造不适于批量大、质量轻或形状复杂的铸件,且生产过程难于实现机械化和自动化。目前陶瓷型铸造广泛用于生产厚大的精密铸件,如铸造冲模、锻模、玻璃器皿模、压铸模、模板等,也可用于生产中型铸钢件。

9. 实型铸造

实型铸造又称为气化模铸造和消失模铸造,其原理是用泡沫聚苯乙烯实体模(包括浇冒口系统)等代替木模或金属模进行造型,造型后模样不取出,铸型呈实体,浇入液态金属后,实体模燃烧气化消失,金属液充填模样的位置,冷却凝固成尺寸精确铸件,图3.22为实型铸造工艺过程。

实型铸造由于铸型没有型腔和分型面,不必起模和修型,是一种近无余量的新型成形工艺。与普通铸造相比有以下优点:工序简单、生产周期短、效率高、铸件尺寸精度高,可采用无黏结剂型砂,劳动强度低,而且零件设计自由度大。原先由多个零件加工后组装的构件,可以通过分局部制模后粘合成整体一次铸出,使铸件美观、耐用。铸件内部质量提高,废品率显著

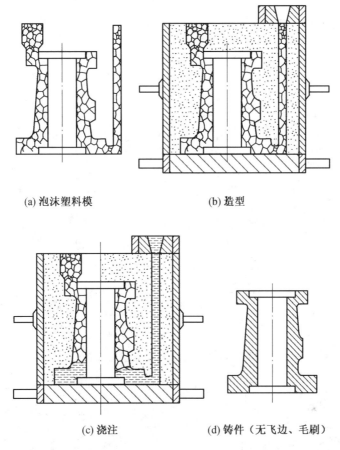

(a) 泡沫塑料模　　　　　　　　　(b) 造型

(c) 浇注　　　　　　　　　(d) 铸件（无飞边、毛刷）

图 3.22　实型铸造工艺过程示意图

下降。对环境无公害,易实现清洁生产。实型铸造应用范围较广,几乎不受铸件结构、尺寸、质量、材料和批量的限制,特别适用于生产形状复杂的铸件。将消失模技术与低压铸造相结合,将实现对金属液充填速度的严格控制,同时也会实现气化模型的有序气化,使铸件在一定压力下结晶凝固,从而获得组织致密、高气密性的铝合金铸件。

3.2.2　铸造在航天产品中应用实例

1. 舱体类铸件

以整体铸造舱体作为战术导弹的主体结构件,具有整体刚度好、积累误差小、生产周期短、成本低等优点。目前在各类航天产品上使用的整体铸造舱体,大小不等共有几十种,所用合金包括高强度铸造铝合金、普通型铸造铝合金、镁合金、钛合金等。这些铸件均为薄壁圆筒形铸件,属于Ⅰ类铸件。铸件加上浇冒口的总质量为 20 ~ 200 kg,铸件高度为 200 ~ 1 600 mm,外径为 360 ~ 650 mm,基本壁厚为 3 ~ 5 mm,壁厚公差一般为±0.5 mm。内腔型面复杂且一般不再加工,分布有纵横肋框、安装凸台、口框和前后端框,铸件各部位的壁厚相差悬殊。铸件质量分别按 GB 1173《铸造铝合金》、GB 9438《铝合金铸件》、HB 5480《高强度铝合金优质铸件》、QJ 1702《铸造铝合金舱体技术要求》及产品专用技术条件进行控制。

舱体类铸件一般采用金属型铸造。芯盒常采用金属芯盒镶木质结构,便于试制造型。舱体铸造方法多为低压铸造、差压铸造,顺序结晶也有采用。其浇注系统基本上都是缝隙式的。舱体铸件浇注系统如图 3.23 所示。安排缝隙浇口时,每条缝隙浇口所负担的铸件水平截面外廓周长为 150 ~ 200 mm。冷铁常与冒口配合使用。目前广泛使用的是铝合金冷铁,它便于制作,激冷效果好。舱体铸型工艺简图如图 3.24 所示。

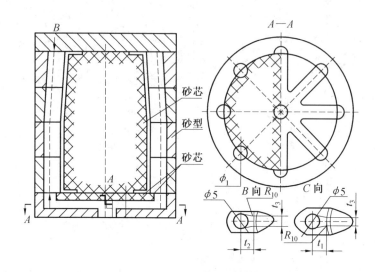

图 3.23　舱体铸件浇注系统示意图

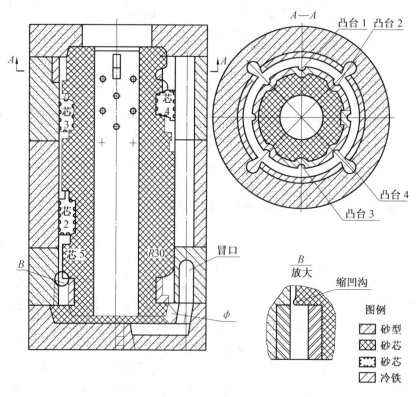

图 3.24　舱体铸型工艺简图

主要工艺参数如下:

充型压力一般在 0.02~0.06 MPa；凝固压力：砂型为 0.04~0.06 MPa，金属型为 0.05~0.08 MPa；加压速度：升液阶段为 0.000 75~0.015 MPa·s，充型阶段为 0.012~0.015 MPa·s；保压时间按升液管中浇口残留量小于 80 mm 确定。

2. 铝合金微波元件的石膏型熔模铸造

铝合金微波元件通常采用机械加工拼焊工艺制造，例如 H 面折叠双 T 元件就是由七个精加工零件拼焊而成的，加工难度大，成本高。目前航天产品中的 2 cm 和 3 cm 90°E 面、H 面弯头、2 cm 45°E 面弯头等微波元件，均采用石膏型熔模铸造。其中 H 面弯头、H 面折叠双 T 元件属于小型薄壁结构复杂的铝合金铸件（图 3.25 与图 3.26），最小壁厚 1 mm，内腔精度 ±0.05 mm，表面粗糙度仅为 Ra1.6~3.2 μm，有气密性和电气指标要求。根据铸件特点，选用铝合金作为模具材料，模具型腔用拼块组成，芯子采用水溶性芯，外模用液态中温蜡。采用以 β 石膏为主的石膏铸型，通过脱蜡、焙烧、合金熔化、真空浇注，在压力下结晶制成铸件，再把铸件放在水中进行人工清理，最后对铸件进行液体喷砂。

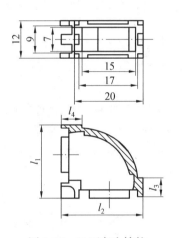

图 3.25　H 面弯头铸件

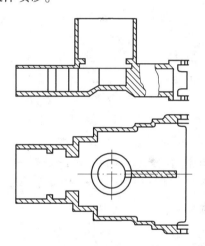

图 3.26　H 面折叠双 T 铸件

3.2.3　锻造技术

锻造是机械制造中常用的成形方法。锻造是利用锻压机械和模具对金属坯料施加压力，使其产生塑性变形，以获得具有一定力学性能、一定形状和尺寸的锻件的加工方法（图 3.27）。与其他加工工艺（如铸造、机械加工）相比，通过锻造能消除金属的铸态疏松、焊合孔洞。锻件的韧性好、纤维组织合理，并且通过高温变形后，原材料的内部缺陷得以消除，晶粒度及内部组织得到明显改善。因此，锻造对很多零件是一种既质量高又经济实用的制坯方法，特别是对于传递动力的零件，由于性能要求高、受力大，锻造在其毛坯制造中有着不可替代的作用。机械中负载高、工作条件严峻的重要零件，除形状较简单的可用轧制的板材、型材或焊接件外，多采用锻件。

锻造按坯料在加工时的温度可分为冷锻和热锻。冷锻一般在室温下加工，热锻是在高于坯料金属的再结晶温度加工。有时还将处于加热状态，但温度不超过再结晶温度时进行的锻造称为温锻。这种划分在生产中并不完全统一，例如，普通碳钢的再结晶温度约为 460 ℃，但普遍采用 800 ℃作为划分线，高于 800 ℃的是热锻，在 300~800 ℃之间称为温锻或半热锻。

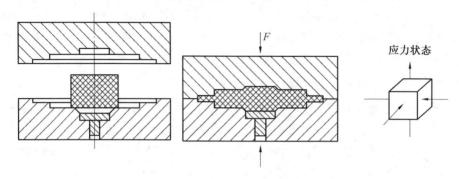

图 3.27 锻造工艺示意图

锻造按成形方法则可分为自由锻、模锻、冷镦、径向锻造、挤压、成形轧制、辊锻和碾扩等。坯料在压力下产生的变形基本不受模具等外部条件限制的称自由锻,也称开式锻造;其他锻造方法的坯料变形都受到模具的限制,称为闭模式锻造。成形轧制、辊锻、碾扩等形成方法的成形工具与坯料之间有相对的旋转运动,对坯料进行逐点、渐近的加压和成形,故又称为旋转锻造。

锻造的零部件广泛应用于机械、冶金、航空、航天、航海和兵器等行业,为推动人类社会的发展进步起到了至关重要的作用,在国民经济中占有重要位置。据统计,锻造的能源耗用占机械系统总能耗的 7% ~ 8%。因此,世界各国,尤其是工业比较发达的国家,都很重视锻造工业的发展。随着工业生产对锻件的高精度和少切削或无切削加工的要求,近年来又发展了一些高效率、高精度的锻造设备和锻造技术,如精锻机、冷镦机、热镦机、高速锤,以及热精锻、冷温锻、等温锻、挤压、液态模锻和粉末锻造等新技术。净形精密锻造技术、CAD/CAM/CAE 技术、复合塑性成形技术等已成为锻造技术的发展趋势。

1. 自由锻

自由锻是利用冲击力或压力使金属在上下两个砧铁之间产生变形,从而获得所需形状及尺寸的锻件。金属受力变形时在砧铁间向各个方向自由流动,不受什么限制。锻件形状和尺寸是由操作工的操作技术来保证的。

自由锻造分手工锻造和机器锻造两种。手工锻造只能生产小型锻件,机器锻造是自由锻造的主要生产方法。自由锻通常采用热变形,常以逐段变形的方式来达到成形的目的,能以较小的设备锻造较大锻件。自由锻造应用极广,锻件的质量可从不到 1 kg 到 200 ~ 300 t。对于大型锻件,自由锻造是唯一可能的加工方法。因此,自由锻造在重型机械制造中具有特别重要的意义,如水轮机的主轴、曲轴、连杆等。大型零件在工作中都承受重大载荷,要求具有较高的强度,故均应采用自由锻造制成的毛坯再经切削加工制成零件。又由于自由锻造所用工具及设备具有极大的通用性,因而广泛应用在单件小批量生产中。

自由锻造设备根据对锻件的作用力性质分为锻锤(空气锤、蒸汽–空气锤)和液压机(水压机、油压机)两大类。锻锤产生冲击力使金属变形,而液压机产生静压力使金属变形。

空气锤的吨位(用落下部分的质量表示)一般为 50 ~ 1 000 kg,其特点是操作方便,但吨位不大,广泛用于小型锻件的生产。蒸汽–空气锤是利用蒸汽或压缩空气带动锤头工作的。常用的双拱式蒸汽–空气锤的构造如图 3.28 所示,其主要组成部分有工作气缸 1、落下部分 2(活塞、锤杆、锤头和上砧铁)、带导轨的左右机架 3、带下砧铁的砧座 4 和操作手柄 5 等。蒸汽–空气锤用 0.41~0.91 MPa(4~9 个大气压)的蒸汽或压缩空气来推动活塞,落下部分质量可以显著增大,锻击功能大为提高,但必须有一套辅助设备如蒸汽锅炉或空气压缩机等,故较空气锤复杂。蒸汽-空气锤的吨位用落下部分的质量来表示,一般为 0.5~5 t,适合锻造中型和较大型的锻件。

　　水压机的构造如图 3.29 所示。工作时高压水(200 个大气压左右)沿管 a 进入安装在上横梁 3 上的工作缸 1 内,并压在柱塞 2 上使其下降。这时,与柱塞固定在一起的活动横梁 4 也沿着立柱 5 随同下降。活动横梁的下端装有上砧铁 11,下降时便对置于下砧铁 12 上的锻件施加压力。下砧铁固定在下横梁 6 上。活动横梁的回升由回程缸 7 来完成。这时工作缸 1 排水,而高压水沿管 b 进入回程缸 7,并推压小柱塞 8 使之上升。同时通过小横梁 9、拉杆 10 带动活动横梁也随着上升,这样就完成了水压机的一个工作过程。

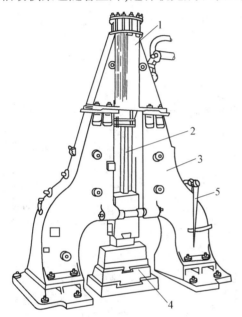

图 3.28　双拱式蒸汽-空气锤的构造
1—工作气缸;2—落下部分;3—左右机架;
4—砧座;5—操作手柄

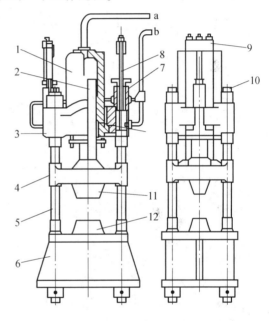

图 3.29　水压机
1—工作缸;2—柱塞;3—上横梁;4—活动横梁;5—立
柱;6—下横梁;7—回程缸;8—小柱塞;9—小模梁;
10—拉杆;11—上砧铁;12—下砧铁

　　水压机的优点在于它以压力(上砧铁速度为 0.1~0.3 m/s)代替锻锤的冲击力(锤头速度可达 7~8 m/s),从而避免了对地基及建筑物的震动,而且工作条件较好和安全。其次,金属在水压机上比在锻锤上锻造容易达到较大的锻透深度,可获得整个截面是细晶粒组织的锻件。水压机的缺点是设备庞大,必须有一套供水系统和操纵系统,造价较高。水压机的压力可达500~15 000 t(5~150 MN),所锻钢锭质量可达 300 t。

　　各种类型的锻件都是采用不同的锻造工序使坯料逐步变形锻造出来的,根据变形性质和变形程度的不同,自由锻工序可分为辅助工序、基本工序及修整工序,辅助工序是为基本工序操作方便而进行的预先变形工序,如钢锭预压钳把、钢锭倒棱、分段压痕等,如图 3.30 所示。修整工序是用来精整锻件尺寸和形状,使其完全达到要求的工序,如弯曲校直、鼓形滚圆、端面平整等,如图 3.31 所示。修整工序的变形量很小,常在终锻温度以下进行。基本工序是使坯料产生较大的塑性变形,以达到所需形状及尺寸的工艺过程,如镦粗、拔长、冲孔、切割、弯曲、扭转、错移等。表3.4 为基本工序的定义、图例、操作规则及应用。实际生产中最常用的是镦粗、拔长和冲孔三种基本工序。

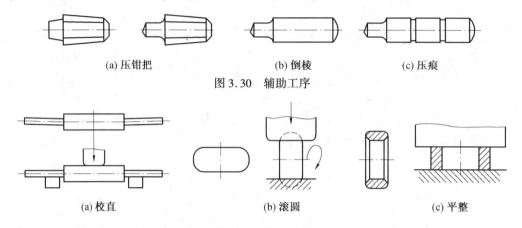

　　(a) 压钳把　　　　　　　　(b) 倒棱　　　　　　　　(c) 压痕

图 3.30　辅助工序

　　(a) 校直　　　　　　　　　(b) 滚圆　　　　　　　　(c) 平整

图 3.31　修整工序

表 3.4　自由锻基本工序图例及应用

序号	工序名称	定义	图例	操作规则	应用
1	1. 镦粗（图(a)） 2. 局部镦粗（图(b)） 3. 带尾梢镦粗（图(c)） 4. 展平镦粗（图(d)）	1. 坯料的高度减低,截面积增大的工序称为镦粗 2. 坯料的一部分加以镦粗的称为局部镦粗	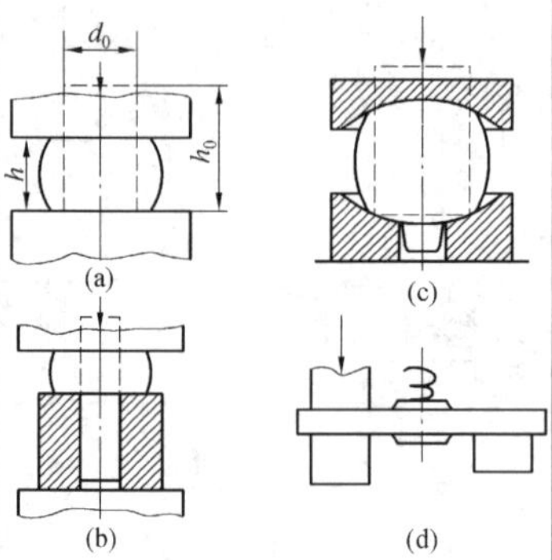	1. 坯料原始高度 h_0 与直径 d_0 之比小于2.5,即 $h_0/d_0 < 2.5$,否则会镦弯 2. 镦粗部分加热要均匀,以使变形均匀 3. 镦粗面必须垂直于轴线	1. 用于制造高度小、截面大的工件,如齿轮、圆盘、叶轮等 2. 作为冲孔前的准备工序 3. 增加以后拔长的锻造比
2	1. 拔长（图(a)） 2. 带心棒拔长（图(b)） 3. 心棒上扩孔（图(c)）	1. 缩小坯料截面积,增加其长度的工序称为拔长 2. 减小空心坯料的壁厚和外径增加其长度称为带心棒拔长 3. 减小空心坯料的壁厚,增加其内径和外径,以心棒代替下砧称为心棒上扩孔	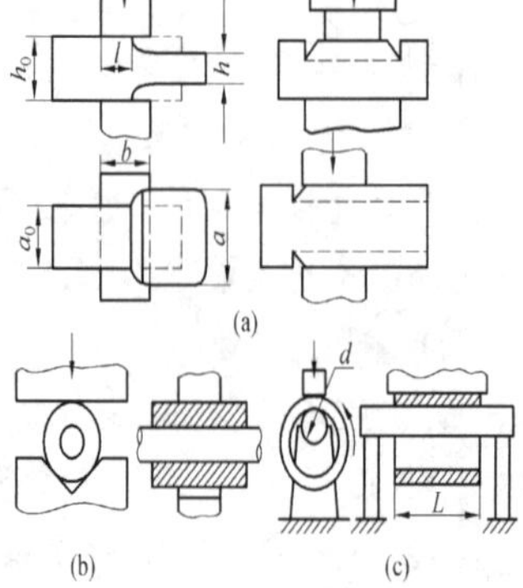	1. 拔长面的 $l < a_0$,越小效率越高, $l = (0.4 - 0.8)b$(图(a)) 2. $a/h \leqslant 2.5$ 以免坯料翻转90°后造成弯折 3. 拔长中要不断翻转坯料 4. 心棒上扩孔的 $d \geqslant 0.35L$;心棒要光滑	1. 用于制造长而截面小的工件,如轴、拉杆、曲轴等 2. 制造空心件,如炮筒、透平主轴、圆环、套筒等

续表 3.4

序号	工序名称	定义	图例	操作规则	应用
3	1.实心冲子冲孔（图(a)） 2.空心冲子冲孔（图(b)） 3.板料冲孔（图(c)）	在坯料中冲出透孔或不透孔的工序	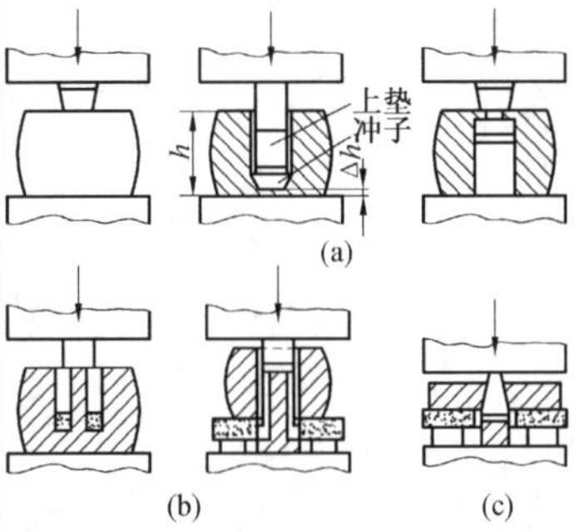	1.冲孔面应该镦平 2.$\Delta h = 15\% \sim 20\% h$ 3.$d < 450$ mm的孔,用实心冲子冲孔;$d > 450$ mm的孔,用空心冲子冲孔(图(b)) 4.$d < 25$ mm的孔,一般不冲出	1.制造空心工件如齿轮坯、圆环、套筒等 2.锻件质量要求高的大工件如大透平轴,可用空心冲子冲孔,以除去质量较差的中心部分
4	切割	将坯料切开的工序称为切割	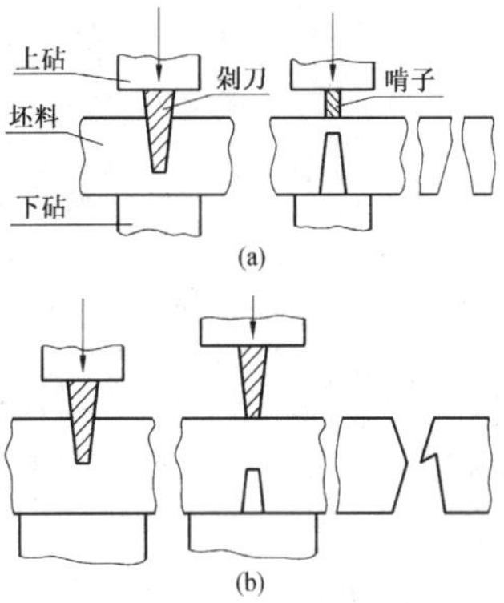	1.单面切割:用剁刀切入坯料,直到只剩很薄的连皮时,再翻转180°,用啃子或剁刀切开(图(a)) 2.两面切割:用剁刀切入坯料2/3高度,再翻转180°切开(图(b))	1.用于下料及切去工件两端的多余材料 2.用钢锭作坯料锻造时切头、切尾、分段等
5	弯曲	将坯料弯成曲线或一定角度的工序称为弯曲	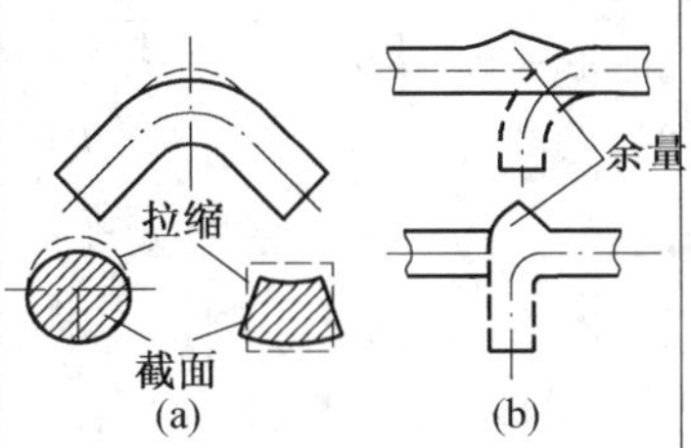	1.弯曲时,坯料弯曲变形区内侧受压,外侧受拉,截面形状改变,面积减小(图(a))。所以弯曲前待弯部分应预先留出余量(图(b)) 2.坯料加热部分不宜过长,最好仅加热待弯部分	用于制造各种弯曲类工件,如起重吊钩等

续表3.4

序号	工序名称	定义	图例	操作规则	应用
6	扭转	将坯料的一部分绕其轴线转一定角度的工序称为扭转	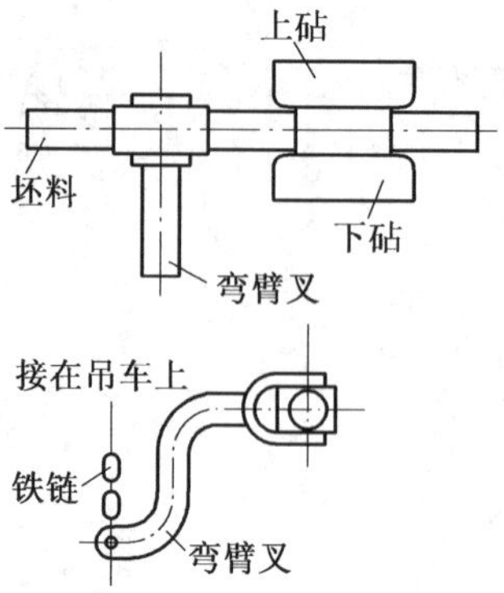	1. 坯料受扭转部分不许存在裂纹、伤痕等缺陷 2. 受扭转部分应加热到该金属所允许的最高温度,并保证均匀加热 3. 扭转后应缓慢冷却,或退火处理	主要用于制造曲轴类工件
7	错移	将坯料的一部分相对另一部分产生位移,位移后其轴线仍保持平行的工序称为错移	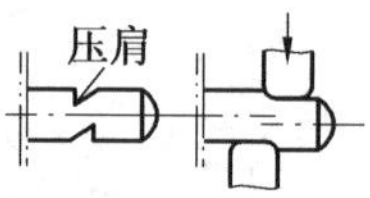	错移前需在错开处先压肩	用于制造曲轴类工件

2. 胎模锻

胎模锻是在自由锻设备上使用胎模生产模锻件的压力加工方法。胎模锻一般采用自由锻方法制坯,然后在胎模中最后成形。胎模一般不固定在锤头和砧座上,而是用工具夹持,平放在锻锤的下砧上。胎模锻可采用几副胎模,每副胎模都能完成模锻工艺中的一个工步,而且可以有几个分模面,又能局部成形。因此胎模锻能锻出形状较复杂的模锻件。

与自由锻相比,由于胎模锻件的形状和尺寸是靠胎模保证的,所以胎模锻操作简便,生产率和锻件精度都较高。与模锻相比,它不需要昂贵的模锻设备,工艺操作灵活,适应性强,能用较小设备锻制出较大的模锻件,而且胎模结构简单,制造容易,成本低。但是胎模锻件的精度不如模锻件高,劳动强度大。胎模锻适用于小型锻件的中小批生产,在没有模锻设备的中小型工厂应用较为广泛。胎模种类较多,主要有扣模、筒模及合模三种。

扣模由上下扣组成,如图3.32(a)所示,或只有下扣,上扣以上砧代替,如图3.32(b)所示。坯料在扣模中锻造时不翻转,但扣形后需翻转90°在锤砧上平整侧面。扣模主要用于为合模制坯,也可以锻造侧面平直的非回转体锻件。

筒模分开式筒模和闭式筒模两种。开式筒模如图3.33(a)所示,开式筒模只有下模,锻造时上砧直接锤击坯料,使金属在模膛中成形,有时在上端面形成横向小飞边。开式筒模主要用于锻造齿轮、法兰盘等回转体盘类锻件。闭式筒模如图 3.33(b)所示,由下模和冲头组成。锤头的打击力通过冲头传给金属,使其在封闭的模膛中变形,属无飞边胎模锻。主要用于端面有凸台或凹坑的回转体锻件的锻造。对于形状复杂的胎模锻件,还可在筒模内再加两个半模(即增加一个分模面)制成组合筒模,如图 3.34 所示。坯料在由两个半模组成的模膛内成形,锻后先取出两个半模,再取出锻件。合模由上模和下模组成。为了使上下模吻合且不使锻件产生错移,经常用导柱或导锁定位,如图 3.35 所示。合模模膛四周有飞边槽,锻后需要将飞边切除。合模一般用于生产形状较复杂的非回转体锻件。

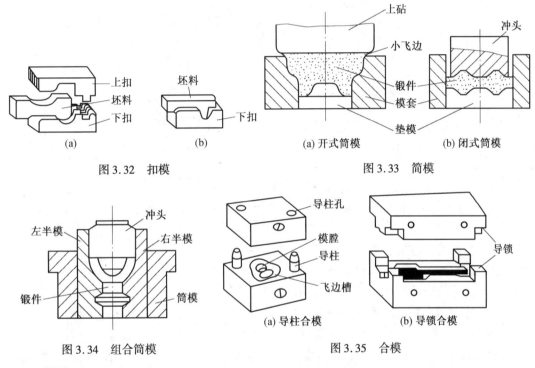

图 3.32　扣模　　　　　　　　　　图 3.33　筒模

图 3.34　组合筒模　　　　　　图 3.35　合模

3. 模锻

模锻是将金属坯料放入具有一定形状的锻模模膛内,使坯料受压而变形的压力加工方法。在变形过程中,金属的流动受到模膛形状的限制,金属充满模膛后就能得到与模膛形状相同的锻件。模锻件的生产过程主要由下料、加热、模锻、切边、热校正、热处理、清理、冷校正和检验等工序组成。其中,模锻工序是基本工序,其基本工步如图 3.36 所示。与自由锻相比,模锻操作技术要求不高,但生产率高;模锻件尺寸精度和表面质量较高,加工余量小,能锻造形状较为复杂的锻件。但是,模锻生产由于受到模锻设备吨位的限制,锻件质量不能太大,一般在150 kg 以下;又因为锻模成本高,故模锻只适用于大批量生产,广泛用于飞机、汽车、轴承等行业。

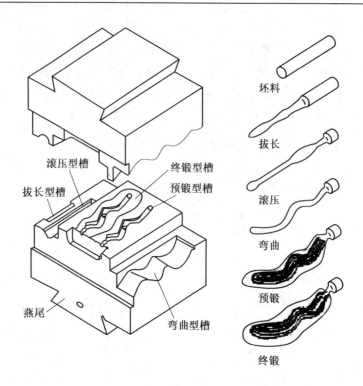

坏料
拔长
滚压
弯曲
预锻
终锻

滚压型槽
拔长型槽
终锻型槽
预锻型槽
燕尾
弯曲型槽

图 3.36　模锻过程及模锻

模锻工艺按所用设备可分为锤上模锻、热模锻、压力机上模锻、螺旋压力机上模锻、平锻机上模锻。

（1）锤上模锻。所用设备有蒸汽-空气锤、高速锤等。目前,我国一般工厂大都使用蒸汽-空气模锻锤,其外形如图3.37所示。其主要特点是锤头与导轨间的间隙较小,机架直接与砧座连接,保证了锤头上下运动的精确性,能使上、下模块对难。砧座较重,为落下部分质量的 $20 \sim 25$ 倍。模锻锤的吨位（落下部分的重力）为 $10^4 \sim 1.6 \times 10^5$ kN,共六种规格。模锻件的质量为 $0.5 \sim 150$ kg。由于锤上模锻具有工艺适应性广的特点,故目前仍在锻件生产中得到广泛应用。但是,模锻锤锻造振动和噪声大,劳动条件差,能源耗费严重。近年来,成批及大量生产的模锻件越来越多地采用压力机进行模锻。

（2）曲柄压力机上模锻。模锻专用曲柄压力机,也称之为热模锻压力机,它已发展成为现代模锻的主要设备。曲柄压力机的传动系统如图 3.38 所示,电动机的转动经带轮和齿轮传至连杆,带动滑块沿导轨做上下往复运动。

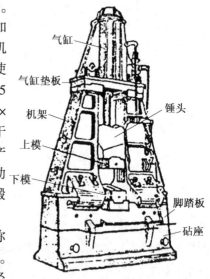

气缸
气缸垫板
机架
上模
下模
锤头
脚踏板
砧座

图3.37　蒸汽-空气模锻锤

锻模分别装在滑块下端和工作台上。曲柄压力机的吨位一般是 $2 \times 10^3 \sim 1.2 \times 10^5$ kN。曲柄压力机上模锻具有如下优点:①在滑块的一次往复行程中即可完成一个工步的变形。坯料变形比较深透而均匀,有利于提高锻件质量;②滑块运动精度高,并且还有锻件顶出装置,因此锻件的公差、斜度都比锤上模锻的小;③曲柄压力机作用力的性质属静压力,金属在模腔内流动缓慢,对于耐热合金、镁合金以及对变形速度敏感的低塑性合金的锻造非常有利;④生产率比锤上模锻高很多,且易于实现机械化和自动化;⑤锻造时震动和噪声小。但是,曲柄压力机结构复杂,不宜进行拔长和按压工步。如果是横截面变化较大的长轴类锻件,可采用周期轧制坯料或用辊锻机制坯来代替这两个工步。国内已采用了辊锻制坯,液压机械手夹持送取坯料,热模锻压机为主机的锻造生产自动线来生产汽车曲轴和前梁等复杂模锻件。

　　(3)摩擦压力机上模锻。摩擦压力机传动简图如图 3.39 所示,它是靠飞轮、螺杆及滑块向下运动时所积蓄的能量来实现模锻的。吨位为 3 500 kN 的摩擦压力机使用较多,最大吨位可达 10 000 kN。摩擦压力机上模锻具有如下特点:①工艺用途广,摩擦压力机的锻造力和滑块行程可以自由调节,能够满足不同变形工步的要求;②滑块运动速度低,金属再结晶充分,因此特别适合于低塑性合金钢和非铁金属的锻造,但也带来生产率较低的弊端;③旋转运动的螺杆和直线运动的滑块间为非刚性连接,故承受偏心载荷能力差,通常只能进行单模腔锻造;④摩擦传动效率低,设备吨位受到限制。摩擦压力机上模锻适合于中小型锻件的中、小批量生产,如螺钉、螺母及一些不需要制坯的小型锻件。

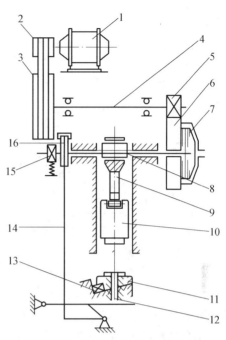

图 3.38　曲柄压力机的传动系统

1—电动机;2—小带轮;3—大带轮;4—传动轴;5—小齿轮;6—大齿轮;7—离合器;8—偏心轴;9—连杆;10—滑块;11—工作台;12—下顶杆;13—楔铁;14—顶出机构;15—制动器;16—凸轮

　　(4)平锻机上模锻。图 3.40 为平锻机上模锻过程。平锻机启动前,棒料放在固定凹模 1 内,并由前定料板定位。在凸模前进时,活动凹模迅速将杆料夹紧,前定料板自动退出。凸模继续前进,使杆料一端镦粗,金属充满模腔。然后,主滑块带动凸模从凹模中退出,活动模松开,前定料板又恢复到原来的位置上,即可取出锻件。平锻机与其他曲柄压力机区别的主要标志是:有两个互相垂直的分模面,主分模面在凸模与凹模之间,另一个分模面在可分的两半凹模之间。平锻机的吨位一般为 $1 \times 10^3 \sim 3.15 \times 10^4$ kN。最适合在平锻机上模锻的锻件是带头部的杆类和有孔的锻件,也可以锻造曲柄压力机上不能模锻的一些锻件。平锻机上模锻有如下特点:①坯料长度不受设备工作空间的限制,可锻造其他立式锻压设备不能锻造的长杆类锻件;②因为有两个分模面,故可以锻造在两个方向上有凹档、凹孔的锻件;③锻件尺寸精确,表面粗糙度小;④节省金属,材料利用率可达 85% ~95%;⑤难以锻造非回转体及中心不对称的锻件。

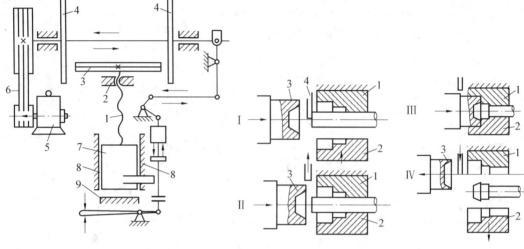

图 3.39　摩擦压力机传动简图　　　　　图 3.40　平锻机上模锻过程

1—螺杆；2—螺母；3—飞轮；4—圆轮；5—电　　1—固定凹模；2—活动凹模；3—凸模；4—前定料板
动机；6—皮带；7—滑块；8—导轨；9—工作台

4. 精密锻造

精密锻造工艺流程类似于一般模锻。与一般模锻相比，它能获得更好的表面质量、高的尺寸精度和机械加工余量少的锻件。因此，精密模锻不仅可以提高材料利用率、节省机械加工工时、提高生产效率，而且可使金属流线沿零件外形合理分布，有利于提高零件的疲劳性能及承载能力。精密锻造虽然优点很多，但它对模具、锻造设备以及加热设备要求都很高，所以只有在一定的生产批量时才能降低产品成本。

精密模锻是在模锻设备上锻造出形状复杂、精度高的锻件的模锻工艺。精密模锻时，应采用几乎无氧化加热的方法加热坯料，如果在坯料或锻件上出现氧化皮，应采用酸洗、干法滚筒清理等方法予以清除。精密模锻必须采取相应的工艺措施，如要求精确下料，仔细清理坯料表面的各种缺陷；模具设计和制造必须精确，一般其模膛的精度应比锻件精度高两级；采用少氧化和无氧化加热；模锻时要很好地进行润滑和冷却锻模等，才能达到精度的要求。

与一般锻件不同，精锻件在冷却过程中会发生二次氧化，所以应放在保护介质中冷却，如将锻件放入干燥的细砂中冷却，在批量生产中采用保护气体冷却。

5. 液态模锻

液态模锻是一种锻铸结合的工艺方法。该方法首先采用铸造工艺将金属熔化、精炼，然后将金属液浇入模具型腔，采用锻造工艺方法使金属液在模具型腔中流动充型，并在较大的静压力下凝固、结晶、流动、塑性变形，从而获得所需形状和性能的模锻件，其工艺流程如图 3.41 所示。图 3.42 是平冲头下加压液态模锻示意图。液态模锻是介于压铸和模锻间的成形方法，特别适用于一般模锻难于成形的复杂薄壁件。由于金属在液态模锻的结晶过程中产生了一定量的变形，消除了缩孔、疏松、气孔等缺陷，产品既具有接近锻件的优良机械性能，又有一次精密铸造成形的高效率、高精度。液态模锻没有浇口和冒口，因此要求比较精确地定量浇注。浇注时采用漏斗并加热至与金属液相近的温度，进行"底注"，以免金属液喷溅到模具上造成缺陷。

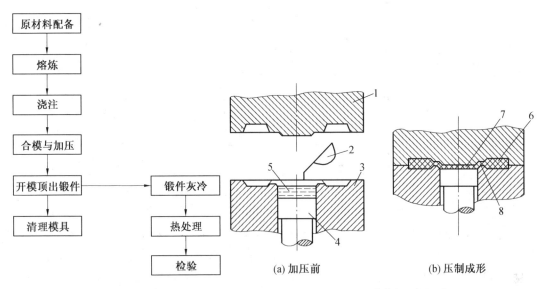

图 3.41　液态模锻工艺示意图

图 3.42　平冲头下加压法
1—上模(冲头);2—定量勺;3—下模(凹模);4—下平冲头;
5—储液室;6—液锻件;7—余料;8—浇口

6. 粉末锻造

粉末锻造是将金属粉末经压实后烧结,再将烧结体作为锻造毛坯进行锻造的一种粉末冶金与精密模锻相结合的加工方法,其工艺流程如图 3.43 所示。由图还可以看出,粉末锻造工艺还可以进一步分为粉末冷锻、锻造烧结、烧结锻造和粉末锻造。与传统的锻造方法相比,粉末锻造的优点是能源消耗低,材料利用率高,制品尺寸精度高,力学性能好,内部组织无偏析,且各向同性。与普通模锻相比的具体优点示于表 3.5。粉末锻造的产品已广泛应用于汽车工业和运输机械行业。

粉末锻造对原料粉末的纯度要求比普通粉末冶金材料严格,普通粉末冶金制品由于孔隙的存在,少量杂质对材料或制品性能的影响不太显著,而粉末锻件由于其密度已接近材料的理论密度,因此,杂质的影响就十分明显。另外,氧化物质量分数对材料的抗拉强度、延展性以及抗疲劳性能影响非常显著,所以,一般在锻造之前应进行还原处理,在烧结和变形前也应采用还原气体保护,以提高粉末原料的纯度。

表 3.5　粉末锻造与普通模锻锻件特性比较

对比项目	普通模锻	粉末锻造
100 mm 的尺寸精度	±1.5 mm	±0.2 mm
制品质量波动	±3.5 mm	±0.5 mm
初加工毛坯材料利用率	70%	99.5%
制品材料利用率	45%	80%

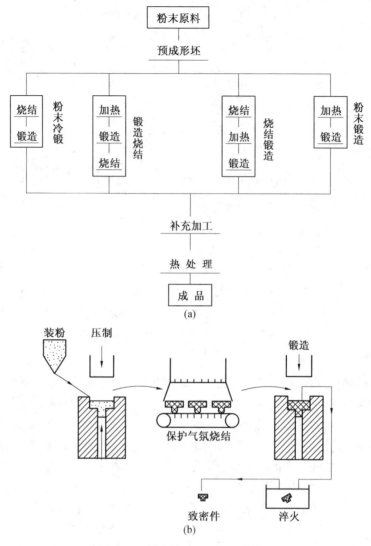

图 3.43　粉末锻造工艺过程及简图

3.2.4　粉末冶金技术

粉末冶金是将几种颗粒或粉末状的金属或金属与非金属材料均匀混合后,通过压制成形、烧结、后处理等工序,获得所需的金属材料或制品的工艺方法。由于粉末冶金的生产工艺与陶瓷的生产工艺在形式上相类似,故这种工艺方法又称为金属陶瓷法。考虑到粉末冶金与陶瓷材料及复合材料的成形方法多是通过"模""型"等工具来实现的,因此,这些材料的"成形"也可称为"成形"。

粉末冶金和金属的熔炼及铸造方法有本质的不同。它是先将均匀混合的粉料压制成形,借助于粉末原子间吸引力与机械咬合作用,使制品结合为具有一定强度的整体;然后再在高温下烧结,由于高温下原子活动能力增强,使粉末接触面积增多,同时通过原子扩散,进一步提高了粉末冶金制品的强度,并获得与一般合金相似的组织。

粉末冶金制取的第一步就是制备原材料粉末。一般需要多种粉末混合,为保证压坯质量,还需要合适的粗细粒度搭配。另一方面,为了获得优异的力学性能,粉料的平均粒度越小越好。除此之外,粉料在成形之前还需进行诸如退火、筛分、混合、制粒、加润滑剂等一些处理。第二步是成形过程,成形分为模压成形和特殊成形两大类。模压成形是将预处理好的粉末按一定体积或质量装入精密模具,用压力机压成所希望的形状和尺寸的压坯。由于粉末之间、粉末与模壁之间存在有摩擦,故压力分布是不均匀的。这就使得压坯的尺寸不能太大,形状也不能很复杂。为此,人们又开发出了多种特殊成形的方法。如等静压成形、滚压成形、高能高速成形、无压成形、注浆成形和挤压成形等。当然,模压成形目前仍占主导地位。第三步为烧结过程,成形后的粉末毛坯还不具备应有的物理、力学性能,必须在适当的温度和气氛中加热、保温,使其发生一系列的物理和化学变化,使粉末颗粒的聚集体变成晶粒的聚集体,以达到所需的物理、力学性能,成为可用的制品或材料。烧结对最终产品的性能起决定性的作用,是整个生产或材料制备过程中最重要的工序。烧结温度一般约为主成分熔点的 2/3。烧结时还需要用氢气等还原性气体,用氮气、氩气等惰性气体保护,有时还可能直接在真空中烧结。

粉末冶金可制造金属与金属、金属与非金属的复合材料。不同材料的组合,便于利用每一种材料的特性。例如:电动机上所用的碳刷是用铜和石墨烧结而成,铜用于保证高的导电性,石墨用于润滑;电器触点用钨与铜或银烧结而成,因电弧温度高,钨用于保证其抗熔性,铜或银保证其导电性。粉末冶金能制成难熔合金(如钨-钼合金)或难熔金属及其碳化物的粉末制品(如硬质合金),金属或非金属氧化物、氮化物、硼化物的粉末制品(如 Al_2O_3 陶瓷、氯化硅陶瓷、立方氮化硼等)。它们用一般熔炼和铸造方法很难生产。粉末冶金能制成由互不溶解的金属或金属与非金属组成的伪合金,如银钨合金、铜钨合金、银钼合金、铜铂合金等。粉末冶金可直接制出质量均匀的多孔性制品,如含油轴承、过滤元件等。粉末冶金可直接制出尺寸准确、表面光洁的零件,如油泵齿轮等,一般可省去或大大减少切削加工工时,使之材料利用率高,能显著降低制造成本。

但是这种方法也存在一些缺点,例如,由于粉末冶金制品内部总存在空隙,因此其力学性能较差,其强度比相应的锻件或铸件低 20% ~ 30%;粉末的流动性差,难以压制形状非常复杂的零件;压制成形所需的比压高,因而制品的质量受到限制(一般小于 10 kg);压模成本高,只适用于成批或大量生产的零件。

目前,粉末冶金产品在国民经济的各产业部门中正得到日益广泛的应用。

粉末冶金产品按用途可分为以下三类:

(1)机械零件。粉末冶金可直接制成多种机械零件。如用锡青铜-石墨粉末合金或铁-石墨粉末合金经油浸处理后,可制成铜基或铁基的含油轴承,具有良好的自润滑作用,广泛用于汽车、食品及医疗机械中。用铜或铁作为基体,加上石棉粉、二氧化硅、石墨、二硫化钼等制成的粉末合金,摩擦系数很大,用于制造摩擦离合器的摩擦片、刹车片等。用铁基粉末结构合金(以铁粉和石墨粉为主要原料烧结而成)可制造各种齿轮、凸轮、滚轮、链轮、轴套、花键套、连杆、过滤器、拨叉、活塞环等零件,这些零件还可以进行热处理。

(2)各种工具。如用碳化钨与钴烧结制成的硬质合金刀具、冷挤与拉拢模具和量具;用氧化铝、氮化硼、氮化硅等与合金粉末制成的金属陶瓷刀具;以及用人造金刚石与合金粉末制成的金刚石工具等。

(3)各种特殊用途的材料或元件。如制造用作磁芯、磁铁的强磁性铁镍合金、铁氧体;用于接触器或继电器上的铜钨、银钨触点;用于原子能工业的核燃料元件和屏蔽材料以及一些耐极高温的火箭与宇航零件。粉末冶金工艺在航天产品中也得到广泛应用,如固体火箭发动机钨铜合金喉衬、火箭伺服系统工作介质净化用过滤器、液氢-液氧发动机喷注器面板、铌合金发动机喷管等零件和材料的制造。

①固体火箭发动机钨-铜合金喉衬的制造。钨渗铜材料应用于大型固体火箭及战术导弹火箭发动机喷管喉部的防热。钨和铜的熔点相差 2 327 ℃,互溶性极微,用冶金方法不可能生产合金。用粉末冶金工艺生产的钨-铜合金综合了钨的高熔点、高强度和铜的高导热、抗热震和可加工性能,是一种性能优良的超高温材料。该合金的性能,除来自钨、铜本身的性能外,主要取决于基础相钨和粘结相铜的结合状况,以及结合体的微观组织。

钨-铜合金喉衬的生产工艺流程如下:

钨粉制备→钨粉检测→配料→混料→装模→成形→毛坯检验→预烧结→毛坯加工→烧结→渗铜→成品加工→产品检验。

钨-铜合金有良好的机械加工性能,可以按设计图样加工成发动机喉衬成品。产品检验包括按图样检测产品尺寸和表面质量,测定含铜量和密度,进行超声波探伤,用随炉样本测试抗拉强度和其他物理、力学性能。

②铌合金发动机喷管材料的制造。铌合金用于各种尺寸的液体火箭和航天器发动机的辐射冷却式喷管或燃烧室。所用铌合金材料采用粉末冶金工艺生产。C103 合金是一种典型的铌合金材料,其化学成分含 10% 铪、1% 钛和微量锆、钽、钨、钼等,这是一种固溶强化合金。铌粉的制备工艺类似钨粉,有铌的化合物还原生产铌粉,但铌化合物不能用氢气还原,而要用活性金属钠、钙、镁作为还原剂,即需用金属热还原法或熔融介质电解法生产铌粉。

铌合金的制备也类似钨-铜合金,铌粉经配料、混料、模压、成形、烧结(真空)、模锻或热轧成符合制造发动机用的型材。由型材制成发动机燃烧室或喷管,所涉及的工艺还有冲压成形、旋压成形、液压成形、氩气保护焊、电子束焊、点焊、酸洗、热处理、抗氧化涂层的涂覆、高辐射涂层的涂覆和机械加工等。

③粉末冶金在航天产品中的其他应用。航天产品中,利用粉末冶金工艺加工制造难熔金属合金及其化合物、金属多孔材料、弥散强化材料、纤维增强金属复合材料等多种制品。

钨-铜合金除用作固体火箭发动机喉衬外,还用于制作发动机的燃气舵、弹头的防热端头与球锥、钨-镍-铜高密度合金惯性器件、钛合金燃料箱共底、钨-钼燃气舵等,以及各种配重件和诱饵等。此外,难熔金属碳化物、氮化物、硼化物、氧化物为基的金属陶瓷,例如 W-HfC、W-Re-HfC、W-ThO$_2$、HfC-C-TiC 和 Zr-C-TiC 等材料和制品,具有良好的高温强度和抗氧化性能,是有前途的航天器防热材料。

金属多孔材料和制品除用作发汗面板和过滤器件外,也用作材料电池电极板及各种防振、减振材料。在多孔骨架中填充液体或固体润滑剂,可制成多种耐磨和减磨材料及器件。固体自润滑材料已广泛用于航天器高温、高真空、高转速或超低温、辐射等条件下的转动部件的减磨和密封。

在金属粉末中加入少量金属氧化物或其他化合物的超细粉末,可制成弥散强化材料或结构件,弥散相能提高基体的抗再结晶、抗蠕变能力。例如 Al$_2$O$_3$ 弥散强化铝合金及 Al$_2$O$_3$、ThO$_2$ 等弥散强化镍(或钴)基合金,能成倍提高材料的高温强度。

用难熔金属纤维或 Al$_2$O$_3$、SiC 和 B$_2$O$_3$ 等晶须增强高温合金制成复合材料,是一种具有良好高温强度和高温韧性的航天器用结构材料。

3.2.5　其他热成形技术

1.电火花烧结

电火花烧结是将金属粉末装入石墨或其他导电材料制成的模具内,利用上、下冲模兼通电电极将特定烧结电源和压制压力施于烧结粉末,经放电活化、热塑变形和冷却,完成制取高性能材料或制品的一种方法。烧结原理示意图如图 3.44 所示。通过一对电极板 1、6 和上下冲模 2、5 向压模 3 内粉末 4 直接通入高频或中频交流和直流叠加电流。靠火花放电和通过粉末和压模的电流来加热粉末。粉末在高温下处于塑性状态,通过冲压及高频电流形成的机械脉冲波联合作用,在数秒钟内就能完成烧结致密化过程。

电火花烧结的工艺特点是成形压力低、烧结时间短、节省能源、模具成本低、加工方便、对粉末原料种类的限制小。用电火花烧结工艺制成的材料晶粒细小,致密度高,物理、化学和力学性能好。

2.喷射成形

喷射成形是将雾化法制备粉末、成形和烧结结合在一起的一种成形工艺。图 3.45 是采用喷射成形制备金属陶瓷的原理,由图可以看出,喷射成形装置可以分成三大部分,即金属或合金保温炉、喷射成形室和陶瓷粉粒供给罐。其工作原理是利用高压、高速气体,将金属或合金液雾化,同时与陶瓷粉粒充分混合均匀,直接喷射入成形模具之中,再经过挤压、加热烧结成所需的制品。因为上述方法成坯到最后成形,需要两个分离的工艺过程,后又发展成一步成形的工艺(图 3.46)。在喷射成形室内装有模压或挤压装置,喷射过程完毕的瞬时,直接成形,这种方法可以使工艺流程缩短。更进一步,还可以把喷射成形、半固态铸造和连续铸造方法结合在一起,这种方法目前被称为"带核铸造",其成形过程如图 3.47 所示。目前,喷射成形方法已进入工业实用化阶段,对于生产直径为 800 mm 的轧辊,显示出非常诱人的前景。

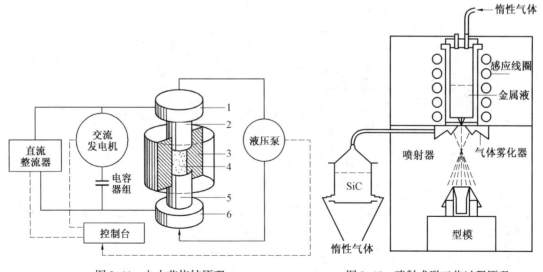

图 3.44　电火花烧结原理　　　　　　　图 3.45　喷射成形工艺过程原理
1、6—电极板;2、5—模冲;3—压模;4—粉末

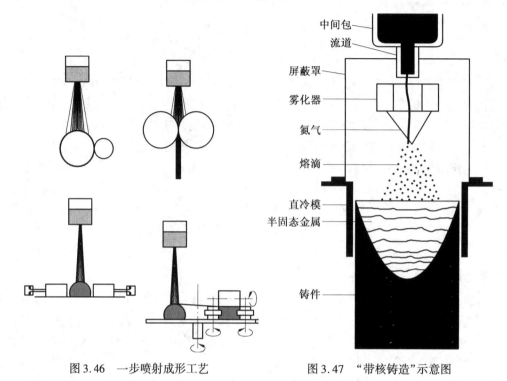

图 3.46　一步喷射成形工艺　　　　　图 3.47　"带核铸造"示意图

3. 挤压成形

坯料在封闭模腔内受三向不均匀压应力作用,从模具的孔口或缝隙挤出,使之横截面积减小成为所需制品的加工方法称为挤压(图 3.48)。一般而言,挤压件断面的减小沿轴线是一致的。

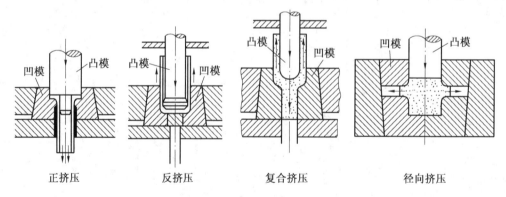

图 3.48　基本挤压方式示意图

按成形温度,挤压可分为热挤压、温挤压和冷挤压三类。其中热挤压主要用于大型钢锭,以获得具有相当长度的棒材或各种型材的半成品;温挤压和冷挤压则主要采用小型坯料,可获得成品零件或只需进行少量机械加工的半成品件。

根据金属的流动方向与凸模运动方向的关系,挤压成形又可分为正挤压、反挤压和复合挤压等。金属的流动方向与凸模的运动方向相同的变形方式,称为正挤压;金属的流动方向与凸模的运动方向相反的变形方式,称为反挤压;一部分金属的流动方向与凸模的运动方向相同,另一部分金属的流动方向与凸模运动方向相反的变形方式,称为复合挤压。

热挤压指将粉末在较高温度下挤压成尺寸规则的型材制品的过程。目前发展出了三种热挤压方法(图 3.49)。第一种方法是将松散粉末放入加热的挤压室内,直接对粉末挤压成形;第二种方法是首先在冷态模压成形,然后将压制成形的坯块放入挤压室,进行热挤压;第三种方法是采用压制的方法或不采用压制的方法,将粉末封装在金属外壳中,然后在挤压室内完成热挤压过程。采用这种工艺方法,可以获得气孔率接近于零的制品,其效果可以同热等静压相比。这种方法的缺点是只能获得形状极为简单的型材,如圆、椭圆、矩形等。为解决这一问题,后来又发展了一种被叫作"填坯"热挤压技术。例如,欲制备一个"T"字形的形坯(图 3.50),先在金属封套内用低碳钢粉末造型,型腔尺寸应按挤压比大小放出"缩尺",然后将欲挤压的粉末放入型腔,封装后即可进行热挤压操作,最后通过溶解的方法去除金属封套及低碳钢粉末填料,便完成了整个操作过程。

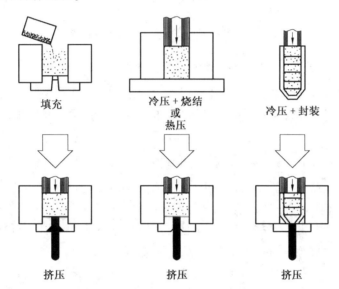

图 3.49　三种热挤压工艺示意图

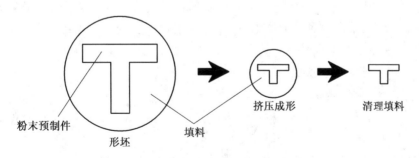

图 3.50　"填坯"热挤压过程示意图

最后,值得一提的是激光快速成形技术。其中一种技术被称为选区激光烧结。其工作原理如图 3.51 所示,成形过程开始时,铺粉滚筒将粉均匀地铺在加工平面上。激光束在计算机控制下通过扫描器以一定的速度和能量密度进行扫描。激光束扫过之处,粉末便被烧结,形成一定厚度的实体片层,未扫过的地方仍是松散的粉末。随后,成形活塞下移一定的距离,铺粉滚筒再次将粉铺平后,激光束开始依设计零件第二层的信息扫描。激光束扫过之后,所形成的第二个片层被烧结在第一层上。如此反复,便形成了一个三维实体。

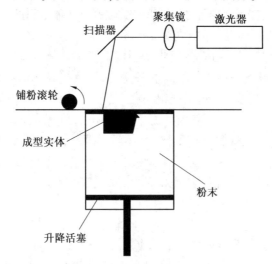

图 3.51　选区激光烧结成形示意图

选区激光烧结技术的优点在于成形过程无需采用模具,成形速度高,成本低廉,烧结原料选材广泛,适于成形复杂结构的零件,且产品的造价几乎与产品的批量无关。

4. 辊轧

辊轧是坯料靠摩擦力咬入轧辊,在轧辊相互作用(或两轧辊旋转方向相反或两轧辊旋转方向相同)下,产生连续变形的工艺。辊轧常用的有辊锻、斜轧、横轧、碾环等生产方式。

辊轧具有生产率高、零件质量好、节约金属和成本低等优点。

(1)辊锻。用一对相向放置的扇形模具使坯料产生塑性变形,从而获得所需锻件或锻坯的锻造工艺,称为辊锻。辊锻的扇形模具可以从轧辊上拆装更换,如图 3.52 所示。辊锻生产率为锤上模锻的 5～10 倍,节约金属 6%～10%。各种扳手、麻花钻、柴油机连杆、涡轮叶片等都可以辊锻成形,汽车发动机曲轴和前梁都已采用辊锻制坯。

(2)斜轧。轧辊互相倾斜配置,以相同方向旋转,轧件在轧辊的作用下反向旋转,同时还可轴向运动,即螺旋运动,这种轧制称为斜轧,也称为螺旋轧制或横向螺旋轧制。如图 3.53 所示,斜轧可以生产形状呈周期性变化的毛坯或零件,如冷轧丝杠等。

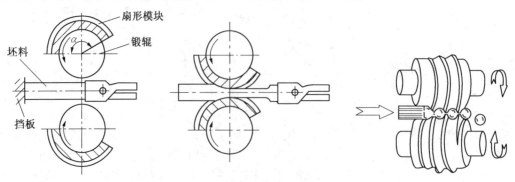

图 3.52　辊锻示意图　　　　　　　　图 3.53　斜轧

(3)横轧。轧辊轴线与轧制件轴线平行且轧辊与轧制件做相对转动的轧制方法称为横轧。横轧轧件内部锻造流线与零件的轮廓一致,使轧制件的力学性能较高。因此,横轧在国内外受到普遍重视,可用于齿轮的热轧生产。图 3.54 是各种横轧示意图。

(4)碾环。环形毛坯在旋转的轧辊中进行轧制的方法称为碾环。环形原毛坯在主动辊与从动辊组成的孔型中扩孔,壁厚减薄,内外径增大,断面形状同时也发生变化。扩孔过程中,工件、从动辊与主动辊转向相反,导向辊、控制辊与主动辊转动方向相同。碾环变形实质上近于纵轧过程,用这种方法可以生产火车轮毂、轴承座、法兰等环形锻件。铁路车辆的车轮现在都用碾环成形。图 3.55 是碾环示意图。

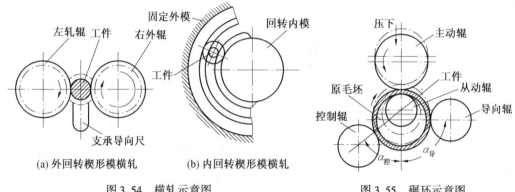

图 3.54　横轧示意图　　　　　图 3.55　碾环示意图

5. 冷拔

室温坯料在牵引力作用下通过模孔拉出,使之产生塑性变形而得到截面缩小、长度增加的制品的工艺称为冷拔。冷拔的制品有线材、棒材、异型管材等。冷拔制品的强度高、表面质量好。图 3.56 是冷拔的示意图。

6. 径向锻造

径向锻造是对轴向旋转送进的棒料或管料施加径向脉冲打击力,锻成沿轴向具有不同横截面制件的工艺方法。如图 3.57 所示是径向锻造示意图。如图 3.58 所示是径向锻造的部分典型零件。径向锻造所需的变形力和变形功很小,脉冲打击使金属内外摩擦降低,变形均匀,对提高金属的塑性十分有利(低塑性合金的塑性可提高 2.5 ~ 3 倍)。径向锻造可采用热锻(温度为 900 ~ 1 000 ℃)、温锻(温度为 200 ~ 700 ℃)和冷锻三种。径向锻造可锻造圆形、方形、多边形的台阶轴和内孔复杂或内孔直径很小而长度较长的空心轴。

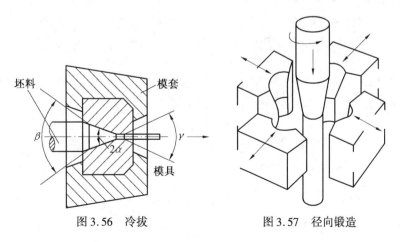

图 3.56　冷拔　　　　　　　　图 3.57　径向锻造

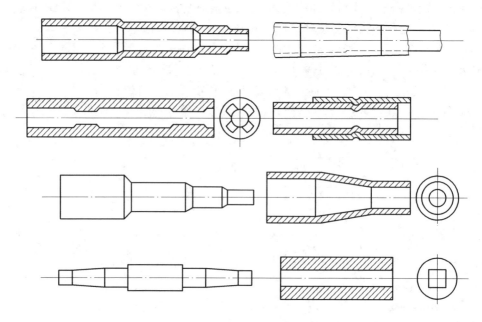

图 3.58　径向锻造的部分典型零件

3.3　钣金成形工艺技术

　　钣金成形技术(钣金冲压技术)是压力加工中的重要分支,是机械制造工业中一种经验性很强的传统的基本加工方法,是航天产品制造技术的重要组成部分。

　　板材组成的薄壳结构是大多数航天产品(导弹、火箭、卫星、飞船)的主体结构,钣金成形技术是其必不可少的加工手段。航天产品钣金成形技术之所以有别于一般机械制造的钣金成形技术,是由航天产品的结构特点和生产方式决定的。构成航天产品主体结构和气动外形的钣金(冲压)零件,尺寸大小不一,形状复杂,品种繁多,选材各异,数量不等,有严格的质量控制指标和特定的机械性能指标。与一般机械制造业相比,航天产品的钣金(冲压)件有以下特点:

　　(1)零件加工方法除采用一般的、传统工艺方法外,还有本行业独特的工艺技术,从手工操作、半机械化到柔性制造系统,其工艺技术水平差异很大。

　　(2)零件多以专用设备加工,使用的工艺装备品种多,协调关系复杂,生产准备工作量大,生产周期长。

　　(3)工艺过程复杂,质量控制严格,必须满足零件外形、尺寸精确度、强度、表面粗糙度及表面保护等各项技术要求,不仅要具备高水平的制造技术,还需要有对加工全过程实施质量控制和检测的手段。

　　(4)材料选择面宽,品种多,常用的有铝及铝合金、镁合金、铜及铜合金、钛及钛合金以及碳素钢、合金钢、不锈钢、高温合金等金属材料。

3.3.1　板料冲压成形

　　板料冲压成形是一类典型的金属加工工艺,它是利用模具通过压力机的作用使金属板料

(主要是板材、带材、管材和型材等)因塑性变形而改变形状和尺寸,获得所需产品的加工方法(图 3.59)。由于板料成形过程中材料的变形在宏观上表现为模具的冲、压作用,所以板料成形工艺一般又简称为冲压工艺。

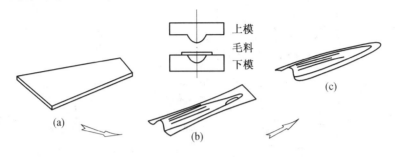

图 3.59　板料冲压成形

材料、模具和冲床通常被称为冲压三要素。

冲压加工要求被加工材料具有较高的塑性和韧性,较低的屈强比和时效敏感性。一般要求碳素钢的伸长率 $\delta>16\%$ 、屈强比 $\sigma_s/\sigma_b<70\%$,低合金高强度钢 $\delta>14\%$ 、$\sigma_s/\sigma_b<80\%$,否则,不易冲压成形。

模具是冲压加工的主要工艺装备。模具结构及其合理性设计直接关系到冲压件的表面质量、尺寸公差、生产率以及经济效益等。按照冲压工序的组合方式不同,模具的结构形式也不同:大批量的中、小型零件冲压生产一般采用复合模或多工位级进模。采用新型模具材料和各种表面处理技术,改进模具结构,可得到高精度、长寿命的冲压模具,从而提高冲压件的质量和降低制造成本。

冲压设备主要有机械压力机和液压机。在大批量生产中,主要采用高速压力机或多工位自动压力机;在小批量生产中,尤其是大型厚板冲压件的生产中,多采用液压机。以现代高速多工位压力机为中心,配置带料开卷、矫正、成品收集、输送以及模具库和快速换模装置,并利用计算机程序控制,可组成生产率极高的全自动冲压生产线。

1. 冲压分类

冲压工艺一般可分为分离工序和成形工序两大类。分离工序是在冲压过程中使冲压件与坯料沿一定的轮廓线相互分离;成形工序是使冲压坯料在不破坏的条件下发生塑性变形,获得所要求的成品形状,如弯曲、拉深、胀形等。

按照冲压时的工作温度情况有冷冲压和热冲压两种方式。冷冲压是指板料在常温下的加工,一般适用于厚度小于 4 mm 的坯料。冷冲压的优点是不需加热,无氧化皮,表面质量好,操作方便,费用较低。缺点是有加工硬化现象,严重时使金属失去进一步的变形能力。冷冲压要求坯料的厚度均匀且波动范围小,表面光洁、无斑、无划伤等。热冲压是将金属加热到一定温度范围的冲压加工方法,其优点为可消除内应力,避免加工硬化,增加材料的塑性,降低变形抗力,减少设备的动力消耗。

2. 冲压的基本工序

由于冲压件的形状、尺寸和精度要求不同,因此,冲压加工的方法是多种多样的。主要冲压工序的分类见表 3.6。根据材料的变形特点,冲裁、弯曲、拉深和成形是四种最基本的冲压工序,由此四种工序的组合可以实现复杂产品零件的冲压加工(图 3.60)。

表 3.6　冲压工序简表

类别	工序	简图	特点及应用范围	类别	工序	简图	特点及应用范围
分离工序	落料	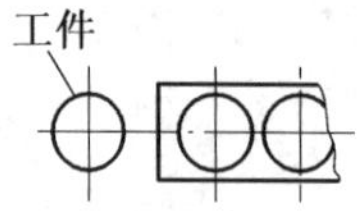	用冲模沿封闭轮廓曲线冲孔,冲下部分是零件。用于制造各种形状的平板零件	变形工序	拉深	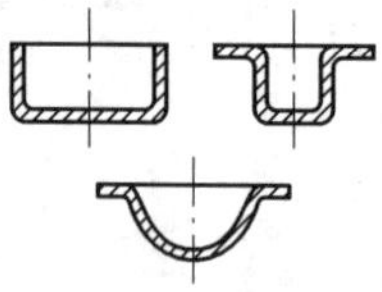	把板料制成各种空心零件
	冲孔	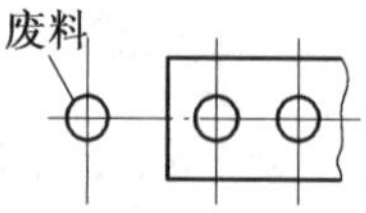	用冲模按封闭轮廓曲线冲切,冲下部分是废料		变薄拉深	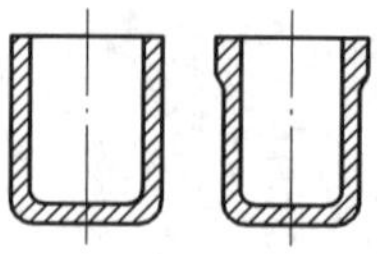	把拉深加工后的空心半成品进一步加工,成为底部厚度大于侧壁厚度的零件
	切口	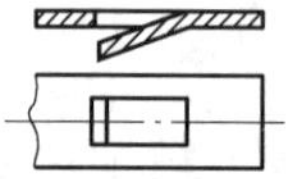	用模具将板料局部切开而不完全分离,切口部分材料发生弯曲		翻边	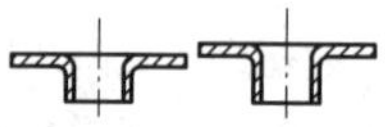	在预先冲孔的半成品上或未经冲孔的板料冲制成竖立的边缘
	剪切	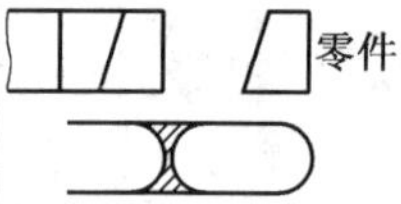	用剪刀或冲模沿不封闭曲线切断,多用于加工形状简单的平板零件或下料		起伏	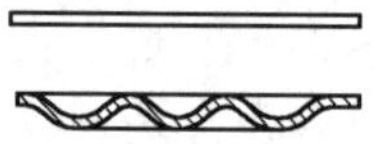	在板料或零件的表面上用局部成形的方法制成各种形状的凸起与凹陷
	切边	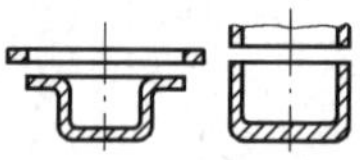	将成形零件的边缘修切整齐或切成一定形状		扩口	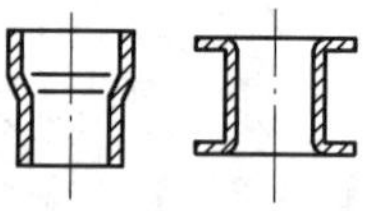	在空心毛坯或管状毛坯的某个部位上使其径向尺寸扩大的变形方法
	剖切	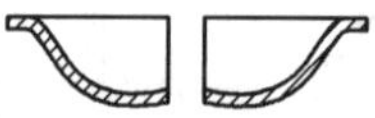	把冲压加工成的半成品切开成为两个或数个零件,多用于不对称零件的成双或成组冲压成形之后		缩口	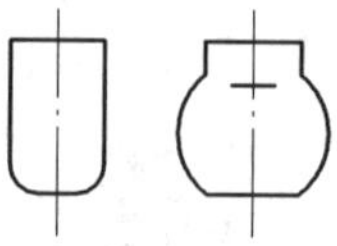	用模具对空心件口部施加由外向内的径向压力,使局部直径缩小
变形工序	弯曲		把板料沿直线弯成各种形状,可以加工形状极为复杂的零件		胀形	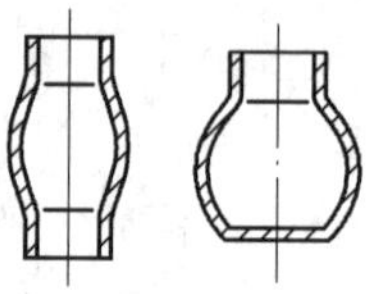	在双向拉应力作用下实现的变形,可以成形各种空间曲面形状的零件
	扭曲	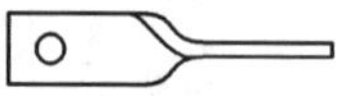	把冲裁后的半成品扭转成一定角度		整形	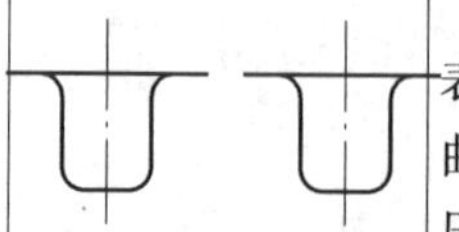	将工件不平的表面压平;将已弯曲或拉深的工件压成正确形状
	卷圆	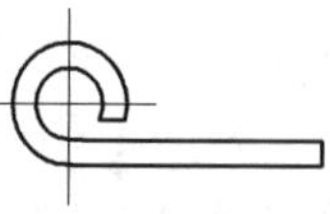	把板料端部卷成接近封闭的圆头,用以加工类似铰链的零件				

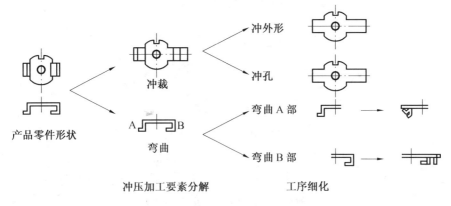

图 3.60　板料冲压成形工序复合示例

（1）冲裁。

冲裁是使坯料按封闭轮廓分离的工序，主要包括落料和冲孔。经过冲裁得到的工件可以作为零件，也可为弯曲、拉深、成形等其他工序准备坯料。落料和冲孔这两个工序中坯料变形过程和模具结构都是一样的，只是选用的不同。落料冲下的部分为成品，剩余部分为废料；冲孔冲下的部分为废料，而剩余部分为成品。

当模具间隙正常时，冲裁过程大致可以分成三个阶段，如图 3.61 所示。

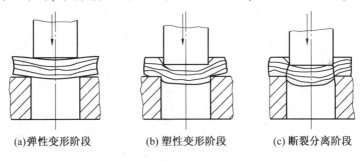

(a) 弹性变形阶段　　　(b) 塑性变形阶段　　　(c) 断裂分离阶段

图 3.61　冲裁变形过程图

①弹性变形阶段。冲头接触板料后，继续向下运动的初始阶段，使板料产生弹性压缩、拉伸与弯曲等变形，这时板料略挤入凹模口。随着冲头的继续压入，板料中的应力迅速增大，达到弹性极限。此时，凸模（冲头）处的材料略有弯曲，凹模上的材料则向上翘。凸、凹模之间的间隙越大，弯曲和上翘越明显。

②塑性变形阶段。当冲头继续压入，板料中的应力值达到屈服极限时，则产生塑性变形。随着冲头挤入材料的深度逐渐增大，塑性变形程度逐渐增大，材料内部的拉应力和弯矩都增大，位于凸凹模刃口处的材料硬化加剧，出现微裂纹，塑性变形阶段结束。

③断裂分离阶段。冲头继续压入，已形成的上、下微裂纹逐渐扩大并向材料内延伸，像楔形那样发展，当上、下裂纹相遇重合时，材料被剪断分离，冲裁件被剪断分离后，其断裂面有明显的区域特征。断裂面可以分为光亮带、剪裂带、塌角和毛刺四个部分，如图 3.62 所示。图中 a 为塌角，形成塌角的原因是当冲头压入材料时，刃口附近的材料被拉入变形的结果；b 为光亮带，由冲头挤压切入所形成的光滑表面，断面质量最佳；c 为剪裂带，是材料在剪断分离时所形成的断裂带，表面粗糙；d 为毛刺。冲裁件断面质量主要与凸凹模间隙、刃口锋利程度有关，同

时也受模具结构、冲裁速度、材料性能及厚度等因素的影响。

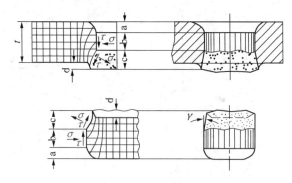

图 3.62　冲裁区应力与应变情况

（2）弯曲。

弯曲是利用模具或其他工具将坯料的一部分相对于另一部分弯曲成一定角度和圆弧的变形工序。弯曲过程和典型弯曲产品如图 3.63 所示。板料弯曲有最小半径限制，如果弯曲半径过小，板料外层往往出现断裂。为了防止出现缺陷，还要考虑最小弯曲高度、增设工艺孔或槽等。在工艺设计中，要确定弯曲件的展开长度、计算弯曲力和回弹大小、设计弯曲模的工作部分尺寸等。

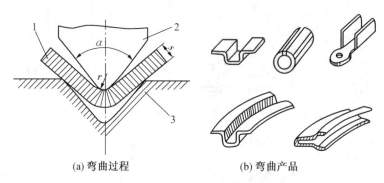

(a) 弯曲过程　　　　　　　　(b) 弯曲产品

图 3.63　弯曲变形过程及弯曲件

1—工件；2—凸模；3—凹模

坯料弯曲时，变形区仅限于曲率发生变化的部分，变形区坯料内侧受压缩，外侧受拉伸，中间有一层材料既不被压缩也不被拉伸，这层材料称为中性层。当外侧拉应力超过坯料的抗拉强度极限时，则会造成金属破裂。内侧金属也会因受压应力过大而使弯曲内侧失稳起皱。

坯料越厚，内弯曲半径 r 越小，则压缩和拉伸应力越大，越容易弯裂。防止破裂变形的最小半径应为 $r_{min} = (0.25 \sim 1)s$，材料塑性好，弯曲半径可小些。

导致弯曲破裂还与材料的纤维方向有关。弯曲时应尽可能使弯曲线与坯料纤维方向垂直，如图 3.64 所示。若弯曲线与纤维方向一致，则容易产生破裂，此时可用增大最小弯曲半径来避免。弯曲变形与任何方式的塑性变形一样，在总变形中总存在一部分弹性变形。当外力去掉后，塑性变形保留下来，而弹性变形部分则恢复，使被弯曲的角度增大，这种现象称为回弹。一般回弹角为 0°～10°。因此，在设计弯曲模时必须使模具的角度比成品件角度小一个回弹角,以便在弯曲后得到准确的弯曲角度。

(3)拉深。

拉深是利用模具使落料后得到的平板坯料变成开口空心零件的变形工序,如图 3.65 所示。拉深用的凸、凹模和冲裁时不同,它们的工作部分没有锋利的刃口,而是做成一定半径的圆角,并且其间隙稍大于板料的厚度。把直径为 D_0 的平板坯料放在凹模上,在凸模作用下,板料通过塑性变形,被拉入凸模和凹模的间隙中,形成空心零件。零件上高度为 H 的直壁部分主要受拉应力作用,厚度有所减小。底部只起传递拉力的作用,厚度基本不变。而直壁与底部之间的过渡圆角部位变薄最严重。拉深的法兰部分,切向受压应力作用,厚度有所增大。

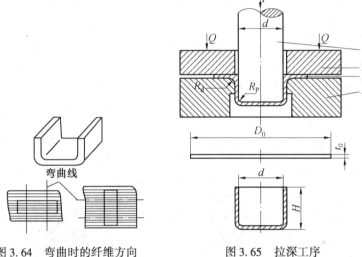

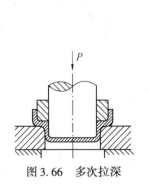

图 3.64　弯曲时的纤维方向　　　　　　图 3.65　拉深工序
　　　　　　　　　　　　　　　　1—凸模;2—压板;3—工件;4—凹模

用拉深工艺可以获得旋转体、方形或复杂形状零件,如脸盆、铝锅、饭盒、油箱、汽车覆盖件等,是一种广泛使用的板料加工方法。拉深时金属流动性较大,而且毛坯各部位的受力和变形都不均匀,容易发生起皱、拉裂等缺陷,因此往往需用多次拉深的方法,合理分配每次拉深的程度(用拉深系数表示),如图 3.66 和图 3.67 所示。多次拉深过程中,必然产生加工硬化现象。为保证坯料具有足够的塑性,生产中坯料经过一两次拉深后,应安排工序间的退火处理。其次,在多次拉深中,拉深系数应一次比一次略大些,确保拉深件质量。总拉深系数等于每次拉深系数的乘积。设计拉深工序时,要确定毛坯尺寸、各道拉深工序工件尺寸、设计拉深模具工作部分的尺寸和结构、计算压边力和拉深力、合理选择润滑材料及退火处理等。

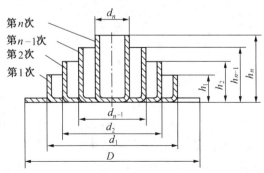

图 3.66　多次拉深　　　　　　图 3.67　多次拉深时圆筒直径的变化

(4)成形。

在冲压生产中,除了冲裁、弯曲、拉深等工序外,还有一些工序如胀形、翻边、缩口、校形、旋压等工序,把这类工序统称为成形工序。

①胀形。胀形是利用坯料局部厚度变薄形成零件的变形工序。胀形主要有平板坯料胀形、管坯胀形、球体胀形、拉形等几种方式。

a.平板坯料胀形。平板坯料胀形如图 3.68 所示,将直径为 D_0 的平板坯料放在凹模上,加压边圈并施加足够大的压边力,当凸模向凹模内压入时,坯料被压边圈压住不能向凹模内收缩,只能靠凸模底部坯料的不断变薄,来实现变形过程。平板坯料胀形常用于平板冲压件压制突起、凹坑、加强筋、花纹图及印记等,有时也和拉深成形结合,用于汽车覆盖件的成形,以增大其刚度。

b.管坯胀形。管坯胀形如图 3.69 所示,在凸模压力的作用下,管坯内的橡胶变形,直径增大,将管坯直径胀大,靠向凹模。胀形结束后,凸模抽回,橡胶恢复原状,从胀形件中取出。凹模采用分瓣式,从外套中取出后即可分开,将胀形件从中取出。有时也可以用液体或气体代替橡胶来加工形状复杂的空心零件,例如波纹管、高压气瓶等。

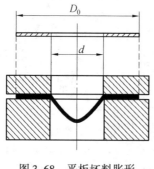

图 3.68　平板坯料胀形

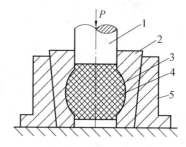

图 3.69　管坯胀形

1—凸模;2—凹模;3—坯料;4—橡胶;5—外套

c.球体胀形。球体胀形是 20 世纪 80 年代后出现的无模胀形新工艺。其主要工艺过程是先用焊接方法将板料焊成多面体,然后向其内部用液体或气体打压。在强大压力作用下,板料发生塑性变形,多面体变成球体,如图 3.70 所示。

d.拉形。拉形是在强大的拉力作用下,使坯料紧靠在模型上并产生塑性变形,如图 3.71所示。拉形工艺主要用于板料厚度小而成形曲率半径很大的曲面形状零件,如飞机的蒙皮等。

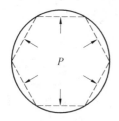

图 3.70　球体胀形

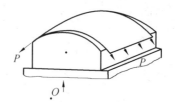

图 3.71　拉形

②翻边。翻边是在坯料的平面或曲面部分上,使坯料沿一定的曲线翻成竖直边缘的冲压方法。翻边的种类较多,常用的是圆孔翻边。

如图 3.72(a)所示,翻边前坯料孔的直径是 d_p,变形区是内径为 d_0,外径为 d_1 的环形部分。翻边过程中,变形区在凸模作用下内径不断扩大,翻边结束时达到凸模直径,最终形成了竖直的边缘,如图 3.72(b)所示。

进行翻边工序时,如果翻边后孔径过大,会使孔的边缘造成破裂。一般用翻边系数 K_0 来控制,翻边系数取值与材料有关,对于镀锡铁皮 $K_0 \geqslant 0.65 \sim 0.7$;酸洗钢 $K_0 \leqslant 0.68 \sim 0.72$。当零件所需凸缘的高度较大,而一次翻边计算出的翻边系数 K_0 值很小时,则可采用先拉深(图 3.73(a))、后冲孔(按 K_0 计算得到的容许孔径,如图 3.73(b)所示)、再翻边的工艺(图 3.73(c))来实现。

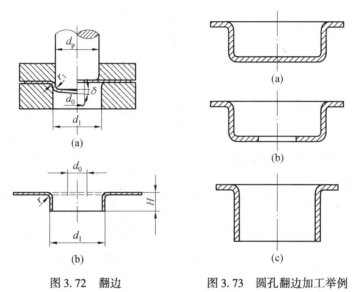

图 3.72　翻边　　　　　　　图 3.73　圆孔翻边加工举例

3.3.2　板材其他成形工艺技术

1. 超塑性成形

超塑性是指金属或合金在特定条件,即低的变形速率($10^{-2} \sim 10^{-4}/s$)、一定的变形温度(约为熔点的 1/2)和均匀的细晶粒度(晶粒平均直径为 $0.2 \sim 5 \ \mu m$)下,其相对伸长率 δ 超过 100% 以上的特性,如钢 $\delta > 500\%$、纯钛 $\delta > 300\%$、锌铝合金 $\delta > 1\ 000\%$。

超塑性状态下的金属在拉伸变形过程中不产生缩颈现象,变形应力仅为常态下金属变形应力的几分之一至几十分之一。因此,该种金属极易成形,可采用多种工艺方法制出复杂成形件。目前常用的超塑性成形材料主要是锌合金、铝合金、钛合金及某些高温合金。

超塑性成形可应用于板料冲压、板料气压成形、挤压和模锻。

(1)板料冲压。如图 3.74(a)所示的零件直径较小,高度较高。选用超塑性材料可以一次拉深成形,拉深件品质很好,性能无方向性。图 3.74(b)为超塑性板料拉深过程示意图。

(2)板料气压成形。如图 3.75 所示,板料气压成形过程是:把超塑性金属板料放在模具中,板料与模具一起加热到规定温度,向模具内吹入压缩空气或抽出模具内的空气形成负压,板料将贴紧在凹模或凸模上,获得所需形状的成形件。该法可加工厚度为 $0.4 \sim 4$ mm 的板料。

(3)挤压和模锻。高温合金及钛合金在常态下塑性很差,变形抗力大,不均匀变形引起各向异性的敏感性强,用常规工艺难以成形,材料损耗极大。如采用普通热模锻毛坯再进行机械加工的方法,金属损耗达 80% 左右,致使产品成本过高。如果在超塑性状态下进行模锻,就完

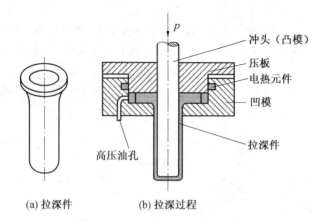

(a) 拉深件　　　　(b) 拉深过程

图 3.74　超塑性板料拉深

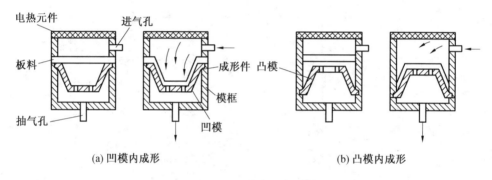

(a) 凹模内成形　　　　　　　　　　(b) 凸模内成形

图 3.75　板料气压成形

全克服了上述缺点。超塑性模锻扩大了可锻金属材料的种类,如过去只能采用铸造成形的镍基合金,现在也可以采用超塑性模锻成形。金属填充模膛的性能好,可锻出尺寸精度高、机械加工余量很小甚至不用加工的零件。能获得均匀细小的晶粒组织,零件的力学性能均匀一致。金属的变形抗力小,可充分发挥中小设备的作用。总之,利用金属及合金的超塑性,为制造少、无切屑加工的零件开辟了一条新的途径。

2. 旋压成形

旋压成形是利用旋压机使坯料和模具以一定的速度共同旋转,并在旋轮的作用下使坯料在与旋轮接触的部位上产生局部变形,获得空心回转体零件的加工方法,如图 3.76 所示。

旋压成形的旋压是局部连续塑性变形,变形区很小,所需的成形力仅为整体冲压成形力的几十分之一,甚至百分之一。因此旋压设备与相应的冲压设备相比要小得多,设备投资也较低。旋压工装简单,工具费用低(例如,与拉深工艺比较,旋压制造薄壁筒的工具费仅为其1/10左右),而且旋压设备(尤其是现代自动旋压机)的调整、控制方便灵活,具有很大的柔性,非常适用于多品种、少量生产。旋压可以制造一些形状复杂的零件和大型封头类零件(图3.77),这类零件用冲压方法很难完成。旋压成形方法还可以制造头部很尖的火箭弹锥形药罩、薄壁收口容器、带内螺旋线的猎枪管以及内表面有分散的点状突起的反射灯碗等。旋压零件表面精度容易保证,尺寸精度高。例如,直径为 610 mm 的旋压件,其直径公差可达±0.025 mm;直径为 6~8 m 的特大型旋压件,直径公差可达±(1.270~1.542) mm。此外,经旋压成形的零件,抗疲劳强度高,屈服点、抗拉强度、硬度都有大幅度提高。由于旋压成形的上述特点,其应用也越来越广泛,已成为回转壳体,尤其是薄壁回转体零件加工的首选工艺。旋压成形适用于壳状回转零件或管状零件,如日常生活中的铝锅、铝盆、金属头盔以及各种弹头、航空薄管等(图 3.78)。

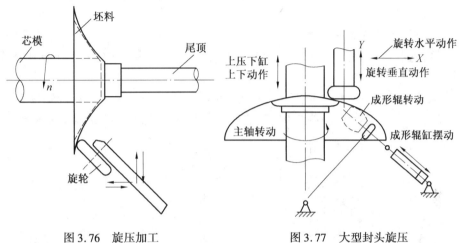

图 3.76　旋压加工　　　　　　　图 3.77　大型封头旋压

3. 摆动碾压成形

摆动碾压是利用一个绕中心轴摆动的圆锥形模具对坯料局部加压的工艺方法,如图 3.79 所示。具有圆锥面的上模的中心线 OZ 与机器主轴中心线 OM 相交成 α 角,此角称摆角。当主轴旋转时,OZ 绕 OM 旋转,使上模产生摆动。同时,滑块在油缸作用下上升,对坯料旋压。这样上模母线在坯料表面连续不断地滚动,最后达到使坯料整体变形的目的。图中下部阴影部分为上模与坯料的接触面积。若上模母线为直线,则碾压的工件表面为平面;若母线为曲线,则能碾压出上表面为一形状较复杂的曲面零件。

摆动碾压可以用较小的设备碾压出大锻件。摆动碾压是以连续的局部变形代替一般锻压工艺的整体变形,因此变形力大为降低。加工相同的锻件,其碾压力仅为一般采用锻压方法时变形力的 $1/5 \sim 1/20$。能够生产薄片类零件,摆动碾压可加工出厚度为 1 mm 的薄片类零件。产品质量高,节省原材料,可实现少、无屑加工。

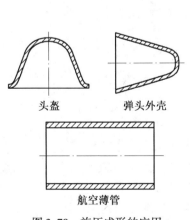

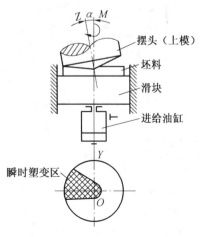

图 3.78　旋压成形的应用　　　　　　图 3.79　摆动碾压工作原理

4. 喷丸成形

喷丸本来是一种表面强化工艺。这里的喷丸成形是指利用高速金属弹丸流撞击金属板料的表画,使受喷表面的表层材料产生塑性变形,逐步使零件的外形曲率达到要求的一种成形方法,如图 3.80 所示。工件上某一处喷丸强度越大,此处塑性变形就越强大,就越向上凸起。为什么向上凸起而不是向下凹陷,这是因为铁丸很小,只使工件表面塑性变形,使表层表面积增大,而四周未变形,所以铁丸撞击之处,只能向上凸起,而不会像一个大铁球砸在薄板上向下凹陷。通过计算机控制喷丸流的方向、速度和时间,即可得到工件上各处曲率不同的表面。同时,工件表面也得到强化。

喷丸成形适用于大型的曲率变化不大的板状零件。例如,飞机机翼外板及壁板零件,材料为铝合金,就可以采用直径为 0.6~0.9 mm 的铸钢丸喷丸成形。图 3.80 为飞机机翼外板。

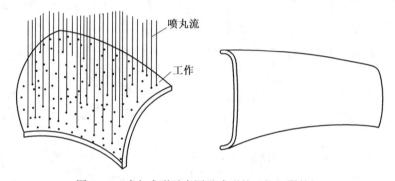

图 3.80　喷丸成形示意图及成形的飞机机翼外板

5. 液压成形

图 3.81 是液压成形示意图。坯料是一根通直光滑管子,油液注入管内。当上、下活塞同时推压油液时,高压油液迫使原来的直管壁向模具的空腔处塑性变形,从而获得所需要的形状。零件液压成形多用于大批大量生产中的薄壁回转零件。

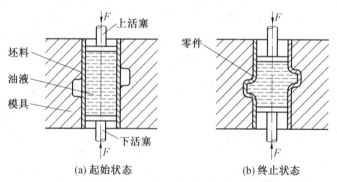

(a) 起始状态　　　　　　　　　(b) 终止状态

图 3.81　液压成形示意图

6. 充液拉深

充液拉深是利用液体代替刚性凹模的作用所进行的拉深成形方法,如图 3.82 所示。拉深成形时,高压液体将坯料紧紧压在凸模的侧表面上,增大了拉深件侧壁(传力区)与凸模表面的摩擦力,从而减轻了侧壁的拉应力,使其承载能力得到了很大程度的提高。另一方面,高压液体进入凹模与坯料之间(图 3.83),会大大降低坯料与凹模之间的摩擦阻力,减少了拉深过程中侧壁的载荷。因此,极限拉深系数比普通拉深时小很多,可达 0.4 ~ 0.45。

与传统拉深相比,充液拉深时由于液体压力的作用,使板料与凸模紧紧贴合,产生"摩擦保持效果",缓和了板料在凸模圆角处的径向应力,提高了传力区的承载能力。充液拉深具有以下特点:在凹模圆角处和凹模压料面上,板料不直接与凹模接触,而是与液体接触,大大降低了摩擦阻力,也就降低了传力区的载荷;能大幅度地提高拉深件的成形极限,减小拉深次数;能减少零件擦伤,提高零件精度;设备相对复杂,生产效率较低。充液拉深主要应用于质量要求较高的深筒形件,锥形、抛物线形等复杂曲面零件,盒形件以及带法兰件的成形,近年来在汽车覆盖件的成形中也有应用。

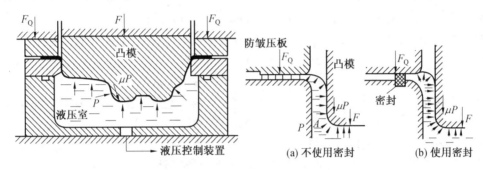

图 3.82 充液拉深   图 3.83 充液拉深原理

7. 橡皮成形

橡皮成形是利用橡皮作为通用凸模(或凹模)进行板料成形的方法。图 3.84 为橡皮成形过程。其特点是金属板料的整体成形,变形区的压力状态包括弯曲和压缩的双重特点。带料放在一个刚性凸模(或凹模)上,在冲头中借助钢容器装入一定厚度的橡皮垫。当冲头向下运动时,凸模压入橡皮垫,并将压力均匀地传给板坯,使其按凸模形状成形。橡皮成形工艺用于生产形状简单的薄板(铝板厚度小于 3 mm,不锈钢和低碳钢板厚小于 1.5 mm)的零件。如飞机制造业中用于少量复制件,制造食品容器、电气工业零件等。

橡皮膜液压成形法,是采用可控的液体压力所支承的柔性膜取代橡皮垫,使较深的零件在完全均匀的液体压力下成形,如图 3.85 所示。图 3.86 所示的起伏和胀形也可归入此类。

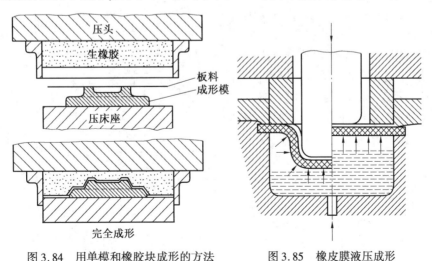

图 3.84 用单模和橡胶块成形的方法   图 3.85 橡皮膜液压成形

8. 爆炸成形

爆炸成形是利用爆炸物质在爆炸瞬间释放出巨大的化学能对金属坯料进行加工的高能高速成形工艺,主要用于板材的拉深、胀形、校形,还常用于爆炸焊接、表面强化、管件结构的装配、粉末压制等。

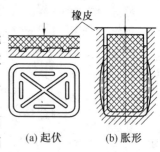

图 3.86　起伏和胀形

爆炸成形不但不需专用设备,而且模具及工装制造简单,周期短,成本低。因此,爆炸成形适用于大型零件的成形,尤其适用于小批生产或特大型冲压件的试制。

爆炸成形时,爆炸物质的化学能在极短时间内转化为周围介质(空气或水)中的高压冲击波,并以脉冲波的形式作用于坯料,使它产生塑性变形。冲击波对坯料的作用时间以微秒计,仅占坯料变形时间的一小部分。这种异乎寻常的高速变形条件,使爆炸成形在变形机理及过程方面与常规冲压成形有着根本性的差别。

爆炸成形有半封闭式和封闭式两种。图 3.87(a)是半封闭式爆炸成形示意图。坯料钢板用压边圈压在模具上,并用黄油密封。将模具的型腔抽成真空,炸药放入介质中,介质多用普通的水。炸药爆炸,时间极短,功率极大。坯料塑性变形移动的瞬时速度很大,工件贴模压力可达 2 万个大气压。炸药爆炸后,可以获得与模具型腔轮廓形状相符的板壳零件。

图 3.87(b)是封闭式爆炸成形示意图。坯料管料放入上、下模的型腔中,炸药放入管料内。炸药爆炸后即可获得与模具型腔轮廓形状相符的异形管状零件。

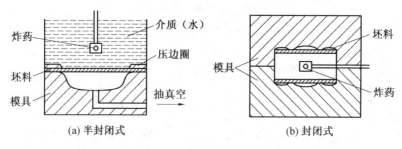

图 3.87　爆炸成形示意图

图 3.88 为爆炸拉深装置。药包起爆后,爆炸物质以极高的速度传递,在极短的时间内完成爆炸过程。位于爆炸中心周围的介质,在爆炸过程中产生的高温和高压气体的骤然作用下,形成了向四周急速扩散的高压力冲击波。当冲击波与坯料接触时,由于冲击波压力大大超过坯料塑性变形抗力,坯料开始运动并以很大的加速度积累自己的运动速度。当冲击波压力很快降低到等于坯料变形抗力时,坯料位移速度达最大值。这时坯料所获得的动能,使

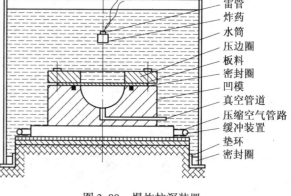

图 3.88　爆炸拉深装置

它在冲击波压力低于坯料变形抗力和在冲击波停止作用以后仍能继续变形,并以一定的速度

贴模,从而完成成形过程。

爆炸成形目前主要用于板材的拉深、胀形、校形等成形工艺。此外还常用于爆炸焊接、表面强化、管件结构的装配、粉末压制等方面。爆炸成形多用于单件小批生产中尺寸较大的厚板料的成形(图 3.89(a)),或形状复杂的异形管子成形(图 3.89(b))。爆炸成形多在室外进行。

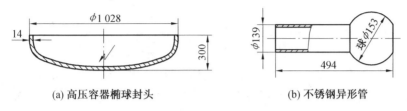

(a) 高压容器椭球封头　　　　(b) 不锈钢异形管

图 3.89　爆炸成形应用实例

9. 电液成形

电液成形是利用液体中强电流脉冲放电所产生的强大冲击波对金属进行加工的一种高能高速成形工艺。与爆炸成形相比,电液成形时能量易于控制,成形过程稳定,操作方便,生产率高,便于组织生产。但由于受到设备容量限制,电液成形还只限于中小型零件的加工,主要用于板材的拉深、胀形、翻边、冲裁等。

电液成形装置的基本原理如图 3.90 所示。来自网路的交流电经变压器及整流器后变为高压直流电并向电容器充电。当充电电压达到所需值后,点燃辅助间隙,高电压瞬时地加到两放电电极所形成的主放电间隙上,并使主间隙击穿,在其间产生高压放电,在放电回路中形成非常强大的冲击电流,结果在电极周围介质中形成冲击波及冲击液流而使金属坯料成形。

电液成形除了具有模具简单、零件精度高、能提高材料塑性变形能力等特点外,与爆炸成形相比,电液成形时能量易于控制,成形过程稳定,操作方便,生产效率高,便于组织生产。

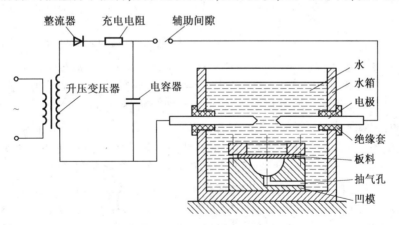

图 3.90　电液成形装置的基本原理示意图

10. 电磁成形

电磁成形是利用脉冲磁场对金属坯料进行压力加工的高能高速成形工艺。电磁成形除具有前述的高能高速成形特点外,还具有不需要传压介质、可以在真空或高温条件下成形、能量易于控制、成形过程稳定、再现性强、生产效率高、易于实现机械化自动化等特点。电磁成形适用于板材,尤其是管材的胀形、缩口、翻边、压印、剪切及装配、连接等。

电磁成形原理如图 3.91 所示。与电液成形装置比较可见,除放电元件不同外,其他都是相同的。电液成形的放电元件为水介质中的电极,而电磁成形的放电元件为空气中的线圈。

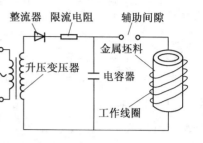

图 3.91　电磁成形原理示意图

电磁成形除具有一般的高能成形特点外,还无需传压介质,可以在真空或高温条件下成形,能量易于控制,成形过程稳定,再现性强,生产效率高,易于实现机械化和自动化。电磁成形的典型工艺主要有管坯胀形、管坯缩颈及平板毛坯成形,如图 3.92 所示。此外,在管材的缩口、翻边、压印、剪切及装配、连接等方面也有较多应用。

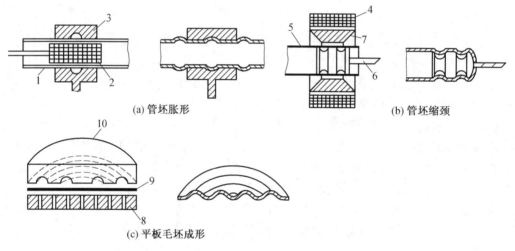

(a) 管坯胀形　　　　　　　　　　　　　　　(b) 管坯缩颈

(c) 平板毛坯成形

图 3.92　电磁成形典型加工方法

1、5、9—工件;2、4、8—线圈;3、6、7、10—模具

磁场压力形成原理如图 3.93 所示。当工作线圈通过强脉冲电流 I 时,线圈空间就产生一均匀的强脉冲磁场(图 3.93(a))。如果将管状金属坯料放在线圈内,则在管坯外表面就会产生感应脉冲电流 I',该电流在管坯空间产生感应脉冲磁场(图 3.93(b))。

放电瞬间,在管坯内部的空间,放电磁场与感应磁场因方向相反而相互抵消;在管坯与线圈之间,放电磁场与感应磁场因方向相同而得到加强。其结果是使管坯外表面受到很大的磁场压力 P 的作用(图 3.93(c))。如果管坯受力达到屈服点,就会引起缩颈变形。如将线圈放到管坯内部,放电时,管坯内表面的感应电流 I' 与线圈内的放电电流 I 方向相反,这两种电流产生的磁力线,在线圈内部空间因方向相反而互相抵消,在线圈与管坯之间因方向相同而得到加强。其结果是使管坯内表面受到强大的磁场压力,驱动管坯发生胀形变形。

11. 管子弯曲成形与端口加工

按功能不同,弹(箭、星、飞船)上的管子零件有结构管子、操纵拉杆管子和系统导管三大类。系统导管是弹(箭、星、飞船)上应用最多、成形难度最大的管子零件。

系统导管的主要功能是输送液体或气体的通道。按其系统功能划分主要有动力燃油系统导管和液压、气压系统导管。前者突出要求抗蚀性,后者是强度要求较高。系统导管一般都要

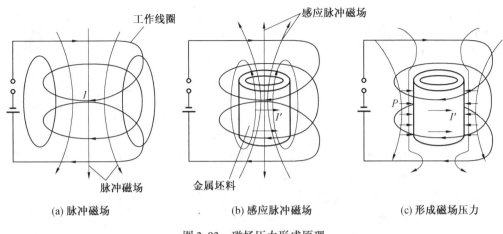

图 3.93　磁场压力形成原理

经过气密试验和强度试验的检验。系统导管零件的特点是:管材品种多、规格全;形状外形复杂,其几何形状极不规则,多为又弯又扭的空间零件;质量要求高,型面上对波纹(皱纹)、划伤、椭圆度等都有严格要求,大部分导管还要经气密和强度检验;加工上,弯曲和表面处理方法多,端头加工比较复杂。

(1)管子的弯曲方法。

管子主要的弯曲成形方法有:无需填充或需要填充的冷弯和需要填充的热弯。系统导管弯曲时,是否需要加热与填充,与导管的材料种类、相对弯曲半径、相对厚度、技术条件及操作者的技术水平有关。

冷弯法是在室温下弯曲导管的方法,应用最多的是绕弯法。此外,滚弯法、模弯法、充液施压弯曲法及拉弯法在日前生产中也有应用。

绕弯法是管子一端被夹块夹紧在弯管模上,并随弯管模一起转动,在折弯点压有压块,管内垫以刚性芯棒,当管子被拉过压块时,压块即将管子绕弯在弯管模上而逐渐弯曲成形。为适应不同管材、管径、相对厚度、相对弯曲半径管子的弯曲,可采用有芯绕弯、顶推绕弯、反变形绕弯和用填充料绕弯等方法。直径较大的管子,由于弯曲所需作用力大,剖面畸变与内壁起皱的可能性也比较大,应在机动弯管机上绕弯。直径较小的管子,则可用手动弯管机(或手动弯管工具)进行绕弯。为增加管壁抵抗失稳的能力和剖面抵抗畸变的刚性,可辅以柱塞式芯棒、单球或多球芯棒、防皱块、夹紧箍、夹紧塞及压块助力器等辅助工具进行绕弯。管径在 10 ~ 12 mm 或 12 mm 以上的管子,无论何种材料,弯曲时一般都要用填充料。管内填砂法目前应用最广。此外,还可以低熔点化合物(如磷酸三钠、松香等)、低熔点合金及具有一定压力的液压油等作为填充物。

滚弯法适用于直径不大的管子,先在管内填砂(或其他填充料),然后在三滚轮或多滚轮滚床上滚弯成形,其滚轮轮缘上的凹槽应与管径相配。与板材和型材滚弯原理相同,管子从同步旋转的滚轮间通过,连续地产生塑性弯曲而成形。整圆或螺旋圆形的管子在滚轮机上滚弯,比用其他弯管方法更为方便。

模弯法是利用凸凹模在压力机上对管子模压弯曲的弯管方法,其模具截面形状要与管径匹配。外径大于 10 mm 的薄壁管模弯前需装砂(或其他填充料),以防管壁起皱或被压瘪。模弯法生产率高,模具调整简单,但是弯曲时剖面易产生某种程度的畸变,在模具上修出回弹量也比较困难。

充液施压弯曲法是在管内充液施压以克服弯管时起皱的弯管方法。充液施压弯曲一般采用手工弯管,其两个弯曲部位之间的直线段可明显短于一般弯管件。该法广泛用于直径较小的不锈钢管的不规则弯曲。充液施压弯曲,采用无余料毛坯,先扩口连接后充液施压,畸端用堵头堵死,另一端装单向活门并与液压台连接。装单向活门的一端应设快速连接器,以提高效率。为了保证弯曲质量,堵死的一端应接蓄压器,以补充在弯曲过程中的压降。

拉弯法类似于型材拉弯成形,管子内先充液压或装填充料,然后在拉弯机上拉弯成形。其模具截面形状要与管径匹配。拉弯成形的管子,其内、外侧管壁均处于拉应力状态,卸载后回弹量极少,又不会起皱,故弯曲准确度较高。

直径 10 mm 以上的管子,若弯曲半径较小或弯曲部位属变曲率的非圆弧且直线段太短时,难以使用冷弯,往往采用在折弯处局部加热的热弯曲法弯管。铝及铝合金、碳钢、合金钢、钛及其合金等材料均可用热弯成形;不锈钢导管因会产生晶界腐蚀,不允许热弯。热弯前,要在管内填满砂(唯一适用于热弯的填料)。手工弯曲时可用喷灯或乙炔焰加热,加热区域的大小与弯曲角度、弯曲半径的大小有关。加热位置一般都是弯曲的外缘区(拉伸区),应尽量减少加热的持续时间以避免过烧。钢管的加热温度为 600 ~ 800 ℃,即钢管呈现樱红色时即可弯曲。加热弯曲铝合金管子时,可在弯曲处外缘涂皂液,当皂液受热变成深褐色时(表示管子温度已达到 350 ~ 450 ℃),即可进行弯曲。用弯管机弯曲钢管时,除以焊枪加热外,还可采用电阻加热、高频电流加热或其他电热元件加热。

(2)管子端头加工。

管子端头的加工包括管子扩口、无扩口管端镶装连接件、管端波纹成形、管子缩口等成形方法。带喇叭口端头的管路连接是弹(箭、星、飞船)上液压和滑油系统常用的管路连接形式,其管端扩成喇叭口,与平管嘴和接头紧密贴合,以保证气密性要求。喇叭口的管端,可用手工扩口、模压扩口和旋压扩口。

手工扩口是在工作台上用冲头、凹模夹等工具手工扩制喇叭口。它只能用于直径在 20 mm 以下、壁厚不超过 1 mm 的管子。手工扩口生产率低,质量差,有时扩口表面还需要打磨和修正,因此除单件生产或设备因陋就简外,一般很少采用。模压扩口是在压床上使用模具冲压扩口。由于受压床闭合高度的限制,一般仅适用于短管扩口。模压扩口生产率高,但质量不如旋压扩口。旋压扩口是在专用机床(管子扩口机)上利用旋压工具扩口。旋压扩口制成的喇叭口精度和表面粗糙度都很好,无需补充加工,生产率也比较高。这是目前应用最广泛的导管扩口方法。旋压扩口适用于外径 4 ~ 60 mm、壁厚 0.5 ~ 2 mm 的管子。

导管无扩口连接与导管扩口式连接相比,具有强度高、密封性好、质量轻、自锁抗振性好等优点。导管无扩口连接采用导管端头镶装橄榄头、导管端头镶装柔性环、导管挤压锥形定位环、胀挤导管接头和管套紧箍等几种形式。

导管端头镶装橄榄头这种连接形式是先在专用液压胀形机上将导管管壁胀形嵌入橄榄头的凹槽中,然后拧紧套在橄榄头上的外套螺母,使镶好橄榄头的导管与管子接头连接起来。由于这种连接形式的连接强度高,密封性好,多用在液压系统的高压管路连接上。导管端头镶装柔性环这种连接形式是在专用液压胀形机上将导管管壁胀形与对称放置的两个柔性定位环撑胀固定,并在两柔性定位环之间放密封圈,然后,将两根端头镶装好柔性环和密封圈的导管,用连接套、紧固环、卡箍连接起来。这种连接形式多用在低压管路上,如燃油系统的通气管等。导管端头挤压锥形定位环这种连接形式是用挤压方法使锥形定位环的环形齿"咬"住管壁,使其牢固箍在管子上,然后由套在锥形定位环上的螺母将该管子与管接头连接起来。这种连接形式多用在中等压力的管路上,如发动机的通气管。胀挤导管接头这种连接形式是通过胀挤管子端头管壁材料使之产生塑性变形并填入接头内壁的环形槽中,实现导管和接头紧密结合。接头上套有 O 形密封圈,用手拧紧管螺帽,即可将两根胀挤式接头的导管连接起来。此法适用于低压管路的连接。管套紧箍这种形式的无扩口导管是由管接头、管套和外套螺帽三个零件组成的。首先,在专用液压收口机上预装,即将无扩口导管管套挤压收缩箍紧固定在管件上,然后拧紧套在管套上的外套螺帽,使预装好管套紧箍的管件与管接头连接起来。这种连接形式强度高、密封性好、自锁抗振性好,适用于高压系统的管路连接。

管端波纹成形是在导管近端头部位制凸埂。连接时,两根带凸埂端头导管的管端对接,外套一段起连接作用的橡胶软管,并在两个凸埂后面部位分别用卡箍把软管与导管夹紧。管端成形波纹的连接形式多用于燃料、滑油等低压系统并需经常拆卸的地方。这种连接形式的管端波纹(即凸埂)不允许出现裂纹,边缘不允许有毛刺。管端波纹成形常用的方法有滚压法、冷镦法和橡胶胀形法。

管子缩口是通过收口加工,缩小管子端头部位的直径,制出管端为锥形、球形或其他形状的管状或瓶状类零件。它常用于弹(箭、星、飞船)上的各种操纵拉杆和冷气瓶等的管端加工。管端收口的方法很多,对于高强度、低塑性的材料可采用加热缩口,一般情况下采用常温缩口。常温缩口按工艺方法可分为模压缩口(即顶压法)、冲击缩口(即振压法)和旋压缩口(即旋压法)等。

管端其他成形方法还有管端扩径、管端制小卷边等。管端扩径适用于无密封连接要求的管子。通常采用扩径套接的连接形式,即将一根管子的管端扩径后,套在另一根管子上。管端扩径有冲头扩径、冲压模具扩径、芯棒旋转扩径等方法。管端制小卷边是通过管子翻边加工,制成管端小卷边。翻边方法有冲压法和旋压法。旋压法可在车床或扩口机上旋压,也可用专用工具旋压。对于大卷边和大翻边等端头加工还可以采用加热成形的方法。

3.3.3 航天产品典型结构件的钣金成形工艺

1. 整体壁板的成形

整体壁板是由整块板坯制成的弹(箭、星、飞船)整体结构承力件。整体壁板结构要素(如长桁、蒙皮加强垫板等)之间无任何连接,一般构成弹(箭、星、飞船)的气动外形。整体壁板成形方法的选择原则是在现有设备能力胜任的情况下,优先考虑采用常规的滚弯、压弯、拉形等方法成形。

滚弯成形的基本原理同蒙皮零件滚弯成形,它适合于单曲度壁板和整体厚蒙皮的成形。为使滚弯时板坯受力均匀,提高准确度,需使用垫板和垫块。垫板和垫块的材料为热塑性塑料,例如,用改性聚氯乙烯做垫板,用聚酯型泡沫塑料做垫块。它们具有一定的强度、硬度和弹性,又能多次重复使用形状不变,价格低廉,货源充足。成形设备是具有多支承滚轴的大型滚弯机,工艺装备包括检验和修整用的模具和样板。

压弯成形的基本原理同蒙皮零件压弯成形。它采用通用或专用压弯模壁板,也可对壁板局部成形或校正。成形设备是大型闸压床或液压机,工艺厚度和技术要求灵活选用专用或通用压弯模、通用弹性阴模、局部压弯模、反切外样板、检验夹具、通用修正压弯模、填料或垫块等。

拉形成形的基本原理同蒙皮零件拉形成形。整体壁板板坯型面加工后的拉形成形,因工艺复杂,质量达不到要求,往往不能用于生产。实际生产中多采用先厚板拉形成形,后铣型面的工艺流程。这种成形方法适合于型面加工前的单、双曲度壁板的拉形。其零件上不能有鼓包和凹槽。加工时需要大型拉形机设备、拉形模胎和反切外样板等工艺装备。

整体壁板的非常规成形方法有喷丸成形、爆炸成形、热应力松弛成形及通用球面凸凹模逐步成形(即增量法成形)等。在整体壁板非常规成形方法中,爆炸成形生产效率低,质量不稳定,操作危险性大,需专用场地,生产中的应用受到限制。热应力松弛成形是尚未工程化的新工艺,生产中采用不多。通用球面凸凹模逐步成形新工艺尚处于试验阶段。喷丸成形的应用广泛,是非常规方法成形整体壁板尤其是大壁板的主要方法。喷丸成形和强化的基本原理是高速金属弹丸或玻璃弹丸流撞击板坯表面,使表层金属塑性拉伸,面积变大,内应力重新分布,形成表面压应力层,从而达到成形和强化的目的。它适合于型面曲率较小的单、双曲度壁板的成形或校形。加工时需要成套喷丸设备、预应力夹具(用于复杂型面壁板)及型面检验用反切外样板。局部厚度急剧变化的部位需要预先初成形。对于成形或校形中不需喷丸撞击的部位需用橡皮等覆盖材料保护。

2. 冲压发动机燃烧室隔热屏的黏性介质压力成形

隔热屏是冲压发动机燃烧室上的关键零件之一,十余片隔热屏组合成波棱型面筒,点焊贴合于燃烧室外壁的内表面,每片隔热屏的形状如图 3.94 所示。

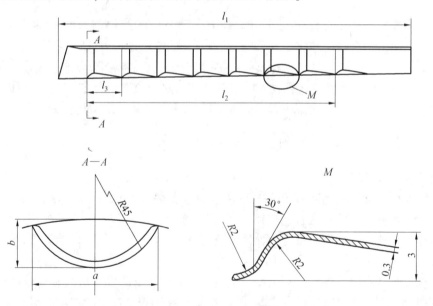

图 3.94　隔热屏零件示意图

隔热屏材料为高温合金的固溶状态薄板,板厚 0.3 mm,其上有数十个不等高又不等曲率半径的呈阶梯状排列的波棱,波棱两侧为对称分布、双曲型面的点焊直边。波棱顶峰圆角半径 1.0 mm,在波棱的顶峰处加工多排的小孔,孔径、孔位和孔间距的精度要求较高,成形后壁厚的变薄率不能大于板材厚度的 8% ~ 10%。针对零件型面复杂多变、与模具型面贴合度要求高、壁厚变薄控制严格、成形后不允许有翘曲与畸变及均衡低应力状态等特点,隔热屏采用以黏性介质为成形施力介质的软模压力成形。其成形工艺流程如下：

下料→软模预成形→软模终成形→切边→制孔→线切割→总检

隔热屏软模预成形和软模终成形均只需要刚性下模。其上模在预成形时采用聚氨酯橡胶软模，终成形时采用黏性介质软模。软模终成形采用黏性介质压力成形，这是介于橡皮软模成形和液压成形之间的一种压力成形技术。所用黏性介质是一种半固态、可流动、具有一定黏度和较高速率敏感性，并能在成形压力下建立压力差的塑料半成品黏性物质。黏性介质压力成形时，从板料两面同时施加正压力和反压力，通过调节压力分布，控制板料成形中厚度的变化。隔热屏的黏性介质压力成形在 60 ~ 70 MPa 的高压密封条件下进行，通过压边缸施加压边力控制其材料的流动。成形后，采用整体冲裁模切边，以防止切边造成零件变形。在波棱顶峰处的多排小孔，可采用激光打孔，也可采用钻模打孔，钻模打孔比激光打孔的孔形尺寸精度要好。由于料薄、刚度差，为避免或减少加工变形，采用线切割加工隔热屏直边和型面上的缺口、开槽和切弧。

3.4　结构件的焊接技术

焊接是将同种或不同材质通过加热或加压或同时加压又加热，达到原子间结合而形成永久连接的工艺。其实质就是通过适当的物理-化学过程，使两个分离表面的金属原子接近晶格距离(0.3 ~ 0.5 nm)形成金属键，从而使两金属连为一体。焊接是形成金属材料不可拆卸连接的一种工艺方法。焊接是以原子扩散为基础，伴随有金属结晶、再结晶等的复杂过程。

焊接通常分为三大类：熔焊、压焊和钎焊（图 3.95）。熔焊是在不加压力的条件下将待焊处的母材熔化形成焊缝，以实现连接的工艺。熔焊包括电弧焊、气焊、电子束焊、激光焊等。压焊是通过施加压力（加热或不加热）以形成连接，包括电阻焊、扩散焊、超声波焊、摩擦焊、爆炸

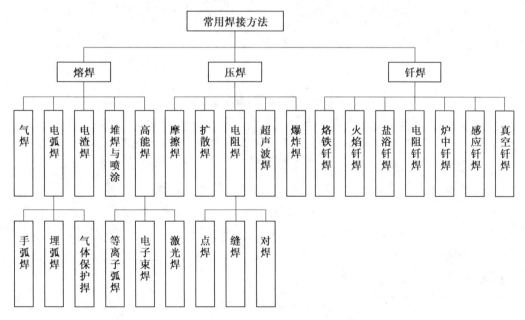

图 3.95　常用焊接方法分类

焊、冷压焊、气压焊等。钎焊则是采用比母材熔点低的金属材料作为钎料,将焊件和钎料加热到高于钎料熔点但又低于母材熔点的温度,利用液态钎料润湿母材,填充接头间隙,并与母材相互扩散而实现连接。

焊接与其他加工方法相比,具有适应性广的特点。不但可以焊接同种金属,还可以焊接异种金属;可以将型材、锻材、铸件等焊接成复合结构件;既可以焊接简单结构件,又可以焊接复杂结构件。尤其是用来生产密封的产品零件是其他工艺方法无法替代的。

3.4.1　焊接方法简介

1. 手工电弧焊

手工电弧焊是用手工操作焊条进行焊接的一种电弧焊方法。手工电弧焊时,利用焊条与工件之间产生的电弧将焊条和工件局部加热熔化,焊芯端部熔化后的熔滴和熔化的母材融合在一起形成熔池。焊条药皮熔化后形成熔渣并放出气体,在气、渣的联合保护下,有效地排除了周围空气的有害影响,通过高温下熔渣与熔池液态金属之间的冶金反应,得到优质焊缝。手工电弧焊过程如图 3.96 所示。当焊条向前移动时,焊条和工件在电弧热作用下继续熔化形成新的熔池,原先的熔池液态金属则逐步冷却结晶形成焊缝,覆盖在熔池表面的熔渣也随之凝固形成渣壳。

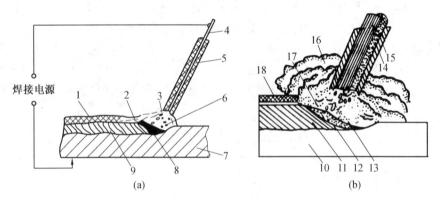

图 3.96　手工电弧焊过程示意图

1、18—渣壳;2—熔渣;3—气体;4、15—焊芯;5、14—药皮;6、13—金属熔滴;
7、10—焊件;8、12—熔池;9、11—焊缝;16—保护气;17—熔融熔渣

手工电弧焊之所以成为应用最广泛的焊接方法,主要是由于它的简便灵活,适应性强。同时也由于它使用的设备简单,易于移动,并且费用也比其他电弧焊方法要低。

手工电弧焊简便灵活,适应性强,主要表现在室内、室外条件下均可采用,长、短焊缝都能适应,各种焊接位置都可以焊接。实际上,只要焊条所能达到的任何位置的接头都可以焊接,甚至包括位置受限制的管子背面接头(盲区接头)、对多数焊接方法来说都是难以达到的部位,如果采用带弯的焊条也可以进行焊接。

由于它使用的设备简单,易于移动,不需要通保护气体及冷却水的软管,焊接电源的电缆可以延伸至较远距离,所以在贮罐、船舶、桥梁、输油(气)管线等施工现场焊接十分方便。在航天产品中主要用于低碳钢和低合金结构钢的焊接,如 20 钢、30CrMnSiA、16Mn 等,焊接的典型结构有发动机架、压力容器、发射车起竖臂、产品吊挂等。

但是,手工电弧焊对焊工的操作技术要求较高,焊接质量在一定程度上决定于焊工的操作技术。此外,手工电弧焊劳动条件差,生产率低。因此,手工电弧焊适用于焊接单件或小批量产品,短的和不规则的、各种空间位置的以及其他不易实现机械化焊接的焊缝。可焊工件厚度在 1.5 mm 以上,1 mm 以下的薄板则不适于手工电弧焊。

手工电弧焊适用于碳钢、低合金钢、不锈钢、耐热钢、低温用钢、铜及铜合金等金属材料的焊接以及铸铁补焊和各种材料的堆焊。活泼金属(如钛、铌、锆)和难熔金属(如钽、钼等)由于机械保护效果不够理想,焊接质量达不到要求,不能采用手工电弧焊。而低熔点、低沸点的金属(如铅、锡、锌等)及其合金则由于电弧温度太高,引起蒸发而不能用手工电弧焊焊接。

手工电弧焊焊机常用的有交流、直流电焊机两种。采用直流弧焊电源焊接时,由于电流输出端有正、负之分,焊接时有两种接法,如图 3.97 所示。将焊件接正极,焊条接负极称正接法;将焊件接负极,焊条接正极称反接法。正接法焊件为阳极,产生热量较多,温度较高,可获得较大的熔深,适于焊接厚板;反接法焊条熔化快,焊件受热小,温度较低,适于焊接薄板及有色金属。

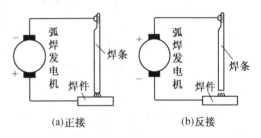

图 3.97　直流电焊机的正接和反接

焊条是手工电弧焊的主要焊接材料,它由焊芯和药皮组成。对焊条有以下基本要求:要求产生保护气体,以保护焊接熔池,减少熔池的污染;需在药皮中添加低电离的物质,便于引燃电弧并保持电弧稳定燃烧;要掺入足量的合金元素,以弥补焊缝的合金烧损,添加一定量的脱氧剂、脱硫剂和脱磷剂,以清除有害杂质,净化熔融金属。焊条可分为:结构钢焊条、合金钢焊条、耐热钢焊条、不锈钢焊条、堆焊焊条、铸铁焊条、镍合金焊条、铝合金焊条、铜合金焊条和特殊焊条等。在生产中,焊条妥善保管要做到"三防",即防乱、防潮、防损。储存焊条要防止混料,应按类别、牌号和涂色包装;焊条存放位置要通风,有条件的要放于干燥箱中,使用前要进行烘干,然后放入干燥箱中待用。

2. 埋弧自动焊

埋弧自动焊是电弧引燃后在焊剂层下燃烧,引燃电弧、送丝、电弧移动等过程全部由机械自动完成的焊接方法。埋弧焊焊缝成形过程如图 3.98 所示。在焊丝与焊件之间燃烧的电弧是埋在颗粒状焊剂下面的。电弧热将焊丝端部及电弧直接作用的母材和焊剂熔化并使部分蒸发,金属和焊剂所蒸发的气体在电弧周围形成一个封闭空腔,电弧在这个空腔中燃烧。空腔被一层由熔渣所构成的渣膜所包围,这层渣膜不仅很好地隔绝了空气和电弧与熔池的接触,而且使弧光不能辐射出来。被电弧加热熔化的焊丝以熔滴形式落下,与熔融母材金属混合形成熔池。密度较小的熔渣浮在熔池之上,熔渣除了对熔池金属起机械保护作用之外,焊接过程中还与熔池金属发生冶金反应,从而影响焊缝金属的化学成分。电弧向前移动,熔池金属逐渐冷却后结晶形成焊缝。浮在熔池上的熔渣冷却后形成渣壳可继续对高温下焊缝起保护作用,避免被氧化。

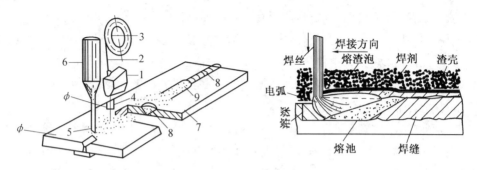

图 3.98　埋弧焊焊缝成形示意图

1—自动焊机头;2—焊丝;3—焊丝盘;4—导电嘴;5—焊剂;6—焊剂漏斗;7—工件;8—焊缝;9—渣壳

埋弧自动焊生产率高、焊缝质量高、劳动条件好。埋弧焊可焊碳钢、低合金钢、不锈钢、耐热钢以及有色金属,如镍基合金、钛合金、铜合金等。但是,埋弧焊设备费用高,焊前准备复杂,对接头加工与装配要求较高,只适于批量生产中厚板(6~60 mm)的长直焊缝及直径大于250 mm环缝的平焊。由于埋弧自动焊熔深大,生产率高,因而适合于焊接中厚板结构的长焊缝。在造船、锅炉及压力容器、桥梁、起重机械、铁路车辆、工程机械、冶金机械、输油(气)管线、核电站结构、海洋结构等制造部门有着广泛的应用。

在实际生产中,为防止引弧和熄弧时产生焊接缺陷,一般在接头两端分别安装引弧板和引出板(图3.99)。为保持焊缝成形,常采用焊剂垫或垫板进行单面焊双面成形(图3.100)。进行大型环焊缝焊接时(图3.101),焊丝位置不动,焊件旋转,并且电弧引燃位置向焊件旋转反方向偏离焊件中心线一定距离,以防止液态金属流失。

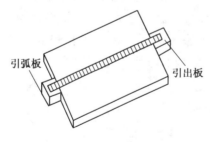

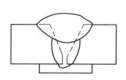

图 3.99　自动焊的引弧和引出板　　图 3.100　自动焊垫板

3. 气体保护电弧焊

用外加气体作为电弧介质并保护电弧和焊接区的电弧焊称为气体保护电弧焊。根据保护气体的种类不同,气体保护电弧焊分为二氧化碳气体保护焊和氩弧焊两大类。

(1)二氧化碳气体保护焊。CO_2保护焊利用CO_2作为保护气体,以焊丝作为电极。靠焊丝和焊件之间产生的电弧熔化金属与焊丝,以自动或半自动方式进行焊接。如图3.102所示,焊丝由送丝机构通过软管经导电嘴自动送进,纯度超过99.8%的CO_2气体以一定流量从喷嘴中喷出,电弧引燃后,焊丝末端、电弧及熔池被CO_2气体所包围,从而使高温金属受到保护,避免空气的有害影响。

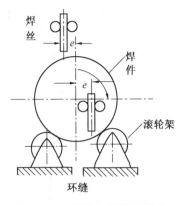

图 3.101　环缝自动焊示意图

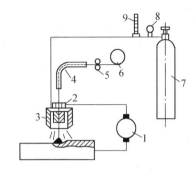

图 3.102　CO_2 保护焊示意图

1—电焊机;2—导电嘴;3—焊炬喷嘴;4—送丝软管;

5—送丝机构;6—焊丝盘;7—CO_2 气瓶;

8—减压器;9—流量计

CO_2 保护焊生产率高,由于焊丝自动送进,焊接速度快,电流密度大,熔深大,焊后没有熔渣,节省清渣时间,因此其生产率比焊条电弧焊提高 1 ~ 4 倍;焊接质量较好,由于焊接过程中有 CO_2 的保护,焊缝氢质量分数低,采用合金钢焊丝,脱氧、脱硫作用好。同时 CO_2 气流冷却能力较强,焊接热影响区小,焊件变形小;焊接时操作性能好,CO_2 气体保护焊是明弧焊,可以清楚地看到焊接过程,容易发现问题并及时处理,适于各种位置的焊接;成本低,CO_2 气体价格低廉,而且节省了熔化焊剂或焊条药皮的电能。CO_2 气体保护焊的成本仅为焊条电弧焊和埋弧焊的40% ~50% ,但是 CO_2 有氧化作用,高温下能分解成 CO 和 O_2,使合金元素容易烧损,不宜焊接有色金属和不锈钢。并且由于生成的 CO 密度小,体积急剧膨胀,导致熔滴飞溅较为严重,焊缝成形不够光滑。另外,焊接烟雾较大,弧光强烈,如果控制或操作不当,容易产生 CO 气孔。

CO_2 气体保护焊目前广泛应用于造船、机车车辆、汽车、农业机械等工业部门,主要用于焊接 1 ~30 mm 厚的低碳钢和部分合金结构钢,一般采用直流反接法。焊接低碳钢时常用 H08MnSiA 焊丝,焊接低合金钢时常用 H08Mn2SiA 焊丝进行脱氧和合金化。

(2)氩弧焊。氩弧焊是使用高纯度氩气作为保护气体的气体保护焊。按所用电极不同,氩弧焊分为熔化极氩弧焊和不熔化极氩弧焊。

①不熔化极氩弧焊。不熔化极氩弧焊一般以高熔点的钨钍合金或钨铈合金为电极,所以也称为钨极氩弧焊(图 3.103)。电极在焊接时不熔化,仅起引弧和导电作用。为减少钨极的消耗,焊接电流不能太大,适用于焊接 0.5 ~4 mm 的薄板。焊接钢材时一般采用直流正接,可提高生产率,并减少钨极的消耗。但焊接易氧化的铝、镁及其合金时,一般采用交流电源焊接,当交流电负半周时,焊件为负极,正离子撞击焊件表面,使焊件表面的氧化膜破碎、清除(称为阴极雾化作用),提高焊接质量;交流电正半周时,焊件为正极,钨极为负极,可减少钨极的消耗并加大熔深。

②熔化极氩弧焊。熔化极氩弧焊是以可熔化的焊丝为电极,焊接时焊丝熔化,起导电和填充作用,如图 3.104 所示。焊接时,焊接电流较大,焊丝熔滴通常呈雾状颗粒喷射过渡进入熔池,所以,熔深较大,适于焊接 8 ~25 mm 厚的焊件,为使电弧稳定,一般采用直流反接。

③脉冲氩弧焊。脉冲氩弧焊的电流为脉冲形式,如图 3.105 所示。利用高脉冲电流熔化焊件,形成焊点,低脉冲电流时焊点凝固,并维持电弧稳定燃烧。通过调整脉冲电流的大小和脉冲间歇时间的长短可准确控制焊接规范和焊缝尺寸。短脉冲氩弧焊可降低热输入,避免薄板烧穿,实现单面焊双面成形,并能进行全位置焊接,适于焊接 0.1 ~ 5 mm 的管材和薄板。

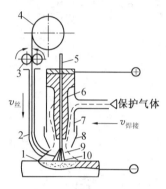

图 3.103　钨极氩弧焊

1—金属熔池;2—填充金属;3—送丝滚轮;4—焊丝盘;5—钨极;6—导电嘴;7—焊炬;8—喷嘴;9—保护气;10—电弧

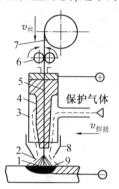

图 3.104　熔化极氩弧焊

1—焊接电弧;2—保护气;3—焊炬;4—导电嘴;5—焊丝;6—送丝滚轮;7—焊丝盘;8—喷嘴;9—金属溶池

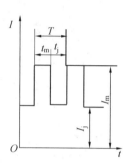

图 3.105　脉冲氩弧焊电流波形

I_m—脉冲电流;I_j—基本电流;t_m—脉冲电流持续时间;t_j—基本电流持续时间

氩气是一种惰性气体,焊接过程中对金属熔池的保护作用非常好,焊缝质量好。但是氩气没有冶金作用,所以焊前必须将接头表面清理干净,防止出现夹渣、气孔等。氩弧焊电弧稳定、飞溅小、焊缝致密,表面没有熔渣,成形美观;电弧在氩气流压缩下燃烧,热量集中,熔池较小,焊接热影响区小,焊后焊件变形较小;操作性能好,可进行全位置焊接,并易实现机械化、自动化生产,目前焊接机器人一般采用氩弧焊或 CO_2 保护焊。氩气价格较高,一般要求纯度在99.9% 左右,焊接成本较高。氩弧焊一般用来焊接铝、镁、铜、钛等化学性质活泼的金属及不锈钢、耐热钢等合金钢和锆、钽、钼等稀有金属。

(3)药芯焊丝气体保护焊。如图 3.106 所示,其基本原理与普通熔化极气体保护焊一样,

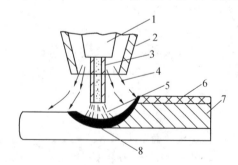

图 3.106　药芯焊丝气体保护焊

1—导电嘴;2—喷嘴;3—药芯焊丝;4—保护气体;5—电弧;6—焊渣;7—焊缝;8—熔池

采用纯 CO_2 或 CO_2+Ar 混合气体作为保护气,区别在于采用内部装有焊剂的药芯焊丝,药芯的成分和焊条药皮类似,可实现气体-熔渣联合保护。一般采用直流反接。其特点是飞溅少,电

弧稳定,焊缝成形美观;焊丝熔敷速度快,生产率比焊条电弧焊高 3~5 倍;调整焊剂成分可以焊接多种材料;抗气孔能力较强。但药芯焊丝制造较困难,且容易变潮,使用前应在 250~300 ℃下烘烤。药芯焊丝气体保护焊一般采用半自动焊,可进行全位置焊接,通常用于焊接碳钢、低合金钢、不锈钢和铸铁。

4. 电渣焊

电渣焊是利用电流通过液体熔渣所产生的电阻热熔化焊件和焊丝进行焊接的方法。根据焊接时使用电极的形状,可分为丝极电渣焊(图 3.107)、板极电渣焊和熔嘴电渣焊等。

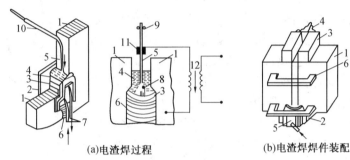

(a)电渣焊过程　　　　　　　　(b)电渣焊焊件装配

1—焊件;2—焊缝成形滑块;3—金属熔池;4—渣池;
5—电极(焊丝);6—焊缝;7—冷却水管;8—金属熔滴;
9—送丝机构;10—导丝管;11—导电板;12—变压器

1—焊件;2—引弧板;3—引出板;
4、5—水冷却铜滑块;6—∩型定位板

图 3.107　电渣焊示意图

电渣焊前,先将焊件垂直放置,使焊缝直立,在接触连接面之间预留 20~40 mm 的间隙。连接面两侧装有水冷铜滑块(防止熔渣流失,使焊缝成形),在工件的底部加装引弧板。在顶部加装引出板。这样,在焊接前先在焊接部位形成一个封闭的空间。焊接时,电弧熔化焊剂和焊丝,形成渣池和熔池。渣池密度小,浮在熔池上面。渣池形成后,迅速将焊丝插入渣池中,并降低焊接电压,使电弧熄火,电渣焊开始。电流流经熔渣时产生大量电阻热,温度高达 2 000 ℃,将焊丝和焊件边缘熔化,随着焊丝的不断送进,熔池上升,熔池底部的金属冷却结晶形成焊缝。在焊接过程中渣池不仅作为热源,又起到保护作用。

电渣焊生产率高、成本低,对厚大工件不需开坡口,可一次焊接完成,因此既提高了生产率又降低了焊接材料和电能的消耗。焊接质量好,由于渣池覆盖在熔池上保护作用良好,同时熔池保持液态的时间较长,冶金过程进行比较完善,气体和杂质有较多时间浮出,因此出现气孔、夹渣等缺陷的可能性小,焊缝成分较均匀,焊接质量好。但是由于熔池在高温下停留时间较长,焊接热影响区可达 25 mm 左右,焊缝为粗大的树枝晶,过热区组织长大严重,所以焊接时焊丝、焊剂中应加入钼、钛等元素,以细化焊缝组织,或焊后进行正火处理。

电渣焊广泛应用在重型机械制造业中,它是制造大型铸-焊或锻-焊联合结构的重要工艺方法。例如制造大吨位压力机,重型机床的机座,水轮机转子和轴,高压锅炉等。电渣焊焊件的厚度一般为 40~450 mm,主要用于直缝焊接,也可进行环缝焊接。电渣焊可焊接碳钢、低合金钢、高合金钢、铸铁,也可焊接有色金属和钛合金。

5. 电阻焊

电阻焊是利用电流通过焊件接头的接触面及邻近区域产生的电阻热使焊件达到塑性状态或局部熔化,然后在压力作用下实现焊接。电阻焊焊接电压很低(几伏至十几伏),但焊接电流较大(几千至几万安培),因此焊接时间极短,一般为 0.01 至几十秒,生产率高,焊接变形小;不需用填充金属和焊剂,操作简单;易实现机械化和自动化;设备复杂,价格昂贵。所以电阻焊适用于成批大量生产,在自动化生产线上应用较多。由于影响电阻大小和引起电流波动的因素均导致电阻热的改变,因此电阻焊接头质量不稳,限制了在受力较大的构件上的应用。电阻焊根据接头形式特点分为点焊、缝焊和对焊三种。

(1)点焊。点焊是用圆柱状电极压紧工件,然后通电、保压获得焊点的电阻焊方法,如图 3.108 所示。点焊前先将表面清理好的两工件紧密接触(预压夹紧),然后接通电流。电极与工件接触处所产生的电阻热很快被导热性能好的铜(或铜合金)电极和冷却水传走,温度升高有限,电极不会熔化,而两工件相互接触处则由于电阻热很大,温度迅速升高,金属熔化形成液态熔核。断电后,继续保持或加大压力,使熔核在压力下凝固结晶,形成组织致密的焊点。焊点形成后,移动焊件,依次形成其他焊点。点焊第二个焊点时,有一部分电流会流经已焊好的焊点,称为分流现象。分流现象导致焊接处电流减少,影响焊接质量。工件厚度越大、导电性越好、相邻焊点间距越

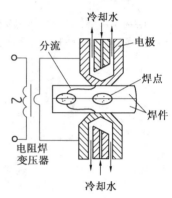

图 3.108 点焊示意图

小,分流现象越严重。因此,两焊点之间应有一定距离,其距离与焊件材料和厚度有关,其相互关系见表 3.7。

表 3.7 点焊接头焊点最小间距   mm

工件厚度	最小间距		
	碳钢、低合金钢	不锈钢、耐热钢	铝合金、铜合金
0.5	10	7	11
1.0	12	10	15
1.5	14	12	18
2.0	18	14	22
3.0	24	18	30

点焊接头一般采用槽接接头形式,图 3.109 为几种典型的点焊接头形式。在焊件搭边宽允许的条件下,焊点直径应尽量大一些,因为在焊点缺陷不超出允许范围时,焊点直径越大,点焊接头强度越高。在焊接不同厚度或不同材料时,因为薄板和导热性好的材料吸热少,散热快,导致熔核向厚板和导热性差的材料偏移,这一现象称为熔核

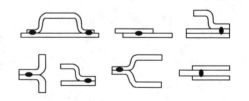

图 3.109 典型的点焊接头形式

偏移,如图 3.110(a)所示。熔核偏移使焊点有效厚度减小,接头强度下降,甚至出现漏焊。一般在薄板处加一垫片增加厚度或采用导热性差的电极,减小薄板的散热,防止熔核偏移,如图 3.110(b)所示。点焊是高速、经济的焊接方法,主要适用于厚度小于 6 mm 的冲压件、轧制薄板的大批量生产,如金属网、蒙皮、汽车驾驶室、车厢、电器、仪表、飞机的制造。可焊接低碳钢、合金钢、铜合金、铝镁合金等。但点焊接头不具有封闭性。

（2）缝焊。缝焊实际上是连续的点焊,缝焊时将工件装配成搭接接头,置于两个盘状电极之间,盘状电极在工件上连续滚动。同时连续或断续送电,形成一条连续的焊缝,如图 3.111 所示。缝焊由于焊缝中的焊点相互重叠约 50% 以上,因此密封性好,但缝焊分流现象严重,焊接电流比点焊大 1.5~2 倍。广泛应用于厚度为 0.1~2 mm 薄板结构的焊接。缝焊主要用于制造有密封要求的低压容器,如油箱、气体净化器和管道等。可焊接低碳钢、不锈钢、耐热钢、铝合金等。由于铜及铜合金电阻小,不适于缝焊。

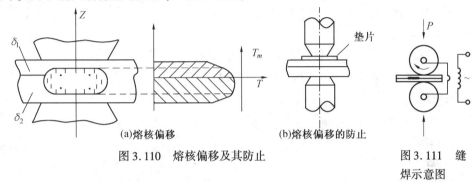

(a)熔核偏移　　　　　　　(b)熔核偏移的防止

图 3.110　熔核偏移及其防止　　　　　图 3.111　缝
焊示意图

（3）对焊。对焊即对接电阻焊,焊件按设计要求装配成对接接头,利用电阻热加热至塑性状态,然后迅速施加顶锻力完成焊接。按焊接工艺过程不同,对焊分为电阻对焊和闪光对焊,如图 3.112 所示。

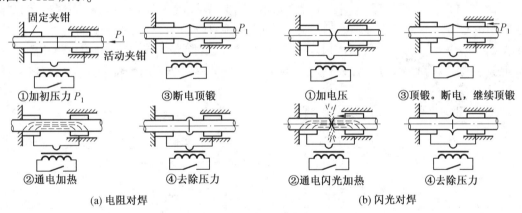

①加初压力 P_1　　　　③断电顶锻　　　　①加电压　　　　③顶锻。断电,继续顶锻

②通电加热　　　　④去除压力　　　　②通电闪光加热　　　④去除压力

(a) 电阻对焊　　　　　　　　　　　(b) 闪光对焊

图 3.112　对焊示意图

①电阻对焊。电阻对焊过程是先将两个焊件夹紧并加压,然后通电使对接表面及其邻近区域加热至塑性状态,随后断电,同时向工件施加较大的顶锻压力,在压力作用下焊件产生塑性变形,通过金属原子间的溶解与扩散作用获得致密的金属组织。电阻对焊焊接操作简便,生产率高,接头较光滑;但焊前对被焊工件的端面加工和清理要求较高,否则易造成加热不均,接合面易受空气侵袭,发生氧化、夹杂,焊接质量不易保证。因此,电阻对焊一般用于焊接接头强度和质量要求不太高,断面简单,直径小于 20 mm 的棒料、管材,如钢筋、门窗等。可焊接碳钢、不锈钢、铜和铝等。

②闪光对焊。闪光对焊过程是先将焊件装配成对接接头,通电后使两焊件的端面逐渐靠近达到局部接触,由于局部接触点电流密度大,产生的电阻热使金属迅速熔化蒸发、爆破,呈高温颗粒飞射出来,形成闪光。经过多次闪光后,端面均匀达到预定温度时,断电并迅速施加顶

锻力,使端面处液态金属飞出,纯净的高温端面在顶锻力下完成焊接。闪光对焊由于闪光作用,排除了氧化物和杂质,接头质量好,强度高,对端面加工要求较低。闪光对焊常用于焊接重要零件和结构,如钢轨、锚链等。可焊接碳钢、合金钢、不锈钢、有色金属、镍合金、钛合金等,也可用于异种金属(如铜–钢,铝–钢,铝–铜)的焊接,被焊工件可以是直径小到0.01 mm 的金属丝,也可以是断面大到数万平方毫米的棒料和型材。闪光对焊的主要不足是耗电量大,金属损耗多,接头处焊后有毛刺需要加工清理。

对焊接头工件的接触端面形状应尽量相同,圆棒直径、方棒边长和管子壁厚之差不应超过 15%。常用的对焊接头形式如图 3.113 所示。

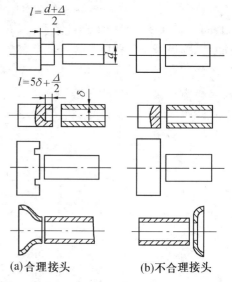

(a)合理接头　(b)不合理接头

图 3.113　常用的对焊接头形式

6. 摩擦焊

摩擦焊是使焊件在一定压力下相互接触并相对旋转运动,利用摩擦所产生的热量使端面达到塑性状态,然后迅速施加顶锻力,在压力作用下完成焊接。

如图 3.114 所示,先将两工件同心地安装在焊机夹紧装置中,回转夹具做高速旋转,非回转夹具做轴向移动,使两工件端面相互接触,并施加一定轴向压力,依靠接触面强烈摩擦产生的热量把该接触面金属迅速加热到塑性状态。当达到要求的温度后,立即使焊件停止旋转,同时对接头施加较大的轴向压力进行顶锻,使两焊件产生塑性变形而焊接起来,整个过程只有 2 ~ 3 s。

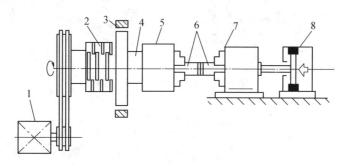

图 3.114　摩擦焊示意图

1—电动机;2—离合器;3—制动器;4—主轴;5—回转夹具;6—焊件;7—非回转夹具;8—轴加压油缸

摩擦焊接头一般是等断面的,也可以是不等断面的,但需要有一个焊件为圆形或筒形(图 3.115),并且要避免过大截面工件和薄壁管件,目前摩擦焊工件最大截面积不超过 2 000 mm^2。对非圆截面接头,可采用先焊接后锻造的方法实现。

摩擦焊接头质量好且稳定,温度一般都低于焊件金属的熔点,热影响区很小,接头组织致密,不易产生气孔、夹渣等缺陷。摩擦焊的废品率只有闪光对焊的 1% 左右。焊接生产率高,摩擦焊操作简单,焊接时不需添加焊接材料,操作容易实现自动控制,生产率高,是闪光对焊的 4 ~ 5 倍。焊件尺寸精度高,摩擦焊焊件变形小,可以实现直接装配焊接。摩擦焊设备简单,电能消耗少,比闪光对焊节电80%～90%。摩擦焊无弧光、火花、烟尘。

摩擦焊可焊接的金属范围较广,除用于焊接普通黑色金属和有色金属材料外,还适于焊接在常温下力学性能和物理性能差别很大,不适合熔焊的特种材料和异种材料,如碳钢-不锈钢、铜-钢、铝-钢、硬质合金-钢等。摩擦系数小的铸铁、黄铜不易采用摩擦焊。由于摩擦焊一次投资较大,适用于大批量生产。

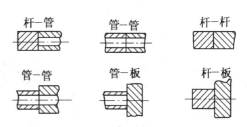

图 3.115　摩擦焊接头形式

7. 钎焊

钎焊是采用比母材熔点低的金属材料作为钎料,将焊件和钎料加热,只使钎料熔化而焊件不熔化,利用液态钎料填充间隙、浸润母材并与母材相互扩散实现连接的方法。

钎焊时不仅需要一定性能的钎料,一般还要使用钎剂。钎剂是钎焊时使用的熔剂,其作用是去除钎料和母材表面的氧化物和油污,防止焊件和液态钎料在钎焊过程中氧化,改善熔融钎料对焊件的润湿性。对应不同的钎料,加热方法有烙铁加热、火焰加热、电阻加热、感应加热等。

钎焊过程如图 3.116 所示,分为钎料的浸润、铺展和连接三个阶段,最终钎料与焊件之间相互扩散,形成合金层。

钎焊根据所用钎料的熔点不同,可分为硬钎焊和软钎焊两大类。

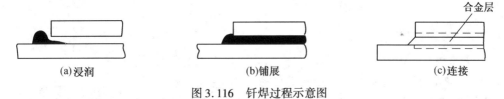

图 3.116　钎焊过程示意图

(1)硬钎焊。钎料熔点高于 450 ℃的钎焊称为硬钎焊。常用的硬钎料有铜基、银基、铝基合金。硬钎焊钎剂主要有硼砂、硼酸、氟化物、氯化物等。硬钎焊接头强度较高,大于200 MPa,工作温度也较高,主要用于受力较大的钢铁及铜合金构件的焊接,如焊接自行车车架、带锯带、切削刀具等。

(2)软钎焊。钎料熔点低于 450 ℃的钎焊称为软钎焊。常用的软钎料有锡-铅合金和锌-铝合金。软钎焊钎剂主要有松香、氯化锌溶液等。加热方式一般为烙铁加热。软钎焊接头强度低,一般在 70 MPa 以下,工作温度在 100 ℃以下。软钎焊钎料熔点低,渗入接头间隙能力较强,具有较好的焊接工艺性能。最常使用的锡-铅钎料焊接俗称锡焊,焊接接头具有良好的导电性。

各种钎焊接头要求有良好的配合和适当的间隙。间隙太小,会影响钎料的渗入和润湿,不能全部焊合;间隙过大,浪费钎料,且降低接头强度。由于钎焊接头的强度与结合面大小有关,钎焊构件的接头形式均采用搭接或套件镶接,以增加接头强度,如图 3.117 所示。接头间隙一般在 0.05～0.2 mm 之间。

钎焊的优点是接头表面光洁,气密性好;焊件受热温度低,组织和性能变化小;焊件变形小,焊缝平整、美观,尺寸精确,易保证焊件的尺寸精度;可连接相同的金属或性能相差较大的

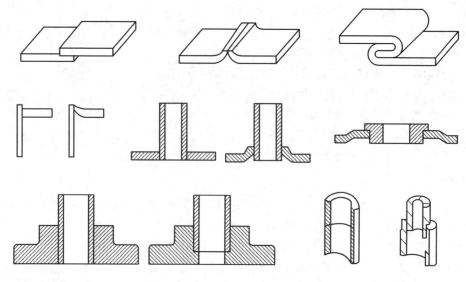

图 3.117　钎焊接头形式

异种金属;可焊接一些其他焊接方法难以焊接的特殊结构,如蜂窝结构等。钎焊还可采用整体加热,一次焊成整个结构的全部焊缝。因此,生产率高,易实现焊接机械化和自动化。由于上述特点,钎焊主要用于电子、仪器仪表工业、航空航天技术和机械制造等。但钎焊接头强度较低,工作温度不能太高,且焊前清理要求严格,钎料价格高,因而钎焊不适于焊接钢结构和重载构件。

8. 等离子弧焊

等离子弧焊是利用电弧压缩效应,获得较高能量密度的等离子弧进行焊接的方法,如图 3.118 所示。等离子弧焊电极一般为钨极,保护气为氩气。等离子电弧的产生主要经过以下三种压缩效应:

(1)机械压缩效应。电弧通过具有细小孔道的水冷喷嘴时,弧柱被强迫缩小,产生机械压缩效应。

(2)热压缩效应。由于喷嘴内壁的冷却作用,弧柱边缘气体电离度急剧降低,使弧柱外围受到强烈冷却,迫使带电粒子流向弧柱中心,电离度更大,导致弧柱被进一步压缩,产生热压缩效应。

(3)电磁压缩效应。定向运动的带电粒子流产生的磁场间的电磁力使弧柱进一步压缩,产生电磁压缩效应。

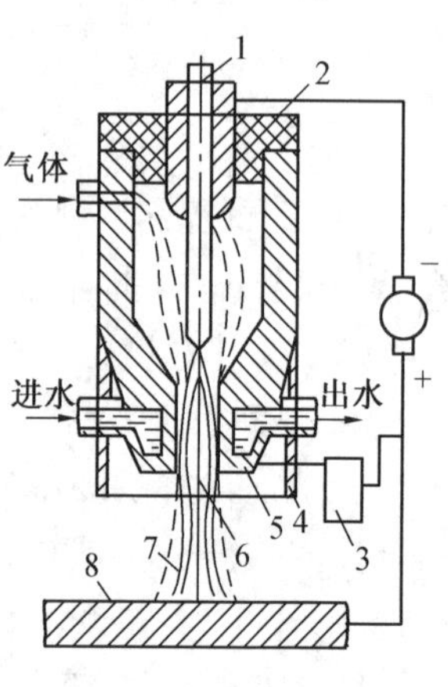

经以上压缩效应后,电弧弧柱中气体完全电离,即获得等离子弧。等离子弧温度高达24 000 K以上,能量密度达 $10^5 \sim 10^6$ W/cm²,而一般钨极氩弧焊温度为 10 000 ~ 20 000 K,能量密度小于 10^4 W/cm²。

等离子弧焊实质上是一种电弧具有压缩效应的钨极氩气保护焊,它除了具有氩弧焊的优点外,还由于等离子弧能量密度大,弧柱温度高,穿透能力强。厚度10 ~ 12 mm 焊件可不开坡口,不需填充金属能一次焊透,双面成形。同时焊接速度快,热影响

图 3.118　等离子弧焊示意图
1—钨极;2—陶瓷垫圈;3—高频振荡器;4—同轴喷嘴;5—水冷喷嘴;6—等离子弧;7—保护气;8—焊件

区小,焊接变形小,焊缝质量好。当焊接电流小到 0.1 A 时,等离子弧仍能保持稳定燃烧,并保持其方向性。因此等离子弧焊可焊 0.01 ~ 1 mm 的箔材和热电偶等。等离子弧焊的主要不足是设备复杂、昂贵、气体消耗大,只适于室内焊接。目前,等离子弧焊在化工、原子能、仪器仪表、航空航天等工业部门中广泛应用。主要用于焊接高熔点、易氧化、热敏感性强的材料。如铝、钨、钛、铬及其合金和不锈钢等,也可焊接一般钢材或有色金属。

9. 电子束焊

电子束焊是利用加速和聚焦的电子束撞击焊件,电子动能 99% 以上会转变为热能将焊件熔化进行焊接。电子束焊根据焊件所处环境的真空度不同,可分为高真空电子束焊、低真空电子束焊和非真空电子束焊,其中应用最广泛的是高真空电子束焊,如图 3.119 所示。

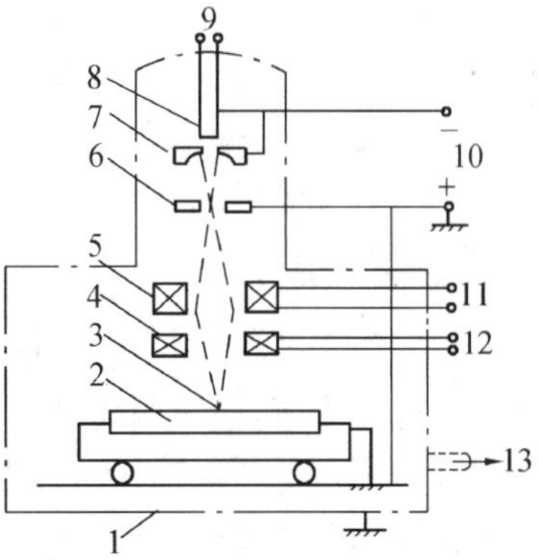

在真空度大于 666×10^{-2} MPa 的真空室中,电子枪的阳极被通电加热至 2 600 K 左右,发射出大量电子,这些电子在阴极和阳极之间受高电压作用下加速到很高速度。高速运动的电子流经过聚束装置形成高能量密度的电子束。电子束以极大速度(约 16 000 km/s)射向焊件,能量密度高达 10^6 ~ 10^8 W/cm^2,使焊件受轰击部位迅速熔化,焊件移动便可形成连续焊缝。利用磁性偏转装置可调节电子束射向焊件不同的部位和方位。

图 3.119　真空电子束焊示意图
1—真空室;2—焊件;3—电子束;4—磁性偏转装置;5—聚焦透镜;6—阳极;7—阴极;8—灯丝;9—交流电源;10—直流高压电源;11、12—直流电源;13—排气装置

真空电子束焊由于焊件在高真空中焊接,金属不会被氧化、氮化,故焊接质量高。焊接时热量高度集中,焊接热影响区小,仅 0.05 ~ 0.75 mm,基本上不产生焊接变形,可对精加工后的零件进行焊接。焊接适应性强,电子束焊工艺参数可在较广范围内进行调节,且控制灵活,既可焊接 0.1 mm 的薄板,又可焊 200 ~ 300 mm 的厚板,还可焊形状复杂的焊件。能焊接一般金属材料,也可焊接难熔金属(如钛、钼等)、活性金属(除锡、锌等低沸点元素较多的合金)、复合材料及异种金属构件。真空电子束焊的主要不足是设备复杂,造价高,焊前对焊件的清理和装配质量要求很高,焊件尺寸受真空室限制,操作人员需要防护 X 射线。

真空电子束焊主要用于焊接原子能、航空航天行业中特殊的材料和结构。如微型电子线路组件、钼箔蜂窝结构、导弹外壳、核电站锅炉汽包等。在民用方面也得到应用,如焊接精度较高的轴承、齿轮组合件等。

10. 激光焊接

激光焊接是利用聚集的激光束作为能源轰击焊件所产生的热量将焊件熔化,进行焊接的方法。如图 3.120 所示,激光焊接时,激光器 1 受激产生方向性极强的平行激光束 3,通过聚焦系统 4 聚焦成十分微小的焦点,其能量能进一步集中。当把激光束调焦到焊件 6 的接缝处时,在极短时间内,激光能被焊件材料吸收转换成热能,焦点附近温度可达万度以上,使金属瞬间熔化,冷硬后形成焊接接头。激光焊可分为脉冲激光焊和连续激光焊,脉冲激光焊可焊接微型件,如几微米厚的薄膜和直径在 0.02 ~ 0.2 mm 的金属丝等,连续激光焊可焊接厚度在 50 mm 以下的结构件。

由于激光焊热量集中,作用能量密度可达 10^{13} W/cm²,热影响区小,焊接变形小,焊件尺寸精度高,时间极短。焊接适应性大,激光束可通过光学系统导引到很难焊接的部位进行焊接;还可通过透明材料壁对封闭结构内部进行无接触焊接(如真空管中电极的焊接);可直接焊接绝缘材料;容易实现异种金属或金属与非金属的焊接(如金–硅、锗–金、钼–钛等)。此外,由于焊接速度极快,被焊材料不易氧化,在大气中焊接也能获得优良的焊接接头,不需气体保护或真空环境。激光焊的主要不足是焊接设备复杂,价格昂贵,输出功率较小,焊件厚度受到一定限制,并且对激光束吸收率低的材料和低沸点材料不宜采用。

目前,激光焊接已广泛用于电子工业和仪表工业中,主要用来焊接微型线路、集成电路、微电池上的引线等。激光焊还可用于焊接波纹管、小型电机转子、温度传感器等。

11. 爆炸焊

爆炸焊是利用炸药爆炸时产生的冲击波使焊件迅速撞击,短时间内实现焊接的一种压焊方法。爆炸焊时,压力高达 700 MPa,温度高达 3 000 ℃,金属接触处产生金属射流清除表面氧化物等杂质。液态金属在高压下冷却,形成焊接接头。

如图 3.121 所示,基板放在牢靠的基础上,覆板上面安装缓冲层再安放一定量炸药。点燃雷管后,炸药爆炸瞬间产生高温,使覆板产生金属射流,并且高速冲击波使覆板变形并加速向基板运动,两者撞击处实现焊接。整个过程必须沿焊接接头逐步连续地完成才能获得性能良好的焊接接头。理想的焊接接头结合面呈波浪形。爆炸焊是高速、高能成形,适于焊接双金属构件,可节省大量的贵重金属,如钢–铜、钢–铝、钛–钢、锆–铌等复合板和复合管等。

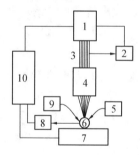
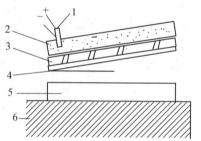

图 3.120　激光焊示意图　　　　　　图 3.121　爆炸焊示意图
1—激光器;2—信号器;3—激光束;　　1—雷管;2—炸药;3—缓冲层;4—覆板;
4—聚焦系统;5—辅助能源;6—焊件;7—工作台;　　5—基板;6—基础
8—信号器;9—观测瞄准器;10—程控设备

12. 扩散焊

扩散焊是在真空或保护气氛中在一定温度和压力下保持较长时间,使焊件接触面之间的原子相互扩散而形成接头的焊接方法。

图 3.122 是管子与衬套进行真空扩散焊的示意图。首先对管壁内表面和衬套进行清理、装配,管子两端用封头封固,然后放入真空室内。利用高频感应加热焊件,同时向封闭的管子内通入高压的惰性气体。在一定温度、压力下,保持较长时间,接触表面首先产生微小的塑性变形,管子与衬套紧密接触,因接触表面的原子处于高度激活状态,很快通过扩散形成金属键,并经过回复和再结晶使结合界面推移,最后经长时间保温,原子进一步扩散,界面消失,实现固态焊接。因而,扩散焊实质上是在加热压力焊基础上,利用了钎焊的优点发展起来的新的焊接

方法。

扩散焊加热温度低(为母材熔点的 0.4 ~ 0.7 倍),焊接过程靠原子在固态下扩散完成,所以焊接应力及变形小。同时,接头基本上无热影响区,母材性质也未改变,接头化学成分、组织性能与母材相同或接近,接头强度高。扩散焊可焊接各种金属及合金,尤其是难熔的金属,如高温合金、复合材料。还能焊接许多物理性能差异很大的异种材料,如金属与陶瓷。扩散焊可焊接厚度差别很大的焊件,也可将许多小件拼成形状复杂、力学性能均一的大件以代替整体锻造和机械加工。扩散焊的主要不足是单件生产率较低,焊前对焊件表面的加工清理和装配精度要求十分严格,除了加热系统、加压系统外,还要有抽真空系统。

扩散焊主要用于焊接熔焊、钎焊难以满足质量要求的精密、复杂的小型焊件。近年来,扩散焊在原子能、航天等尖端技术领域中解决了各种特殊材料的焊接问题。例如,在航天工业中,用扩散焊制成的钛制品可以代替多种制品、火箭发动机喷嘴耐热合金与陶瓷的焊接。扩散焊在机械制造工业中也得到广泛应用,例如将硬质合金刀片镶嵌到重型刀具上等。

13. 超声波焊

超声波焊是利用超声波的高频振荡使焊件局部接触处加热和变形,然后施加一定压力实现焊接的压力焊方法。

如图 3.123 所示,超声波发生器产生超声波后,通过换能器转化为机械高频振动,通过聚能器可使振动增强。焊件局部接触处在一定压力 P 作用下,高频、高速相对运动,产生强烈的摩擦、升温和变形,使接触面杂质清理,纯净的金属原子充分靠近并扩散形成焊接接头。在焊接过程中,焊件没有受到外加热源和电流的作用,而是综合了摩擦、塑性变形、扩散三种作用。

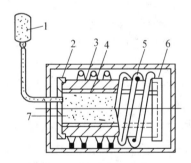 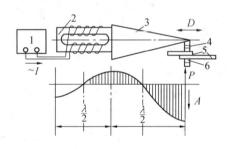

图 3.122 真空扩散焊示意图   图 3.123 超声波焊示意图
1—高压气源;2—封头;3—管子;4—衬套;   1—超声波发生器;2—换能器;3—聚能器;
5—感应圈;6—真空室;7—惰性气体   4—上声极;5—焊件;6—下声极

超声波焊的焊件温度低,焊接过程对焊点附近的金属组织性能影响极小,焊接应力与变形也很小。接头中无铸态组织,接头强度比电阻焊高 15% ~ 20%。可焊接厚度差异很大和多层箔片(2 μm)结构。除了可焊接常用金属材料外,特别适合焊接银、铜、铝等高导电性、高导热性材料,也可焊接铜–铝、铜–钨、铜–镍等物理性能相差很大的异种金属,以及如云母、塑料等非金属材料。超声波焊对焊件表面清理质量要求不严,耗电较少,为电阻焊的 5%。

在一些发达国家的微电机制造中,超声波焊已完全代替了电阻焊和钎焊,用来焊接铜、铝线圈和导线。

3.4.2　航天产品主要结构材料的焊接技术

1. 合金结构钢的焊接

航天产品焊接常用的合金结构钢主要是低合金结构钢和合金结构钢。这些合金的质量分数在 0.3% 以下,合金元素总量不大于 5%。合金经热处理后具有良好的综合力学性能,用于火箭、导弹发动机上强度要求高、韧性好的结构件,如发动机机架、固体发动机机壳及地面发射设备,如发射车焊接结构件等。

低合金结构钢 16Mn 具有良好的焊接性能,可以进行手工电弧焊、惰性气体保护焊。这种钢产生气孔的倾向性比碳钢稍高,但只要加强焊前清理,注意熔池的保护,选择合适的工艺参数,便可以消除焊缝气孔。钢中碳和合金元素质量分数较低,裂纹敏感性不高,薄板焊前可不预热,焊缝焊后具有较好的接头强度和韧性。

低合金高强度钢 25CrMnSi 和 30CrMnSiA 应用最为广泛,其焊接性能较好,可进行手工电弧焊、惰性气体保护焊、等离子焊、电子束焊和点缝焊。它的含碳量较高,容易产生裂纹,在复杂构件中需预热,焊后有时需后热或焊后热处理。

低合金超高强度钢 32SiMnMoVE,35SiMnCrMoVE(406),32SiMnCrMoVE(406A)和 28Cr3SiNiMoWVE,焊接有一定难度,采取焊前预热、后热和焊后热处理等措施,惰性气体保护焊、等离子焊、电子束焊都可以得到满意的焊接接头。

2. 不锈钢的焊接

不锈钢是不锈耐蚀和耐热钢的统称。所谓耐蚀是指在腐蚀介质中的稳定性,耐热是在高温下的抗氧化性和具有的强度。这些性质的获得是通过添加合金元素得到的,它的主要元素是铬,其质量分数应大于 12%,还含有镍、锰、硅、钛等合金元素以及少量的碳。不锈钢可分奥氏体型、奥氏体–铁素体型、马氏体型等,也可分为铬镍不锈钢、铬不锈钢。

航天产品焊接中,绝大部分都采用奥氏体不锈钢,因此,奥氏体不锈钢的焊接在生产中占有重要地位。奥氏体不锈钢具有良好的焊接性能,可进行手工电弧焊、惰性气体保护焊、等离子焊、电子束焊、钎焊和点缝焊等。焊接中的主要问题是晶间腐蚀问题,室温下碳元素在奥氏体中的溶解度很小,仅为 0.02% ~ 0.03%,而奥氏体不锈钢中的含碳量大大超过这个量,因此在淬火状态下碳固溶在奥氏体中,保证了不锈钢具有较高的化学稳定性。当温度在 450 ~ 850 ℃,奥氏体中含碳量超过它在室温的溶解度(0.02 ~ 0.03)时,碳就不断地向奥氏体晶粒边界扩散,与铬结合,生成碳化铬 $Cr_{23}C_6$。由于铬原子的半径较大,扩散速度慢,碳在奥氏体中的扩散速度大于铬在奥氏体中的扩散速度,晶界附近大量的铬和碳化合成碳化铬,造成奥氏体边界的贫铬现象,当晶界附近的金属含铬量低于 12% 时就失去了抗腐蚀能力,在腐蚀介质作用下,产生晶间腐蚀。受晶间腐蚀的不锈钢受到应力时会沿晶界断裂,必须采取措施防止和减小焊件的晶间腐蚀。采取以下措施:①控制含碳量。当含碳量在 0.08% 以下时,析出碳的数量较少,而超过 0.08% 以上,析出碳的数量急剧增加,因此应控制基本金属和焊丝的含碳量在 0.08% 以下。②添加稳定剂。在基本金属和焊接材料中加入钛等与碳的亲和力比铬大的元素,使它与碳形成稳定的化合物,避免了晶界的贫铬现象。③采用双相组织。加入铁素体元素,如铬、硅等,使焊缝形成奥氏体加铁素体双相组织,铬在铁素体中的扩散速度比在奥氏体中快,碳化铬在铁素体内或附近析出,减轻了奥氏体晶界的贫铬现象。④工艺上采取减少焊接热输入。采用小电流、快速度、短电弧和多层焊,或用铜垫板等措施加速焊缝冷却,尽量减少在敏感温度区的停留时间。

奥氏体-铁素体不锈钢具有好的焊接性能,可进行手工电弧焊、惰性气体保护焊、等离子焊、电子束焊、钎焊和点缝焊等,焊接性能与奥氏体不锈钢基本相同。

在航天产品焊接中,马氏体不锈钢应用很少。它的可焊性较差,有淬硬倾向,焊后残余应力大,易产生裂纹。为避免产生裂纹,需焊前预热,焊后缓冷,在焊接时选用大的焊接电流,减慢冷却速度,防止产生裂纹。

3. 铝合金的焊接

航天产品生产中应用广泛的铝镁合金有 5A03(LF3)、5A06(LF6)和 3A21(LF21)。这类合金是不能热处理强化的,一般在退火状态下使用,为了提高材料的机械性能,也使用冷作硬化状态的材料。这些合金具有较好的焊接性能,采用惰性气体保护焊、点缝焊和钎焊都可获得比较好的焊接接头,焊接强度系数均可达 90% 以上,塑性及抗腐蚀性能良好,焊接中的主要问题是气孔和裂纹。防锈铝合金产生气孔的主要原因是氢气,氢能大量地溶入液态铝,但几乎不溶入固态铝中,因此熔池结晶时,溶入液态铝中的氢析出,形成气孔。铝材、焊丝表面吸附的水分,保护气体中的水分是氢的主要来源。铝合金表面的氧化膜极易吸附水分,随着镁质量分数的增加,氧化膜的致密性越差,水的吸附性越强,气孔倾向性越大,因此 5A06 比 5A03 气孔倾向性大,气孔将降低焊接接头的机械性能和气密性。5A06 铝合金在焊接时容易产生热裂纹,这是因为 5A06 铝合金属于典型的共晶型合金,在焊接凝固过程中,冷却很快,固相和液相之间来不及平衡扩散,先凝固的固相中合金元素较少,而液相含有较多的合金元素,在较小的平均浓度下就出现了共晶体,低熔点共晶体的存在,当焊接应力较大时,就产生了裂纹。在焊接时要采取合理的工艺措施,控制和消除焊接气孔及裂纹,焊前要彻底清除焊丝及母材表面的氧化膜,可采用化学或机械方法清理。焊前预热焊接垫板,采用较大的焊接电流和慢的焊接速度,有利于焊接气孔的逸出,为了防止焊接裂纹的产生,选择适合的焊丝和适当的焊接工艺是必要的。

焊接 5A06 铝合金,应选用 5B06(LF14)焊丝,该焊丝中含有一定量的钛,以细化焊缝晶粒,提高焊缝的抗裂纹性能。在焊接工艺上,应采用热量集中的焊接热源,防止出现粗大的柱状晶,改善抗裂性能。

6063(LD31)是 Al-Si-Mg 系合金,它为热处理强化合金,具有较好的加工性能,较高的机械性能,钎焊性能优良,是铝波导器件较好的材料。

锻铝合金为热处理强化合金。2A14(LD10)是 Al-Cu-Mg-Si 系合金,经淬火人工时效后,抗拉强度在 430 MPa 以上,屈服强度在 340 MPa 以上,延伸率大于 5%。它的点缝焊性能较好,熔焊性能较差。

4. 钛合金的焊接

钛合金具有密度小、比强度高、低温韧性好、良好的耐腐蚀、耐高温性能等特点,是航天产品中一种重要的结构材料。钛合金可分为 α 型、β 型、$\alpha+\beta$ 型三类,在航天产品焊接结构中常用的钛合金主要是 α 型和 $\alpha+\beta$ 型。

钛的化学性质非常活泼,在 400 ℃ 以上开始和空气中的氧、氮、碳、氢发生化学反应,高于 600 ℃ 时,反应剧烈。焊缝中的氧、氮、碳、氢质量分数高时,焊缝金属的硬度及强度上升,塑性下降,氢对冲击韧性影响很大,它是引起冷裂纹的重要原因。氢在 300 ℃ 以下时溶解度很小,室温时的极限溶解度仅为 0.002% 。焊缝冷却到 300 ℃ 以下时,过饱和的氢以氢化钛-γ 相的形式析出,该相呈细片状或针状,断裂强度低,在外力作用下就会产生冷裂纹。在大气条件下对加热的钛没有足够保护时,常导致吸氧和吸氮,保护气氛中的水分是氢和氧的来源。焊件表面的油污和其他污染物会产生氢的污染。氢及氧是产生焊缝气孔的主要来源,氢和氧质量分数增加,气孔倾向增大。为了保证钛合金的焊接质量,应严格控制母材和填充焊丝的杂质质量分数,同时应采取工艺措施,防止有害杂质侵入焊接区。

焊前必须仔细清理工件坡口和坡口两侧表面及填充焊丝表面的污物并干燥处理,焊接工装也需彻底清理,除去油脂,必要时工件在焊前应进行除氢处理。

α 型钛合金 TA7 具有较高的强度及韧性,焊接性能良好。α+β 型钛合金为双相组织,合金性能不仅决定于化学成分,还决定于相的组成。TC3、TC4 合金的焊接性能好,焊接接头具有比较好的性能。

由于钛的熔化温度高,导热系数和热容量小,因此熔池具有较高的温度和较大的尺寸,焊缝热影响区高温停留时间长,晶粒极易过热而变得粗大,接头塑性明显下降,所以焊接时应采取小电流、快速度的工艺参数进行焊接。钛及钛合金熔焊时,焊接接头上各个区域由于加温和保护条件的不同,焊缝表面氧化膜颜色变化顺序为银白、浅黄、深黄、金紫、深蓝、灰蓝、灰红、灰黑,接头的塑性按此顺序逐渐降低。钨极惰性气体保护焊、等离子焊、电子束焊、点缝焊和钎焊都可以成功地进行钛及钛合金的焊接,焊接接头具有良好的力学性能。

3.4.3　典型航天产品结构的焊接技术

1. 火箭贮箱箱底的自动钨极氩弧焊

火箭贮箱是运载火箭箭体结构的重要部段,它除了储存火箭发动机所需的氧化剂和燃烧剂,还有承力作用。火箭贮箱由壳段和箱底构成。三子级贮箱的箱底是典型代表,三子级贮箱有前底、后底和共底,这些底为椭球型面组件,由圆环、顶盖和叉形环焊接而成。圆环由 6 块瓜瓣拼焊而成,在圆环上再焊接顶盖和叉形环就构成了箱底,如图 3.124 所示。

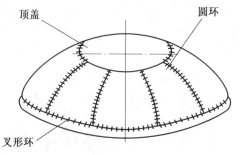

图 3.124　火箭贮箱箱底结构示意图

箱底直径为 3 000 mm,材料为 2A14T6 铝合金。圆环、顶盖经钣金成形后再铣,焊接区厚度较厚,其他部位较薄,以减轻结构质量。前底焊接区厚度为 2.5 mm,后底为 3.8 mm,共底为 1.6 mm,在前底和后底上还焊接有多个法兰盘。对箱底焊接质量要求较高,除焊缝内部及外部质量满足技术要求外,对焊缝致密性提出了很高的要求。

箱底焊接工艺装备包括有箱底拼焊自动焊接设备、圆环纵缝焊接夹具和环焊焊接夹具。箱底自动焊接是在箱底拼焊自动焊接设备上完成,如图 3.125 所示。该设备为数控焊接设备,保证了焊接机头以恒定的焊接速度沿椭球的理论曲线运行,同时,在任何施焊位置焊枪始终在椭球法线方向并且垂直于地面,即焊接点处于水平位置。圆环纵缝拼焊夹具由模胎和纵向压板组成,模胎的外形与箱底椭球内形相同,在圆环六条纵向焊缝位置,镶嵌有六块弧形带焊漏槽的不锈钢垫板。模胎固定在拼焊自动焊接设备的转台花盘上,模胎上部伸出一转轴。纵向

压板为气动琴键式压板,一端套到模胎上部
转轴上,另一端与转台本体相连,纵向压板相
对转台保持不动,但花盘上的模胎可绕转轴
旋转,当模胎转到圆环纵缝位置时,纵向压板
压下,即可完成一条纵缝焊接,模胎转动六
次,完成六条纵缝焊接。环焊焊接夹具用于
圆环与叉形环、圆环与顶盖两条环缝的焊接,
它由模胎和环向压板组成。在外形与箱底椭
球内形相同的模胎上,镶嵌有两条环向不锈
钢垫板,圆环与顶盖的垫板为固定式的,而圆
环与叉形环的垫板为活动式的,当垫板内的
气囊充气时,垫板向外胀出,使环缝背面撑
紧。环向压板有两套,一套用于圆环与叉形

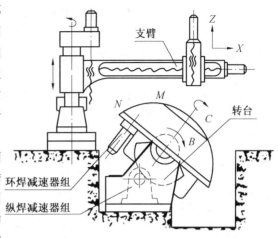

图 3.125　箱底拼焊自动焊接设备

环,一套用于圆环与顶盖。圆环与叉形环压板为固定的钢环,分别压到圆环与叉形环的外表面
上。圆环与顶盖的压板为气动琴键式压板,为了防止环焊时压板与焊枪的干涉,采用了特殊的
鼠笼式压环,该压环焊接时保持不动,但传递压力,使琴键式压板压向模胎的力保持不变。

2. 火箭发动机身部的真空钎焊

推力室是火箭发动机的重要组成部分,它是实现能量转化、形成推力的装置。推力室种类
很多,结构形式各异,一般由头部、燃烧室及喷管构成,通常把燃烧室和喷管称为身部。身部的
种类也很多,应用较普遍的是波纹板夹层结构、内壁沟槽式结构和管束式结构。

波纹板夹层结构身部由中段和尾段组成,如图
3.126所示。其内壁和外壁为薄壁板料,中间由波纹
板构成通道,经钎焊后成一牢固的整体,内表面为具
有良好气动力特性的特殊型面,外表面形状与内表面
相同,其上装配、焊接有一些零、组件。对身部的技术
要求如下:钎焊焊缝不准有夹渣、裂纹和钎焊堵塞,未
焊透面积不超过规定值,组件做强度试验,压力为10
~18 MPa。为保证内表面的气动力特性,内表面焊接
变形控制在:喉部与样板间隙不大于0.1 mm,其他部
位的贴合间隙不大于0.2 mm。装配、焊接后尺寸精
度和形位公差符合要求,中段与尾段的同轴度为
1.0 mm,端面对轴线的垂直度为0.2 mm。

钎焊前必须清除零件表面的氧化物和油污等。

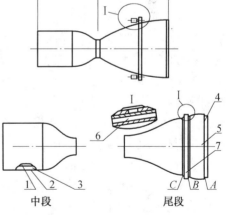

图 3.126　波纹板夹层结构身部示意图
1—中段内壁;2—中段外壁;3、6—波纹板;
4—尾段内壁;5—尾段外壁;7—垫板

不锈钢表面有稳定的氧化膜,在钎焊过程中难以去
除,为保证钎焊接头质量,需在零件表面预先镀镍,在
钎焊条件下镍的氧化物容易分解,因而镍层将有效地保护母材表面,有助于钎料的铺展,最后
镍层被液态钎料所溶解,成为焊缝的组成部分,焊后焊件上不再存有镍层,而是钎料与母材直
接结合。

钎焊过程中,通常采用较高的钎焊温度,要尽量缩短在 450~650 ℃脆性温度区的停留时间,防止在该温度区间内,由于冷却速度过慢而引起的材料变脆。钎焊冷却速度越慢,母材的延伸率、断面收缩率及冲击韧性越低。钎焊温度过高(超过 1 200 ℃),钎焊时间过长,脆性破坏的可能性增大。有时用相同的钎焊温度、钎焊时间及冷却速度,对相同的 1Cr21Ni5Ti 钢,产生的脆性会截然不同,这主要是母材中钛、铝质量分数不同造成的,因此,应严格控制 1Cr21Ni5Ti 板料的钛、铝质量分数。为了改善身部焊缝的金相组织,提高力学性能和耐蚀性,钎焊后,应在空气中快速冷却,这对 1Cr21Ni5Ti 更重要。

3. 火箭发动机管束式喷管延伸段的自动钨极氩弧焊接

火箭发动机管束式喷管延伸段外形为"钟罩形",由数百根因康镍合金 600 变截面螺旋管组成,管子内型面母线上各点满足十一阶高次方程。焊缝全长约 800 m,变截面螺旋管焊接面有半径为 0.6 mm 的"羊角",如图 3.127 所示。

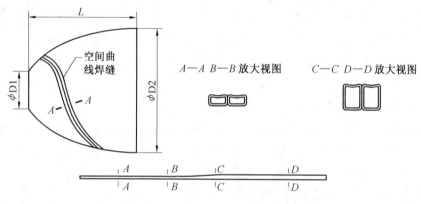

图 3.127　喷管延伸段的结构

管束式喷管延伸段是在高压、低温、振动、热冲刷等苛刻条件下工作的,因此对焊接质量要求严格。由于管壁很薄,仅为 0.3 mm,要保证焊缝焊透、不烧穿,保证大约 800 m 焊缝熔深、熔宽有良好的一致性是十分困难的。这就对自动焊接系统运行的稳定可靠性提出了很高的要求。由于焊缝轨迹的螺旋角时刻发生变化,焊缝窄而浅,弧长变化引起的电弧热输入的变化非常敏感,因此对弧长调节系统要求工作稳定、动态响应迅速、调节精度高。喷管延伸段上端与燃烧室身部相连,下端与集合器相接,均有严格的尺寸配合要求。该结构件焊缝多、长且密集,焊缝总面积约占结构件表面积的 60%,所以需要有效地控制焊接变形与应力。

喷管延伸段焊接系统为四坐标、三联动,具有手动微调的自动焊接设备。它由微机系统、弧长控制、轨迹执行机构和焊接电源四大部分组成。系统的控制核心为焊接专用计算机,它控制自动焊接全过程,包括设置焊接参数(电流、弧压),预编焊接轨迹,协调焊接系统各执行机构的运动,控制起收弧时间、焊接时间、预通气时间等。使用弧长控制器,通过实时调整焊接过程的弧压,保证自动焊过程电弧平稳,其控制精度为±0.1%。焊缝宏观轨迹通过 NC 编程,由悬臂机架(直线 T 轴)和模胎旋转(旋转 Y 轴)联合运动实现焊枪沿编程轨迹运行。

焊接前因康镍 600 变截面螺旋管的装配十分重要,它不仅影响产品的几何精度,还决定着焊接的成败。所有管子应排列均匀、无间隙地附着在模胎上,要尽量减少重复装配,避免管材扭曲变形,以防止喷管延伸段整体型面出现高低方向的错位和水平方向的搓板,从而影响自动焊的稳定进行。

螺旋管束式喷管延伸段采用直流氩弧焊进行焊接。采用分段焊接,并且合理安排焊缝的焊接顺序,可以减小喷管延伸段的整体变形。目前,管束式喷管延伸段还不能实现焊缝实时全自动跟踪。焊接过程中,焊枪宏观轨迹靠预编程确定,而微调焊枪轨迹保证对中焊缝,则需由焊工手调脉冲发生器,通过位置微调执行机构实现。

4. 飞船载人舱侧壁金属壳体的钨极氩弧焊接

飞船载人舱侧壁金属壳体为大型薄壁5A06铝合金焊接密封结构,是飞船结构中的关键部件。除焊缝性能质量和密封性要求较高外,舱体结构精度指标要求也较高,尤其是焊接变形需严格控制,其轮廓度指标需满足舱体侧壁新型返回防热层涂敷工艺和防热功能的要求,如图3.128所示。其主要特点为:①壁厚小,结构尺寸大。其总高为1.90 m,最大直径为2.5 m,最小直径为1.0 m,蒙皮壁厚为2 mm。②焊缝多,组合分布复杂。舱体环向焊缝3条,纵向焊缝5条,舱壁上分别开孔24个与法兰口框等零件焊接。

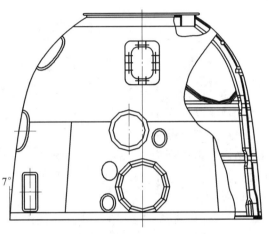

图3.128　载人侧壁金属壳体结构示意图

据现有工艺技术水平,焊接采用钨极氩弧焊方法完成。焊前准备:为保证焊缝质量和减小结构焊接变形,焊前准备工作十分重要,主要包括焊口装配精度的保证,焊口表面清洁度的保证。焊接方法的选择:对于2~5 mm薄壁铝合金熔焊焊缝,采用填丝钨极氩弧焊方法,一次焊接,单面焊双面成形,合理选择焊接电流、焊接速度、氩气流量等参数,提高焊缝质量,减小焊接变形。焊接变形与控制:针对焊接变形控制要求,将整体结构合理划分为部件焊接,并对不同部位在不同的工序中,综合采取下列焊接变形和残余应力控制措施,可有效控制舱体的焊接变形。将焊后零件工装同时进炉热处理以消除应力,采用逐点挤压机械矫形、风动锤击机械矫形和手工钣金矫形等工艺技术减小焊接变形。合理控制焊前装配顺序,通过焊前装配尺寸精度的控制,有效地控制组件焊后精度。对一次装焊的多个法兰口框采用对称顺序焊接,对一条法兰口框焊缝必要时采用分段跳焊方法,以减小焊接变形。

5. 氢氧发动机电铸身部的电子束焊接

氢氧发动机燃烧室身部采用再生冷却方式的锆铜合金–电铸镍新型夹层结构,如图3.129所示。电铸镍外壁上焊接有许多连接构件,其中的关键焊缝是不锈钢法兰盘与电铸镍外壁的焊接,燃烧室就是通过该法兰盘与喷管延伸段连接成一体,该焊缝不仅要承受高温、高压、高速的燃气流及其所产生的振动冲击,还要承受高速液氢的低温及通道压力,因此,焊接接头要求致密、强度高,不能有丝毫的氢渗漏。

燃烧室身部外壁的电铸镍不同于冶炼轧制的纯镍,其组织疏松而且较脆,可焊性比轧制的纯镍要差。常规熔焊时,镍一侧的热影响区会有组织粗大的现象,这对接头性能不利。此外,如果保护氛围不好,镍在焊接时极易氧化,NiO属低熔点相,聚积在晶界处降低了晶粒间的结

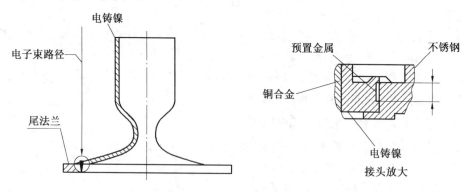

图 3.129　液压身部焊接示意图

合力,在焊接应力作用下极有可能产生裂纹,所以镍焊接时应尽量采用低热输入的焊接方法及参数,做好熔池环境保护以防止过热,降低热裂纹倾向。

电铸镍在锆铜合金冷却通道的肋条上,有效接触面积小,镍层厚度只有几毫米,焊接时热量会很快传递到铜镍结合部,当温度积累上升至 400 ℃以上时,电铸镍层与锆铜外壁结合面的结合力将显著下降,锆铜与电铸镍连接处会因焊接过热发生开裂,因此,焊接时也必须严格控制热输入量。

该焊缝(含锁底)厚约 10 mm,一般的熔焊方法不可能一次熔透,而燃烧室身部的结构和材料对热和焊接环境十分敏感,不允许反复多次焊。因此,对于燃烧室身部这种生产成本高、工艺复杂、工艺流程长、工况恶劣、质量和可靠性要求高的大厚度异种金属焊接,真空电子束焊接工艺充分发挥了它的优势。焊接在高压型 150 kV 真空电子束焊机上进行,但电子束焊接时还要注意采取如下措施:焊接时采用强聚焦穿透焊接,减少重复焊接次数,降低能量输入,必须重复焊时需延长间隔时间。为提高材料的抗裂性能,加填抗裂材料,预置在接头处,装置位置如图 3.129 所示。

6. 铝波导器件真空钎焊

波导器件是依靠其内腔来传输电磁能量的,内腔几何精度决定了器件的电气性能,而波导器件在焊接后一般是无法再进行机械加工的,因此,波导器件的钎焊实质上是一种精密钎焊工艺技术。经过研制实践证明,真空钎焊工艺是铝波导器件钎焊较为满意的工艺方法之一。

铝波导器件使用的材料为 3A21(LF21)和 6063(LD31),它们都具有良好的钎焊性能。铝波导真空钎焊常用的钎料为 BAl85SiMg、BAl89SiMg,真空钎焊用镁作为活化剂。实践证明,在 Al-Si 钎料中加入 1% ~1.5%Mg,其流动性及填缝能力均有较明显的提高,Al-Si-Mg 共晶型钎料与 3A21、6063 铝合金为基材的波导器件真空钎焊能形成牢固的钎焊接头,故在生产中均采用 Al-Si-Mg 钎料。钎料可加工成 $\phi 1$ ~$\phi 4$ mm 的丝材,0.8 ~1 mm 厚的板材,0.03 ~0.1 mm 厚的箔材。

铝波导真空钎焊采用的设备为冷壁式真空炉或冷壁式真空钎焊-气淬炉。

铝波导器件的钎焊接头形式有搭接、对接、波导并接、垂直对接、腔体拼接等。铝波导器件的内腔形位精度及尺寸精度都需依靠钎焊精度来保证,正确的装夹定位是保证器件质量的关键。根据波导器件的结构特点并考虑到铝合金热膨胀系数大等因素,铝波导器件应以自身定位为主,尽量不使用或少使用夹具,避免或减少因外力带来的变形。必须使用夹具时,要力求结构简单、轻便,无刚性约束力,如采用螺杆、弹簧夹、传力板等。设计夹具时,应妥善选择材质,防止钎焊过程中与器件基材形成低熔点共晶,夹具材质的膨胀系数应与基材相近。弹性夹紧装置,应选择在钎焊温度下,保持弹性的材质。对于结构复杂的器件,可采用氩弧点焊、激光焊、电子束焊等进行定位。

真空钎焊时,真空度应保持在 $1\times10^{-3} \sim 3\times10^{-3}$ Pa,环境相对湿度应小于80%。对3A21铝合金波导器件钎焊温度为(610±5)℃,而对6063铝合金波导器件,因固相线温度偏低,钎焊温度一般控制在(590±5)℃。钎焊时,为使器件整体受热均匀,尤其对厚薄比相差悬殊的波导器件,如10 cm 波段功分器,其结构复杂,由两个阶梯腔组成,中间隔板最薄处似刀刃,厚薄比达200∶1,在真空钎焊过程中,要进行预保温,一般预保温温度为500 ~ 540 ℃,时间视器件大小、厚薄相差的情况而定,然后快速升至钎焊温度,当钎料熔化后,保温 3 ~ 5 min 即可。应当指出,钎焊时间过长,钎焊温度过高,则钎料流失严重,易产生熔融现象,所以必须严格控制钎焊工艺规范。

3.5　铆接和胀接工艺技术

3.5.1　铆接

铆接是利用铆钉作为紧固件的机械连接方法,属于不可拆连接。铆接的工艺过程包括:铆钉孔位置的确定、开制铆钉孔、制沉头铆钉窝和铆接铆钉,某一过程的失误都可能会给产品带来严重的后果。铆接使用可靠,质量稳定,检验方便;较螺纹连接工艺简便、成本低;但不可拆卸,生产效率低,劳动条件差。铆接常用于制造薄板构件、型材组合件及受冲击、振动的金属结构。铆接结构在运载火箭和战术导弹上应用比较广泛。一枚运载火箭的铆钉约10万件,目前在运载火箭的一级尾段、后过渡段、箱间段、二级尾段、后过渡段、箱间段、二三级级间段及尾翼和卫星整流罩倒锥段都采用铆接结构,在战术导弹上某些壳段和翼面也采用了铆接结构。运载火箭和战术导弹的铆接结构基本上都采用飞机的结构形式:有大梁、桁条、蒙皮、端框、中间框。根据使用需要,结构上还有许多检查孔、仪器设备安装调试口和各种类型的口盖、口框和仪器支架等。

按加工温度不同,铆接有热铆和冷铆之分。直径大于 10 mm 的钢铆钉,通常加热到1 000 ~ 1 100 ℃进行热铆,通过铆锤和托垫施力,使钉杆尾部胀粗形成铆成头,如图 3.130 所示。热铆压力小,但易产生加热缺陷。钢铆钉直径小于 10 mm 时可在常温下冷铆,用于不太重要的连接。塑性良好的铜、铝及其合金铆钉,直径小于 12 mm 时广泛采用冷铆。

铆接有搭接和对接之分,常见的铆接形式及其应用见表3.8。

常用的铆接方法有锤铆、压铆和碾铆三类,可根据铆钉材料和种类以及技术要求选择。

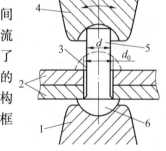

图 3.130　铆接示意图
1—托垫;2—被连接件;
3—铆成头;4—铆头模;5—
钉杆;6—预制头

表3.8　铆接形式及其应用

铆接形式	简图	用途	铆接形式	简图	用途
搭接		一般用于没有严格要求的结构连接	双面垫板对接		用于受力很大的架构连接
垫板对接		用于要求表面平滑的结构连接	型材连接		用于飞机骨架与蒙皮连接和桁架连接

（1）锤铆。锤铆即由工人操纵铆枪进行铆接。锤铆机动灵活，但噪声、振动及劳动强度大，生产效率低，应用较少。

（2）压铆。压铆即用静压力挤压钉杆端形成铆头。压铆操作简便，噪声和振动小，应用较广。

（3）碾铆。碾铆即用旋转碾压方式形成铆头。常用的旋转辊子成形的碾铆工作头结构如图3.131（a）所示。工具为两个经淬硬、抛光的精密钢辊，利用工具旋转运动（图3.131（b））和施加于工具的垂直压力产生的合力，使材料产生自中心向外的连续径向流动以形成所需形状和尺寸的铆头。碾铆是较先进的铆接技术，加压逐渐进行，金属组织致密完善，铆头形状均匀一致；铆接的松紧程度可控，钉杆受力小，不易弯曲；噪声低，无振动，能适应陶瓷、玻璃等脆性构件的铆接。近年来碾铆的应用逐渐扩大。

适应特殊要求的铆接结构有抽芯铆钉铆接、环槽铆钉铆接和过盈配合铆接等。

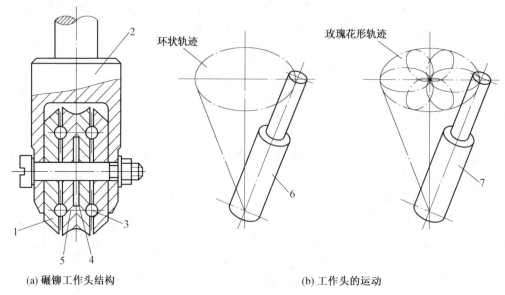

(a) 碾铆工作头结构　　　　　　　　　　　(b) 工作头的运动

图3.131　碾铆示意图

1—滚子座；2—支架；3—滚子；4—油腔；5—碾辊；6、7—碾铆工作头

（1）抽芯铆钉铆接。铆接时将芯杆插入空心铆钉内,用拉枪拉紧芯杆,使杆端圆柱挤入钉杆内,从而使钉杆与钉孔形成轻度过盈配合的铆接结构,铆好后抽出芯杆,如图 3.132 所示。抽芯铆钉连接夹紧力高,能消除结构间隙,抗振、抗疲劳性能好,适用于有较强振动部位的连接或只能从一面进行操作的单面铆接。

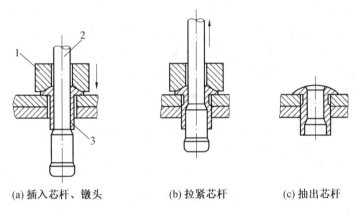

(a) 插入芯杆、镦头　　　　(b) 拉紧芯杆　　　　(c) 抽出芯杆

图 3.132　抽芯铆钉铆接过程
1—铆锤;2—芯杆;3—钉杆

（2）环槽铆钉铆接。环槽铆钉由钉杆和钉套组成,钉杆端部有若干环槽。铆接时,先将钉杆插入钉孔,再将钉套套入钉杆端部。紧压钉套,使其充分挤入钉杆环槽并形成铆头,如图 3.133 所示。环槽铆钉铆接钉杆与钉孔配合均匀并有很高的夹紧力,钉杆有很高的抗剪强度,适用于强度要求高的重要构件。

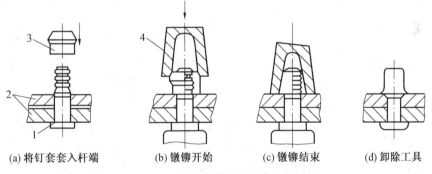

(a) 将钉套套入杆端　　(b) 镦铆开始　　(c) 镦铆结束　　(d) 卸除工具

图 3.133　环槽铆钉铆接过程
1—钉杆(铆钉);2—铆接件;3—钉套;4—铆头模

（3）过盈配合铆接。即钉杆与钉孔采用过盈配合的铆接结构,最大过盈量可达钉孔直径的 4% ~5% 。采用过盈配合可使钉孔孔壁受径向挤压产生硬化,从而提高连接的疲劳寿命且有良好的密封性,已在飞机制造和维修中广泛使用。

铆接件的钉孔的间距不得过小,以免受力时孔边产生裂纹。应尽量采用钻孔或先冲后钻,对于重要铆接还应铰孔以保证质量。铆钉材料一般应与被铆件相同,以免因线膨胀系数不同影响铆接强度。同一结构件的铆钉直径应相同,最多不宜超过两种,以便于铆接加工。铆钉应合理布置,铆钉组的形心应与铆接接合面的形心重合,铆钉排列方式应尽量采用交错式,以提高铆接强度。应有足够的铆接操作空间。

3.5.2 胀接技术

胀接是利用管子和管板变形来达到密封和紧固的一种连接方式,胀接有机械胀接、爆炸胀接和液压胀接三种方法。不论采用哪种方法,都是通过扩胀管子的直径,使管子产生塑性变形,并通过管壁作用在管板孔壁上,使其产生弹性变形,利用管板孔壁的回弹对管子施加径向压力,使管子与管板的连接接头产生足够的胀接强度,同时具有较好的致密性。

由于胀接技术仅限于管子和管板之间的连接,应用范围有限,所以只是在一些压力容器,如锅炉、热交换器等产品中应用;并且,为了提高连接强度和致密性,往往辅以开槽或焊接等各种手段。胀接的结构形式主要有两种,即光孔胀接和管板孔开槽胀接。胀接的结构种类、形式、特点和应用范围见表3.9。

表3.9 胀接的种类、形式、特点和应用范围

种类	名称	结构示意图	压力/MPa	特点和应用	种类	名称	结构示意图	压力/MPa	特点和应用
光孔胀接	光孔胀接		<0.6	基本胀接形式,强度较低。用于要求不高场合	开槽胀接	开槽胀接		<3.5	强度较高,管板孔加工比较困难。用于较重要结构
	光孔翻边		<0.6	基本胀接形式,强度稍高。用于一般结构		开槽翻边		<3.5	强度较高,管板孔加工比较困难。用于较重要结构
	光孔加端焊		<7	强度较高,焊接技术要求较高。用于重要结构		开槽加端焊		>7	强度最高,工艺复杂。用于高压容器等重要结构

3.6 胶接技术

胶接是指在一定条件下,利用胶黏剂将零件牢固地连接成不可拆卸的整体,并使其接合处具有足够强度的技术。胶接是航天材料特别是复合材料结构的主要连接方式之一。

胶接与其他连接方式相比其优点为:无钻孔引起的应力集中,连接效率高,结构轻;密封、减震及绝缘性能好;有阻止裂纹扩展作用,破损安全性好;能获得光滑气动外形;不同材料连接无电偶腐蚀问题;适合难以用其他方法连接材料(如薄膜、纺织物、玻璃和橡胶等)的连接;可实现绝缘、导电、阻尼等功能性要求;简化设计,减少零件数量,降低成本。胶接的缺点是:胶接性能受环境(湿、热、腐蚀介质等)影响大,存在一定老化问题;胶接强度分散性大,剥离强度低,不能传递大的载荷;胶接表面在胶接前需做特殊的表面处理;被胶接件间配合公差要求严,一般需加温加压固化设备,修补较困难;质量控制比较困难,胶接后一般不可拆卸。

尽管胶接连接具有很多缺点,但通过合理设计胶接接头,选用与结构和使用环境匹配的胶黏剂,在工艺上严格控制其胶接质量,胶接结构仍具有相当高的可靠性,现已大量应用于导弹、

火箭、卫星和飞船等零部件的制造领域。对于许多结构的连接,胶接具有不可替代的作用。

3.6.1　胶接原理

胶黏剂能够将两个零件牢固地连接起来的原因在于胶黏剂和被粘物表面间发生了机械、物理及化学作用。

(1)机械作用。任何零件的表面都有一些微小凹穴和孔隙,当胶黏剂在固化前,其流动性和毛细作用能够渗入被粘物表面的微小凹穴和孔隙中。当胶黏剂固化后,就像有无数小的"销钉"镶嵌在被粘物的微小缝隙中,从而把接头牢固地连接在一起。

(2)扩散作用。在温度和压力的作用下,由于胶黏剂与被粘物之间分子的相互扩散形成"交织"层,从而牢固地连接在一起,接头的强度与接触时间、温度、高分子类型、分子量、黏度等有一定的关系。

(3)吸附作用。任何物质的分子彼此靠近时(间距小于 0.5 nm)时,分子间的相互作用力能将接触的物体相互吸附在一起。当胶黏剂与被粘物的分子紧密接触时,也会发生吸附作用使之形成牢固的结合。从原子或分子的角度来看,界面间接触间距足够小时,离子、原子、分子或原子团之间必然要发生相互的作用。这些作用中,较强的是化学键力(包括离子键和共价键),其值在 $4.2 \times 10^4 \sim 4.2 \times 10^5$ J/克分子之间,其次是氢键力和范德华力;其值小于 4.2×10^4 J/克分子。

(4)化学作用。在某些胶接过程中,胶黏剂分子能与被粘物表面分子之间形成牢固的化学键,从而使它们有力地结合在一起。

3.6.2　胶黏剂

胶黏剂又称胶接剂或粘接剂,简称胶,它由多组分配合而成,配方不同,胶黏剂的性能、强度也不同,一般由基料和添加剂组成。

基料又称粘料或胶料,是胶接剂的基体,是粘接剂中使母材粘接在一起时起主要作用的组分,它决定胶黏剂的强度、韧性、耐热性、耐老化性等。按基料的化学成分,胶黏剂可分为无机胶和有机胶两大类。无机胶又分为硅酸盐、磷酸盐和硫酸盐三大类,有机胶又分为天然胶和合成胶;其中天然胶以动物骨皮、松香、天然橡胶等天然高分子化合物为基料,组分单一;合成胶以合成橡胶、合成树脂等合成高分子化合物为基料,组成复杂。

常用的添加剂有固化剂、增塑剂、稀释剂和填料等,主要用来改善和提高胶黏剂的性能。其中固化剂(也称硬化剂)的作用是加速固化,是胶黏剂中直接参与化学反应,使胶黏剂发生固化的成分。它能使线形结构的树脂变成网状结构或体形结构,提高黏料的粘接强度。固化剂的性能和用量会影响胶黏剂的工艺性能及使用性能。增塑剂的作用是提高胶黏剂的柔韧性、耐寒性、抗冲击性及与基料的相容性,树脂粘接剂固化后脆性大,增韧剂的作用是提高塑性、韧性、降低脆性,从而提高接头的抗剥离和抗冲击性能。常用的增韧剂有高沸点低分子有机液体、热塑性树脂及合成橡胶。稀释剂可降低黏度,便于涂胶;稀释剂是粘接剂中用来降低其黏度的液体物质,稀释剂可便于胶黏剂的涂敷,并能增加胶黏剂对被粘物表面的浸润能力和分子活动力,从而提高接头强度。常用的稀释剂有丙酮、漆料等多种与粘料相溶的溶剂。有机溶剂多为易燃性物质,在使用中应特别注意安全。填料则可降低胶黏剂线膨胀系数和收缩率,提高强度、硬度、耐热性和耐蚀性等。填料是胶黏剂中加入的一种非黏性固体物质,可提高胶黏剂强度、抗老化性或降低成本。通常使用的填料有金属或金属氧化物粉末、非金属矿物粉末、玻璃及石棉纤维等。

从实用角度分,胶黏剂可分为结构胶、修补胶、密封胶、软质材料用胶和特种胶。

(1)结构胶。结构胶一般指室温下抗剪强度大于 $150×10^5$ N/m²,不均匀扯离强度大于 300 N/cm,或者室温强度虽低于上述指标,但在较高温度下(100~200 ℃)仍具有较高强度的胶黏剂。结构胶能承受较大载荷,常用于受力零部件的胶接。常用的结构胶有环氧–丁腈胶和酚醛–丁腈胶等。

(2)修补胶。修补胶的室温剪切强度一般在 $100×10^5$ N/m² 以上,使用工艺简单,但工作温度一般不高于100 ℃。修补胶使用工艺简单,主要用于机电设备、汽车、拖拉机零部件的修复。常用的修补胶有环氧树脂胶等。

(3)密封胶。密封胶主要是代替橡皮、石棉等固体垫片用于密封机械连接接头,防止泄漏、松动。常用的密封胶有尼龙密封胶和厌氧密封胶等。

(4)软质材料用胶。主要用于橡胶、塑料和纤维物等软质材料的胶接,一般为热塑性脂的溶液胶和橡胶型胶。常用的有有机玻璃胶、氯丁橡胶和聚氨酯胶等。

(5)特种胶。特种胶是既具有较高的粘接强度、又具有特殊性能的胶黏剂,如导电、耐高温、耐低温、导磁等。常用的特种胶有酚醛树脂导电胶、聚酰亚胺高温胶和聚氨酯超低温胶等。

航天飞行器常用的胶黏剂见表3.10。

表 3.10　航天产品胶接常用的胶黏剂及其性能

牌号	类型	固化条件	使用温度/℃	剪切强度/MPa	技术条件	生产厂家
GD414	硅橡胶	室温,3~5 d	−60~250	室温,≥1.5	Q/20395522−9.5 0.2002	晨光化工研究院
CXJ−38	硅橡胶	室温 15 ℃ 以上,7 d	−90~250	室温,≥1.0 150 ℃,≥0.5	QSJT198−81	航天科技集团一院 703 所
HYJ−29	双酚 A 型环氧胶	70~75 ℃,3 h	不大于150	室温,≥14 110 ℃,≥12 150 ℃,≥8	QSJT197−81	航天科技集团一院 703 所
HYJ−51	F 酚醛环氧胶	室温,3~5 d	室温~200	室温,≥8 150 ℃,≥5 200 ℃,≥2	DqJT370−95	航天科技集团一院 703 所
J−2	环氧树脂	室温,36 h 以上,或者80 ℃, 4 h	−60~80	20 ℃,≥30 100 ℃,≥8	CB−SH−0013−96	黑龙江省科学院石油化学研究所
J−47A	改性环氧树脂胶膜	125 ℃,2~3 h 0.1~0.5 MPa	−60~130	室温,≥30 100 ℃,≥18	QB/HSY003−90	黑龙江省科学院石油化学研究所
J−47B	改性环氧树脂底胶	125 ℃,2~3 h 0.1~0.5 MPa	−60~130	室温,≥26 100 ℃,≥15	QB/HSY003−90	黑龙江省科学院石油化学研究所
J−47C	改性环氧树脂胶膜	125 ℃,2~3 h 0.1~0.5 MPa	−60~130	室温,≥26 100 ℃,≥15	QB/HSY003−90	黑龙江省科学院石油化学研究所

续表 3.10

牌号	类型	固化条件	使用温度/℃	剪切强度/MPa	技术条件	生产厂家
J-47D	改性环氧树脂泡沫胶	125 ℃,2~3 h 0.1~0.5MPa	-60~130	管剪强度 室温,≥4 100 ℃,≥3	QB/HSY003-90	黑龙江省科学院石油化学研究所
SG-200	改性环氧树脂	室温,24 h	200	对于玻璃钢 室温,≥20, 200 ℃,≥8	Q/VHAP31-1995	上海海鹰机械厂粘接技术研究所
SJ-2A	改性环氧树脂胶膜	180 ℃,2.5~3 h 0.1~0.3 MPa	-55~150	室温,≥30 150 ℃,≥15	QB/HSY004-90	黑龙江省科学院石油化学研究所
SJ-2B	改性环氧树脂胶膜	180 ℃,2.5~3 h 0.1~0.3 MPa	-55~150	室温,≥30 150 ℃,≥14	QB/HSY004-90	黑龙江省科学院石油化学研究所

注:以上资料和数据来源不同而有所不同,建议以胶黏剂生产单位的技术条件为准

3.6.3　胶接工艺

根据零部件胶接的要求选择好胶黏剂后,必须严格遵守胶接工艺规范,才能获得良好的胶接接头。胶接工艺包括清理、涂胶、合拢和固化 4 个工艺过程。

(1)表面清理。为了保证胶接强度,胶接件的待胶接表面必须去除油污和锈蚀等并保持清洁,金属件的表面处理包括清洗、除油、机械处理和化学处理等。非金属件表面一般只进行机械处理或溶剂清洗。对于大批量的小型胶接件,可在三氯乙烯蒸槽内放置半分钟左右,就能有效地去除油污。对于胶接面积较小的小批量零件,可用乙酸或乙醚进行清洗。对于油污严重的面应先用汽油浸泡或刷洗作为预清洗,对于较大部件的大批量生产,则常用碱液进行处理,再用热水、冷水冲洗,最后用热风干燥。机械处理有喷砂、磨、铣、刮、铲等,可将表面油污、氧化膜去除,同时能增大表面的粗糙度,增大粘接面积。利用酸、碱等溶液或电化学方法除掉表面的沾污和氧化膜。该方法适合于形状较复杂的构件或不便于机械处理的场合。通过表面处理使材料表面生成氧化膜或含氧基因,提高材料与胶黏剂的结合能力。常用的方法有氧化法、铬酸清洗和磷化法,该方法操作方便,效率高,适合于大型或形状复杂的零件。

表面处理后的工件一般要在烘干箱内烘干,烘干后的工件应在几小时内进行粘接,并且不能用手触摸。

(2)涂胶。胶黏剂有各种不同的外观形态,如单组分胶液(含溶剂或不含溶剂)、多组分糊状、固体胶粉、胶膜、胶棒等。一般单组分胶黏剂可直接使用,而多组分胶黏剂则在使用前需按使用说明书配比,并充分均匀混合。待胶接表面经处理后最好立即涂胶,以免表面再次污染。胶黏剂涂敷方法有很多,如液状胶黏剂可采用涂刷、喷涂、浸渍等方式,固态胶黏剂则要加热工件或同时加热工件与粘接剂到一定温度后涂敷。涂胶时必须保证胶层均匀,一般无机胶黏剂胶层厚度控制在 0.1~0.2 mm,有机胶黏剂胶层厚度控制在 0.05~0.1 mm。涂敷量原则上是保证两个贴合面不缺胶的情况下胶层越薄越好。因为胶层越薄,产生气泡等缺陷的可能性越小,在固化时产生内应力的可能性也越小,粘接强度则越高。粗糙表面必须涂敷足够的胶

黏剂,保证凹陷处填满。

（3）合拢。合拢工序取决于胶黏剂的类型。对于无溶剂胶,涂胶均匀后即可合拢;对于有溶剂胶,涂胶后一般在室温条件下,保持环境清洁,等溶剂全部挥发后再进行合拢。

（4）固化。固化指的是胶接界面间胶黏剂的硬化从而使接头达到所期望的连接强度的过程。胶黏剂固化后接头才具有较高的强度,固化工序对胶接质量有重要影响。其影响因素为压力、温度和时间。在固化过程中,需施加一定的压力,排出胶层中残留的挥发性溶剂。有些胶黏剂需要加热,缩短固化时间,加热温度越高,固化时间越短。固化温度要严格控制,温度太高会使接头脆化,温度太低则会因反应不充分而使接头强度较低。

（5）粘接质量检验。粘接件的质量受多种因素影响,如被粘物体的膨胀系数、温度和压力、表面状态等,质量不够稳定,而且检验较困难。目前粘接质量的检验方法主要有目测法、敲击法、加压法、超声波法、声阻法、液晶检测法等。

3.6.4　胶接接头

胶接接头性能的优劣,不仅取决于胶黏剂的性质和胶接工艺,而且与接头设计的结构形式有密切关系。

在实际工作中,胶接接头的受力情况相当复杂。但归纳起来,大体有四种基本形式,如图3.134所示。

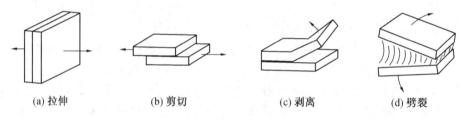

(a) 拉伸　　　　　　(b) 剪切　　　　　　(c) 剥离　　　　　　(d) 劈裂

图3.134　胶接接头的受力基本形式

为了保证粘接接头能承受较大的外力,接头的设计应遵循以下原则:尽量使接头承受剪切应力,避免承受剥离和劈裂作用力;尽可能使接头有较大的粘接面积,胶黏剂薄而连续;重要的接头采用复合形式,例如粘-焊、粘-铆、粘-螺纹等,使粘接接头能承受较大作用力(图3.135)。

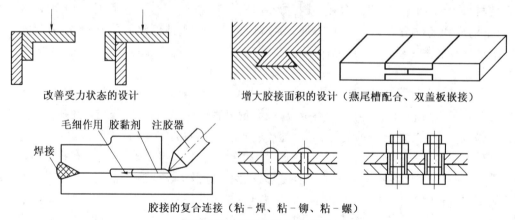

改善受力状态的设计　　　　　　增大胶接面积的设计（燕尾槽配合、双盖板嵌接）

胶接的复合连接（粘-焊、粘-铆、粘-螺）

图3.135　胶接接头设计原则

常见的胶接接头形式有三种:平板接头(图3.136),平板与型材接头(图3.137),管材、棒材接头(图3.138)。

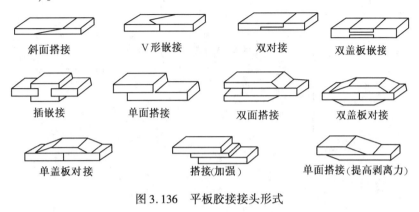

斜面搭接	V形嵌接	双对接	双盖板嵌接
插嵌接	单面搭接	双面搭接	双盖板对接
单盖板对接	搭接(加强)	单面搭接(提高剥离力)

图 3.136　平板胶接接头形式

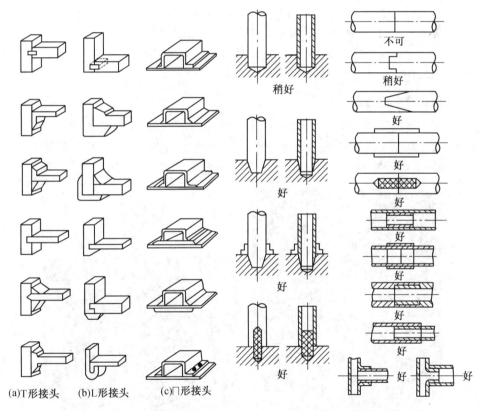

(a)T形接头　(b)L形接头　(c)冂形接头

图 3.137　平板与型材胶接接头形式　　　图 3.138　管材、棒材胶接接头形式

3.6.5　典型航天产品结构的胶接技术

1. 弹头防热结构的胶接套装技术

弹头防热层胶接套装技术,是用适当的胶黏剂把弹头各部段的防热层和相应部段的金属壳体套装胶接在一起的大面积胶接连接技术,俗称套装。某弹头裙部的典型结构如图3.139所示。弹头裙部套装胶接的质量主要是对脱粘面积和胶层厚度的要求。具体要求为:采用

HYJ-29 胶黏剂;胶层厚度应控制在 0.13~0.51 mm;脱粘面积不大于可探面积的 15%,连续脱粘面积不大于 300 cm²。

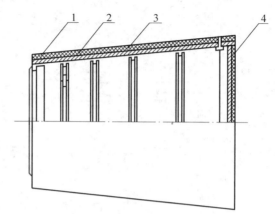

图 3.139　弹头防热结构的胶接套装示意图
1—玻璃钢防热套;2—胶层;3—弹头壳体;4—防热片

主要工艺技术要求包括:套装准备→试套装→表面处理→HYJ-29 胶黏剂配制→涂胶与套装→加压→固化→套装胶接质量检测。

2. 返回舱防热层的胶接技术

神舟号载人飞船返回舱设计要求防热材料与铝壳体、玻璃钢夹层结构本身采用胶黏剂胶接,胶层需耐温 200 ℃,而且要承受轨道段的 ±100 ℃ 高低温交变。返回舱包括侧壁和防热大底两个防热部件,如图 3.140 所示。

(a) 返回舱侧壁　　　　　　　　　　(b) 返回舱防热大底

图 3.140　返回舱侧壁和防热大底部件

侧壁防热层主要包括:在 3A06 铝合金壳体上胶接的 H88 和 H96 低密度烧蚀材料、MD2 中密度玻璃钢局部防热环等。防热大底的防热层主要包括:在玻璃钢蜂窝夹层结构上胶接的 H96 低密度烧蚀材料、MD2 中密度玻璃钢防热拐角环等。

侧壁防热层胶接设计要求:玻璃钢蜂窝与金属壳体的胶接采用 SJ-2A 胶膜,不允许有脱粘现象;所有 MD2 与铝合金胶接的部、组件,要求采用 KH-CL-SP-RTV-1 硅橡胶胶黏剂胶接,要求室温压剪强度不小于2.5 MPa;所有玻璃钢要求采用 SG-200 胶黏剂胶接,要求室温压剪强度不小于 20 MPa。

　　由于侧壁防热层侧壁较大,且开有很多窗口,结构比较复杂,很难采用传统的套装胶接工艺,而采用先在金属壳体上胶接玻璃钢蜂窝,然后再灌注成形低密度烧蚀材料的方法,显著提高了防热层与壳体的结构完整性和可靠性。金属壳体采用了机械打磨和丙酮溶剂清洗处理。玻璃钢蜂窝是采用 SJ-2A 胶膜胶接到壳体上的,胶接质量很好,但要注意防止胶接固化过程中胶膜在蜂窝内的鼓泡,进而影响后续低密度烧蚀材料的灌注质量。大部分边缘防热环的胶接是在低密度烧蚀材料成形后胶接上去的,采用了 KH-CL-SP-RTV-1 室温硫化硅橡胶胶黏剂。这种胶黏剂虽然强度比环氧树脂胶黏剂低得多,但胶接可靠性非常高,而且避免了因加温固化,导致由于玻璃钢与铝合金的线膨胀系数差异而产生较大的热应力,引起脱粘缺陷,这点在异种材料接头胶接设计中要特别注意。采用硅橡胶胶黏剂,应注意胶层厚度不能太薄,一般控制在 0.5 ~ 1.0 mm。左右滚动发动机盖等部件的玻璃钢件的胶接采用了 SG-200 胶黏剂。由于 SG-200 胶对金属有腐蚀作用,必须在金属表面进行玻璃钢化防腐蚀处理。

第4章 复合材料零件制造工艺

4.1 复合材料概述

复合材料是应现代科学技术发展涌现出的具有强大生命力的材料,具有刚度大、强度高、质量轻等优点,且可根据使用条件的要求进行设计和制造,以满足各种特殊用途,从而极大地提高工程结构的效能,已成为当代新型的工程材料。

复合材料历史可分为两个阶段,即早期复合材料和现代复合材料。早期复合材料的历史较长,很多实例散见于现存的历史遗迹中,并且可以从中发现现代复合材料的思想萌芽。现代复合材料是材料历史中合成材料时期的产物,现代复合材料不包括天然复合材料和许多历史遗迹中所发现的所谓早期复合材料。学术界开始使用"复合材料"(Composite Materials)一词大约是在20世纪40年代,当时出现了玻璃纤维增强不饱和聚酯树脂,开辟了现代复合材料的新纪元。20世纪60年代开始陆续开发多种高性能纤维,20世纪80年代以后,人们丰富了设计、制造和测试等方面的知识和经验,同时各种作为复合材料基体的材料使用和改进,使现代复合材料的发展达到了更高的水平,进入了高性能复合材料发展阶段。

目前蓬勃发展的复合材料技术就是利用原有的金属材料、无机非金属材料和有机高分子材料等作为组分,通过一定的工艺方法将它们复合在一起,既能保留原有材料组分的特性,又可以克服组分材料的不足,同时还显示出某些新性能的材料。

4.1.1 复合材料概念与性能

随着航天、航空、汽车、船舶、核工业等突飞猛进的发展,对工程结构材料性能的要求不断提高,传统的单一组成材料已很难满足要求,因而开始大量使用复合材料。复合材料是由两种或两种以上物理和化学性质不同的物质,通过复合工艺而成的多相新型固体材料。它不是不同组分材料的简单混合,而是在保留原组分材料优点的情况下,通过材料设计使各组分材料的性能互相补充并彼此关联,从而获得新的优越性能。实际上,复合材料早就存在于自然界中并被广泛应用。比如:木材就是天然的由木质素与纤维素复合而成的天然复合材料,钢筋混凝土则是由钢筋与砂石、水泥组成的人工复合材料。

复合材料的优越性在于它的性能比其组成材料好得多。第一,可改善或克服组成材料的弱点,具有性能可设计性,充分发挥其优点,即"扬长避短"。如,玻璃的韧性及树脂的强度都较低,但二者的复合物——玻璃钢却有较高的强度和韧性,且质量很轻。第二,可按构件结构和受力的要求,给出预定的、分布合理的配套性能,进行材料的最佳设计。如:用缠绕法制成的玻璃钢容器或火箭壳体,当玻璃纤维方向与主应力方向一致时,可将该方向上的强度提高到树脂的20倍以上。第三,可获得单一组成材料不易具备的性能或功能,具有优异的物理化学性能。

随着复合材料的广泛应用和人们在原材料、复合工艺、界面理论、复合效应等方面的实践和理论研究的深入,使人们对复合材料有了更全面的认识。现在人们可以更能动地选择不同的增强材料(颗粒、片状物、纤维及其织物)和基体进行合理的设计,再采用多种特殊的工艺使其复合或交叉结合,从而制造出高于单组成相材料的性能或开发出单一组成相材料所不具备的性质和使用性能的各类高性能复合材料。

4.1.2 复合材料分类

复合材料可以由金属、无机非金属(陶瓷)和有机高分子材料(树脂)的不同形态组合,经人工复合而成各种不同的复合材料体系。复合材料为多组成相物质,其组成见表4.1。其组成相有两类,即基体相(连续相)和增强相(分散相)。前者起粘结作用,是复合材料的基体,后者起提高强度和刚度的作用。

表 4.1 复合材料的系统组成

增强相		基体相		
		金属材料	无机非金属材料	有机高分子材料
金属材料	金属纤维(丝)	纤维/金属基复合材料	钢丝/水泥基复合材料	金属丝增强橡胶
	金属晶须	晶须/金属基复合材料	晶须/陶瓷基复合材料	
	金属片材			金属/塑料板
无机非金属材料	陶瓷 纤维	纤维/金属基复合材料	纤维/陶瓷基复合材料	
	陶瓷 晶须	晶须/金属基复合材料	晶须/陶瓷基复合材料	
	陶瓷 颗粒	颗粒/金属基复合材料		
	玻璃 纤维			纤维/树脂基复合材料
	玻璃 粒子			粒子填充塑料
	碳 纤维	碳纤维/金属基复合材料	纤维/陶瓷基复合材料	纤维/树脂基复合材料
	碳 炭黑			颗粒/橡胶 颗粒/树脂基复合材料
有机高分子材料	有机纤维			纤维/树脂基复合材料
	塑料			
	橡胶			

复合材料种类繁多,按照不同标准及要求,复合材料通常有如下分类法:

(1)按使用性能不同分类:结构复合材料和功能复合材料等。

(2)按基体(相)材料的类型分类:金属基复合材料;树脂基复合材料和非金属基复合材料(陶瓷基复合材料和碳/碳复合材料等)(图4.1)。

(3)按增强相形态分类:纤维增强复合材料;纤维织物、编织体增强复合材料;片状材料增强复合材料;颗粒增强复合材料和纳米复合材料。纤维增强又可分为长纤维增强和短纤维增强,还有晶须增强复合材料等。纤维增强复合材料又称为连续增强复合材料,颗粒、短纤维或晶须增强又称非连续增强复合材料。(图4.2)

(4)按增强相的类型分类:玻璃纤维增强复合材料、碳纤维增强复合材料、有机纤维复合材料及陶瓷纤维复合材料等。

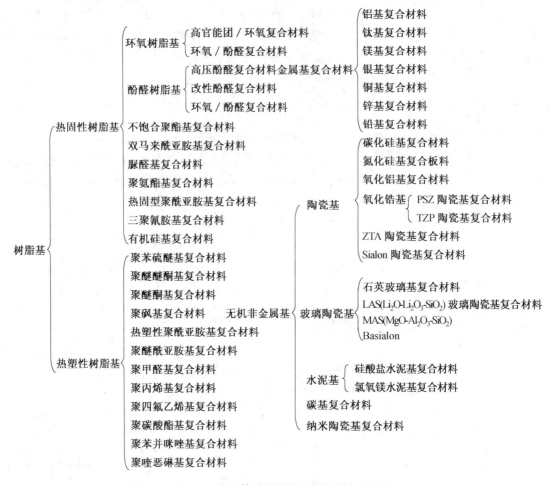

图 4.1　按基体材料类型分类的复合材料

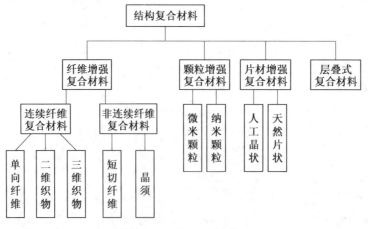

图 4.2　结构复合材料不同增强相类型形式

　　此外,还有一些专指某种范围的名称,如近代复合材料、先进复合材料等。

　　根据关于复合材料的定义,其命名是以复合材料的相为基础,命名方法是将增强相或分散相材料放在前,基体相或连续相材料放在后,其后缀以复合材料。通常的表示方法是分母为基体相,分子为增强相。如碳纤维/环氧树脂复合材料,碳化硅颗粒增强铝基复合材料等。

4.1.3　复合材料的增强相

复合材料的增强相可分为连续纤维、短纤维或晶须及颗粒等,它们的性能见表4.2。

表 4.2　常用增强相的性能

纤维名称	ρ /(g·cm^{-2})	σ_b /MPa	E /GPa	伸长率 /%	稳定温度 /℃
铅硼硅酸盐玻璃纤维	2.5~2.6	1370~2160	58.9	2~3	700(熔点)
高模量玻璃纤维	2.5~2.6	3830~4610	(93~108)	4.4~5.0	<870
高模量碳纤维	1.75~1.95	2260~2850	(275~304)	0.7~1.0	2200
B 纤维	2.5	2750~3140	(383~392)	0.72~0.8	980
Al$_2$O$_3$纤维	3.97	2060	167	—	1000~1500
SiC 纤维	3.18	3430	412	—	1200~1700
W 丝	19.3	2160~4220	(343~412)	—	—
Mo 丝	10.3	2110	353	—	—
Ti 丝	4.72	1860~1960	118	—	—
Kevlar 纤维	1.43~1.46	5000	134	2.3	500~900(分解)
SiC 晶须	3.19	(3~14)×10^3	490	ϕ0.1~ϕ1.0 μm	2690
SiC 颗粒	3.21	(σ_{bc})1500	365		
Al$_2$O$_3$颗粒	3.95	(σ_{bc})760	400		

4.1.4　复合材料的发展与应用

复合材料作为结构材料是从航空工业开始的。因为飞机的质量是决定飞机性能的主要因素之一。飞机质量轻,加速就快、转弯变向灵活、飞行高度高、航程远、有效载荷大。如:F-5A飞机,质量减轻15%,用同样多的燃料可增加10%左右的航程或多载30%左右的武器,飞行高度可提高10%,跑道滑行长度可缩短15%左右。1 kg 的 CFRP(碳纤维增强复合材料)可代替3 kg 的铝合金。

复合材料的应用始于20世纪60年代中期,其应用可分为三个阶段。

第一阶段:应用于非受力或受力不大的零部件上,如飞机的口盖、扩板和地板等。

第二阶段:应用于受力较大件,如飞机的尾翼、机翼、发动机压气机或风扇叶片、尾段机身等。

第三阶段:应用于受力大且复杂零部件上,如机翼与机身结合处、涡轮等。

未来的飞机应用复合材料后预计可减轻重量的26%。目前使用复合材料的多少已成为衡量飞机性能优劣的重要指标。

军用飞机上复合材料的应用情况见表4.3。直升机 V-22 上,复合材料用量为3 000 kg,占总质量的45%;美国研制的轻型侦察攻击直升机 RAH-66,具有隐身能力,复合材料用量所占比例达50%,机身龙骨大梁长 7.62 m,铺层多达1 000层;德法合作研制的"虎"式武装直升机,复合材料用量所占比例达80%。

机种	国别	用量	应用部位
Rafale	法国	40%	机翼、垂尾、机身结构的50%
JAS-39	瑞典	30%	机翼、垂尾、前翼、舱门
B-2	美国	50%	中央翼(身)40%,外翼中侧后部、机翼前缘
F-22	美国	25%	前中机身蒙皮、部分框、机翼蒙皮和部分梁中垂尾蒙皮、平翼蒙皮和大轴
EF-2000	英国、德国、意大利、西班牙合作	50%	前中机身,机翼、垂尾、前翼机体表面的80%

民用飞机上复合材料的应用也在日益增多起来。如 B757,B767,B777,A300,A340 上复合材料的用量所占比例已分别达 11%,15%,13%,20%。

耐高温的芳纶增强聚酰亚胺复合材料在先进航空发动机上的应用越来越广泛。因为这种复合材料可在 350 ℃ 以上长期工作,在 F-22,YF-22,F/A-18,RHA-66,A330,A340,V-22,B777 上均有应用。

复合材料已成为继钢、铝(Al)合金、钛(Ti)合金之后应用的第四大航空结构材料。复合材料同样也在汽车上得到了逐步推广使用。20 世纪 70 年代中期,玻璃纤维增强复合材料 GFRP 代替了汽车铸锌后部天窗盖及安全防污染控制装置,使得汽车减重很多。

另外,复合材料在纺织机械、化工设备、建筑和体育器材方面也均有广泛应用。如 1979 年日本已制成玻璃纤维 GF,碳纤维 CF 混杂增强聚酯树脂复合材料 75 m 长输送槽,还制成了叶片和机匣。但树脂复合材料在更高温度下就不适应了,现已被纤维增强金属基复合材料 FRM 所代替,如人造卫星仪器支架、L 波段平面天线、望远镜及扇形反射面、抛物天线肋、天线支承仪器舱支柱等航天理想结构件材料非 FRM 莫属。

自从复合材料投入应用以来,有三项成果特别值得一提。一是美国全部用 CFRP 制成一架八座商用飞机——里尔一芳 2000 号,并试飞成功,该飞机总重仅为 567 kg,结构小巧、质量轻。二是采用大量复合材料制成的哥伦比亚号航天飞机(图 4.3),主货舱门用 CFRP 制造,长 18.2 m×宽 4.6 m,压力容器用 Kevlar 纤维增强复合材料 KFRP 制造,硼铝复合材料制造主机身隔框和翼梁,碳/碳复合材料 C/C 制造发动机喷管和喉衬,硼纤维增强钛合金复合材料制成发动机传力架,整个机身上的防热瓦片用耐高温的陶瓷基复合材料制造。在航天飞机上使用了树脂、金属和陶瓷基三类复合材料。三是在波音 767 大型客机上使用先进复合材料作为主承力结构(图 4.4)。这架客运飞机使用了 CF,KF,GF 增强树脂及各种混杂纤维的复合材料,不仅减轻了质量,还提高了飞机各项飞行性能。

复合材料在这三种飞行器上的成功应用,表明了复合材料的良好性能和技术的成熟,给该种材料在其他重要工程结构上的应用开了先河。

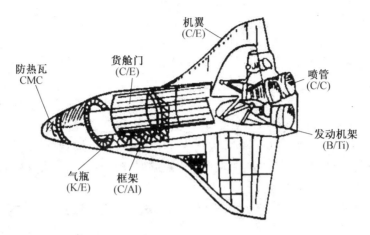

图 4.3　哥伦比亚号航天飞机用复合材料情况

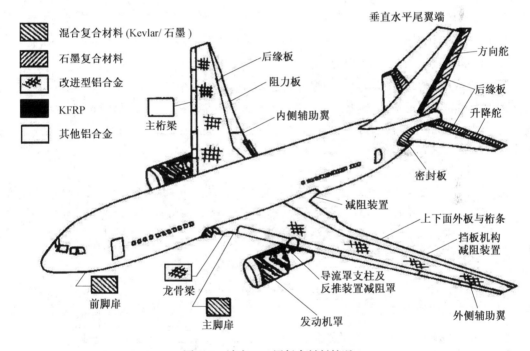

图 4.4　波音 767 用复合材料情况

4.2　金属基复合材料零件的制造工艺技术

4.2.1　金属基复合材料的制备工艺

　　真正充分利用金属基复合材料的优越性,并将其发展成为替代传统材料的新一代高性能材料,必须依靠大规模工业化生产,而这取决于金属基复合材料制备工艺的成熟性、稳定性、操作性及低廉的成本。因此,研究发展有效的金属基复合材料的制造方法也一直是金属基复合材料研究中的重要课题。

现有金属冶金工业中采用的粉末冶金、铸造、挤压、轧制等常规方法也用于金属基复合材料的制造,但金属基复合材料的制造方法有其特殊要求,在选用制造方法时应慎重考虑一下条件:

(1)制备过程中要使增强材料按设计要求均匀分布于金属基体中,满足复合材料结构和强度设计要求。

(2)避免制备工艺不当造成增强材料和金属基体原有性能的下降,确保复合材料效应充分发挥,有利于增强材料和金属基体的优良性能互补,提高复合材料的性能。

(3)合理选择工艺参数,避免制备过程中发生各种不利的界面反应以及基体金属的氧化反应等。在获得稳定的金属基复合材料组织性能同时,充分发挥增强材料的性能及其增强作用。

(4)制造设备投资少,工艺简单,可操作性强,方法应适合于批量生产,尽可能满足近或终成形要求,减少或避免后续加工工序。

金属基复合材料多数制造过程是将复合过程与成形过程合二为一,同时完成复合和成形。由于基体金属的熔点、物理和化学性质不同,增强相的几何形状、化学、物理性质不同,故导致了制备工艺的差别。主要制备方法有:固态制备法、液态制备法及新型制备法。

1. 固态制备法

固态制备法的特点是制备过程中温度较低,金属基体与增强材料均处于固态,可抑制金属与增强物之间的界面反应。金属基体以金属粉末或金属箔与增强相(纤维、晶须、颗粒等)按设计要求以一定的质量分数、分布、方向混合或排布在一起,再经加热、加压,将金属基体与增强物复合在一起,形成复合材料。属于这类制备方法的工艺主要包括:粉末冶金法、热压法、热等静压法、轧制法及拉拔法等固态复合成形法。

(1)粉末冶金法。粉末冶金法是一种成熟的工艺方法,一方面可以制造复合材料的坯料,供挤压、轧制、锻压及旋压等二次加工后制成零部件;另一方面可直接制成尺寸、形状准确的复合材料零件,可减少后续加工,工艺灵活性大,适于批量生产。该方法主要用于制造颗粒或晶须增强金属基复合材料。图4.5为粉末冶金法的工艺流程。

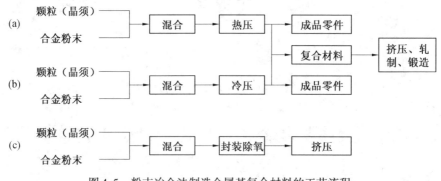

图4.5　粉末冶金法制造金属基复合材料的工艺流程

美国 DWA 公司用此法制造了不同成分的铝合金基体和不同颗粒(晶须)质量分数的复合材料及各种零件、管材、型材和板材等,具有很高的比强度、比模量和耐磨性,已用于汽车、飞机和航天器等。

(2)热压法和热等静压法。热压法和热等静压法又称扩散粘接法,是加压焊接的一种方法,也称为扩散焊接法。它是在较长时间的高温及不大的塑性变形作用下依靠接触部位原子间的相互扩散进行的。影响其过程的主要参数是温度、压力和一定温度及压力下的维持时间,其中温度最为重要。热压法的基本原理是将增强纤维与金属基体制成复合材料预制片,然后将预制片按设计要求裁剪成所需的形状、叠层排布;视对纤维体积分数的要求,在叠层时添加基体箔,将叠层放入模具内,进行加热加压,最终形成复合材料或零件。图 4.6 为热压法工艺流程。

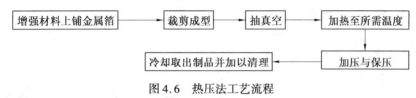

图 4.6　热压法工艺流程

热等静压法是一种先进的材料成形技术,可用于制造形状复杂的金属基复合材料零件。该方法用惰性气体加压,在工件的各个方向上受到均匀压力的作用。其工作原理是在高压容器内设置加压器,将金属基体(粉末或箔)与增强材料(纤维、晶须、颗粒)按一定比例混合或排布后,或将预制片叠层后放入金属包套中,抽气密封后装入热等静压装置中加热,加压,复合成金属基复合材料,其主要工艺参数为温度、压力及保温时间。

(3)热轧法、热挤压法和热拉法。热轧法、热挤压法和热拉法都是金属材料塑性成形加工工艺,也用于复合材料的制造。热轧法主要用于颗粒、晶须、短纤维增强金属基复合材料进一步轧制加工成板材。热挤压和热拉法主要用于颗粒、晶须、短纤维增强金属基复合材料的进一步加工,制成各种形状的管材、型材及棒材等。经挤压、拉拔后的复合材料的组织变得均匀、缺陷减少或消除,性能明显提高,短纤维和晶须还有一定的择优取向,轴向拉伸强度提高很多。

(4)爆炸焊接法。爆炸焊接法是利用炸药爆炸产生的强大脉冲应力,通过使碰撞的材料发生塑性变形、粘接处金属局部扰动以及热过程使材料焊接而成复合材料。爆炸焊接法的优点是爆炸产生的瞬间压力高且作用时间短,材料的温度低,组分材料间发生界面反应的可能性很小;可制造形状复杂的零件和大尺寸的板材,必要时一次作业可得多块复合板。

2. 液态制备方法

液态制备法是金属基体处于熔融状态下与固体增强物复合在一起的方法,该方法关键是有效控制高温下的界面反应及基体的氧化反应,为解决熔融金属基体与增强物浸润性差问题,采用加压浸渗。该方法可用来直接制造复合材料零件。液态制备方法主要包括挤压铸造法、真空压力浸渍法、液态金属浸渍法、液态金属搅拌铸造法、共喷沉积法和热喷涂法。

(1)挤压铸造法。挤压铸造法是液态制备法中最重要的一种方法,其原理是通过施加外压液态金属渗入增强材料的预制件缝隙中制造金属基复合材料,其主要工艺参数是预制件预热温度、熔体温度及压力。该方法主要优点是可用于制造陶瓷纤维、颗粒、晶须增强铝、镁基复合材料零部件,制造成本低;由于高压作用,可促进熔体对增强材料的润湿,而增强材料不许进行表面预处理;熔体与增强材料在高温下接触的时间短,不会产生严重的界面反应。

(2)真空压力浸渍法。真空压力浸渍法是在真空或高压惰性气体共同作用下,将液态金属压入增强材料制成的预制件,在制备金属基复合材料制品时,兼备真空吸铸和压力铸造的优点。该方法的设备是既能对预制件和熔化金属基体分别控制加热,又能抽真空和充惰性气体加压的封闭炉体。真空压力浸渍法的主要工艺参数有预制件温度、金属基体温度、浸渍压力和冷却速度。预制件的制作方法有干法和湿法两种。真空压力浸渍法的优点:①适用面广,可用于多种金属基体和连续纤维、短纤维、晶须和颗粒增强材料的复合,增强材料的形状、尺寸、质量分数基本不受限制;②可直接制成复合零件,特别是形状复杂零件;③无气孔、疏松、缩孔等铸造缺陷,组织致密,材料性能好;④工艺简单,参数易于控制,避免严重的界面反应。其缺点主要是设备比较复杂,工艺周期长,制造大尺寸的零件要求大型设备。

(3)液态金属浸渍法。液态金属浸渍法是用液态金属连续浸渍长纤维得到预制复合带或丝,也称连铸法(装置示意图见图4.7)。为了改善熔融金属丝对纤维的润湿性,纤维表面需进行涂覆处理,如用化学气相沉积法在碳(石墨)纤维表面涂覆 Ti-B、金属钠(或钾)。碳纤维表面的金属或化合物涂层也可用电镀、化学镀、超声振动、溶胶-凝胶等方法得到。

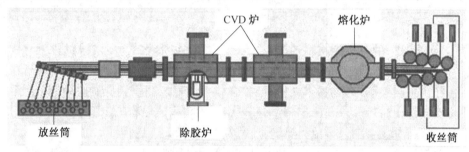

图 4.7　液态金属浸渍法装置简图

(4)液态金属搅拌铸造法。液态金属搅拌铸造法是一种适合于工业规模生产颗粒增强金属基复合材料的主要方法,工艺简单,制造成本低廉。其基本原理是将颗粒直接加入到基体金属熔体中,通过一定方式的搅拌使颗粒均匀地分散在金属熔体中,然后浇铸成锭坯、铸件等。液态金属搅拌铸造法制造颗粒增强金属基复合材料的主要困难包括:① 加入的颗粒细小,一般在 10~30 μm,与金属液体的润湿性差,不易进入和均匀分散在金属熔体中,易产生团聚;② 强烈的搅拌容易造成金属熔体的氧化和大量吸入空气。改善的工艺措施:① 在金属熔体中添加合金元素改善浸润性,如在铝熔体中加入 Ca、Mg、Li 等元素,有效减小熔体表面张力,增加与陶瓷颗粒的浸润性;② 对颗粒增强物进行表面处理,复合前,去除颗粒表面的有害物质,比较简单方法对颗粒进行加热处理,使有害物质在高温下挥发,同时在表面形成极薄的氧化层,也可在颗粒表面涂覆镍、铜等金属,但不经济;③ 控制复合过程的气氛,一般采用真空或惰性气体保护及其他有效措施防止复合过程中气体的吸入和金属熔体的氧化;④ 有效的机械搅拌,通过高速旋转机械搅拌或超声波搅拌完成有效的搅拌复合,改善金属熔体与增强颗粒之间的浸润。根据其工艺特点和设备不同,液态金属搅拌铸造法可分为漩涡法、Duracon 法及复合铸造法。

(5)共喷沉积法。共喷沉积法是制造各种颗粒增强金属基复合材料的有效方法,可用于工业规模生产铝、镍、铜、铁、金属间化合物基复合材料,并可直接制成锭坯、板坯、管子等。共喷沉积法的原理是液态金属通过特殊的喷嘴,在惰性气体气流作用下分散成细小的液态金属雾化(微)流,在金属液喷射物化的同时,将增强颗粒加入到雾化的金属流中,与金属液滴混合,并一起沉积在衬底上,凝固形成金属基复合材料。其工艺原理和装置如图4.8所示。共喷沉积法制造颗粒增强金属基复合材料是一个动态工艺过程,液态金属雾化、颗粒均匀混合、金属液雾与颗粒混合沉积凝固结晶过程在极短时间内完成。其工艺参数主要包括:熔体金属温度、气体压力、流量、速度、颗粒加入速度、沉积底板温度等,这些参数均十分敏感地影响复合材料的质量,应严格控制。共喷沉积法具有适用面广,适于各种基体、颗粒、产品形状;生产工艺简单、效率高;能快速成形、沉积凝固迅速;冷却速度高,所得复合材料基体金属组织与快速凝固接近,晶粒细,无宏观偏析,组织均匀。但复合材料中气孔率较高,经后续挤压或轧制处理后可消除气孔。

(6)热喷涂法。按照加热源分类,热喷涂可分为等离子喷涂和氧乙炔焰喷涂,而制造金属基复合材料主要采用等离子喷涂法。等离子喷涂法是利用微波、灯丝、射频等激励等离子体产生等离子弧的高温将金属粉末熔化后喷射到衬底基体上,冷却并沉积下来的一种复合方法。具体过程实现将纤维缠绕在包有金属箔的圆筒上,纤维之间保持一定间隔,然后放在喷涂室中喷涂,喷涂结束后剪开取下,得到复合材料预制片,经热压或热等静压等二次处理,最终得到型材或零件。图 4.9 为低压等离子喷涂法工艺原理。喷涂过程的关键是得到致密的、与纤维粘接良好的基体涂层以及避免基体的氧化。喷涂用的基体原料为粉末状,减小粉末力度可提高涂层的致密性,但会降低粉末流动性。粉末直径应满足不小于 2 μm,一般在 10 ~ 45 μm。向氩气中添加 5% ~ 10% 的氦气,提高功率,增加等离子体发生区域的温度,进而提高涂层的致密性与纤维的粘接强度。涂层的状态与真空度或保护气体的压力与流量、喷枪与纤维的距离及粉末的供给速度密切相关。等离子喷涂法不能直接制成复合材料零件,只能制造预制片,组织不够致密,必须进行二次加工。

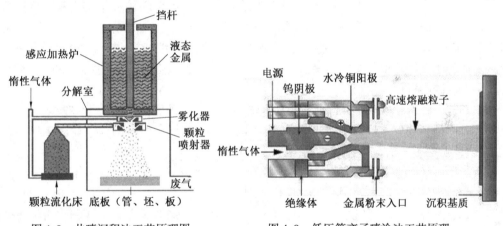

图 4.8　共喷沉积法工艺原理图　　　　图 4.9　低压等离子喷涂法工艺原理

3. 新型制备法

新型制备法主要包括:原位自生成法、物理气相沉积法、化学气相沉积法、化学镀法、电镀法和复合镀法等。

(1)原位自生成法。原位自生成法是指在复合材料制造过程中,增强体在基体金属内部自生成和生长的方法。原位法包括定向凝固法和反应自生成法。定向凝固法指增强材料以共晶的形式从基体中凝固析出;反应自生成法是指增强体由加入的元素相互反应生成,或通过合金熔体中的某种组分与加入的元素或化合物反应生成获得。原位自生成复合材料中基体与增强材料间的相容性好,界面清洁干净、结合牢固,特别是当增强材料与基体材料间有共格或半共格关系时,能够有效传递应力,界面上不生成有害的反应产物,此种方法制备的复合材料具有优异的力学性能,特别是高温性能。

(2)物理气相沉积法。物理气相沉积的实质是材料源不断地汽化和在基材上冷凝沉积,最终获得涂层。传统的物理气相沉积过程中不发生化学反应，但经过改进后可通入反应气体，在基材上生成化合物。物理气相沉积分为真空蒸法、溅射和离子涂覆三种，是成熟的材料表面处理方法。物理气相沉积法尽管不存在界面反应问题，但设备相对比较复杂，生产效率低，只能制造长纤维复合材料预制丝或片。物理气相沉积法目前还未正式用来制造金属基复合材料，但用来对纤维表面进行处理。

（3）化学气相沉积法。化学气相沉积法是化合物以气态，在一定温度条件下发生分解或化学反应，分解或反应产物以固态沉积在基质上得到涂层的一种方法。最基本的化学气相沉积装置有两个加热区，第一个加热区的温度较低，维持材料源的蒸发，并保持其蒸汽压不变；第二个加热区温度较高，使气相中（往往以惰性气体作为载气）的化合物发生分解反应。采用化学气相沉积法只能得到长纤维复合材料预制丝，大多数的基体金属只能用它们的有机化合物作为材料源，如铝的有机化合物三异丁基铝，价格昂贵，沉积过程中的利用率低，实用价值低。化学气相沉积法可用来对纤维进行表面处理，涂覆金属涂层、化合物涂层和梯度涂层，以改善纤维与金属基体的浸润性和相容性。

4.2.2　金属基复合材料的性能与应用

金属基复合材料与一般金属相比，具有耐高温、高比强度与高比刚度、线胀系数小和耐磨损等特点，但其塑性和加工性能差，这是影响其应用的一个重要障碍。与树脂基复合材料相比，不仅剪切强度高、对缺口不敏感，物理和化学性能更稳定，如不吸湿、不放气、不老化、抗原子氧侵蚀、抗核、抗电磁脉冲、抗阻尼、膨胀系数小、导电和导热性好。由于上述特点，金属基复合材料更适合于空间环境使用，是理想的航天器材料。在航天、航空、先进武器系统、新型汽车等领域具有广阔的应用前景。

金属基复合材料（MMC）的研究始于 20 世纪 60 年代，美国和俄罗斯在金属基复合材料的研究应用方面处于领先地位。早在 70 年代，美国就把 B/Al 复合材料用到了航天飞机的轨道器上，该轨道器的主骨架是用 89 种 243 根重 150 kg 的 B/Al 管材制成，比原设计的铝合金主骨架减重 145 kg，约为原结构质量的 44%；还用 B/Al 复合材料制造了卫星构件，减重达 20%～66%。前苏联的 B/Al 复合材料于 80 年代达到实用阶段，研制了多种带有接头的管材和其他型材，并成功地制造出了能安装三颗卫星的支架。但 B 纤维的成本太高，因此 70 年代中期以后美国和前苏联又先后开展了 C/Al 复合材料的研究，在解决了碳纤维与铝之间不润湿的问题以后，C/Al 复合材料得到了实际应用。美国用 C/Al 制造的卫星波导管具有良好的刚度和极低的热膨胀系数，比原 C/环氧复合材料减重 30%。随着 SiC 纤维和 Al_2O_3 纤维的出现，连续纤维增强的金属基复合材料得到了进一步发展，其中 SiC/Al 复合材料研究和应用较多。由于连续纤维增强金属基复合材料的制造工艺复杂、成本高，因此美国又率先研究发展了晶须和颗粒增强的金属基复合材料，主要用于刚度和精度要求高的航天构件上。如美国海军武器中心研制的 SiC/Al 复合材料导弹翼面已进行了发射试验，卫星的抛物面天线、太空望远镜的光学系统支架也采用了 SiC/Al 等复合材料，其刚度比铝合金大 70%，显著提高了构件的工作精度。图 4.10 和图 4.11 为应用实例。

我国航天用 MMC 也得到迅速发展，并开始步入实用阶段，如研制了卫星天线、火箭发动机壳体、导弹构件等。

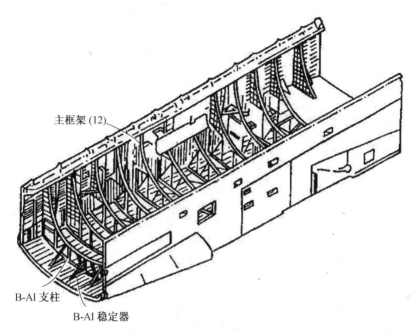

主框架 (12)

B-Al 支柱

B-Al 稳定器

图 4.10　B/Al 机身框架在航天飞机上的应用

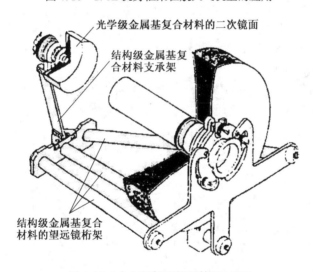

光学级金属基复合材料的二次镜面

结构级金属基复合材料支承架

结构级金属基复合材料的望远镜桁架

图 4.11　太空超轻型望远镜用 MMC

4.2.3　金属基复合材料的切削加工

精度和表面质量要求高时必须经过二次加工，即切削加工。

（1）加工后的表面残存有与增强纤维、晶须及颗粒的直径相对应的孔沟。

切削试验表明，用金刚石刀具切削 SiC 晶须增强 Al 复合材料 SiCw/6061 时，加工表面的孔沟数与增强相体积含有率 v_f 有关，v_f 越多，孔沟数越多且与增强相的直径相对应。这是短纤维、晶须和颗粒增强金属基复合材料切削加工表面的基本特点之一。

（2）加工表面形态模型。

①短纤维增强复合材料加工表面的三种形态模型。

纤维弯曲破断型,如图4.12(a)所示。当纤维尺寸较粗而短时,切削刃直接接触纤维,纤维常被压弯曲而后破断。

纤维拔出型,如图4.12(b)所示。用切削刃十分锋利的单晶金刚石刀具切削时,细而短的纤维沿着切削速度方向被拔出切断。

纤维压入型,如图4.12(c)所示。用切削刃钝圆半径 r_n 较大的硬质合金刀具切削细小纤维(晶须)时,细小纤维(晶须)会伴随着基体的塑性流动而被压入加工表面。

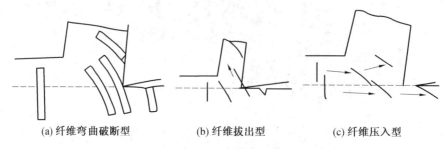

(a) 纤维弯曲破断型　　　　(b) 纤维拔出型　　　　(c) 纤维压入型

图4.12　短纤维复合材料加工表面形态模型

② 颗粒增强复合材料加工表面的两种形态模型。

挤压破碎型,如图4.13(a)所示。当用切削刃钝圆半径 r_n 较大的硬质合金刀具切削时,SiC 颗粒常被挤压而破碎,此时破碎的 SiC 颗粒尺寸较小。

劈开破裂型,如图4.13(b)所示。当刀具为钝圆半径 r_n 较小的锋利切削刃 PCD 时,SiC 颗粒会被劈开而破裂,破裂的 SiC 颗粒尺寸较大。

(3)加工表面形态不同。

用硬质合金刀具精加工后的铝复合材料表面光亮,而用 PCD 刀具精加工后表面则显得"发乌"、无光泽。这是由于前者切削刃钝圆半径 r_n 较 PCD 刀具大,起到了"熨烫"作用的结果。

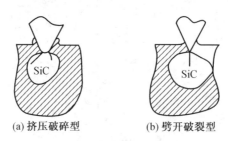

(a) 挤压破碎型　　　　(b) 劈开破裂型

图4.13　SiC 颗粒破坏模型

(4)切削力与切削钢时不同。

用硬质合金刀具切削时,切削力会出现与切削钢不同的特点,即当 SiCw 或 SiCp 的体积分数 $V_f \geq 17\%$,会出现 F_p、F_f 比 F_c 还大的现象(图4.14)。若用切削力特性系数 K($K_p = F_p/F_c$,$K_f = F_f/F_c$)来说明的话,则有 $K>1$,而45钢的 K 在0.4左右,HT300 的 K 在 0.5~0.65 之间。此时必须注意精加工时的"让刀"现象。而用 PCD 刀具时则无此特点。

钻削时也会出现钻削扭矩 M 比钻45钢时小,而轴向力 F 与钻45钢接近或大些,若用钻削力特性系数 $K' = F/M$ 来表示铝复合材料钻削力的这一特点,则 $K'>1$,而45钢和 HT200 的 K' 在 0.5~0.65 之间,基体铝合金的 $K'>1$。

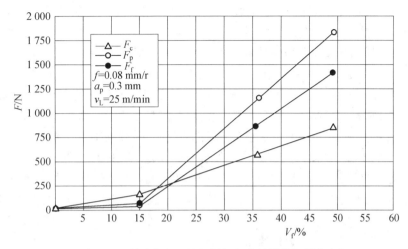

图 4.14　硬质合金刀具切削铝复合材料的切削分力

（5）生成楔形积屑瘤。

尽管铝复合材料的塑性很小（$\delta \leqslant 3\%$），在一定切削条件下，切削晶须、颗粒增强铝复合材料时也会产生与切削碳钢不同的积屑瘤（图 4.15）。因为呈楔形，故称楔形积屑瘤，这已为切削试验所证实。

楔形积屑瘤有如下特点：

①积屑瘤的外形呈楔形，这与切黄铜相似，但与切碳钢的鼻形积屑瘤不同。

②楔形积屑瘤的高度比鼻形积屑瘤要小得多，而且不向切削刃下方生长。

③楔形积屑瘤与切屑之间有明显的分界线，而且切屑流经积屑瘤后会再与前刀面接触而排出，这与鼻形积屑瘤也有很大不同。

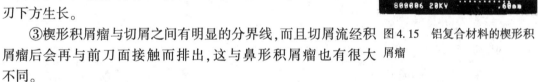

图 4.15　铝复合材料的楔形积屑瘤

④积屑瘤的前角 γ_b 基本稳定在 30°～35°，当刀具前角 $\gamma_b>30°$ 时积屑瘤不会产生。

（6）切屑形态。

铝复合材料的切屑并非完全崩碎，可得到小螺卷状切屑，但其强度很低，极易破碎。

（7）切削变形规律。

试验证明，切削 SiCp/Al，SiCw/Al 时的变形规律与切中碳钢相似，即变形系数 Λ_h 随刀具前角 γ_0 的增大、进给量 f 的增大而减小，随切削速度 v_c 的增加而呈驼峰曲线变化，其原因就是积屑瘤的作用。

4.3　聚合物基复合材料零件的制造技术

4.3.1　材料的组成与性能

聚合物基复合材料（Polymer Matrix Composites，PMC）是目前复合材料中研究最早、发展最快、应用最广、规模最大的一类。聚合物基复合材料是以有机聚合物为基体,短切的或连续纤维及其织物的增强热固性或热塑固性树脂基体,经复合而成。由增强纤维和基体材料复合而成聚合物基复合材料,其性能和应用依赖于其增强纤维和基体材料。

(1)增强纤维及其表面处理。

增强纤维是复合材料的骨架,是主要承力部分,决定着复合材料的力学性能和其他物理性能,其质量是复合材料质量和可靠性的基础。航天飞行器用的增强材料是各种增强的连续纤维及其织物。纤维增强复合材料的层间剪切强度较低,如碳纤维复合材料的层间剪切强度仅为纵向拉伸强度的 1/20,因此影响纤维增强复合材料性能的发挥和在受剪切力作用部位的应用。复合材料层间的剪切强度和与之相关的弯曲强度、破坏模式和耐老化性能等均依赖于纤维与树脂的粘接性能。故需对增强纤维进行表面处理,改善纤维的表面结构状态和性能,提高纤维与基体树脂的粘接强度。在航天飞行器中常用聚合物基复合材料中增强纤维主要有:玻璃纤维、碳纤维、芳纶纤维、碳化硅纤维等。

①玻璃纤维。玻璃纤维由玻璃球熔融拉丝而成,品种多,性能各异,其化学组成是纤维性能的决定因素。航天工业中的主要品种有高硼低碱玻璃纤维(E 玻璃纤维)和高强高模玻璃纤维(S 玻璃纤维)。其性能见表 4.4。

表 4.4　常用玻璃纤维的性能

纤维种类 性能	高硼低碱玻璃纤维	高强高模玻璃纤维
密度/$(g \cdot cm^{-3})$	2.54	2.49
拉伸强度/GPa	3.448	4.585
拉伸模量/GPa	72.5	85.5
断裂延伸率/%	4.8	5.7
软化点/℃	846	860
线膨胀系数/$(10^{-6} \cdot ℃^{-1})$	5.0	5.6
介电常数(22 ℃,60 Hz)	5.8 ~ 6.4	4.5 ~ 5.4
介电损耗(22 ℃,60 Hz)	0.001 ~ 0.005	0.002 ~ 0.003
体积电阻/$(\Omega \cdot cm)$	10^{15}	10^{16}

玻璃纤维的表面处理的方法较成熟,主要是采用化学表面处理剂进行处理。化学表面处理剂中所包含的部分基团能与玻璃纤维表面进行很好的结合;另一部分基团可以与树脂或聚合物所含基团良好作用,从而提高纤维与树脂粘接性,改善玻璃纤维复合材料的力学性能。化学表面处理剂又称偶联剂,表面处理的方法主要有三种:前处理方法将处理剂加入玻璃纤维拉丝浸润剂中,再浸以处理剂;后处理方法将玻璃布经热处理除去浸润剂后,再浸以处理剂;迁移法将处理剂直接加入树脂或聚合物溶液中,通过浸胶迁移至玻璃纤维与树脂界面处,处理剂用量很少。

②碳纤维。碳纤维由高分子纤维(称为原丝)热解而得的方法是现代生产碳纤维的有效途径。结构用复合材料中使用的碳纤维主要是聚丙烯腈基(PAN)碳纤维,其次是沥青基碳纤维。含碳量在 99% 以上的纤维又称石墨纤维。几种碳纤维的结构与性能比较见表 4.5。

表 4.5　几种碳纤维结构与性能比较

碳纤维牌号 纤维性能	TOHO-HTA3000	Z-3R-3000	M40-3000	T300-3000	中强 I-1000	高强 I-1000	中强 II-1000
密度/(g·cm⁻³)	1.76	1.77	1.81	1.76	1.73	1.77	1.76
线密度/(g·cm⁻³)	0.202	0.212	0.180	0.204	0.052		0.056
复丝截面积/(10^{-3} cm²)	1.140	1.190	1.000	1.170	0.303		0.318
拉伸强度/GPa	3.230	2.760	2.020	2.870	2.177	3.340	2.108
拉伸模量/GPa	215	220	370	203	206	216	207
断裂延伸率/%	1.40	1.30	0.57	1.30	0.91	1.52	0.94
含碳量/%	95.0	94.2	99.5	92.6	~95.0	—	94.0
电阻率/(10^{-3} Ω·cm)	1.88	1.79	1.16	2.24	1.88	—	1.93
微晶层间距/(10^{-10} m)	3.542	3.532	3.424	3.507	3.522	3.450	3.545
微晶堆层厚度/(10^{-10} m)	15.2	15.8	36.1	19.6	14.4	16.31	20.7

碳纤维一般分为超高模型、高模型、中模型、高强型及高应变型等类型。同一种原丝改变制造工艺条件也可制得不同类型的碳纤维,这些碳纤维的基本性能见表 4.6。

表 4.6　不同类型碳纤维的基本性能

纤维种类 纤维性能	高强型	高应变型	高模型	超高模型
密度/(g·cm⁻³)	1.75~1.80	1.71~1.80	1.81~1.90	1.87~1.96
拉伸强度/GPa	2.4~4.8	2.4~3.0	1.7~3.5	1.7~3.0
拉伸模量/GPa	220~300	220~280	350~400	480~570
断裂延伸率/%	1.4~1.8	1.8~2.0	0.5~0.9	0.3~0.6

在所有纤维增强树脂基复合材料中,以碳纤维复合材料的比拉伸模量和比压缩强度为最高,碳纤维是现今复合材料中,特别是主承力结构中最重要的增强纤维。碳纤维还具有良好的导热、导电性、耐高温、耐化学腐蚀、摩擦系数小、自润滑性好、耐辐照和使中子减速和部分吸收中子的特性,成为航天工业中制造多功能复合材料的重要增强纤维。

碳纤维表面处理方法可归纳为:气相氧化法、液相氧化法、表面涂层法和冷等离子表面处理法等。

③芳纶纤维。芳纶纤维是芳香聚酰胺纤维的简称,主要有两类:一类是聚对苯二甲酰对苯二胺(PPTA)纤维,如 Kevlar 49、Twaron HM、芳纶 1414(芳纶 II)等;另一类是聚对苯甲酰胺(PBA)纤维,如 Kevlar 29 和芳纶 14(芳纶 I)等。芳纶纤维有优异的性能,分子链中含芳香环高,耐高低温性好;耐有机溶剂、燃料等化学腐蚀性;比强度和比模量高;韧性好,受冲击后碎裂小;介电性好、价格低。

冷等离子体处理是芳纶纤维有效表面处理方法之一,该法是将芳纶纤维通过 O_2、N_2 或空气反应气体或聚合性气体等冷等离子体反应器,经作用和反应,以改变纤维的表面结构,增加活性基团和抛锚效应,提高芳纶纤维横向强度,提高树脂与芳纶纤维的粘接性和其他性能。

④碳化硅纤维。在碳丝或钨丝芯材上化学气相沉积 SiC 所制连续碳化硅纤维。其直径粗

（100～200 μm），强度、模量高，但不易制作形状复杂的复合材料构件，且造价贵。新发展的方法是采用聚二甲基硅烷制成碳硅烷先驱丝，在经过高温处理转变为含 β-SiC 微晶结构的碳化硅纤维。碳化硅纤维力学性能优异，耐高温性能突出，甚至在高达 1 200 ℃时纤维仍保持稳定，此种纤维细而柔软，可用于纤维缠绕工艺，织成各种织物，具有吸收雷达波、耐中子辐照、耐化学腐蚀等性能，对金属、树脂及玻璃等具有较好的润滑能力，可用于制作耐高温和吸波复合材料构件。

（2）聚合物基复合材料的树脂基体。

合成树脂是当前复合材料应用最广泛的基体材料，复合材料的性能不仅依赖于增强纤维的类型、取向和用量，也与基体的种类、成形工艺及它们之间的相互协同有关。

①不饱和聚酯树脂。不饱和聚酯树脂是指不饱和聚酯在乙烯基类交联单体中的溶液。一般不饱和聚酯是由不饱和二元羧酸或酸酐、饱和二元羧酸或酸酐与二元醇缩聚而成，在缩聚反应结束后加入乙烯基类单体（通常为乙苯乙烯）配成的黏稠状液体树脂。不饱和树脂主要优点是在室温条件下迅速固化，无挥发物；黏度低，浸渍性好；固化方法多，如引发固化、紫外线固化等；力学性能和电性能好；耐化学腐蚀性能好；能透光、易着色，外表层能同时实现防护和装饰作用。缺点：固化收缩较大（7%～8%），固化要求严格，环境温度和湿度对固化影响较大；易燃烧；固化剂易爆炸；粘接强度比环氧树脂低。

②环氧树脂。环氧树脂是指分子中含有两个或两个以上的环氧基团的有机高分子化合物。环氧树脂的分子结构是以分子链中含有活泼的环氧基团为其特征，环氧基团可以位于分子链的末端、中间或呈环状结构。由于分子结构中含有活泼的环氧基团，使它们与多种类型的固化剂发生交联反应而形成不溶、不熔的具有三维网状结构的高聚物。环氧树脂由于其形式多样、适应性强、固化方便、固化后树脂具有粘附力强、收缩性低的特点，制品的力学性能、电性能、化学稳定性能和尺寸稳定性的特点，环氧树脂在高性能复合材料中广泛应用。其缺点是价格较高；黏度大，不适于喷射成形；固化时间长，完全固化需热处理；固化剂毒性大。环氧树脂主要用于主承力结构或耐蚀性制品等，如航天结构材料等。

③酚醛树脂。酚类和醛类的缩聚产物通称为酚醛树脂，一般常指由苯酚和甲醛经缩聚反应而得的合成树脂。酚醛树脂是最老的一类热固性树脂，由于原料易得，合成方便及树脂固化后性能能够满足许多使用要求，因此在工业上仍得到广泛应用。酚醛树脂具有良好的机械强度和耐热性能，尤其突出的瞬时耐高温烧蚀性能，广泛用于制造航天器的耐烧蚀材料、印制电路板、隔热板及摩擦材料等，尤其在航天材料中作为瞬时耐高温和烧蚀的结构材料有着非常重要的用途。

④热塑性树脂基体。热塑性树脂是由合成的或天然的线性高分子化合物组成的，其中很多品种可直接以石油化工产品为原料，来源广泛，价格便宜，复合后增强效果明显，热塑性树脂可通过增强填充改性的手段以提高其性能。热塑性树脂按其使用范围可分为通用型和工程型两类，通用型只能作为非结构材料使用，工程型可作为结构材料使用，一般具有优良的机械性能、耐磨性、尺寸稳定性、电性能、耐热性和耐腐蚀性能等，主要品种有聚酰胺、聚甲醛、聚苯醚、聚酯和聚碳酸酯等。热塑性树脂作为聚合物基复合材料基体种类有：聚丙烯、ABS 树脂、聚酰胺、聚甲醛、聚碳酸酯、聚对苯二甲酸乙二醇酯和聚砜等。

（3）聚合物基复合材料的性能。

①聚合物基复合材料的力学性能特点。聚合物基复合材料的突出优点是比强度和比模量

高。表 4.7 列出了各种材料的力学性能。

表 4.7　各种材料的力学性能

材料	密度 /(g·cm⁻³)	拉伸强度 /GPa	弹性模量 /GPa	比强度 /[GPa·(g/cm³)⁻¹]	比模量 /[GPa·(g/cm³)⁻¹]
钢	7.8	1.03	210	0.13	27
铝合金	2.8	0.47	75	0.17	26
钛合金	4.5	0.96	114	0.21	25
玻璃纤维复合材料	2.0	1.06	40	0.53	20
碳纤维Ⅱ/环氧复合材料	1.45	1.5	140	1.03	97
碳纤维I/环氧复合材料	1.6	1.07	240	0.67	150
有机纤维/环氧复合材料	1.4	1.4	80	1.0	57
硼纤维/环氧复合材料	2.1	1.38	210	0.66	100

②聚合物基复合材料的断裂、冲击和疲劳。复合材料的断裂往往是混合型的,既有累积损伤断裂,也有非累积损伤断裂。纤维断裂是垂直于裂纹扩展方向的纤维,当其应变达到断裂应变时发生的断裂,在复合材料受载早期就有个别纤维产生这种损伤,随载荷增加,断裂纤维数也增加;基体变形和开裂是复合材料基体强度低,在材料受载时先于纤维变形,至复合材料完全断裂时,纤维周围的基体也随之断裂;纤维脱胶是裂纹穿过基体遇到纤维时,裂纹可能分叉,转向平行于纤维方向扩展,裂纹可以在基体内,也可沿界面扩展,取决于界面与基体的相对强度,若界面结合较弱,将使纤维与基体脱胶;纤维拔出损伤也发生在纤维与基体的界面上,是由于断裂纤维在基体中引起的应力集中因基体屈服而被松弛,使纤维断裂裂纹在基体中扩展的阻力增加,结果沿界面产生纤维拔出;分层断裂是发生在层合板情况下的一种损伤,当裂纹穿过层合板的一个铺层扩展时,其尖端遇到相邻铺层的纤维,可能受到阻滞,但因与裂纹尖端相邻的基体中切应力很高,裂纹可能分支出来,开始平行于铺层平面的界面上扩展,形成分层裂纹。

复合材料的冲击性能与金属材料的冲击性能存在一些异同点:单向复合材料的应变速率敏感性因纤维的种类不同而有区别,低模量的玻璃纤维复合材料对应变速率变化敏感,高模量碳纤维复合材料的力学性能对应变速率变化不敏感。影响复合材料冲击性能的因素较多,在材料参数中,最重要的是纤维方向与界面强度。

复合材料的疲劳性能与金属不同,复合材料是非均质(大尺度上)和各向异性的,它们以整体而不是以局部的方式累积损伤,而且失效并不总是由一个宏观裂纹扩展导致。复合材料的抗疲劳破坏性能比金属材料好得多,尽管复合材料初始阶段损伤尺寸比金属材料大,但多种损伤形式和增强纤维的牵制作用使复合材料具有良好的断裂韧性和敏感性,其疲劳寿命比金属材料长,具有较大的临界损伤尺寸,复合材料疲劳损伤是累积的,有明显征兆,而金属材料损伤累积是隐蔽的,破坏发生是突发性的。

③聚合物基复合材料的热性能。复合材料的热传导性能和热容量决定了其与外界环境的热能交换和自身温度的变化;其热膨胀性能决定了结构尺寸的稳定性,直接影响应力分布状态

和抗热震性能;复合材料在温度升高时的转变和热分解决定了其作为承力结构的使用温度上限。

④聚合物基复合材料的电磁性能。聚合物基复合材料不仅具有良好的电气绝缘性能,而且具备机械强度高、化学稳定性好等优良特性。聚合物基复合材料除在低频电场中具有优良的绝缘性能外,在高频电场中也具有良好的介电性能。

⑤聚合物基复合材料的其他性能。聚合物基复合材料具有优良的耐化学腐蚀性、隔音性能及光学性能。

4.3.2　预浸料的制法

预浸料由增强纤维、纤维织物经适当方法浸渍树脂制成,它是制造复合材料及其构件的中间材料,是组成复合材料的基本单元。预浸料可储存,使用方便,其质量及均匀性和稳定性是保证复合材料及构件质量和重现可靠性的关键环节,已成为专业化工业产品。

预浸料的制法分为两种:凡以有机溶剂将树脂配成胶液,再浸渍增强材料的方法,称为湿法;而不使用溶剂的方法则称为干法。纤维织物(布)多采用湿法在专用浸胶机(立式或卧式均可)制作预浸布。单向预浸料(俗称无纬布)也可采用湿法制作,制作不连续无纬布的湿法又称滚筒法,采用此法制作的无纬布长度受滚筒直径大小所限,其宽度为圆筒长度所限,而且纤维排列的平直度不理想,生产效率低。制作连续无纬布的湿法,又称阵列法。由于各轴纤维通过导向定位装置而密排,平行进入胶槽,且有张力机构调节并保持各轴纤维张力,加上胶槽内胶液浓度、烘干温度及浸胶速度的严格控制,所制无纬布内纤维排列平直,质量较易均匀、稳定。但该法仍需消耗溶剂,造成浪费和环境污染。

干法制作无纬布有热熔法和胶膜法两种不同工艺,前者是纤维直接与熔融态树脂相结合;而后者是先将树脂制成胶膜,经预热并与通过导向定位装置后密排的平行纤维相结合。与湿法相比,采用干法制成的无纬布中纤维排列整齐,平直度好,树脂质量分布均匀,由于可通过树脂膜厚度调节树脂质量分布,因而能制作不需吸胶的低树脂质量分数预浸料,有利于降低复合材料的孔隙质量分数,并可减少溶剂所带来的浪费和污染,但必须严格控制加热、加压辊的条件,温度变化控制在±1.5 ℃,以免树脂过渡 B 阶化。

热塑性树脂分子量很大,流动性差,因而与热固性预浸料的制法相比,热塑性预浸料的制法较为复杂。除无定型(非结晶型)热塑性树脂可配成溶液并以湿法制作预浸料与热固性预浸料制法相似外,其他热塑性树脂的预浸料均需采用特殊方法和措施。主要采用的方法和措施包括:悬浮法、流化床法或静电流化床法、丝线缠绕法或强力辊压法、膜片层叠法及热融涂覆法。

(1)悬浮法。先将热塑性树脂粉碎成微米级细粒,选择与该种细粒密度相一致的溶剂配制成悬浮液,并用以制作预浸料。

(2)流化床法或静电流化床法。将增强纤维通过热塑性树脂细小粒子的流化床或带静电的流化床以制作预浸料。

(3)丝线缠绕法或强力辊压法。利用热塑性树脂呈纤性所制成的丝束,与增强纤维同时缠绕或混编为织物,然后加热而熔在一起成为预浸料。

(4)膜片层叠法。利用热塑性树脂制成一定厚度的膜片,与纤维织物交替叠层,经加热融在一起制成预浸料。

（5）热融涂覆法。将热塑性基体熔融后注射到连续纤维束中，以制成连续的热塑性预浸纱，利用预浸纱除了可直接用于缠绕外，也可制成单向预浸片料。

4.3.3　缠绕成形工艺

4.3.3.1　工艺特点

缠绕成形工艺是将浸过树脂胶液的连续纤维（或布带、预浸纱）按照一定规律缠绕到芯模上，然后经固化、脱模，获得制品。根据纤维缠绕成形时树脂基体的物理化学状态不同，分为干法缠绕、湿法缠绕和半干法缠绕三种，如图 4.16 所示。

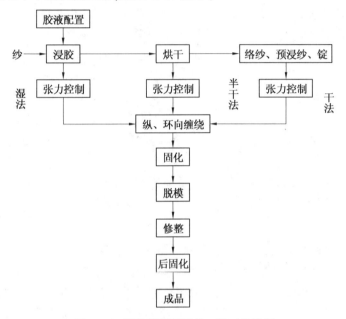

图 4.16　纤维缠绕制品的一般工艺流程

（1）干法缠绕。干法缠绕是采用经过预浸胶处理的预浸纱或带，在缠绕机上经加热软化至粘流态后缠绕到芯模上。由于预浸纱（或带）是专业生产，能严格控制树脂质量分数（精确到 2% 以内）和预浸纱质量。因此，干法缠绕能够准确地控制产品质量。干法缠绕工艺的最大特点是生产效率高，缠绕速度可达 100～200 m/min，缠绕机清洁，劳动卫生条件好，产品质量高。其缺点是缠绕设备贵，需要增加预浸纱制造设备，故投资较大，此外，干法缠绕制品的层间剪切强度较低。

（2）湿法缠绕。湿法缠绕是将纤维集束（纱式带）浸胶后，在张力控制下直接缠绕到芯模上。湿法缠绕的优点为：①成本比干法缠绕低 40%；②产品气密性好，因为缠绕张力使多余的树脂胶液将气泡挤出，并填满空隙；③纤维排列平行度好；④湿法缠绕时，纤维上的树脂胶液，可减少纤维磨损；⑤生产效率高（达 200 m/min）。湿法缠绕的缺点为：①树脂浪费大，操作环境差；②含胶量及成品质量不易控制；③可供湿法缠绕的树脂品种较少。

（3）半干法缠绕。半干法缠绕是纤维浸胶后，到缠绕至芯模的途中，增加一套烘干设备，将浸胶纱中的溶剂除去，与干法相比，省却了预浸胶工序和设备；与湿法相比，可使制品中的气泡质量分数降低。

三种缠绕方法中,以湿法缠绕应用最为普遍;干法缠绕仅用于高性能、高精度的尖端技术领域。主要工艺如下所示:

1. 原材料准备

缠绕前,需按照相关成形工艺指导文件的具体要求对增强材料、树脂基体及其他辅助材料的名称、规格型号、生产厂家等进行复查。

增强材料(包括玻璃纤维、碳纤维、芳纶纤维、布、毡等)通常应检查纤维的类型、线密度、浸润剂类型、有无加捻等指标。必要时需按照相关标准复测其强度、密度、含油率、含水量等指标。

纤维在使用前需进行烘干处理,根据其纱团大小一般在 60 ~ 80 ℃的烘箱内干燥 24 ~ 48 h。芳纶纤维极易吸水,所以在使用过程中应采用密封、加热的方式,使之与湿气隔绝。

树脂基体(包括环氧树脂、不饱和聚酯树脂、乙烯基脂树脂等)在使用前通常应检查树脂种类、牌号、生产厂家等是否与工艺指导文件规定的一致,并依据作业指导文件对外观、黏度、生产日期等规定的指标进行复测。

环氧树脂通常需复测的指标主要有环氧值、羟值、氯质量分数、黏度等。不饱和聚酯树脂通常需复测的指标主要有黏度、酸值、固体质量分数、羟值、反应活性、凝胶时间、80 ℃下树脂热稳定性等。

树脂固化物的性能对复合材料制品的性能影响较大,通常需进行力学性能、热稳定性、浇铸体硬度、热变形温度等检测。确认满足性能指标要求后方可使用。

2. 胶液配制

根据工艺设计文件要求,首先选用合适量程的天平、台秤、磅秤、电子秤等进行各组分的称量。按照配方要求向树脂基体中依次加入溶剂、固化剂、促进剂或其他辅助材料,经人工或搅拌器充分搅拌均匀后方可使用。考虑到不同树脂体系适用期不同,一次配制的胶液数量不能过多,以免造成浪费。

应特别注意的是,配制不饱和聚酯树脂体系前,需按照当时的环境温度情况调节固化剂、促进剂的用量,测试凝胶时间,使树脂具有较合适的使用期。不饱和聚酯树脂的固化剂和促进剂不能直接混合,以免发生危险。

3. 设备检验、调试和程序的输入

缠绕前需对缠绕机进行必要的检验、调试和程序输入等工作。

(1)设备检验。

对缠绕机进行空转,检查机械系统(缠绕机架、电机、传动系统等)、控制系统、辅助系统(纱架、胶槽、加热器等)、张力控制系统(传感器、控制器、测控系统)的运转情况。如发现异常情况应停止使用,并及时修理。

(2)缠绕线型设计与调试。

安装缠绕芯模,并将有关设计参数输入缠绕机。机械式缠绕机的缠绕线型主要由机械系统来控制,通过调节挂轮比、链条等获得需要的缠绕线型。数控缠绕机的缠绕线型通过数控系统如 SIEMENS810、SIEMENS840D 等来实现。缠绕时通过专用的缠绕软件,如 CADWIND、CADFIL 等来进行线型设计。线型调试时,将芯模安装到缠绕机上,进行预定线型缠绕,保证不出现纱片离缝、滑线等现象。

（3）辅助设备安装调试。

对纱架、胶槽、绕丝嘴、加热器等辅助设备进行检验，确保运转正常，过纱路径光滑，不影响缠绕制品的质量。

4. 芯模的处理和安装

（1）金属芯模的准备。

①在缠绕前首先要清除金属表面的油污，用丙酮或乙酸乙酯清洗干净。如果有铁锈，先用砂纸打光芯模表面，而后再清洗干净。

②在清洗干净的芯模表面涂敷脱模剂。脱模剂的种类很多，如聚乙烯醇、有机硅类、醋酸纤维素、聚酯薄膜、玻璃纸等，应严格按照不同脱模剂的使用方法进行涂敷操作。初次使用的模具应反复涂敷几次。

（2）石膏芯模的准备。

①将已做好的石膏芯模表面涂敷一层胶液，用树脂或油漆均可。主要是将里面的小气孔封闭，待固化后，然后再涂上一层或数层聚乙烯醇，充分凉置后待用。

②另一种方法是，将已做好的石膏芯模表面糊上一层玻璃纸，赶出里面的气泡，待用。

③石膏芯模不适合固化温度高于 150 ℃的产品。

（3）水溶性芯模的准备。

制作水溶性芯模常用的粘接剂主要有聚乙烯醇和硅酸钠。制品固化温度低（小于150 ℃）时，常用聚乙烯醇体系。固化温度较高（高于 150 ℃）时，常用硅酸钠体系。水溶性芯模在使用前处理方法与石膏芯模类似。

5. 缠绕成形

（1）缠绕前首先进行纤维张力的调节，用张力器测量纤维张力，并对张力控制机构进行调节，以达到工艺文件规定的张力精度。

（2）将胶液倒入胶槽中，使纤维经过浸胶槽和挤胶辊，然后将已浸胶的多根纤维分成若干组，通过分纱装置后集束，引入绕丝嘴。

（3）按设计要求进行设定线型的缠绕，并随时调节浸胶装置控制纤维带胶量。缠绕时随时将产品表面多余的胶液刮掉，并观察排纱状况，如遇纱片滑移、重叠或出现缝隙等情况，应及时停车处理。

（4）缠绕中应不断地调节张力，不断地添加新胶液，清除胶辊上的纱毛和滴落在缠绕设备上的胶液，保持整个生产线的清洁卫生，做到文明生产。

（5）当缠绕即将结束时，测其厚度，达到设计要求时即可停机。

（6）将产品卸下，进入固化炉或放置室温下固化。

6. 固化

产品固化应严格按照工艺规定的固化制度进行。将产品放于烘箱、固化炉、真空罐或常温下固化。产品视其需要可采用水平放置、垂直放置或旋转放置的方式，按已确定的固化制度进行固化。在固化过程中要严格遵守操作规程，随时检查和调试温度，如遇温度过高、过低或升温过快等情况应停止固化，及时检修设备。固化结束后，通常自然冷却。严禁高温出炉，出炉温度过高会使产品收缩产生裂缝，影响产品质量。

7. 脱模

制品固化后要将其中的芯模脱除,根据芯模的结构形式不同其脱模的方法也不相同。

(1)金属芯模。一般采用机械脱模方式,如制作复合材料管道时,需通过脱模设备将金属芯模拔出。

(2)组合模具。需先将模具拆散,然后小心移除,注意不要碰伤产品。

(3)水洗砂芯模。需先用水将砂芯模部分冲掉,然后脱除金属轴。有时为了脱模方便,常采用热水高压冲洗。

8. 产品加工与修整

复合材料制品一般都需要机械加工,基本上沿用了对金属材料的一套加工方法,如车、铣、刨、磨、钻等,可以在一般木材加工机床或金属切削机床上进行。由于复合材料的性质与金属不同,因此在机械加工上有其特殊性。

(1)制品由硬度高的纤维增强材料和软质的树脂组成,切削加工时是软硬相间,断续切削,每分钟可达百万次以上冲击,致使切削条件恶化,刀具磨损严重。

(2)由于复合材料制品导热性差,在切削过程中金属刀具和复合材料摩擦产生的热无法及时传递出去,极易造成局部过热,致使刀具发生退火,硬度下降,加速刀具的磨损,缩短使用寿命,因此要求刀具耐热和耐磨性要好。

(3)缠绕制品在加工时,由于其缠绕成形的特点和加工中的过热及震动,容易产生分层、起皮、撕裂等现象,所以要考虑切削力方向,选择适当的切削速度。

(4)复合材料制品中的树脂不耐高温,高速切削时胶粘状碎屑遇冷又硬化,碎屑极易粘刀,所以切削速度不能太高。

(5)制品在机械加工过程中,会产生大量粉尘,因此必须采取有效的除尘通风措施。

9. 影响制品质量的因素

缠绕成形过程是一个非常复杂的工序,许多工艺参数都对制品的质量有很大影响。

(1)缠绕张力。

缠绕张力是缠绕工艺的重要参数。张力大小、各束纤维间张力的均匀性,以及各缠绕层之间纤维张力的均匀性都对制品质量影响极大。因此,缠绕过程中必须严格控制纤维缠绕张力大小。

缠绕张力的大小与缠绕速度、纤维路径的摩擦程度、纤维路径的弯曲程度等有较大关系。因此,缠绕过程中应随时注意纤维张力的变化,将纤维张力调节在工艺设计规定的范围内。

湿法缠绕宜在纤维浸胶后施加张力,干法缠绕宜在纱团上施加。在纤维通过张力辊时,最好用梳子将各股纤维分开,以免打捻和磨损,辊子最小直径约 50 mm。张力器上的辊过多,纤维多次弯曲会降低强度。

在缠绕厚度较大的制品时应采取逐层递减的张力制度,避免外层纤维张力过大将内层纤维压曲折。

(2)缠绕速度。

缠绕速度是指纤维纱缠绕到芯模上的线速度。缠绕速度直接影响到生产效率,缠绕速度过慢,生产效率会很低,但是要提高缠绕速度,必须以能够维持正常的操作为前提。

湿法缠绕中,缠绕速度受到纤维浸胶时间的限制,势必造成纤维浸胶不足;另外,缠绕速度过快,芯模转速太高,容易造成胶液在离心力的作用下向外飞溅,通常情况下,缠绕速度不宜超过 0.9 m/s。

干法缠绕中的缠绕速度要高于湿法缠绕,但同样也有限制条件,主要是保证预浸料加热到所需黏度。

(3)环境温度、湿度。

缠绕过程中环境的温度、湿度对制品有很大影响,树脂胶液黏度随温度降低而增大,为保证胶纱在缠绕过程中的浸渍效果,同时也避免某些固化剂的低温析出,故纤维缠绕过程中一定要控制在 15 ℃以上,可用红外线灯烧烤制品表面,以保证表面温度在 40 ℃左右。可有效提高制品质量。

缠绕过程中湿度不应过大,否则纤维吸潮后缠绕到制品上会产生纤维与树脂间粘接力降低,加速制品的老化等问题。

(4)胶液浸渍及质量分数控制。

复合材料制品中胶液质量分数的高低变化及分布对纤维缠绕制品性能影响很大:一是直接影响对制品质量和厚度的控制;二是从强度角度看,含胶量过高,使制品复合强度降低。含胶量过低,制品孔隙率增加,使制品气密性、耐老化性能及剪切强度下降,同时也影响纤维强度的发挥。此外,胶液质量分数过大的变化会引起不均匀的应力分布,并在某些区域引起破坏,因此纤维浸胶过程必须严格控制。含胶量大小,须根据制品使用要求而定。

为了保证纤维浸渍充分,树脂质量分布应均匀。采用加热(胶槽恒温)和加入稀释剂可以有效控制胶液黏度,但都带来一定副作用,提高温度会缩短树脂胶液的使用期,加入溶剂,在成形时若去除不干净会在制品表面形成气泡,影响制品强度。但如果选择合适的加热温度和易挥发的溶剂,或以稀释剂代替普通溶剂,对胶纱采用烘干措施等,上述问题会得到克服。为保证纤维浸胶透彻,要求树脂黏度控制在 0.35 ~ 1.0 Pa·s。同时,缠绕过程中应注意随时将制品表面多余的树脂用刮胶板去除干净。

纤维缠绕成形的优点:①能够按产品的受力状况设计缠绕规律,以能充分发挥纤维的强度;②比强度高:一般来讲,纤维缠绕压力容器与同体积、同压力的钢质容器相比,质量可减轻 40% ~60%;③可靠性高:纤维缠绕制品易实现机械化和自动化生产,工艺条件确定后,缠出来的产品质量稳定,精确;④生产效率高:采用机械化或自动化生产,需要操作工人少,缠绕速度快(240 m/min),故劳动生产率高;⑤成本低:在同一产品上,可合理配选若干种材料(包括树脂、纤维和内衬),使其再复合,达到最佳的技术经济效果。

缠绕成形的缺点:①缠绕成形适应性小,不能缠任意结构形式的制品,特别是表面有凹的制品,因为缠绕时,纤维不能紧贴芯模表面而架空;②缠绕成形需要有缠绕机、芯模、固化加热炉、脱模机及熟练的技术工人,需要的投资大,技术要求高,因此,只有大批量生产时才能降低成本,才能获得较高的技术经济效益。

4.3.3.2　缠绕成形工艺原材料及工艺装备简介

1. 原材料

缠绕成形的原材料主要是纤维增强材料、树脂和填料。

(1)增强材料。缠绕成形用的增强材料,主要是各种纤维纱,如无碱玻璃纤维纱,中碱玻璃纤维纱,碳纤维纱,高强玻璃纤维纱,芳纶纤维纱及表面毡等。

(2)树脂基体。树脂基体是指树脂和固化剂组成的胶液体系。缠绕制品的耐热性、耐化学腐蚀性及耐自然老化性主要取决于树脂性能,同时对工艺性、力学性能也有很大影响。缠绕成形常用树脂主要是不饱和聚酯树脂,也有时用环氧树脂和双马来酰亚胺树脂等。对于一般民用制品如管、罐等,多采用不饱和聚酯树脂。对力学性能的压缩强度和层间剪切强度要求高的缠绕制品,则可选用环氧树脂。航空航天制品多采用具有高断裂韧性与耐湿性能好的双马来酰亚胺树脂。

(3)填料。填料种类很多,加入后能改善树脂基体的某些功能,如提高耐磨性,增加阻燃性和降低收缩率等。在胶液中加入空心玻璃微珠,可提高制品的刚性,减小密度,降低成本等。在生产大口径地埋管道时,常加入 30% 石英砂,借以提高产品的刚性和降低成本。为了提高填料和树脂之间的粘接强度,填料要保证清洁和表面活性处理。

2. 芯模

成形中空制品的内模称芯模。一般情况下,缠绕制品固化后,芯模要从制品内脱出。

芯模设计的基本要求:①要有足够的强度和刚度,能够承受制品成形加工过程中施加于芯模的各种载荷,如自重、制品重,缠绕张力,固化应力,二次加工时的切削力等;②能满足制品形状和尺寸精度要求,如形状尺寸、同心度、椭圆度、锥度(脱模),表面光洁度和平整度等;③保证产品固化后,能顺利从制品中脱出;④制造简单,造价便宜,取材方便。

芯模材料分两类:熔、溶性材料和组装式材料。熔、溶性材料是指石蜡、水溶性聚乙烯醇型砂、低熔点金属等,这类材料可用浇铸法制成空心或实心芯模,制品缠绕成形后,从开口处通入热水或高压蒸汽,使其溶、熔,从制品中流出,流出的溶体,冷却后重复使用。组装式芯模材料常用的有铝、钢、夹层结构、木材及石膏等。另外还有内衬材料,内衬材料是制品的组成部分,固化后不从制品中取出,内衬材料的作用主要是防腐和密封,当然也可以起到芯模作用,属于这类材料的有橡胶、塑料、不锈钢和铝合金等。

3. 缠绕机

缠绕机是实现缠绕成形工艺的主要设备,对缠绕机的要求是:①能够实现制品设计的缠绕规律和排纱准确;②操作简便;③生产效率高;④设备成本低。

缠绕机主要由芯模驱动和绕丝嘴驱动两大部分组成。为了消除绕丝嘴反向运动时纤维松线,保持张力稳定及在封头或锥形缠绕制品纱带布置精确,实现小缠绕角(0°～15°)缠绕,在缠绕机上设计有垂直芯轴方向的横向进给(伸臂)机构。为防止绕丝嘴反向运动时纱带转拧,伸臂上设有能使绕丝嘴翻转的机构。

我国 20 世纪 60 年代研制成功链条式缠绕机,70 年代引进德国 WE-250 数控缠绕机,改进后实现国产化生产,80 年代后我国引进了各种形式缠绕机 40 多台,经过改进后,自己设计制造成功微机控制缠绕机,并进入国际市场。机械式缠绕机有以下几种类型:

(1)绕臂式平面缠绕机。其特点是绕臂(装有绕丝嘴)围绕芯模做均匀旋转运动,芯模绕自身轴线做均匀慢速转动,绕臂(即绕丝嘴)每转一周,芯模转过一个小角度。此小角度对应缠绕容器上一个纱片宽度,保证纱片在芯模上一个紧挨一个地布满容器表面。芯模快速旋转时,绕丝嘴沿垂直地面方向缓慢地上下移动,此时可实现环向缠绕,使用这种缠绕机的优点是,芯模受力均匀,机构运行平稳,排线均匀,适用于干法缠绕中小型短粗筒形容器。

(2)滚翻式缠绕机。这种缠绕机的芯模由两个摇臂支承,缠绕时芯模自身轴旋转,两臂同步旋转使芯模翻滚一周,芯模自转一个与纱片宽相适应的角度,而纤维纱由固定的伸臂供给,实现平面缠绕,环向缠绕由附加装置来实现。由于滚翻动作机构不宜过大,故此类缠绕机只适用于小型制品,且使用不广泛。

(3)卧式缠绕机。这种缠绕机是由链条带动小车(绕丝嘴)做往复运动,并在封头端有瞬时停歇,芯模绕自身轴做等速旋转,调整两者速度可以实现平面缠绕、环向缠绕和螺旋缠绕,这种缠绕机构造简单,用途广泛,适宜于缠绕细长的管和容器。

(4)轨道式缠绕机。轨道式缠绕机分立式和卧式两种。纱团、胶槽和绕丝嘴均装在小车上,当小车沿环形轨道绕芯模一周时,芯模自身转动一个纱片宽度,芯模轴线和水平面的夹角为平面缠绕角 α。从而形成平面缠绕型,调整芯模和小车的速度可以实现环向缠绕和螺旋缠绕。轨道式缠绕机适合于生产大型制品。

(5)行星式缠绕机。芯轴和水平面倾斜成 α 角(即缠绕角)。缠绕成形时,芯模做自转和公转两个运动,绕丝嘴固定不动。调整芯模自转和公转速度可以完成平面缠绕、环向缠绕和螺旋缠绕。芯模公转是主运动,自转为进给运动。这种缠绕机适合于生产小型制品。

(6)球形缠绕机。球形缠绕机有四个运动轴,球形缠绕机的绕丝嘴转动,芯模旋转和芯模偏摆,基本上和摇臂式缠绕机相同,第四个轴运动是利用绕丝嘴步进实现纱片缠绕,减少极孔外纤维堆积,提高容器臂厚的均匀性。芯模和绕丝嘴转动,使纤维布满球体表面。芯模轴偏转运动,可以改变缠绕极孔尺寸和调节缠绕角,满足制品受力要求。

(7)电缆式纵环向缠绕机。纵环向电缆式缠绕机适用于生产无封头的筒形容器和各种管道。装有纵向纱团的转环与芯模同步旋转,并可沿芯模轴向往复运动,完成纵向纱铺放,环向纱装在转环两边的小车上,当芯模转动、小车沿芯模轴向做往复运动时,完成环向纱缠绕。根据管道受力情况,可以任意调整纵环向纱数量比例。

(8)新型缠管机。新型缠管机与现行缠绕机的区别在于,它是靠管芯自转,并同时能沿管长方向做往复运动,完成缠绕过程。这种新型缠绕机的优点是,绕丝嘴固定,为工人处理断头、毛丝以及看管带来很大方便;多路进纱可实现大容量进丝缠绕,缠绕速度快,布丝均匀,有利于提高产品质量和产量。

第5章 典型飞行器制造工艺与装备

5.1 战术导弹的结构特点与制造工艺

5.1.1 战术导弹的用途和结构组成

战术导弹是用于毁伤战役战术目标的导弹,其射程通常在1 000 km以内,多属近程导弹。它主要用于打击敌方战役、战术纵深的集结的部队、坦克、飞机、舰船、雷达、指挥所、机场、港口、铁路枢纽和桥梁等目标。

按打击目标战术导弹的分类见表5.1。导弹采用的动力装置有固体火箭发动机、液体火箭发动机和各种喷气发动机。导弹的弹头(战斗部)有普通装药弹头、核弹头和化学、生物战剂弹头。

表5.1 战术导弹的分类

打击地面目标的导弹	打击水域目标的导弹	打击空中目标的导弹
地地导弹、空地导弹、舰地导弹、反雷达导弹和反坦克导弹	岸舰导弹、空舰导弹、舰舰导弹、潜舰导弹和反潜导弹	地空导弹、舰空导弹和空空导弹

战术导弹主要由弹体、弹翼、舵面和尾翼等组成,弹体包括天线罩、仪器舱、控制舱、战斗部舱、燃料箱舱、发动机舱等各舱段,如图5.1所示。由于战术导弹的飞行速度很大,一般马赫数为2~4,有的高达5~6,因此,除要求这些承力构件有足够的强度和刚度外,还要求弹体具有良好的气动外形和抗热强度,弹体一般头部呈尖拱形,中部是圆筒形,尾部呈收敛形。

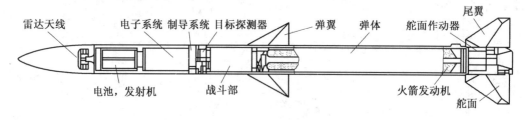

图5.1 战术导弹的结构组成

5.1.2 战术导弹制造的常用工艺技术

战术导弹加工工艺所涉及的范围非常广泛,主要包括锻造与铸造工艺,弹体冷加工工艺,焊接工艺,电火花加工工艺,铝合金化学铣切工艺,精密小型零件制造工艺,特种刀、量、模具的设计与制造工艺,热处理工艺和表面处理工艺等。

锻造承担着为战术导弹的多种接头结构件提供优质毛坯的任务。对于试制和小批量生产中的制坯工序而言,自由锻和胎模锻造无疑是成本低、生产准备周期较短的工艺方法。

铸造在战术导弹制造中也占有重要的地位。战术导弹铝合金舱体铸造成形的工艺过程包括合金熔炼、低压及差压砂型铸造等项工艺。

弹体冷加工工艺本身是十分庞杂的,主要包括机械加工工艺、钣金冲压件制造工艺和爆炸成形三部分内容。

机械加工工艺用于加工难度较大的整体铸造舱段、整体梁、整体肋和复合翼面的机械加工。

战术导弹上采用了大量的钣金冲压件,其中包括弹体蒙皮、框缘、口盖、翼肋、支架、压力容器、导管等类零件。如弹翼前缘的压弯、箱体蒙皮的滚弯、18Ni 马氏体时效钢球形气瓶半球面的拉深、天线罩连接圈的旋压、45NiCr1Mo1VA 钢筒形壳体与硬铝舱体的强力旋压、凸弯边件的橡皮压制等。

爆炸成形是高能技术在金属塑性成形中的应用,这种工艺比较适合于航天产品零件的试制和小批量生产。战术导弹上的箱体封头、高压气瓶瓶体、舱口盖加强框及弹翼腹板等零件常采用爆炸成形工艺。

黑色金属焊接工艺常用于发动机部件与球形气瓶制造。钨极氩弧焊工艺、碾压矫形工艺和接头碾压强化工艺常用于铝合金结构件的制造。

电火花加工应用于制造导弹模型、样板、挠性陀螺接头及发动机叶片等类工件。

化学铣切是一种用化学腐蚀的方法除去表面多余金属,使金属工件得以加工成形的特种工艺方法。

超精加工和特种加工工艺技术,如石英片的喷砂切割、化学蚀刻、激光修整、真空镀膜、正负温处理等,常用于战术导弹控制系统中的精密小型零件的加工制造。

数控及 CAD/CAM 技术在战术导弹制造中的应用,数控加工技术已形成了从单台操作方式到 CAM、FMS(柔性加工系统)和 CIMS(计算机集成制造系统)等不同层次,为战术导弹研制生产的飞速发展和产品质量的明显提高奠定坚实的物质技术基础。

由于战术导弹的储存和使用环境往往比较恶劣,因此借助表面处理技术使之具备良好的防盐雾、防潮湿和防霉菌性能尤为必要。表面处理技术包括电化学及化学镀覆、电铸和涂料涂覆等工艺。

5.1.3　战术导弹零部件的制造工艺

1. 弹体舱段的制造工艺

弹体结构若按承受弹体载荷的主要受力元件不同,可分为桁梁式、桁条式(半硬壳式)、硬壳式等类型,如图 5.2 所示。若按加工方法不同则可分为装配式结构和整体式结构。

装配式结构的蒙皮、骨架单独制造,而后通过铆接、焊接、螺接、胶接等连接方式装配成一个整体。整体式结构的特点是蒙皮和骨架融为一体,可以用铸造、化学铣切、模锻、旋压、机械加工、纤维缠绕或模压等方法加工成形。

战斗部舱、仪器舱、控制舱、发动机舱等舱段壳体,大多采用铝合金整体铸造、铝合金板铆接、锻铝或硬铝整体挤压或整体旋压等工艺加工成形;部分战术导弹采用变形镁合金整体壁板焊接或铸造镁合金整体铸造;高超声速战术导弹的舱体则采用钛合金、不锈钢板铆接或焊接加工成形。此外,舱段壳体也可以用树脂基复合材料整体缠绕成形。

战斗部舱采用铝合金铆接的硬壳式结构或整体铸铝结构,也采用钢整体旋压成形。

仪器舱和控制舱大多采用锻铝或硬铝整体挤压成形,也可采用铸造铝合金或铸造镁合金

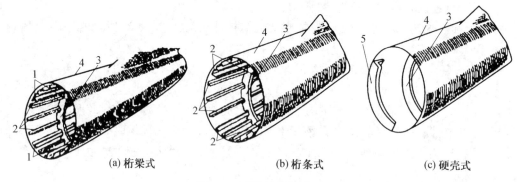

(a) 桁梁式　　　　　　　(b) 桁条式　　　　　　　(c) 硬壳式

图 5.2　弹体的结构类型

1—桁梁;2—桁条;3—普通隔框;4—蒙皮;5—加强隔框

整体铸造成形。部分型号导弹的仪器舱和控制舱采用变形镁合金整体壁板焊接成形。

液体发动机常用不锈钢和高温合金材料制造,发动机舱常用铝合金框和蒙皮铆接的硬壳式结构。固体发动机舱既是弹体的一部分,承受气动外力,又作为固体发动机燃烧室壳体,承受工作内压,常选用高强度钢或超高强度钢制造。

吸气式发动机的战术导弹,其动力系统除发动机以外还包括弹体上的进气道、油箱、供油系统、点火系统等部(组)件。进气道一般采用环氧玻璃钢结构手工糊制,其中含有少量供连接用的金属嵌入件。

天线罩采用能透过电磁波的玻璃钢、有机玻璃、微晶玻璃或陶瓷等非金属材料制造。

2. 弹翼、舵面和尾翼的制造工艺

弹翼是战术导弹的典型结构零件,翼型一般很薄,有较高的气动外形尺寸要求。弹翼的常用材料有铝合金、镁合金、高强度钢和复合材料等。

传统的弹翼制造工艺是用厚板或粗锻件铣削成形。这种方法材料利用率低,加工周期长,不适于批量生产。目前,国内外越来越多地采用先进的精密锻造技术制造弹翼,以减少加工量,提高生产率。当弹翼外形呈曲面或其他复杂形状时,机械加工更困难,采用精密锻造成形是最合适的工艺,同时,采用精锻件还能减小加工变形,提高尺寸稳定性。

受锻造技术水平的限制,目前仅对面积小于 $0.2\ m^2$ 的中小型弹翼实施精锻。面积更大的弹翼只能用半精锻或粗锻,其翼面还要做少量补充加工。

利用金属材料的超塑特性发展起来的等温锻造技术,可大幅度降低变形抗力,从而有可能在小功率设备上成形加工面积较大的零件,为弹翼的精密锻造开辟了新的途径。

弹翼、舵面和尾翼按成形工艺类型可分为骨架、蒙皮铆接(焊接)型,整体壁板铆接型和整体实心型三种。

骨架、蒙皮铆接(焊接)型采用化学铣切和钣金成形铝蒙皮,配合以锻造、铸造制坯再机械加工制成桁条、翼肋、翼梁等,最后以铆接、焊接工艺组装;也有的尾翼采用硬铝骨架和蒙皮铆接而成的半硬壳式结构。

整体壁板铆接型采用铝合金和变形镁合金厚板加工成整体壁板,然后铆接成弹翼或尾翼。

整体实心型通常是以锻铝精锻、化学铣切或铝合金铸造制坯,再经机械加工制成的整体实心结构。

3. 燃料箱舱的制造工艺

承力式燃料箱制作常采用钣金成形、化学铣切、导管成形、氩弧焊、真空电子束焊、机械加工等制造工艺。金属油箱与弹性袋组成的复合油箱,常采用铸造、旋压、焊接及非金属弹性袋的成形等制造工艺。

4. 其他零部件的制造工艺

制造舵面操纵机构、级间分离机构、供油装置及各种安装支架,需要采用锻造或铸造制坯、钣金焊接、机械加工、热处理、表面处理等制造工艺。

5.1.4　战术导弹制造的工艺特点

战术导弹制造工艺有以下几个特点:

(1)采用的工艺类别多、专业面广。

舱体和翼面毛坯成形采用铸造、锻造、挤压、旋压、非金属复合材料等多种制造工艺技术,硬壳式或半硬壳式结构的舱体和翼面制造常用铆接、胶接和焊接工艺,整体式结构舱体和翼面则大量采用车、钳、刨、铣、镗、磨等传统的机械加工工艺技术。

目前传统的机械加工工艺正在向数显化、电子化、柔性化方向发展。为使弹体结构性能满足设计的使用要求,绝大多数的弹体结构零部件均需进行各种热处理和表面处理,热处理和表面处理的工艺质量直接影响弹体的使用可靠性。从产品原材料,外购、外协件的入厂检验,零部件的中间工序间检验到最终产品总装测试检验,整个生产全过程广泛应用各种专业的计量测试技术、理化检验技术、工艺协调技术和装配测试技术。

(2)精密机械加工是结构件制造的关键。

弹体结构的小型化、集成化给机械加工提出了更高的要求。制导系统和控制系统中的重要零部件,如伺服阀、陀螺仪、加速度计、电磁液压阀、减压阀等的精密机械加工是弹体结构件制造中的关键。它要求零件的制造精度达到微米或亚微米的加工精度,不仅需要有高精度的机床和夹具,而且要有先进的工艺技术;不仅要有精密计量测试相适应,而且要有良好的工作环境条件做保证。

(3)工艺协调复杂。

弹体结构的工艺协调是指外形轮廓的协调、结合孔系的协调、接头交点和配合面等的协调,协调问题关系到系统装配的全局。组成弹体的结构件外形协调,各舱段间的对接协调,弹体结构与分系统设备之间的协调和弹体与发射架之间的协调等。协调不仅在厂内,而且还涉及厂际关系,故工艺协调是很复杂的。导弹总装厂应根据导弹总体技术要求,提出工艺协调方法,确定工艺协调路线,制定工艺容差分配方案,提供协调依据,处理和协调生产过程中的不协调问题。

(4)质量和可靠性要求高。

战术导弹由成千上万个元器件、零部件所组成,其中任何一个失效,都将会引起全弹前功尽弃。因此,产品的质量和可靠性要求很高,是关系产品成败的决定因素。

5.1.5　战术导弹的总装调试工艺

战术导弹弹体零(部)件制成后,首先实施部件装配,即按导弹弹体结构和生产条件划分若干装配单元,编定其装配基准、定位方法、装配方案、装配工装和装配工艺方法,分别进行装配。常用的装配方法有铆接、螺接、胶接和楔环连接等。为了消除积累误差的影响,有时需要进行精加工予以补偿。然后,用专用工装检验装配单元的外形及重要接头,并进行副翼、舵面的平衡检验与装配单元的称重。

战术导弹的总装、测试及典型试验工艺过程主要包括分系统装配、弹体对接、导弹检测、导弹测试、导弹典型试验、导弹喷漆和导弹油封包装等。

战术导弹除了弹体外,还有许多整件、设备与分系统,例如推进系统、制导控制系统、电气系统、战斗部和引信等。它们的装前检查、安装和舱段对接是总装的第一步工作。其后,要进行电缆敷设与电性能(包括导通、绝缘电阻、抗电强度)检查、搭铁电阻检查、管路系统安装、水平测量、称重定质心、气密试验、全弹单元测试、综合测试和射前检查、导弹喷漆、导弹油封包装及火工品对接等项工作。导弹弹体对接后的淋雨试验及导弹测试阶段的冲击(过载)试验则根据设计文件要求予以安排。

战术导弹内部空间狭小,设备仪器安装密度大,电缆网复杂,在总装时处理好电磁兼容(EMC)问题尤为重要。需要从设计与制造工艺上加以保证,包括在接地、搭接、屏蔽、滤波、电缆网优化、电气装联等诸多方面采取措施,才能使武器装备中所有电气与电子系统在执行预定任务时遇到的各种电磁环境中,保持原定性能并协调有效地工作。

战术导弹火工品的安装分为半备弹和全备弹两种情况。半备弹的火工品指的是助推器、发动机的药柱、火药启动器的小药柱、点火药盒和电爆管等。全备弹的火工品则还包括其战斗部和引信。一般,这些火工品的安装在部队技术阵地上进行。当使用固体发动机的战术导弹以密封的贮运包装箱或贮运发射箱发运时,其半备弹和全备弹火工品的安装和必要的测试工作,也可以在总装厂的专用火工品安装厂房内完成。

5.2 运载火箭的结构特点与制造工艺

5.2.1 运载火箭的用途和结构组成

运载火箭是用于把人造卫星、载人飞船、空间站或空间探测器等有效载荷送入预定轨道的运载工具,主要由箭体结构、推进系统、制导和控制系统、安全自毁系统、遥测系统等构成。

箭体结构主要有仪器舱、推进剂贮箱(氧化剂箱和燃料箱)、箱间段、尾段、管路等部分,多级火箭还有级间段和有效载荷、整流罩等。每一级火箭都有自己的箭体结构和动力装置,级与级之间靠级间段连接,末级有仪器舱,内装制导与控制系统、遥测系统以及安全系统。有效载荷装在仪器舱上面,外面套有整流罩。运载火箭典型结构组成如图5.3所示。

5.2.2 运载火箭结构件的分类

运载火箭结构件的种类繁多、形状各异,按零件的结构和制造工艺特点,可以将结构件分为五种基本类型,即框类零件、梁类零件、接头类零件、支架及支座类零件和其他特殊零件。它们的典型结构、特点、常用材料和毛坯制造方法见表5.2。

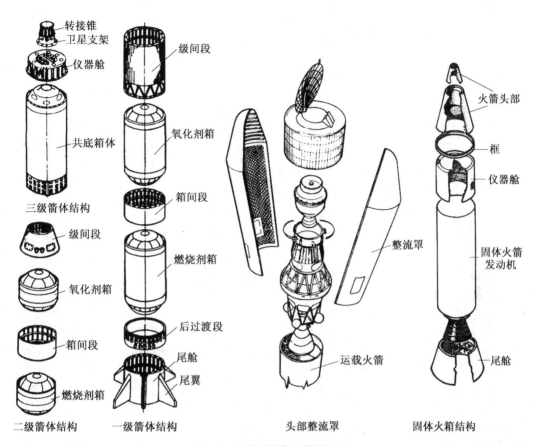

图 5.3　运载火箭典型结构组成

表 5.2　火箭零件、特点、常用材料和毛坯制造方法

序号	类别	结　构　图	结　构　特　点	常用材料	毛坯类型
1	框类零件		外形尺寸大,截面积小,壁薄,刚性差,易产生加工变形	LF6 LD10 LC4 ZL104	焊接毛坯 锻造毛坯 铸造毛坯
2	梁类零件		长度大,截面积小,大多具有变化较大的截面形状	LC9M LC9Cs	挤压型材

续表 5.2

序号	类别	结 构 图	结构特点	常用材料	毛坯类型
3	接头类零件	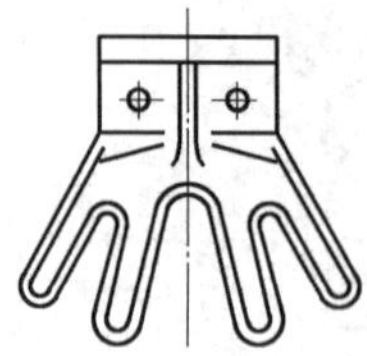 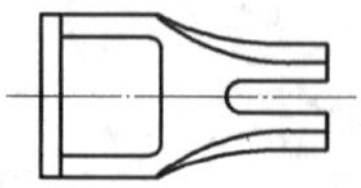	种类多,数量大,零件的斜面和非规则表面多,接口易变形	25 钢 45 钢 30CrMn LC4 LD10 ZL104	锻造毛坯 铸造毛坯
4	支架类零件	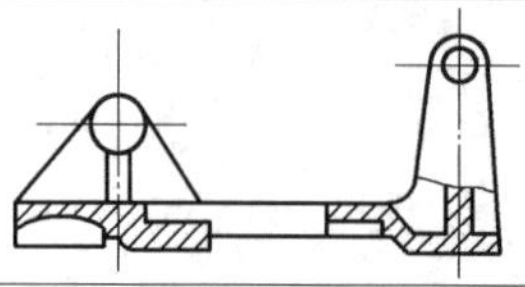	零件形状复杂,毛坯质量要求高,加工困难	LD10 ZL104	锻造毛坯 铸造毛坯
5	特殊零件	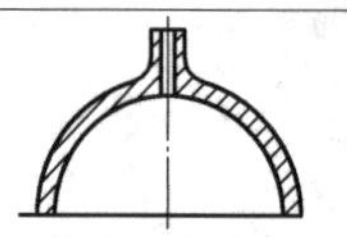 钛合金半球体 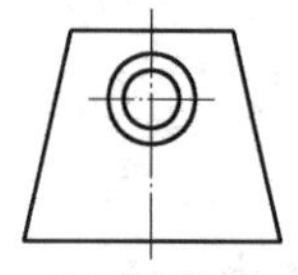 大型壳体件	种类多,型面加工要求高,零件加工困难	钛合金 铝合金 复合材料	

贮箱是液体火箭的主要构成部分,占火箭全长的 2/3。受板材尺寸规格所限,大型贮箱箱底采用分瓣拼焊法制造。贮箱材料一般是铝合金或不锈钢薄板。为保持待焊零件的精密定位,需采用气动焊接夹具把待焊零件牢固定位。箱体的组装采用钨极氩弧焊、熔化电极气体保护焊、氦弧焊和局部真空电子束焊,并采用计算机对三维焊缝的焊接过程实施控制。全部焊缝均进行 X 射线检验,箱体进行液压强度、气密检漏、容积测量、外形尺寸、母线直线度、前后端框同轴度和轴线垂直度等多项检查。在研制阶段,贮箱还必须经过静力破坏试验,以验证是否达到设计载荷的要求。

火箭贮箱制造工艺过程有如下特点:

(1)贮箱大多由钣金成形,材料通常选用铝合金,如 LF3、LF6、LDIO 及 S147 等,制造过程中广泛使用惰性气体保护焊。

(2)为满足对接装配要求,保持良好的气动特性,贮箱的几何形状、尺寸精度要求较高。焊件壁薄、刚性差、易变形,在制造中要求正确选择装配基准,合理进行基准转换,还必须设计、制造精度高、刚性好、功能多的专用工艺装备。

(3)由于贮箱设计安全系数低、密封性要求高,必须采用先进的焊接设备、制定合理的焊接规范、应用先进的检测技术和试验装置,以获得致密可靠的焊接接头。

(4)焊前准备是保证焊接质量的重要环节,铝合金自动焊的焊前准备要求较严,以免因焊体、焊丝的清理质量不好而影响焊接接头的致密性。

(5)贮箱外形简单、开敞性好,便于施焊,容易实现焊接自动化。

5.2.3 运载火箭零部件的制造工艺

运载火箭的制造流程按毛坯制造、零件加工、部(组)件装配、全箭总装及测试的顺序依次进行,各种常规与特种加工工艺方法都得到应用。

运载火箭总装厂负责箭体制造和全箭总装测试,箭上的发动机、制导和控制仪器设备及各种特种装置则由各专业厂制造。

在运载火箭上,锻件主要用于承力结构。采用最多的是铝合金锻件和钛合金锻件。铸件则以铝合金的大型铸件和精密铸件居多,例如火箭上的环形铸铝件其直径达 2 m 以上。

运载火箭外形大部分呈圆柱形,因此不少零件可采用旋压、爆炸成形、滚弯和拉弯方法制造。

强力旋压工艺可用于制造固体燃料火箭的外壳、头部锥形蒙皮和球形箱底等零件。它采用特制的强力旋压机床,以 $10^2 \sim 10^3$ kN 的旋压力施加到旋轮、板材和模胎相接触的点面上,挤压金属材料使之流动变薄,并使材料强度得以提高。

爆炸成形是利用炸药爆燃产生的冲击波能量使金属材料产生塑性变形的钣金零件成形方法。其能量一般通过水介质传递,并以超声波从爆炸点传向各方向,在 10^{-3} s 时间内作用于金属的压强达到 3×10^3 MPa。爆炸成形工艺简单,模具费用较低,适用于大直径箱底零件和低塑性高强度材料零件的成形。曲面和外廓尺寸较大的钣金零件,以蒙皮拉形机和型材拉弯机等设备拉弯成形。

运载火箭外壳的壁板带有增强结构刚度的网格状加强肋条。大面积网格壁板既可以用化学铣切方法制成,也可以用机械铣削方法制造。采用数控铣削网格壁板能保证壁板厚度均匀、尺寸精确、余量减小,从而增加火箭的有效载荷。采用数控铣削加工时,需以真空吸盘吸住板料,因此对板料平面度的要求比较严格。

弹头结构用以安装战斗部和各种设备,它应有良好的气动外形并能承受再入时的气动加热。因此,除具有足够的强度和刚度外,它还需要表面防热与内层隔热。烧蚀式防热结构简单,性能可靠。

端头制造时,以模压法成形高硅氧玻璃纤维/酚醛树脂、碳/碳、碳纤维增强石英等防热复合材料构件,并辅以切削加工。

在弹头壳体结构中,以聚氨酯泡沫塑料制作双层金属薄蒙皮间的隔热夹层和弹头底遮板、挡火板的隔热层。复合材料在运载火箭制造中的应用日益增多。除弹头外,还用高硅氧纤维、碳纤维、尼龙纤维或其织物与各种树脂复合,通过缠绕、铺层或模压成形,制成火箭的许多承力构件和耐高温构件。

运载火箭箭体的非密封舱体一般采用铆接结构,推进剂贮箱、气瓶和导管等有严格耐压与密封要求的部(组)件则采用焊接工艺连接。最常用的是氩弧焊、接触点焊和滚(缝)焊。电子束焊适用于膜盒组件和钛合金气瓶等精密部件和难焊材料的焊接,具有金属或非金属蜂窝夹层结构的舱体、舱口盖和整流罩则以胶接工艺或钎焊工艺制造。

级间段是多级火箭(导弹)级间的对接壳段,又可作为后级火箭发动机的保护罩。有的级间段中还安装有仪器、电缆和导管。级间段一般为桁梁式薄壁铆接结构。若前、后级弹(箭)采用热分离方式,则其级间段一般由薄壁铆接壳段和级间杆系组成,以便让上面级火箭发动机的燃气顺利排出。级间段杆系结构一般由 30CrMnSiA 钢的焊接件叉子与前端框连接而成。

其中,叉子采用正反交错对称手工电弧焊成形。级间段壳体可以采用软木胶接防热结构,并以涡流选频声检测法检查胶接装配质量。

5.2.4　运载火箭结构制造技术的特点

火箭结构制造技术是在飞机制造技术的基础上发展起来的。由于火箭工作环境和性能特征与飞机相比有很大差异,给火箭结构制造技术带来如下特点:

(1)新工艺新技术应用多,要求有工艺预研储备。

在火箭结构制造中,为了满足火箭设计性能要求,往往必须采用多种新工艺和新技术,这些新工艺新技术的预研成果是促进新型号火箭诞生的重要条件和基础。

例如,为满足弹头再入大气层时经受高达上万摄氏度温度的需要,弹头的端头制造要解决新的防热复合材料如碳-石英、高硅氧-酚醛、碳-酚醛、碳-碳等的成形及切削加工技术;在弹头的内层要敷设隔热层,需要解决聚氨酯泡沫塑料层制造技术。

又如,当运载火箭采用沸点为-253 ℃的超低温液氢燃料时,低温隔热层的制造就成为突出问题。除贮箱体隔热层应用的多层隔热复合结构外,还有蜂窝夹层共底、不锈钢及铝合金夹层真空隔热导管等,需要开展金属、非金属蜂窝制造,薄壁导管弯曲成形,微束等离子焊接和氦质谱检漏等新工艺技术研究试验。

再如,对一个直径为2.25 m、长度1 m的铝合金贮箱筒段壁板网格进行加工,如果从化学铣切工艺改为数控机械铣切,不仅可提高加工尺寸精度,并且可以减少化铣圆角造成的无用质量达数千克之多。而实现数控机械铣切工艺,就要掌握多坐标数控机床加工、开展计算机自动编程和开发相应软件等一系列相关技术。

由此可见,没有新工艺和新技术的广泛应用和技术突破,就没有新型火箭的诞生。

(2)钣金成形和焊接技术占有重要地位。

现代火箭结构制造过程涉及相当广泛的工艺专业,包括铸造、锻造、热处理、表面处理、钣金成形、切削加工及特种加工等零件制造技术、铆接、焊接、胶接、螺接等装配技术以及计量、检测、质量控制等专门技术。其中尤以钣金成形和焊接技术占有重要地位。

由于导弹和运载火箭是轻型薄壁结构,壳段、贮箱主要由蒙皮、壁板、框、桁条等钣金件组成,故钣金成形技术在火箭结构制造中极为重要。

火箭结构钣金件的特点是壁薄、尺寸大、刚度差,有的型面比较复杂而精度要求较高。在生产中,除考虑研制和小批量生产特点,尽量采用通用性较强的成形方法外,还必须应用各种特殊的、先进的成形方法,如贮箱蒙皮的拉型成形、型材框的拉弯成形、整体贮箱底的强力旋压成形、箱底顶盖的爆炸成形、整流罩的落压成形等。所需大型成形设备较多,如大型型材拉弯机、蒙皮拉型机、大台面液压机、大型强力旋压床和闸压机等。

随着火箭结构尺寸的增大、蒙皮厚度的增加、高强度低塑性材料的应用,还将对钣金成形技术不断提出新的研究课题,如新的成形方法的探索、新型成形设备的研制等。从而促使钣金成形技术不断发展。

焊接技术在火箭结构制造中应用十分广泛。焊接工艺能获得致密的接头、保证容器的高密封性、减小结构质量,在火箭结构特别是贮箱、导管、气瓶制造中成为主要的工艺方法。据统计,焊接工作量约占弹(箭)体制造总工时的20%,应用了包括熔焊、压焊、钎焊等十余种焊接方法。其中,气体保护电弧焊易于实现机械化、自动化,成为火箭结构制造的主要焊接方法。

点焊和滚焊等压焊方法也广泛应用;有时还需应用异种金属钎焊技术。一些特殊的焊接方法,如波纹管、夹层管制造中用的微束等离子焊、膜盒制造中用的电子束焊,贮箱内壁传感器安装用的超声波点焊等,在火箭结构制造中也经常应用。

考虑到火箭结构刚性差、焊接后容易产生较大变形,在焊接时,除采用热源集中、能对焊接参数进行实时控制的先进焊接设备外,还必须大量采用辅助工装和设施来保证焊接后的产品质量。如贮箱焊接时,为了控制焊接变形,必须采用焊缝内缘撑胀、外缘紧固措施,例如使用无心气囊式胀圈和软紧固带或轴向气动胀圈和刚性链式紧固带等焊接工艺装备。为保证焊接速度稳定,需使用数控转台,等等。

(3)技术协调工作和总装测试具有重要作用。

火箭是复杂产品,它由成千上万个零、部、组件组成。要保证它们协调一致、精确组装、相互配合工作,困难是较大的。因而在制造过程中必须重视技术协调工作。

在火箭结构制造中,大的装配协调项目有弹头壳体和战斗装药的安装协调;卫星、整流罩或弹头和弹(箭)体的装配协调;弹(箭)体各段和各级间的对接协调等。为实现弹(箭)装配协调,火箭装配厂从研制开始就要研究综合协调方法,制定协调图表,进行公差分配,确定总协调依据,向有关单位提供标准实样和工作钻模等。为保证弹(箭)体的总体协调,需妥善解决各大部件形状、位置测量问题。大部件的测量用一般的控制实际边界的原则是不理想的。例如,大型贮箱(ϕ3 350 mm×10 000 mm)的同轴度、平行度、垂直度、对接孔位置度等,由于箱体尺寸大、刚度差,需要采用大型非接触式三坐标测量系统才能提高测量精度和保证其协调性。

总装是验证火箭结构制造协调性的最重要环节之一。特别在新型号初样研制阶段,火箭各部段的导管、电缆、仪器等对接安装协调需要按实物(部分用模型)试装后提供的信息进行设计修改和制造,各系统的协调性都在模样产品的总装过程中受到检验。

无论在研制阶段还是在批量生产阶段,火箭在总装中和总装后都必须对单元和系统的质量(功能和参数)进行机械和电气的检查和测试,包括各组件和仪器的单元检查和测试、分系统测试和全系统模拟飞行状态总检查。由于火箭是一次性使用的飞行器,在产品总装完成后,不可能进行真正的“试飞”,故测试工作对检查火箭各零、部、组件的生产装配和整机总装质量起着极为重要的作用。

(4)质量控制要求显著高于一般产品。

弹道导弹和运载火箭是长期保存、一次使用的无人驾驶的飞行器,起飞后若出现故障,既无法检修,又不能迫降,因此,火箭制造中对质量控制的要求显著高于一般产品。

对从原材料进厂复验到产品总装测试出厂的全过程进行严格的质量控制,是火箭制造技术的重要组成部分。质量控制是组织管理和技术手段的综合体现,需要建立健全的质量控制机构和工作程序,制定各种工艺规范和标准,建立生产许可制度、质量反馈制度等。特别应重视高水平检测手段的建立和完善,包括应用理化、金相、力学性能、能谱分析等材料试验技术及超声波、涡流、荧光、磁力、X射线和声发射等无损检测技术以及各种标准计量技术。

随着产品性能要求的不断提高,还要加强对工艺过程的质量控制。如在焊接过程中采用电视图像监视熔池情况,利用对熔宽、弧压、焊缝对中的反馈实现对焊接过程的动态控制;在接触点焊中利用点焊熔化膨胀量反馈控制焊点核心尺寸,在气瓶质量检测中以声发射检测技术代替随机抽样破坏试验;在贮箱、导管检漏中应用氦质谱检漏技术取代不能准确定量的卤素检漏;在非金属胶接结构的胶接质量检测中用涡流声检测、膜片声阻检测取代手工敲击方法等。

5.2.5　运载火箭(战略导弹)的总装与检测

在总装厂通常只按出厂状态(即运输状态)装配运载火箭。把运载火箭各系统的设备、仪器、活门、电缆、导管及直接参与总装的零(组)件分别装入有关部(组)件构成的部段,再把各个部段和发动机对接成为运载火箭。

火箭总装一般取水平卧式状态,在装配线上按工位顺序进行。箭体以支座可调的窝巢式架车支承,可在地面轨道上移动。装配时多采用通用装配工具以手工操作。大型液体火箭总装时,一般先把两个贮箱接成中段,再把仪器舱接于前端,中段后端连接发动机和尾段。运载火箭头部或航天器一般在试对接后拆开单独运送,航天器与运载火箭的对接与测试一般在发射基地进行。有的大型运载火箭可在发射基地采取垂直状态总装与测试,然后以垂直状态运送至发射工位。

运载火箭在总装中和总装后必须进行机械和电气的检查与测试。检测步骤依次为单元检测、分系统检测和全系统测试。所有进入总装生产线的产品都必须进行复验。设备和仪器在专用测试台上进行单元测试。各部段在预装工序完成后按分系统进行气密检查、活门启闭和电路导通等项试验。部段对接后进行管路和电路检查,以及质量、质心和同轴度等项测量。总装后的总检查和性能测试一般在水平状态下进行,有时也采取垂直测试方式,这是对产品质量的鉴定性检查,包括分系统测试和全系统模拟飞行状态的总检查。

5.3　卫星的结构与制造工艺

5.3.1　卫星的用途和结构组成

人造地球卫星通常由有效载荷舱、公用舱和对接舱组成;载人飞船由推进舱、返回舱、轨道舱和附加段组成。航天器的有效载荷主要有相机、通信设备、实验仪器、航天员及其生命保障系统等,如图5.4所示。

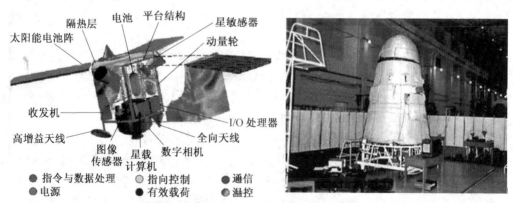

图5.4　卫星和飞船的典型结构

卫星结构无固定模式,不像飞机那样外形和结构均较有规律,根据卫星执行任务的不同和其他方面要求的差异,其外形可多样化,可以是球形、锥形、圆柱形、方形、多面体,或者是各种几何形状的组合体,如图5.5所示。

图 5.5 几种外形卫星的图片

5.3.2 卫星零部件的制造工艺

卫星制造技术涉及许多不同门类的学科和专业技术,其分类从不同的角度和侧重面则有不同的分类法。例如,按结构材料不同,可分为金属材料结构件制造技术和非金属材料结构件制造技术;按加工方法的不同,可分为冷加工制造技术和热加工制造技术;按卫星结构的作用,可分为外壳结构、承力结构、密封结构、仪器安装结构、能源安装结构、天线结构、防热和隔热结构以及连接与分离结构制造技术等。

根据卫星制造技术的工艺特点进行分类:

(1)金属结构件制造技术。金属结构件制造技术包括黑色金属和有色金属结构件制造技术,主要包括铝合金结构件、铸造镁合金结构件、钛合金结构件制造技术。

(2)钣金件制造技术。钣金件制造技术的成形方法很多,工艺技术各异,主要包括冷压成形、热压成形、超塑成形、爆炸和电磁成形技术等。

(3)卫星结构件焊接技术。卫星结构件焊接技术中采用的焊接方法很多,焊接的结构材料也多种多样,主要包括钛合金构件和铝合金构件的焊接技术、高温隔热屏多层箔材的焊接和异种金属材料结构件的焊接等。

(4)复合材料结构件制造技术。复合材料结构件在卫星结构中的地位和比重日益加大,因此其制造技术的作用和地位也相当重要。复合材料结构件的制造技术主要包括聚合物基复合材料和金属基复合材料的制备及其零件的加工成形技术。

(5)蜂窝夹层结构件制造技术。蜂窝夹层结构件具有的一系列优良性能,使之得到越来越广泛的应用。主要制造技术包括蜂窝夹芯、蜂窝夹芯面板制造技术及装配和固化工艺技术。

(6)防热结构制造技术。返回式卫星以极高的速度穿越大气层飞行时,由于它对前方空气的压缩及周围空气的摩擦而被加热,若防热和隔热措施不当就可能导致卫星被烧毁,因此防热结构制造技术是返回式卫星关键制造技术之一。

(7)热控涂层制作工艺及检测技术。返回式卫星的典型工作过程应经历四个阶段:地面段、发射段、轨道段和返回段。各阶段中和各阶段之间的温度波动是极大的,为使卫星结构和仪器能正常工作,热控制技术保障是极为重要的。

热控制技术通常是控制卫星外表面的太阳吸收比 α_s 和发射率 ε,即合理地选择卫星表面的热物理性能(α_s/ε 值),以保证卫星和仪器处于正常工作温度范围内。

常用的热控制技术包括:涂料型有机热控涂层、涂料型无机热控涂层、电镀型热控涂层、化学转换型热控涂层、阳极氧化型热控涂层和真空沉积型热控涂层等。

(8)无损检测技术。无损检测技术在卫星制造技术中,对质量控制、降低成本、改进工艺等方面均有重要作用,近年来得到了迅速的发展,并已成为卫星制造技术的重要组成部分。它对卫星的高质量、长寿命、高可靠性起到重要的保证作用。

无损检测的方法很多,主要包括 X 射线(包括工业 CT 和微焦点检测技术)、超声波、激光全息、磁力、涡流和内窥与视频显微检测等。

(9)总装及测试技术。卫星总装及测试技术,是指各分系统交付总装进行验收开始,至完成全部装配和测试,并将合格卫星交付发射为止所进行的工作。

5.3.3　卫星的总装调试工艺

卫星总装及测试是卫星研制的最后阶段,对保证卫星的总体性能、功能及可靠性有直接的、重要的影响;对卫星的在轨正常运行和安全返回(指返回式卫星而言)的成败均有关键性的作用。因此,总装及测试技术在卫星制造技术中占有重要地位。

在航天器总装车间,各系统的设备、仪器、电缆、管路及舱体被装配成完整的航天器。一般,航天器采用垂直方式装配。航天器总装后,需要进行仪器安装的位置精度测量、质量特性测量、整体密封性检查、系统匹配性检查和性能测试。有些航天器还要在特制的吸波室内测试其天线方向图。航天器总装后的质量特性测量,对确保其高精度的空间运行姿态尤为重要。它包括称重、定质心、静平衡、动平衡和惯性矩测量。动平衡用以保证卫星在工作转速下离心力所引起的振动或动载荷处于设计规定的范围内。惯性矩测量是在经过动平衡调整后,测出其 x,y,z 轴向的实际惯量值。航天器的整体气密性检查是在模拟实际工作压力条件下检测航天器密封系统的漏气率。检漏方法有两种,一种是用氦质谱检漏仪和大型真空罐检查;另一种是用放射性同位素氪 85 检漏。

5.3.4　卫星制造技术的特点

卫星制造技术是建立在机械制造、电气以及现代各种制造技术的基础上的,经过不断发展和完善,形成一个完整的、具有自身特点的体系,其特点如下:

(1)机械制造技术是基础。

卫星结构中,金属结构件占有很大的比重,如卫星的壳体结构、管路系统、贮箱和压力容器等。金属结构件的材料主要为铝合金、钛合金和镁合金等,还有特殊用途的高温合金(如钼合金)和特种合金(如铍合金等)。

(2)钣金件制造技术和焊接技术占有重要地位。

卫星星体结构和许多重要零(部)件,其中很大数量为薄壁结构(如星体的各主要舱段、贮箱和压力容器等),多采用钣金件制造技术和焊接制造技术。

钣金件制造技术中除采用通常的钣金成形方法(如冷压成形、热压成形技术)外,还较多采用一些特殊的、先进的成形方法,如超塑成形、爆炸成形等技术,卫星舱体的焊接技术中常采用自动和(或)手工钨极氩弧焊,管路系统焊接技术中常采用全位置氩弧焊接法和全位置感应钎焊法。

(3)大量采用复合材料结构件和蜂窝夹层结构件。

复合材料结构件的许多优异性能,如比强度大、比刚度高、密度小、尺寸稳定性好和热膨胀系数小(甚至可设计为"零"热膨胀系数)等。卫星结构中不仅用复合材料制作一般结构件(如支架、异形管件和支承梁等),而且还用来制作主承力结构(如主承力筒等)和重要的结构件(如消旋支架、基架等)。

蜂窝夹层结构件在卫星结构中也得到越来越多的应用,例如热管铝蜂窝夹层结构仪器安装板、碳纤维网络面板/铝蜂窝夹芯太阳电池壳、抛物面天线结构件、星体结构的隔板(侧板、基板和盖板等)。

返回式卫星的头部和裙部要求耐高温、耐烧蚀和具有良好的防热、隔热性能等特殊要求,因此能满足上述特殊要求的防热、隔热复合材料结构得到应用。

随着复合材料结构件和蜂窝夹层结构件制造技术的发展,其有关的制造技术也得到了发展,如胶接、固化、成形和缠绕工艺技术都得到了长足的发展,成为卫星制造技术中的一个重要分支。

应当指出,胶接工艺技术和传统的连接工艺(如铆接、螺接、焊接连接)相比,具有一系列优良特性,因此卫星结构中越来越广泛地采用胶接工艺。例如玻璃型镀银二次表面镜(OSR片)、消旋支架和卫星结构的头部等,均采用胶接技术。

(4)需要研制大量的专用工艺装备和设备。

卫星型号繁多,结构形状变化大,技术要求各异,因此必须研制大量专用的工艺装备和设备。例如,卫星质量特性测试的专用设备——立式动平衡机,可进行卫星质量特性的各种测试(平衡测试和转动惯量测试等);又如近期研制的大型热压罐固化设备,有效工作室直径可达3.8 m,长度为5 m,能满足主承力筒等大型复合材料结构件的热压和固化成形之用。

(5)热控制技术得到应用。

卫星在不同的热环境中工作,其温度波动极大,为使卫星结构和仪器能正常工作,热控制技术的应用显得尤为重要。

热控涂层工艺是热控制技术的有效方法之一,即通过改变卫星外表面的热控涂层性质,从而改变卫星外表面的太阳吸收比 α_s 和发射率 ε,达到控制卫星表面温度的目的。

(6)技术难度大、技术要求高。

卫星各分系统均具有特定的功能,应是高可靠、长寿命和高质量的,因此其制造技术难度大、技术要求高,其中各种元(部)件均需进行各种测试和筛选。卫星总装测试中除对卫星及其各个系统进行安装、调整和检测之外,还应对卫星及其各分系统进行电气、物理、力学、化学、环境和漏率等各种试验和测试。

(7)大量采用新技术、新工艺。

卫星制造技术是现代高科技的体现之一,其复杂性、先进性和高要求,促进和带动了许多新技术、新工艺的发展。同样,随着新技术、新工艺的不断发展,卫星制造技术达到了一个新的水平,数控机床及计算机辅助制造技术的发展,就能高效率、高质量地制造形状极复杂、精度要求高的结构件。钣金件制造技术中的超塑成形技术和焊接技术中的全自动焊接技术等,均是新技术、新工艺的运用。

(8)需要高精度、高质量的制造技术。

卫星长时间在太空中工作,具有不可维修性,所以,对制造技术提出了高质量、高可靠性要求。因此,卫星制造技术应全面地、严格地进行质量控制,主要有下述各点:

①从原材料进行复验到总装测试的全过程均应进行质量控制。

②建立和制定完整的、行之有效的工艺技术规范、技术标准和质量管理制度。

③完善各种检测技术。

④强化制造过程的动态管理等。

⑤提高各工艺过程的自动化程度,尽量减少手工操作,杜绝人为误差等。

5.4　火箭发动机的结构与制造工艺

5.4.1　液体燃料发动机的制造工艺

航天产品常用的液体发动机有液体火箭发动机、涡轮喷气发动机、涡轮风扇发动机和冲压式发动机等,如图5.6所示。

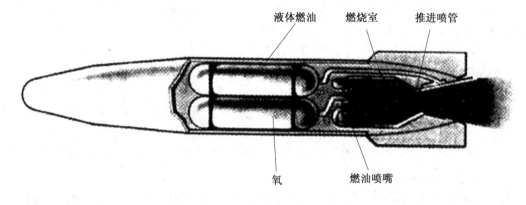

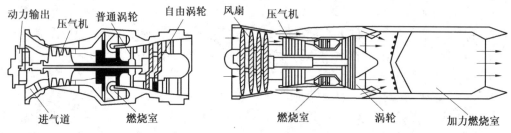

图5.6　液体发动机的结构

液体火箭发动机的主要组件包括推力室、涡轮泵、阀门、燃气发生器、火药启动器、机架及各类管路。涡轮喷气发动机的主要组件包括进气口、压气机、燃烧室、涡轮、喷管等。涡轮风扇发动机的主要组件包括风扇、压气机、主燃料喷嘴、主燃烧室、高压涡轮、混合器、低压涡轮、火焰稳定器、加力燃烧室、可变排气喷管等。冲压式发动机的主要组件包括进气道、燃烧室(含网格、喷嘴环、预燃室和火焰稳定器)、尾喷管、燃料供给及调节装置、点火装置等。

液体火箭发动机的制造包括零件的加工制造、装配试车和质量控制三个主要方面。

发动机零件的加工制造包括零件毛坯的制造、零件加工及热表处理。毛坯主要采用精密铸造、精密锻造和粉末冶金技术制造。精密锻造可获得精确的盘、轴、叶片类毛坯外形。等温模锻和超塑性等温模锻用于制造高温合金和钛合金的涡轮盘、压气机盘和整体涡轮坯。熔模铸造用于制造切削余量小的空心涡轮叶片、整体涡轮和导向器毛坯。

　　发动机上的不锈钢、高温合金或钛合金零件进行切削加工时,其切削加工设备、刀具、加工工艺参数、冷却液的选择有别于碳钢或铝合金件。铝合金发动机转子等复杂型面零件的大多数切削加工是由四轴或五轴数控加工中心完成的。利用高速切削可一次切去压气机叶片榫头或涡轮盘榫槽的全部加工余量。涡轮泵的不锈钢和高温合金整体转子叶片采用电解加工。燃烧室上大量小孔和深孔可采用电火花加工、激光打孔或电子束打孔。涡喷发动机、涡扇发动机的壳体、燃烧室、尾锥和空心叶片等,需要以钣金成形和焊接方法制造,其材料多为钛合金、耐热不锈钢和高温合金,成形和组装中需采用热成形、冲压胀形、黏性介质压力成形、超塑成形、强力旋压、爆炸成形、自动氩弧焊、真空电子束焊或真空钎焊等工艺方法。壁厚仅 0.1 mm 的薄壁波纹管可以用微束等离子弧焊接成形。叶片与涡轮盘则采用自动埋弧焊连接。高性能的液氢液氧发动机推力室采用了内壁沟槽数控铣切、外壁电铸镍、管束式液压填充冲压成形和高温真空钎焊等加工技术。为了研制新型大推力发动机,还开发了等离子高温喷涂、喷管内外壁强力旋压和玻璃钢大喷管缠绕固化等新工艺。

　　发动机的零件一般都要经过热处理。为改善转子叶片的疲劳强度,采用喷丸处理或振动光饰处理。涡喷发动机的铸铝壳体、机匣多以铬酸阳板氧化进行防腐蚀处理。在压气机风扇叶片凸台表面喷涂一层碳化钨涂层可显著提高零件的耐磨性能;在燃烧室表面涂敷高温陶瓷,可提高零件的抗高温氧化和耐腐蚀性。

　　生产量小的发动机,装配前需进行零件尺寸预选配套。首次装配完毕后先进行工厂试车,随后分解、清洗和严格检验,检查发动机零件在运行中有无磨损或异常,以便采取措施消除隐患。检验合格的零件重新装配,再做检验性试车。试车性能全部合格后方准予出厂。对于使用有毒推进剂的发动机,其分解清洗厂房设施和操作工人均有严格的技术安全防护措施。

　　发动机装配过程中,一般不允许对装入件进行整修。其配合精度靠机械加工精度和钳工调整来保证。例如火箭发动机涡轮泵的端面密封需要使用光学平晶检查,并在装配后进行气密性检查;高速转动的涡轮泵等组件装配后必须在精确度很高的动平衡机上仔细调整。在装配前后,还需仔细清查装配零部件的数量,防止多余物留在发动机内。一些精密部件(如活门部件)的装配必须在清洁、防尘的空调厂房内进行。发动机系统测试一般包括密封性试验、电缆导通及绝缘性能检查、控制系统电动气路试验及地面综合模拟试验等。

　　发动机制造的质量控制十分严格。在几何量的检测方面普遍应用光学投影和数字显示技术。多坐标数控测量机已成为重要的检验工具,用于检测形状复杂又多孔的机匣、壳体类零件和具有不同空间角度的弯管。检漏是检测发动机密封性的重要手段。所用试验装置有气压试验台、氦质谱检漏装置等。无损检测如 X 射线检验、工业 CT、超声波检验、磁粉检验、渗透检验、涡流检验和激光全息摄影技术等,已得到广泛应用。

5.4.2　固体火箭发动机的制造工艺

　　固体火箭发动机的结构如图 5.7 所示。固体火箭发动机制造技术主要包括发动机壳体的加工成形、金属壳体绝热、金属绝热壳体或非金属壳体的衬层成形、固体装药、燃烧室(药柱)成形等加工技术,以及发动机总装检测和无损检测。

　　固体发动机金属壳体的加工成形多采用冲压、强力旋压、焊接和切削加工;非金属燃烧室壳体则可采用芳纶纤维/环氧树脂、高强中模碳纤维/环氧树脂缠绕的复合材料加工成形。为

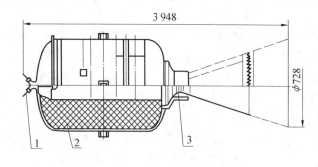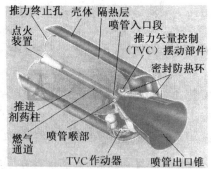

图 5.7　固体火箭发动机的结构示意图
1—点火装置;2—装药燃烧室;3—喷管

制作自发汗冷却的喷管喉衬,需将钨粉冷等静压成坯,经机械加工成形并烧结成多孔钨骨架,最后渗铜(银)。为制造碳–碳复合材料喷管,以 CVI 工艺(使基体碳通过气相沉积于预制增强体中形成复合材料)获得热解炭基体,以 HPIC 工艺(在热等静压装置中对浸渍沥青的预制增强体进行压力浸渍炭化)制取沥青碳基体,以低压复合工艺制取树脂碳基体。若将各具特色的三者结合可获得碳–碳材料孔隙率小至 4.7% 的喷管材料。

装药工艺是固体发动机制造的关键工艺。其主要工序如下:

(1)氧化剂及高能燃料的准备,包括化工材料复验、粉碎、烘干、过筛等。

(2)壳体准备,包括对金属壳体的除油、喷砂等。

(3)绝热层、人工脱粘层与衬层的材料混炼、片材制备及成形。

(4)理化检验及药柱试样的性能测试。

(5)推进剂组批、混合、装药浇注、固化及装药燃烧室(药柱)的脱模、整形及修补。

(6)总装,包括装配、检漏、无损检测等。

绝热层成形的传统工艺是贴片法。大、中型发动机多采用手工贴片或半机械化贴片。模压法成形则适用于中、小型发动机。具有特殊绝热结构的发动机,其绝热层还可以采用喷涂、浇注、涂敷和机械加工等工艺方法成形。绝热层(或壳体)与推进剂粘结的过渡层——衬层,其成形工艺可选择喷涂法、离心法或手工刮涂法。应用人工脱粘结构是解决贴壁浇注装药时推进剂与衬层、绝热层脱粘的有效技术手段,但它也增加了发动机燃烧绝热结构的复杂性。这种结构的成形方法有人工粘贴法和模压预制件粘贴法。

现代固体推进剂主要分为双基推进剂、复合推进剂和高能推进剂三大类。在装药燃烧室(药柱)的成形工艺中,挤压成形主要适用于双基推进剂和热塑性复合推进剂,特别是直径小于 300 mm 的药柱;贴壁浇注成形则适合改进型双基推进剂、复合推进剂和高能推进剂,用以制造直径较大的发动机和药型复杂的发动机。浇注成形的主要工艺方法有真空花板浇注、真空除气/加压插管浇注、气压插管浇注、插芯浇注等。在固体火箭发动机制造过程中,安全生产尤为重要。装药工艺的各个工序都存在着燃烧爆炸的危险,必须从工艺布局、厂房建设、人员培训、生产操作等各个方面落实"安全第一、预防为主"的方针。

固体发动机制造对无损检测有广泛的需求。借助无损检测才能了解药柱的内部质量,特别是各个界面粘接的质量。超声波探伤主要用于钢壳体与绝热层粘接界面的检测。X 射线检验对装药燃烧室或药柱内部气孔、裂缝及界面脱粘有很高的检测灵敏度,它也用于非金属壳体的检测。药柱厚度小于 100 mm 的小型发动机采用小焦点或微焦点 X 射线机检验;中、大型药柱发动机则选用能量达 1～15 MeV 的直线加速器作为射线源。CT 断层成像和激光全息检测技术也开始得到应用。

　　固体发动机的总装工序主要是对燃烧室、喷管、安全点火装置、推力终止机构等进行装配。大型发动机的连接方法多采用法兰连接;中、小型发动机则选用螺纹连接或卡环连接。连接是否到位,最终以计算密封圈压缩量评定。固体发动机总装后,同样要进行几何尺寸和形位公差检测、称重、径向与纵向质心测量及气密性检测。

5.5　飞行器制造常用工艺装备简介

5.5.1　标准工艺装备

1.种类、用途及结构特点

　　航天产品制造采用大量专用工艺装备(以下简称工装)。按其用途分为标准工装、零件加工工装和装配工装三大类。

　　标准工艺装备是制造生产工艺装备的依据,它与模线样板共同完成制造和检验具有复杂立体外形的模具、夹具和型架等工艺装备,以保证工艺装备的准确度与协调性,从而达到导弹各零组部件的互换协调。

　　零件加工工装包括锻模、铸模、钣金成形模、非金属材料零件成形模和机械加工夹具(含组合夹具)。装配工装包括装配夹具(型架)、精加工工装、部件装配和总装检验工装等。

　　标准工艺装备(下称标准工装)是以 1∶1 的真实尺寸体现产品几何外形和尺寸的刚性实体,用于制造、检验和协调生产用工装的模拟量标准,是保证生产用工装、产品部件与组件之间的互换与协调的依据。它主要包括标准模板、标准量规、标准模型和标准样件等。

　　标准模板是部件端面对接孔协调的原始依据。用于协调制造标准样件、型架和产品零件钻模,如图 5.8 所示。其结构特点如下:

　　(1)具有对接端面的全部对接孔,孔经常为产品的最终尺寸。

　　(2)具有 2 个或 4 个 ϕ8H7(或 ϕ18H7)的基准孔,孔距为 50 的倍数,公差为±0.01 mm。

　　(3)标准模板可两面使用,分别协调相对应的部件工装,对接孔与两面的垂直度一般取 0.02～0.05 mm。两个面的平行度一般取 0.05/1 000;孔轴线的角度公差为±1°。

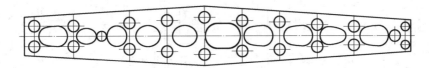

图 5.8　弹身弹翼对接标准模板

　　标准量规(下称量规)是部件对接接头实物模拟专用刚性量具,是保证部件接头互换协调的原始依据,一般都成对(正、反)选用。它用于协调制造标准样件、型架(夹具)和作为厂际协调的原始依据,某型号助推器接头的正量规如图 5.9 所示。其结构特点如下:

　　(1)一般量规由骨架、接头、支承元件和测量点组成。

　　(2)根据安装夹具的需要,量规上可带有局部外形。

(3)用于直接安装型架的量规,可设计成组合量规,带有标高系统和光学视线孔。

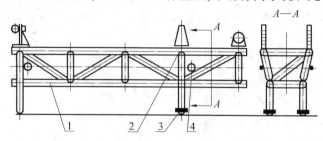

图 5.9 助推器接头正量规

1—骨架;2—接头;3—可调支承;4—测量点

标准模型(下称模型)是模拟某种特殊产品接头和外形的实体模拟件,它也是成对选用。某型号导弹战斗部的正模型如图 5.10 所示,它是战斗部与弹体厂际协调的原始依据。

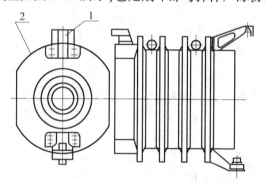

图 5.10 战斗部正模型

1—主接头;2—外形

标准样件(下称样件)是产品外形和接头的立体实物模拟件。按其用途分为:部件样件、局部样件、表面样件和反样件。其中最有代表性的是部件样件,某型号构架式弹身部件的标准样件如图 5.11 所示。其结构特点是:

(1)弹身样件一般由骨架、外形、接头、标高系统、测量基准元件(测量点或光学视线孔)等组成。

(2)翼面样件按协调、使用和加工需要,可设计成组合式或整体式铸铝结构样件。

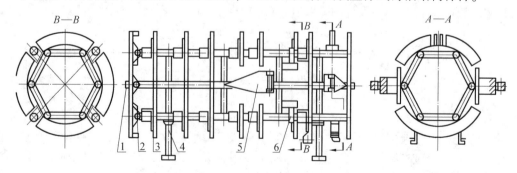

图 5.11 构架式弹身部件的标准样件

1—骨架;2—测量点;3—外形托板;4—标高板;5—弹簧接头;6—助推器接头

弹翼、安定面样件尺寸大,协调的工装多,一般设计成组合式样件,某型号弹翼样件如图 5.12 所示。它由样件主体、翼尖模型和悬挂接头模型三部分组成,用于弹翼型架的安装。拆开后,翼尖模型可用于安装翼尖焊接夹具。悬挂接头模型用于安装悬挂接头焊接夹具和检验夹具,以保证各相关生产工装的协调。副翼、舵面样件尺寸小,协调工装单一,可以设计成铸铝整体式结构。

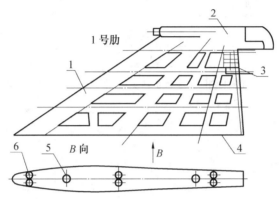

图 5.12　组合式弹翼标准样件

1—样件主体;2—翼尖模型;3—悬挂接头模型;4—根肋平面;5—基准孔;6—对接孔

2. 标准工艺装备的结构设计

标准工装结构设计包括基准、骨架、外形、接头、测量元件、支承和标高元件设计。

标准工装的设计基准应与产品设计基准一致,同一组件的相关工装的设计基准应一致。通常选用翼弦平面、水平基准线、对称轴线、框、肋轴线等作为设计基准。为了便于测量,一般在设计基准线上配置两个 $\phi 8H7$ 或 $\phi 18H7$ 的基准孔,作为制造测量基准。

骨架是标准工装的主体,它的形式有构架式和整体式两种。构架式骨架一般采用无缝钢管或槽钢焊接而成的空间构架,适用于大型弹身标准样件,如图 5.11 所示。整体式骨架常用铝合金铸件,它适用于中小型翼面标准样件,如图 5.12 所示。

标准工装的外形应根据用途、移形精度和制造工艺性等因素综合考虑。一般取局部外形,配置在框和翼肋等结构轴线处,并与型架卡板位置相对应。对于铸铝结构的小翼面标准样件,为增加刚度,常取全表面外形。表面标准样件也取全表面外形。

标准工装外形公差根据产品的外形准确度确定。弹翼样件切面外形的下偏差一般取 -0.1 mm,弹身样件切面外形的下偏差取 -0.2 mm,框和肋距离公差取 ±0.2 mm。

标准工装的对合接头应模拟产品的对合关系。其尺寸取产品的最终尺寸,公差一般取 H7/h6 配合,表面粗糙度值为 $Ra1.6$ μm。对接孔镶钢衬套,以防磨损。一组接头之间的位置公差,一般取产品公差的 1/5 左右。

标准工装上的测量点是测量基准,除了模拟产品上全部测量点之外,必要时还可增加工艺测量点。它有两种结构形式:一种是用 $\phi 10H7$ 的衬套孔,其优点是便于型架冲点器的安装和提高安装精度,常用于弹身标准样件上;另一种是在样件表面上打点,常用于铸铝结构的翼面样件上。测量点相对设计基准的公差为 ±0.1 mm。

标准工装的支承形式有定位支承(标高板)、固定支承和可调支承三种。前两种的支承面是水平测量基准;后一种仅起支承和微调作用,如图 5.9 所示。

一般量规常用固定支承和可调支承,而标准样件则采用定位支承(标高板)。

3. 标准工装制造

标准工装的骨架(铸铝件或焊接构架)均应进行退火处理。在无应力的情况下,加工出定位基准面之后再进行外形的加工和接头的安装。

翼面样件外形,其翼尖部位为双曲面,主体部位为单曲面。为加工与使用方便,通常将两者分开设计和加工,然后用精制螺栓连接。

其加工方法有两种,一是主体部位按上、下两块切面外样板的等百分线拉直线刨削加工,翼尖部位按等百分线和反切面外样板钳工加工,如图5.13所示;二是按该翼面的数学模型直接进行数控加工。

弹身样件外形的加工,通常是把外形的毛坯与骨架组合固定之后,车削加工或数控车加工外形,然后在其工作面上按反切面外样板刻出各种轴线和塑造工艺孔。

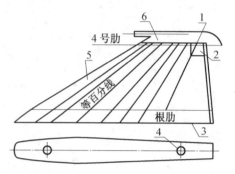

图 5.13　按等百分线加工翼面样件外形
1—4肋切面样板;2—悬挂接头模型;3—根肋切面样板;4—基准孔;5—样件主体;6—翼尖模型

样件接头有两类,一类是协调准确度要求高的组件对接交点或厂际协调交点,按量规和标准模板安装;另一类是一般接头,按样件图尺寸在平台上安装。

标准量规通常是成对选用,制造时,正反量规要进行对合协调。组件样件制造完毕后,必须进行全弹标准样件对合协调和水平测量,用以模拟弹体各部件对接协调和检查各部件协调准确度。对合协调通常于室温与无应力状态下,在平面度为0.1 mm的平台上进行。其工作步骤如下:

(1)基准轴线、基准孔和基准面的检查。

(2)对接接头的协调检查。

(3)外形正确性、吻合度和间隙检查。

(4)水平测量点空间位置和全弹水平测量检查。

样件水平测量公差一般取产品水平测量公差的1/5～1/8。组件样件对合协调如图5.14所示。在全弹样件对合协调和水平测量合格后,组件样件即可投入使用。

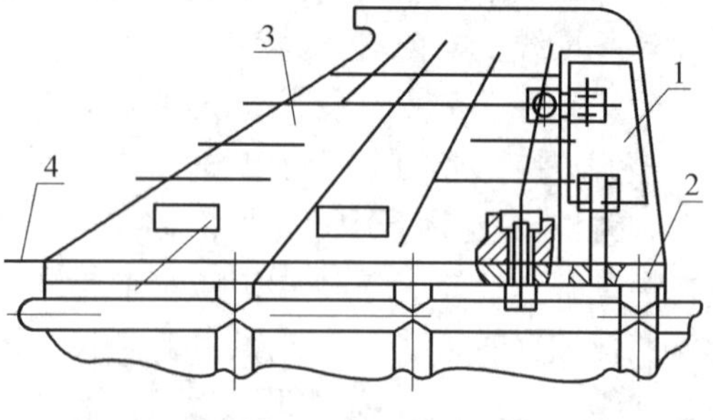

图 5.14　前弹身、弹翼和翼样件对合协调
1—副翼样件;2—前弹身样件;3—弹簧样件;4—弹身弹簧结合面

5.5.2　钣金件成形工艺装备

1. 冲模

飞行器钣金零件种类繁多,成形方法各异。主要的成形工装有:冲裁模、拉深模、翻边模、弯曲模、拉形模、胀形模、旋压模、爆炸成形模和超塑成形模等。

冲裁是在压力机的作用下利用冲模使钣金件分离的一种冷冲压工序。冲模的质量和精度直接影响冲裁件的质量和精度。同时冲模的结构又影响到可操作性、安全性、生产率和制造成本。广义上讲,冲裁是冲孔、落料、切断、切口、剖切等多种分离工序的总称。但一般来说,冲裁主要是指冲孔和落料工序。冲模也相应分为冲孔模、落料模、冲孔落料复合模。

　　冲模的结构主要根据冲裁件的批量和精度要求而定。冲模按上、下模的导向方式可分为敞开模、导板模、导柱模;按工序的组合程度可分为简单冲模、连续冲模、复合冲模;按凹模的位置可分为正装式和倒装式;按自动化程度可分为手工冲模、半自动冲模与自动冲模。航天产品的冲模大多数是手工冲模。

　　冲模结构分为两部分。以一种倒装式复合冲模为例,如图 5.15 所示。固定在上模板上的零件组成上模,它通过模柄与冲床滑块相连接。固定在下模板上的零件组成了下模,并利用压板固定在冲床的工作台上。上模与下模通过导套和导柱导向。其工作原理是:条料靠着挡料销定位和送进,当上模随滑块下降时,卸料板先压住条料,接着凸模和凹模同时冲进凸凹模内获得工件。这时工件卡在凸模和凹模之中,废料也紧紧卡在凸凹模上。在上模回升时,通过顶杆、过渡板、打杆与冲床上的挺杆冲击顶料板,把工件从凹模和凸模之间卸出;卸料板借助橡皮的弹力将条料顶出,在凸凹模内的废料落入工作台下面。至此完成整个落料过程。再将条料送进下一个步距,进行冲裁。如此往复进行。

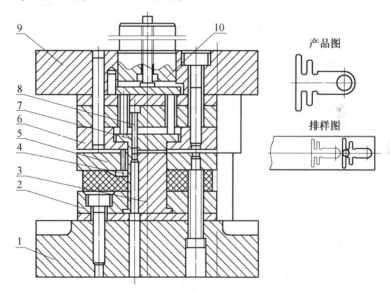

图 5.15　倒装式复合冲模

1—下模板;2—下固定板;3—凸凹模;4—挡料销;5—卸料板;
6—凹模;7—顶料板;8—凸模;9—上模板;10—模柄

　　影响冲裁件质量的关键因素是冲模的冲裁间隙,即冲裁凸模刃口与凹模刃口的间隙。合理间隙值根据板料厚度和材料性能确定,其经验值可从各种冲压手册中查得,并结合实际情况选取。当板材厚硬而冲裁件精度不高时,需合理加大间隙。

　　计算冲模刃口尺寸和确定制造公差时,必须确定凸模和凹模刃口尺寸的基准,并考虑模具使用中的磨损。对于冲孔模,先确定其凸模刃口尺寸,以凸模刃口尺寸为基准,放大合理间隙值,再确定凹模刃口尺寸。对于落料模,先确定凹模刃口尺寸,以凹模刃口尺寸为基准,缩小合理间隙值,再确定凸模刃口尺寸。为了提高模具的使用寿命,冲孔凸模刃口尺寸宜等于冲裁件最大极限尺寸;落料凹模刃口尺寸则宜等于冲裁件最小极限尺寸。在标注刃口尺寸和公差时,只控制基准刃口尺寸,另一个刃口尺寸按最小合理间隙值配制。

2. 模胎

模胎用于飞行器的蒙皮、口盖、加强边条等钣金件的校形、取样、划线与检验。模胎结构要求有足够的强度,质量轻,在长年使用中变形量小。模胎表面上的刻线与刻字要清晰,耐磨损,使用方便。常用的模体材料为:

(1)木料为基体,其外表面加贴一层亚麻布。

(2)在容框内填充环氧树脂石英砂浆成形,表面涂环氧树脂流平层。

(3)整体铝铸件。

(4)整体铝铸件为基体,表面涂敷环氧树脂与铝粉的复合材料。

旋转模胎用于钣金件的校型和取样,某型号战术导弹弹身的旋转模胎如图5.16所示。模体材料采用铸铝基体的外表面涂敷环氧树脂-铝粉复合材料层,模体固定在中轴上,由支柱托离地面。操作时,工人摇动手柄通过齿轮副把力传到模体,使模体绕中轴自由旋转。为便于工人操作,弹身旋转模胎按导弹的设计分离面(或工艺分离面)划分,制成若干段,一般最长不要超过2 m。模胎外形是蒙皮内形,按成组反切面内样板,以1∶1比例制造。

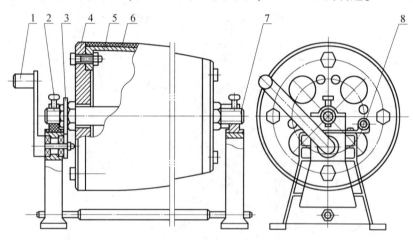

图5.16   导弹弹身的旋转模胎

1—手柄;2—滑动轴承;3—齿轮;4—侧压板;5—铸铝基体;6—环氧树脂涂层;7—中轴;8—止动器

划线模胎用于复杂形状的钣金件取样,某型号导弹弹翼蒙皮划线模胎如图5.17所示,这种模胎结构简单,外形尺寸比钣金件外形大50 mm左右,便于使用。

拉形模胎用于拉制具有一定塑性、表面积大、曲度变化缓和而光滑的双曲度蒙皮零件,如图5.18所示。模胎使用时安装在拉形机床上,故其外形设计应考虑机床的规格和特点。由于拉形机的两边抓手拉力很大,确定模胎高度时应保证模胎有足够的刚度。在马鞍形模胎上要设置排气孔和安装加热管用的孔。

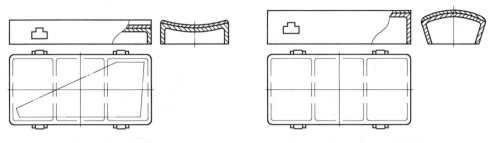

图 5.17　划线模胎　　　　　　　　　　　图 5.18　拉形模胎

手打模用于导弹口框、框类、盒形件、肋类等钣金零件的手工成形。手打模的基本结构由模体、压板和连接销组成,模体与压板的结构取决于钣金件的尺寸和形状。模体材料可选用 45 钢、铸铁、变形铝合金、铸铝等。压板在模体上用两个圆柱销定位,并以弓形夹和虎钳夹紧。

手打模设计时,首先按照产品图样、钣金件协调方法和用途,确定模具制造依据(模线样板)。钣金件毛坯在模具上的定位有三种方法:即在钣金件的边缘外用圆柱销定位、借用钣金件内部的孔或槽定位和在钣金件内确定工艺孔定位。为克服板料回弹,钣金件下陷处需加深 0.3~0.5 mm。为便于成形后人工修剪外形,在模体上要刻出钣金件的边缘线并冲点。

3. 弯曲模

弯曲模的结构与一般冲模结构相似,分上下两个部分。它由凸模、凹模、定位销、顶板及紧固件等组成。其结构形式根据弯曲钣金件形状、精度要求及生产批量而定。弯曲模一般不需导向装置。典型压弯弯曲模结构如图 5.19 所示,常用于对导弹弹身上的纵梁、肋类、隔框等零件展开成形。

由于大型钣金件弯曲成形模具的凹模制造困难,生产周期长,可以采用环氧树脂复合材料制造的凹模。凹模的制造方法是先把凸模制造好,然后借助凸模塑造凹模。双曲度大尺寸铝合金弯曲件成形模具如图 5.20 所示。使用时,毛坯预弯单面曲度,再放入凹模内由浅入深成形。

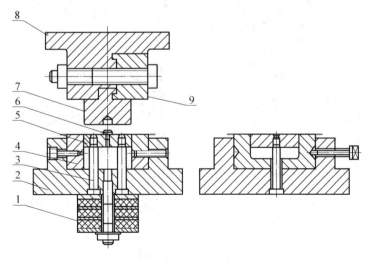

图 5.19　弯曲模

1—弹顶器;2—下模板;3—顶杆;4—凹模;5—顶板;6—定位销;7—凸模;8—上模板;9—夹紧块

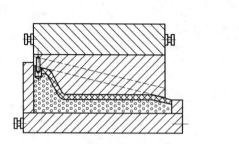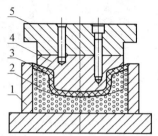

图 5.20　塑料弯曲模
1—下模框架;2—环氧石英砂浆;3—环氧-铜粉复合材料;4—凸模;5—上模板

4. 拉深模

拉深工艺是利用拉深模将钣料或半成品毛坯强制拉成开口空心件,工件形状包括圆筒形、矩形、球形、阶梯形、抛物线形等。

拉深模由凸模、凹模、压边圈、顶料板、顶杆、定位及紧固件等组成。拉深模无需导向装置,凸模上开排气孔,以防拉深件紧吸于凸模上而造成卸件困难。凹模采用倒装式,便于压料和顶料。压边圈放在凸模上,用顶杆连接,并在压边圈上放定位零件,控制拉深件毛坯在模具中的位置。

某型号导弹油箱的箱盖拉伸模具结构如图 5.21 所示。使用时,先打开模具,待压力机顶出机构把压边圈升至高于凸模顶面,放入毛坯。凹模下降并先与压边圈一起把毛坯压紧,然后继续下降。毛坯材料被拉入凹模和凸模之间,直到完成拉深工作。最后,凹模上升,继而压边圈上升,把拉深件从凸模上顶出。

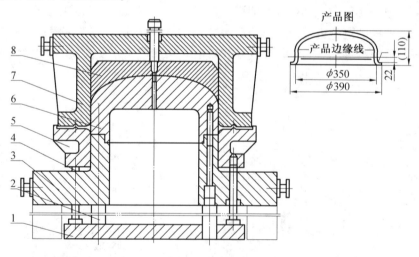

图 5.21　拉深模具
1—过渡板;2—支柱;3—下模板;4—顶杆;5—压边圈;6—凸模;7—凹模;8—卸料板

5. 旋压模

旋压是借助旋压工具(旋轮、杆棒、钢球)对随芯模旋转的金属毛坯施加压力,使其产生连续的局部塑性变形,最后贴模形成所需要回转体零件的一种工艺方法。某薄壁零件旋压成形模具的结构如图 5.22 所示。

旋压模由芯模、顶板和压板组成。芯模有整体模、分瓣模、分段模、局部模等不同结构形式。芯模材料主要依靠产品零件材料和产量而定,其外形尺寸公差带宜取产品零件内形尺寸的中值至下偏差,多数芯模按反切面内样板制造或采取数控加工。

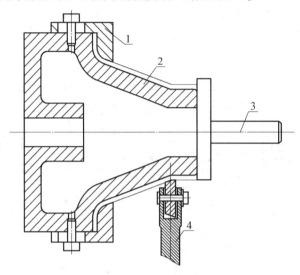

图 2.22　旋压成形模具
1—压板;2—芯模;3—顶板;4—旋轮

5.5.3　铸造成形工艺装备

铝合金铸造舱段是多数战术导弹的主体结构。舱段壳体的外型面是导弹的理论外形,其形状有圆柱体、双曲面旋转体、圆柱与曲面结合体。外型面的精度要求相当高,利用机械加工保证。为此,铸造舱段毛坯需留加工余量。壳体的内型面结构复杂,有纵横方向的加强肋及形状大小各异的凸台;还有大小不等的窗口及口框。以如图 5.23 所示的某型号战术导弹尾舱段壳体为例,介绍铸造成形工艺装备。舱段壳体的低压铸造工艺装备由外模(或模样)、芯盒、浇注系统、砂箱和模板五部分组成。砂箱、外模和模板用于塑造舱段壳体的外形和浇注系统的立浇道。芯盒和塑造横浇道后的底模板用于塑造舱段壳体的内形。

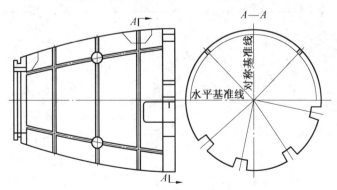

图 5.23　铸铝尾舱段壳体

外模又称模样。为了工装设计和使用方便,一般把浇注系统中的立浇道合并在外模上。尾舱段壳体的铸造外模如图 5.24 所示,壳体外型面是双曲面旋转体,铸造时留有加工余量,用数控车床加工保证理论外形。所以,该外模结构简单,用圆锥体把双曲面包容。

外模总高度与芯盒高度相等。外模沿高度方向按需要可分成若干段,如图5.24所示的外模分成两段。砂箱数量与分段数量一致。每段高度与每节箱圈高度相等。立浇道与外模连接处采用燕尾槽间隙配合,要求滑动自由。外模与立浇道采用铸铝合金材料,为了防止使用时被敲打破坏,外模内型面设纵横加强筋。

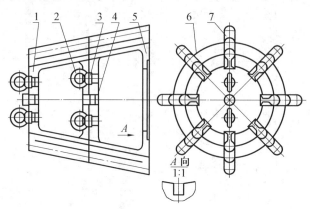

图5.24　铸造外模

1—上外模;2—吊环螺钉;3—螺纹镶件;4—镶件;5—下外模;6—上立浇道;7—下立浇道

芯盒用于塑造砂芯。砂芯用于成形舱段壳体内型面。舱段壳体内型结构复杂,基本上都是非加工面,所以芯盒是保证舱段壳体内型面质量的关键。尾舱壳体铸造芯盒由芯盒壳体、上下端框镶件、凸台镶块、框间肋镶件和定位件、连接件等组成,如图5.25所示。

芯盒壳体内镶件的起模方法有三种:一是镶件固定在芯盒壳体上并与芯盒壳体一起起模,这种镶件是垂直分模面,与壳体分开以便于加工;二是镶件与芯盒壳体槽采用间隙配合,芯盒壳体起模后,镶件存放在砂芯内,以后单个取出;三是镶件制成可抽拉结构,芯盒壳体起模前先从壳体外将镶件抽出。铸造舱段壳体芯盒具体的设计程序如下:

确定芯盒工作尺寸→确定芯盒分型面→芯盒分段→确定芯盒连接机构→确定芯盒镶件→选用芯盒及镶件材料。

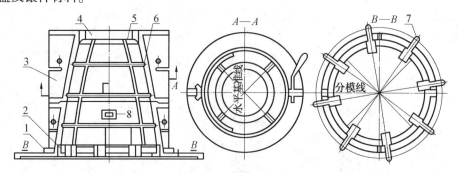

图5.25　芯盒

1—1号芯盒壳体;2—大端镶件;3—2号芯盒壳体;4—小端镶件;5—纵肋条;
6—横肋条;7—弯柄圆柱销;8—凸台镶块

首先,以舱段壳体铸造毛坯尺寸为基准,取铸造合金凝固收缩率的上限值计算芯盒高度方向工作尺寸。然后,以舱段壳体铸造毛坯尺寸为基准,取铸造合金凝固收缩率的下限值计算芯盒直径方向工作尺寸。分型面尽量设计在舱段壳体的水平基准面或对称面上,以减少尺寸换算,保证芯盒设计的正确性。芯盒内壁镶件应尽量保持完整。分型方向尽量与较大的镶件的拔模方向一致。当芯盒高度大于 50 mm 时,需将芯盒分段;分段位置最好选择在铸造圆角尺寸的切点处。

每对分型面设置对合法兰边、两个以上的紧固螺栓及一对定位插销。分段对合面设置30°定位止口及法兰盘,两相邻段的法兰盘上至少设置两个定位插销。芯盒底段设置与底模板协调一致的定位止口和定位插销。根据舱段壳体内壁凸台的尺寸及分型面的相对位置,镶件可设计成活动镶件和固定镶件,一般优先选用固定镶件形式。

在研制阶段,芯盒壳体及镶件宜选用烘干后变形小的松木。木质表面涂防潮清漆。小批量生产时,芯盒壳体应选用铸铝合金,镶件用木质材料。批量生产阶段,芯盒和镶件均宜选用铸铝合金或铝合金。

砂箱的设计。砂箱与外模合在一起塑造舱段壳体的外形毛坯。砂箱的主体部分包括底模板、光膜板、箱圈和盖箱,辅助部分包括导销、导套、螺杆、螺母、长定位销和短定位销。

砂箱高度与外模高度相等,每节箱圈高度与每段外模高度相等。定位导向装置的底模板、光膜板均有与箱圈、盖箱保证合箱同轴度要求的定位及导向位置,并具有互换性;底模板、光膜板分别设有与芯盒、外模保证同轴度要求的定位止口。底模板与光膜板的材料,均选用 HT200灰口铸铁,箱圈与盖箱的材料选用铸铝合金。

5.5.4　胶接成形工艺设备

胶接成形技术在航天产品制造工程中应用广泛,典型的胶接成形产品有金属胶接结构件、夹层结构件、复合材料结构件等。

某型号战术导弹的玻璃钢进气道的结构如图 5.26 所示,由唇口、通道、法兰盘三部分组成。唇口在进气道的前端,通道呈 S 形,铝合金法兰盘在弹身内与发动机连接。

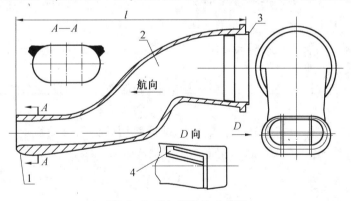

图 5.26　进气道结构示意图
1—唇口;2—通道;3—法兰盘;4—肋

进气道卧式胶接夹具由框架、唇口定位器、唇口外形模、法兰盘定位器组成,如图 5.27 所示。唇口成形模、蜡模型芯、进气道的法兰盘以及其他各种金属片的定位机构都集中在夹具的骨架上。进气道唇口由唇口成形模塑造,通道内形由通道蜡阳模塑造,唇口外形和肋部分由唇口外形模塑造。

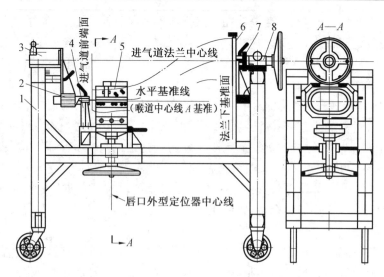

图 5.27　进气道卧式胶接夹具
1—框架;2—中轴定位器;3—带分度盘轴孔;4—唇口定位器;
5—唇口外形模;6—法兰盘定位器;7—后端连接板;8—切向轴承

5.5.5　精加工工艺装备

精加工工艺装备(精加工工装)用于飞行器组件在铆接装配或焊接装配后,完成留有工艺余量接头孔的铰孔和结合面的镗、铣等精加工工作,以便消除铆接或焊接装配变形,保证组件的对接协调和互换。精加工工装的结构特点如下:

(1)接头定位器除起定位作用之外,通常还兼有导向或测量基准作用。

(2)产品以测量点在夹具上定位,夹具配置测量点指示器(或冲点器)。

(3)以待加工的初孔为基准定位,定位销直径比产品初孔直径小 0.2 ~ 0.4 mm。

(4)以组件外形为基准,配置少量等距卡板定位。

(5)以已精加工的接头孔及端面定位,精加工其他接头。也就是说,一个组件的多个对合接头,可以分步实施精加工。

(6)夹紧装置的作用是平衡精加工时的切削力,确保产品不振动或不移动,并避免约束过多和夹紧力过大。

(7)大型精加工型架,一般固定在地坪上,配置专用动力头进行精加工。小型精加工夹具,通常设计成可整体搬动的机床夹具,直接放在镗铣床上精加工。

5.5.6　装配型架

1. 种类、用途和结构特点

飞行器部组件所用装配型架(或称装配夹具)包括:铆接型架、焊接型架和胶接型架等。型架与夹具没有明确界限,其定位夹紧原理是一致的。一般把尺寸较大的称为型架,尺寸较小的称为夹具。

装配型架是用于保证飞行器各装配单元(零件、部件、组件)的正确定位和连接并满足装配精度要求的装置。

铆接装配型架的结构,一般由骨架、外形定位元件、接头定位元件、压紧件、标高系统和辅助装置六部分组成。某型号弹翼固定框架式铆接装配型架如图 5.28 所示。

焊接装配夹具结构与铆接装配型架基本一致,铆接型架通常用卡板定位产品外形,而焊接夹具则通常以内型板或内形撑环(杆)定位产品内形,并用外形卡板(环)夹紧。某型号导弹油箱环缝电子束焊接夹具如图 5.29 所示,其定位件工作面需镶装纯铜垫块。

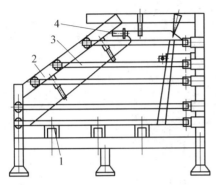
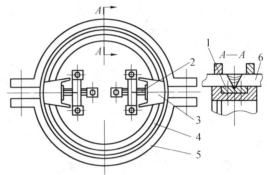

图 5.28　固定框架式弹翼铆接装配型架
1—根肋端面定位器;2—框架;
3—卡板;4—接头定位器

图 5.29　油箱环缝焊接夹具
1—铜垫块;2—紧定螺钉;3—模块;
4—撑环;5—卡板;6—油箱蒙皮

2. 型架结构设计

型架结构设计的主要内容包括:型架设计基准、产品在型架中的放置状态、出架方式、骨架结构形式、外形定位件及夹紧件、接头定位件、标高板或光学测量系统、辅助装置等。

型架设计时,以产品部件的设计基准作为成套型架和成套标准工艺装备的设计基准,例如框轴线、翼肋轴线、弹身轴线等。

产品在型架中的放置状态应有利于工人操作,即工人可以在站立姿态下操作,工作高度为 $1.1 \sim 1.4$ m。对隔框类平面型部件,可平放在夹具上;弹翼类组件通常垂直放置,前缘向下;弹身类组件的放置状态与导弹平飞状态一致。

小尺寸组件的出架方式简单,只要定位夹紧件能够收缩离开工件即可出架。大尺寸组件一般有三种出架方式:从型架上方吊出、纵向出架、侧向出架。

骨架的结构形式可分为框架式、组合式、分散式和整体底座式四类。

框架式骨架通常用槽钢焊接而成,如图 5.30 所示。其中,可转动框架式骨架适用于油箱焊接装配型架及隔框、小翼面的铆接夹具,便于产品转动以焊接环形焊缝或从两面铆接。固定框架式骨架则适用于大尺寸翼面型架,如图 5.28 所示。一般采用竖直放置,便于两面铆接并减少占地面积。

组合式骨架适用于弹身段件和部件大型装配型架,如图 5.31 所示。这种骨架由底座、立柱、支臂和纵梁等组成。

分散式骨架适用于大型弹身精加工型架或弹身部件总装型架,如图 5.32 所示。其特点是不设整体骨架,各个定位夹紧器固定在以地坪为基础的分散骨架上。

整体底座式骨架有一个整体的底座(或平台),型架的其他骨架及所有定位夹紧装置均固定在底座上。

型架的外形定位件用来确定飞行器组件的气动力外形。其结构形式主要有卡板、工艺孔

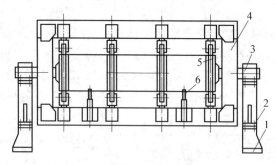

图 5.30　转动框架式油箱焊接型架

1—支座;2—支柱;3—轴承;4—框架;5—卡板;6—接头定位器

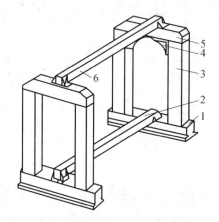

图 5.31　组合式骨架

1—底座;2—下纵梁;3—立柱;4—支臂;5—横梁;6—上纵梁

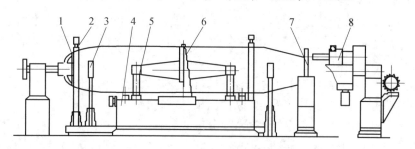

图 5.32　某前弹身精加工型架

1—弹头罩定位器;2—测量点冲点器;3—夹紧器;4—三向调节托车;

5—弹身弹翼钻模板;6—动力头;7—前后弹身结合钻模板;8—后端动力头

定位器和内型板(或内撑环)三种。

　　卡板的工作面可以是蒙皮外形,也可以是骨架外形(蒙皮内形)。卡板位置一般取在加强隔框或翼肋的轴线处。卡板的数量按外形准确度和产品刚度而定。外形准确度要求高则卡板数量多一些;产品刚度高则卡板数量少一些。反之亦然。卡板的材料常用铸铝 ZL101。

　　铆接结构弹身和弹翼的装配过程:首先以卡板定位骨架外形,当骨架装配好之后,放上蒙皮,再以卡板定位外形。因此,卡板工作面设计成蒙皮外形,再配置可拆式局部垫块(蒙皮厚度),即可定位骨架外形。油箱是一种以蒙皮为基准的焊接装配件,其卡板工作面为蒙皮外形。卡板外形公差一般为+0.1～+0.2 mm。

内型板位于组件外形的内侧,它的工作表面是蒙皮的内形。某型号油箱环形焊缝焊接型架以撑环(内型板)定位蒙皮内形,并用卡板夹紧,如图 5.29 所示。

型架接头定位件有两种:用于叉耳接头的称为叉耳式定位件;用于端面对接孔的称为定位模板。接头定位件的精度,一般比产品接头精度高 1~2 级。

采用标准样件安装型架时,型架就要配置标高系统。它是标准样件在型架内定位和支承的基准,其位置与标准样件的标高板位置协调一致。

一般配置在型架下的纵梁刚度比较大的地方,以减少变形。采用光学仪器安装型架时,型架内要配置光学站、视线孔和光学目标等光学测量系统,作为型架安装的测量基准。

大型架的辅助装置包括支承装置、下架装置、配重装置、工作梯和照明设备等。

3. 装配型架的安装

型架制造包括型架元件(骨架、定位夹紧元件)制造和型架安装两个阶段。

型架的安装与工装的互换协调方法密切相关。采用模线样板–标准样件工作法时,型架的安装依据是夹具样板和部件标准样件。型架定位元件直接按夹具样板和标准样件安装。采用模线样板–局部标准样件工作法时,型架的安装依据是夹具样板、局部标准样件(或量规),采用以光学工具建立的光学坐标系或以平台和高度尺建立的机械坐标系安装型架定位元件。采用综合协调方法时,型架的定位元件和局部标准样件均按设计图样规定的数值直接用数控加工。协调依据是数学模型,但型架的安装仍然需要建立光学坐标系或机械坐标系。

5.5.7　装配检验工艺装备

1. 组件装配检验工装

总装检验工装用于检测飞行器总装过程中及完工后的总体性能指标。组件装配检验工装用于检测铆接或焊接装配完工后的部件、组件的外形和接头的装配准确度。它由骨架、定位元件、检测元件和支承调整机构等组成。常用的装配检测工装包括检验夹具、检验量规、吻合度检验样板、外形等距检验样板等。

检验夹具通常用于同时检验被测件的外形和接头。它的结构特点是外形工作面与产品外形之间留有一定间隙,即用等距卡板检验外形。接头定位器按被测件的最后尺寸设计。

检验量规用于检验组件的对接交点。它的结构特点是模拟对合组件配合部位的结构关系,按工艺要求确定检测间隙或检验销的直径。某型号导弹前弹身的战斗部检验量规如图 5.33 所示。在前弹身装配完工后,该整体的检验量规检验三个对接接头。

吻合度检验样板用于检验活动翼面(副翼、舵面)处于中立位置时,相对于固定翼面(弹翼、安定面)外形的吻合程度。某型号导弹弹翼、副翼的吻合度检验使用了两套样板,如图 5.34 所示。先以 1 号肋定位样板定位,然后以 4 号肋等距样板的后缘沿副翼 87% 和 95% 翼弦处用锥形塞尺

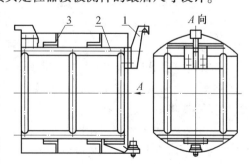

图 5.33　战斗部检验量规
1—接头;2—骨架;3—外形板

检查间隙。

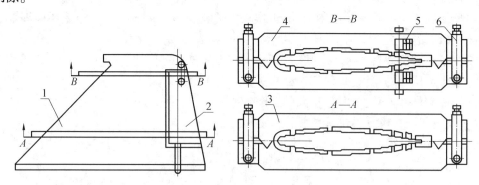

图 5.34　弹翼、副翼吻合度检验样板
1—弹翼;2—副翼;3—1 号肋定位样板;4—4 号肋等距样板;5—压紧器;6—夹子

外形等距检验样板用于检验翼面类组件的切面外形,某型号战术导弹复合材料舵面的外形等距检验样板如图 5.35 所示。其结构特点是用两块反切外等距样板组合成一套骨架样板,放置在平台上,配置锥形塞规检查产品的实际外形偏差。

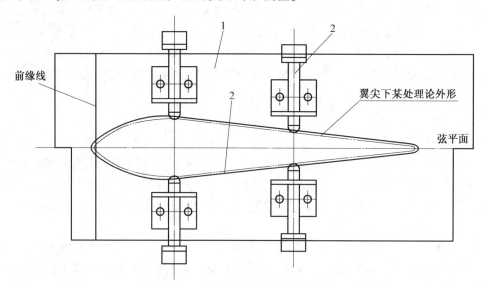

图 5.35　舵面的外形等距检验样板
1—等距样板;2—调节压紧螺钉

平衡检验夹具用于检查飞行器的舵面、副翼等活动翼面的平衡力矩。其结构特点是模拟活动翼面的使用状态,将旋转轴水平放置。检验夹具上带有检查平衡及测定静平衡力矩的装置。检验时,将舵面悬挂在平衡架上,使其能自由转动。在转轴后某一给定距离上加一个静载荷,使舵面处于水平状态。如果所加力矩与设计值一致,则满足要求;若加载后舵面未能处于水平状态,则应在前缘加配重调到平衡。

2. 水平测量台

水平测量台用于检测飞行器在总装对接后,各部件相对位置的准确度,如弹身、助推器、发动机的同轴度、翼面的安装角、反角和后掠角等。

某型号导弹水平测量台组成如图 5.36 所示,它的结构特点是模拟飞行器平飞状态,带有产品定位支承装置,能转动进行空间任何位置的测量,配置专用测量平台和专用测量工具。

目前航天产品已逐步采用 2 ~ 3 台经纬仪组成的三维测量系统进行全弹水平测量。

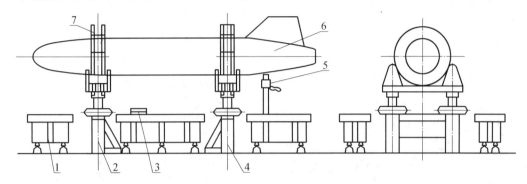

图 5.36　导弹水平测量台

1—平台;2—活动支架;3—专用量具;4—固定支架;5—通用量具;6—被测产品;7—转动环

5.6　飞行器制造的互换协调方法

5.6.1　概述

飞行器制造工艺的主要特点之一,是在工艺生产准备和制造全过程中,需要处理大量的互换协调问题,采用大量相互协调的专用工艺装备,用以保证产品气动力外形准确度和装配件的互换协调要求。因此,互换协调方法的选择、互换协调路线的设计和专用工艺装备设计制造,是飞行器制造工艺准备工作的重要内容。它直接影响产品的制造质量、制造周期和生产成本。

由于飞行器是薄壳结构,尺寸大,刚度小,外形复杂,装配时容易变形,采用一般的机械制造方法无法保证飞行器的外形准确度及其互换协调要求,因此,飞行器制造需要采用特殊的制造方法,配置大量的专用工艺装备。

互换性是指同一种结构元件之间的尺寸、形状的一致性,它以制造精度体现。协调性是指两种或两种以上相邻结构元件配合部位的尺寸、形状一致性,它以协调准确度体现。协调性是保证互换性的必要条件。达到协调的结构元件,并非都具有互换性;而达到互换的结构元件,一定是协调的。在飞行器制造中,通常把这两个不同概念的术语合称为互换协调。

尺寸、形状的传递过程,可以归纳为三种方式:按照图样尺寸与公差传递、模拟量传递和数字量传递。按照图样尺寸与公差传递,即以图样的尺寸公差为依据,借助机床设备加工并使用测量工具测量,直至获得所需要的尺寸和形状。模拟量传递,即以 1:1 尺寸、形状的模拟量实物(如模线样板、标准样件、专用量规、标准模板等)作为原始移形依据和移形工具,按相互联系的协调路线,将尺寸、形状传递到有关的工艺装备和产品结构元件上。这些模拟量实物都是产品技术状态标识之一。数字量传递,以数学模型为基础,以其表征数值为传递信息,以计算机和数控加工设备为媒介,来获得工艺装备和产品结构元件的尺寸和形状。

目前我国飞行器制造互换协调的基本方法有:模线样板工作法、模线样板-标准样件工作法、模线样板-局部标准样件工作法和 CAD/CAM 工作法。前三种属于模拟量传递体系,后一种属于数字量传递体系。模拟量传递与数字量传递的综合应用称为综合协调方法。

5.6.2　模线样板工作法

1. 模线

模线是依据产品图样，按 1 : 1 的比例绘制在金属平板或聚酯薄片(俗称明胶板)上，以精确表达产品零、组件及部件几何形状的特殊图样。模线按绘制内容和用途不同分为理论模线和结构模线两类。结构模线又分为结构模线图板和外形检验样板。

模线的绘制有两种方法，一种是传统的手工绘制，精度为±0.1 mm。另一种是采用数控绘图机绘制，精度一般可达到±0.05 mm。在采用 CAD/CAM 技术之后，手工绘制已不再使用。

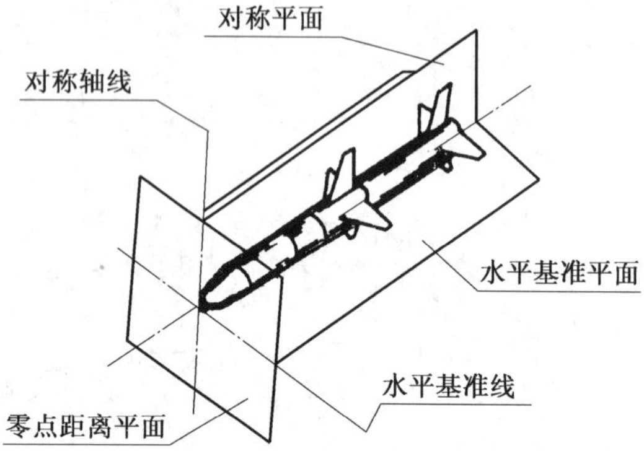

图 5.37　导弹模线坐标系

理论模线是按导弹理论图以 1 : 1 的比例在模线图板上绘出的导弹理论外形和结构轴线。它能保证导弹理论外形协调，是绘制结构模线的依据之一。绘制理论模线时，首先要正确选择导弹各部件相互位置的基本空间直角坐标系统，建立基准平面，如图 5.37 所示。

(1)对称平面：通过导弹轴线、对称轴线所作的平面，也称为纵向平面。

(2)水平基准平面：通过导弹轴线、水平基准线所作的平面，也称为横向平面。

(3)零点距离平面：通过弹体最前点所作的垂直于水平基准面与对称平面的平面。

除此之外，还有弦平面、肋平面和梁平面作为翼面选定的三个特殊模线绘制平面。

绘制理论模线时，主要结构位置线和外形线相对理论数据的公差为±(0.1 ~0.2) mm，直线的直线度、平行线间的平行度、垂直线的垂直度也应保证在严格的公差范围以内。理论模线上结构轴线和外形线条粗细应为 0.1 ~0.2 mm，线条的粗细应均匀。纵横切面同一尺寸的公差(有时称为交点公差)应在 0.1 ~0.2 mm 以内。对称的形状只要画一半，对称的部件画一个，以避免重复绘制所引起的不一致性。用综合切面理论绘出的导弹头部理论模线如图 5.38 所示。

结构模线是飞行器部件某个切面按 1 : 1 比例绘制的结构装配图。绘制的内容有产品设计基准线以及该切面上全部零件的外形和内部结构形状和尺寸。绘制的依据是理论模线、外形数学模型和产品结构图样。结构模线和导弹结构图纸不同，它只划出部件主要切面中的结构，如弹翼、尾翼的大梁切面和翼肋切面、弹身、舱段和隔框切面等。为了协调每个切面上的全部结构，一个切面的结构不可分开绘制，而不注任何尺寸。其基本内容为坐标轴线、结构轴线、基准线、理论外形、零件外形、零件切面位置、零件弯边斜角位置、下陷位置及零件切割线、通孔及各种工艺孔、打出的各类标记等。它是保证飞行器内部结构协调和加工各种样板的依据。

绘制结构模线使用两种底板：一种是金属板，另一种是明胶板。金属图板结构模线分为不加工外形和加工出外形两种。前者称为结构模线图板，如图 5.39 所示。后者称为外形检验样板，简称外检。这种样板属于基本样板，是制造生产样板的依据。

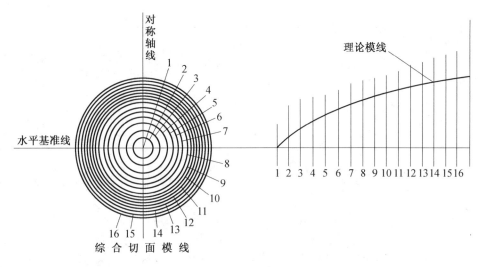

图 5.38　导弹头部理论模线

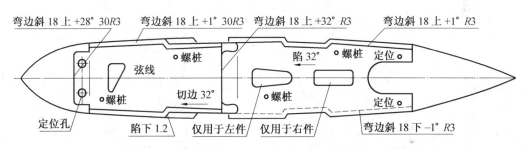

图 5.39　弹翼某切面结构模线示意图

2. 样板

样板是一种平面刚性量具,是加工和检验带曲面外形的零件、装配件和相应工艺装备的依据。样板具有产品图样的作用,是成套制造,样板之间必须相互协调。样板的类型按其性质和用途分为基本样板、生产样板和标准样板三大类,见表 5.3。

表 5.3　样板的类型和用途

样板类型	样 板 名 称	简 称	基 本 用 途
基本样板	外形检验样板	外 检	绘制结构模线;制造样板;保证导弹外形几何协调
	反外形检验样板	反外检	保证外检几何协调

续表 5.3

样板类型	样板名称		简称	基本用途
生产样板	外形样板		外形	制造成套零件样板;制造模具;检验零件
	内形样板		内形	制造零件的成套模具
	展开样板		展开	零件的下料;制造落料、冲切模
	切面样板	切面外形样板	切外	制造和检验各种模具和零件
		反切面外形样板	反切外	
		切面内形样板	切内	
		反切面内形样板	反切内	
	钻孔样板		钻孔	钻零件上的孔
	夹具样板		夹具	制造安装标准样件;装配、检验夹具
	表面标准样件样板		样件	制造表面标准样件
	机加样板		机加	加工和检验零件上与理论外形结构协调的有关部分
	专用样板		专用	按工艺需要确定
标准样板	与生产样板相同,由工厂需要确定			制造和检验样板

　　基本样板包括外形检验样板和反外形检验样板;生产样板包括外形样板、内形样板、展开样板、切面样板、夹具样板和专用样板等;标准样板的种类与生产样板相同,专门用于制作和检修生产样板。

　　外形样板用于表达零件结构平面的形状。对于无弯边的平板零件,样板外缘就是零件的外廓形状;对于有弯边的零件,样板外缘是零件弯边处外形交叉所形成的轮廓线,如图 5.40(a)和图 5.40(b)所示。对于双弯边零件,样板外缘与零件的外形关系如图 5.40(c)所示。外形样板用于检验框、肋类零件和单曲度型材零件,制造这类零件的内形样板。

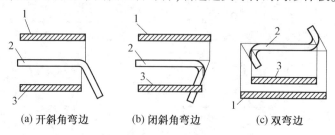

(a) 开斜角弯边　　　(b) 闭斜角弯边　　　(c) 双弯边

图 5.40　样板外形取法

1—外形样板;2—零件;3—内形样板

　　内形样板用于表达有弯边零件结构平面的形状。对于零件无弯边部分,样板外缘就是零件外廓形状,对于有弯边部分,样板外缘是零件的内形交叉线所形成的轮廓形状,如图 5.40 所示。内形样板是框、肋类零件和单曲度型材零件成形模的制造依据,内形样板按外形样板制造。

　　切面样板用于表达某一零件(或组件)在某一选定的切面位置上的切面形状,通常以一组切面样板才能表达双曲度零件的立体形状全貌,如图 5.41 所示。

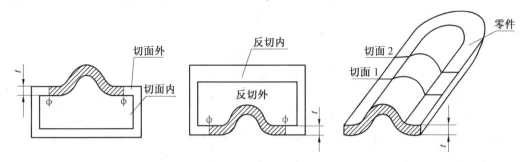

图 5.41　立体形状零件及其所取的切面样板

　　为了制造与检验双曲度蒙皮零件和相应的模具,必须用多种切面样板。根据零件材料厚度及样板所在位置方向不同,切面样板分为四种,即切面外、反切外、切面内和反切内。它们的用途如图 5.42 所示。反切外和切面内用于检验零件;切面外用于制造凹模;反切内用于制造凸模。

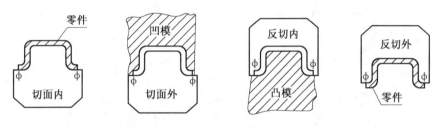

图 5.42　切面样板用途示例

3. 模线样板工作法

　　模线样板工作法的基本原理是以平面的模线及外形检验样板作为原始协调依据,以各类样板作为主要协调工具,通过其上的基准轴线和基准孔确立立体几何关系,以完成工艺装备的制造。

　　在传统的模拟量传递体系中,理论模线的用途是保证飞行器理论外形的正确和协调的唯一原始依据,是绘制结构模线和制造样板的主要依据。

　　在数字量传递体系中,理论模线已不再是原始依据。其绘制结构模线和制造样板的原始依据不是理论模线,而是用计算机建立的飞行器外形数学模型。此时,理论模线原则上不再绘制,而用外形数学模型代替,或者仅绘制个别外形非常复杂的部件理论模线,用于验证外形数学模型的正确性、光滑流线性。它的作用已由原始制造依据,下降为 CAD/CAM 技术的辅助手段。

　　在传统的模线样板工作法中,样板制造的依据是模线,是按结构模线用手工或接触晒像法移形到样板毛坯上之后打冲点划线,手工锉加工成形,按结构模线(外检)检验。制造精度一般为+0.1 mm,工作效率低,制造周期特别长。

　　在 CAD/CAM 技术中,样板制造的依据是外形数学模型。样板直接按数据进行数控加工,用三坐标数控测量机检测,制造精度一般为+0.05 mm。工作效率高,制造周期短。

5.6.3　模线样板–标准样件工作法

模线样板–标准样件工作法是以模线样板作为原始制造依据,按夹具样板、接头量规和标准模板等标准工装制造产品标准样件。

标准样件是具有与产品一致的外形和接头的实物模拟件,按组件划分,分别制成弹身、弹翼、尾翼等组件标准样件。经过产品标准样件对合协调和水平测量合格后,用于协调制造各组件相关的工艺装备。

平面型零件(框缘、翼肋)按外形、内形样板制造。双曲度立体零件(整流罩、蒙皮等)按成组切面样板制造。平面形组合件(如隔框)装配夹具直接按夹具样板安装,其协调原理如图5.43所示。

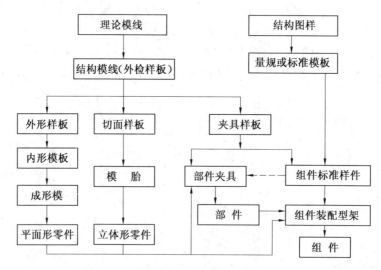

图 5.43　模线样板–标准样件工作法原理图

这种协调方法的全套工装协调性好、直观、返修方便。但是,制造产品标准样件的周期长、技术要求高、费用昂贵。它只适用于钣金、铆接(焊接)结构的战术导弹的制造,尤其是批生产。

5.6.4　模线样板–局部标准样件工作法

模线样板–局部标准样件工作法的原理是以平面模线样板和局部标准样件作为产品工艺装备的协调依据。通过统一的基准孔系,用机械坐标系或光学坐标系建立空间几何关系来安装型架,以控制产品的空间几何关系。其协调原理如图5.44所示。

这种协调方法与模线样板–标准样件工作法相比,它不以产品标准样件作为协调依据,而是依靠分散的平面样板和"局部"样件。它们的相对位置必须通过基准孔系统和通用机械坐标系(或光学坐标系)来确定。因此这种工作法也常称为模线样板–基准孔工作法。这种协调方法省去了产品标准样件,缩短了制造周期、减少成本,有利于新型号试制。特别适用于一些既有铆接结构,又有整体结构的型号产品的生产,目前得到广泛应用。

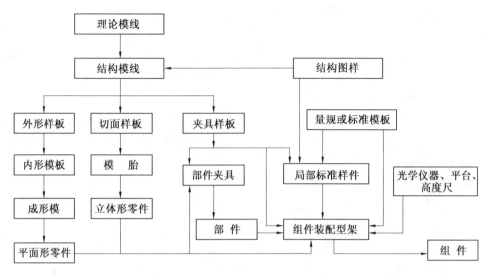

图 5.44　模线样板–局部标准样件工作法原理图

5.6.5　CAD/CAM 工作法

CAD/CAM 工作法的协调原理是以飞行器外形的数学模型为基础,以电子计算机和数控技术为中心手段,通过建立统一的几何数据库,将飞行器外形和内部结构的几何信息直接传递给数控设备,进行数控绘制模线、数控加工样板、数控加工产品零件和工艺装备。

这种工作法的协调依据是同一个数学模型,省去大量的模线样板和标准工艺装备。整体结构零件直接按数据加工,减少了尺寸传递的许多中间环节,提高了产品的制造准确度和协调准确度。其协调原理如图 5.45 所示。

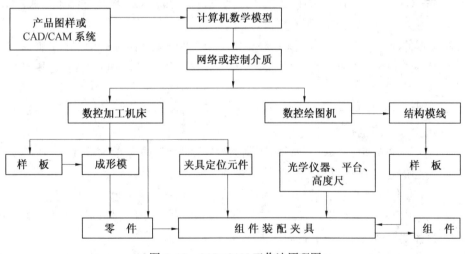

图 5.45　CAD/CAM 工作法原理图

5.6.6　综合协调工作法

综合协调工作法是模拟量传递和数字量传递的综合应用。最常用的是模线样板–局部标准样件工作法和 CAD/CAM 工作法的综合应用。

对于钣金-铆接结构为主的产品,宜采用模拟量传递为主、数字量传递为辅的综合协调路线,即飞行器外形和接头的协调,仍然采用较多的样板、局部标准样件、接头量规、标准模板等标准工装作为零件生产工装和组件装配型架的协调依据,但这些标准工装不是按传统的模线样板制造的,而是按数学模型作为原始协调依据,用数控机床制造的。这种方法目前在钣金铆接结构的战术导弹制造中广泛应用。

对于以整体结构为主的产品,宜采用数字量传递为主,模拟量传递为辅的综合协调路线。例如,对于双曲度复杂外形的进气道的唇口、通道零件成形模直接按数学模型进行数控加工,免去大量切面样板。但进气道的唇口、通道和连接环的胶接装配夹具,仍采用进气道标准样件安装。其协调路线如图 5.46 所示。

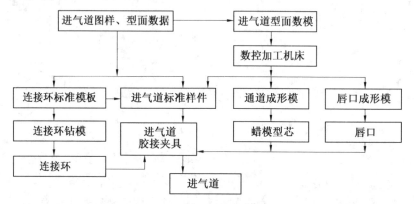

图 5.46　进气道制造协调路线

5.6.7　互换协调方法的发展

随着 CAD/CAM 一体化技术的广泛应用以及飞行器的整体化、模块化结构的大量采用,飞行器互换协调内容和方法发生了深刻变化:

(1)钣金零件成形、铆接装配工作量及其相应的模线样板、模具、标准样件和型架等复杂的工装大幅度减少,而整体构件的铸造、机械加工、焊接工作量及其相应的铸模、机械加工夹具和焊接夹具大幅度增加。

(2)飞行器的结构刚度好,外形加工精度高,产品装配定位基准已由以外形卡板为主的定位方式改为以组件对接销孔为基准进行装配和测量。

(3)产品的尺寸传递,逐渐取消或减少模拟量传递且相互联系的串联制造方式,从而采用三维数字量传递的并行独立制造方式。

(4)以数字量传递为主、模拟量传递为辅的综合协调方法越来越得到广泛应用,按统一的数学模型,直接用数控设备加工零件和工艺装备,减少大量的中间移形环节,产品的制造准确度和协调准确度显著提高,生产准备周期大幅度缩短。

可见,飞行器的互换协调方法正朝着 CAD/CAM 一体化、无图加工和并行独立制造方向发展。但是必须指出,无论采用何种方法,互换件进行实物互换验证必不可少。

5.6.8　导弹互换协调方案和互换协调图表的编制

导弹互换协调方案是在型号研制的工艺准备中,根据导弹工艺总方案而编制的涉及导弹制造互换协调的指令性工艺文件。其内容包括:导弹结构及工艺特点简介、弹体各设计分离面对接接头形式和配合关系、弹体各组件对接准确度要求、互换协调方法、各对接接头尺寸分配图表、各部件互换协调图表、厂际互换协调方法及其图表、互换协调验证要求等。

互换协调图表是导弹互换协调方案中的一项主要内容,它表示了零件制造工装、装配工装和标准工装之间的制造关系、从属关系和调协关系。通过协调图表的编制,使飞行器零件、部件、组件的制造依据达到完整、协调、统一,确保产品的互换与协调。互换协调图表一般用方框图来表示产品的协调制造程序:即由协调依据到零件、部件、组件所用的各类工装的协调关系。其典型协调图表如图 5.46 所示。

互换协调图表编制的原则如下:

(1)凡工装之间有协调制造关系的零、部、组件项目,均应列入协调图表。

(2)尽量缩短协调路线,使协调过程合理,减少累积误差。

(3)选择可靠的协调依据,使形状尺寸能准确传递并且误差最小。

(4)零、部、组件应尽可能采用同一制造依据,以提高工装之间的协调准确度。

(5)应用 CAD/CAM 技术时,要考虑成套协调性。原则上应在组件、部件或关键部位上完整地采用该技术,即同一组件的数控绘图、数控加工、数控测量应采用同一数学模型。

第6章 战术导弹典型零部件的制造技术

6.1 弹身舱体的铸造工艺与设备

6.1.1 结构特点及技术要求

整体铸造舱体常为薄壁圆筒形铸件,铸件加上浇冒口的总质量为 20~160 kg,铸件高度为 190~820 mm,外径为 370~620 mm,基本壁厚为 6.5~35 mm。外形机械加工后,基本壁厚一般为$(3\pm0.5)\sim3^{+0.7}_{-0.5}$ mm。内腔型面复杂且不再加工,分布有纵横肋框、大小安装凸台、口框和前后端框,铸件各部位的壁厚相差悬殊。某型号导弹舱体铸件结构如图 6.1 所示。

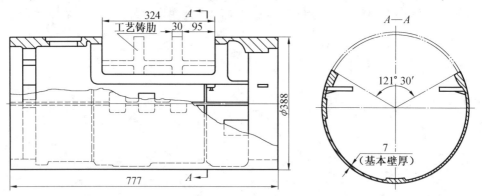

图 6.1 舱体铸件结构图

舱体铸件除应符合 HB962-82、HB963-82 和 HB966-70 等通用技术条件要求外,尚需符合型号产品专用技术条件的要求。铸件尺寸公差为 HB0-7-67 标准中的 ZJ6 级,针孔度等级不低于三级,铸件的指定部位需进行 X 光检查。X 光检查区不允许补焊,每批铸件需抽一件在指定部位切取试样,进行机械性能测试。铸件机械加工后,整体进行荧光检查。

6.1.2 铸造工艺

1. 型砂、芯砂、涂料及其配制

舱体铸件铸造用型砂和芯砂采用单一砂。由于舱体铸件外形尺寸和内、外表面积较大,且内表面虽不进行机械加工,其尺寸精度和表面质量要求较高。为此,单一砂应具有较高的湿强度,铸件内表面才不至于产生夹砂等缺陷。

在单一砂中,原砂的粒度应适当细一些,以保证铸件具有较光洁的表面。表 6.1 和表 6.2 中列出单一砂的配方及配制使用方法。涂料用于涂饰砂型和砂芯的表面,以使表面光洁,表 6.3 中列出涂料配制与使用方法。

表 6.1　单一砂配方

序号	组成成分/%						物理机械性能		
	新砂/原砂		旧砂	粘结剂		水	湿透气性	湿压强度/0.01MPa	水分%
	甘旗卡砂 SC70/140	南京红砂 1N100/200	回收砂	膨润土	黑山粘土				
1	55	15	30		1	适量	≥60		4.5~5.5
2	25	5	70	0.2~0.4		适量	≥50	4~5	4.5~5.5
3	20	17	60		3	适量	≥50		4~5

表 6.2　单一砂的配制与使用

步骤	工艺要点
原材料准备	1. 原砂应在 250~300 ℃条件下烘干或自然干燥后,过筛处理(筛孔尺寸 2~3 mm); 2. 旧砂应在打箱后,冷却至室温。经过筛处理后(筛孔尺寸 6~8 mm),水分控制在 4%以下; 3. 粘土、膨润土分别在 180~200 ℃、110~130 ℃条件下烘干后,进行碾碎和过筛处理(筛孔尺寸 6~8 mm)
配置	1. 调整混砂机碾轮与底盘的间距在 10~15 mm 范围,保证对型砂的挤压和搓揉作用; 2. 加入旧砂,干混 2~3 min; 3. 加入新砂和粘土(膨润土),干混 3~5 min; 4. 加入适量的水,湿混 4~6 min; 5. 取样进行物理、机械性能检查
使用	1. 配制好的型砂先堆成垛,用湿麻袋盖好,沉匀 2~3 h 后方可使用; 2. 使用前必须用松砂机或筛子对型砂进行松砂处理。如隔日使用,应重新进行性能检查; 3. 根据生产情况,每隔一定时间加入部分新砂

表 6.3　涂料配制与使用方法

序号	组成成分/%					使用方法
	滑石粉	鳞片石墨粉	粘土	工业酒精	水分	
1	80~85		15~20	适量		将滑石粉、粘土拌匀,用酒精稀释后,利用毛刷均匀涂敷在砂芯表面,合箱前用喷灯烘烤砂芯表面,干燥层厚度约 10 mm
2	100					用毛刷均匀涂敷在型、芯表面
3		100				装入布袋,抖落在铸型表面
4	100			适量		调匀后,用毛刷均匀涂敷在型、芯表面

2. 缝隙式浇注系统的设计

在刚开始充型的一段时间内,合金液自缝隙浇口逐层填充型腔。此时,浇口内液面处于最高位置,离浇口远处型腔内的液面较低。当型腔内液面上升到与浇口内液面基本一致后,两处液面将同时上升,近似于底注方式。采用缝隙浇口时,筒形舱体铸件充型十分平稳,这对保证铸件的质量是十分有利的。

上述充填情况预示了铸型内的温度分布。在纵向(即铸件高度方向),上下部温度较低,中部温度偏高;在横向,基本能实现顺序凝固。对此,在铸造工艺设计中,应予以充分考虑。

缝隙浇口立筒的大小和缝隙的厚度对舱体铸件壁部的缩松有很大的影响。因此,要求立筒和缝隙的冷却应慢于相对应的铸件壁部,以利于给壁部良好的补缩。缝隙的厚度应适于合金液实现平稳充型。

缝隙厚度一般为铸件壁厚的1.5倍。有时,为了使缝隙良好地补缩铸件,将热节引向立筒,还可适当增加缝隙的厚度。该舱体铸件缝隙部位的铸件壁厚为7 mm,据此,取缝隙厚度a为14 mm(铸件上部)和12 mm(铸件下部)。

缝隙短一些有利于补缩,但过短将使立筒紧靠铸件,引起铸件过热。该舱体铸件缝隙长度b取13.5 mm(铸件上部)和15.5 mm(铸件下部)。

一般取立筒直径d为缝隙厚度的3~6倍。该舱体铸件立筒直径取为40 mm(铸件上部)和35 mm(铸件下部)。

中等壁厚的筒状铸件,其每条缝隙浇口所能担负铸件的水平截面外廓周长约为500 mm。由于铝合金密度小、导热快、熔点低、收缩大,对于非共晶型合金,冒口补缩效果均欠佳,铸件易形成缩松缺陷。为使铸件能从缝隙浇口得到有效的补缩,除了采用冷铁与之配合外,增加缝隙浇口的数量,使每条缝隙浇口所担负的铸件水平截面外廓周长减至250~400 mm是必要的。该舱体铸件外廓周长约为1 156 mm,故取4个缝隙浇口。

该舱体铸件缝隙浇口尺寸和浇注系统示意图如图6.2和图6.3所示。

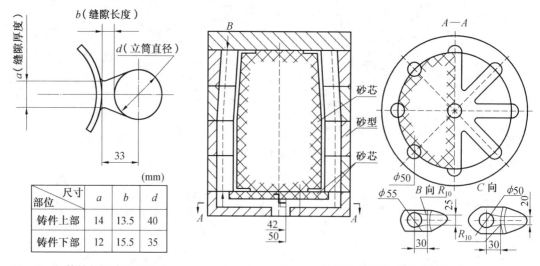

图6.2　舱体铸件缝隙浇口尺寸　　　　图6.3　舱体铸件浇注系统示意图

3. 工艺铸肋及过滤网的设置

设置工艺铸肋是为了防止铸件在凝固时收缩不均匀,以及在热处理时变形的一项有效的措施。

该舱体铸件总高777 mm,中间有一大窗口,长332 mm,角度为121°30′。机械加工工艺要求铸造直接铸出大窗口,以免铣切时产生较大的变形。由于铸件在凝固和冷却时,各方向的收缩不均匀,容易导致直接铸出的大窗口处产生变形。铸件在热处理后,该处也容易产生变形。为此,设置了井字形的工艺铸肋,既防止了铸件的变形,又保证了合金液能平稳连续地进行充填。增加工艺铸肋有效地减小铸件在铸造和热处理后的变形量。

为了防止铸件产生一次性夹渣,可在横浇道处设置铁丝过滤网。

4. 铸型工艺图

该铸型中共有 8 个型芯,芯 1 形成大芯 5 的下芯头座,芯 2、3、4 形成三个小窗口,大窗口分别由 6、7、8 三个型芯形成。铸件上、下端框处均设冷铁,整个铸型共有 43 块冷铁,铸型采用低压或差压铸造浇注,与升液管接口处的浇口直径为 100 mm。合金液由升液管经 5 根横浇道分别进入 4 条缝隙浇道和一个暗冒口,铸型工艺简图如图 6.4 所示。

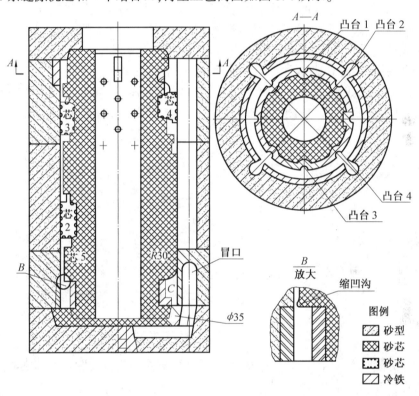

图 6.4　舱体铸型工艺简图

5. 冷铁的选材、设置和表面预处理

为了实现铸件的顺序凝固或同时凝固,以排除铸件的缩松、针孔、裂纹等缺陷,并加强冒口的补缩,实际生产中常采用冷铁与浇冒口配合使用。铸件愈大愈复杂,热节愈多,所需要的冷铁也愈多。

(1)冷铁材料的选用。

常用冷铁材料有铸铁、铸铝及铜合金等。铸铁冷铁导热良好,热容量大,激冷效果好且制作方便、经济。铸铝冷铁热导率较铸铁高,但较同体积铸铁的热容量小,故开始时激冷速度较快,之后便很快降低。氧化铝的热导率远低于铝,故铸铝冷铁的激冷作用又将随其表面氧化的加剧而迅速下降。因此,铸铝冷铁适于放置在铸件的较小热节区,用以排除较轻微的缩松。铜合金冷铁激冷效果最好,但因铜合金价格较贵,故仅用于要求最大激冷作用的某些部位。

（2）冷铁的设置。

舱体铸件形状复杂，各部分壁厚又很不均匀，要想使铸件完全按照同一种凝固原则凝固是难以达到的。一般需要将铸件分成几个区域，借助于浇冒口的设计及冷铁的设置，使各个区域按预想的凝固原则结晶、凝固，而又不堵塞补缩通道。因此，合理地设置冷铁是十分重要的。

①冷铁位置：冷铁宜放在铸件的厚大部位、冒口下面和内浇口对面等热节处。图 6.5（a）所示冷铁放置位置正确，促使铸件厚部先凝固，上部合金能往厚部补缩。图 6.5（b）所示冷铁位置不当，将使上部补缩通道中断，厚部产生缩松。

②冷铁形状：除了工作表面必须符合需要激冷处的外形外，应使冷铁的厚度向边缘逐渐减薄，即采用变截面冷铁，使激冷作用缓慢地过渡，以减少应力集中。同时应注意，在造型时冷铁周围不应形成尖角浮砂，以免产生掉砂缺陷。

某型号导弹舱体（ZL101）铸件采用变截面冷铁，如图 6.6 所示，该铸件端框厚 16 mm，基本壁厚 7.7 mm。在端框外圆缝隙浇口之间设置四块变截面冷铁，既保证端框和基本壁厚处趋于同时凝固，又促使远离浇口处的端框部位形成一个温度梯度，在凝固中能从缝隙浇口得到有效的补缩。

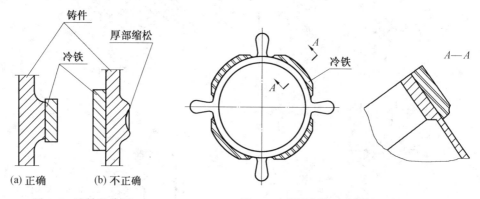

图 6.5　冷铁的位置　　　　　　　图 6.6　采用变截面冷铁的示意图

③冷铁的厚度与布置：冷铁厚度应根据铸件材料、冷铁形状及放置部位等来确定。表 6.4 列出舱体铸件生产中所用冷铁的厚度。

表 6.4　冷铁厚度的经验数据

铸件材料	冷铁厚度为被激冷部位厚度的倍数	
	铝冷铁	铁冷铁
ZL702A-1	1～1.5	0.8～1.5
ZL201	0.8～1	—

冷铁厚度设计不当，将给铸件质量带来不良的影响。ZL20 铸件的凸缘处设置厚度为 22 mm 的矩形截面冷铁，如图 6.7 所示。冷铁厚度大大超过凸缘厚度，结果在 9 mm 壁厚处出现较严重的虫爬状缩松。这是因为冷铁厚度过大，造成薄壁处向厚处的反向补缩所致。将冷铁厚度减至 10 mm 后，凸缘或薄壁处经 X 光检查未再发现缩松。

为强化 ZL201 舱体铸件底框的冷却，在底部加放冷铁，结果在底框处产生裂纹。取消冷铁后，裂纹随即消除，如图 6.8 所示。

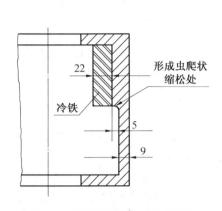

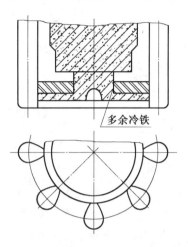

图6.7　冷铁厚度设计不合理举例　　　　　　图6.8　设置多余冷铁造成铸件裂纹

ZL201舱体铸件有一较大的安装凸台,尺寸为45 mm×50 mm×215 mm。原设置尺寸为45 mm×50 mm×105 mm 的平面冷铁两块,结果在冷铁间隔处产生裂纹。将冷铁改为45 mm×50 mm×210 mm 的一块后,裂纹随即消除,如图6.9所示。

当铸件两侧同时使用冷铁时,冷铁应交错排列,以防铸件产生裂纹,如图6.10所示。冷铁间的间隙一般为3～5 mm。间隙太大,易在间隙处产生缩松;间隙过小,会阻碍铸件的收缩。

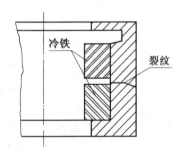

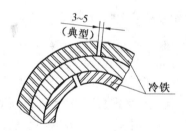

图6.9　冷铁间隔处产生裂纹举例　　　　　　图6.10　冷铁的排列

④冷铁与冒口联用:热节处的合金液冷却凝固时体积不断收缩,如果没有足够的合金液给予补缩,将在该处产生缩松,单靠冷铁往往消除不了缩松,仅使缺陷移位而已。

某舱体铸件下端框 C 处厚42 mm,如图6.4所示,上部大窗口口框厚18 mm。设置冷铁后,在 R30 处出现大面积的缩松。在 R30 处再补加冷铁,结果缩松缺陷也没有消除,只是缺陷向下移了。在该处配置暗冒口后,缩松缺陷得以排除。

(3)冷铁的表面顶处理。

应采用钢丝刷清理或喷砂处理除去冷铁表面旧砂层及氧化皮,特别是铝冷铁,重复使用一段时间后必须进行喷砂处理。

清理后的冷铁使用前需经表面涂覆处理,其处理工艺如下:冷铁工作表面涂上一层薄而均匀的桐油或亚麻油等粘接剂,随即均匀地撒上一层粒度为70/140目或50/100目的干石英砂。倒去未粘附上的浮砂,砂层厚度一般不小于1 mm。在箱式电炉内烘烤,烘烤温度为220～250 ℃,保温时间为25～50 min。处理过的冷铁应干燥存放,如发现吸潮,应在120～160 ℃温度下烘烤 15 ~ 20 min。如发现砂层剥落,则应重新涂覆。冷铁使用时其温度不得超过室温,以防周围砂型中水分蒸发,随后水分又吸附在冷却后的冷铁表面,使铸件产生呛孔等缺陷。

6. 铸件清理

从砂型中取出铸件,以及将铸件的型芯、芯骨、插钉、冷铁、铸件表面的焦砂、铸件的浇口、冒口及披缝等残留物予以完全清除的过程,称为铸件的清理。清理彻底与否,对铸件的质量、随后的机械加工的顺利进行及产品免除多余物的可能性有直接的影响,对此,必须予以足够重视。

合金液注入铸型后,必须等待一定的时间方可开箱取出铸件。开箱过早,将促使铸件加快冷却,使铸件产生内应力,造成变形或开裂;开箱太晚,铸件在铸型内收缩受阻,同样可使铸件变形或开裂。铸型浇注后至开箱所需的等待时间,应通过生产实践予以确定。

手工开箱和出砂使用的工具及方法均比较简单,清理中应特别注意避免损坏铸件及砂箱。舱体铸件使用的冷铁数量较多,而且多为成形冷铁。清理中应及时收集出型的冷铁,以备再次使用。

铸件开箱和出砂后,采用带锯机切除舱体铸件的缝隙浇口及冒口。切除时,应予以水冷并注意操作的安全。去除浇冒口后,用装有钢铲、铜凿的气动铆钉枪及装有各种铣刀头的气动砂轮机来清理铸件表面的毛刺、披缝、错边等残留物。在机械难以操作的部位,可辅以手工清理。铸件经上述清理后,再进行喷砂,以清除内外表面的残余粘砂。

6.1.3　砂型铸造工艺装备

1. 模型与芯盒

模型与芯盒是导弹零件铸造生产的主要工艺装备,常用木材或铝合金来制造,木质模型与芯盒虽具有造价低、质量轻、加工方便及制作周期短等优点,但因其尺寸精度低、易变形且使用寿命短,故一般只适用于试制新产品或小批量生产中精度要求不高的铸件。铝合金模型与芯盒,其形状和尺寸稳定,精度和表面粗糙度等级高,使用寿命长,不易产生粘砂,故适用于铸件尺寸精度和表面粗糙度等级要求高及批量生产的场合。为适应科研生产数量少、设计更改多而试制进度要求快、工艺准备周期短以及铸件尺寸精度、表面粗糙度等级高等特点,舱体铸件采用铝模型与胶粘接硬木镶块的铝芯盒。

为了便于铸件的铸造及机械加工,模型与芯盒的制作应考虑适宜的分型面位置、拔模斜度、合金收缩量、机械加工余量、机械加工工艺夹头及铸造工艺补偿量等。

铝合金模型与芯盒:为减少铝合金的消耗和方便造型操作,铝合金模型采用中空薄壳结构,模型内腔和芯盒外部设加强肋。铝合金模型与芯盒的壁厚由其平均轮廓尺寸决定,此平均轮廓尺寸等于模型(芯盒)长宽和的一半。铝合金模型、芯盒各部分表面均有不同粗糙度要求,见表6.5。

表 6.5 铝合金模型、芯盒、底板表面粗糙度要求

名称	表面部位	$Ra/\mu m$
模型	工作表面、活动镶块和接触面、定位销孔	1.6
	与浇铸系统模型及底板等的接触面	6.3
	螺钉通过的非螺纹孔、铆钉孔	12.5
	非工作表面	不限定
芯盒	工作表面、活动镶块的接触面,左右芯盒接触面,与底板的接触面	1.6
	定位销孔、固定镶块的接触面,上、下芯盒接触面	1.6
	其他接触面	1.6~6.3
	非工作表面	不限定
底板	定位销孔	1.6
	工作表面	3.2
	周围表面	12.5
	非工作表面	不限定

某型号导弹舱体铝合金模型如图 6.11 所示,模型大小端直径差为 4 mm,铝模型壁厚为 10 mm,上下端设加强框,内表面设有纵、横向加强肋。上端以止口与上芯头模定位,下端以止口与下芯头、浇道模定位。为防止下芯头浇道模错位,模型与下芯头浇道模之间设置定位销。四根缝隙浇道模用木材制成,与模型之间用燕尾槽配合。铝模型中设有起吊螺栓,借以吊起模型。

浇道芯盒如图 6.12 所示,改换不同的下芯头模即可制出不同下芯头尺寸的浇道型芯,以适应不同舱体铸件的需要。浇道型芯置入由通用下芯头浇道模形成的铸型空腔中,形成铸型中的横浇道及圆形浇道。不同舱体型芯下芯头置入浇道芯盒形成的浇道型芯中,浇道芯盒由底板、下芯头座模、左、右芯盒体及半圆形浇道模等组成。左、右两半芯盒体用凸缘止口定位,并用螺栓紧固。两个半圆浇道模各用两个铆钉与左、右芯盒体紧固,另两个作为活块用燕尾槽与左、右芯盒体定位。造芯完后,在浇道芯盒上放置烘干板,然后浇道芯盒连同烘干板一起翻转。取走底板,退出左、右芯盒体,取下下芯头模及两个半圆浇道活块,即完成制芯过程。

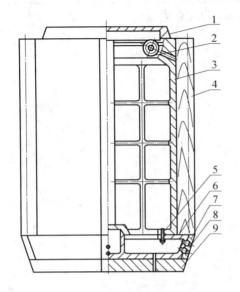

图 6.11　舱体铝合金模型

1—上芯头模;2—起吊螺栓;3—铝模型;4—
缝隙浇口模;5—定位销;6—下芯头、浇道
模;7—半圆浇道模;8—铆钉;9—横浇道模

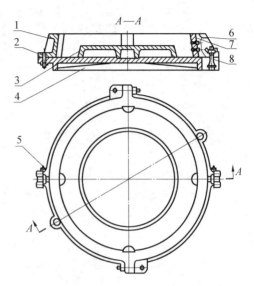

图 6.12　浇道芯盒

1—左、右芯盒体;2—定位销;3—下芯头座模;
4—底板;5—螺钉;6—半圆浇道模;7—铆钉;8—
回转螺钉

胶粘硬木镶块的铝芯盒:某导弹舱体铸件的芯盒壳体采用铝合金,芯盒高 845 mm,内径为 357.7 mm。因为芯盒较高、内径较小,为便于造芯操作,芯盒设计成上、下两段,并用 45° 止口和两个定位销定位。芯盒外部设置加强肋和法兰边,使芯盒具有足够的刚度,如图 6.13 所示。

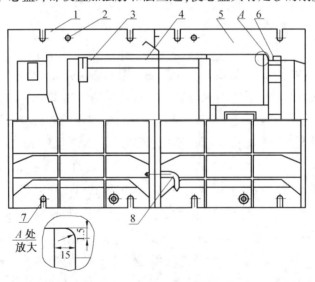

图 6.13　舱体芯盒简图

1—左下芯盒壳体;2—定位销;3—铝活镶块;4—木镶块;
5—左上芯盒壳体;6—木活块;7—锁紧螺栓;8—定位插销

芯盒对开垂直分芯使芯盒分成左、右两半。在分芯面上设有定位销,左、右芯盒用四个 M12 锁紧螺栓紧固,芯盒壁厚 10 mm。为保证铸件四个支耳的尺寸精度及活块抽拨灵活,下段

芯盒中四个侧抽式活块采用铝合金机械加工制成,如图 6.14 所示。活块靠台肩定位,并以定位销固定,活块与芯盒采用 H8/f9 配合,铝芯盒壳体内部根据铸件内壁形状,用胶粘接硬木制成各种凸台、口框和肋条等。

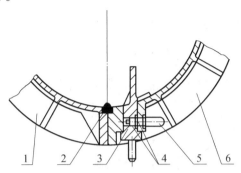

图 6.14　舱体芯盒活块结构

1—右下芯盒壳体;2—木活块;3—铝活镶块;4—镶套;5—定位销;6—左下芯盒壳体

2. 砂箱

舱体铸件采用圆形专用砂箱,圆形砂箱结构具有合箱操作方便、分箱面吻合良好不易跑火及定位精度高等优点,如图 6.15 所示。上、下端面加工,不带止口。底箱高 140 mm,铸有高 100 mm 的两箱耳。箱耳内浇注两个长圆导套,其内孔一端为锥孔,作为造型时的定位销座。圈箱及盖箱均浇铸有一圆一扁的两个导套,以保证合箱准确。

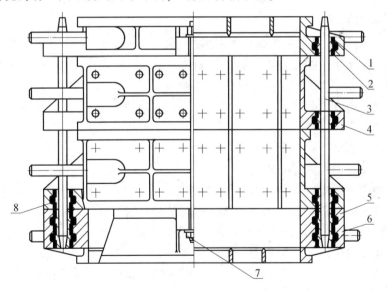

图 6.15　砂箱简图

1—盖箱;2—短圆导套;3—定位销;4—圈箱;5—长圆导套;6—底箱;7—双头螺栓;8—扁导套

6.2　弹身舱体的机加工艺与设备

6.2.1　铸造铝合金整体舱段的机加工艺

1. 结构特点和技术要求

铝合金铸造舱段的质量轻、强度高,是战术导弹的常用舱段结构。舱段多为薄壁圆筒形,舱壁上有的窗口很大,铸造毛坯需要经过机械加工完成零件的制造,如图6.16所示。

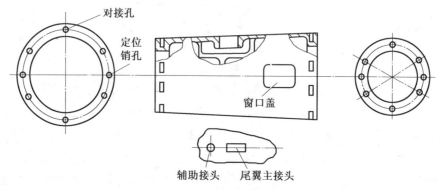

图6.16　铝合金铸造舱段

2. 工艺特点分析

舱段中接头交点多,这些接头交点不但本身精度要求高,而且相互位置的精确度要求也很严格。舱段内凸台较多,毛坯厚度不均匀,若划线不正确容易造成废品。必须采取正确的夹紧定位方式,合理选择工艺路线和工艺参数才能保证加工质量。

为了避免不合格毛坯转入机械加工,必须对毛坯质量按技术条件进行严格检查,其一般方法如下:

(1)根据试样或取样检查铸件的化学成分及机械性能。

(2)用 X 光法检查铸件内部缺陷。

(3)按毛坯图检查外形尺寸并称取毛坯质量。

(4)用划线法检查内部凸台、耳片等加工余量的分布情况。

(5)用专用卡尺或超声波测厚仪检查壁厚分布情况。

(6)用荧光法检查表面有无明显的缺陷。

拟定铸造舱段的加工工艺时,应在确保产品质量的基础上,力求高效率低成本,同时还必须保障工人的安全和良好的工作条件。根据铸造舱段的特性,确定加工工艺时应注意以下事项:

(1)根据生产批量大小,合理安排工艺路线及选用工艺装备。

(2)毛坯必须经过严格质量检查,及时剔除废品,方可转入机械加工工序。

(3)工艺基准应尽量与设计基准重合,否则需经严密的工艺尺寸链换算。

(4)必须保证两端面上的对接孔及舱段上接头交点与总体协调。

(5)切削过程中应遵守"粗、精加工分开"及"先粗后精、先外后内、对称逐层"的加工原则,以减少加工中的变形。

　　(6)工序间应避免用冷校形法进行校形。

　　(7)加工时应注意环境温度变化及切削热所造成舱段的变形误差。

　　(8)为了防止变形应尽量减少加工时的切削力及夹紧力。

　　(9)机械加工过程中应根据需要及时安排特种检查,以确保产品质量及其可追溯性。

　　(10)为了增强工件抗腐蚀能力,舱段在精加工接头交点前应进行阳极化处理并涂底漆。

3. 工艺过程

铝合金铸造舱段的机械加工工艺过程如下:

　　(1)毛坯质量检查。

　　(2)钳工划线,初选水平基准面和对称平面。

　　(3)粗车外圆及端面。

　　(4)特种检查。

　　(5)钳工划线,重选水平基准面和对称平面及划出舱内耳片凸台等轮廓线。

　　(6)加工舱内耳片、凸台等部位。

　　(7)开窗口。

　　(8)修配窗口盖并安装牢固。

　　(9)精加工外圆和端面。

　　(10)特种检查。

　　(11)精选水平基准面和对称平面。

　　(12)在专用机床或专用夹具上粗加工接头交点。

　　(13)以接头交点定位,在专用打孔型架上钻、铰两端面对接孔,在此基础上重新确定水平基准面及对称平面。

　　(14)特种检查。

　　(15)表面处理。

　　(16)以端面对接孔定位(参考基准面及对称面测量点),在专用机床或夹具上,精加工接头交点。

　　(17)总检,油封入库。

　　舱段粗加工的目的主要是切除铸造舱段表面缺陷和大部分加工余量,同时也是为精选基准做好准备。精加工的目的主要是消除舱段在粗加工中的变形量,并满足精度要求。粗精加工若在一次装夹中进行,则粗加工后必须将夹紧装置松动一次,找正后再夹紧才能继续精加工。只有这样才能消除由于切去大量金属造成铸件内应力不平衡所产生的舱段偏扭或其他变形。

　　一般铸造舱段都是承力状态复杂的舱段,其传力点均靠接头交点来实现。例如有的舱段除了两端对接孔之外,还有助推器接头、发动机接头和翼面接头等,这些接头交点不仅本身精度要求高,而且相互位置精确度要求很严格。加工接头交点时,一般应留加工余量,待舱段进行到最后工序或与其他舱段组装后,再在专用机床或专用工艺装备上进行精加工,才能满足总体装配协调的要求。精加工的方法有下列几种:

　　(1)用数控机床直接按图样给定的尺寸公差及形位公差进行加工。

　　(2)在专用设备上按标准样件协调加工。

(3) 在大型通用组合式精加工机床上，按图纸给定的尺寸进行加工。

(4) 简单舱段可按分散的组合量规、模板等标准工装传递，在装配型架上进行加工。

舱段的工艺基准和设计基准应是一致的，一般选择弹体轴线和端面作为基准，而弹体轴线往往靠弹体水平基准面及对称平面来体现。基准的确定需经过粗选与精选两个阶段，实际上在每一个阶段都是反复进行。

粗基准是根据舱段毛坯各部位余量分布情况，通过钳工划线后再粗加工，如此反复多次才确定下来的。

舱段外形半精加工后的接头交点作为定位基准，重新确定舱段水平基准面，对称平面及端框位置面作为精基准。

6.2.2 铸造镁合金整体舱段的机加工艺

1. 结构特点及技术要求

某导弹铸造镁合金舱体是一个薄壁筒形零件，壁厚最薄为 3 mm，最厚为 25 mm，如图 6.17 所示。

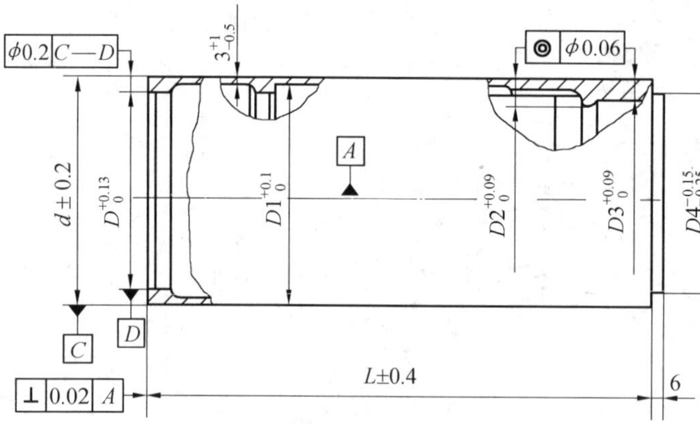

图 6.17　镁合金整体铸造舱体

2. 工艺特点分析

镁合金可以进行干切削，不必施加冷却液，一般采用压缩空气吹风即可进行有效的冷却。切削加工铸造镁合金的刀具必须锋利，加工时应采用尽可能大些的切削深度和走刀量，因为切削深度和走刀量过小不能充分地传热，容易引起燃烧。

车削铸造镁合金的主轴转速一般为 200 ~ 250 r/min，根据工件直径的大小转速可适当加快或减慢。车刀设计应该保证有足够的断屑空间，车刀前角 r 为 15° ~ 20°（不大于 30°），后角 α 为 10° ~ 12°。硬质合金可转位车刀的后角 α 为 12° ~ 15°，切断刀的副后角 α_1 为 3° ~ 5°。

铣切时，铣切转速可选 600 ~ 1 500 r/min。一般来讲，铣切镁合金的铣刀排屑槽应较宽，齿数应以两齿为宜。

3. 工艺过程

镁合金铸造舱体一般应以内壁作为统一粗加工基准，舱体一端用扇形夹具反向夹紧，另一端利用尾顶尖沿纵向轴线夹紧后，加工外表面。

扇形反撑车夹具安装于机床的三爪卡盘上，三块扇形板能在夹具上沿径向移动调节，扇形

板夹具结构如图 6.18 所示。在设计内形反撑扇形板
时,必须与舱体图纸的内壁形状相一致,并有足够的
接触面。反向夹紧时要求各扇形块夹紧力相等,舱体
另一端扇形夹头安装在尾架上,利用尾架做轴向夹
紧。

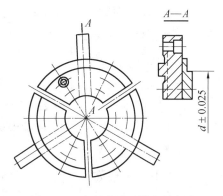

图 6.18　内型扇形反撑车削夹具

在装卡前应将扇形板外圆车削至与舱体内径相
一致,以保证最大的装卡接触面积。舱体在装卡时应
校准舱体内圆,以保证加工后壁厚均匀,必要时可在
支承压紧部位局部加垫片调整。

在车削外圆时,不能一次车削到最终尺寸,一般
应预留半精车余量。车削后,在距离两端约 30 mm 范
围内,外圆的圆度应不大于 0.02 mm,以作为车削内孔时的加工基准。外圆加工后,舱体一端
用软卡爪装夹在距离端面 30 mm 的外圆上,另一端用支承架支承。装卡时校准外圆的跳动
量,控制在 0.02 mm 以内,再粗加工两端内孔,同时留半精车余量。

当内孔粗加工后,即作为半精车外圆的基准孔。用壁厚测量规测量舱体壁厚,根据测量数
据用加垫片的方法调整后,精车外圆,达到图纸规定的壁厚尺寸要求。然后以舱体外圆定位、
夹紧并加工精度要求高的内孔。

6.2.3　挤压厚壁管舱体机加工艺

1. 结构特点及技术要求

挤压厚壁管舱体的结构特点是蒙皮与隔框合为一体,整个舱体呈回转形,可采用厚壁管整
体车削成形,其典型结构如图 6.19 所示。零件内径公差在 0.2 ~ 0.3 mm 范围内,圆度公差、
同轴度公差均为 $\phi 0.1$ mm,四条产品基准线直线度公差为 0.1 mm。

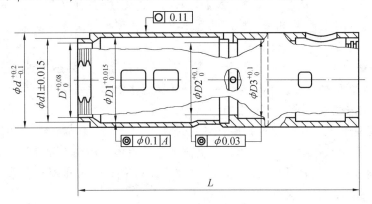

图 6.19　挤压厚壁管舱体

2. 工艺特点分析

舱体的最小壁厚为 1.6 mm,属薄壁零件,刚性差,加工时容易产生各种变形,需要采用专
用的工、夹、量具。舱体主要采用车削加工来保证尺寸精度和技术要求。精车时,主轴转速为
350 ~ 400 r/min,进给量为 0.025 mm/r,背吃刀量为 2 ~ 3 mm。

车削高强度变形铝合金的刀具刃口必须锋利,一般采用较大的前角和主偏角,刀具的材料一般采用硬质合金或高速工具钢。

3. 工艺过程

在制定工艺方案时,取先内孔后外圆的加工方法。坯料两端留 30 ~ 40 mm 工艺夹持长度,零件加工完成后,切除夹持工艺结构。为了保证薄壁舱体零件在加工中能达到图纸设计要求,必须解决由外力、内应力和振动引起的加工变形。

4. 关键工序的加工工艺

(1) 防止外力引起变形的工艺措施。

舱体在加工过程中,由于夹紧力、切削力等因素引起的加工变形称为外力变形。舱体在粗车时,由于切削余量较大,相应轴向切削力也增大,因此使用反车法较好,将顺车的压力变为反车的拉力,减少工件的变形。

舱体在精车时,要有两套扇形活络卡爪。车削内孔时用扇形活络外卡爪夹紧和中心架支承。中心架不能用一般的三点支承式,而要用特殊设计的中心架,该中心架应以环形件与舱体紧密贴合,中心架转动环的跳动量应控制在舱体的圆跳动公差的1/3 以内,而且转动要灵活,无卡死现象。中心架的支承点应支承在距卡盘的2/3 左右。

当车削外圆及两端面时,要用扇形反撑活络内卡爪,如图6.18 所示。在设计这类工装时,应按照舱体内孔的形状进行考虑,要求保证最大装卡接触面积同时在装卡时径向受力不宜过大,尽量控制在机床恰能带动舱体旋转为宜。

采用先车削内孔后车削外圆时,切削余量尽可能放在外圆上,有利于减少装夹变形和提高尺寸精度。

(2)防止内应力引起变形的工艺措施。

加工变形铝合金薄壁零件时,进行一道人工时效处理工艺不足以消除零件在加工、装卡以及材料品格变形等因素形成的内应力。人工时效的目的是使材料内应力重新平衡以达到消除残余应力,但是它对零件尺寸的长期稳定不起作用。要使得零件尺寸长期稳定,只有通过循环稳定化处理(冷、热循环处理),才能达到目的。

对于要求高的变形铝合金薄壁舱体,一般在工艺中穿插进行两道热处理工序较为理想。即:粗加工——人工时效——半精车加工——循环稳定化处理——精加工。

(3)防止振动引起变形的工艺措施。

由于挤压厚壁管舱体是薄壁结构件,当内孔精加工完成后,在精加工外圆时,因装夹、切削等因素引起的振动也会使舱体变形,用充填机械加工法可消除舱体在加工时所产生的振动变形。充填机械加工法是将轻且细软之物填入已加工好的舱体内,充填材料可采用泡沫塑料、干净洁白的棉纱、软性橡胶或发泡材料等。

(4)安装孔的加工。

由于舱体内要安装许多重要设备、仪器和仪表等,所以在舱体上有许多大小不一的安装孔以及工艺孔,这些孔可分为精度要求高的孔(如舵轴孔、主翼槽口等)和一般精度要求的孔(如铆接孔、托板螺母安装孔等)。

在确定精度要求高的孔的位置之前,应先在舱体上用光学分度头划出按图纸要求的第一基准和第二基准的位置线,再按基准线划出孔的位置线。由于孔的尺寸精度和位置精度要求较高,一般采用镗削加工。舱体孔镗削时,舱体必须安放在设计合理、精度高的镗夹具上,镗夹具应安装在镗床的精密圆转盘上,并校准夹具的中心线与机床的轴心线一致。夹具的定位安装基准应选在舱体两端内孔和两端平面,并与设计基准相协调,如果有多个精度高的孔,则应先逐个进行粗加工,然后按尺寸和位置精度要求进行精加。

对于一般精度要求的孔,如果采用普通机床划线加工,则既费时又难保证位置精度,而且容易出差错。较合理的办法是采用钻模进行加工,钻模的定位是以舱体的前后端内孔及平面或前后端外圆及平面作为定位基准,并用前后端的定位销孔插紧,以防止舱体移动。

(5)窗口加工。

舱体上的窗口一般比较少,所以可在光学分度仪上进行划线,然后在铣床上进行铣切成形,窗口铣切后由钳工配制口盖。

6.3　金属整体弹翼的制造工艺与设备

6.3.1　铝合金弹翼的精密模锻工艺与设备

1. 结构特点及技术要求

某防空导弹舵面精锻件的材质为 LD10,翼型很薄,前后缘仅 2 mm,翼面面积约 0.1 m²。在根部留有 2 mm 加工余量,锻件四周允许残留飞边 4~6 mm。其余外形按零件图尺寸,锻件中心处厚度大于 10 mm 处,公差为 ±0.4 mm;厚度在 10 mm 以下时,公差为 ±0.2 mm,弹翼结构如图 6.20 所示。

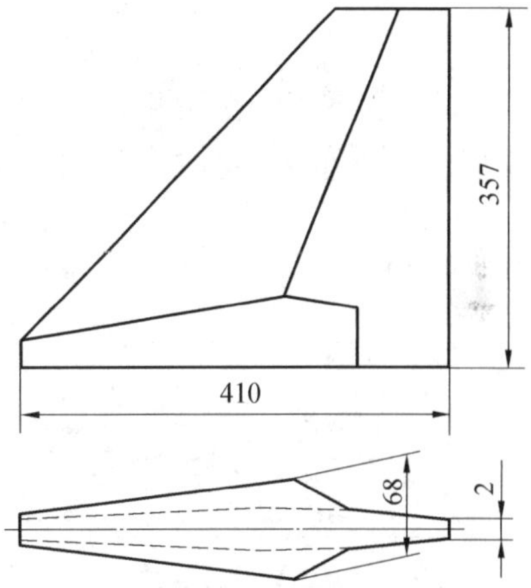

图 6.20　铝合金弹翼的结构

2. 工艺分析

(1)锻造压力。

当弹翼为薄板型零件时,其锻压过程实质上是平板的镦粗,其单位压力的计算可依据下式:

$$q = \sigma'_s \left(1 + \frac{2}{3}\mu \cdot \frac{k}{k+1} \cdot \frac{a}{h_{cp}}\right) \qquad (6.1)$$

式中,q 为单位锻压力,MPa;σ'_s 为终锻温度下的屈服点,MPa;μ 为摩擦系数,热锻时取 0.5;k 为弹翼的长度 L 与宽度 a 的比值;a 为弹翼的宽度,mm;h_{cp} 为弹翼的平均厚度,mm。

从上式可知,薄板型零件镦粗时的单位压力与零件的外形尺寸成正比,与其厚度成反比。一般弹翼的宽厚比都很大,故锻造时单位压力很高。同时,较薄的板状坯料在锻造过程中冷却很快,引起变形抗力上升,更增加了锻造成形的难度。

为了保证高度方向上的尺寸公差,精锻时,单位压力比普通锻造高出 0.5~1 倍,当精密锻造铝合金、镁合金零件时,所需单位压力为 500~800 MPa。

(2)锻件精度。

锻件的精度包括尺寸精度和形状精度,造成模锻件尺寸和形状偏差的因素很多,如压力机的制造精度,滑块的导向精度,模具的精度及其安装精度,模具的弹塑性变形及锻模型面的磨损,工艺过程中产生的偏差,如锻模和毛坯加热温度的变化,润滑剂涂敷的均匀性,每次打击能量的波动,锻件冷却后的挠曲变形等。

在上述因素作用下,模锻件各方向尺寸和形状都会产生偏差,其中厚度偏差是锻件总偏差的最大组成部分,如图6.21所示。

模锻件的实际厚度是由名义尺寸和各种偏差组成,即

$$h=h_0+h_1+h_2+h_3 \tag{6.2}$$

式中,h 为模锻件实际厚度尺寸;h_0 为模锻件名义厚度尺寸;h_1 为因打击能量或变形抗力波动产生的欠压量;h_2 为因偏心打击引起的上模倾斜量;h_3 为锻模表面的弹性压缩变形量。

弹翼精锻件要求翼型直接锻压成形,不再做补充加工,因此,除了选用刚性好的压力机和制造尺寸精密的模具外,必须强化工艺过程,减小各种偏差值。

欠压量 h_1 是可以通过补充锻压来解决的,要减小上模的倾斜量 h_2,应仔细调整模具安装位置,使压力机打击中心与模腔中心相重合,避免或减小偏心打击力矩,可通过对锻模型腔修正减小弹性压缩变形量 h_3。

把模具及压力机底座一起视为一弹性半空间,则锻模表面上各点的垂直位移,即弹性压缩量可用鲍斯赛恩斯(Boussinesq)公式来表示:

$$\delta=\frac{p(1-\lambda)}{\pi Es} \tag{6.3}$$

式中,δ 为测量点弹性变形量,mm;p 为引起变形的外力,N;E 为弹性模量,MPa;λ 为泊松系数;s 为测量点至外力作用点的距离,mm。

由式(6.3)可知,外力越大,离外力作用点越近,弹性压缩变形越大。所以锻压时模具中心弹性变形量最大,至边缘逐渐减小,得到的锻件呈凸透镜状,如图6.22所示。

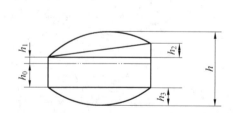

图6.21　模锻件厚度偏差组成图

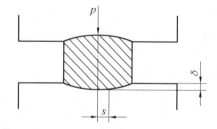

图6.22　模具弹性压缩变形示意图

要提高弹翼模锻件精度,减小厚度偏差 h_3,可采用下面两种方法:

①修正模具:找出弹翼在模锻时的模具弹性变形量,对模具型腔进行修正,使型腔呈规律状凸起,以抵消弹性压缩变形的影响。

②降低锻压力:在模具设计及工艺设计时,注意提高金属流动性,降低锻压力。如采用等温锻造,可有效地降低材料变形抗力,从而减小模具弹性变形,提高锻件精度。

(3)工艺特点。

①为了保持各个锻件变形抗力相一致,加热炉温度应均匀稳定,炉膛工作区温差要小于±10 ℃,坯料在炉膛里做有序排放以保证坯料受热均匀,从坯料出炉至锻压的时间应做限制。

②润滑剂应干净无杂物,润滑剂涂敷应薄而均匀,不能成滴水状,以免在金属流动过程中

产生折叠、凹坑等缺陷。

③模锻前坯料各种表面缺陷应彻底排除,以免遗留到精锻件上造成废品。

④预锻件的厚度公差应控制在±0.5 mm。终锻前,应对预锻件进行厚度尺寸分组,对不同厚度尺寸组的预锻件,选用不同的打击能量,以提高锻件尺寸精度。

⑤因锻造应力和热处理应力等造成的挠曲变形,通过锻模内校正来改善。对可进行时效强化处理的铝合金弹翼精锻件,可在淬火后立即进行模内冷校正,然后再做时效处理,这样可大大减小挠曲变形。

⑥铝合金弹翼精锻件的型面不再补充加工,故不允许产生表面腐蚀,成品锻件要及时清洗,并油封保存。

3. 工艺过程

精锻舵面的主要工艺流程为:

制坯→加热→预锻→切边→分组→加热→终锻→切边→淬火→冷校→时效→清洗→油封

4. 精密锻造工艺装备

(1) 锻压设备。

目前,普遍采用先进的螺旋压力机进行精密锻造,液压螺旋锤和电动螺旋锤的制造精度高,机架刚性好,带有显示装置,能实时地显示出速度、压力、行程等各种工艺参数,并可预选每次打击能量,具有极佳的工艺控制性。温度可控的模具加热系统和自动润滑系统可保持锻件工艺环境的稳定性,是制造弹翼精锻件的理想设备。

当弹翼面积较大时,可在工作台面大的水压机上压制,但通用水压机的模锻空间和工作行程都很大,不适于薄板型弹翼生产。采用轮廓尺寸较小、造价较低的专用水压机,是生产薄板型锻件的新方向。

按式(6.1)计算弹翼的总成形力约为46 MN,故选用40 MN液压螺旋锤为精锻设备。该机最大打击力可达80 MN,具有速度、压力等显示装置,并能按工艺要求预选打击能量。

(2) 锻件设计。

弹翼精锻件为有飞边锻件,沿锻件四周的残留毛边为加工余量,榫根部分与弹体有配合要求,也应留加工余量。而上、下翼面为精锻表面,锻后不再做补充加工。弹翼精锻件的余量及公差可按有关标准制定,但弹翼的厚度公差要比一般精锻件要求高,一般按精锻件公差的1/2~1/3范围选取。

(3) 锻模设计。

精锻模尽可能采用镶块模结构,以便于加工和制造。由于锻件精度要求高,模具型腔的制造精度也要相应提高,制模公差应在±0.05 mm以下,型腔表面应仔细抛光至 $Ra0.20$ ~ 0.10 μm,以利于金属流动。

为了消除模具弹性变形造成的厚度偏差,型腔表面应制成规律性凸起。确定模具弹性变形规律的最简单可靠的方法是通过试模后,测量弹翼各点厚度偏差值,从中找出偏差分布规律,可以认为模具弹性变形分布规律与锻件厚度偏差分布规律是一致的,故模具型腔各点修正量即为锻件各相应点厚度偏差的一半,上、下模修正量相同。

弹翼前后缘翼型最薄,模具飞边槽桥部的阻尼作用是不必要的。过宽的桥部反而增加了锻造面积和锻压力,不利于多余金属流出型腔。因此应采用尽量狭窄的飞边桥部,一般取4~

6 mm 即可。在个别型腔较深的部位,如榫根部分,可采用较宽的飞边桥部,以保证金属充满该处型腔。

安排型腔时,应使锻模的压力中心与压机的打击中心相重合,以减小锻压时偏心力矩造成的上模倾斜量与偏移量。

40 MN 液压螺旋锤的模座为镶块结构,镶块外形尺寸为长×宽×高 = 700 mm×380 mm×250 mm。镶块模材料采用 5CrNiMo,热处理硬度为 HRC 45~48。型腔粗糙度为 $Ra0.20\ \mu m$,飞边桥部宽度取 6 mm。

6.3.2 镁合金弹翼的等温锻造工艺与设备

镁合金在常温下只有一个滑移面,塑性较差,一般在热态下进行压力加工。但镁合金变形温度范围狭窄,对变形速度十分敏感,在压制薄壁零件时,由于冷却快,变形抗力剧增,易产生锻造裂纹,更难于实施精密锻造。

采用超塑性等温模锻技术,能以较小的锻压力精密成形镁合金弹翼,是精锻技术的新发展。

1. 结构及技术要求

某型号防空导弹尾翼镁合金精锻件结构如图 6.23 所示。尾翼材质为 MB3,前后缘厚 4 mm,锻造面积约 0.125 m^2,榫根部留 2 mm 加工余量,锻件四周允许残留飞边 4~6 mm,其余外形按零件图尺寸,厚度公差±0.4 mm。

2. 工艺分析

(1)镁合金的超塑性。

镁合金做超塑性变形时,合金通常应具备下列条件:

①细晶粒的显微组织,晶粒尺寸应小于 5~10 μm。并且在超塑性温度下组织是稳定的,很少或者没有晶粒长大现象,通常为两相合金。

②在 $0.5 \sim 0.6 T_m$(绝对熔点温度)恒温下变形。

③最大超塑性的应变速率,一般控制在 $1\times10^{-2} \sim 1\times10^{-4}\ s^{-1}$ 范围内。

(2)工艺特点。

①等温锻造时,压力机行程速度很低,变形时间可长达 10~30 min。因此必须控制毛坯装炉量,以免镁合金长时间处于高温下,晶粒长大而降低了成品的机械性能,尤其是降低了镁合金的压缩屈服值 σ_{-s}。必要时,可采取单件加热方法。

②应使用耐高温的润滑剂,常用经济可靠的石墨型润滑。

③镁合金易产生腐蚀,工序间应进行氧化处理,及时油封包装成品件。

④坯料的形状尺寸应尽量接近成品零件,以减少等温锻造时间,提高生产率。

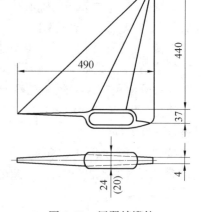

图 6.23 尾翼精锻件

3. 工艺过程

尾翼等温模锻的主要工艺流程:

加热→等温制坯→合模保温→等温模锻→切边→表面清理→油封

4. 等温锻造工艺装备

(1)锻压设备。

等温变形时,材料在 $1×10^{-2}～1×10^{-4}$ s^{-1} 应变速率下流动。通常采用液压机进行等温锻造,液压机的结构具有行程调速装置和保压装置,以确立最佳变形状态。

在超塑性状态下,MB3 合金的流动应力约为 30 MPa,按式(3.1)计算,弹翼的总成形力约为 19 MN,选用 50 MN 挤压机作为等温锻机。设备主要参数:

地面外形尺寸:长×宽×高 = 2 000 mm×1 200 mm×2 600 mm。

工作空间尺寸:长×宽×高 = 1 200 mm×1 200 mm×100 mm。

主电机功率:10 kW。

(2)锻件设计。

在等温条件下,金属的填充性能提高了,可采用较小的圆角半径和出模斜度,使锻件的轮廓更为清晰。

(3)模具结构。

等温模锻是把热态毛坯置于加热到变形温度的模具里进行压制,对模具装置有下列要求:

①模具的加热装置能将模具加热到变形温度,并在模锻过程中保持温度不变。锻造 MB3、MB8 材料时,模具加热温度为 400 ℃。根据等温锻模的尺寸大小和变形温度的高低,可选用感应加热器、电阻加热器或管状加热器。

②保证模具装置在变形温度下能长期工作,模具材料(包括锻模、垫板、导柱、螺栓等)应耐高温,有良好的热稳定性。

(4)模具设计。

采用框形电阻加热装置将上、下锻模均置于其间,加热功率为 $2×12$ kW,加热 4 h 后模具可升温至 400 ℃。利用模具中的热电偶和自动控温仪系统,控制模具和锻件温度变化在±5 ℃以内。模具材质为热硬性较好的 3Cr2W8V,型面粗糙度为 $Ra0.20～0.10$ μm。模具与压机台面之间用石棉垫隔热,也可用水冷板冷却台面,如图 6.24 所示。

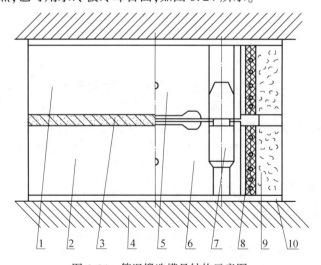

图 6.24　等温锻造模具结构示意图

1—上炉体;2—下炉体;3—玻璃棉;4—工作台;5—上模;
6—下模;7—导柱;8—加热元件;9—玻璃棉;10—石棉垫

6.4　金属蜂窝填充夹芯复合弹翼的制造工艺与设备

6.4.1　铝合金蜂窝填充夹芯复合弹翼的制造工艺与设备

由整体骨架、铝蜂窝填充块及蒙皮组装制成的铝合金蜂窝填充夹芯复合翼面比铝合金整体壁板翼面的质量减轻 50% 以上,强度、模量及抗疲劳性能远远超过铝合金整体壁板翼面。目前常用的复合翼面还有碳纤维复合翼面、金属蜂窝夹芯复合翼面及非金属蜂窝夹芯复合翼面等。

1. 结构特点及技术要求

铝合金蜂窝填充夹芯复合翼面的蒙皮用 LY12CZ 铝合金板材经模压成形,骨架用 LYl2CZYS 预拉伸铝合金板经机械加工成形的整体结构,金属蜂窝填充夹芯块是用发泡树脂注入铝箔蜂窝内,固化后切成蜂窝填充夹芯板,经机械加工制成与骨架内腔吻合的蜂窝填充夹芯块,再与骨架、蒙皮胶接在一起的,四周用铆钉压铆进行连接,如图 6.25 所示。

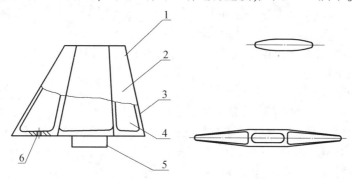

图 6.25　金属蜂窝填充夹芯复合翼面
1—铆钉;2—蒙皮;3—骨架;4—夹芯;5—主接头;6—辅助接头

2. 工艺分析

复合翼面整体骨架毛坯切削量大,易造成骨架变形和材料浪费。若采用超塑成形法加工,可减少这种弊端,但批量小且经济上不合算。

铝箔蜂窝的制取及用发泡树脂填充是一项专门的工艺技术,其工艺参数控制或操作技巧要求都非常严格,夹芯块成形后,与骨架和蒙皮胶接更是一道重要的工序,对蜂窝夹芯的要求一般认为包括下述内容。

(1)物理性能:包括密度及蜂窝格均匀度等。

(2)室温及高温机械性能:包括抗剪强度、抗压强度及弹性模数。

(3)节点强度和分层强度。

(4)固化温度下的抗压强度。

(5)抗腐蚀性能。

胶接时应使胶层承受剪应力,防止扯离或剥离。胶层厚度应薄而均匀,最好在 0.1 mm 以下,胶接前必须充分清洗胶接表面,防止胶接结构内进水,以免胶接后产生气泡或鼓包。

复合翼面的设计基准是弦平面,而复合翼面又是靠榫头与弹体连接的,因此榫头与弦平面的相对位置直接影响导弹的装配质量。骨架、夹芯与蒙皮之间的外形是靠标准样件协调的,几何尺寸要求并不高,但零件的一致性要求却很严,需要一套严密的协调方法。

复合翼面几何形状的要求包括:翼根肋弦线对翼尖肋弦线的偏扭,翼面外形与理论外形弦向偏差、翼面直线度展向偏差、前缘及后缘直线度偏差、接头(榫头)对弦平面的偏扭、蜂窝填充夹芯块与骨架胶接后对外形偏差的要求,蒙皮的胶接面积及胶接强度的要求等。

3. 工艺过程

小批量生产复合翼面的加工过程:

(1)按理论外形制造标准样件。

(2)加工面板(蒙皮)。按样件协调加工压模与模胎,用模具成形面板,按模胎与骨架外形修配面板以及进行磷酸阳极氧化处理等。

(3)加工蜂窝填充块。制造铝箔蜂窝块(板),将蜂窝块固定在热压罐内并抽真空,注入发泡树脂使固化成形,切成等厚度的蜂窝填充块(板)。按骨架外形尺寸将夹芯板加工成整体翼面形状,按骨架型腔套裁夹芯板以及按骨架外形修配夹芯块。

(4)加工整体骨架。加工成整体翼面(图6.26),用靠模铣床加工骨架型腔(图6.27),锉修型腔圆角和校形,以弦平面定位进行接头(榫头)精加工,磷酸阳极氧化处理等。

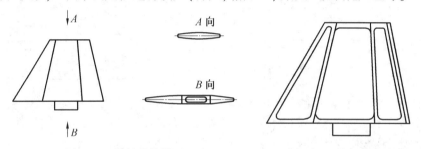

图6.26 骨架整体翼面   图6.27 骨架型腔

(5)装配。其过程包括:骨架与蜂窝填充夹芯块的胶接,钳工锉修外形;胶接面板(蒙皮)并放入烘箱内抽真空固化;压铆四周铆钉;检查吻合度;用检验架检查外表以及整体外表面涂漆。

骨架的加工是复合翼面加工全过程中的核心工序,加工整体翼面的关键工序是型面的加工。由于整体翼面具有形状复杂、刚性差、加工余量大、容易变形等特点,加工中必须采用真空夹具,其加工过程为:铝板除油→按图6.28所示草图下料→校正毛料→铣切四周及两面→钳工划轮廓线→加工型面。

(6)加工接头(榫头)。

4. 复合弹翼加工的工艺装备

加工骨架整体翼面外形的方法很多,例如,直接在数控机床上加工,在数控仿形铣床上加工或利用三坐标整体真空夹具在龙门铣床上加工,利用正弦规及真空夹具在龙门铣床上加工以及利用斜板真空夹具在龙门铣床上加工等。

利用斜板真空夹具在龙门铣床上加工时,按样件外形(图6.29)先加工两套真空夹具及两块斜板(图6.30)。

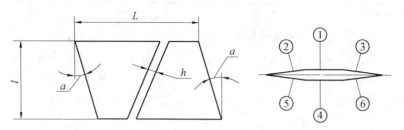

图 6.28　骨架整体翼面下料草图　　　图 6.29　翼根向视图

使用真空夹具 A（不用斜板 I 和 II），将能铣出表面①，因为夹具底面带有角度 a。单独在夹具 A 底面垫入斜板 1，可加工出表面②。单独在夹具 A 底面垫入斜板 I，可加工出表面③。

使用真空夹具 B（不用斜板 I 和 II），如图 6.31 所示，加工出表面④。单独在夹具 B 底面垫入斜板 I，可加工出表面⑤，单独在夹具 B 底面垫入斜板 I 可加工出表面⑥。

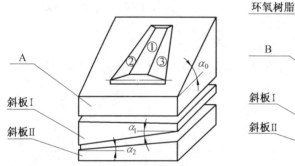

图 6.30　骨架整体翼面铣削示意图之一　　　图 6.31　骨架整体翼面铣切示意图之二

复合翼面的协调性很强，不但本身结构（骨架、蒙皮和夹芯）要求协调性很强，而且整个翼面对弹体的协调性要求更严格，为了满足这些要求，可采取标准样件协调法，其协调路线如图 6.32 所示。

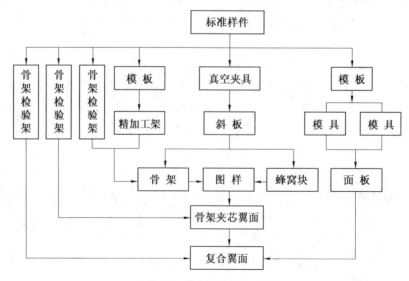

图 6.32　复合翼面的协调图

6.4.2 不锈钢蜂窝填充夹芯复合弹翼的制造工艺与设备

1. 结构特点及技术要求

不锈钢蜂窝舵面的耐热性能较高,在 500 ℃
高温下能正常工作,其前缘可承受 800 ℃ 瞬时高
温,常用于马赫数大于 3 的防空导弹上,其结构如
图 6.33 所示。

2. 工艺流程

不锈钢蜂窝舵面是由蒙皮、蜂窝夹芯及多种
骨架零件在高温下钎焊组合成形的,其基本工艺
流程是:蒙皮成形→骨架零件和蜂窝夹芯制造→
零件装配和钎焊→钎焊质量检验。

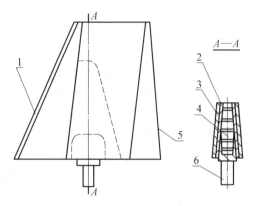

图 6.33 舵面外形及内部结构简图
1—前缘;2—垫板;3—蒙皮;4—蜂窝夹芯;
5—后缘;6—舵叉

蒙皮是用不锈钢薄板在钣金设备上冲压成
形,前后缘、尖肋、根肋、边框等骨架零件都用不锈
钢经机械加工制成,舵叉为钢质件,蜂窝夹芯是用
同样牌号的不锈钢箔材制造的。

3. 关键工序的加工工艺

(1)不锈钢蜂窝夹芯制造工艺。

①波纹条成形。蜂窝格子采用正六边形格子,六角形的边长可为 4 mm、5 mm 和 6 mm 等
多种,箔材厚度在 0.02 ~ 0.1 mm。将不锈钢箔剪成一定宽度的条料,在专用机上滚压成半六
边形波纹条,滚轮的正六角形边长与选用的蜂窝格子六角形边长相一致。

②夹芯拼焊。采用滚焊或点焊方法把波纹条连接成正六边形格子蜂窝夹芯。滚焊连接可
以显著提高芯背的强度和刚度,芯背缝隙均匀,有利于保证钎料填充质量。点焊连接分为单排
点焊和双排点焊。

③夹芯铣切加工。波纹条拼焊成蜂窝夹芯块后,用带锯按零件外形尺寸切割成夹芯毛坯,
再铣切型面至规定尺寸。

铣切前,蜂窝夹芯必须注入填充剂,待其固化成为刚体后,才能进行铣削加工,常用填充剂
有明矾、低熔点合金、聚乙二醇等,也可用水冰冻后加工。聚乙二醇的综合性能较好,它的熔点
为 60 ℃,易于熔化填充,固化后能保证蜂窝夹芯加工时所需的刚度,而且有一定的润滑和冷却
作用。

填充时,先用与舵面蒙皮等厚的工艺蒙皮,将其吸附在真空夹具上。装入蜂窝夹芯并压
紧,待夹芯与工艺蒙皮贴紧后,在芯子四周用塑料胶带封好。然后将熔化的聚乙二醇注入蜂窝
夹芯,待聚乙二醇冷却固化后,安装到铣床上铣切型面。

蜂窝夹芯铣切后,填充剂应排除干净。将加工好的夹芯放在容器内加热,待聚乙二醇熔化
后,取出夹芯,放到清水中煮洗,彻底清除残留的聚乙二醇。

(2)蜂窝舵面钎焊工艺。

不锈钢蜂窝舵面蒙皮、夹芯、骨架零件之间的连接采用钎焊工艺。钎焊是将零件加热到低
于构件本身的熔化温度以下,利用液态钎料润湿、铺展和填满构件间隙,在焊料结晶时,将构件

牢固地结合在一起。熔化的钎料凭借毛细管作用渗透到蜂窝芯背的缝隙中,增加了芯背连接强度,钎焊工艺过程:

试装配→清洗→定位装配→包敷→真空封焊→加热钎焊→热处理

①试装配。舵面由钣金件、机械加工件、蜂窝夹芯等组焊而成,装配质量直接影响舵面的外形尺寸。钎焊前,必须经过试装配,合格后才能进入下道工序。

首先对各零件尺寸做认真检查,如不能保证钎焊间隙,必须进行修正。试装配需在专用的装配模中进行,其模腔型面尺寸与舵面尺寸一致,并与钎焊模具协调。模具四周采用活动支架结构,用于调节、固定舵面。上、下模用桥式压板螺钉压紧定位,从而保证舵面外形尺寸。装配模结构如图6.34所示。

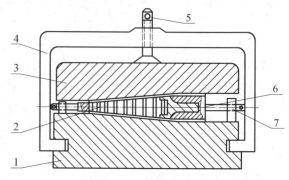

图6.34 装配模简图

1—下模;2—舵面;3—上模;4—模式压板;5—压紧螺栓;6—活动件;7—调节螺栓

②清洗。为保证零件金属能被钎料润湿,应清除连接表面的油污和氧化膜。不锈钢零件可放在碱槽中除油,用清水冲去碱液后,再浸入酸槽中进行酸洗,并在水中刷洗去除浮膜。酸洗后经流水反复冲洗,最后烘干。

钎焊不锈钢的钎料,也应去除表面氧化膜,用化学清洗去除氧化膜时,先除油,再浸入30%稀硝酸液中,当表面变色后立即取出,置于水中去除浮膜,清洗后烘干待用。

③定位装配。先用点焊方法将钎料固定在舵面蒙皮上,为保证钎料与蒙皮贴合平整,应从中心向外依次进行定位点焊,然后在装配模中进行舵面的氩弧焊定位组装,定位组装后的舵面已是具有一定刚性的整体。

④包敷。为防止舵面在高温钎焊时氧化,在舵面外面包敷一层不锈钢箔。包敷前,舵面组合件应浸入丙酮中浸泡一定时间,然后在蒙皮外面和不锈钢箔表面涂敷一层止焊剂,以免两者在高温下,因钎料外溢而焊合。

止焊剂是用合成氟金云母加10%聚乙烯醇蒸馏水溶液调成糊状,用排笔均匀涂敷。为获得良好的涂敷质量,应将工件烘至100 ℃左右进行热涂。涂敷后经100~200 ℃烘干。

⑤封焊。不锈钢蜂窝舵面应置于密封容器中进行钎焊,密封容器的外形尺寸与舵面接近,用0.4~0.6 mm不锈钢薄板焊接制成。封焊前应装入根肋支承件和后缘支承件,以固定舵面外形尺寸。封焊后应抽真空至一定负压,使容器紧贴舵面上、下蒙皮,直至显出产品外形,然后充入氩气。

⑥钎焊。封焊好的不锈钢蜂窝舵面放入陶瓷模中加温钎焊。为减少舵面上的温差,在舵面与模具之间必须放置均温板。均温板必须用无氧铜制作,并用不锈钢箔密封,以防高温氧化。

钎焊在真空状态下进行,先开动真空泵将密封容器抽真空,然后充氩气至一定负压,再抽真空、充氩气,反复三次,可获得所要求的充氩负压状态,保证零件在钎焊和热处理时不被氧化。钎焊时,随温度升高,真空负压值也会增加,以至压塌蜂窝夹芯。必须随时调节真空玻璃阀门,使真空负压值控制在规定的数值上。

钎焊的加热规范如图 6.35 所示。为使升温阶段传热均匀,除采用均温板外,升温应分两个阶段:500 ℃均温和 900 ℃均温。

500 ℃均温是为了消除内应力和使有机物挥发干净。为了减少温差大造成的舵面变形,在此阶段可采用慢速升温。900 ℃均温一段时间,保证在钎料熔化前工件各部分温度一致。温度达到 1 000 ℃,钎料熔化,并渗透、填充构件间隙,使舵面的蒙皮、蜂窝夹芯与各种骨架零件牢固地连接。

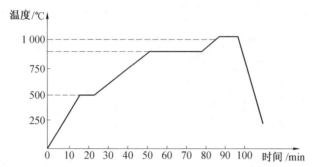

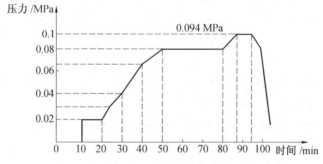

图 6.35　陶瓷模钎焊规范

⑦热处理。舵面钎焊后应立即用压缩空气激冷舵面工件和陶瓷模中间高温区,达到不锈钢淬火的目的。吹气冷却至 250 ℃时停止,重新加热回火,消除焊接应力。回火后再吹气冷却至 50 ℃以下取出工件,并清理残留的焊渣、云母粉等。

(3)钎焊设备。

①陶瓷模真空钎焊装置。陶瓷模真空钎焊装置包括陶瓷模具真空负压系统、测温系统、冷却系统、移动定位系统以及电源系统等。

陶瓷模具用石英陶瓷制造,其导热系数和热膨胀系数较小,热稳定性好,因而在高温下尺寸稳定,表面光洁。陶瓷模的加热元件是绕制成螺旋管形的铁铬铝丝,置于模具的孔道内。

真空系统包括真空泵、充氩装置、管道等。管路的连接应保证密封良好,管路中装有真空压力表以指示真空系统负压值,真空系统的负压值是通过调节玻璃阀门来控制的,陶瓷模真空钎焊装置适用于批量生产,其结构如图 6.36 所示。

②红外碘钨灯真空钎焊装置。红外碘钨灯也称石英灯,能达到 1 200 ℃高温。碘钨灯钎焊装置不用模具,钎焊时舵面安放位置如图 6.37 所示,适于试制少量生产。

(4)钎料。钎料有低温钎料和高温钎料两种。熔点低于 450 ℃的为低温钎料,主要成分为锡、铋、镉、铅、锌等。熔点高于 450 ℃的为高温钎料,主要成分为铜、金、银、镍、钴、锰、钛等。

不锈钢蜂窝舵面工作温度高于 500 ℃,不锈钢的淬火温度高达 1 050 ℃,采用 Cu–31.5Mn

–10Co 高温钎料,钎料厚度为 0.06 ~ 0.15 mm,钎焊温度为 1 000 ~ 1 040 ℃,与不锈钢的淬火温度相一致。

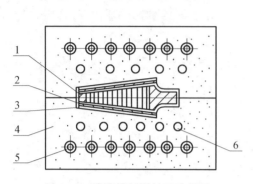

图 6.36　陶瓷模钎焊舵面示意图
1—舵面;2—密封容器;3—均温板;4—陶瓷模;
5—电热栓;6—吹气孔

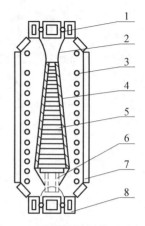

图 6.37　碘钨灯钎焊舵面示意图
1—密封圈;2—封皮;3—碘钨灯;
4—均温铜板;5—蜂窝舵面;6—舵轴保
护套;7—水冷反射屏;8—刚性水冷边框

(5)质量检验。

由于高温阶段真空负压值控制不当,引起舵面表面局部凹陷。零件的尺寸误差太大、装配不良或热处理不当会造成舵面整体挠曲和偏扭变形。不锈钢蜂窝舵面的外观质量可用目视检查或用放大镜检查,外形尺寸用卡尺或样板等专用量具检查。

根据舵面蒙皮局部鼓起及钎料流淌情况可判断钎焊质量的好坏,检验人员可用自由振动检验法判断钎焊质量。即用小块软金属或夹布胶木棒敲击工件,依据音调的变化可发现钎焊不良的部位。还可利用声阻法、真空法、超声波法、X 光检验、光敏涂层检验等方法检验钎焊质量。

6.5　骨架蒙皮式舱体和弹翼的制造工艺与设备

6.5.1　舱体和翼面的铆接结构

1.舱体的铆接结构

按受力构件和蒙皮的组成形式,导弹舱体可分为硬壳式、桁条式和整体壁板式等,其中硬壳式、桁条式采用铆接结构。

硬壳式舱体由隔框和蒙皮等组成,如图 6.38 所示。桁条式舱体由桁条、隔框、蒙皮等组成,如图 6.39 和图 6.40 所示。

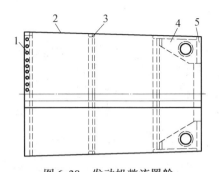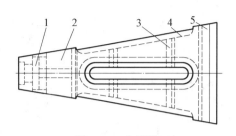

图 6.38　发动机整流罩舱

1—前框;2—蒙皮;3—中框;4—角撑;5—后框

图 6.39　头锥舱

1—套圈;2—蒙皮;3—中框;4—桁材;5—后框

2. 翼面铆接结构

整体壁板式翼面一般是用铝、镁合金板材铣切、弯曲再铆合装配起来。骨架蒙皮式铆接翼面由大梁、前梁、肋骨、桁条、前后缘、蒙皮等组成,用铆钉和螺钉将它们连接成一体,如图 6.41 所示。

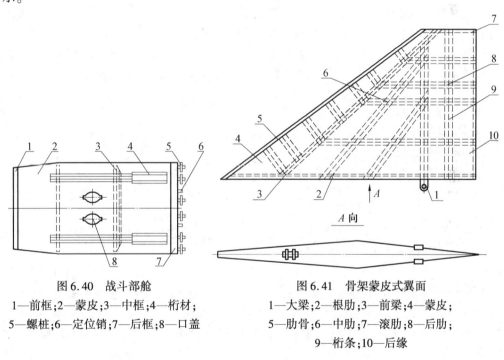

图 6.40　战斗部舱

1—前框;2—蒙皮;3—中框;4—桁材;
5—螺桩;6—定位销;7—后框;8—口盖

图 6.41　骨架蒙皮式翼面

1—大梁;2—根肋;3—前梁;4—蒙皮;
5—肋骨;6—中肋;7—滚肋;8—后肋;
9—桁条;10—后缘

6.5.2　舱体和翼面零件的钣金成形工艺

1. 蒙皮成形工艺

圆柱形蒙皮采用三轴滚床滚弯成形,然后在型胎或其他工装上校正,如图 6.42 所示。圆锥形蒙皮在锥形三轴滚床上成形,校正后用样板检验,如图 6.43 所示。双曲面外形蒙皮采用专用蒙皮机拉形成形,如图 6.44 所示。

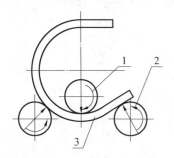

图 6.42　圆柱形蒙皮成形
1—上滚轴;2—下滚轴;3—蒙皮

图 6.43　圆锥形蒙皮成形
1—上锥形滚轴;2—下锥形滚轴;
3—蒙皮

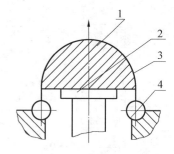

图 6.44　双曲面蒙皮成形
1—型胎;2—成形机;3—蒙皮;
4—专用夹头

2. 隔框成形工艺

隔框是环状的横向受力件,有普通隔框和加强隔框两种。普通隔框主要用于维持蒙皮形状,剖面形状有 V 形、角形、Z 形、槽形等,常采用铝合金板材拉延、弯曲、旋压成形等成形工艺。

拉延是在冲床或油压机上用模具成形,热处理后在型胎上校正,如图 6.45 所示。弯曲成形在型材拉弯机上,按凸模拉伸弯曲成形,如图 6.46 所示。

加强隔框在维持舱体形状的同时,要承受传递载荷,可分为组合式和整体式两种。组合式加强隔框是用板材和冲压型材铆接装配而成;整体式隔框由铸造或锻造毛坯经机械加工而成。

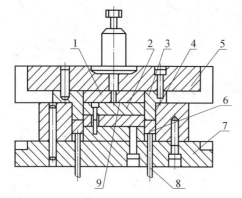

图 6.45　圆形框拉延成形示意图
1—卸件器;2—凸模;3—凹凸模;4—凹模;
5—上模板;6—压料板;7—下模板;8—顶杆;
9—框

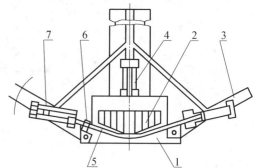

图 6.46　隔框在拉弯机上弯曲成形示意图
1—机床台面;2—可变换的成形模;3—转臂;4—支
臂转动油缸;5—毛料;6—气动夹头;7—拉伸滚缸

3. 梁、肋骨成形工艺

弹翼纵向骨架有翼梁、桁条等,梁通过主接头与弹体连接,为主要承力构件,一般采用高强度铝合金锻件经机械加工而成。外形加工采用仿形铣,用样板检查型面的正确性。梁的接头及孔的尺寸有配合公差和形位公差要求,加工时采用专用工装或用数控铣床保证整体尺寸和形位公差要求。

弹翼的肋骨用板材在冲床或油压机上模具成形,热处理后在型胎上校正,肋骨的准确度用样板检验。

4. 桁条、型材成形工艺

桁条、型材等用于支持蒙皮,提高承载能力。桁条、型材可用板材弯曲成形、拉延成形,也可用标准型材制成。

6.5.3　铆接装配型架

舱体和翼面装配过程中常采用装配型架,舱体铆接装配型架有心轴式和卡板式两种,而翼面铆接装配架常用卡板式。

1. 心轴式舱体铆接型架

装配舱体的心轴式型架由底座、定位板、定位支臂、心轴、支承板等组成,装配时是以骨架为基准,即先装好骨架,然后覆盖蒙皮,如图 6.47 所示。

该装配方法容易将骨架的装配误差积累到外形上,为此必须保证型架的制造精度。可用样板,结合样板及尺寸计算法等保证型架质量,装配定位盘上的孔与结合样板协调,同时还应保证零件的制造质量,以确保舱体的外形、尺寸等要求。

2. 卡板式舱体铆接装配型架

卡板式舱体铆接装配型架由卡板、安装卡板的支座、框架、安装前后端框的平板等组成,平板可以前后平移,以便产品进入型架和从型架中取出,如图 6.48 所示。装配舱体时,以舱体外形为定位基准,产品外形精度高,容易保证产品质量。骨架、型材、框与蒙皮等预先装成部件,总装配时以外形为基准进行架上装配。

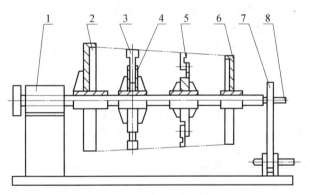

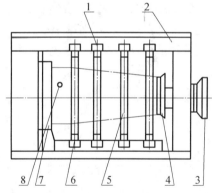

图 6.47　心轴式舱体装配型架示意图　　图 6.48　卡板式舱体装配型架示意图
1—底座;2—后定位盘;3—定位支臂;4—支架;5—定位板;　　1—上接头;2—框架;3—转盘;4—前平板;
6—前定位盘;7—支承板;8—心轴　　　　　　　　　　5—卡板;6—支座;7—后平板;8—舱体

3. 卡板式翼面铆接型架

卡板式翼面铆接装配型架由框架、支座、卡板、卡板定位器、梁接头定位器等组成,如图 6.49 所示。卡板的数量、位置与产品上肋骨的数量、位置相对应,以保证装配精度。为保证前缘装配、铆接的正确,前缘卡板也是必不可少的。整个框架在底座上可以转动到任意角度,便于工人操作。转动机构分手动和机械转动两种,小型的型架一般采用手动,较大的翼面装配型架用机械转动。梁的接头定位器模拟实际产品的定位形式,保证与弹体装配协调互换。

制造卡板式装配型架有两种方法:一是以样件为基准,装配协调型架。该法容易保证产品

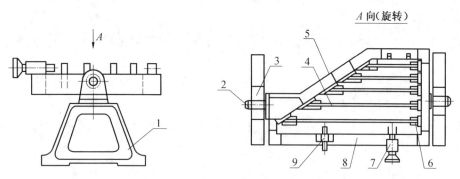

图 6.49　卡板式翼面铆接型架示意图
1—底座;2—转动轴;3—支座;4—卡板;5—接头;6—卡板定位器;
7—梁接头定位器;8—框架;9—前梁接头定位器

形状和尺寸,返修也较方便,但是制造样件的成本较高,周期长。二是以样板、结合样板配合光学仪器进行安装,结合面及配合孔用结合样板协调安装,以保证协调互换。该方法制造成本低,但型架返修困难。

6.5.4　铆接装配工艺顺序

编制合理的装配顺序有利于保证产品质量,提高生产效率。在舱体和翼面生产制造时,按结构形式合理地划分工艺分离面,使整个舱段、翼面分成几个装配单元进行分散式装配,这样可缩短装配周期,改善装配工作的劳动条件,有利于铆接的机械化与自动化。

装配单元的划分主要考虑:构造上的可能性与特殊要求;有良好的开敞性和工作条件;各装配单元应具有一定的刚度;易于保证装配单元之间的相互协调;减少组件总装配工作量,以达到各装配阶段工作量的平衡,并简化型架结构。图 6.50 和图 6.51 分别表示舱体和翼面的铆接装配工艺顺序。

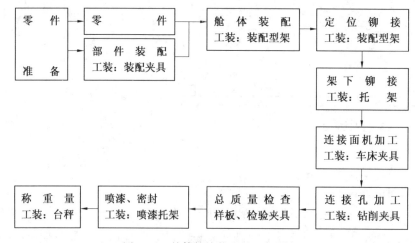

图 6.50　舱体铆接装配的一般顺序

铆接过程中要采取防腐蚀措施,特别注意镁合金零件的防腐处理。镁合金零件不允许与铜及铜合金、镍和镍合金、铝及钢材直接接触。装配过程中,镁合金不允许用石墨铅笔划线,铆钉孔内及铆钉镦头应涂底漆。

铔接部件制造过程中要检验孔的表面质量和尺寸、钉窝形状和尺寸、钉头和镦头形状及尺寸以及整个铔缝中零件贴合性等。检验铔接质量的方法有外观目视检查和以通用或专用工具确定各类主要参数。

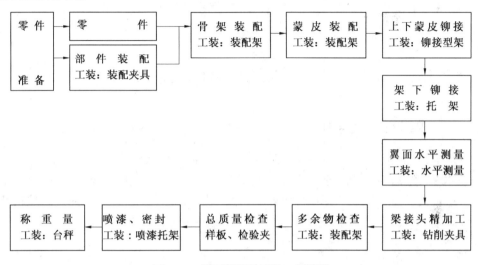

图 6.51　翼面铆接装配的一般顺序

第7章 运载火箭典型零部件的制造技术

7.1 贮箱制造技术简介

7.1.1 贮箱的典型结构

推进剂贮箱(氧化剂箱和燃料箱)是运载火箭结构的主要组成部分,约占全箭长度的2/3,常作为箭体承力结构的一个部分。贮箱由圆筒段和箱底组成,大型贮箱圆筒段用数块相同曲率的弧形壁板拼焊而成,箱底则由顶盖、瓜瓣和Y形框焊接组成,如图7.1所示。贮箱的常用材料是铝合金,见表7.1。

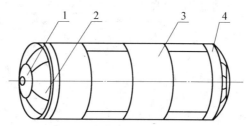

图7.1 贮箱结构示意图

1—顶盖;2—瓜瓣;3—壁板;4—Y形框

表7.1 贮箱的常用铝合金材料

类 型	牌 号	性 能 特 点	用 途
防锈铝	LF3、LF6	抗蚀性好,塑性好,可以在冷态下进行塑性变形。不能通过热处理来强化,可通过冷作硬化来提高强度	贮箱壁板、壳段蒙皮
锻铝	LD10	可在退火或新淬火状态下进行钣金成形加工。利用淬火时效处理可提高强度性能	制造大型贮箱
	S147	可通过热处理强化,其淬火自然时效期长,因而可在淬火后成形。在成形后,通过人工时效提高材料强度。适合强力旋压成形	贮箱整体底和弹头锥面蒙皮

7.1.2 贮箱制造的工艺流程

贮箱制造的工艺流程如图7.2所示。

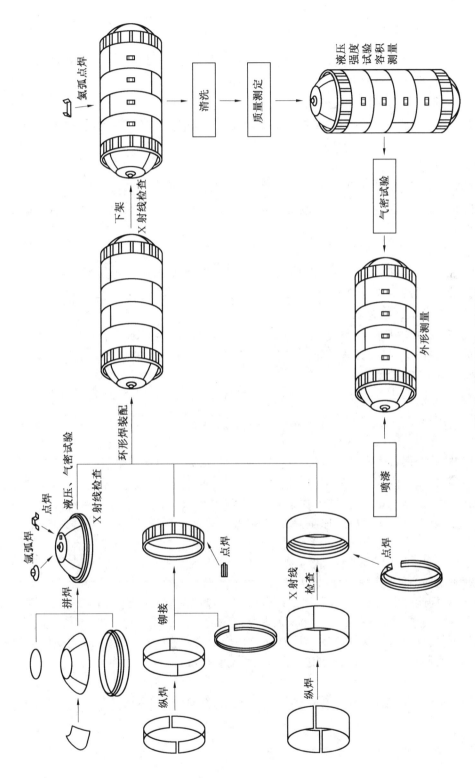

图 7.2　贮箱制造的工艺流程

7.1.3　贮箱制造的主要工艺方法

从贮箱制造的工艺流程中可以看出：钣金零件的制造技术、薄壁零件的焊接技术和压力容器质量的检验技术在贮箱制造过程中占有重要地位。

贮箱结构钣金件的特点是尺寸大、壁薄、刚度差、有的型面比较复杂、精度要求较高。因此，在钣金件的制造中，除采用通用的各种成形方法外，还较多地应用一些特殊的、先进的成形工艺：

(1)拉弯成形工艺。

先将型材沿长度方向拉伸至屈服极限，然后保持拉力并使型材按拉弯模的型面弯曲成形。拉弯工艺由于预先拉伸，可以有效地改变弯曲时型材内部应力的分布，从而大大提高零件成形的准确度。

(2)拉形工艺。

成形前，用夹钳夹持板料端头，然后成形模顶升，与夹钳协调运动使板料变形贴模成形。拉形工艺可使板料产生非均匀拉伸，适用于贮箱壁板、箱底瓜瓣成形。

(3)强力旋压成形工艺。

强力旋压又称变薄旋压，在成形时，旋压轮强力挤压毛坯，使其产生预定变薄量贴模成形。在强力旋压过程中，毛料外缘始终保持不变，材料不发生切向收缩而只产生径向剪位移。常用于贮箱整体底的成形加工。

(4)爆炸成形工艺。

烈性炸药爆炸时产生的部分能量通过水或砂等介质传递到板料上，使之高速贴模成形。常用于贮箱箱底顶盖的成形加工。

焊接工艺能获得致密的接头、保证容器的高密封性、减小结构质量，在火箭结构特别是贮箱、导管、气瓶制造中成为主要的工艺方法。常用的焊接方法有熔焊、压焊、钎焊等十余种。

贮箱钣金件焊接装配中，贮箱筒段的纵缝焊接、贮箱装配的环缝焊接采用自动钨极氩弧焊；贮箱筒段隔框、支架与蒙皮的连接，采用电阻点焊和氩弧点焊。由于贮箱结构刚性差、焊接后容易产生较大变形，在焊接时，除采用热源集中、能对焊接参数进行实时控制的先进焊接设备外，还必须大量采用辅助工装保证焊接后的产品质量，如无心气囊式胀圈、软紧固带、轴向气动胀圈和刚性链式紧固带等焊接工艺装备。

随着产品性能要求的不断提高，还要加强对工艺过程的质量控制。如在焊接过程中采用电视图像监视熔池情况，利用对熔宽、弧压、焊缝对中的反馈实现对焊接过程的动态控制。在接触点焊中利用点焊熔化膨胀量反馈控制焊点核心尺寸。在贮箱检漏中应用氦质谱检漏技术，在贮箱几何形状、尺寸检查中应用光学非接触测量技术。

7.2　箱底钣金件的成形工艺和设备

7.2.1　箱底瓜瓣的拉伸和拉形成形工艺

1. 箱底瓜瓣的结构和成形工艺过程

瓜瓣是贮箱椭球底的圆环部分，常用防锈铝、锻铝等高强度可焊铝合金制造。为了减轻零件质量,需要利用化学铣切工艺进行减薄加工。部分瓜瓣曲面上,开有沿曲面法向或沿贮箱轴向的翻边孔,以便连接管路系统或安装传感器元件等。典型的瓜瓣结构如图 7.3 所示。

图 7.3　典型的瓜瓣结构

瓜瓣的成形有拉形成形和拉伸成形两种工艺方法。拉形成形适用于薄板料,拉形模制造周期短、费用较低,零件型面精度高,但表面质量差;拉伸成形零件型面精度和表面质量都比较高,能成形较厚的板材,但模具制造周期长、费用高。一般中、小型贮箱箱底瓜瓣采用拉形工艺成形,而大型贮箱箱底则因材料厚度大、尺寸大、精度要求高而多采用拉伸成形工艺。箱底瓜瓣成形的工艺过程如图 7.4 所示。

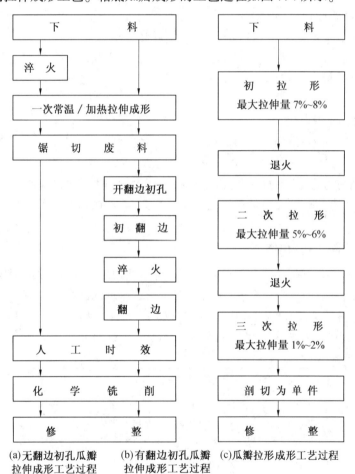

(a)无翻边初孔瓜瓣　　(b)有翻边初孔瓜瓣　　(c)瓜瓣拉形成形工艺过程
　拉伸成形工艺过程　　　拉伸成形工艺过程

图 7.4　箱底瓜瓣成形的工艺过程

2. 拉伸成形模的设计和使用

(1)拉伸模的设计原则。

①零件成形的姿态,应保持其四角在同一水平面上,使变形量分布均匀。

②阴模和压边圈使毛料预成形的曲面应能提供有利于毛料拉伸的最佳受力条件,预成形

量尽量小。

③零件周边应同时成形以减少附加变形量。

④压边凸梗应能有效地控制毛料,按需要夹紧毛料并允许它向内做少量流动。

⑤阳模型面应留有适当的回弹量。

(2)拉伸模阳模型面设计有两种方法。

①非回转曲面法。以理论曲面为基础,在给定点分配回弹值。从回弹最大值点向边缘逐渐减少,到最边缘处则为理论型面点。用该设计方法制作阳模时,需先按回弹值制作反模胎,再以此反模胎为靠模,仿形加工阳模型面。因此,工装制造复杂,返修不方便。在用环氧树脂做阳模头时,其边缘部位很薄且易破碎。

②回转曲面法。以理论曲面为基础,把回弹量分解为圆周回弹量和母线回弹量分别处理,将阳模制成回转回弹曲面。该方法制作阳模的型面光滑、对称、再现性好。型面加工常采用仿形车床按样板加工制作,效率高、成本低、精度高、返修容易。

利用回转曲面法设计的拉伸模具如图 7.5 所示。阴模和压边圈采用近似等腰梯形的方框,其工作型面四角最高、四边中部最低、四周有两圈凸梗和凸梗槽。阳模座与阳模头分开,用方形定位块定位。

(3)瓜瓣的拉伸过程。

毛坯置于阴模上→阳模和压边圈下行→压紧压边圈,将毛坯边缘压出凸梗→阳模继续下行将毛坯拉伸成形。

由于瓜瓣零件的形状不对称,拉伸成形过程中产生侧向力。为避免阴模和压边圈不协调,在压边圈上设置了限位板。在拉伸成形过程中,为防止零件擦伤和断裂,利用凡士林加机油作为润滑剂。

3. 瓜瓣曲面上翻边孔的制造

瓜瓣曲面上翻边孔的制作需要经过开初孔和翻边两道工序完成。沿瓜瓣曲面法向的翻边孔,开初孔的中心位置即是零件翻边孔中心位置。沿贮箱轴向的翻边孔,其轴线不垂直于瓜瓣曲面。开初孔时,其中心不与翻边孔中心重合,故需确定开初孔的孔径 d,初孔中心和翻边孔中心的偏移量 e,如图 7.6 所示。根据瓜瓣曲面形状尺寸和翻边工艺要求,开初孔的孔径 d 和偏移量 e 的计算公式为

$$d = (L_1 - l_1) + (L_2 - l_2) \tag{7.1}$$

$$e = [(L_1 - l_1) - (L_2 - l_2)]/2 \tag{7.2}$$

$$L_1 = (D/2 + R)/\cos\theta + R\tan\theta$$

$$L_2 = (D/2 + R)/\cos\theta - R\tan\theta$$

$$l_1 = \pi R(90° + \theta)/180 + h$$

$$l_2 = \pi R(90° - \theta)/180 + h + R\tan\theta$$

式中,D 为翻边孔直径;R 为翻边圆弧半径;h 为翻边直线段高度;θ 为翻边孔中心处瓜瓣法向和箱体轴线间的夹角。

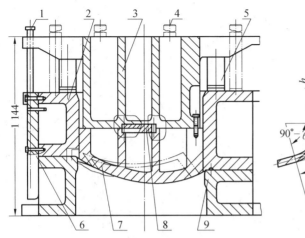

图 7.5　箱底瓜瓣拉伸模结构

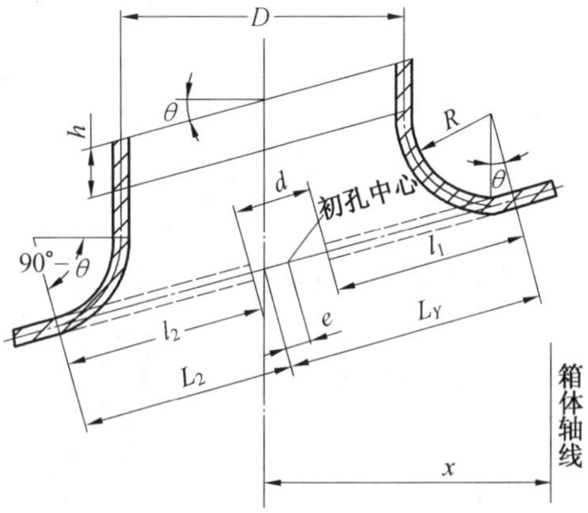

图 7.6　瓜瓣上沿贮箱轴线的翻边孔及初孔

1—吊挂螺钉;2—压边圈;3—阴模座;4—顶杆;

5—限程块;6—限位板;7—阳模头;8—定位块;9—阴模

设瓜瓣椭球面母线方程为 $y = \dfrac{1}{m}\sqrt{a^2 - x^2}$,则可得到

$$\theta = \arctan\left[\, x/m\sqrt{a^2 - x^2}\,\right] \tag{7.3}$$

于是,可由椭球参数 m 和 a 以及翻边孔中心和箱体轴线间的距离 x 求出 θ,从而计算出开初孔的孔径 d 和偏移量 e。

4. 瓜瓣拉伸质量的检测

瓜瓣型面拉伸精度采用切面样板或检验模来检测。用切面样板检查时,可直接观测被测点的型面偏差,但不能遍及全部型面。用检验模来检测时,可以检查瓜瓣边缘全部型面,且可进行少量敲修。但瓜瓣的中间部位,只能采用间接检测办法进行,如用橡皮泥加压测厚法。瓜瓣厚度用千分尺和专用测量架检测,检测方向应为被测点曲面法向。

7.2.2　箱底顶盖的拉伸成形工艺

箱底顶盖有三种常见的结构形式:圆球形、椭球形和喇叭口形,如图 7.7 所示。圆球形和椭球形顶盖常采用拉伸成形方法制造。喇叭口形顶盖若用拉伸法,其喇叭口处不易贴模,或变薄严重,需用模具进行几次过渡成形。因此,喇叭口形顶盖多用爆炸成形工艺制造。

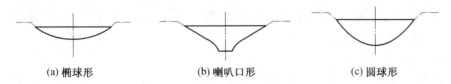

(a) 椭球形　　　　　　　(b) 喇叭口形　　　　　　　(c) 圆球形

图 7.7　贮箱箱底顶盖的结构形式

圆球形和椭球形顶盖结构如图 7.8 和图 7.9 所示。拉伸成形工艺过程与瓜瓣拉伸成形工艺过程基本相同。

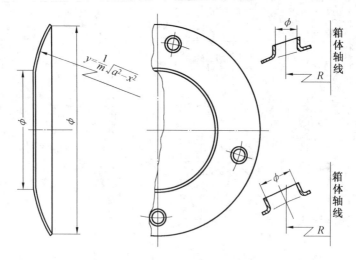

图 7.8　椭球形顶盖结构示意图

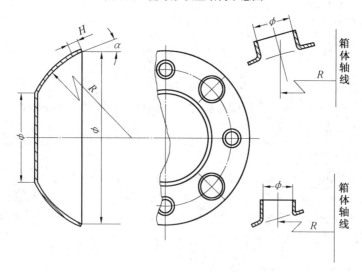

图 7.9　圆球形顶盖结构示意图

拉伸模具设计和拉伸过程应注意的几个问题：

(1)成形回弹量。

椭球形顶盖零件深度较浅,拉伸时材料变形量较小,因此拉伸模设计时要有足够的回弹量,其值一般按坐标法标出。球形顶盖深度较大,拉伸时大部分材料均有较大变形,回弹量较小。模具设计时,把型面半径适当缩小即可。

(2)拉伸过程中的润滑。

拉伸过程中的润滑状况直接影响成形、型面精度。润滑过度,则拉伸时材料流动容易,变形量小,回弹量大,零件型面精度下降。椭球顶盖拉伸前,在毛坯与模具压边圈接触部位涂机油做润滑。球面顶盖拉伸时变形较大,为增加材料流动阻力,在压边圈与阴模上都制有凸梗。

(3)翻边孔的成形。

为保证各翻边孔在零件上位置的准确性,一般采用整体翻边模加工。解决零件上初孔和翻孔模位置协调问题的主要措施有:一是用整体切钻样板确定初孔中心位置;二是缩小初孔直径。缩小初孔直径的作用是当初孔和翻孔模位置有误差时,将造成翻边高度不准。缩小初孔直径,可使翻边后翻边高度增加,为后续的修形提供足够的余量。

7.2.3　箱底顶盖的爆炸成形工艺

1.箱底顶盖结构和成形工艺过程

喇叭口形顶盖典型结构如图 7.10 所示,爆炸成形工艺过程为:下料 → 检验 → 第一次爆炸成形 → 开初孔、打光 → 退火 → 第二次爆炸成形 → 制小翻边孔 → 淬火 → 修整 → 车切余量 → 修整 → 人工时效 → 修整 → 检验。

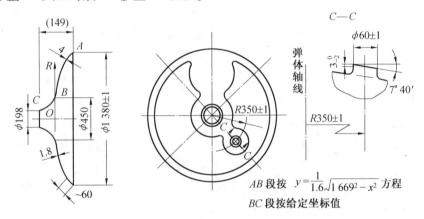

图 7.10　喇叭口形顶盖结构示意图

2.爆炸成形装置

顶盖水下抽真空爆炸成形装置如图 7.11 所示。橡胶板的作用,一是保护零件表面;二是用橡胶摩擦压延带动工件材料流动,防止零件过分变薄。通气孔的作用是防止橡胶板与零件间存在残余气体造成零件缺陷。底部下反射板可以产生反射波,作用于零件,便于喇叭口处贴模。

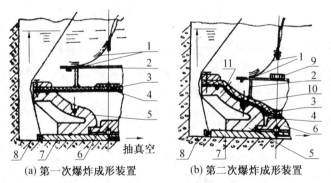

(a) 第一次爆炸成形装置　　　　(b) 第二次爆炸成形装置

图 7.11　水下抽真空爆炸成形装置

1—环形药包;2—药架;3—橡胶板;4—毛料;5—爆炸模;6—下反射板;
7—密封板;8—水井;9—集中药包;10—橡皮塞;11—通气孔

3.爆炸成形模结构

爆炸成形模结构如图 7.12 所示。为了保证大直径端有足够的切割余量,同时增加零件成形时的径向拉力,减小回弹,模具上端沿轴向有 15 mm 余量。在小直径一端,为避免零件直径因材料变薄造成超差,在模具切割线处,直径比理论值小 1 mm。冲头用于制造翻边孔,上下密封条用于保证真空度。

4. 顶盖零件表面的保护

铝合金顶盖在爆炸成形过程中,顶盖内表面容易出现麻点、压坑等缺陷,外表面常产生烧伤、水痕、鼓包等缺陷,需要对零件表面进行保护。

对顶盖内表面采用橡皮保护法,即将中软橡胶板盖在毛坯上并使二者紧密贴合。在成形过程中,零件和水介质不直接接触,橡胶板和零件一起变形。

第一次爆炸后,平面毛坯已形成空间曲面,且底部有初孔。这时应在橡胶板与零件开孔部位间加垫小橡胶板来保护大橡胶板,并在小胶板周围填上滑石粉或膨润土,以排除这里的空气。

零件外表面的缺陷,主要靠提高模腔真空度、防止模腔进水、防止异物落入模腔等措施来避免。

5. 翻边孔的成形

顶盖上的翻边孔变形量较大,不宜一次成形。若每次翻边均用爆炸成形法,变形量控制困难,另外局部加载对模具不利,操作也不方便,常采用图 7.13 所示的成形工艺过程。

爆炸扩孔前,零件要退火,以后的扩孔和翻边不再退火。手工扩孔时,用模具上的活动导柱定位,经过渡冲头和成形冲头逐次翻边成形。

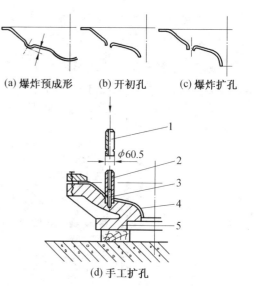

图 7.13　翻边孔的成形工艺过程
1—成形冲头;2—过渡冲头;3—活动导柱;
4—零件;5—爆炸成形模

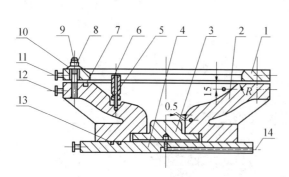

图 7.12　贮箱顶盖爆炸成形模结构示意图
1—压边圈;2—阴模;3—下反射板;4—密封板;
5—活动导柱;6—冲头;7—上密封条;8—压紧螺帽;
9—螺栓;10—快换垫圈;11—起吊螺栓;
12—起吊柄;13—下密封条;14—抽气管嘴

7.2.4　整体箱底的旋压成形工艺

1. 整体箱底的结构

整体箱底具有质量小、强度高、密封性好、外形精确、表面质量优良等优点,尤其是取消了大量焊缝,大大提高了设计可靠性。强力旋压成形工艺节省钣金成形工、模具制造工时、取消焊装工夹具及焊装工时等,降低了制造成本。某型号火箭贮箱整体箱底结构如图 7.14 所示。

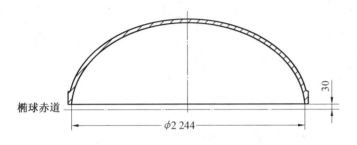

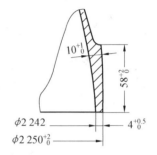

图 7.14　整体贮箱底结构

强力旋压成形是通过材料的塑性变形实现,零件直径加工精度可达 IT9 级以上,壁厚误差则在 ±(0.03 ~ 0.05)mm 范围内,表面粗糙度值为 $Ra0.8$ μm。贮箱底强力旋压过程中,毛坯的外缘保持不变,材料不发生切向收缩,只产生径向的剪位移,如图 7.15 所示。

2. 强力旋压成形工艺过程

零件在进行强力旋压时,毛坯外径保持不变,其表面积的增加是通过毛坯材料厚度变薄实现的,毛坯壁厚的变化规律为

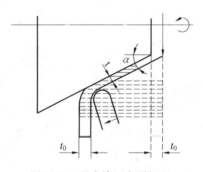

图 7.15　强力旋压变形机理

$$t = t_0 \sin(\alpha/2) \tag{7.4}$$

式中,t 为零件壁厚;t_0 为毛料壁厚;α 为零件锥角。

强力旋压时材料的变形程度可用厚度的变薄率 ε_τ 来表示,零件锥角和变薄率 ε_τ 的关系为

$$\varepsilon_\tau = (t_0 - t)/t_0 = 1 - \sin(\alpha/2) \tag{7.5}$$

零件半锥角减小,变薄率增加,材料的切应变和应力增大。当应力增大到一定程度,材料即发生破坏,引起材料破坏的变薄率称作极限变薄率。极限变薄率和材料的塑性、旋压时的进给比、旋压速度等因素有关,在生产中多采用试验方法确定。

图 7.14 中的整体贮箱底的型面为椭球面,椭球母线上各点半锥角不同。在用平板毛坯旋压时,随旋压半径增加,半锥角从 90° 减小到 0°。零件采用一次旋压成形时,可能造成零件破坏。故采用具有一定曲度的预成形毛坯,以保证旋压时的变形在变薄率 ε_τ 之内。

具有预制半锥角的毛坯在旋压时,其壁厚变薄率为

$$\varepsilon_\tau = 1 - [\sin(\alpha/2)/\sin(\alpha'/2)] \tag{7.6}$$

式中,ε_τ 为壁厚变薄率;$\alpha/2$ 为旋压制件半锥角;$\alpha'/2$ 为预制件半锥角。

只要保证预制毛坯有足够的半锥角,即可使变薄率不超过极限值。强力旋压前整体箱底零件的毛坯需要利用拉伸成形工艺制成图 7.16 所示的形状,预成形毛坯截面由四个区段组成:

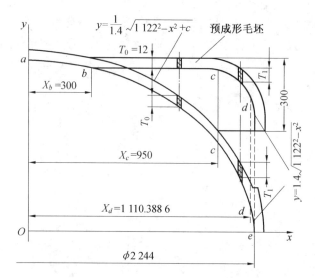

图 7.16　整体贮箱底和预成形毛坯截面形状

(1)a–b 区段。a–b 区段的壁厚相等,型面由拉伸成形,是强旋时的压料区。b 点为强旋起旋点,其位置取决于旋压床最小起旋直径。同时还要考虑在强旋时,压料区段要能保证足够的压紧力,以防止打滑。

(2)b–c 区段。b–c 区段为变壁厚强力旋压区段。在此区段内,强旋后各点半锥角不同,故各点壁厚变薄率不等。从 b 点到 c 变薄率逐渐增大,c 点的位置取决于允许的最大壁厚变薄率。

(3)c–d 区段。由于 c 点材料壁厚变薄率已达最大允许值,故 c–d 区段毛坯应有预成形半锥角,预成形半锥角的大小选择应保证零件 c–d 段等厚。已知 c 点位置的变薄率,根据式(7.6)计算预成形毛坯的半锥角,确定毛坯的截面形状。

(4)d–e 区段。d–e 区段是箱底 Y 形框环区。预成形毛坯此段形状与箱底完全相同即可。

整体贮箱底强力旋压成形工艺过程为:下料→车圆形毛坯($\phi2616\pm1$) → 超声探伤 →退火→预拉伸至外径($\phi2370$)→淬火→拉伸至图 7.16 所示毛坯形状→强力旋压→人工时效→化学铣切→车端面及 Y 形框外型面。

3. 整体贮箱底强力旋压工艺参数

(1)旋压速度和进给比。强旋速度对变形的影响不太明显,可在较大范围内选取。旋压速度高、工件表面粗糙度 Ra 值下降。但速度的提高受设备功率、刚度和冷却条件限制。

旋压进给比对工件变形有明显的影响。过大的进给比将造成工件表面质量下降,如表面纹路增大、材料隆起、工件贴模状况恶化等。实际生产中,旋压速度、进给比和变薄率应有综合考虑。图 7.14 所示箱底的主轴转速为 40 r/min,进给比为 $f=0.75$ mm/r。

(2)旋压轮与成形模的间隙。旋压轮和成形模的间隙决定着工件的壁厚,但间隙值并不等于壁厚值。因为在旋压时,存在工艺系统的弹性退让和工件材料的弹性恢复,称为壁厚增量。壁厚增量可采用试验方法得出材料壁厚增量与壁厚变薄率的关系曲线,供调整间隙参考。

4. 整体贮箱底强力旋压工艺装备

(1)旋压模。旋压过程中,旋压模和工件直接接触,要承受一定压力。要求具有足够的强度、硬度、工作型面精度和良好的表面质量。旋压模材料采用 QT50-5,其结构如图 7.17 所示。旋压模用螺栓固定在旋压床主轴花盘上,保证模具径向跳动量不大于 0.17 mm。

(2)尾顶压块。尾顶压块用于压紧工件、传递扭矩,用螺栓安装于旋床尾部,其结构如图 7.18 所示。

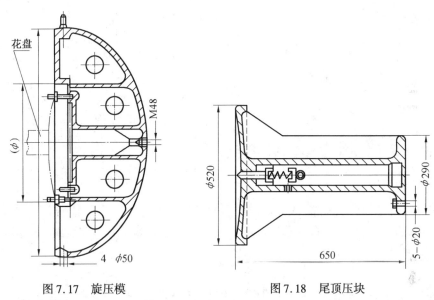

图 7.17　旋压模　　　　　　图 7.18　尾顶压块

(3)靠模板。整体底旋压中,旋压轮需同时做横向和纵向运动,其运动轨迹由靠模板控制。由于工件材料的回弹、工艺系统的刚性、液压靠模系统的特性、旋压轮与工件间切点位置的变化等因素,靠模板外形和工件外形不能完全一致,需进行多次试验和修正满足加工要求,其结构如图 7.19 所示。

(4)旋轮装置。旋轮装置由旋压轮、旋转柄和连接轴三部分组成,如图 7.20 所示。旋压轮承受很高的接触压力和剧烈的摩擦,应有高的强度、硬度和耐磨性、耐热性。旋压轮材料常用 Cr12Mo,硬度为 HRC 60 ~ 64。

旋压轮的主要结构参数是它的工作圆弧半径和它的直径。旋轮直径和毛坯材料的厚度、硬度和塑性有关,毛坯厚度越大、旋压轮直径越大,其工作圆弧半径应越大。旋压轮工作圆弧半径增大,可改善工件表面粗糙度,但径向旋压力增大。图 7.20 中的旋压轮直径取为 320 mm,其工作圆弧半径为 24 mm,为毛料壁厚的两倍。

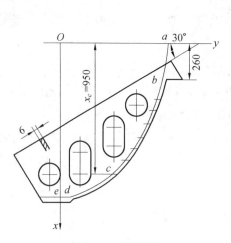

图 7.19　靠模板

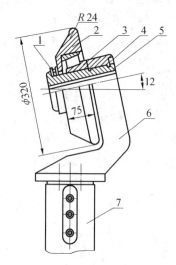

图 7.20　旋轮装置

1、3—轴承;2—旋压轮;4—螺母;

5—轴套;6—旋转柄;7—连接轴

7.2.5　贮箱 Y 形框的拉弯成形工艺

1. Y 形框的结构

Y 形框是连接贮箱筒段、箱底和短壳的框的过渡零件,呈 Y 形截面,如图 7.21(a)所示。随着焊接工艺的改变,Y 形框截面形状已不再呈 Y 形,但 Y 形框的名称沿用下来,其截面形状如图7.21(b)所示。

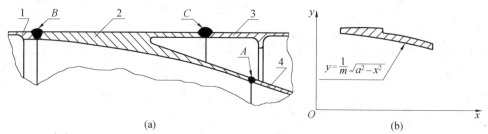

(a)　　　　　　　　　　　(b)

图 7.21　Y 形框截面形状

1—筒段;2—Y 形框;3—短壳;4—箱底

为避免在弯曲过程中截面形状的畸变和工件扭曲,Y 形框采用拉弯工艺成形。Y 形框应满足如下技术要求:

(1)零件表面压伤深度不得大于 0.4 mm,且要修磨光滑。

(2)母线直线度和母线与端面的垂直度误差不大于 1 mm。

(3)外形特型曲线和外圆弧应通过样板检查。外形曲线与样板间的间隙不得大于 2 mm;外圆弧与样板的间隙值在贴紧时不大于 1.2 mm,自由状态下不大于 5 mm。

2. Y 形框的拉弯工艺和设备

Y 形框的拉弯工艺过程为:下料 → 淬火 → 预拉 0.5% ~2% → 弯曲贴膜 → 补拉 1.5% ~3% → 修整 → 热处理。

Y 形框的拉弯加工常用转臂式拉弯机,如图 7.22 所示。预拉力和补拉力按下两式估算,经试拉后确定:

$$P_1 = \sigma_s F \tag{7.7}$$

$$P_2 = \sigma_b F \tag{7.8}$$

式中,P_1 为预拉力;σ_s 为工件材料屈服强度;F 为工件截面积;P_2 为补拉力;σ_b 为工件材料抗拉强度。

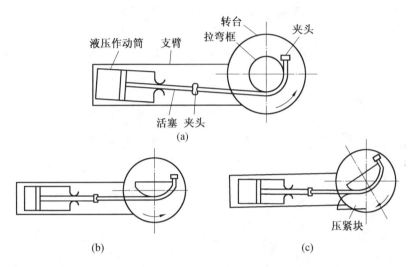

图 7.22　转臂式拉弯机

7.2.6　贮箱壁板的拉弯和滚弯成形工艺

1. 贮箱壁板滚弯成形工艺

贮箱壁板为单曲度壁板,其弯曲成形常用滚弯成形和拉形成形两种工艺方法。

滚弯成形是通过旋转的辊轴使板坯在滚轴的压力和摩擦力的作用下,自动向前推进并产生弯曲的方法。板坯经滚弯后所得的曲度取决于辊轴的相对位置、毛料的厚度和力学性能。板坯经滚弯后所要求得到的曲率半径 R_H,由滚弯时的曲率半径 R_Q 经过卸载回弹后而获得,如图 7.23 所示。

R_Q 与三个滚轴的相对位置有关,R_H 决定于滚轴的相对位置和毛料的机械性能及厚度。滚弯时曲率半径与滚轴之间的关系为

$$\left(\frac{d_2}{2}+t+R_Q\right)^2 = a^2 + \left(H+R_Q-\frac{d_1}{2}\right)^2 \tag{7.9}$$

式中,t 为材料厚度,mm;R_Q 为滚弯时壁板的曲率半径,mm;d_1,d_2 为上、下滚轴的直径,mm;a 为两个上滚轴之间的半间距,mm;H 为上、下滚轴之间的中心距,mm。

上、下滚轴之间的相对位置 a 和 H 为可调变量,一般滚弯机调整 H 比较方便。H 值可由下式求得:

$$H = \frac{d_1}{2} - R_Q + \left[\left(+R_Q+\frac{d_2}{2}+t\right)^2 - a^2\right]^{1/2} \tag{7.10}$$

R_H 与材料的回弹量有关,其数值可按下式估算:

$$R_h = \frac{R_Q}{1 + \frac{MR}{EIB}}$$

（7.11）

式中,M 为弯曲力矩,N·mm;E 为材料的弹性模量,N/mm^2;I 为板材受弯曲变形时的惯性矩,mm^4。

2. 圆筒形蒙皮的滚弯工艺

利用三轴滚弯机滚弯成形等曲率圆筒形蒙皮零件时,需将滚弯机上的三个滚轴调成相互平行,按照零件的曲率半径并考虑回弹量计算出上、下滚轴相对距离 H,调上滚轴使其满足 H 值,然后进行试弯,直至取得符合图纸要求为止。滚弯后的零件的曲率必须按外形检验标准进行检验。

三轴滚弯机滚弯成形得到的蒙皮零件,其两端会各有一段未经弯曲的直线段,其长度与两个下滚轴的中心距 a 值有关。为减小直线段长度,可将 a 值调小,也可以在板坯下面加一附加垫板,与板材一起通过滚轴,可清除末端的直线段,再调头重滚一次,也可消除另一端的直线段,如图 7.24 所示。

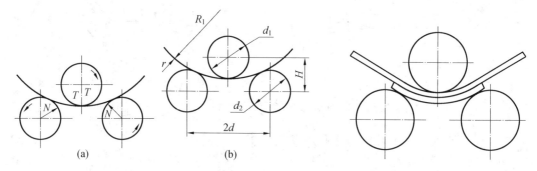

图 7.23　三轴滚弯机滚弯示意图　　　　　图 7.24　消除滚弯末端直线段示意图

滚弯的优点是不需要特殊工装,故生产准备周期较短,但工件的变形是纯弯曲,在中性层两边,分别呈拉应力和压应力状态,形成较强的回弹趋势。所以,对于滚弯成形的工件,想要获得预定的弯曲程度,就必须进行反复的试验。且弯曲后的壁板经过化铣后,又会由于截面上应力分布的变化造成曲度的变化,影响产品的精度。

3. 贮箱壁板拉形成形工艺分析

壁板拉形成形可以一次拉成,也可分两次拉成。采用一次拉成的拉形工艺时,拉形模要考虑工件的回弹量。回弹量的大小要经多次反复试验确定,难度较大。而且还要使用专用的检验模具供工件的修整和检验使用。

在壁板拉形成形中,一般都采用二次拉形工艺。拉形成形时,先将工件沿长度方向拉伸至屈服极限,然后保持拉力并使其按拉形模型面弯曲而成形。拉形成形的壁板,其截面全部呈拉应力状态,回弹趋向小,经后续加工后截面应力分布状态变化也小,故能保证工件有较高的尺寸和形状精度,其工艺过程为

预拉 → 弯曲 → 补拉贴模 → 修整

由于两次拉伸,消除了工件截面上异性应力存在的可能性,工件贴模状况良好。故拉形模不需考虑工件回弹量,设计、制造均较简单。且拉形模又可作为检验模用于检验、修整工件,是比较理想的成形工艺方法。但需要设计制造拉形机和相应的模具,生产准备周期较长。

7.2.7　贮箱整体壁板的化学铣切加工工艺

贮箱整体壁板、整体底以及拼焊底的顶盖、瓜瓣,钣金成形后,要在其上制出网络状排列的加强筋条,以便在保证其强度的条件下尽量减小结构质量。大面积网络壁板可用数控机械铣切法制造,也可用化学铣切法制造。整体底、顶盖、瓜瓣等双曲度零件,使用化学铣切更具有优越性。

1. 铝合金化学铣切原理

铝合金化学铣切的过程,是铝合金在氢氧化钠溶液中受化学、电化学腐蚀而去除多余部分的过程,其基本化学反应是

$$2Al+2NaOH+2H_2O=2NaAlO_2+3H_2\uparrow+Q$$

铝合金化学铣切工艺的主要问题包括:保护涂料的选择和涂敷;化铣样板的设计与制造;化铣液的配制和调整;化铣方式的选择和化铣废液的处理等。

(1)保护涂料的选择和涂覆。铝合金化学铣切的保护涂料有氯丁橡胶可剥漆和氯磺化聚乙烯可剥漆。

氯丁橡胶可剥漆具有优良的耐碱腐蚀性和稳定的侧切率,并有良好的黏着力和可剥性。硫化温度低、时间短、金属切边整齐,但有效储存期短。氯磺化聚乙烯可剥漆有优良的耐腐蚀性能,储存稳定性好,但它允许化铣使用的铝质量分数范围较窄。

涂保护胶前,将胶液充分搅拌均匀,用溶剂(甲苯)调整好黏度,经过滤后使用。涂胶方法视需要和条件可用刷涂、浸涂或喷涂。涂覆遍数按铣切深度确定,应能保证硫化后胶膜厚度在0.15~0.30 mm。

涂胶后进行硫化。氯丁橡胶可剥漆采用空气硫化,温度为100~110 ℃,时间为2~4 h;氯磺化聚乙烯可剥漆则用热水硫化,水温为90~95 ℃,保温时间为2~3 h。

(2)化铣样板的设计与制造。为了限定化铣部位的形状和尺寸,在腐蚀加工前,利用化铣样板在工件表面胶膜上刻好防蚀区图形。

由于化铣时,溶液对工件的腐蚀不仅沿垂直于工件表面的方向进行,同时还向保护涂层下做横向切割,称为侧切。侧切量和腐蚀深度的比率称为侧切率 K,如图7.25所示。侧切率表示为

$$K=A/B \tag{7.12}$$

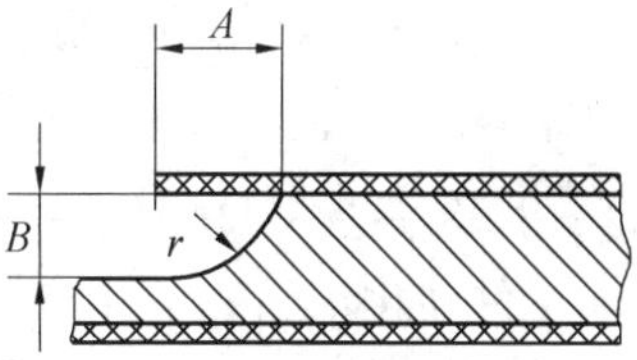

图7.25　侧切率的计算

由于侧切率和化铣过程中许多因素有关,一般根据实验来测定。侧切率确定之后,化铣样板刻形线的公称尺寸公式为

$$L=L_1+(a+b)/2+KB \tag{7.13}$$

式中,L 为化铣样板刻形线公称尺寸;L_1 为产品图纹公称尺寸;a、b 为产品图规定的化铣线上、下偏差;K 为侧切率;B 为化铣深度。

化铣样板一般用厚度0.5~2 mm 的铝板或钢板制造,其上钻有定位孔或刻有框轴线、基准线和工件化铣边缘线。化铣样板应与下料、钣金、机加工样板及模具协调。

(3)化铣液的配制和调整。铝合金化学铣切广泛使用的化铣液配方见表7.2。方案 A 适应范围广,使用寿命长,但侧切率变化幅度较大;方案 B 能改善铝合金表面粗糙度,适合于高铜铝合金化学铣切。

表 7.2　铝合金化学铣切腐蚀液配方

腐蚀液配方	成　　分	浓度范围/(g·L⁻¹)	溶液温度/℃	铣切速度/(mm·min⁻¹)
A	氢氧化钠	260 ~ 120	75 ~ 95	0.015 ~ 0.03
	铝	6 ~ 100		
B	氢氧化钠	200 ~ 130	70 ~ 95	0.015 ~ 0.025
	铝	20 ~ 80		
	硫代硫酸钠	20 ~ 50		

化学铣切时要控制好时间和溶液温度。在铣切全过程中,溶液温度变化不应大于 ±3 ℃,铣切时间则按铣切深度确定。为保证充分反应,工件距离溶液槽壁、液面、加热管等均不应小于 300 mm,工件之间距离不应小于 100 ~ 125 mm。当溶液中的铝含量达到使用范围的上限时,应停止使用,进行调整,使溶液各项成分恢复正常值,以保证化铣工件质量。

(4)化铣方式的选择。化学铣切的方式按工件位置有平铣、立铣和转动铣三种。铣切均匀性以转动铣为最好,平铣次之,立铣均匀度较差。

(5)化铣废液的处理。化铣废液是一种偏铝酸钠碱溶液。偏铝酸钠在低温下不稳定,能水解生成氢氧化铝结晶,化学反应为

$$NaAlO_2 + 2H_2O \overset{晶种}{\leftrightarrow} Al(OH)_3 \downarrow + NaOH$$

向经过精制并冲稀后的化铣废液中加入适量 $Al(OH)_3$ 晶种,并按要求降温,经过充分搅拌分解后,废液中的铝即以 $Al(OH)_3$ 状态结晶析出,达到脱铝回收碱液目的。既可保护环境,又能使碱液重复使用,节约原料、降低成本。

2. 贮箱整体壁板的化学铣切工艺过程

铝合金贮箱整体壁板化学铣切的主要工艺过程是:清洁处理 → 去除包铝层 → 光化处理 → 涂保护胶 → 刻形 → 铣切 → 光化处理 → 水洗 → 去除保护层。

清洁处理的目的是保证加工面各部位腐蚀速度均匀。方法是先用有机溶剂仔细擦洗工件表面,然后再用专门配制的碱性溶液进行化学除油。

去除铝材表面的工艺包铝层,可以保证化铣区轮廓平直。一般在含氢氧化钠 250 ~ 150 g/L、含铝 0 ~ 100 g/L、温度 70 ~ 100 ℃ 的溶液中进行。

工件在化学除油,去包铝层和化铣后,都要及时进行光化处理,以中和工件表面残留的碱液、溶解表面的氧化物,使其光洁、干净。光化处理在含 300 ~ 500 g/L 的硝酸溶液中进行。溶液温度为室温,时间为 1 ~ 5 min。

刻形用医用手术刀进行。刻形时既要切断胶层,又不应刻伤工件表面。刻好后,将需要化铣部位的胶层揭去。

经碱性溶液和光化处理的工件,都要进行水洗。化学铣切后的工件,先用 50 ~ 70 ℃ 热水洗后,再用流动的冷水冲洗干净。光化处理后的工件,则仅用流动冷水洗净即可。

化学铣切完成后,应将工件上全部保护胶膜剥去。剥时注意保护工件不受损伤。剥胶后,对工件可进行修整并净化清理表面。

3. 箱底的化学铣切工艺过程

(1)顶盖和瓜瓣的化学铣切。

顶盖、瓜瓣和壁板相比,形状稍复杂、厚度小,铣切深度浅。因此,在涂保护胶时,厚度控制在 0.15~0.2 mm。揭胶时用力要适当,以避免零件变形。带有翻边孔的零件,翻边孔边缘的保护胶要特别加厚,防止铣出缺口。

顶盖和瓜瓣属双向曲面零件,其化铣样板是立体的。由于零件下料时,不考虑轧制方向,故设计样板时取侧切率 $K=1$。铣切方式为立铣,铣切后对偏厚处要进行局部减薄处理。

(2)贮箱整体底化学铣切。

强力旋压成形的贮箱整体底为椭球面,体积和质量大,型面复杂,做样板困难,装夹也不方便。化学铣切时,应采取如下技术措施来保证铣切的质量指标:

①在边缘余量处对称焊接 4~8 个吊耳,解决吊挂和装夹问题。

②精确测量厚度,根据设计要求确定台阶数量,编排刻形顺序。计算每一台阶最大允许铣切深度和实际控制铣切深度,涂保护胶后,用专用划规画铣切边缘线(考虑侧切余量),一次画形,分次揭胶。

③采用立铣和平铣结合的铣切方式。先立铣后平铣。立铣时要经常变换吊挂位置、翻转工件。

④铣切后测量厚度和质量。厚度过大或质量过大时要进行局部处理。化铣好的零件要及时擦净、烘干、阳极化,以免被腐蚀。

4. 贮箱整体壁板化学铣切的工艺特点

(1)多台阶铣切。

采用分次刻形,分次揭胶、铣切的分步铣切法,如图 7.26 所示。因为要多次铣切,故设计刻形样板时,要特别注意侧切率对形状的影响。

侧切率和保护层的性能、金属材料成分、热处理状态以及晶粒方向等都有关系,一般可根据试验来确定侧切率。

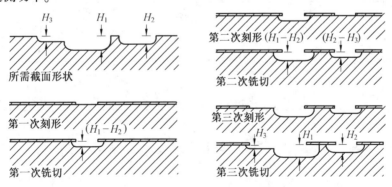

图 7.26 多台阶化学铣切示意图

(2)采用转动铣切工艺。

贮箱壁板为筒形件,一般采用立铣。由于工件下部反应析出的氢气附着在工件上部表面,会形成气体保护罩,影响铣切速度。另外,壁板网格中的溶液循环和热传导不畅等原因,影响铣切精度。

采用转动铣切工艺是解决上述问题的有效方法。转动铣切是将工件装夹在转动装置上,使其在铣切过程中处于转动状态,以保证腐蚀均匀,如图 7.27 所示。转动既保证了腐蚀表面各点溶液流线形状和速度一致,消除局部腐蚀薄弱和气体聚积,又保证了腐蚀表面传热均匀,还因能随时清除沉淀物而进一步提高了腐蚀均匀度。

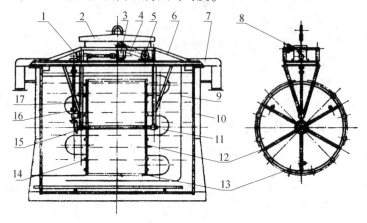

图 7.27　连续旋转化学铣切装置示意圈

1—锥齿轮;2—吊挂;3—减速器;4—三角皮带;5—电机;6—构架;7—抽风罩;
8—塔轮;9—空气搅拌管;10—化铣槽;11—蛇形加热管;12—转动夹具;13—壁板;
14—钩头螺栓;15—锥齿轮;16—浮动联轴器;17—传动轴

(3)铣切质量的控制。

壁板化学铣切质量的主要指标有厚度偏差、肋宽偏差和表面粗糙度。

选择溶液的成分、温度和均匀性等铣切参数控制厚度偏差和肋宽偏差,见表 7.3。对于含铜量较高的铝合金壁板,为了改善表面,在腐蚀液中加入硫代硫酸钠(20 ~ 50 g/L),来获得较好的表面质量。

表 7.3　铣切参数选择

壁板零件材料	起始碱溶液浓度 /(g·L^{-1})	溶液温度 /℃	铣切速度 /(mm·min^{-1})	铝含量 /(g·L^{-1})
LE6Y2				20 ~ 80
LY12CZ	200 ~ 250	75 ~ 95	0.02 ~ 0.03	30 ~ 80
LD10CS				40 ~ 80

7.3　贮箱焊接装配工艺和设备

7.3.1　贮箱焊接装配的工艺内容和特点

用于制造贮箱的材料有两大类,即非热处理强化的防锈铝合金(如 LF3、LF6 等)与热处理强化的高强度铝合金(如 LD10、S147 等)。前者具有良好的焊接性能,当采用交流钨极氩弧焊时,可得到成形良好的焊缝与高质量的焊接接头;而后者可焊性差,焊缝与热影响区容易产生过烧与裂纹,接头延伸率低。

根据贮箱的结构形式(图7.1),贮箱焊接装配的工艺内容包括:箱底的焊接、各筒段的焊接、箱底与各筒段的装配焊接和焊接质量检验等。

贮箱箱底受力复杂,型面要求高。随着火箭技术性能的提高,贮箱直径增大,出现了拼焊底。拼焊底的焊接装配工序复杂,制造周期长,对焊接质量与焊接变形量均要求十分苛刻,需制造专用的焊接夹具。

贮箱筒段的纵向焊缝与贮箱装配时的环形焊缝易于采用自动焊,便于发展焊接监控技术。

各筒段之间以及筒段与箱底之间的焊接装配,关键在于装配基准的选择、壳段之间的尺寸协调以及焊缝质量的保证。各壳段之间的尺寸协调除了合理选择装配基准外,还要靠完善的专用焊接工艺装备来保证。因此,专用焊接工艺装备在贮箱的焊接装配中占有重要的地位。

在选择装配基准时应遵循以下原则:

(1)定位基准与设计基准统一,或通过协调手段间接实现基准的统一。

(2)定位基准与装配基准重合。

(3)基准不变的原则,即在整个装配过程中每道工序及每一装配阶段都采用同一基准进行定位。

7.3.2　箱底焊接装配的工艺和设备

1. 箱底的结构形式和焊接要求

箱底有两种结构形式,即整体底与拼焊底,如图 7.28 所示。直径较小的箱底是由铝合金板材整体冲压而成,称之为整体底。整体底无拼焊焊缝,密封性好,可靠性高。由于贮箱直径增大,受到板材宽度、成形技术及设备能力的限制,出现拼焊底结构。拼焊底一般由一个圆形顶盖与若干块扇形瓜瓣拼焊而成。

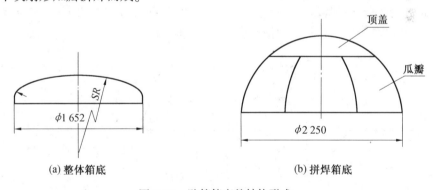

(a) 整体箱底　　　　　　　　　　(b) 拼焊箱底

图 7.28　贮箱箱底的结构形式

由于贮箱箱底与筒段连接形式的演变,箱底的底端结构也随着变化。对于承受较小轴压的贮箱,多采用点焊–对焊的连接形式,即箱底与短壳用点焊连接,箱底与筒段用对接焊缝连接。采用这种连接形式的箱底,在其底端一般均有供点焊–对接焊所需的圆柱段。对于承受较大轴压的贮箱多采用 Y 形框连接结构,如图 7.29 所示。

Y 形底的典型结构如图 7.30 所示,箱底的焊缝接头采用对接焊缝。板料厚度不大于3.5 mm 的焊缝,一般不开坡口;板料厚度为 3.5～7.0 mm 的焊缝,采用 V 形坡口。

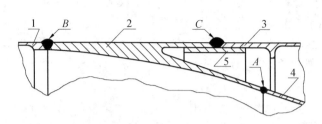

图 7.29　Y 形框连接结构

1—筒段;2—Y 形框;3—短壳;4—箱底;5—工艺垫板

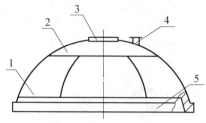

图 7.30　Y 形底的典型结构简图

1—瓜瓣;2—顶盖;3—人孔法兰;
4—法兰;5—Y 形框

采用高强度铝合金 LD10 的箱底,焊缝区通常为"台阶"结构,如图 7.31 所示。宽度 B 由焊接热影响区确定,一般不小于 30 mm,H 需根据焊缝强度要求确定,通常为板材厚度 δ 的 2.25 ~ 2.5 倍。

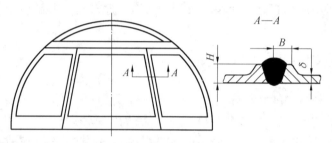

图 7.31　箱底焊缝区的台阶结构

根据使用要求,需在箱底上焊接各种不同直径的法兰,造成复杂的焊接应力,并由此产生各种裂纹,高强度铝合金的箱底尤为严重。这些法兰与箱底的焊接,如果采用对接焊,则变形严重,故采用翻边对接焊结构减小焊接变形,如图 7.32 所示。

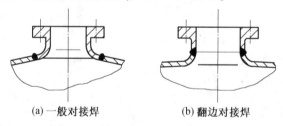

(a) 一般对接焊　　　　　　　(b) 翻边对接焊

图 7.32　翻边对接焊结构

箱底是重要的承力构件,是贮箱焊接的关键部位。因焊缝要承受复杂应力,极易产生各种裂纹,故要求一级焊缝,材料为 LF3 或 LF6 的焊缝接头强度要求不小于基体金属强度的 90%。材料为 LD10 的焊缝接头强度要求不小于基体金属强度的 50%。所有焊缝均须经 X 射线透照检查。箱底组焊后,须按专用技术条件进行液压强度试验与气密性试验。对于低温下使用的贮箱,不仅要求焊接接头在常温时延伸率 $\delta_5 \geq 3\%$,而且还要经氦质谱检漏,单处漏率不大于 1.33 μPa·L/s,整个箱底总漏率不大于 66.65 μPa·L/s。

2. 箱底的焊接工艺

焊接工艺过程如图 7.33 所示。焊丝的性能和选择见表 7.4。

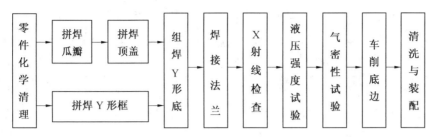

图 7.33　Y 形底的焊接工艺过程

表 7.4　焊丝的选择

板材材料	板材焊接性能	焊丝牌号	焊 丝 性 能
LF3	可焊性良好	LF6	LF14 焊丝(增加了钛的含量)改善焊缝的力学性能,提高焊缝的抗裂纹性能
LF6		LF14	
DL10	可焊性差,易产生热裂	BJ380 BJ380A	BJ380 焊丝适用于焊接低温下使用的贮箱箱底,接头性能好,焊缝美观。BJ380A 焊丝由于铜含量减少,硅含量增加,提高了焊丝的流动性与抗热裂性能

(1)焊前清理与预热。

铝合金表面均有一层熔点很高的 Al_2O_3 和油污等杂物,在焊接过程中它们将阻碍金属之间的良好熔合,从而产生各种焊接缺陷,因此焊前清理成为保证箱底焊接质量的重要环节。箱底零件一般都进行两次焊前清理。首先进行化学清理,临焊前再进行一次机械清理,即在待焊区宽度为 15 ~ 20 mm 范围内,正、反两面均用干净无油的钢丝刷打磨干净。

焊丝经过除油、化学清理后进行烘干处理。在条件许可的情况下,焊件与所使用的夹具应尽可能进行预热,尤其是 LD10 材料的箱底焊接,预热更显重要。预热的温度与时间列于表7.5 中。

表 7.5　焊前预热的温度与时间

类　　　别	烘干温度/℃	烘干时间/mim
焊件	100 ~ 120	15
焊丝	100 ~ 150	30
焊漏垫板和夹具	120 ~ 200	30

(2)LF6 薄壁箱底的焊接参数。

板材厚度为 1.5 ~ 4.0 mm 的 LF6 箱底拼焊,采用手工钨极氩弧焊的单面焊双面成形工艺,可获得光亮而美观的焊缝与抗拉强度高的焊接接头。焊丝材料为 LF14 的手工钨极氩弧焊工艺参数见表 7.6。

表 7.6 LF6 薄壁箱底手工钨极氩弧焊工艺参数

焊件厚度 /mm	焊接电流/A		焊嘴直径 /mm	氩气流量 /(L·min⁻¹)	焊丝直径 /mm	钨极直径 /mm	焊接速度 /(mm·min⁻¹)
	定位焊	焊接					
1.5	90 ~ 100	130 ~ 140	7 ~ 9	8 ~ 10	2.5 ~ 3.0	2.5 ~ 3.0	100 ~ 150
2.0	90 ~ 100	140 ~ 150	9 ~ 11	8 ~ 10	2.5 ~ 3.0	3.0 ~ 4.0	100 ~ 150
2.5	100 ~ 120	150 ~ 160	9 ~ 11	8 ~ 10	3.0 ~ 3.5	3.0 ~ 4.0	100 ~ 120
3.0	110 ~ 120	160 ~ 170	12 ~ 14	10 ~ 12	3.0 ~ 3.5	4.0	100 ~ 120
3.5	120 ~ 130	180 ~ 190	12 ~ 14	10 ~ 12	3.0 ~ 3.5	4.0	100 ~ 100
4.0	130 ~ 140	100 ~ 210	12 ~ 14	12 ~ 14	3.0 ~ 4.0	4.0 ~ 4.5	90 ~ 100

(3) LD10 中等壁厚箱底的焊接参数。

板材壁厚 4 ~ 7 mm 的 LD10CS 箱底的拼焊,由于材料本身可焊性差,在焊缝和热影响区容易出现过烧和产生裂纹。必须严格进行焊前清理与预热,尤其要掌握机械清理时的打磨程度,倘若将焊件表面打磨得过于粗糙,反而更易吸热而产生气孔。适当地增加焊漏高度有利于排除焊漏表面的气孔与裂纹等缺陷。合理选择起、收弧位置,使其处于刚性较强的瓜瓣纵向焊缝附近,避免焊接区失稳塌陷变形。LD10 中等壁厚箱底手工钨极氩弧焊工艺参数列于表 7.7。

表 7.7 LD10 中等壁厚箱底手工钨极氩弧焊工艺参数

焊件厚度 /mm	钨极直径 /mm	焊丝直径 /mm	焊嘴直径 /mm	氩气流量 /(L·min⁻¹)	焊接电流 /A
4.0	4	3 ~ 4	12	10 ~ 12	130 ~ 210
4.5	4	3 ~ 4	12 ~ 14	10 ~ 15	140 ~ 220
5.0	5	3 ~ 4	12 ~ 14	10 ~ 15	160 ~ 230
5.5	6	3 ~ 4	12 ~ 14	10 ~ 15	180 ~ 240
6.0	5 ~ 6	3.5 ~ 4	12 ~ 14	10 ~ 15	190 ~ 250
6.5	5 ~ 6	3.5 ~ 5	12 ~ 15	10 ~ 15	200 ~ 270
7.0	5 ~ 6	3.5 ~ 5	12 ~ 15	10 ~ 15	220 ~ 290

(4) 焊后整形。

焊后整形为箱底焊接变形的补救措施。拼焊底焊缝长度较长,箱底上还要焊接各种用途的法兰与接管嘴。在焊接过程中,由于局部集中加热,焊件受热不均,焊缝与热影响区产生很大的应力与变形,较难以排除。

从焊接工艺上采取一系列措施虽能减少焊接变形,但无法完全消除,因而焊后整形成为箱底焊接中不可缺少的工序。焊后整形常用手工敲修的办法。采用机械碾压法,可使焊缝与近缝区产生一定量的塑性延展,全部或部分抵消焊接的收缩量,改善接头残余应力分布状况,以减少或消除焊后变形。

3. 箱底焊接工艺装备

(1) 箱底拼焊工艺装备。

箱底拼焊工艺装备由拼焊模胎、夹紧机构和回转机构三个部分组成,如图 7.34 所示。

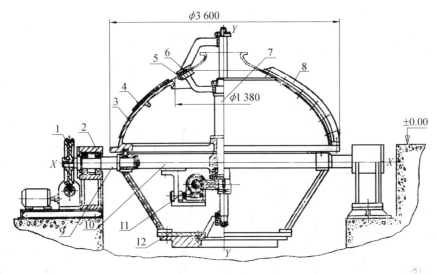

图 7.34　箱底拼焊装置简图

1—水平轴传动机构;2—水平支座;3—拆卸模胎;4—绑带;5—顶盖托盘;6—顶盖压紧机构;
7—中心轴(Y–Y);8—瓜瓣压紧机构;9—水平轴(X–X);10—底盘;11—中心轴传动机构;12—平衡配重

装夹焊件时,以拼焊模胎的外型面为定位基准,将瓜瓣装在拼焊模胎上,以模胎上的焊漏槽中心线为基准,调整好各瓜瓣之间的装配间隙。拉紧绑带将焊件预压紧,以防下滑。然后利用瓜瓣压紧机构将瓜瓣纵向焊缝两边压紧,与模胎型面保持良好贴合,完成瓜瓣间的纵向焊接。瓜瓣拼焊之后装上铣切头,去除瓜瓣圆环小端的余量。将箱底顶盖装在顶盖托盘上,以模胎上环形槽中心线为基准,调整好装配间隙,通过顶盖压紧机构与瓜瓣圆环(图中未示出)将环形焊缝两侧的焊件(顶盖与瓜瓣圆环)压紧,完成顶盖与瓜瓣圆环的焊接。

为了使瓜瓣、顶盖各焊件实现一次装夹,完成箱底内、外两面焊接,以满足箱底焊接的特殊工艺要求,该装置还具有两个正交回转轴的回转机构,装有待焊箱底零件的模胎通过轴承支承于底盘上,该底盘由水平轴传动机构带动,可绕水平轴(X–X)做回转运动,从而实现待焊箱底的翻转;同时,模胎由中心轴传动机构带动,可绕中心轴(Y–Y)在底盘上做回转运动,这样,不仅实现一次装夹两面焊接,而且还能调整待焊接头处于所需要的最佳焊接位置。

这种拼焊装置,装夹、拆卸方便,夹紧可靠,操纵灵活,拼焊模胎采用球墨铸铁整铸而成,结构刚性好,能满足 LD10 中等壁厚箱底的焊接工艺要求。

(2)法兰焊接夹具。

人孔法兰直径大,是箱底上的关键焊缝之一。焊接夹具结构除了满足不同的工艺方法要求外,还要考虑装配顺序。对于中型贮箱的箱底,直径不大,一般都在箱底瓜瓣与顶盖拼焊之后再焊接人孔法兰,如图 7.35 所示。对于大型贮箱的箱底,由于焊件壁厚,刚性强,易因应力而变形。根据箱底的不同结构,先将人孔法兰与顶盖或人孔法兰与瓜瓣组焊后,再进行箱底拼焊。这样,不仅使夹具结构轻巧,而且还能使人孔法兰在焊接时所产生的变形借助于拼焊夹具的机械压紧力而得以排除,夹具结构如图 7.36 所示。

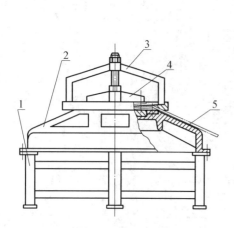

图7.35　中型贮箱人孔法兰焊接夹具
1—支架;2—模胎;3—外压圈;4—内压圈;5—工件

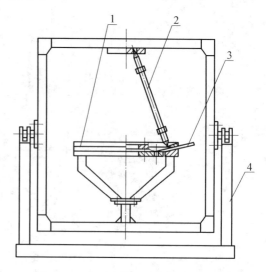

图7.36　大型贮箱人孔法兰焊接夹具
1—夹具体;2—撑杆;3—工件;4—框架

7.3.3　筒段焊接装配的工艺和设备

1. 筒段的结构形式和焊接工艺过程

典型筒段的结构如图3.37所示,焊接装配的典型工艺过程是:划线下料 → 滚弯成形 → 化铣网格 → 验合周长 → 化学清理 → 纵缝焊接 → X射线透照检查 → 车削端面及坡口 → 电阻点焊 → 清洗 → 装配。

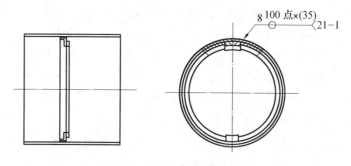

图7.37　典型筒段的结构简图

2. 筒段纵缝的焊接工艺参数

筒段的纵向焊缝也是贮箱焊接的关键焊缝,由于它所承受的载荷为环向焊缝的两倍,因而对其焊接质量要求更高。

筒段的纵缝焊采用自动氩弧焊。当材料厚度不大于4 mm时,采用交流自动钨极氩弧焊;当材料厚度为5~7 mm时,采用交流自动钨极脉冲氩弧焊或直流反接自动熔化极脉冲氩弧焊。

由于筒段外形平直,夹具与焊件贴合良好,接触面大,散热快,与同厚度的环缝焊接相比,可采用电流大、速度快的规范。筒段焊接的工艺参数见表7.8、表7.9和表7.10。

表 7.8　LF6 薄壁筒段纵缝自动钨极氩弧焊工艺参数

焊件厚度 /mm	焊接电流 /A	焊接速度 /(mm·min⁻¹)	氩 气 保 护		焊丝 （LF10）		钨极直径 mm
			焊嘴直径 /mm	气体流量 /(L·min⁻¹)	直径 /mm	送丝速度 /(m·h⁻¹)	
2.0	100 ~ 210	183 ~ 233	14	12 ~ 14	2.5	50 ~ 60	5
2.5	200 ~ 230						
2.7	220 ~ 260						
3.0	240 ~ 270						
3.5	260 ~ 290						
4.0	280 ~ 310						

表 7.9　LD10 薄壁筒段纵缝自动钨极氩弧焊工艺参数

焊件厚度 /mm	焊接电流 /A	焊接速度 /(mm·min⁻¹)	氩 气 保 护		焊 丝（BJ380）		钨极直径 /mm
			焊嘴直径 /mm	气体流量 /(L·min⁻¹)	直径 /mm	送丝速度 /(m·h⁻¹)	
3.0	260 ~ 280	93 ~ 105	14	12 ~ 14	2.5	50 ~ 60	5
3.3	260 ~ 300						

表 7.10　LD10 中等壁厚筒段纵缝自动熔化极脉冲氩弧焊工艺参数

焊件厚度 /mm	焊接电流/A		脉冲频率 /Hz	焊接速度 /(mm·min⁻¹)	焊 丝（BJ380）直径/mm	氩 气 保 护	
	I_M脉冲	I_v维弧				焊嘴直径 /mm	气体流量/ (L·min⁻¹)
5.5 ~ 6.0	105 ~ 120	50 ~ 65	100	205 ~ 258	2.0	16	30 ~ 35
7.0	115 ~ 120	65 ~ 70		170			

3. 筒段与短壳电阻点焊的工艺参数

筒段上的蒙皮与隔框的焊接,短壳与非 Y 形底的焊接常采用电阻点焊,电阻点焊的技术特点:

(1)连接的材料不同(LD10、LF3、LF6),接头的厚度不等。

(2)焊核内部不允许存在裂纹、疏松、缩孔等缺陷。

(3)焊件的表面清理、工艺参数选择、操作技术以及焊机工作稳定性等均要求很高。

电阻点焊的参数主要有焊接电流、脉冲时间、电极压力、电极工作表面的形状与尺寸等。铝合金的导电性、导热性高,结晶时间短,常采用大电流、短时间、高电极压力的点焊参数。

电极压力参数的选择与材料的性质、厚度、高温强度以及对焊核内部质量的要求有关。在贮箱点焊中,常采用"限制最小电极压力法"用以控制焊核内部的质量,电极压力最小值见表 7.11。其方法是:根据焊件的厚度与连接形式来确定所选用的压力周期中的最小电极压力值,在焊接过程中将焊接压力、预压压力及锻压压力控制在规定的最小电极压力值以上。铝合金点焊常用阶梯形压力周期与马鞍形压力周期,其中阶梯形压力周期应用较为广泛,如图 7.38 所示。焊接电流、脉冲时间等参数则可根据所要求的焊核直径进行选择。

表 7.11　常用的电极压力最小值

焊接材料-厚度/mm	压力周期	电极压力最小值/kPa	焊机型号
LF6M/3.5　+　LF6M/2.0	阶梯形	$p_0 \geqslant 108, p_2 \geqslant 245$	NJ–600
LD10CS/4.0　+　LF6M/2.0	阶梯形	$p_0 \geqslant 196, p_2 \geqslant 245$	MTⅡT–600
	马鞍形	$p_0 \geqslant 98, p_1 \geqslant 190, p_2 \geqslant 245$	
LD10CS/4.5　+　LF6M/2.0	阶梯形	$p_0 \geqslant 147, p_2 \geqslant 245$	NJ–1000

其中:p_0 为焊接压力;p_1 为预压压力;p_2 为锻压压力

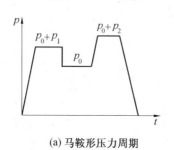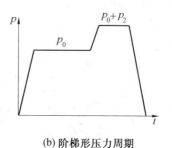

(a) 马鞍形压力周期　　　　　　　　　(b) 阶梯形压力周期

图 7.38　铝合金点焊常用的压力周期

p_0—焊接压力;p_1—预压压力;p_2—锻压压力

4. 点焊专用工艺装备

贮箱筒段与箱底点焊的专用工艺装置由架车、立柱、支臂及焊接支架等部分组成,如图 7.39 所示。

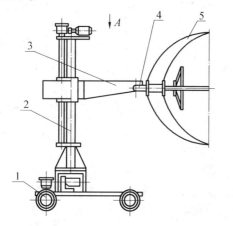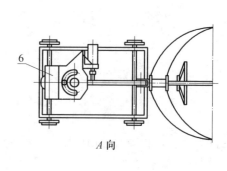

A 向

图 7.39　贮箱点焊装置的结构简图

1—架车;2—立柱;3—支臂;4—支臂头支架;5—焊接支架;6—平衡质量

架车由电机驱动,带着待焊工件在轨道上做低速直线运动,以调节焊点与焊机电极在水平方向上的距离。

立柱起着支承支臂与平衡质量的作用,并承受由待焊工件所形成的力矩,支臂可沿着立柱做升降运动,用以调节待焊工件在垂直方向上的位置;同时支臂可绕立柱做 180°角的回转运动,便于装卸焊件。支臂末端装有支臂头支架,可操纵焊件做俯仰运动,使焊点所在面与电极的端面平行,使点焊得以进行。

焊接支架是点焊筒段和箱底的专用夹具。它能自身旋转 360°,可使待焊焊点转到电极位置施焊。

7.3.4　贮箱组件焊接装配的工艺和设备

1. 贮箱组件焊接装配的工艺过程

将箱底、短壳、筒段按一定要求在专用型架上组装在一起,进行环向焊接以连接成贮箱整体,再根据弹体要求在贮箱外壁组焊电缆、输送管及整流罩等安装支架,这一工艺过程称为贮箱的焊接装配。其典型工艺过程如下:

箱底、短壳、筒段的焊前清理 → 对合装配 → 环向焊接 → 划线 → 支架类零件点焊

焊前清理的目的是去除焊件表面的氧化膜、油污和脏物等异物,保证焊缝的焊接质量。清理方法有化学清理和机械清理。机械清理简单易行,用不锈钢丝刷把焊件表面氧化膜刷掉即可。化学清理是常采用的方法,清理后表面接触电阻稳定性好,清理质量高,对批量生产有很大的优越性。化学清理工序及所用的腐蚀液成分和温度见表 7.12。

表 7.12　化学清理工序及所用的腐蚀液成分和温度

序号	工　序	腐蚀液成分	浓度/$(g \cdot L^{-1})$	腐蚀液温度/℃
1	化学除油	Na_3PO_4 $NaHPO_3$	30~40 20~30	60~70
2	热水清洗	流动水	—	60~80
3	冷水清洗	流动水	—	室温
4	表面光洁处理	$NaNO_3$	250~300	16~22
5	冷水清洗	流动水	—	室温
6	酸蚀	Na_3PO_4 $K_2Cr_2O_7$	300~350 0.1~1	室温
7	冷水清洗 3~5 次	流动水	—	室温
8	温水洗涤	流动水	—	40~60
9	干燥热空气吹干	—	—	—

2. 贮箱组件焊接装配的工艺装备

贮箱焊接装配在专用的环形焊缝焊接型架上进行,靠气压胀紧夹具与圆周拘束紧固带,将待焊贮箱进行定位紧固,以实现贮箱的准确装配与环向焊接。

(1)环形焊缝焊接型架。

环形焊缝焊接型架是由床头箱、床尾箱、导轨、花盘等部分组成,如图 7.40 所示。环形焊缝焊接型架对贮箱各组件起支承、定位、夹紧的作用,保证各组件装配位置正确,满足贮箱外形尺寸精度的要求。型架还可为贮箱外壁支架类零件的装配焊接提供划线基准。

(2)气压胀紧夹具。

气压胀紧夹具是将待焊贮箱的环向焊接部位撑圆,增大焊件刚性,便于装配,减小焊接变形,并为焊缝背面提供支承,使焊漏过渡圆滑。

气囊胀圈夹具由四块弧形件组成一圆环,每个弧形件的凹槽里装有一段管状橡胶内胎,上面装有带焊漏槽的垫片(由不锈钢制成,共四百余块),在内胎与垫片之间是隔热层,如图7.41所示。工作时,内胎充入压缩空气将焊件撑圆、胀紧。

气动轴式胀圈夹具由12块带有不锈钢焊接垫板的弧形件组成,弧形件通过活塞杆与气缸连接,整个结构用底盘固定,如图7.42所示。工作时,底盘装在型架的心轴上,可做前后移动。两种类型胀圈夹具的性能比较见表7.13。

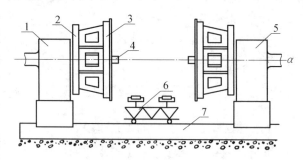

图7.40　环形焊缝焊接型架简图
1—床尾箱;2—花盘;3—过渡环;4—心轴;
5—床头箱;6—托车;7—导轨

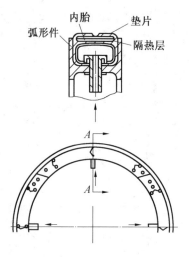

图7.41　气囊胀圈

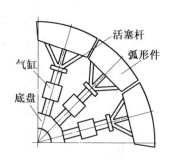

图7.42　气动胀圈

表7.13　两种类型胀圈夹具的性能比较

夹具名称	许用胀紧压力/MPa	结构刚性	可靠性	操作性能	焊件厚度/mm
气囊胀圈	0.392~0.588	弱	差	装卸方便	≤4
气动轴式胀圈	0.882~0.980	强	好	装卸费时	5~7

(3)圆周紧固带。

紧固带安装在贮箱外壁环形焊缝的两侧,产生一定的拘束力,用以消除对合装配时的错位,并防止焊接翘曲变形。常用链式紧固带(图7.43)和钢索式紧固带(图7.44),两种紧固带的性能比较见表7.14。

表7.14　两种紧固带性能比较

名　称	最大拉紧力	弹性变形	紧固力分布	应用范围
钢索式	11.8 kN	大	不均匀	薄焊件
链式	17.6 kN	小	均匀	通用性好

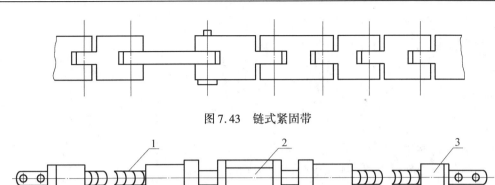

图 7.43　链式紧固带

图 7.44　钢索式紧固带

1—钢索;2—调节螺母;3—压结

3.贮箱组件的对合装配

(1)贮箱装配焊接的形位公差要求。

为满足弹体总装及使用强度要求,贮箱的装配焊接必须达到表 7.15 中所列的形位公差要求。

表 7.15　贮箱装配焊接的形位公差要求

序号	项　　　目		允差
1	前后端框对弹(箱)轴的垂直度/mm	贮箱直径 D = 3 350	≤3
		贮箱直径 D = 2 250	≤2
2	前后端框的平面度/mm	贮箱直径 D = 3 350	≤2
		贮箱直径 D = 2 250	≤1.5
3	前后端框象限的扭角/(′)		≤1
4	环向焊缝局部错缝值	厚度方向占焊接厚度/%	≤25
		错缝总长占焊缝全长/%	≤10

(2)对合装配过程。

贮箱对合装配采用平卧方式,使各组件均在同一高度位置进行装配。焊接时,焊枪可始终固定于高点,便于进行平焊。装配时一般由前往后依次组装,已组装焊接的组件经过渡环与床头箱连接,待装配的组件装在床尾箱过渡环上,操纵床尾箱在导轨上移动,进行对合装配,按相互位置的要求,将组件逐个装配、焊接而成贮箱整体,待最后一条环形焊缝装配时,应仔细检查前、后箱底组件的端框与过渡环贴合情况,检查型架上的销棒是否准确地插入花盘的定位孔中,以保证前、后端框象限一致。现以某一中间筒段装配为例,说明一条环形焊缝的对合装配过程,如图 7.45 所示。

将待焊筒段装于后过渡环的端环上,在两对合筒段上安装链式紧固带。为清除装配中焊件沾污物,对待焊处再进行一次焊前清洗、打磨。刮削对合端面,划出两对合象限线、气囊胀圈位置线。将气囊胀圈放入前筒段内,移动床尾箱,对合两焊件,调整气囊胀圈位置并充压,敲修两对合处的错位,调整紧固带位置,最后检查装配质量。

装配中应注意装配间隙的控制。对于薄壁贮箱的装配焊接,为防止焊缝烧穿,力求装配时无间隙;但不应利用型架过分压紧焊件以消除间隙,这是因为铝合金加热时线膨胀系数大,焊接过程中无伸长余地则易产生翘曲变形,造成错缝。对于中等壁厚(6~7 mm)的贮箱,为保证充分焊透,装配时应预留 0.5 mm 的间隙。

(3)排除装配错缝的技术措施。

为达到贮箱环向焊缝局部错缝值的允差要求,必须严格控制装配错缝,使其在焊件壁厚的 15% 以下。

装配错缝是生产中最常出现的故障,不仅影响环向焊接的正常进行,而且降低贮箱的承载能力,因此排除错缝是对合装配中的关键。定位焊虽是排除错缝的有效方法,但定位处易产生焊接缺陷,对于质量要求高的焊缝应尽量避免采用,倘若装配时存在错

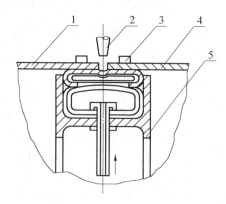

图 7.45　中间筒段的对合装配情况
1—待焊筒段;2—焊枪;3—链式紧固带;
4—已组焊筒段;5—气囊胀圈

缝,则焊接后一般要加剧;即使装配时对合平直无错缝,但由于焊缝两边胀紧力或拘束力不等,造成散热条件不同,也会产生焊后错缝。表 7.16 列出了产生装配错缝的原因及如何利用工装来排除错缝的措施。

表 7.16　装配错缝成因及排除措施

序号	产生原因	排　　除　　措　　施
1	两对合焊件周长协调超差	差值大时,应更换焊件; 调节紧固带的拉紧力,达到对焊件施加不同的拘束力; 调节紧固带的装配位置,以改变焊缝区域的局部刚性; 适当增加胀圈压力
2	胀圈装配位置不正确,胀圈漏气	调整装配位置,使垫板与焊件贴近; 及时补漏或更新内胎重新装配
3	卡带拘束力不一致	尽量使两紧固带拉紧力一致; 两紧固带与对缝距离相等
4	焊件圆度差或局部变形	进行定位焊; 适当加大胀圈压力; 在紧固带与焊件间局部加垫片,增大拘束力

4. 贮箱组件环缝的焊接工艺

贮箱装配的环缝焊接是贮箱的组件在型架上对合装配之后,对其环缝进行施焊。由于焊缝均为规则的环形,故便于采用自动焊,既可提高生产率,又易于实现焊接过程的自动控制,以提高贮箱的装配焊接质量。

(1)焊缝的接头形式。

贮箱装配环缝焊接的接头形式,主要由焊件厚度与焊接工艺这两个因素确定。表 7.17 列出了贮箱装配环缝焊接的常用接头形式。

表7.17 贮箱装配环缝焊接的接头形式

接头名称	接头形式	焊件厚度/mm	选择依据
V形对接		6～7	减小焊接电流,有利于充分焊透
反V形对接		≤4	便于排除焊缝中的夹杂
锁底对接		4～6	支承焊漏的成形

①壁厚为2 mm以下的焊件可不开坡口

（2）焊接方法与工艺参数的选择。

贮箱装配环缝焊接主要是采用交流自动钨极氩弧焊与交流自动钨极脉冲氩弧焊两种方法。自动钨极氩弧焊具有焊接质量高、焊缝均匀、易于操作和实现自动化等优点,适用于各种材料的薄件焊接;对于中等壁厚的焊件,可加脉冲电流以降低其热输入,达到熔深大的效果。

贮箱装配环缝焊接的工艺参数是根据贮箱的不同材料、不同壁厚进行选择的。不同的工艺参数列于表7.18、表7.19、表7.20中。

表7.18 LF6薄件环缝自动钨极氩弧焊工艺参数

接头形式	焊件厚度/mm	焊接电流/A	焊接速度/(mm·min^{-1})	氩 气 保 护		焊丝 （LF10）		钨极直径/mm
				焊嘴直径/mm	气体流量/(L·min^{-1})	直径/mm	送丝速度/(m·h^{-1})	
V形接头	2.0+2.7	170～200	235～260	16	20	2.5	66～76	5
	2.5+3.0	200～230						
	3.0+3.5	220～250						
	3.5+4.0	240～270						
	4.0+4.0	260～290						
锁底接头	2.8+3.0	270～300						
	4.0+4.0	280～310	260～280					

表7.19 LD10薄件环缝自动钨极氩弧焊工艺参数

接头形式	焊件厚度/mm	焊接电流/A	焊接速度/(mm·min^{-1})	氩 气 保 护		焊丝 （LF10）		钨极直径/mm
				焊嘴直径/mm	气体流量/(L·min^{-1})	直径/mm	送丝速度/(m·h^{-1})	
V形	3.0+3.7	190～220	175～190	16	20	2.5	52～56	5
	3.3+4.5	200～230						
锁底接头	3.0+3.0	250～280						
	4.0+4.0	260～290	200～200					

表 7.20　LD10 中厚件环缝自动钨极脉冲氩弧焊工艺参数

| 焊件厚度/mm | 接头形式 | 焊接电流/A | | 脉冲周期/s | | 焊接速度/(mm·min⁻¹) | 氩气保护 | | 焊丝 BJ380A | | 钨极直径/mm |
		I_M脉冲	I_v维弧	持续	间歇		焊嘴直径/mm	气体流量/(L·min⁻¹)	直径/mm	速度/(m·h⁻¹)	
6+6	V形	380~420	250~280			160~170					
7+7		400~440	260~300	0.5	0.5	150~160	16	20	2.5	66~71	7
6+6	锁底	450~500	300~350			160~170					

5. 贮箱装配的氩弧点焊工艺

贮箱组件经环缝焊接连接成贮箱整体之后,即可根据要求在贮箱外壁进行支架类零件的单面点焊,如图7.46所示。这种连接既要保证焊点的强度,又要满足焊点的密封要求。

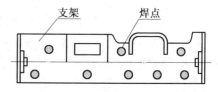

图 7.46　贮箱装配的氩弧点焊

直流正接钨极氩弧点焊的焊点强度高、内部质量好,波动系数小(6%~24%),在贮箱的支架类零件连接中广为采用。

直流正接钨极氩弧点焊主要工艺参数有:电弧长度、钨极端部形状及焊接电流与时间等。

7.4　贮箱的性能试验与检测

贮箱在焊接装配完成后,必须进行性能试验与检测,以检验产品是否达到设计要求。贮箱性能试验主要包括液压强度试验与气密性试验。贮箱的检测主要包括容积测量、质量测定、外形尺寸测量和 X 射线探伤检查等内容。

7.4.1　贮箱液压强度试验

液压强度试验在常温下进行,试验时将贮箱竖直安装在液压试验台上,如图7.47所示。在贮箱的后底安上加水管、加压管及测压管,封堵贮箱上所有敞口部位,仅在前底顶端留一出气孔。启动供水泵,将试验台水箱中的重铬酸钾水溶液注入贮箱,待注满后,封堵顶端出气孔,然后开启加压泵对注入贮箱内的介质施加试验压力,待压力升到规定值后,对贮箱进行外观检查。

在规定的保压时间内不允许渗漏。达到规定的持续试验时间之后卸压,打开顶端出气孔,调整贮箱中液面高度,进行容积测量(详见容积测量内容)。容积测量毕,将贮箱中的介质全部抽回试验台的水箱中,卸下加水管等附件。经冲洗、烘干之后,再对贮箱内、外所有焊缝、焊点按专用技术条件进行外观检查,合格后,液压强度试验即完成。

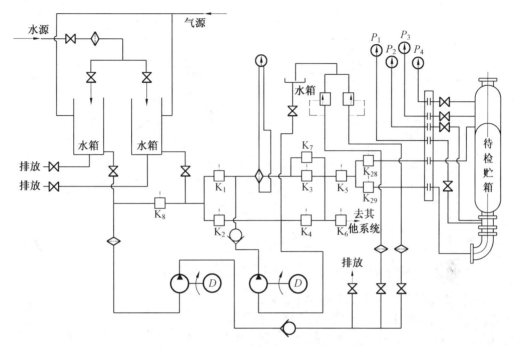

图 7.47　液压试验台系统原理图

7.4.2　贮箱气密性试验

推进剂贮箱的气密性试验有皂泡检漏法、卤素检漏法、氨检漏法和氦质谱检漏法。

1. 皂泡检漏法与卤素检漏法

将贮箱的所有敞口部位封堵之后置于气密试验台上,把洁净的高压空气(压力为22.6 MPa,露点小于–55 ℃)充入贮箱至规定压力。充气之后,停留 10 ~ 15 min,用皂泡法检查贮箱的焊缝与焊点。

对于不易采用皂泡法检查的部位,如共底 Y 形框处,通路小、能见度差,可采用卤素检漏法。贮箱在充高压空气之前,先充入压力为试验压力 1% 的示漏气体氟利昂–12(二氟二氯甲烷),然后按皂泡检漏法进行充压至规定的试验压力。采用外探头式卤素检漏仪在被检部位进行检漏。气密试验台系统如图 7.48 所示。

2. 氨检漏法

贮箱氨检漏的方法是:封堵贮箱各敞口部位并竖立在液压试验台架上,通过管路与气密试验台相连。先向贮箱内充以压力为试验压力 1% 的氨气,然后充洁净空气至规定值。停留10 min 之后,用喷枪向贮箱上所有焊缝、焊点喷涂隔离层涂料(二氧化钛和酒精混合液),待干后再喷以显色层涂料(溴酚蓝酒精溶液)。然后检查各焊缝、焊点有无由黄变蓝的斑点,若有漏孔则记录下具体位置、成斑时间及斑点大小,如图 7.49 所示。

试验表明,当氨浓度为 1%,贮箱试验压力为 294 kPa 时,氨检漏的可检漏率可达66.7 μPa·L/s。氨检漏法具有检漏直观、定位性好、方法简便、效率高并可粗略定量的优点,但氨气易污染环境。

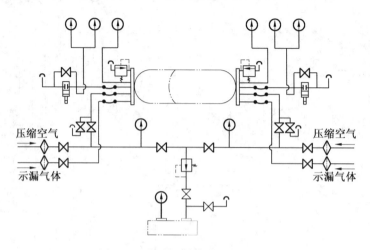

图 7.48　　气密试验台系统原理图

3. 氦质谱检漏法

氦质谱检漏法是在容器的被测部位用真空泵抽至规定的真空度后,在被测部位外部施加含氦的混合气体。如有漏孔氦气便进入容器的被测部位内,系统中的氦质谱检漏仪就可显示出来。

氦质谱检漏的灵敏度可达 13.3 nPa·L/s,比皂泡法检漏高 10 万倍左右。采用氦质谱检漏仪对焊缝进行检漏是目前既灵敏又精确而且十分可靠的检漏方法。

(1)箱底的检漏。

箱底的氦质谱检漏包括前底、后底、单层共底的检漏。由于各底刚性差,不能采用一般正向抽空检漏方法,必须采用外罩式反向抽真空夹具,对箱底进行整底检漏。其检漏系统如图 7.50 所示。

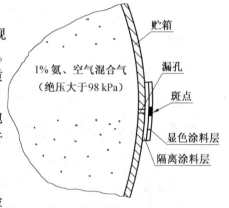

图 7.49　　贮箱氦检漏示意图

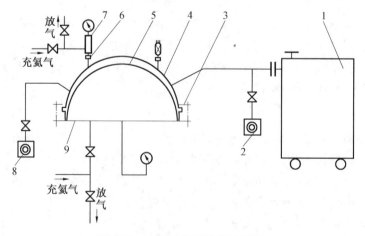

图 7.50　　共底的检漏系统示意图

1—检漏仪;2—辅助泵;3—压环;4—外罩;5—被检共底;6—标准漏孔;7—小容器;8—预抽泵;9—底板

将被检共底放置在夹具底板与外罩之间,它们间的接合面均用胶垫密封,装上压环,紧固。

按图 7.50 连接好管路、真空泵、检漏仪。开启检漏仪调试好待用,开动预抽泵和辅助泵,对外罩与共底间夹层抽真空,当真空度小于 6.67 Pa 时,关闭预抽泵。靠辅助泵维持系统的真空度,当真空度稳定时即可开始检漏。

首先对小容器充氦气,让氦气通过已知漏率的标准漏孔,到达检漏仪,在输出表上有一指示值,而后吹除小容器中的氦气,使检漏仪输出表指示回复零位。接着向共底与底板所形成的空气充入氦气,若共底有漏孔,则氦气到达检漏仪,在输出表上显示一指示值。通过外罩夹具检出的共底被测部位的漏率为

$$Q_1 = \frac{I_1}{I_0} Q_0 \tag{7.14}$$

式中,Q_1 为共底被测部位的漏率;I_0 为通过标准漏孔施氦在检漏仪上的指示值;I_1 为在共底被测部位施氦在检漏仪上的指示值;Q_0 为标准漏孔漏率。

由于外罩扣在 Y 形框上面,检漏时 Y 形框下半部不能被包容到被抽真空的夹层内,因此共底从夹具上取下之后,对 Y 形框还要采用局部施氦罩盒抽空法进行检漏,如图 7.51 所示。确定其漏率 Q_r,那么共底总漏率则为

$$Q_{总} = Q_1 + Q_r \tag{7.15}$$

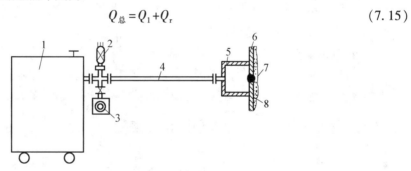

图 7.51　局部施氦罩盒检漏系统图

1—检漏仪;2—真空规;3—真空泵;4—金属软管;5—检漏盒;6—被检箱体;7—氦罩;8—氦气-空气混合气

（2）筒段焊点检漏。

贮箱按技术要求经过清洗、烘干之后,在其筒段焊点位置上扣上累积罩盒(内空间尺寸为 $\phi15$ mm×3 mm)并加以密封,封堵贮箱所有敞口部位之后,充以一定压力的氦气-空气混合气。将嗅敏探枪与检漏仪连接,待罩盒累积一定时间之后,用嗅敏探枪进行累积检测,测出各焊点的漏率,如图 7.52 所示。

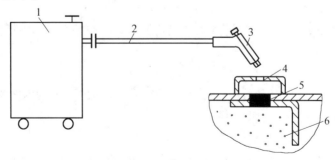

图 7.52　罩盒累积法检漏系统图

1—检漏仪;2—金属软管;3—嗅敏探枪;4—累积罩盒;5—被检贮箱焊点;6—氦气-空气混合气

（3）筒段不易施氦的焊缝检漏。

前箱筒段与热底 Y 形框连接的环形焊缝、纵向焊缝、法兰焊缝等部位，由于紧靠共底，内部空间狭小，若从贮箱内腔施氦则很困难，且氦气分压也不稳定，因此这些部位的焊缝检漏与上述的筒段焊点检漏同时进行。

贮箱内充以一定压力的氦气-空气混合气，贮箱外侧采用各种相应形状的罩盒对待检焊缝做抽空检漏，测出各段焊缝的漏率，如图 7.53 所示。

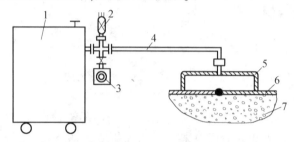

图 7.53　罩盒抽空法检漏系统图

1—检漏仪；2—真空规；3—真空泵；4—金属软管；5—检漏盒；6—被检箱体；7—氦气-空气混合气

（4）筒段其余焊缝的检漏。

将贮箱内的氦气-空气混合气放空，置于大气常压下。贮箱外侧待检焊缝用形状合适的罩盒扣上，加以密封，并与检漏仪连接。同时在焊缝内侧与罩盒相对应的部位敷以涤纶薄膜氦罩，并加以密封，而后充以氦气，进行分段检漏，测出各段的漏率，如图 7.51 所示。

7.4.3　贮箱容积、质量测定及外形测量

贮箱容积测定需要测量总容积、溢出口处容积、2～3 个加注信号容积，测量精度要求为 1/1 000。

容积测定在液压强度试验后进行。可以采用简单的容量法，即制造一个大量筒，将贮箱内的水溶液用水泵抽至量筒中进行测定，但由于大量筒难以精确标定，再加上由于温度、应力等因素的影响，而使量筒本身尺寸不稳定，故测量精度较低。

通常采用质量法，即将贮箱置于地秤上，测出贮箱内水溶液的质量，通过水溶液的密度从而计算出贮箱容积。容积测定精度靠地秤与密度计的精度来保证，贮箱容积按下式计算：

$$V=\frac{m(\delta-\rho)}{\delta(D-\rho)} \tag{7.16}$$

式中，V 为贮箱容积；m 为水溶液质量；δ 为砝码密度；ρ 为空气密度；D 为计算密度。

计算密度 D 按下式计算：

$$D=D_i+M_i+W_i \tag{7.17}$$

式中，D_i 为实测密度值；M_i 为密度计原始修正值（检定书上给出）；W_i 为温度影响修正值。

W_i 按如下公式计算：

$$W_i=\beta(t_0-t)D_i \tag{7.18}$$

式中，β 为玻璃膨胀系数，取 $25\times10^{-6}/℃$；t_0 为标准温度，取 20 ℃；t 为水溶液实测温度。

贮箱质量测定要求的精度为 1/1 000。因贮箱外形大，质量小，通用衡器无法满足要求，需要专用电子吊钩秤完成质量测定。

　　贮箱的外形测量主要包括端框对箱体轴线的垂直度,端框的平面度,前、后底上有对接关系的法兰盘空间位置,箱体长度等。

　　端框对箱体轴线垂直度的测量,可以采用测微准直望远镜。将贮箱水平放置于托架上,在前后端框上安装带中心孔的测量环,在前后中心孔各放置一光学目标,两个光学目标中心点的连线则视为贮箱轴线。在贮箱的一端架设测微准直望远镜,调节望远镜使其光学轴线与贮箱轴线重合。然后在测量环上装上代表端框平面的反光镜,利用自准直原理,即可测出端框对贮箱轴线的垂直度,如图 7.54 所示。

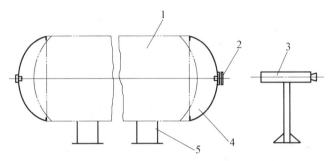

图 7.54　端框对贮箱轴线垂直度的测量简图
1—贮箱;2—反光镜;3—测微准直望远镜;4—测量环;5—托架

　　对于带共底的贮箱,中间不能透光,则需要两个测微准直望远镜进行测量,先将两个望远镜相对架设在一条直线上,并使其同轴。然后将贮箱放置在两个望远镜中间,调整托架,使贮箱轴线与望远镜轴线重合,再利用上述方法,测出端框对贮箱轴线的垂直度。

　　前、后箱底上各种法兰相对于贮箱的空间位置、与端框的平行度以及法兰与其自身法线垂直度等利用专用测量尺进行测量,如图 7.55 所示。

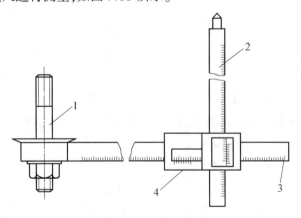

图 7.55　贮箱专用测量尺
1—中心插头;2—轴向标尺;3—径向标尺;4—游标

7.4.4　贮箱 X 射线探伤

　　为确保贮箱的使用可靠性,必须对贮箱的重要焊缝进行 X 射线透照检查。由于贮箱透照面积大,若透照中心稍有偏差,或透照角度选择不当,均会影响透照质量。贮箱焊缝弯度大,底片与焊缝贴合不良,致使焊缝本身影像容易变形,再加上难以采取遮蔽散射线的措施,从而降低了透照的灵敏度与底片的清晰度。使用厚度为 0.5 mm 的铅箔遮蔽散乱射线,是提高贮箱 X 射线透照灵敏度的有效措施,可提高透照灵敏度一级以上。

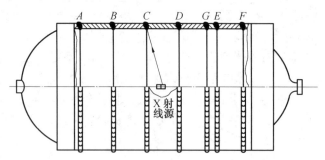

图 7.56 是贮箱环形焊缝 X 射线透照检验示意图,将 360°X 射线探伤机置于贮箱的轴线上,对准待检的环形焊缝,进行周向曝光,每次曝光可透照一条环形焊缝。

图 7.56　贮箱环形焊缝 X 射线透照检验示意图

贮箱 X 射线透照参数与材料厚度、焊缝接头形式有关。不同贮箱、不同厚度、不同焊缝接头的透照参数见表 7.21。

表 7.21　贮箱的 X 射线透照参数

贮箱直径 /mm	焊缝形式	材料厚度 /mm	管电压 /kV	管电流 /mA	曝光时间 /min	焦距 /cm	灵敏度 /根数
2 250	对接 A ~ F	3	80	4	1	100	5
	锁底 G	12	100	4	2	100	3
3 350	对接 A ~ F	7	95	4	3	170	3

7.5　高压气瓶的制造工艺和设备

7.5.1　高压气瓶的结构特点及制造工艺流程

高压气瓶的形状有球形、圆柱形和环形等,其中球形最多,一般由两个半球壳焊接而成。高压气瓶是薄壁高压容器,对其强度、密封性特别是可靠性有极为严格的要求。因此,对高压气瓶的材料性能、钣金成形、切削加工和焊接技术提出很高要求。

高压气瓶材料应具有良好的抗拉强度、塑性和韧性,保证气瓶承受压力时有足够的稳定性。同时,因高压气瓶制造常采用钣金成形、切削加工和焊接技术等工艺方法,要求气瓶材料还应具有良好的冷、热加工性能。目前常用的高压气瓶材料有中碳高强度合金钢、钛合金和铝合金等。

30CrMnSiA 合金钢是气瓶常用材料。在调质状态下有良好的综合力学性能($\sigma_b \geq$ 1 078 MPa,$\sigma \geq 10\%$),退火、正火状态有很好的冷冲、切削和焊接性能,成本也较低。30CrMnSiA 合金钢气瓶结构如图 7.57 所示,由两个半球壳和两个接管嘴焊接而成。半球壳利用冷拉伸成形,再经过高温回火、喷砂、车削焊接坡口工序制成,壁厚一般为 5 ~ 8 mm。接管嘴由退火状态的 30CrMnSiA 钢棒车削而成。

TC4 钛合金具有很高的比强度和优良的抗蚀性($\sigma_b = 900 \sim 1\ 100$ MPa,$\delta = 8 \sim 10\%$,$\gamma = 4.5\ \text{g/cm}^3$),是制造高压气瓶的优良材料。TC4 钛合金气瓶由两个半球体焊合,如图 7.58 所示。半球体利用热模锻成形,再经粗车、淬火、精车和时效等工序制成,壁厚一般为 3 ~ 4 mm。

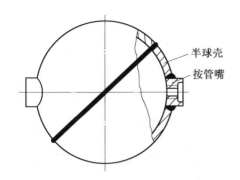

图 7.57　30CrMnSiA 合金钢气瓶结构图

半球壳
按管嘴

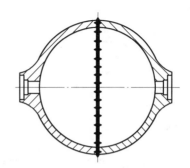

图 7.58　TC4 钛合金气瓶结构图

LF6 防锈铝合金具有一定的强度和塑性,耐蚀性和焊接性优良(半冷硬状态 $\sigma_b \geqslant$ 320 MPa,$\delta \geqslant 15\%$;焊接强度系数为 90% ~ 95%),其加工性能好,成本低,用于制作受力不大的低压气瓶,外形与图 7.57 相同。

高强度合金钢球形气瓶的主要制造工艺过程是:钣金下料→冲压成形→去飞边→焊接管嘴→焊接两半球→检验→热处理强化→吹砂→强度试验→密封试验→涂漆。

钛合金球形气瓶的主要制造工艺过程是:半球体模锻→粗车→淬火→精车→酸洗→焊接成球→X 射线检查→时效强化→强度试验、声发射检查→密封试验→涂漆。

7.5.2　钛合金半球体的制造工艺和设备

1. 加工要求和制造工艺流程

TC4 钛合金半球体属于薄壁零件,其直径与壁厚的比值超过 90,刚性差,结构形状及尺寸精度要求如图 7.59 所示。为满足钛合金气瓶的使用要求,对气瓶的半球体提出的技术要求如下:

(1)原材料中的间隙元素氧、氮、氢的含量须严格控制,不得超过有关技术条件所规定的允差范围。

(2)对锻件坯料要进行超声波检查、晶粒度检查;为保证锻件毛坯各部位的力学性能均达到有关技术条件的要求,按图 7.60 所示部位切取试样进行力学性能试验。

(3)对半球体零件壁厚按有关技术条件任选 40 个测量点进行测量,其不均匀量不大于 0.4 mm,$\phi 348.8$ 的圆度误差不大于 0.25 mm,螺纹孔 M22 与 D 面垂直度允差不大于 0.05 mm。

(4)半球体零件内外表面的划伤深度不得大于 0.1 mm,对于划伤深度为 0.05 ~ 0.1 mm 的划伤处要求打磨光滑,并保证壁厚要求,半球体内、外表面不允许存在氧气污染、裂纹等缺陷。

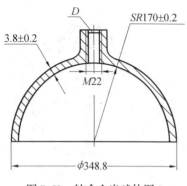

图 7.59　钛合金半球体图

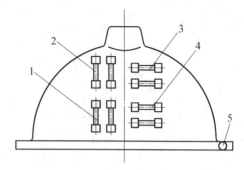

图 7.60　力学性能检查取样位置

1—下纵向试样;2—上纵向试样;3—上横向试样;

4—下横向试样;5—飞边试样

钛合金半球体的典型工艺过程是:模锻→热处理→粗车工艺边→粗车外球面及管嘴→粗车内球面→热处理→精车工艺边→精车外球面及管嘴→精车内球面→铣扁→钻孔→切工艺边。

2. 毛坯的锻造工艺

锻件采用 φ200 mm×106 mm 圆柱坯料。由于模锻成形主要是反挤压,方向性强,为使坯料在各个方向上的力学性能均能达到有关技术条件的要求,铸锭在开坯后须采取多次变向反复镦拔,以保证坯料在各个方向上的性能趋于一致。

半球体模锻件采用三次模锻成形,第一次和第二次锻造毛坯的结构如图 7.61 和图 7.62 所示。为便于加工装夹,在钛合金半球体锻件的端面留有一周工艺边,锻件壁厚为 12 mm,如图 7.63 所示。

为保证模锻时金属的流动性,模具应预热至 200～250 ℃。若停锻时间较长时,要对模具重新预热。锻模结构如图 7.64 所示。钛合金在高温时容易吸氧与氧化,表面形成硬化层,增加锻件与模具之间的摩擦,采用玻璃防护润滑剂,可防止钛合金的氧化,并起润滑作用,减少变形抗力。如涂以油基石墨,效果更好,不仅延长模具的寿命,而且坯料的温降也减慢,有利于模锻成形。

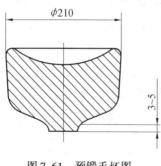

图 7.61　预锻毛坯图

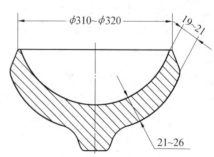

图 7.62　第二次模锻后毛坯

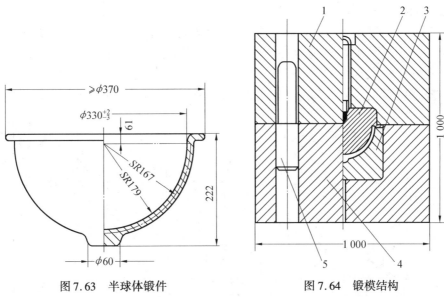

图 7.63　半球体锻件　　　　　　图 7.64　锻模结构

1—上模座;2—凸模;3—凹模;4—下模座;5—导柱

为了消除压力加工所造成的内应力,改善加工性能,减少加工后变形,须对半球体锻件进行退火。退火加热温度为 760 ~ 800 ℃,加热设备采用空气电阻炉,保温时间为 60 min,随后出炉空冷。

3. 切削加工工艺

(1)钛合金的切削加工性能。

钛合金的比强度高、导热性差,切削加工性不好。钛合金材料牌号与切削加工性的关系见表 7.22。若从不同切削方法分析,其加工困难程度则按车、铣、钻、铰、磨、攻丝依次递增,尤其是 M6 以下的小螺孔攻丝最难。

表 7.22　钛合金切削加工性的优劣顺序

牌号	金 相 组 织	切削加工性
TA	α 型钛合金	好
TC	(α+β)型钛合金	中等
TB	β 型钛合金	差

由于钛合金导热性差、密度小、比热也小,在切削过程中所产生的切削热难以从切屑和工件传出,所以大部分热量停留在刀头上。又由于切屑与刀具的前刃面接触长度极短,大约为普通钢屑的 1/3,因而停留在刀头上的大量切削热就集中在切削刃附近的狭长区域内,切削力也集中于该处,造成这一小面积接触区温度很高,压力很大。钛合金弹性模量小,仅为钢的一半,切削刃通过之后,已加工表面回弹量大,增加了与刀具后面的摩擦。此外,钛合金抗氧化性能差,进行锻造或热处理时,其表面往往被污染而形成硬化表层。这种表层虽然很薄,但硬度可达 HRC 48 ~ 53,若刀刃在此层内切削,则将迅速磨损失效。这些因素都严重影响刀具寿命。

(2)半球体的切削加工。

①工艺边的加工:工艺边是作为加工内、外型面的定位基准,它直接影响半球体零件的加工精度。加工工艺边时,以外球面为粗加工基准找正安装,一次装夹车削出工艺边的 A、B 两

面及外圆,如图7.65所示。

②球面的加工:外球面加工是以工艺边端面为定位基准,采用靠模刀架在普通车床上加工成形,如图7.66所示。加工内球面时,以工艺边的外圆及其肩面为定位基准,采用球形刀架在普通车床上加工成形,如图7.67所示。

③工艺边的切除:切除工艺边在车床上完成,其安装方式同工艺边的加工。

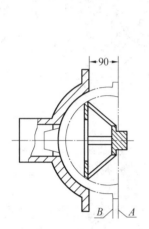 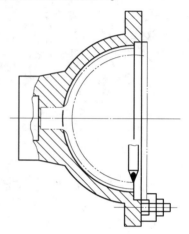

图7.65　车削工艺边的夹具　　图7.66　车削外球面的夹具　　图7.67　车削内球面的夹具
1—夹具;2—刀架;3—靠模

4. 切削刀具材料和几何角度的选择

钨钴类硬质合金刀适合于钛合金材料的车削。YG6X 粒度较细,具有较高的冲击韧性与高温强度,较高的耐磨性与高温硬度,刃磨性能好,可磨出锋利的刃口,适合车削钛合金半球体的内、外球面。YA6 虽然耐冲击性能差,刃磨较困难,但耐磨性比 YG6X 要高,适合加工螺纹。

车刀前角取4°~6°,后角取14°~16°适合切削钛合金,车刀几何角度对使用寿命的影响如图7.68和图7.69所示。

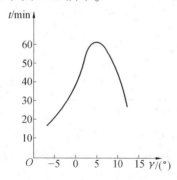 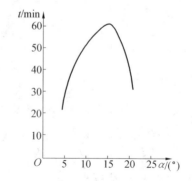

图7.68　车刀前角对使用寿命的影响　　图7.69　车刀后角对使用寿命的影响

5. 半球体的淬火

半球体的淬火是在粗加工后进行,(α+β)型钛合金常用的淬火温度选在临界温度与β相变点之间。

对于β相稳定元素含量较小的合金,其淬火温度可偏高,使原始相α减少,由β相转变的马氏体量增多,从而得到较高的强度。它们主要依靠所得的马氏体的分解来强化。相反,对于

β 相稳定元素含量较高的合金,在较低温度淬火后,可固定的亚稳 β 相较多,因此可采用偏低的淬火温度,以求获得较高的强化效果。

TC4 合金是含 β 相稳定元素较少的合金,对粗加工半球体的淬火加热温度选取(900 + 10 ℃),加热设备采用空气电阻炉。粗加工半球体的淬火保温时间为 30 min。为减少半球体变形,淬火加热时应采用专用夹具,敞口向上,水平放置。

由于 TC4 的 β 相稳定元素含量较少,使得合金的淬透性低,因此应选用冷水(水温不大于 30 ℃)作为淬火介质,增大其冷却速度,提高时效后的强化效果。

为防止 β 相在转移过程中分解,降低强化效果,淬火的转移时间应尽量缩短。为减少变形,钛合金半球体淬火冷却时,也须装入专用夹具,并使半球体的敞口朝上,平稳地进入淬火介质。

7.5.3　钛合金气瓶的焊接工艺和设备

钛合金中的钛是化学性能十分活泼的元素,在液态或高于 600 ℃ 的固态下,极易与氧、氮、氢及碳元素化合,在焊接过程中,会因此而导致焊接接头中产生气孔和裂纹,使塑性显著下降。另外,在焊接时,会由于油污等杂质造成焊缝增碳,当焊缝含碳量为 0.55% 时,焊缝塑性几乎完全消失,且无法用热处理方法改善,因此,在钛合金气瓶焊接过程中,熔池及附近 400 ℃ 以上的高温区必须采用惰性气体加以保护。焊接前,则应严格清理焊接区。

钛合金气瓶的焊接工艺过程是:选配半球体→焊前清理→焊接。

(1)焊前清理。

清理的方法:对焊件及焊丝进行除油、酸洗,临焊前再用丙酮擦洗焊件坡口及焊丝表面。

除油是用汽油或丙酮进行整体清洗后,将工件放入 60 ~ 90 ℃ 的化学除油液中浸泡 5 ~ 10 min,然后用冷水冲净。除油液的成分和配比如下:

氢氧化钠(NaOH)　　　　　　　　20 ~ 50 mL/L

无水碳酸钠(Na_2CO_3)　　　　　≥30 mL/L

磷酸三钠($Na_3PO_4 \cdot 12H_2O$)　　20 ~ 30 mL/L

硅酸钠(Na_2SiO_4)　　　　　　　3 ~ 5 mL/L

酸洗过程是先将工件浸入室温酸洗液 4 ~ 5 min,然后在游动的热水中冲刷,再用冷水冲洗后用压缩空气吹干,焊前在烘箱内烘干,时间为 1 h。酸洗液的成分和配比是:

盐　酸(HCl)　　　　200 ~ 250 mL/L

硝　酸(HNO_3)　　　50 ~ 60 mL/L

氟化钠(NaF)　　　　45 ~ 50 mL/L

(2)焊接。

钛合金气瓶焊接分封底焊接和填丝焊接两个步骤。焊接时,要采取特殊保护措施提高保护效果,如图 7.70 所示。

焊接前对瓶内预充氩气 5 min,保证焊接时瓶内氩气纯度高于 97.8%,以保护焊缝背面,焊接时,利用延伸保护罩保护 400 ℃ 以上高温区的焊缝。焊接参数见表

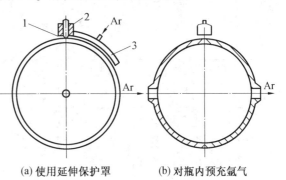

(a)使用延伸保护罩　　(b)对瓶内预充氩气

图 7.70　钛合金气瓶焊接时的保护措施

1—喷嘴;2—钨极;3—延伸保护罩

7.23。

焊接方式为下坡式,起弧电流为 150 ~ 180 A,而后增大到额定参数,接头处提前 15 ~ 21 mm将电流加大 20 ~ 30 A,最后缓慢衰减到零。

表 7.23 钛合金气瓶的焊接参数

焊接方式	焊接电流 /A	电弧电压 /V	焊接速度 /(m·h⁻¹)	焊丝		钨极	
				焊丝直径 /mm	送丝速度 /(m·h⁻¹)	材料	直径
封底	235 ~ 265	10.5 ~ 12.5	15.9	—	—	BT15	2.5
填丝	250 ~ 260	12.5 ~ 14.5	11.9	2	62	BT15	2.5

7.5.4 钛合金气瓶质量检测工艺和设备

(1)X 射线透照检验。

钛合金气瓶的焊缝需要 100% 的 X 射线透照检验,保证焊缝质量达 I 级焊缝要求。图 7.71是钛合金气瓶环形焊缝 X 射线透照检验示意图。

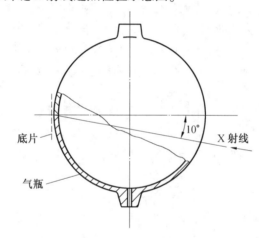

图 7.71 钛合金气瓶环形焊缝 X 射线透照检验示意图

透照时,X 射线透照方向之所以要偏离气瓶环形焊缝所在平面10°角,是为了在底片上不产生两条焊缝影像重叠,保持底片清晰。测定灵敏度的铝质透度计应置于底片与气瓶之间,底片背面用厚度大于 2 mm 的铅板遮蔽散射线。每个气瓶的环形焊缝分段透照,参数见表 7.24。

表 7.24 X 射线透照检验参数

管电压	管电流	曝光时间	焦距	增感方法	灵敏度
130 kV	10 mA	4 min	200 cm	不用增感屏	铝质透度计直径为 0.4 mm

(2)声发射检测。

钛合金气瓶的声发射检查在液压强度试验时进行,其工作原理如图 7.72 所示,记录下来的声发射曲线如图 7.73 所示。

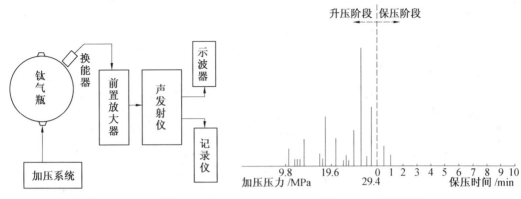

图 7.72　钛合金气瓶声发射检查框图　　　　　图 7.73　声发射曲线

按声发射的特征,可将气瓶划分为 Ⅰ、Ⅱ、Ⅲa、Ⅲb、Ⅲc、Ⅳ六类,Ⅳ类气瓶在升压和保压的全过程中持续存在强烈的声发射信号,表明裂纹在不断扩张,缺陷性质很不稳定。因此,这类气瓶作为不合格品处理,对该类气瓶进行爆破试验和断口金相分析,可进一步证实结论的正确性。

Ⅲ类气瓶根据其特征又可分为 a、b、c 三种。Ⅲa 类只在升压时有较强的声发射信号而在保压时无信号;Ⅲb 类则在保压初期也有快速收敛的信号;而Ⅲc 类在保压初、中期均有收敛型声发射信号。这类气瓶存在不同程度的材料或焊接缺陷,但多数缺陷是稳定的。因此,把Ⅲa 类和Ⅲb 类也划为合格品。Ⅲc 类介于Ⅲ类和Ⅳ类之间,由于目前声发射检查经验尚不足,对缺陷的稳定性缺乏系统的考核,因此,把Ⅲc 类作为不合格处理为妥。

Ⅰ、Ⅱ类气瓶在保压时无声发射信号,只在升压时有较弱的信号,表明它们无明显的缺陷,即使存在缺陷也是十分稳定的,无疑,两类气瓶均有较好的健全度,使用可靠性高。

在一批气瓶中,抽取Ⅲb 类中最差者进行爆破试验,以此来了解该批产品的质量,把Ⅲc 类和Ⅳ类列为不合格品加以排除,这样的处理办法,比在一批产品中随机抽取一定数量进行爆破试验的办法可靠性更高。

(3)液压强度试验。

以含 0.3% ~0.5% 重铬酸钾水溶液充入气瓶并加压力到(29.5+0.5)MPa,保压 10 min 后无泄漏者为合格。

在液压强度试验时,同时测定气瓶残余变形量,残余变形量 α 应满足

$$\alpha = \frac{H_k - H_0}{H - H_0 - 13.5 V_0 - K} \leqslant 5\% \tag{7.19}$$

式中,H 为试验压力下测试量筒读数;H_0 为加压前测试量筒读数;H_k 为卸压后测试量筒读数;V_0 为气瓶容积;K 为系统在试验压力下的弹性变形值。

(4)气密试验。

气瓶的气密试验用干燥无油的洁净空气进行。试验压力为 20.6 MPa,保压时间为 10 min,无泄漏为合格。

7.5.5　钛合金气瓶的热处理

钛合金气瓶热处理有以下几种:

(1)退火。减少锻造气瓶毛坯变形,并改善加工性能。工艺是:加温(800+10)℃,保温

60 min,空冷。

(2)淬火。加热至(900±10)℃,保温 30 min,水冷。

(3)空气炉中时效。加热到(550±5)℃,保温 2.5 h 后空冷。时效处理会造成气瓶表面的氧化和腐蚀。时效后,气瓶需经表面清理打磨,涂漆后使用。

(4)真空炉中时效。工艺是:抽真空(6.65 Pa)→加热到(550+5)℃→保温 2.5 h→在真空冷却室冷至 100 ℃→充入氮气或空气→取出零件。

气瓶在真空冷却室冷却至 100 ℃才能充入氮气取出零件。经过真空时效的气瓶表面呈淡黄色,且均匀一致。如果进一步提高时效时的真空度,可以得到钛合金本色——银白色的零件。

7.5.6　气瓶的典型试验

(1)可靠性试验。

①反复充压试验:试验压力为 0 ~ 20.6 MPa,反复 100 次,优质气瓶需反复 350 次,每次保压时间为 30 s,瓶体在试验过程中无任何渗漏及异常现象出现,则认为合格。

②爆破试验:反复充压试验合格的气瓶继续升压到设计要求的爆破压力(室温下 $p =$ 42 MPa;80 ℃时,$p = 40$ MPa),保压 30 s 为合格,而后继续升压直至爆破,记录爆破压力。

(2)保压试验。

为掌握气瓶在充压后一段时间能否满足使用要求(其固有缺陷是否稳定,瓶体材料是否蠕变),可进行保压试验。

保压试验时间可为 30 天、45 天或 60 天,同时还可进行气瓶增压、卸压壁温测量、瓶壁应变测量和定期声发射检查,试验后,参加试验的气瓶均进行表面腐蚀检查、爆破试验及断口分析。

第 8 章　火箭发动机典型零部件的制造技术

8.1　推力室的结构组成和工艺特点

8.1.1　结构和组成

推力室是液体火箭发动机的重要组成部分,是实现能量转化、形成推力的装置。推力室种类很多,结构形式各异,主要由头部、燃烧室及喷管三大组件构成。通常把燃烧室和喷管(不含喷管延伸段)制成整体,称为"身部"。某些具有大喷管扩张比的发动机,常将推力室大尺寸的喷管尾部分开制造,这种固定不动的裙形组件安装在喷管出口端,称之为喷管延伸段。推力室结构如图 8.1 所示。

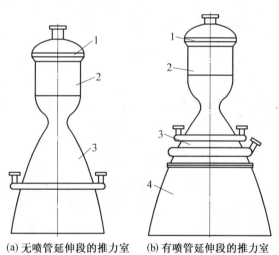

(a) 无喷管延伸段的推力室　　(b) 有喷管延伸段的推力室

图 8.1　推力室结构示意图

1—头部;2—燃烧室;3—喷管;4—喷管延伸段

推力室既是能量转化装置,也是承力构件。外表面上装有涡轮泵座、支架、摇摆轴和承力接头(杯套)等零组件,这些零组件在装配过程中采用焊接方法,与推力室构成一体,以满足推力室的强度、密封性及其他特殊要求。

现代各类推力室零件常采用强度高、韧性好、耐腐蚀的不锈钢和高温合金(如 1Cr18Ni9Ti、1Cr21Ni5Ti、GH1131 等);导热性好、强度高的铜锆合金;低温性能好的 F150 和 F151 以及由耐热钢丝编织、压制、烧结成的多孔材料等制成,它们具有各种优异性能。

8.1.2　工艺特点

(1)推力室零件大都为钣金成形件,具有复杂的外形和型面要求。如波纹板夹层结构推力室,钣金成形件约占零件总数的50%,其中许多零件,如喷管内壁、外壁、隔板进口半管、蜗壳及波纹板等,不仅壁薄,而且型面复杂,制造中需采用冲压成形、爆炸成形、强力旋压和超塑成形等多种工艺方法。

(2)推力室中切削加工零件占有相当比例,它们是由多种具有特殊性能的材料制造的,结构形状特殊,工艺性差别很大,加工精度高,容易变形,所以需采用先进的加工方法、先进的刀具和机床设备。

(3)推力室各零、组件的连接,除个别部位采用机械连接外,绝大部分采用焊接连接,常用的焊接方法如图8.2所示。

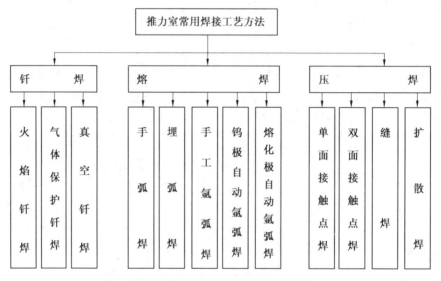

图8.2　制造推力室常用的焊接方法

(4)新型推力室结构的不断出现,新材料的广泛应用,必须采用相适应的新工艺,才能满足制造的要求。例如,为制造出沟槽式身部内壁,需采用强力旋压、化学铣切、数控车削和数控铣削工艺;又如推力室身部外壁是采用电铸工艺直接铸在内壁上等。

(5)零组件的位置准确度要求高,许多零件需组合加工进行协调。对于焊缝多的薄壁结构件,容易造成较大的焊接变形,制造过程中应使用精度高、刚性好的工艺装备,如钻模、车床夹具、焊接夹具和测量型架等。

8.2　头部典型零件的加工技术

8.2.1　头部的结构和组成

平顶式头部由顶盖和喷注器两个组件构成,构成零件的制造工艺可分为两大类:一是钣金零件,包括顶盖、一底、二底和加强肋等;二是切削加工零件,包括喷注器盘、喷注器环、喷嘴壳体、喷嘴环、内喷嘴、涡流器法兰盘等,如图8.3所示。

喷嘴的功用是喷射推进剂并使其雾化和混合,其结构形式有离心式、直流式和同轴式三类,如图8.4所示。喷嘴可以是单组元的(每个喷嘴只喷注推进剂的一个组元),也可以是双组元的(每个喷嘴组件喷注两种推进剂组元)。

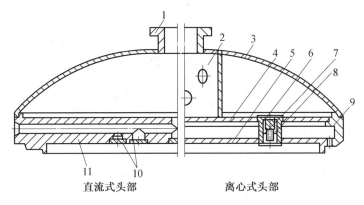

图 8.3　头部零件结构示意图

1—法兰盘;2—加强肋;3—顶盖;4—二底;5——底;6—外喷嘴;7—涡流器;8—内喷嘴;
9—喷注器环;10—喷嘴环;11—喷注器盘

离心式喷嘴:推进剂组元在其旋流室内产生旋转,再经喷嘴孔喷出的一种喷嘴,旋流室按结构特点可分"涡流器"和"切向孔"两种。

直流式喷嘴:具有一定长径比的小孔。推进剂组元通过小孔以轴向射流的形式喷入燃烧室,是最简单的一种喷嘴。

同轴式喷嘴:内、外喷嘴同轴套装,内喷嘴为离心式或同轴式,外喷嘴为切向孔式或直孔式,其喷嘴出口端为环缝通道的双组元喷嘴。

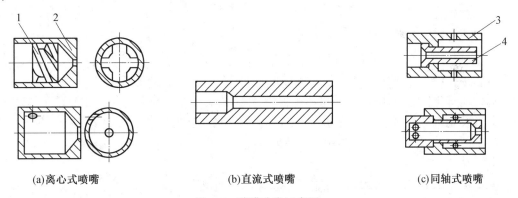

(a)离心式喷嘴　　　　　　　　(b)直流式喷嘴　　　　　　　　(c)同轴式喷嘴

图 8.4　喷嘴分类示意图

1—涡流器;2—喷嘴壳体;3—外喷嘴;4—内喷嘴

8.2.2　喷嘴零件的加工工艺

1. 结构特点及技术要求

两种典型喷嘴的结构如图 8.5 所示,毛坯材料为 1Cr18Ni9Ti 棒料。

技术要求:

(1)有配合的圆柱面同轴度要求,一般为 0.05 ~ 0.10 mm。

(2)圆柱面和轴肩的垂直度误差不大于 0.05 mm。

(3)切向孔或相交孔的孔距,相交度和相交点的位置公差要求在 ±(0.05 ~ 0.10) mm 范围内。

(4) 切削加工后做液流试验,检查流量、雾化程度及液流的相交程度。

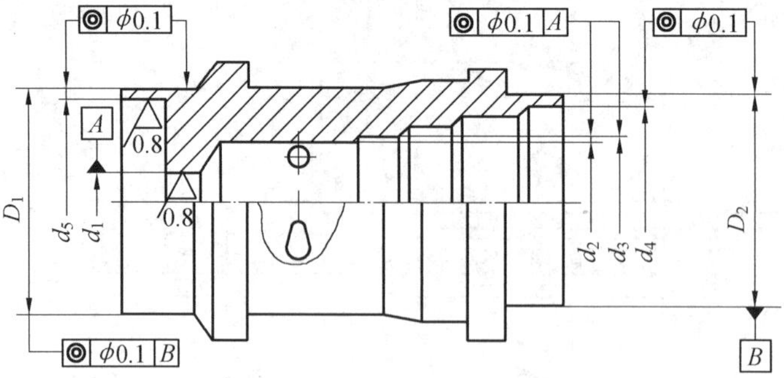

(a) 带切向孔的喷嘴

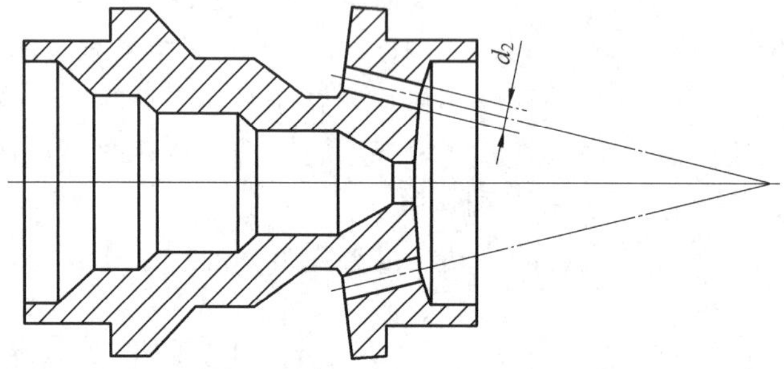

(b) 带相交孔的喷嘴

图 8.5　喷嘴结构

2. 工艺分析及工艺过程

加工工艺主要集中在车削喷嘴内外型面和钻、铰喷嘴孔上,加工精度集中体现在同轴度、垂直度和小孔中心的相交准确程度的要求上。喷嘴孔的出口要保证光滑、完整,使推进剂能沿轴向均匀地雾化,故要求喷嘴孔的出口边保持锐边,没有毛刺。喷嘴的制造数量较大,在机床、工艺装备及制造工艺等方面要适应批生产的要求,喷嘴加工的工艺过程如下:

粗车外形→粗车内孔→精车外形→钻削内孔→铰孔→去毛刺→精车端面→研磨出口面→去毛刺→液流试验

关键工序为内孔钻削、切向孔钻削和成对相交孔钻削。

3. 关键工序的加工工艺

(1) 内孔钻削。

各种类型的喷嘴均用复合钻头、复合锪钻和复合铰刀进行孔的加工,以保证同轴度的要求。

高速钢(W18Cr4V)复合钻头用于扩孔或铰孔前的粗加工和半精加工,当钻削 1Cr18Ni9Ti 不锈钢材料时,钻削速度一般选用 13 ~ 15 m/min。若采用钴高速钢制成的复合钻头,则其耐用度比普通高速钢高 2 ~ 3 倍。

喷嘴壳体内孔精加工时,可用复合铰刀。当复合铰刀与复合钻头配合使用时,能对一些孔径较小、同轴度要求较高的台阶孔进行加工,不但质量稳定,并能保证孔的尺寸精度和表面粗糙度值要求。

复合铰刀的材料与复合钻头相同,也可采用硬质合金。铰孔的切削速度一般选用 13 ~

15 m/min,切削液是通用的乳化液,若铰孔的表面粗糙度达不到要求,可降低切削速度并改用豆油作为切削液,但铰孔后需对喷嘴进行清洗,保证工件表面不粘附油脂或其他多余物。

(2)切向孔的钻削。

在圆柱面上钻削切向孔,要保证位置准确,不产生偏斜,关键是选用合理的切向孔钻模。由于喷嘴结构形式和基本要求相近,但种类多,尺寸也不相同,为便于生产,在切向孔钻削时常采用可调式切向孔钻模。这种钻模应保证喷嘴的径向和轴向定位准确,其钻套可按喷嘴上切向孔的位置进行调整。钻完第一个切向孔后,转动分度机构至规定位置,即可钻其余切向孔。

为了适用于钻多种切向孔的要求,钻模上的钻孔位置可通过更换钻套、定位心轴及分度盘等予以调整。

(3)成对相交孔的钻削。

钻削成对相交孔,应保证两孔径向位置、轴线相交角度及相交点位置的准确性,采用轴向相交孔活动钻模可达到上述要求。这种钻模的压紧机构在压紧零件的同时进行定位,在钻模设计时,应保证钻套上两孔轴线的交点在其转动轴线上,使喷嘴的相交孔在垂直位置钻孔。钻好一孔后,将另一相交孔转至垂直位置进行钻削,从而得到两个轴线相交的孔,并能保证其位置精度。

若需改变钻模的两孔相交角度时,可更换钻套和改变钻模的定位孔位置,如果需要改变两孔轴线交点的高度或相互间的位置,则应改变模具上与转动轴连接的定位尺寸和钻套上孔的相互位置。

8.2.3　喷注器盘零件的加工工艺

喷注器盘是直流式喷注器的重要零件,它是喷注器的主体,其上装有全部喷嘴环,并钎焊成整体,作为推力室头部的承力构件。其他组件(如顶盖和隔板等)也都焊接在喷注器盘上,构成燃料腔及氧化剂腔,使推进剂分别从各自的喷嘴喷出、混合并燃烧。

1. 结构特点及技术要求

喷注器盘的材料为 1Cr18Ni9Ti 不锈钢,毛坯为圆盘形锻件,基本结构如图 8.6 所示。盘的一面有数量很多的环形槽,各槽同轴均布,盘的另一面有若干个凹槽,盘的外圆柱面上分布有若干个径向台阶孔。同一径向台阶孔的一条母线相切成一直线,以保持各环槽部分的厚度相近,各径向台阶孔与相间的各环槽相通。喷注器盘一面的外缘有一圈均匀分布的轴向孔 E,它们与各台阶孔相通,由轴向孔 E—台阶孔—相间的环形槽构成推进剂一个组元的通道与容腔,凹槽和与其相通的另一半环形槽构成推进剂另一组元的通道与容腔。

技术要求:各台阶孔、弧形槽、扇形凹槽的位置分布角距公差为±10′,各环形槽的同轴度、圆度和尺寸公差为 0.05 mm,端面 D 对中心线的垂直度公差为 0.05 mm。

2. 工艺分析及工艺过程

喷注器盘毛坯为实心自由锻件,余量大,应先粗车去除余料。环形槽数量多,尺寸和形位公差要求严,应一次装夹定位进行加工,采用偏心套定位钻削径向台阶孔。为保证各弧形槽两端圆孔位置准确,通常采用钻模加工。工艺过程是:车削外形→钻台阶孔→车环形槽→钻轴向通孔→钻弧形槽两端孔→划线→铣凹槽→铣弧形槽→精车环形槽。

其中关键工序为台阶孔的钻削、环形槽的车削和弧形槽的铣削。

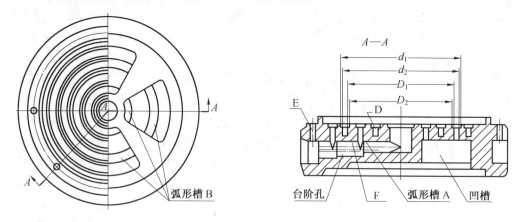

图 8.6 喷注器盘

3. 关键工序的加工工艺

(1) 径向台阶孔的钻削。

各径向台阶孔深度较大,钻孔时定位和排屑困难,使用有分度装置并能换装偏心钻套的钻模加工,可保证圆周上的径向台阶孔分布均匀,且能保持各台阶孔的一边成一直线。各台阶孔均采用断屑式群钻钻削,并随时清除孔内碎屑。用平顶锪钻和定位扩孔钻加工台阶孔相接处的平面,并以钻套定位,这样能够保证孔边相错位移在技术要求范围内。

(2) 环形槽的车削。

车削环形槽分两步进行,先车削环形槽的 D_1 和 d_2 部分,然后钻弧形槽两端的弧形孔,再铣出背面的弧形凹槽,最后在已加工的各环槽上车削出与喷嘴环相配合的台阶槽,这样可以保证环形槽各配合尺寸的精度、圆度、同轴度和表面粗糙度值要求,并同时保证各加工部位不被碰伤和压伤。

车削环形槽的切槽刀,分粗车刀和精车刀两种,粗车刀的特点是:刀尖角度为 125° ~ 135°,两切削刃对称分布,刀具的前面呈脊形,以增加刀刃部分刚性,刀具的后面制成弧形,可以减少振动和避免刀尖损坏,这种刀具可在较高的切削速度下进行强力切削。切屑呈瓦楞带状,排屑顺利且不干扰切削的进行,所以有较高的耐用度,精车刀的前角较大,刀具的后面也制成弧形,用以增加刀具的刚性。精车时加工余量很小,故可防止零件加工面上产生震纹,使表面粗糙度值减小。刀具材料可选用 YG 类硬质合金。

(3) 弧形槽的铣削。

弧形槽是径向台阶孔或扇形凹槽与环槽的通道,用铣切加工制成。为保持精确的位置和提高生产效率,在铣弧形槽之前,用钻模定位钻出弧形槽两端的孔,再用铣刀铣出弧形槽 A 和 B。在钻削台阶孔与环形槽相通的弧形槽 A 两端孔时,应将钻孔深度控制在径向孔的中心线位置(应注意不同径向位置上台阶孔的直径不同),然后用长齿铣刀铣削,使弧形槽两端孔的孔壁与径向台阶孔的孔壁相切。

8.2.4 喷嘴环零件的加工工艺

喷嘴环是直流式喷嘴的集合体,与喷注器盘装配钎焊在一起,进入头部的燃料和氧化剂分别从不同环上的喷嘴孔喷出,并互相撞击形成雾化状态,使燃料和氧化剂在雾化状态下混合,全部撞击点应形成一个稳定的燃烧面。

1. 结构特点及技术要求

喷嘴环的材料为1Cr18Ni9Ti,由直径大小不等而截面相同的一套环组成,各环上分别钻有不同直径的小直孔或成对的小斜孔,如图8.7所示。

技术要求:

(1)成对斜孔的中心线应相交,中心线偏移公差,各环的内、外圆同轴度公差,C、D面对E面的垂直度公差和E面的平面度公差均为±0.05 mm。

(2)各孔任意角距公差为±10′。

(3)各孔中心线位置度公差、成对斜孔中心线相交点位置距孔出口平面的高度公差为±0.1 mm。

(4)各孔出口边去毛刺、不倒圆。进口处倒角与进口中心偏移公差为0.2 mm。

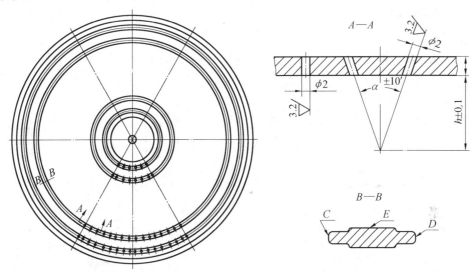

图 8.7　喷嘴环

2. 工艺分析及工艺过程

制造全套喷嘴环有较高的技术要求和较大的技术难度,主要是:

(1)在平面上钻斜孔定位困难,特别是钻制φ1 mm以下小斜孔时,难于保持孔的进口和出口处的形状和直线度。

(2)各环上孔的种类多且孔数不等,有的成对斜孔中间穿插有不同孔径、角度或方向的斜孔,其中有相交的成对孔,也有不相交的成对孔,因此,要保证各孔位置的准确性,加工难度较大。

(3)要求中心线相交的成对(或一组)斜孔,应保证交点的位置和距孔出口面的高度。所以加工时孔的进、出口位置必须准确,相交角 α 要求一致,但相交孔的轴线在两个方向上,需要分两次钻削,当钻好一个孔后,必须移动工件或工具,或二者同时移动并重新定位,然后再加工另一孔。因而会带来误差,从技术上一定要设法减少或消除这种定位误差。

(4)各种角度斜孔的出口边皆为椭圆形,钻孔后要求去除毛边、毛刺,保持锐边。由于不锈钢材料的塑性和韧性较好,形成毛刺后,要去除干净并保持锐边比较困难。

(5)不同直径的薄圆环,尤其直径较大的圆环,加工时容易变形,尺寸精度难以保证,因此,零件的装夹和定位必须采取有效措施。

喷嘴环车削加工可采用两种工艺方案:第一种,按单环尺寸加工两面,然后逐个切下,并按单环钻孔。第二种,将若干个单环在一块板料上成组车削加工,整体进行钻孔,最后再套切成单环。该方案的优点:材料利用合理;有利于工装的设计和制造;零件装夹和定位方便,易于保证尺寸精度和位置要求,并可提高生产效率;零件基本处于自由状态下加工,可消除零件的装夹应力,防止零件产生变形等。

喷嘴环小孔的钻削工艺方案可采用:钻模板导向钻孔、台钻上分度钻孔、扇形板式钻床钻孔(图8.8)和数控钻床钻孔。

工艺过程:制圆盘板料→车削平面→车削环槽→钻铰孔→锪孔→去毛刺→车削成单环→去毛刺。

3.关键工序的加工工艺

(1)车削平面和切断。

喷嘴环加工取相间的各环为一组,在一块板材上套切,由于零件厚度小,刚性差,受切削力的影响,加工过程中容易产生挠曲变形,直接影响加工质量。因此,车削平面、环槽及切成单环时,都在车床夹具上进行。

夹具上有若干个与零件尺寸相适应的环形槽,切断时起退刀槽作用,环形槽中沿圆周均布有若干个螺栓孔,其上安装支承螺栓,切削时起支承作用,以防止车削时零件颤动和变形,如图8.9所示。

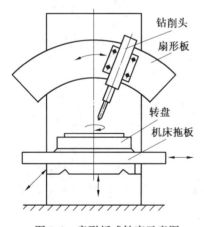

图8.8 扇形板式钻床示意图

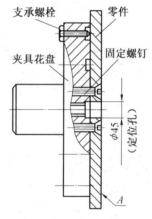

图8.9 喷嘴环车削夹具

为了将板材安装和定位在夹具上,应先在板材中心车削出定位平面和定位孔,并钻出装夹用的通孔,同时在板材的外圆上用辅助压板适当压紧。

为减少振动和变形,在加工基准平面 A 时,用支承螺钉将零件悬空处支承住,使板材基本处于自由状态下车削加工。

车削环槽时,使用盘形压板,以保证车削的平板能与夹具平面贴合良好,保证各环槽尺寸精度,盘形压板可按零件情况成套制造和配套使用。

(2)钻削小孔。

钻头材料可用高速钢或硬质合金,顶角一般刃磨成约140°。在加工中为了使孔的方向准确,钻孔和铰孔在一次定位中完成,这样可消除重复定位引起的误差。为减少小孔出口端的毛刺,钻头应从小孔的出口端钻入,并在孔的入口端倒角。

8.2.5 涡流器零件的加工工艺

1. 结构特点及技术要求

涡流器是离心式喷嘴中的一个小型零件,当推进剂的一个组元以一定的流量通过螺旋槽时,便产生旋转,并在喷嘴孔达到良好的雾化。其结构特点是在其圆柱面上带有双头螺旋槽,中间有通孔,如图8.10所示。

主要技术要求:保证螺旋槽的尺寸精度,其中包括外径尺寸公差 $D_{+0.020}^{+0.045}$ mm,螺距公差 $t\pm$ 0.02 mm和螺旋槽深度 $h_0^{0.025}$ mm。且需通过液流试验测定流量。

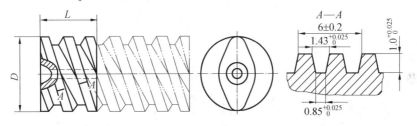

图 8.10 涡流器

2. 工艺分析及工艺过程

涡流器螺旋槽采用滚压加工的方法。滚压是一种无屑加工,节省材料,生产效率高,能够很好地保证涡流器的尺寸精度、表面粗糙度值和尺寸的一致性。

制造工艺过程:准备毛坯→磨外圆→滚压螺旋槽→磨外圆→阳极机械切割→研磨。

关键工序为滚压螺旋槽和阳极机械切割。

3. 关键工序的加工工艺

(1)滚压螺旋槽。

毛坯直径影响滚压成形后螺旋齿形和精度。直径过大,容易造成齿形顶部破裂,甚至整个齿形崩裂;直径过小,得不到完整的齿形。毛坯直径按下式计算:

$$d = D - 2h_1 + 2\Delta h \tag{8.1}$$

式中,d 为毛坯直径;D 为零件外圆直径;h_1 为零件外圆至毛坯理论直径的距离,即零件滚压时在半径方向的胀出量;Δh 为考虑变形的金属贮备量。

为保证滚压过程中,金属有足够的流动性和塑性变形时间,防止材料在加工过程中冷作硬化,宜采用较低的滚压转速和较大的进给量,并控制精滚时间。滚轮的速度可选用 8 ~ 12 m/min,进给量为 2 ~ 4 mm/r。

由于滚压过程中材料的变形量较大,而1Cr18Ni9Ti材料导热性较差,所以零件温升很快,故加工中需用冷却和润滑性能好的冷却液,一般采用75%锭子油和25%煤油的混合液。

(2)阳极机械切割。

阳极机械切割是将零件接正极,切割工具接负极,并在零件与切割工具之间充以一定导电性的极间介质。通电后,零件在阳极的腐蚀溶解作用和冲击熔化作用下被切断。影响加工速度和表面质量的因素有电流、电压、工具运动速度、工具压力和极间介质等,常用的工艺参数如下：

①切割工具一般常用厚度为 0.5 mm 的钢带,用焊接方法制成圆环形连续切割带。

②极间介质用水玻璃 $XNa_2O \cdot ySiO_2$,模数约为 2.5,加水后密度约为 1.3 g/cm^3。

③切割电压常用 18~20 V。当电压升高时切割速度加快,而切割面的表面质量较差。反之,电压降低切割速度减慢,切割面的表面质量较好。

④切割电流的大小与切割面长度有关,切割面长度增加则电流随之增大。

⑤工具运动速度一般取 20~30 m/s,工具的压力应根据被切割零件情况灵活选择。

阳极机械切割涡流器两端面的表面粗糙度值约为 $Ra12.5$ μm,需要进行研磨加工以提高两端面的表面质量。为了保证零件性能一致和高的生产效率,可在旋转式研磨盘上进行研磨,一次研磨的零件数量多,且尺寸一致。研磨过程中可以使用不同粒度的研磨砂进行粗研和细研。

8.3　头部组件的制造技术

现代液体火箭发动机的推力室头部多为平顶式,主要由顶盖组件和喷注器组成,某些头部为防止产生不稳定燃烧,喷注器面板上装有隔板,如图 8.11 所示。喷注器按喷嘴的喷注方式可分为离心式、直流式和同轴式三种,离心式喷注器与同轴式喷注器制造技术基本相似。

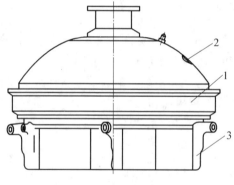

图 8.11　平顶式头部
1—喷注器;2—顶盖组件;3—隔板

8.3.1　直流式喷注器的装配和焊接技术

1.结构特点及技术要求

直流式喷注器由喷注器盘和一组喷嘴环组成,每个环上有两条环形钎缝,使各环与喷注器盘之间形成两个分隔的容腔,其典型结构如图 8.12 所示。

主要技术:各喷嘴环间的喷嘴孔相对位置偏差不得超过规定值;喷嘴环铆接后,铆接处应光滑、无裂纹及其他损伤;各喷嘴环间的平行度以及喷嘴孔的变形量不大于规定值;喷注器小孔如有轻微划伤和碰伤,其深度不得超过一定值;不允许钎料堵塞小孔,钎焊后做密封性检验,钎缝不得渗漏。

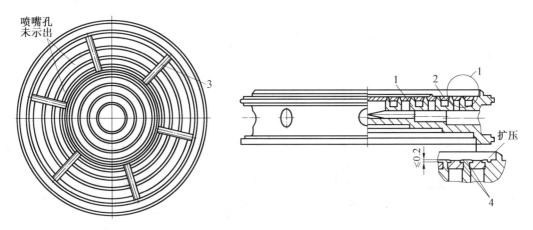

图 8.12　直流式喷注器
1—喷注器盘;2—喷嘴环;3—隔板转接座;4—钎料

2. 工艺分析及工艺过程

为了保证推力室工作时不受破坏,环形钎缝应有足够连接强度和良好的致密性。因此,喷嘴环与喷注器盘装配时,应保持良好的钎焊间隙,需采用铆接法固定喷嘴环。

用铆接法固定喷嘴环的优点:一是将喷嘴环固定在喷注器盘上,接头处翻边,使各喷嘴环与喷注器盘之间形成机械连接,从而提高连接强度;二是铆接处凸台镦粗,使喷嘴环与喷注器盘之间的贴合间隙减小,有利于钎缝形成。

喷注器采用炉中高温钎焊,即喷注器铆接后装入钎焊箱中,然后再装入钎焊炉,或直接入炉进行气体保护钎焊或真空钎焊,形成牢固而致密的钎缝。

工艺过程:酸洗零件→点焊钎料→装配喷嘴环→铆接→装配隔板转接座→定位焊→点焊钎料→装钎焊箱→钎焊→密封性试验→清洗→烘干。

3. 关键技术

钎焊是喷注器制造的重要工序,为获得牢固而致密的钎缝,减少变形,应从下述各环节进行控制。

(1)钎焊方法的确定。

喷注器采用炉中钎焊,可对焊件整体加热,受热均匀,变形小,而且可一次钎焊大量接头。炉中钎焊可分为空气炉中钎焊、还原性气氛炉中钎焊、惰性气氛炉中钎焊及真空炉中钎焊。

空气炉中钎焊是在钎剂保护中进行,焊后必须仔细清除残余钎剂及熔渣,避免腐蚀产品及堵塞喷嘴孔、喷嘴间隙和冷却小孔,尤其是不锈钢零件所用的钎剂是含氟及含硼的化合物,再加上喷注器结构复杂,内腔的残留钎剂难以清除,容易造成质量隐患。

惰性气氛炉中钎焊是用惰性气体氩(或氦)通入炉中取代空气;真空炉中钎焊是使炉内建立真空环境,以降低炉中氧的压力,从而减轻或避免钎焊过程中的氧化。这两种钎焊方法不用钎剂,操作方便,工艺过程简单,且可避免质量隐患。因此,喷注器多采用这两种钎焊方法。

(2)钎料的选用。

喷注器材料为 1Cr18Ni9Ti 不锈钢,工作在高低温、大压力、强振动等恶劣条件下,要求钎缝具有足够的常温及高、低温力学性能,在强氧化剂作用下具有较高的耐蚀性。钎料熔化后应具有良好的润湿性和铺展性,较小的溶蚀母材的性能。

(3)钎焊间隙的选择。

钎焊间隙大小取决于钎料特性、母材种类、钎焊零件相互位置、接头形式、零件表面状态和钎料覆盖面积,其中影响最大的因素是钎料特性。

直流式喷注器钎焊接头的结合面在零件的配合面上,最佳钎焊间隙为 0.03 ~ 0.08 mm,可充分发挥毛细管作用,以获得最好的钎焊质量。

(4)保护气体和气体钎剂的使用。

作为炉中钎焊保护介质的气体有氢气、分解氨、惰性气体(如氩)及其他还原性气体。

喷注器多用 1Cr18Ni9Ti 不锈钢或高温合金制成,其表面易生成致密稳定的氧化膜。钎焊时除用氩气作为保护介质外,还需加入 BF_3 和 PCl_3 等,以增加去除氧化膜的能力。加入 BF_3 明显地改善钎料对母材的润湿与铺展,因此,喷注器钎焊时使用的保护介质是氩气加三氟化硼 (BF_3)。

BF_3 是气体钎剂的一种,可改善钎料的润湿性,高温下去除母材及钎料表面的氧化膜。BF_3 高温下与氧化膜 Cr_2O_3 反应如下:

$$Cr_2O_3 + 3BF_3 \rightarrow 2CrF_3 + (BOF)_3 \uparrow$$

当 BF_3 量不足时,则发生如下反应:

$$Cr_2O_3 + 2BF_3 \rightarrow 2CrF_3 + B_2O_3$$

$(BOF)_3$ 容易去除,而 CrF_3 与 B_2O_3 形成较易熔化的熔渣,也不妨碍钎料在母材上的润湿。

(5)钎焊参数的确定。

钎焊工艺参数根据焊件结构形式、结构尺寸、质量大小、接头形式、钎料种类及钎料位置进行综合考虑。选定后还需经过工艺试验,钎焊质量符合要求后才能钎焊产品。

8.3.2 同轴式喷注器的装配和焊接技术

1.结构特点及技术要求

同轴式喷注器由一个喷注器环与两个薄板圆盘件(第一、二层底)焊成一体,两底之间按不同的排列方式,装配有几十甚至数百个同轴式喷嘴,并经钎焊成整体,构成内部互不相通的容腔,其结构如图 8.13 所示。

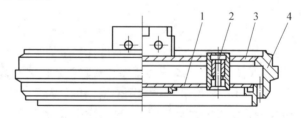

图 8.13　同轴式喷注器

1—第一底组件;2—喷嘴组件;3—第二底组件;4—喷注器环

技术要求有:各喷嘴壳体装配时,用固定压力扩口和翻边,应保持一定的扩口角度和高度,扩口端不准有裂纹;喷嘴组件的环形间隙应均匀,偏移值应在规定范围内;燃料喷嘴出口端面与氧化剂喷嘴出口端面应保持一定的距离;钎缝应有成形良好、连续的外表面;所有钎缝、焊缝需经密封性检查,不得渗漏;钎缝及母材不得氧化;喷嘴孔、喷嘴环形间隙及冷却孔不得被钎料堵塞;多孔发汗材料制成的一底不准钎料堵塞小孔;钎焊件不能变形,即钎焊后应保持喷嘴间隙均匀,出口端面在相应的平面内。

2. 工艺分析及工艺过程

喷注器材料为 1Cr18Ni9Ti 不锈钢或高温合金,用加填焊丝的氩弧焊焊接,以获得致密的焊缝。

第一、二底上各有几十甚至几百个喷嘴装配孔,其同轴度对钎焊间隙有直接影响,为保证钎焊间隙和喷嘴位置准确,加工第一、二底上的孔时,应两个零件一次装夹、钻孔,故多采用钻模配钻。

第一、二底为薄板件,钻、铰孔时易造成孔径变形(椭圆或多角形),除铰孔余量不宜过大外,尚需选用几何参数合适的钻头和铰刀。此外,喷嘴的装配、扩口和压合也是保证喷嘴位置准确及钎焊质量的重要环节,应使用扩口、压合工具及压力机。组件采用炉中钎焊,以保证钎缝质量并减少产品变形。

工艺过程:校平第一底→装配焊接第一底组件→校平第一底→钻铰孔→酸洗→装配定位焊转接座→装配点焊钎料→装配喷嘴→扩口→压合喷嘴→焊接第二底→补充扩口→装配点焊钎料→组件装入钎焊箱→钎焊→卸箱→密封性试验→清洗除油→烘干→车削加工。

3. 关键工序的加工工艺

(1)第一、二底组件的焊接。

第一底组件主要由一底和喷注器环组成,对于某些易产生振荡燃烧的推力室,在一底上还装配、点焊有隔板转接座。

由于使用推进剂不同,一底材料也有差别,通常是由 1Cr18Ni9Ti 不锈钢薄板制成。而液氢液氧推力室,一底是用高温合金丝压制烧结而成的多孔发汗面板制成,以提高冷却效果。

第二底均为 1Cr18Ni9Ti 板材,它在喷嘴装配后焊在喷注器环上。

以上环形焊缝用熔化极自动氩弧焊或手工氩弧焊焊接。图 8.14 为一典型喷注器(一底材料为 1Cr18Ni9Ti,厚度为 3 mm)的第一底组件焊接示意图,用熔化极自动氩弧焊焊接搭接角焊缝,再翻转组件焊接对接焊缝。

由多孔发汗面板制成的第一底,因其强度低、刚性差,容易变形,所以在焊接环形焊缝时,需用带铜垫的压板从两面夹紧,使面板与喷注器环贴合,以保证焊接间隙并限制焊接变形。

(2)装配、扩口和压喷嘴。

喷注器组件装配工作的主要内容是装配、扩口和压喷嘴,首先将钎料、外喷嘴按正确位置装配在组件上,并将外喷嘴两端扩口翻边成 90°,用以固定喷嘴,并使钎焊间隙均匀,然后将装有钎料的内喷嘴、涡流器装上并压合,保证喷嘴出口端面位置及同轴度的要求。喷注器零件装配如图 8.15 所示。

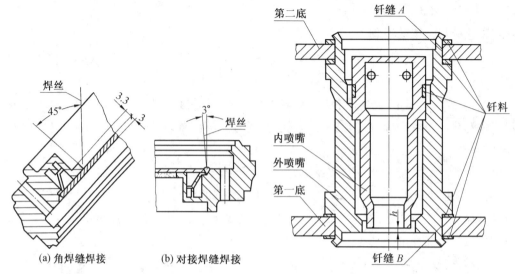

(a) 角焊缝焊接　　　　　(b) 对接焊缝焊接

图 8.14　第一底组件焊接示意图　　　　图 8.15　喷注器零件装配图

(3)钎焊及密封性试验。

同轴式喷注器采用炉中惰性气体保护钎焊,钎焊参数见表 8.1。钎焊后,进行密封性试验检查钎缝质量,根据喷注器容腔结构形式和钎缝位置特点,适宜于采用煤油试验。试验前要封堵喷嘴外露的进出口,然后在所有外露钎缝及焊缝处涂以白垩粉浆,干燥后将喷注器置于试验装置上,将煤油充入第一、二底之间的容腔内,保持约 10 min,钎缝不得渗漏。

表 8.1　同轴式喷注器惰性气氛炉中钎焊工艺参数表

预　　　热		钎　　　焊		冷　　　却	
温度回升时间/min	≤15	温度回升时间/min	≤15	时间/min	~ 15
预热温度/℃	640 ~ 660	钎焊温度/℃	1 180 ~ 1 220	氩气流量/(L·min⁻¹)	3 ~ 5
保温时间/min	13 ~ 16	钎焊时间/min	23 ~ 276		
氩气流量/(L·min⁻¹)	4 ~ 6	氩气流量/(L·min⁻¹)	4 ~ 6		

8.3.3　头部组件的装配和焊接技术

1. 结构特点及技术要求

当发动机工作时,头部两个容腔承受很大的冲击载荷和较大的振动,顶盖容易遭到破坏,焊缝需有足够的强度;喷注器出口端面不得变形;喷嘴不得倾斜;内、外喷嘴之间的出口环形间隙均匀;同类喷嘴(如燃料喷嘴或氧化剂喷嘴)出口端面应在同一平面内;头部内腔应保持洁净,不得有多余物,保证头部组件的尺寸精度和位置精度。

2. 工艺分析及工艺过程

头部焊缝受力复杂,且集中于头部上侧。由于各焊缝的纵向收缩、横向收缩及角变形的综合影响,使喷注器第一底产生下挠度,即第一底向下凸起,引起喷嘴倾斜,出口间隙变化使推进剂混合不均,燃烧效率降低,甚至导致身部内壁烧蚀,如图 8.16 所示。

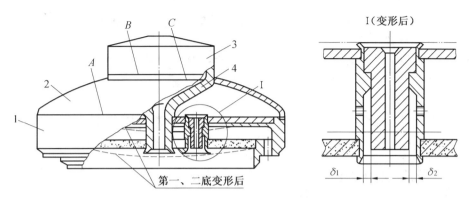

图 8.16　头部焊接变形示意图

1—喷注器;2—顶盖;3—点火器座;4—火药喷管

在头部装配焊接过程中必须采取以下措施:

(1)控制焊接变形。

在影响焊接变形的诸因素中,线能量的大小起重要作用,头部焊接应尽可能减少线能量,顶盖与喷注器的环形焊缝,最好采用真空电子束焊接。当采用氩弧焊时,应用多层焊,有的头部顶盖虽然较薄(如 2 mm),但也需开坡口和两层焊,并要合理安排焊接次序,即采取分段、对称焊接法,控制焊接变形的另一有效措施是采用焊接夹具,使头部在夹具固定下增强刚性,限制自由变形。

对某些刚性小、焊缝集中和夹具难于控制的头部,可将头部与身部组合成整体,用其固有的刚性,限制焊接变形。

(2)保证装配间隙,合理选用焊接工艺。

装配时,焊接处的对接间隙及搭接间隙应符合要求,焊接参数不仅需经过工艺试验,而且在焊接过程中要严格监控。尽量采用氩弧焊,若必须采用电弧焊时,第一层应用氩弧焊封底,以防止熔渣进入头部内腔。

头部装配和焊接工艺过程:喷注器与顶盖装配定位→焊接环形焊缝→焊接加强肋焊缝→车削喷注器环端头→装配定位隔板→隔板密封性试验。

3. 关键工序的加工工艺

(1)焊接变形分析。

头部结构紧凑,3 条环形焊缝 A、B、C 集中于上部。喷注器第一底为多孔发汗面板,强度较小;第一底与喷嘴之间只用扩口翻边固定,不进行钎焊,因此,刚性较小,容易变形。

焊缝 A 产生的纵向收缩和角变形使喷注器上部向直径缩小方向变化,喷注器绕其中心轴转动,导致第一、二底中间部位向下凸起,即产生下挠;而焊缝的横向收缩使顶盖沿中心线向下移动,如焊缝 C 已焊好,焊缝 A 的横向收缩将加剧喷注器面板下挠。焊缝 C 是丁字接角焊缝,纵向收缩不会影响组件变形,但其横向收缩和角变形都促使火药喷管相对顶盖下移,即对喷注器中心部位产生向下的推力,使其下挠,因此,焊缝 A、C 变形的综合作用使喷注器产生向下挠曲。

(2)控制焊接变形措施。

焊接方法与次序:按 A、B、C 顺序施焊。焊缝 A 用电子束焊。若采用氩弧焊,则分两层焊接,顶盖开坡口,第一层用钨极自动氩弧焊封底,第二层用熔化极自动氩弧焊或钨极侧填自动氩弧焊,并要控制焊缝高度。

为减少角焊缝的角变形,在顶盖上开坡口,焊接焊缝 C 时采用分段对称焊接,待相间各段焊缝冷却后,再焊相间的另几段焊缝,焊接上述焊缝时,应采用夹具固定头部,以限制其变形。

8.4 身部典型零件的制造技术

8.4.1 身部的结构组成

身部的结构形式有波纹板夹层结构、内壁沟槽结构及管束式结构,如图 8.17 所示。身部零件按其制造工艺可分为三类:

(1)钣金成形件:包括圆柱段内、外壁,喷管收敛段内、外壁,喷管扩散段内、外壁,波纹板,加强环和垫板等。

(2)切削加工件:包括法兰盘、转接环、喉部内壁和接管嘴等。

(3)管形件:包括集合器和管束式身部的变截面管等。

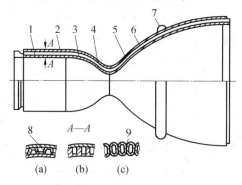

图 8.17　身部零件组成示意图

1—圆柱段内壁;2—圆柱段外壁;3—喷管收敛段内壁;4—喷管收敛段外壁;5—喷管扩散段内壁;
6—喷管扩散段外壁;7—集合器;8—波纹板;9—管束式变截面管

8.4.2 内外壁零件冲压成形工艺

1. 结构特点及技术要求

身部外壁材料采用 1Cr21Ni5Ti 或 F150 奥氏体–铁素体双相不锈钢,其厚度为 1 ~ 3 mm。内壁钣金件常用 1Cr18Ni9Ti 和铜合金制成。波纹板夹层结构的内壁厚度为 0.8 ~ 1.5 mm,沟槽式结构的内壁厚度为 2.5 ~ 6.0 mm。

圆柱段内、外壁是由直线形母线构成的筒形件,而喷管收敛段及喷管扩散段内、外壁是由曲线形母线构成的旋转体,如图 8.18 所示。

技术要求:

(1)作为外壁材料的奥氏体–铁素体双相不锈钢板材,应严格控制铁素体相的含量。

(2)纵向焊缝的内部和外观质量均应符合专用技术条件要求,焊缝表面需打磨或滚压,以保持与母材表面齐平,并经 X 射线探伤检查。

(3)成形后零件壁厚变薄,两端直径尺寸和高度尺寸的偏差及零件型面与样板间隙均应符合专用技术条件要求。

(4)波纹板夹层结构的内、外壁尺寸应协调,保持通道间隙的尺寸偏差尽量小。

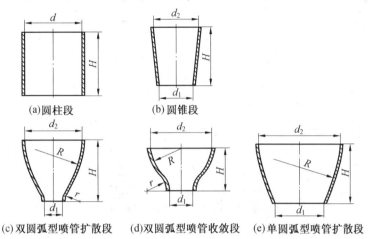

(a)圆柱段　　　　(b)圆锥段

(c)双圆弧型喷管扩散段　(d)双圆弧型喷管收敛段　(e)单圆弧型喷管扩散段

图 8.18　身部内、外壁零件示意图

2. 工艺分析及工艺过程

身部内、外壁零件成形方法主要有冲压成形、旋压成形和爆炸成形,可根据零件结构特点、生产批量及设备条件选用合适的成形方法。

焊接毛坯冲压成形的典型工艺过程:

剪切扇形展开料→制锥筒→修整对缝→焊接纵向焊缝→滚压焊缝→射线探伤→淬火→酸洗→翻边→冲压成形→淬火→酸洗→校形→车切两端余量→修整。

关键工序为纵向焊缝的焊接与滚压和冲压成形。

3. 关键工序的加工工艺

(1)纵向焊缝的焊接。

身部内、外壁的焊接接头采用对接形式,焊前用酸洗方法去除零件表面的油脂和氧化皮等杂质,或用打磨方法清理零件对缝两侧母材,并用酒精或汽油洗净。对接缝应保持平直,不开坡口,对接面不得倒圆或有钝边。

焊接方法:身部内、外壁材料为 1Cr18Ni9Ti、1Cr21Ni5Ti 或 F150 等不锈钢板材,焊接性能好,可用电弧焊、氩弧焊、等离子弧焊和真空电子束焊等多种焊接方法。壁厚 1.0~2.5 mm 的零件用钨极自动氩弧焊,可获得成形美观、品质优良的焊缝,且变形小、操作方便,生产效率高;壁厚 2.5~6.0 mm 的零件则用穿透性等离子弧焊接,因其为圆柱形压缩电弧,热量集中,穿透能力大,焊接速度快,变形小,钨极污染少,焊缝品质高而且稳定。

焊接夹具:筒形零件的定位和焊接,需在纵向焊接夹具上进行,应使对缝全长与夹具垫板贴合,防止焊漏和烧穿,减少焊接变形,常用琴键式纵向焊接夹具,如图 8.19 所示。

(2)纵向焊缝滚压工艺。

用滚压方法可消除焊接残余变形和保持焊缝与母材等厚度。焊缝滚压加工是基于金属在常温下具有塑性变形能力,利用上、下滚轮之间,或滚轮与垫板之间的压力对焊缝进行碾压加工。滚压时焊缝金属塑性变形是从表面向内扩展至整个接触面,从而改变焊缝剖面尺寸和表

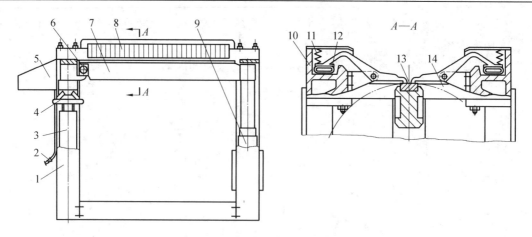

图 8.19　琴键式纵向焊缝焊接夹具

1—支架;2—进气管;3—支柱;4—升降轮;5—气路系统;6—销钉;7—下梁;8—摇杆;9—作动筒;
10—上梁;11—板簧;12—气囊;13—钢垫板;14—横梁

面粗糙度值,也提高接头的硬度和强度,但塑性略有下降。

纵向焊缝滚压加工有两种形式,如图 8.20 所示。焊缝滚压变形率一般不得超过 15%,否则由于冷作硬化会造成焊缝强度增加和塑性降低,使滚压无法进行。焊缝加强高度太大时,先用机械打磨后,再进行滚压。

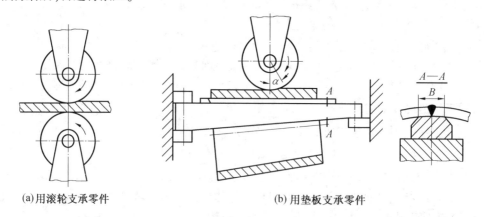

(a)用滚轮支承零件　　　　　　　　　　(b)用垫板支承零件

图 8.20　纵向焊缝滚压形式

滚压工艺参数有:滚压力、滚压速度和滚压次数。滚压次数过多,会增加金属表面冷作硬化程度,引起金属疲劳和表面起鳞,滚压速度与变形速度有关,由于塑性变形的扩展,变形速度随滚压速度的增加而减小,一般取 1 m/min。

当内、外壁材料是 1Cr18Ni9Ti、1Cr2lNi5Ti 和 F150,厚度为 1.0 ~ 2.5 mm 时,焊缝滚压参数为:滚压力 $P = 34.3 \sim 49.0$ kN;滚压速度 $V = 0.65$ m/min;滚压次数 $n = 2 \sim 3$ 次。

(3)无压边冲压成形工艺。

无压边成形是大端不带翻边的锥筒形毛坯,直接由阴、阳模成形,零件产生胀、缩复合变形的成形方法,适用于直径较小、材料较厚和刚性较大的锥筒形毛坯的零件成形,如图 8.21 所示。

该成形方法的优点:模具结构简单,操作方便。其缺点:阴、阳模大端直线段型面常被毛坯变形过程中产生的皱褶划伤,降低了模具寿命;零件容易产生皱褶,当其毛坯材料厚度越薄、材质越软、刚性越差时,皱褶越严重。

(4)有压边直接冲压成形工艺。

有压边直接成形的过程:在成形前将锥筒毛坯的大端翻边,边长为 25 ~ 60 mm,翻边角度为 120°,如图 8.22 所示。然后用压边圈将锥筒形毛坯的翻边压紧在阴模的端面上,形成凸梗,如图 8.23 所示。阳模下行,在 B 点接触毛坯,开始胀形。阳模继续下行,胀形区自 B 点向上、下扩展,受轴向力作用,使翻边流入阴模。当成形接近完成时,加大压边力,使翻边停止内流,阳模下压进行校形。

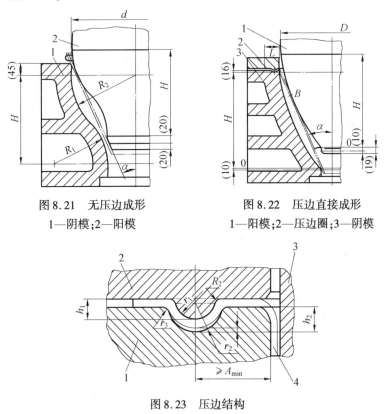

图 8.21　无压边成形　　　　　　　　图 8.22　压边直接成形
1—阴模;2—阳模　　　　　　　　1—阳模;2—压边圈;3—阴模

图 8.23　压边结构
1—阴模;2—压边圈;3—阳模;4—零件

该方法优点:适用于单圆弧型零件。可有效地控制成形过程,避免零件变薄、开裂或起皱。可避免毛坯大端起皱及由此引起的模具划伤,延长模具寿命。调整压边力的大小是保证有压边直接成形的关键。

(5)有压边两阶段冲压成形工艺。

有压边两阶段成形方法是有翻边的锥筒形毛坯在胀圈与阳模的作用下,胀形到一定程度后,取下胀圈。在阴、阳模的直接作用下实现缩形,从而达到胀、缩复合变形,如图 8.24 所示。适用于各种类型的内、外壁零件,尤其对相对厚度小的双圆弧型零件最有利。

成形过程:先在阴模上加胀圈,将锥筒形毛坯的翻边压紧在胀圈的端面上,不使翻边向阴模内移动。阳模下移进行胀形,胀形区在 AB 和 CD 两段。然后取下胀圈,用阳模下压毛坯至未成形段与阴模的 E 点接触,压紧翻边,阳模下移,BC 段被阴模缩形靠向阳模,当阳模下压到

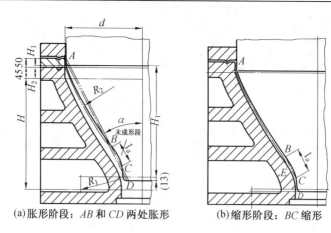

(a)胀形阶段：AB 和 CD 两处胀形　　　　(b)缩形阶段：BC 缩形

图 8.24　有压边两阶段成形

底时,加压校形。

该方法的优点:能控制成形过程和胀形量,减少胀形处的延伸量,改善缩形条件;避免零件大端产生皱褶及由其引起的模具划伤,防止零件腹部及小端过分减薄和开裂,并可获得壁厚均匀的零件。

(6)成形过程中的热处理。

内、外壁零件所用的材料是焊接性能和延展性能良好的 1Cr18Ni9Ti、1Cr21Ni5Ti 及 F150 等不锈钢,为确保胀形过程中不产生裂纹等缺陷,应对零件进行热处理。

第一次热处理在毛坯纵缝焊接后进行,目的是消除焊接应力。工艺参数为:温度 940 ~ 960 ℃,保温时间:当材料为 1Cr18Ni9Ti 时为 2 h,材料为 1Cr21Ni5Ti 时为 30 min,也可选用温度 1 050 ~ 1 070 ℃,保温 7 ~ 8 min,在空气中冷却,以提高金属塑性,利于胀形。

第二次热处理在胀形后、校形前进行,温度为(950±10)℃,保温 2 h。在静止空气中冷却。由于空冷速度较慢和冷却均匀,可有效地防止零件产生局部变形。

8.4.3　波纹板成形工艺

波纹板夹层身部结构中,波纹板位于身部内、外壁之间,并与内、外壁钎焊成一体。其功用是连接内壁和外壁,使之成为能承受一定压力、具有一定刚度的整体,并构成夹层通道,使冷却液按一定流量通过,对内壁进行冷却。

1. 结构特点及技术要求

波纹板是由 1Cr18Ni9Ti 薄板制成的筒状零件,其上有纵向波纹,波纹形状为矩形或等腰梯形。波纹板的内、外小平面与身部内、外壁紧密贴合,形成钎焊接头。因波纹板在身部内所处位置不同,其母线形状有直波纹、曲波纹和直曲复合波纹,如图 8.25 所示。

主要技术要求:当材料厚度为 0.5 mm 时,成形后的波纹板厚度要控制在 0.35 ~ 0.75 mm 之间;波纹高度 H 的误差为±0.1 mm,波纹宽度及小平面宽度均应符合规定值;母线偏移量视波纹板长度不同而异;波纹板的曲面与样板间的间隙不大于 0.3 mm;其大、小端直径处与检验模的间隙大于 0.5 mm,且其边缘全在检验模的切割线以内。

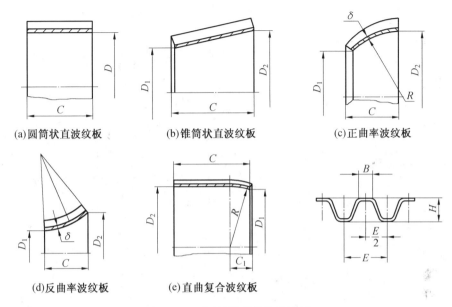

(a)圆筒状直波纹板　　　　　(b)锥筒状直波纹板　　　　　(c)正曲率波纹板

(d)反曲率波纹板　　　　　(e)直曲复合波纹板

图 8.25　不同母线形状的波纹板

2. 工艺分析及工艺过程

波纹板成形是一个复杂的变形过程,以弯曲为主,辅以拉伸和收缩。当零件在模具中拉弯时有所减薄,再经成形和校形,在波纹板小平面处又有减薄。而零件两端边缘处,由于材料流动阻力小,该处减薄最甚,但在材料收缩处又有所增厚。其中曲波纹板成形过程则又远比直波纹板复杂得多。

波纹板成形工艺过程:下展开毛料→冲压波纹→冲压曲面→截裁适当长度→焊接纵缝→淬火→整体校形→修正。

对于直波纹板,不需冲压曲面、淬火和整体校形。而曲波纹板常将冲压波纹和冲压曲面同时完成,且根据需要进行淬火和整体校形。

3. 关键工序的加工工艺

(1)直波纹板成形工艺。

波纹板冲压成形采用曲轴压床,台面和滑块均应有足够的刚度,两者的平行度误差小于0.05 mm/800 mm。直波纹板成形用矩形板料,在模具上逐齿冲压,模具结构如图 8.26 所示。

成形过程:

①板料沿 B 向进入模具,压成波纹。同时毛料端头被模具拉断,去掉板料后段碎块,用其端头的波纹和侧导尺定位。将最先成形的一个波纹送到下模的第二个齿槽中。

②后上模压住已成形的波纹,防止其在成形新的波纹时受拉变形,同时前上模又成形出新的波纹。

如此连续进行,每冲压一次,形成一个新的波纹,并校正已成形的 3 个波纹,波纹板冲压成形是在曲轴压床上进行的。台面和滑块均应有足够的刚度,两者的平行度误差在 800 mm 长度上,应小于 0.05 mm。

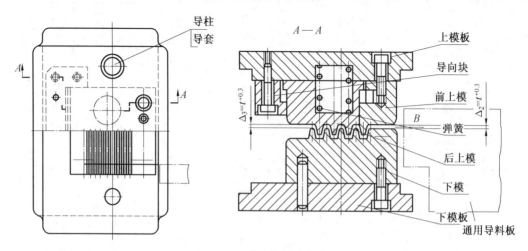

图 8.26　直波纹板成形模具

（2）用扇形板料成形曲波纹板工艺。

曲波纹板成形用扇形板料成形时，模具的结构、工作程序及齿形与直波纹板成形模具相似，但扇形展开件两端边缘上 R_1 及 r_1 处的齿距不同。模具有导件环，用以保证展开件的 r_1 值和母线偏移量符合要求。试模时，导件环与 r_1 弧相切，可根据试验结果调整导件环的直径。在模具上逐齿冲压。

曲波纹板扇形展开料的计算步骤：

R_1、r_1、B_0、Φ 及 l →求波纹数 n →求大端 D_2 处每个波纹的展开长度 l_2 →求小端 D_1 处每个波纹的展开长度 l_1 →求扇形展开毛坯料尺寸：R_2、r_2 及 ε，如图 8.27 所示。

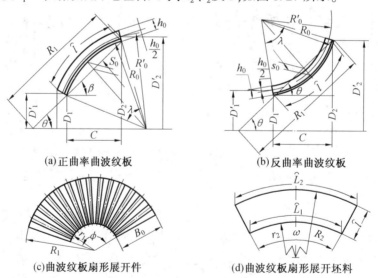

(a)正曲率曲波纹板　　　　　(b)反曲率曲波纹板

(c)曲波纹板扇形展开件　　　(d)曲波纹板扇形展开坯料

图 8.27　曲波纹板及其毛坯展开图

按上述计算的扇形展开料，压成扇形展开件后，其 R_2 值都偏大，波纹数 n 也比理论值多。其原因是在成形和校形过程中材料被延伸，故需经试验修正，一般 R_2 值应缩小 20% 左右。

（3）用矩形板料成形曲波纹板的工艺。

用矩形板料成形曲波纹板的成形工序与扇形板料相同，但模具较为复杂，如图 8.28 所示。

模具结构特点是上、下模均分成前、中、后三个部分,储料、闸压、缩形、成形和校形各齿分布在各自运动的前、中、后模上,以完成储料→闸压→缩形→成形→校形的全部过程。

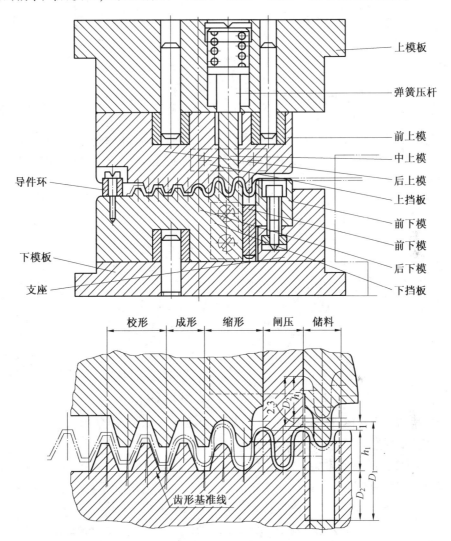

图 8.28　矩形曲波纹板成形模具

用矩形毛料成形曲波纹板的扇形展开件时,收料方法有:大端材料不变,小端收缩;小端不变,大端拉长;大端材料部分拉长,小端部分收缩。第一种方法费料多,但可确保零件质量。大端是纯弯曲变形,小端为弯曲和压缩变形,中间的变形状态介于二者之间。

小端的理论缩形率为

$$\delta_{\mathrm{F}} = (l_2 - l_1) / l_1 \times 100\% \qquad (8.2)$$

式中,l_1 为小端每个波纹的展开长度;l_2 为大端每个波纹的展开长度。

由于材料向无料方向和缩形率小的方向流动,故小端缩形率小于理论值,因而小端的实际增厚也小于理论值。

用扇形、矩形毛料成形方法比较见表 8.2。

表8.2　两种板料成形方法比较

比较项目	扇 形 毛 坯	矩 形 毛 坯
模具	齿形简单,受力状态较好,磨损小,使用寿命长	模具结构较复杂,使用寿命短
下料	形状较复杂,要求精度高,生产率低	形状简单,生产效率高
材料利用	70%	95%
自动化	难于实现自动送料	容易实现自动送料

（4）整体成形及校形。

曲面的相对弦高较大的零件,在波纹成形后焊成锥形圆筒,经淬火后进行整体成形。整体成形模应留回弹余量 Δs_3,因波纹板在整体成形前已经过热处理,一般取 $\Delta s_3 = 0.3 \sim 0.4$ mm。如图 8.29 所示。

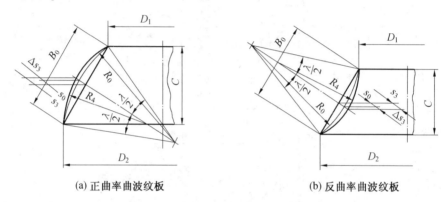

(a) 正曲率曲波纹板　　　　　　　　　(b) 反曲率曲波纹板

图 8.29　整体成形模型面留回弹余量方法

锥筒形波纹板经整体成形后,波距和波高都有改变,最大变动量达 0.05 mm 左右。零件边缘处的波纹顶面常有凹陷变形,斜面有时有失稳现象。

（5）波纹板成形缺陷分析。

波纹板成形缺陷及原因分析见表8.3。

表8.3　波纹板成形缺陷及原因

序号	缺陷内容	产生的原因
1	波纹高度偏高	模具齿高太大
2	波纹高度偏低	模具齿高太低 模具间隙不合理或加工超差 冲压力太大使波纹板顶面或底面严重变薄 上、下模校形齿外的非工作面间隙过小
3	中部波纹顶面和底面的小平面宽度太窄	上、下模齿形面的半径相等或差值过小
4	波纹板的大、小端,顶面和底面的小平面不等宽	上、下模曲率半径的中心不对正 上、下模工作面不平行
5	波纹板的上、下面,顶面和底面的小平面不等宽	上、下模的齿高不相等
6	波纹顶面凹陷	用锥形波纹板整体成形曲面时,缩形量过大

续表 8.3

序号	缺陷内容	产生的原因
7	零件曲面和样板间隙超差	下模曲面回弹量不合适 不同批板料的性能存在差异
8	波纹板扇形件扭曲变形	上、下模齿间隙不均匀或模齿变形、裂痕 板料在模具齿形前的非工作部分被挤压变形 板料在模具齿形后的非工作部分被挤压变形 板料卡在 1、2 齿槽中,退件时引起变形

8.4.4　喉部内壁切削加工工艺

1. 结构特点及技术要求

喉部内壁是由喷管收敛段和扩散段的一部分组成的整体零件,位于喷管临界截面处,由特形曲线构成的旋转体,母线是由 5 条线段组成,材料为 1Cr18Ni9Ti。喉部内表面光滑,而外表面有数十条均匀分布的纵向沟槽。为保持筋的宽度相等,在直径最小处的沟槽(或筋)数成倍减少,如图 8.30 所示。

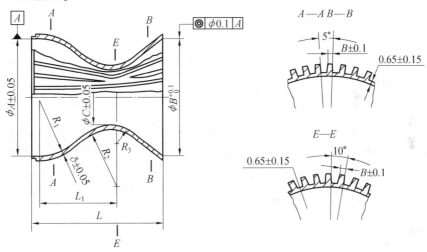

图 8.30　喉部内壁

技术要求:为保证冷却效果,沟槽深度及槽底厚度应均匀一致。加工时应保持零件厚度 $(\delta \pm 0.05)$ mm,零件外表面与样板间的局部间隙不大于 0.1 mm。ϕA 与 ϕB 的同轴度公差为 $\phi 0.1$ mm。筋宽 $(B \pm 0.10)$ mm,槽底厚度为 (0.65 ± 0.15) mm,表面粗糙度值为 $Ra6.3$ μm,筋与槽底相接处不准有圆角过渡,任意筋间角距积累公差不大于 $30'$。

2. 工艺分析及工艺过程

喉部内壁结构尺寸小,形状复杂,欲保持严格的型面和相等的厚度,需采用数控车床加工内、外型面。

槽底厚度薄,且公差要求严格。零件的形位公差、变形误差、零件与胎具贴合间隙误差及零件加工中产生的张力变化和延展变形所造成的尺寸变化,都将积累到槽底的厚度上,这就给零件加工带来了很大困难,采用数控铣切加工较为有利。

当喉部内壁用棒材车削成形,并用机械方法加工沟槽时,其工艺过程为:粗车毛坯料→数控车削内型面→数控车削外型面→切断→检测→数控铣切沟槽→去毛刺→检测。

3. 关键工序的加工工艺

(1)数控车削内、外型面。

车削型面时,夹持零件左端,先车削内型面,如图 8.31 所示。所用刀具和刀架根据零件尺寸和形状进行设计和制造,使切削时不与零件相干扰。刀尖圆弧保持 $R0.1$ mm。以车好的内型面为基准,车削外型面,由右向左车削。可调整起刀点向左或向右移动 Δs,以保证壁厚尺寸精度。

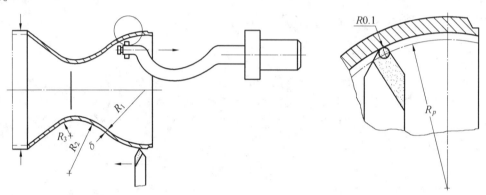

图 8.31　喉部内壁数控车削示意图

(2)数控铣切沟槽。

喉部内壁铣切沟槽加工使用的胎具如图 8.32 所示,固定胎与活动胎之间加厚度为 0.3 ~ 0.5 mm 的垫片,组合在一起加工出胎具的外型面,胎具外型面应符合喉部内壁的理论型面。由于喉部内壁零件加工时内径尺寸不一,槽底壁厚很薄,随着铣出沟槽条数的增加,受张力作用,零件直径会变大。装夹零件时去掉垫片,保证零件装夹牢固。

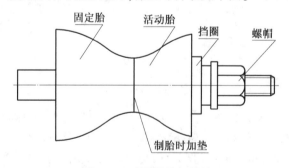

图 8.32　喉部段铣切胎具

喉部内壁沟槽铣切铣刀采用 30° 前角,前刀面呈圆弧形,有利于减少挤压,改善刀齿强度,利于卷屑和断屑。16° ~ 18° 后角,以减少摩擦面,降低切削力和切削热。双圆弧连接的流线型排屑槽,切屑沿前面卷曲后,沿槽排出,减少挤压,排屑流畅。铣刀结构如图 8.33 所示。

铣切时,找正胎具心轴,保持心轴与机床的工作台面平行,要求跳动量不大于 0.02 mm。从距零件端面 2 mm 处进刀,防止由于零件太薄,在刀具切削零件的起始处将零件拉离心轴。

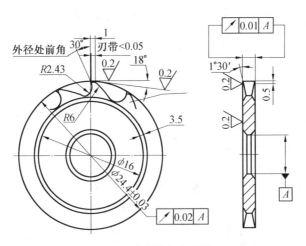

图 8.33　沟槽铣切专用铣刀

8.4.5　喷管扩散段沟槽化学铣切工艺

1. 结构特点及技术要求

沟槽式身部内壁是用冲压或旋压成形的半成品,外型面上化铣加工数十条甚至百余条纵向沟槽后,再装配成喷管扩散段,其结构形式如图 8.34 所示。

化学铣切技术要求:化铣后,沟槽底部厚度公差为±0.20 mm,局部可为$^{+0.20}_{-0.25}$mm,筋条宽度公差为±0.20 mm,表面粗糙度值为 $Ra3.2$ μm。

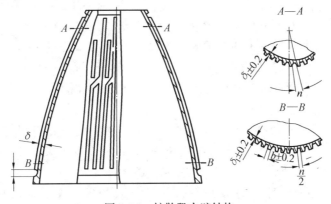

图 8.34　扩散段内壁结构

2. 工艺分析及工艺过程

不锈钢材料化学铣切是将零件浸没在化学腐蚀溶液中,利用溶液的腐蚀作用去除多余金属的加工方法。

工艺过程:除油→化铣面吹砂→吹除砂粒→除油→涂保护胶→保护胶硫化→刻形→装化铣夹具→活化→化铣→冷水洗→热水洗→去除保护胶→冷水洗→吹干。

3. 关键工序的加工工艺

1Cr18Ni9Ti 材料化铣槽液的主要成分是硝酸、盐酸、硝酸铁和氯化铁等,槽液温度为 45 ~ 60 ℃,铣切速度为 0.025 ~ 0.050 mm/min。扩散段内壁化铣工艺参数见表 8.4。

表 8.4　扩散段内壁化铣工艺参数

工艺参数	槽液控制范围	化铣前理想值	化铣后允许值
游离酸 H^{+1}/mol	3~2.5	2.9~3	≤1.6~1.7
硝酸根 NO_3^-/mol	4~3.7	3.9~4	≤3.3~3.4
三价铁 Fe/$(g \cdot L^{-1})$	150~100	~115	≥150
氯根 Cl^-/$(g \cdot L^{-1})$	350~220		≥350
温度/℃		~47	

化铣速度和表面粗糙度值与游离酸浓度有很大关系。当温度在 45~55 ℃,游离酸浓度在 3%~2% 时,控制化铣速度在 0.025~0.035 mm/min,此时表面粗糙度值可达 Ra1.6 μm,尺寸精度一般为 ±0.1 mm,侧切率 K 为 0.7 左右。

零件装在转动夹具上进行化铣时,能使全部腐蚀表面反应均匀,夹具以 15~30 r/min 的均匀转速,正、反方向交替转动,并要求正、反向转动时间相等,保证铣出的筋条宽度均匀而不偏斜。

8.5　夹层结构身部装配焊接技术

8.5.1　结构特点及技术要求

1. 结构特点

夹层结构身部是由中段和尾段(喷管扩散段的全部或一部分)组成。内壁和外壁均为薄壁板材,中间是由波纹板或内壁上的沟槽构成的通道,钎焊成牢固的整体,内表面为具有良好气动力特性的特殊型面,外表面形状与内表面相同,并装配、焊接一些零、组件,如集合器、摆轴、泵架及接管嘴等。身部前端为开口端,经车加工后与头部连接。

技术要求:

(1)强度及密封性要求:身部内、外壁或内、外壁与波纹板之间由钎缝连接,中间要承受一定的压力,因此,钎缝需经过射线探伤,不准有夹渣、裂纹及钎料堵塞,未钎透面积不得超过规定数值。身部组件需做强度试验,一般压力在 10~18 MPa 之间。

(2)型面要求:为保持内表面的良好气动力特性,内表面焊缝处的焊接变形不得超过规定值,如喉部焊后与样板的贴合间隙不大于 0.1 mm,其余内表面焊缝处的贴合间隙不大于 0.2 mm。

(3)加工精度要求:身部装配及焊接后的车加工,均应达到规定的尺寸精度和形位公差要求,如身部组合后实际轴线应在一条直线上,中段与尾段的同轴度为 φ1.0 mm;喷口端面对轴线的垂直度为 0.2 mm。

(4)隔热涂层与母材粘接要求:在发动机额定工作条件下,或经一次试车后,涂层不得脱落,每层厚度及成分应符合表 8.5 要求,涂层分布如图 8.35 所示。

表 8.5　身部涂层成分及厚度

层　　次	底　层	中　间　层	表　　层
涂层成分	钨粉	钨粉和氧化锆	氧化铝
涂层厚度/mm	≈0.1	≈0.1	A 段 0.3~0.4,其余 0.2

2. 制造工艺特点

（1）由于身部内、外壁几乎全是奥氏体不锈钢、奥氏体-铁素体双相不锈钢和高温合金制造的薄壁构件,故氩弧焊(手工或自动)是身部内、外壁零、组件连接应用最普遍的焊接方法。

（2）内、外壁之间或内、外壁与波纹板之间所构成的通道用钎缝连接,数量多达数百甚至上千

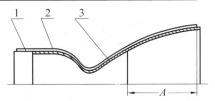

图 8.35　涂层分布示意图
1—内壁;2—外壁;3—涂层

条,且处于封闭夹层内,钎焊间隙要求严格。采用炉中真空钎焊工艺最合适,它可同时焊出数量多、质量高的钎缝。

（3）装配时采用单面点焊,将波纹板和钎料定位在零件的相应表面上。

（4）装配尺寸必须严格协调,身部有数以千计,总长可达数百米的钎焊接头,欲保证钎缝质量,应严格控制装配间隙,因此,装配时要根据有关零件的实际尺寸进行调整,钎焊间隙可借助钎焊高温下外壁产生的塑性变形予以弥补,零件之间的配合可按需要选配,既要保证钎焊质量,又能顺利装配。

（5）推进剂进口集合器、泵座、摆轴等零、组件焊在身部的薄板外壁上,在其相应位置需焊接垫板、加强筋等零件。其中有些零件需在身部装配后,钎焊前焊接,为了减少焊接变形和防止待钎焊处氧化,必须严格控制焊接工艺参数,减少线能量,这些焊缝在保证高温钎焊时密封、不破裂的要求下,焊脚宜小。

（6）身部内、外壁是由数段薄壁零件组成,宜采用氩弧焊或等离子弧焊法施焊,焊缝质量要求高,焊缝表面应与母材保持齐平,以获得良好的内型面和夹层钎焊间隙。因此,应控制各环形焊缝的对接间隙和边缘错位,装配和焊接时需选用合适的夹具,以控制零件间的同轴度误差和端面的垂直度误差,图 8.36 为常用的内撑胀紧式环形焊缝焊接夹具。另外,焊后需将焊缝滚压、校平或打磨,使其表面光滑、平整。

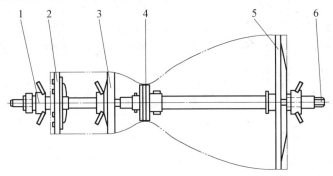

图 8.36　内撑胀紧式环形焊缝焊接夹具
1—压紧螺帽;2~4—焊接撑环;5—支承环;6—拉紧螺帽

3. 装配焊接工艺过程

身部装配焊接典型工艺过程如图 8.37 所示。

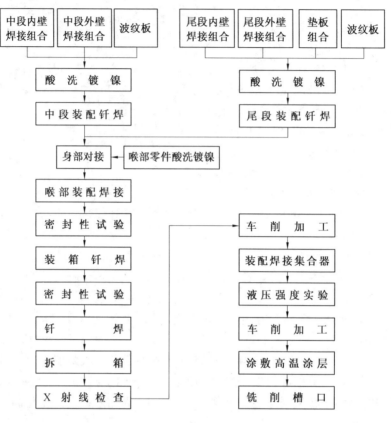

图 8.37　身部装配焊接典型工艺过程

8.5.2　中段装配焊接工艺

1. 中段的装配结构

中段为身部的前半段,包括圆柱段(即燃烧室部分)和收敛段(即喷管喉部以前的一段),前端的内环或内壁与头部连接,而后端与喷管扩散段连接,如图 8.38 所示。波纹板夹层结构的中段在喉部最小尺寸处分段,可将内、外壁组合焊接后,与波纹板进行组装和钎焊。内、外壁组合焊接采用钨极自动氩弧焊或等离子弧自动焊焊接,焊缝进行滚压、打磨和 X 射线探伤。

2. 钎焊前零、组件的表面处理

钎焊表面的氧化物会妨碍钎料润湿母材表面,阻碍钎料铺展。钎焊前,常用机械方法或化学方法清除零件表面的氧化物和油污等物。钎焊过程中,不锈钢零件表面的氧化膜难以去除,影响钎焊接头质量。钎焊条件下,镍的氧化物有助于钎料的铺展,有效地保护母材表面。钎焊后,镍层被液态钎料所溶解,成为钎缝的组成部分,使钎料与母材直接结合。因此,中段在钎焊前,零件表面需要预先镀镍处理。

零件经过酸洗处理后,表面在空气中很快形成一薄层钝化膜,很难形成良好的镀层。为了提高镍层结合力,零件表面预镀 1 μm 左右的镍层。预镀镍层作为中间层,可提高镀镍层与不

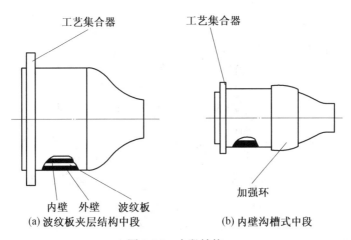

(a) 波纹板夹层结构中段　　　　(b) 内壁沟槽式中段

图 8.38　中段结构

锈钢基体的结合力。然后再将零件放入镀镍溶液中,可获得牢固的镍层。

3. 内、外壁的装配与压合

为保证良好的钎焊间隙和便于装配压合,内、外壁零件采取选配组合。波纹板按规定位置用单面点焊固定在内壁上,以防止装配过程中位置移动。然后将装有钎料的外壁套上,用压力机加压,使外壁与波纹板贴合。压合过程中圆柱段的波纹板不得产生变形、向下滑移及钎料脱落等现象。

组件压合后采用手工氩弧焊将内、外壁定位,再测量组合壁厚,应符合下式要求:

$$\delta_Z = \delta_N + \delta_W + h_0 + \delta_1 + 0.3 \tag{8.3}$$

式中,δ_Z 为组合壁厚;δ_N 为内壁厚度;δ_W 为外壁厚度;h_0 为波纹板高度;δ_1 为钎料厚度。

组合壁厚不能相差太大,否则会造成钎料流失、未钎透或钎料堵塞现象。

8.5.3　尾段装配焊接工艺

尾段是指从喉部至喷口这一部分,小型尾段内壁为冲压成形的钣金件,并已制出沟槽。大型身部的尾段内壁组件是由冲压成形的钣金件和切削加工的喷口环组成。在内撑胀紧式环形焊接夹具上,采用钨极自动氩弧焊焊接,经校正、打磨或经滚压和射线探伤后成为内壁组件。尾部外壁也为冲压成形的钣金件,其上有若干个通孔或一条环形槽,用作流通推进剂的一个组元,用以对身部进行冷却。大型身部的尾段结构如图 8.39 所示。

尾段装配焊接的工艺特点、工艺过程与中段相似,与中段相比不同之处是:

(1)一般尾段尺寸比中段大,夹层中有数段波纹板,装配和压合过程中容易移动,使得各段波纹板之间距离不均,导致承压时夹层破裂。为保持各段波纹板位置准确,间距均匀,当波纹板装到已点焊钎料的内壁上时,必须用单面点焊将其固定在内壁上。

(2)外壁装配、压合后,按图 8.39 所示依次焊接 A、B、C 三条焊缝,一般采用钨极自动氩弧焊,不加填焊丝。焊接时应防止外壁熔透,造成钎焊表面凸起或过分氧化,并要防止由于焊缝收缩引起的尾段内型面变形。

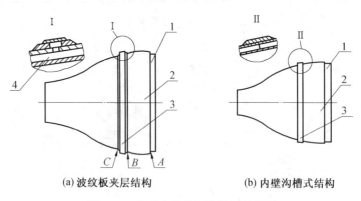

(a) 波纹板夹层结构　　　　　　　　　　(b) 内壁沟槽式结构

图 8.39　大型身部的尾段结构示意图
1—尾段内壁;2—尾段外壁;3—垫板;4—波纹板

8.5.4　身部焊接前的装配工艺

波纹板夹层结构身部零件数量多,协调关系复杂,既要保持身部型面平整,又要保证钎焊要求,所以在制造过程中应注意以下各环节:

1. 确保中段和尾段之间的装配质量

中段和尾段连接处的装配是保证身部钎焊质量的重要环节。波纹板夹层结构身部均分成两段制造,两段分别装配后,再组合成整体进行钎焊。中段与尾段装配在内撑胀紧式环形焊接夹具上进行,如图 8.36 所示。要求两个组件的同轴度、内壁对缝间隙及错位应尽量小。手工氩弧焊定位并校平错位处,用钨极自动氩弧焊焊接,焊后校正并打磨焊缝两面,保持喉部波纹板的贴合间隙不大于 0.1 mm。喉部连接处的外壁为两层,环形焊缝相距很近,又有纵向焊缝交叉。如该部位装配不好,极易造成未钎透,导致产生鼓包、破裂等缺陷。点焊钎料、装配零件位置如图 8.40 所示。

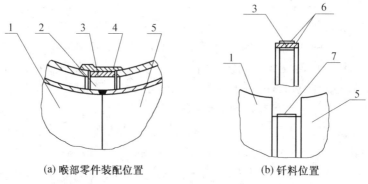

(a) 喉部零件装配位置　　　　　　　　　　(b) 钎料位置

图 8.40　喉部装配图
1—中段;2—波纹板;3—半环;4—搭板;5—尾段;6、7—钎料

2. 严格控制集合器部位的焊接变形

集合器装配焊接在尾段中下部,由于尾段内、外壁是薄壁件,且集合器的两条环形焊缝相距较近(最近距离为 20 mm),其上有孔,容易产生焊接变形,使喷管实际型面偏离理论型面,从而降低喷管效率。

身部钎焊后,在集合器装配位置车削环形槽,装配集合器,为减少该部位的焊接变形,采取以下措施:

（1）采用反变形。身部钎焊后会有不同程度的焊接变形,如在喷口处会产生椭圆度,故在装配集合器时,应将集合器上的两个孔对准喷口椭圆的长轴方向。

（2）选用合理的焊接次序。先用熔化极自动氩弧焊焊接 A 焊缝,然后焊 B 焊缝,孔口部分不便焊接的用手工电弧焊,最后焊接两个支管的环缝,如图 8.41 所示。

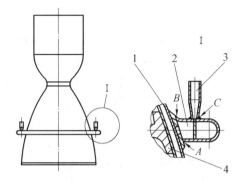

图 8.41　集合器装配图
1—垫板;2—集合器;3—支管;4—水冷胀紧夹具

（3）用水冷夹具限制焊接变形。焊前将身部装在焊接夹具上,集合器部位用水冷胀胎撑紧,包括补焊在内的全部焊接都在夹具上进行,焊后立即通水冷却,直至产品完全冷却后再卸下夹具。

（4）选用焊接参数时,在保证完全焊透的条件下,尽量减小焊接线能量。

3. 保证装箱质量

夹层结构身部均采用高温真空钎焊,钎焊过程中要对夹层抽真空,并使产品在炉内不断地旋转,以保证钎缝质量均匀,避免钎料流失,防止身部变形。

利用平板固定件、弧形固定件,将身部组件固定在真空钎焊箱的前、后撑环上,弧形固定件允许身部与后撑环之间有一定的轴向移动,如图 8.42 所示。真空钎焊箱两端焊缝不准有穿透性裂纹、气孔及夹渣等缺陷,以免高温钎焊时降低真空度,导致夹层内部氧化。

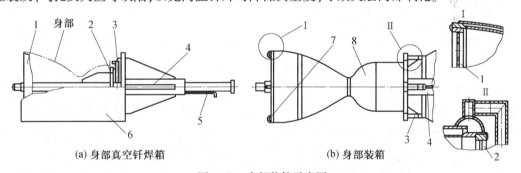

(a) 身部真空钎焊箱　　　　　　　　(b) 身部装箱

图 8.42　身部装箱示意图
1—后撑环;2—前撑环;3—抽空管;4—箱体;5—氩气管;6—外罩;7—固定片;8—身部

8.5.5　身部真空钎焊工艺

钎焊连接的钎焊间隙为 0.03 ~ 0.08 mm。由于零件制造误差、装配误差及焊接变形等所造成的积累误差,远远超过钎焊间隙的要求,身部有数以千计的钎焊接头,且处于密封的内、外壁夹层之间,依靠提高零件制造和装配精度来达到间隙要求是极其困难的。因此,采用真空钎焊是提高焊接质量的有效办法。在钎焊过程中,加热炉中充入惰性气氛或还原性气氛,身部夹层内抽成真空,在夹层内、外存在一定压差。外壁材料在钎焊高温下强度下降、塑性增加,外壁变形并向波纹板靠拢,使内、外壁和波纹板与钎料箔接触,形成钎焊要求的间隙。

1. 钎焊参数对焊接质量的影响

影响身部真空钎焊质量的主要参数有:真空度、钎焊温度、钎焊时间及冷却速度等。

(1)真空度。

真空度是指夹层结构内、外壁所构成的通道内气体的稀薄程度,真空度的提高有利于获得良好的钎焊间隙,降低气氛的氧分压,防止母材表面和钎料氧化,并能使金属表面的氧化物转化为不稳定、容易蒸发的低级氧化物。随着这些氧化物的蒸发,有利于破坏母材表面的氧化膜,促使钎料顺利铺展而形成钎缝。

(2)钎焊温度、钎焊时间及冷却速度的影响。

钎焊过程中,熔化的钎料与非熔化状态的母材相互作用,即熔化的钎料在填充钎焊间隙过程中向母材扩散,使固态金属被液态钎料溶解,钎焊温度高、钎焊时间长,合金元素的扩散加剧,这种相互作用也愈加充分。

钎焊温度与钎焊时间对钎焊接头力学性能的影响如图8.43和图8.44所示。随着钎焊温度的提高,钎焊时间的加长,钎焊接头的强度稍有提高。钎焊温度过高(超过1 200 ℃),钎焊时间越长,脆性破坏的可能性越大。钎焊冷却速度越慢,母材的延伸率、断面收缩率及冲击韧性越低。

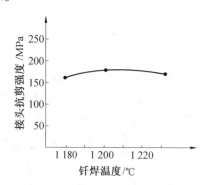

图8.43　钎焊温度对钎焊接头强度的影响　　图8.44　钎焊时间对钎焊接头强度的影响

(3)多余物及表面污物对钎焊质量的影响。

身部装配和焊接过程中,夹层内容易进入多余物,常见的多余物种类和对钎焊质量的影响主要有:

①白垩粉。身部内、外壁的组合焊缝进行密封性试验时,需涂刷白垩粉。清理不慎,白垩粉将进入夹层,严重污染待钎焊表面,降低钎缝接头强度。

②砂粉。砂轮打磨焊缝,有时砂粒会掉入夹层,钎焊后以非金属夹杂物的形式存在钎缝中,降低接头强度。

③有色金属粘附物。钎焊组件在装配过程中,使用有色金属(如铝、铜)的工艺装备,在钎焊表面可能残留一些铜、铝细屑。在钎焊时溶入焊缝中,会在不同程度上降低钎焊质量。

④金属屑及毛刺。零件制造过程中可能残留一些毛刺,如果清理不净或清理下来的金属屑残存在夹层中,容易和钎料粘在一起,形成钎料堆积或通道堵塞,对钎焊质量和产品性能均有严重危害。

多余物对钎焊质量影响的爆破试验结果见表8.6。

表8.6　含多余物钎焊试件爆破试验结果

工件表面状态	爆炸试验压力平均值/MPa
清洁	64.7
有铝痕	16.7
有黄铜痕	49.0
有白垩粉	29.1

8.6　推力室组件制造技术简介

8.6.1　推力室组件制造内容和工艺过程

推力室由头部、身部、导管、杯套、多通接头和摆轴等组成,如图8.45所示。推力室组件制造是指按图纸及技术条件的规定,将分别制成的头部、身部和其他零组件如泵座、支架及接管嘴等,按顺序连接成推力室整体,并经一系列加工、试验而达到最终成品的过程,主要包括以下内容:

(1)头身结合:将推力室头部和身部两大组件装配、焊接在一起,构成推力室组件。

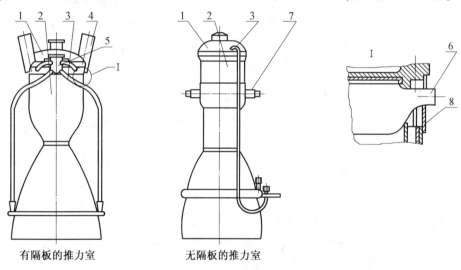

有隔板的推力室　　　　　　　　无隔板的推力室

图8.45　推力室结构示意图

1—头部;2—身部;3—导管;4—杯套;5—多通接头;6—隔板;7—摆轴;8—搭板

(2)焊接推力室附件:由于各种发动机的总装状态及技术要求不同,推力室结构各异,所以需装配、焊接的附件也不尽相同,如:推力室上有安装涡轮泵的泵座或支架;或有安装摇摆用的摆轴;或装配焊接不同类型的导管和管接头;或需装配焊接与机架连接的杯套以及其他固定件。

(3)推力室切削加工:推力室上有些连接组件的配合尺寸,必须在推力室装配焊接后整体加工,以消除焊接装配所造成的误差,防止装配时不协调。推力室加工部位有泵座、摆轴和阀门座等。

（4）推力室质量检测：推力室装配后需检测特征尺寸和部分性能，如液压强度试验、密封性试验、液体流量试验及气体流量试验等；特征尺寸有喉部和喷口直径尺寸、推力室高度等。

推力室组件制造工艺过程：焊前清理→头部与身部对接及焊接→射线探伤检查→密封性试验→装配点焊滤网→装配焊接搭接板→车削阀门座→装配焊接承力件→测量→装配焊接导管→液压强度试验→密封性试验→液体流量试验→烘干→清理多余物→总装配及检测。

8.6.2　头部与身部装配焊接工艺

头部与身部装配焊接在一起构成推力室组件。头、身连接处分为内、外两层，内层为头、身对接，而外层则通过搭板将头部外缘与身部外壁相连接，形成冷却液通路。头、身连接部位的结构形式受隔板影响较大，若无隔板则只有一条环形焊缝A，搭板的装配焊接也较容易；有隔板的推力室装配时，要保证头部与身部的对接间隙和搭接间隙，搭板与头部、身部的对接间隙和搭接间隙，隔板与身部各槽口的准确位置和间隙要求，如图8.46所示。

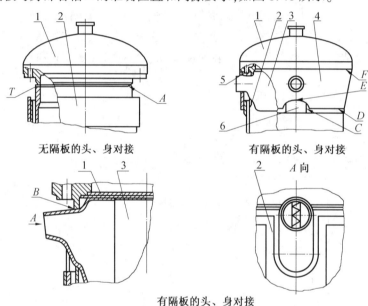

图8.46　头、身装配图
1—头部；2—身部；3—隔板；4—搭板；5—滤网；6—盖板

（1）头部与身部的对接。

无隔板推力室的头部与身部对接是利用对接处的内、外圆定位保证轴线同轴，如图8.46中的T处。有隔板的推力室，身部端头槽口处经常产生变形，需经校正后才能装配。头部和身部的角向位置是以"对刻线"予以保证。

头部与身部装配定位后，置于旋转夹具上，在水平位置进行焊接。第一层用手工氩弧焊封底，保证焊透。再用添加焊丝的手工氩弧焊焊接第二层及与隔板连接的焊缝。

焊后用射线探伤法检查焊缝A，然后用煤油做致密性检查，最后向隔板夹层通入压缩空气，检查隔板密封性。

（2）其他连接件的装配焊接。

按头、身组合后的尺寸，剪切滤网展开料，清理干净后装在头、身连接处。用单面点焊法将其两端分别点焊在喷注器环和身部内壁上,要防止烧穿丝网和焊点脱开等缺陷。

按图 8.46 的装配关系,将盖板、搭板装配焊接,应保证焊缝 C 的密封性,焊缝 D、F 可用熔化极自动氩弧焊焊接。

8.6.3　推力室组件切削加工工艺

(1)阀门座车削加工。

阀门座(或法兰盘)位于推力室头部顶端,作为发动机总装配时安装断流阀之用。切削加工时的装夹及加工尺寸要求如图 8.47 所示。加工时应保证阀门座端面 M 对推力室轴线的垂直度要求及阀门座中心线对推力室轴线的同轴度要求。

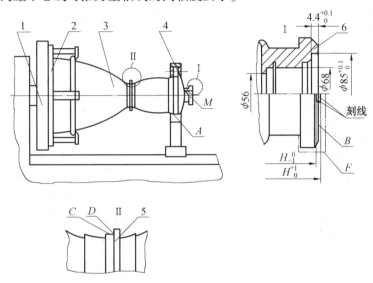

图 8.47　阀门座切削加工

1—车床卡盘;2—车床夹具;3—推力室;4—中心架;5—工艺环;6—阀门座

推力室装夹时以喷口和喉部定位,先将推力室装在车床夹具上,撑紧喉部并拉住身部,找正喉部工艺环的 C、D 面,然后车削喷注器外圆 A 面,作为中心架的支承面,车削阀门座端面 B 时以其外圆刻线为准,保证推力室的高度 H 在公差范围内。最后,用顶尖顶住阀门座,卸去中心架,车去辅助基准,即将 A 面车至最后尺寸并去掉喉部工艺环。

(2)摆轴的车削加工。

有的推力室用轴将推力传递给发动机机架,再传至弹(箭)体;有的推力室在飞行中需调节推力角度,因而在推力室上焊接两个摆轴,以便按要求实现摆动,如图 8.48 所示。为便于保证摆轴的尺寸精度、同轴度、圆柱度及表面粗糙度值等要求,必须在推力室组装后进行摆轴切削加工。

车削加工时,推力室以摆轴为回转中心,最大回转半径 R_{max} 为

$$R_{max} = \sqrt{\left(\frac{D}{2}\right)^2 + h^2} \tag{8.4}$$

式中,D 为推力室喷口直径;h 为摆轴中心线距喷口端面的距离。

选择加工车床时,其中心高度应大于 R_{max}。

加工中主要技术措施：

①采用夹持一轴，用顶尖顶住另一轴中心孔的加工方法，最后应将工艺中心孔钻掉。

②车削时可用卡管夹持摆轴，此轴上的夹持部分必须提高加工精度，使尺寸趋于一致。

③头部装配重，以保持旋转时离心力对称分布，可减少两轴车削加工的圆柱度误差。

（3）摆轴的镗削加工。

由于推力室身部是薄壁焊接结构，刚性较小，而摆轴是焊接在身部上，所以切削加工时容易产生振动，因此，镗削时要采用夹具，保证两轴的同轴度，增加推力室加工时的刚度，如图8.49所示。

夹具的转盘上有4个精确分度的等分销钉孔，用底座上的定位销定位，加工完一个轴以后，松开锁紧装置，用定位孔分度旋转180°，固定后加工另一轴，其他两孔用以旋转90°，检查两轴的同轴度。

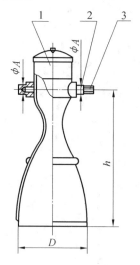

图8.48　带摆轴的推力室
1—推力室；2—摆轴；3—传动齿

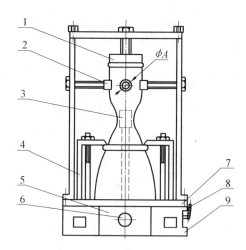

图8.49　镗床夹具图
1—头部压紧块；2—V形压紧块；3—定位胀胎；
4—底部压板；5—找正基准面；6—找正基准孔；
7—旋转盘；8—锁紧手柄；9—底座

8.6.4　支承件和传力件的装配焊接

各种发动机有不同的结构布局及装配要求，因而推力室上有不同种类的支承件和传力件。如推力室上安装涡轮泵的泵、座，安装连接机架的杯套或支耳，安装固定导管接头用的支板等零、组件。这些零、组件的作用是传力或承力构件，要求其连接牢固，位置准确，因此，在装配和焊接时需采用刚性较好的夹具。焊接方法多采用手工电弧焊，以达到全位置施焊。

杯套是推力室与机架连接并传递推力的构件，由于推力大小及结构不同，杯套数量一般为2个或4个，均布在头部上，如图8.50所示。杯套的装配焊接夹具主要由定心装置和杯套定位器两部分组成，如图8.51所示。

定心装置：推力室的定位基准是喉部中心和喷口中心的连线，定心装置如图8.51所示。喉部定位装置胀紧后使产品中心与夹具中心重合，因喷口常是椭圆形，所以由多处圆弧定位。

杯套定位器：夹持杯套按要求位置将其装配在推力室上，由于推力室制造中的各种误差，如顶盖型面、头部高度、身部高度、头部与身部直径偏差等,上述各种误差的积累,最终都综合反映到杯套与推力室的装配位置上。因此,每个杯套都在与推力室配合部位留有余量,便于在装配时修合。所以杯套的定位器应在径向能往复移动,便于装卸零件和调整尺寸。根据实践经验,杯套定位器的夹角应大于杯套与推力室轴线的夹角。

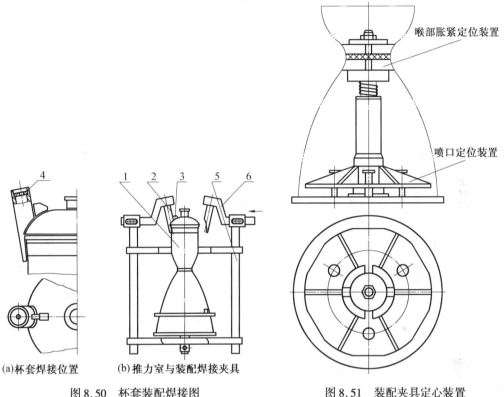

(a)杯套焊接位置　　(b)推力室与装配焊接夹具

图 8.50　杯套装配焊接图
1—推力室;2—杯套;3—筋;4—垫块;
5—装配焊接夹具;6—杯套定位装置

图 8.51　装配夹具定心装置

装配、焊接杯套时,将杯套装在夹具的定位装置内,按头部实际型面修合,使它与推力室的贴合间隙不大于 0.5 mm。修合时预留出径向焊接变形余量 5.0～5.5 mm。用手工电弧焊定位后,从夹具上卸下推力室,在自由状态下施焊。为防止杯套变形成椭圆状,焊前应将垫块放入杯套内。

杯套和加强筋焊完并冷却后,将推力室固定在装配夹具内,定好方位,测量杯套高度 h、半径 R 及夹角 α,如图 8.52 所示。

8.6.5　导管装配焊接

液体推进剂从涡轮泵输出后,一组元直接进入头部容腔;另一组元则先进入身部集合器,流经身部夹层再进入头部的另一容腔。装有再生冷却隔板的推力室,作为冷却液的推进剂组元,则需先流经隔板后再进入头腔。推力室结构不同,推进剂输入、输出的导管形状和规格均不同。导管与推力室连接的形式有对接、搭接和丁字接等。

导管装配及焊接应达到下列技术要求:

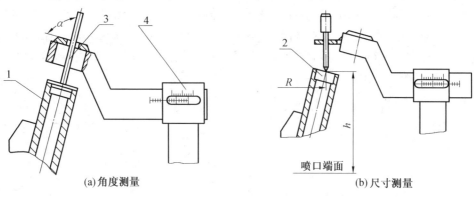

(a)角度测量　　　　　　　　　　　　　　(b)尺寸测量

图 8.52　杯套测量示意图

1—杯套;2—测量盘;3—测量杆;4—夹具

(1)当导管两端位置固定时,应根据两端零件,对管子修合进行装配,修配过程中管子应处于自由状态,不得变形、碰伤。

(2)导管与推力室壁及其附近零件应保持一定距离。

(3)导管与两端零件装配时,应保留一定的搭接长度。

(4)导管与推力室焊接时,可处于任一空间位置,除应符合焊缝尺寸等质量要求外,应严格控制管内壁的焊漏高度。

推力室导管多采用 1Cr18Ni9Ti 不锈钢薄壁管材,焊接时,推力室应处于便于施焊的位置,焊接方法常采用手工氩弧焊或全位置自动氩弧焊。

8.6.6　推力室液压强度及密封性试验

为检查焊缝和组件的强度及密封性,推力室装配焊接后需进行液压强度及密封性试验。试验要求:

(1)进行推力室强度试验时,对喉部临界截面以上的内腔及全部夹层进行充压,其压力按产品各自技术条件的要求,加压应缓慢,平稳地分级进行,按规定保持一段时间再继续升压。

(2)液压试验所用的水溶液,需经过滤并添加缓蚀剂。

(3)密封性试验在液压强度试验后进行。

(4)液压试验后应立即烘干。

试验设备为泵压式或挤压式液压试验台和气压试验台。推力室液压强度试验的压力,一般要高于工作压力的 50% ~75%,对于薄壁夹层结构的身部,试验时会在其圆柱段产生变形,试验前应装上加强箍。

液压强度试验的夹具如图 8.53 所示。装夹时为防止头部第三底变形,在拉紧拉杆之前应先将顶杆支在头部上,使其受力均匀,用调整螺帽拉紧拉杆,用胀紧装置胀紧喉部。对有涂层的推力室,喉部夹具应采取保护措施,防止装夹过程中涂层脱落。

密封性试验在液压强度试验后进行,首先排净产品内腔及夹层的水溶液,然后将产品连同试验夹具一

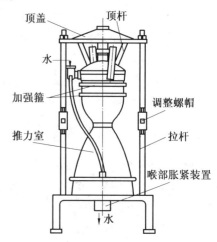

图 8.53　推力室液压强度试验

起浸入水槽中,当加压至规定压力值时,保压 3~5 min,检查产品各部位均不得渗漏。

8.7　涡轮泵的制造技术

8.7.1　结构组成和工艺特点

1.结构组成

涡轮泵是液体火箭发动机泵压式推进剂供应系统中的主要组件,它将氧化剂和燃料以一定的压力和流量稳定地输送到推力室,以保证推力室正常工作。涡轮泵通常由燃气涡轮、氧化剂泵和燃料泵组成。

涡轮泵的结构与发动机总体布局和输送的推进剂种类有关,常见典型涡轮泵结构如图 8.54 所示。涡轮位于中间,氧化剂泵和燃料泵分置于涡轮两侧,利用燃气驱动涡轮转子,同轴带动两泵旋转。泵前装有进口管,以引导推进剂进入泵腔,两泵内均装有诱导轮和离心轮,推进剂经高速旋转的离心轮增压后,按要求的压力和流量进入推力室。离心轮的密封凸肩部位采用迷宫式间隙密封,可减少高压推进剂的泄漏量。由唇式密封和液封轮组成泵轴上的动密封,能防止氧化剂和燃料泄漏到涡轮腔中。涡轮盖和涡轮壳体之间除用金属"O"形环密封外,还在法兰盘结合面外焊接密封板,构成双道密封,以防止高温燃气泄漏。

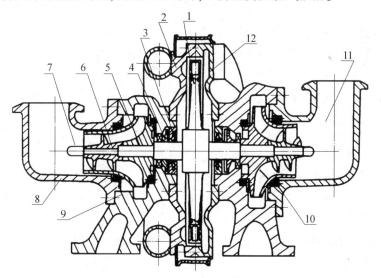

图 8.54　典型涡轮泵结构示意图

1—涡轮转子;2—涡轮盖;3—唇式密封;4—液封轮;5—离心轮;6—诱导轮;
7—氧化剂泵;8—进口管;9—泵壳体;10—迷宫密封;11—燃料泵;12—涡轮壳体

输送低温推进剂的氢氧涡轮泵的结构布局如图 8.55 所示,氧泵与氢泵位于上部,齿轮箱置中,涡轮位于下部。氢泵转速高,要与涡轮转子同轴旋转,氧泵转速较低,中间通过齿轮箱减速传动。为满足氢氧涡轮泵高、低温密封要求,静密封选用喷涂含氟聚氨酯的软铝密封垫片,动密封采用膜盒式端面密封,涡轮盖与齿轮箱壳体处的高低温结合面,则用柔性石墨垫进行密封。

2. 零件分类及常用材料

涡轮泵零件通常分成涡轮零件、泵类零件、齿轮箱零件、密封件和直属件。

(1)涡轮零件。

涡轮部分的主要零件有涡轮壳体、涡轮转子和涡轮盖。涡轮零件承受高温燃气的压力为0.4~4.0 MPa,温度高达1 000 K。零件材料采用1Cr18Ni9Ti、GH2036和GH4169等不锈钢和高温合金材料。

涡轮转子是涡轮泵中的关键件,带动两泵以20~100 kr/min高速转动。在高温下承受很大的冲击载荷、离心力和扭矩。涡轮转子由叶片、涡轮盘和泵轴组成,叶片可由精密铸造、切削加工或电解加工制成。

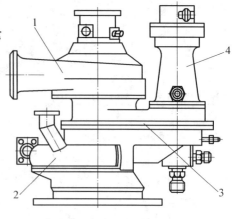

图8.55　氢氧涡轮泵
1—氢泵;2—涡轮;3—齿轮箱;4—氧泵

涡轮盖中的喷嘴环上有数量不等的拉瓦尔喷嘴孔,燃气在孔中膨胀后将势能转变为动能,从而推动转子旋转。喷嘴孔形状复杂,尺寸精度高,加工难度大。

涡轮壳体带有排气管,涡轮废气由此排出。

(2)泵类零件。

氧化剂泵和燃料泵常采用流量大、扬程高的离心式泵。两泵均由离心轮、诱导轮、泵壳体和进口管等零件组成,泵类零件材料应具有良好的耐腐蚀性能和低温性能。常用材料有ZL104、LD10和LY12等铝合金以及钛合金和高温合金等材料。

离心轮与泵轴采用花键连接,离心轮由叶轮盘和轮盖钎焊而成,叶轮盘上有数量不等的弯曲叶片,转速较低的离心轮可采用整体铸造结构。

泵壳内腔由阿基米德螺旋形的蜗道和出口扩散段组成,承受10 MPa以上的压力。泵壳体一般由铝合金铸造而成,或用铝锻件经切削加工制成。

诱导轮按导程可分为等导程诱导轮和变导程诱导轮,其作用是提高推进剂进入离心轮前的压力,改善泵的气蚀性能。诱导轮的结构可看作是一个轴流式的叶轮,其上的叶片及进、出口边是铣削加工而成,其中进、出口边还需进行精细修磨。

进口管是引导推进剂进入泵腔的重要零件,有直管形和弯管形两种,常采用整体铸成,两端法兰面采用切削加工。

(3)齿轮箱零件。

齿轮箱由传动齿轮、齿轮轴和齿轮箱上、下壳体组成。传动齿轮采用圆柱精密齿轮,其精度为4级,中间有矩形花键孔。齿轮工作时转速高(节圆上的线速度达105 m/s),负荷大,润滑条件差,因此常用合金结构钢制成。

齿轮箱上、下壳体均为箱形薄壁结构,其上各有三组高精度的轴承孔,并有平面度误差为0.01 mm的密封面。由于液氢渗透性强,所以不用铝合金铸件,而用铝锻件经切削加工制成。

(4)密封件。

涡轮泵工作时,要防止强腐蚀性的推进剂和高温燃气泄漏到泵外,所有结合面上必须有可靠的静密封装置,常用的静密封件有:橡胶石棉垫、柔性石墨垫、金属"O"形环、橡胶"O"形环和软铝垫圈等。另外,为防止推进剂沿旋转轴泄漏,两泵之间、泵与涡轮之间均要求有可靠的动密封装置,常用的动密封结构有迷宫密封、唇式密封和端面密封,如图 8.56 所示。

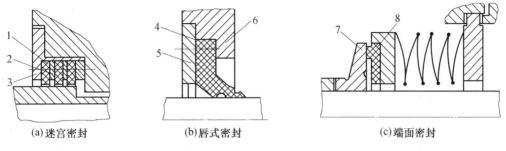

(a)迷宫密封　　　　　　　　　(b)唇式密封　　　　　　　　　　(c)端面密封

图 8.56　动密封结构示意图

1—氟塑料片;2—金属片;3—密封壳体;4—氟塑料密封圈;5—压板;6—密封壳体;7—动环;8—静环组件

迷宫密封常用于离心轮密封凸肩处的间隙密封;唇式密封是一种接触式轴密封,多用于泵轴上动密封;端面密封由动环和静环组件构成一对摩擦副,具有弹性的膜盒能起轴向补偿作用,因此常用作高转速泵轴上的动密封。

3. 工艺特点分析

(1)涡轮泵是一种高速运转的精密机械,它的制造工艺比较复杂,除铸造、锻造、钣金、焊接、热处理、切削加工、表面处理和装配试验等常规工艺外,还应用许多特殊工艺和精密加工技术,如动平衡、电解加工、电子束焊接、辉光渗氮热处理、精密齿轮修形和氦质谱检漏等。

(2)涡轮泵零件广泛采用不锈钢和高温合金等难加工材料,给制造工艺带来很大困难,需认真探讨零件的加工方案,反复试验工艺参数。

(3)涡轮泵装配时,对零件之间的配合间隙、转动件的跳动量、安装面的平行度、端面密封的静环压缩量以及转动件的不平衡量均有严格要求,故在装配过程中需进行精密的测量、准确的计算及精心的调整。另外,对密封件和整台涡轮泵要进行严格的密封性试验,例如静环组件在制造过程中先后要进行多次密封性试验;涡轮泵装配后要进行静密封性试验、动密封性试验和高灵敏度的氦质谱检漏试验。

8.7.2　涡轮转子的制造工艺

涡轮转子是涡轮泵中的关键零件,它驱动氧化剂泵和燃料泵高速旋转。涡轮转子通常由叶片、涡轮盘和泵轴组成,常用的材料为不锈钢和高温合金。

1. 结构特点及技术要求

涡轮转子通常有三种结构形式,整体型转子、分离型转子和不可拆型转子。不可拆型涡轮转子应用比较普遍,其结构形状如图 8.57 所示。

主要技术要求:

(1)泵轴在锻造前后均需进行超声波探伤,精密铸造的叶片全部经 X 射线探伤检查。

(2)泵轴上各外圆要保持同轴度要求,其误差值一般不大于 0.02 mm。

(3)涡轮转子进行动平衡试验,要求不平衡量不大于 9.8 μN·m,在叶冠外圆或涡轮盘侧面上去除不平衡质量。

(4)花键齿应与平键槽中心线重合,其误差值应不大于 0.1 mm。

（5）泵轴上与唇式密封相配合的外圆表面，其表面粗糙度值为 $Ra0.4\ \mu m$。

2. 工艺分析及工艺过程

不可拆型转子的叶片采用精密铸造，经切削加工后焊于涡轮盘上。涡轮盘常采用不锈钢锻件，经切削加工成圆盘状，其中心有两个固定泵轴的配合座。两泵轴结构相似，均采用高温合金锻件，经切削加工后压入涡轮盘配合座中，每边还压入若干个径向销子，以传递扭矩。制造工艺过程如图 8.58 所示。关键技术包括涡轮叶片制造、叶轮焊接、泵轴制造、涡轮转子组装与加工以及整体转子的电解加工技术。

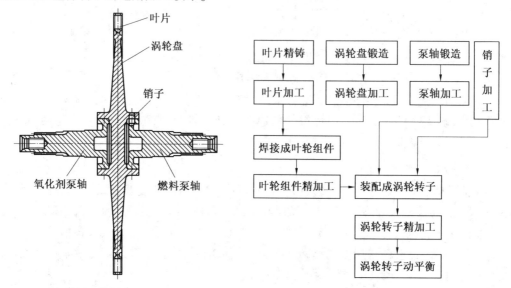

图 8.57　不可拆型涡轮转子结构图　　　　　　图 8.58　涡轮转子制造工艺过程

3. 涡轮叶片的制造工艺

叶片材料采用 ZG1Cr18Ni9Ti，具有良好的耐蚀性、抗氧化性、高温强度和焊接性能。但其铸造性能较差，容易产生冷隔、麻点、砂眼和夹渣等缺陷。

涡轮叶片典型制造工艺过程：精密铸造→固溶热处理→酸洗→光饰→电抛光→射线探伤→切削加工→成品检验。

（1）叶片的精密铸造。

铸造涡轮叶片的型面简单，形状短小，截面较厚，如图 8.59 所示。提高涡轮效率，叶片尖缘 R 越小越好，一般为 $0.20 \sim 0.35$ mm。叶片精密铸造采用失蜡铸造法，其工艺过程为：制蜡模→制型壳→熔炼合金→浇注→打箱清壳→切割→碱煮→检验。

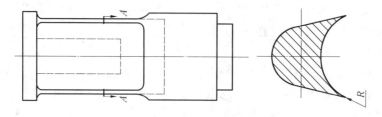

图 8.59　涡轮叶片

①制造蜡模。蜡模采用压注制造，蜡模材料由石蜡、松油、川蜡和地蜡按一定的比例配制

而成。制模时先将压模型腔表面擦净除油,预热后注入高温蜡液。在压力下冷却,可提高蜡模表面质量和尺寸稳定性。

②熔炼和浇注。不锈钢 ZG1Cr18Ni9Ti 是在碱性炉衬的感应炉中进行熔炼。全熔后第一次扒渣时,加入 0.2% 锰脱氧,加硅铁后再加 0.15% 块状硅钙,并迅速盖上熔剂,这样能使硅钙缓慢熔化进行脱氧。当炉温升到 1 600～1 620 ℃ 时,进行第二次扒渣,加入 0.1% 铝块终脱氧,随后加入预热过的钛铁,保持 3～4 min,当炉温达到 1 630～1 640 ℃ 时,扒渣出炉。

浇注时要适当控制速度,浇注速度过快,气体不易排出,会使铸件产生气孔;速度过慢,会产生浇注不足和冷隔等缺陷。

(2)叶片的切削加工。

精密铸造的叶片毛坯,中间的型面已铸造成形,单个叶片主要加工叶冠和叶根部分的四个侧面以及叶根上的焊接坡口。

加工叶片四个侧面时,先以中间型面为定位基准,磨削叶片背面,然后依次磨削和铣削两侧面和斜面,其加工过程见表8.7。

表 8.7　叶片侧面加工过程

序　号	工序名称	工　序　简　图	夹　具
1	磨叶背	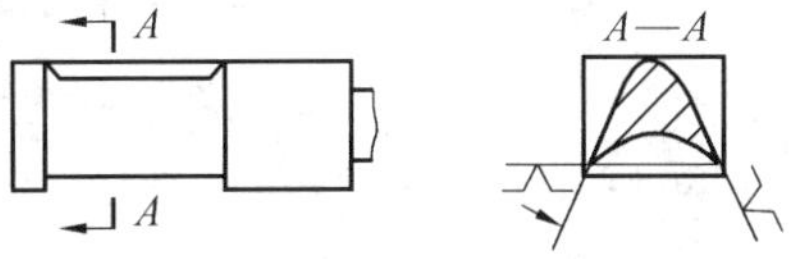	磨叶背平面夹具
2	铣浇口	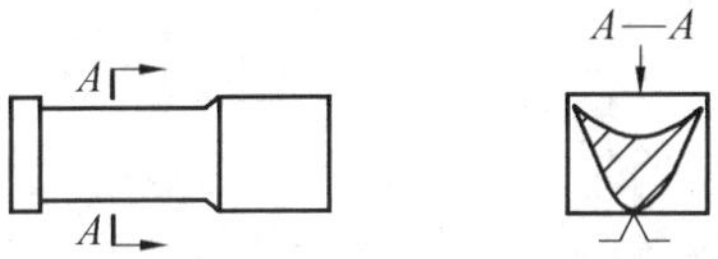	铣浇口夹具
3	磨侧面	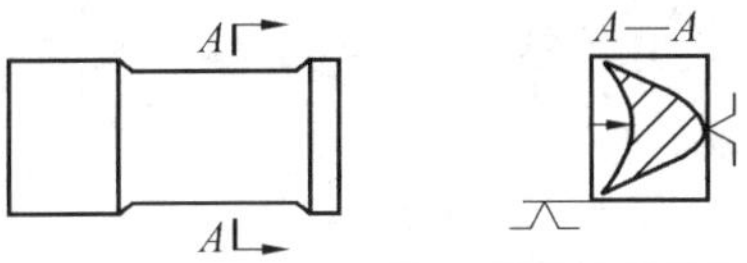	磨侧面夹具一
4	磨侧面	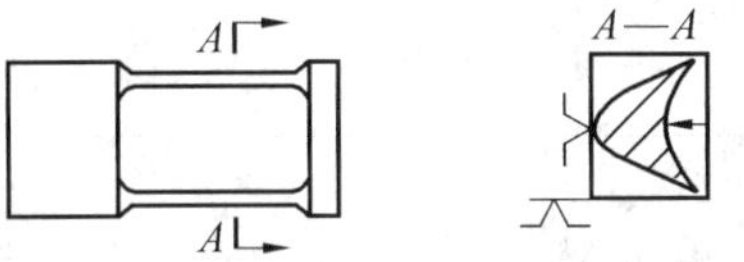	磨侧面夹具二
5	铣斜面	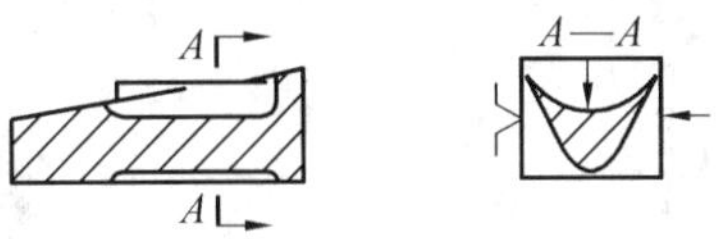	铣斜面夹具
6	磨斜面	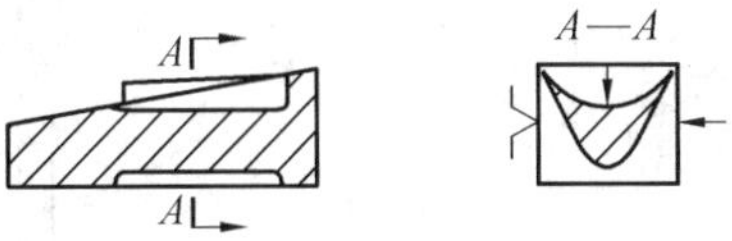	磨斜面夹具

叶根上焊接坡口的车削加工采用专用夹具,如图8.60所示。定位块是由带锥孔的四块分开瓣块组成,径向可以同时进行伸缩,叶片组装后,即可轻易取下定位块。

组装前,叶片按宽度 H 值进行分组,同一叶轮的叶片 H 值的差应不大于 0.05 mm。组装

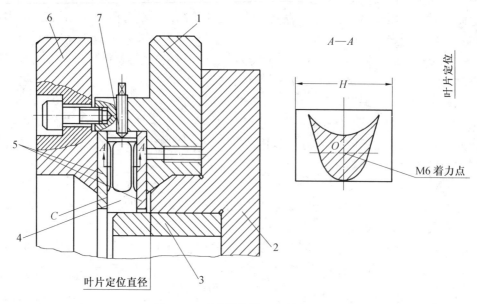

图 8.60　叶片焊接坡口车削夹具

1—定位盘;2—底盘;3—定位块;4—叶片;5—垫环;6—压板;7—螺钉(M6)

时,叶根与定位块局部间隙应不大于 0.05 mm,通过螺钉来调整。叶根之间周向间隙应不大于 0.02 mm,通常根据组装时实际间隙大小,选用特制的加厚(或减薄)叶片进行调整,即能满足配合要求。

4. 叶轮焊接工艺

叶轮由叶片和涡轮盘组成,涡轮盘的材料为 1Cr18Ni9Ti。叶片和涡轮盘焊接装配采用专用焊接夹具,如图 8.61 所示。涡轮盘以定位件内孔 d 定位,以三个支承轴向压紧。

为减少焊接变形,保证焊后叶片轴向倾斜量不大于 0.3 mm,两道焊缝采取对称分次交错进行焊接,其焊接顺序如图 8.62 所示。

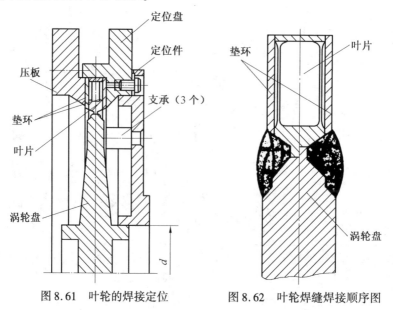

图 8.61　叶轮的焊接定位　　　　图 8.62　叶轮焊缝焊接顺序图

涡轮盘与叶片采用自动埋弧焊连接,焊丝直径为 $\phi1.6$ mm 的 1Cr18Ni9Ti 焊丝,焊剂牌号为 260,焊接参数见表 8.8。

表 8.8　叶轮自动埋弧焊焊接参数

焊缝序号	焊接速度/(m·h⁻¹)	电弧电压/V	焊接电流/A
1		28~30	180~200
2		28~30	200~220
3		30~32	220~240
4	25	30~32	220~240
5		32~34	220~240
6		32~34	220~240
7		34~36	240~260
8		34~36	240~260

5. 泵轴的加工工艺

泵轴材料为铁基高温合金 GH2036。其具有良好的高温综合性能,锻造塑性较好。但它对应力腐蚀敏感,锻造时易产生裂纹和粗晶等缺陷。导热性差,加工硬化严重,切屑强韧,容易粘刀,切削加工困难。

泵轴的结构形状如图 8.57 所示,其上有渐开线花键齿和平键键槽,一端有带螺纹孔的中心孔;另一端的外圆与叶轮盘配合座相配。

工艺过程:坯料粗车→超声波探伤→锻造→固溶+时效热处理→粗车→精车→铣键槽→铣花键→钻铰销孔→磨外圆及端面。

(1)泵轴的锻造。

泵轴锻件毛坯采用圆棒材,锻造温度为 1 180 ~950 ℃。将棒材直径自由锻造至 $\phi42$ mm 后,模锻出 $\phi77$ mm 头部,如图 8.63 所示。每个锻件均在 $\phi42$ mm 端头锯下一段,制成试样进行力学性能检测。

锻造 GH2036 合金时,应轻锻快打,避免重锤猛击,控制变形量和变形速度,以防锻裂。锻造前,毛坯应预热到 250 ℃以上,不经预热的快速加热方法会使锻件产生较大的热应力,导致塑性下降,易于锻裂。

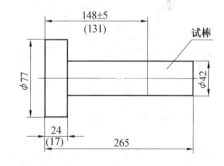

图 8.63　泵轴锻件图

(2)泵轴的切削加工。

泵轴车削时,采用专用车床夹具。夹具以车床主轴孔定位,零件在夹具中以外圆和端面定位,保证各外圆表面对中心孔的同轴度要求。攻制中心孔内 M12 螺纹时,采用二硫化钼加油酸作为切削液。

平键槽铣削加工以两中心孔为定位基准,并找正零件外圆母线与机床工作台横向平行,保证键槽位置的偏移量不大于 0.03 mm,利用键槽量规检测偏移量。

渐开线花键铣削加工以两中心孔为定位基准,采用专用花键齿分度夹具和渐开线型面铣刀在卧铣床上铣削加工,如图 8.64 所示。加工的关键是要保持花键齿与已加工好的平键槽中心线重合,两者的偏移不能大于 0.1 mm。

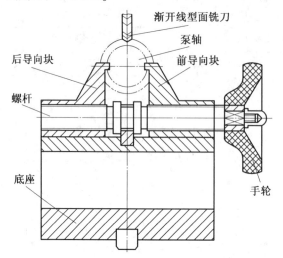

图 8.64　保持花键齿与键槽相对位置夹具

6. 涡轮转子组装与加工

涡轮转子组装的工作内容是将两个泵轴热合装入叶轮的配合座中,分别打上径向销子,精磨泵轴外圆和磨削花键齿,进行转子的动平衡试验。

工艺过程:热合→钻、铰孔→压销子→车加工→磨外圆→磨花键齿→抛光→动平衡→成品检验。

(1)热合泵轴。

叶轮配合座和两泵轴配合过盈量为 0.10 ~ 0.16 mm,采用热合装配。一般取热合间隙为 (0.001 ~ 0.002)D,根据涡轮转子结构和操作条件,将热合间隙取上限,为 0.14 mm。

根据热合间隙即可计算出加热温度,即

$$t = \frac{\delta + \Delta}{\alpha D} + t_0 \tag{8.5}$$

式中,δ 为泵轴与叶轮过盈量,mm;Δ 为所选热合间隙,mm;t_0 为环境温度,℃;D 为配合直径,mm;A 为叶轮线膨胀系数,℃$^{-1}$。

将叶轮放入电热恒温箱中,加热到 250 ~ 300 ℃,保温 90 ~ 120 min,然后在热合夹具上将两泵轴压入叶轮配合座中,在自然冷却过程中,要防止产生轴向间隙,所以在两泵轴上均需施加一定的轴向推力,然后以泵轴两中心孔定位,检查转子外圆和端面的跳动量,其数值应不大于 0.1 mm。

(2)钻、铰销孔。

为了传递扭矩,泵轴热合后尚需在径向压入销子,如图 8.57 所示。由于泵轴的材料为 GH2036,而叶轮的材料为 1Cr18Ni9Ti,在这两种材料上钻、铰销孔 ϕ7H7 时,需用专用钻头和铰刀,专用铰刀采用六直齿整体式铰刀,材料为 W18Cr4V。由于铰孔后孔径有微量收缩(3 ~ 8 μm),所以铰刀的切削部分直径要比被铰孔径稍大。专用铰刀无切削锥角,修光刃倒锥较大,后角比一般铰刀小,齿背宽约 0.5 mm。

铰孔分粗铰和精铰两次进行,切削液用蓖麻油加酒精,压上销子后,检查泵轴与叶轮配合座的径向间隙,其数值不允许大于 0.02 mm,并在销子周围冲点锁紧。

(3)精磨渐开线花键齿。

精磨渐开线齿形利用花键磨床,零件以两端中心孔定位,采用"型面切削法"精磨出渐开线齿形。精磨后的渐开线花键齿,采用花键综合环规进行检测。

8.7.3　喷嘴环的制造工艺

1. 结构特点及技术要求

喷嘴环材料为 1Cr18Ni9Ti,毛坯为模锻件。喷嘴环形状为圆盘状零件,结构比较复杂,四周厚度大,中间腹板薄。其上有若干个拉瓦尔形喷嘴孔,进口处是圆弧形收敛段,出口处呈锥形,喷嘴孔轴线与进、出口端面成 18°夹角,如图 8.65 所示。

技术要求:

(1)模锻件不能有裂纹、夹层和折叠等缺陷。锻造前需清除毛坯料表层中发纹等缺陷。

(2)喷嘴孔喉部直径 $\phi 8.9^{+0.03}_{0}$,对涡轮性能影响很大,必须保证其尺寸精度。

(3)喷嘴孔进口和出口处的同轴度误差值不大于 0.6 mm。

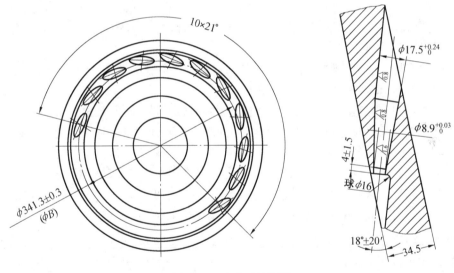

图 8.65　喷嘴环结构图

2. 工艺分析及工艺过程

为提高喷嘴环的力学性能和减少切削加工余量,喷嘴环毛坯采用模锻件。喷嘴孔的形状为拉瓦尔形,加上不锈钢切削性能差,且又在斜面钻削,需用专用斜孔钻模和数量众多的专用钻头和铰刀。在加工和检测中,需解决喷嘴孔进、出口同轴度,喉部表面粗糙度以及喷嘴中心位置的测量等关键技术。

工艺过程:模锻→车外圆→粗车端面→半精车端面→钻、铰喷嘴孔→精车进口端面→抛光→检验。

3. 喷嘴环锻造

模锻件单边加工余量设计为 3 mm,局部地方为 4 mm。为改善模腔内金属变形的流动条件,降低流动阻力,圆角半径放大到 12 ~ 15 mm,外模锻斜度取 7°,内模锻斜度为 10°,如图 8.66 所示。

喷嘴环锻模设计成单槽模。为防止产生较大的错移偏差,模具上有高 40 mm,直径为 ϕ532 mm,斜度为 3°的圆形锁扣,如图 8.67 所示。模槽尺寸将锻件图各尺寸加放 1.2% 的收缩量,并在内孔加一厚度 8 mm 的底板。锻件毛边槽桥部厚度为 6 ~ 8 mm,保证变形金属较好地充满型槽,使多余的金属顺利地流入毛边槽仓内。

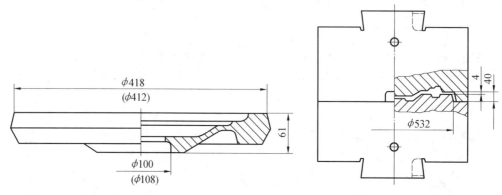

图 8.66　喷嘴环模锻件　　　　　　图 8.67　喷嘴环锻模

模锻工艺过程:锯床下料→车光表面→加热→自由锻造→车光内孔→加热→模锻→热切边、冲孔→热处理→检验。

模锻用的原材料选用轧制棒材,为清除棒材表面层中裂纹等缺陷,防止锻造时锐边处因冷却太快而产生折伤,车削棒材外圆、端面并倒角。

将坯料加热到 1 150 ℃,在自由锻锤上镦粗成圆饼状,在中心冲孔 ϕ120 ~ ϕ140 mm。为了清除冲孔后孔壁上残留的毛刺、锐边等缺陷,促进变形金属均匀地向中心流动,采用车削加工将孔扩大至 ϕ175 mm。

模锻在 30 kN 模锻锤上进行,坯料加热到 1 180 ~ 1 200 ℃,降低金属变形的抗力,减少材料的变形功。模具预热到 150 ~ 250 ℃,有助于锻造过程中保持坯料的温度,以防重力打击时开裂。锻模型面用二硫化钼油剂进行润滑,终锻温度不得低于 950 ℃。

4. 喷嘴孔加工

喷嘴环制造的关键在于喷嘴孔加工。钻、铰喷嘴孔时零件以内孔和进口端面定位,装于斜孔钻模上,并在出口端面压紧,零件上除进口端面留有精加工余量外,其余均已加工到要求尺寸。

由于喷嘴孔结构形状复杂,加上 1Cr18Ni9Ti 材料切削性能较差,钻、铰一个喷嘴孔,共需采用 15 种钻头和铰刀,12 个钻套,11 个深度量规。加工过程中,要保持喷嘴孔进口和出口同轴度要求,保证喉部尺寸精度和出口表面粗糙度值要求。

喷嘴孔与进、出口端面成 18°夹角,利用摇臂钻床和专用斜孔钻模,按图 8.68 所示的加工过程完成喷嘴孔的钻、铰加工。每个喷嘴孔的钻、铰加工分 15 道工步,先从两端分别钻出台阶孔,然后经过扩孔、锪孔、粗铰和精铰后,制成拉瓦尔形喷嘴孔。

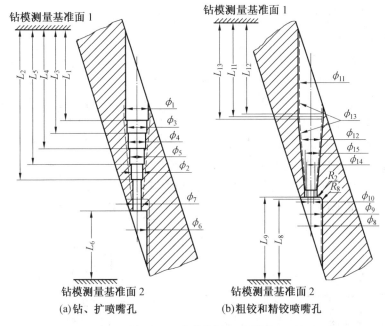

(a)钻、扩喷嘴孔　　　　　　　(b)粗铰和精铰喷嘴孔

图 8.68　喷嘴孔加工过程图

8.7.4　离心轮的制造工艺

1. 结构特点及技术要求

离心轮叶片的数量为 6~12 片,均匀分布于叶轮盘上。叶片形状有直线形、圆弧形和双曲率形。双曲率叶片的离心轮,采用铝合金整体铸造结构,适用于直径大、转速低的离心轮。圆弧形叶片的离心轮采用叶轮盘(叶片)和轮盖钎焊结构,适用于高转速的离心轮。离心轮中心有花键内孔,两边密封凸肩要求深阳极化处理。离心轮的典型结构如图 8.69 所示。

技术要求:

(1)铸造离心轮全部进行射线检查;钎焊离心轮的基体金属不允许过烧,外观检查时不允许有未焊透、裂纹和表面腐蚀等缺陷。

(2)密封凸肩 D_1、D_2 对定位孔 d 的同轴度不大于 0.02 mm。

(3)密封凸肩 D_1、D_2 需做深阳极化处理,阳极化层厚度为 40~60 μm,硬度为 HRC≥40。

(4)离心轮要进行动平衡试验,不平衡量小于 98 μN·m。

2. 工艺分析及工艺过程

整体铸造结构离心轮的制造方法是:铸造毛坯,打磨和修光叶片型面,加工外形和花键孔。焊接结构离心轮的制造方法是:切削加工圆弧叶片和轮盖,圆弧叶片和轮盖的钎焊、精加工外形和花键孔。

铸造离心轮制造的工艺过程:毛坯铸造→钳工打磨→粗车外圆→精车端面及内孔→精车弧形面→扩孔→拉削花键→静平衡→动平衡→阳极化→精车凸肩→深阳极化→检验。

焊接离心轮制造工艺过程:叶轮盘锻造→叶轮盘加工→离心轮钎焊→离心轮热处理→离心轮加工→离心轮动平衡→离心轮表面处理。

叶轮盘和叶轮盖不宜直接用棒材加工,因为轧制的铝棒材外圆处有宽为 5~10 mm 的粗晶粒环带,钎焊时易出现裂纹。

3. 离心轮整体铸造

轮类铸件采用水平放置、水平分型,合金液从轮缘引入,通过叶片填充到中间轮毂部分,充型过程平稳。合金液自轮缘引入可选择有两个位置:一个为底注,另一个为侧注。底注充型平稳,但要三箱造型。轮类铸件一般高度尺寸小,致使中箱太薄而容易塌箱,铸件尺寸精度低。侧注只要两箱造型,操作简单,尺寸精度也易保证。

离心轮铸件的结构形状是上部为厚实的轮毂,中间为薄壁叶片,而下部为中等壁薄的轮缘,如图8.70所示。当下部轮缘凝固时,其补缩通道易为中间薄壁叶片所切断,很难得到上部冒口的补缩,必须控制离心轮外缘的凝固速度,最好是先于中间叶片凝固。

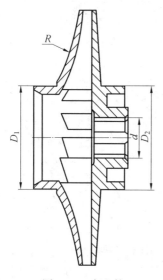

图 8.69　离心轮

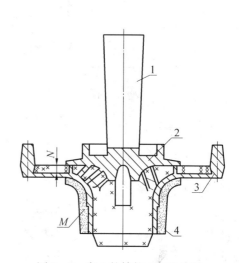

图 8.70　离心轮铸件工艺设计图

1—冒口;2—离心轮;3—浇口;4—冷铁

为达到这一目的,可以通过两个途径来实现:首先冷铁选用热容量大,激冷效果好的铸铁材料,以减少轮缘的凝固模数。其次,建立轮缘自下而上顺序凝固的条件,使铸件在该处的壁厚自下而上递增。而冷铁的壁厚则自下而上递减,离心轮外形的台阶形结构恰好满足了这一要求。因此在铸件工艺设计时,切勿将这一台阶做成齐平(图8.70中的M处),否则会使该处的温度梯度平缓,破坏了顺序凝固的条件。至于轮毂部位的凝固,通过冒口与冷铁的联用,很容易达到顺序凝固的目的。

4. 离心轮切削加工和表面处理

(1)叶轮盘切削加工。

典型叶轮盘的结构如图8.71所示,叶片的进口处呈圆弧形,中间及出口处均是直线形,叶片的弧形端面(B面)将与叶轮盖相配进行钎焊。背面的几个销孔(d_2)是铣叶片用的工艺定位孔(图8.72)。叶轮盘切削加工内容主要包括:车削叶片端面、钻削工艺孔和铣削叶片。

车削叶轮盘上叶片弧形端面B时,采用圆弧形成形车刀加工,并配以R样板检查。为满足钎焊要求,加工后的型面B要与叶轮盖上的型面吻合,其间隙不能大于0.08 mm。另外,型面对定位孔要保持同轴度要求。

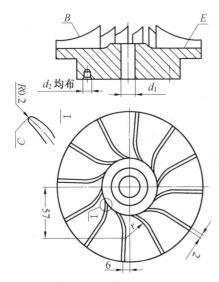

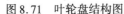

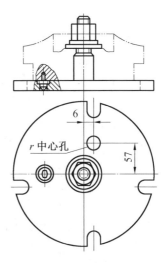

图 8.71 叶轮盘结构图　　　　　　　图 8.72 铣叶片夹具

叶轮盘上有 12 个叶片,为使铣切叶片时分度均匀,在叶轮盘背面加工出 12 个工艺定位孔,工艺定位孔的位置选在零件外缘之外,使用后车削掉。定位孔位置度偏差不大于±10′。

在立铣床上,利用专用夹具以工艺定位孔分度铣削加工叶轮盘上的叶片。由于铣削余量大,分粗铣、精铣两道工序。

铣削后的叶片要修磨进口端 C,在进口边长 10 mm 范围内要求光滑过渡,为此需仔细打磨叶片的两侧面,使圆弧段和直线段圆滑相接,另外,尚需打磨叶轮盘底面 E,要求 E 面的平面度误差不大于 0.03 mm,表面粗糙度值为 $Ra1.6\ \mu m$。

(2)离心轮钎焊。

叶轮盘和叶轮盖的材料常用 LD2,钎焊时采用 ZL103 钎料,这是一种铝、硅的共晶合金。与 ZL103 钎料相匹配的钎剂可用 NJ-2,它是碱金属和碱土金属的氯盐与氟盐的混合物,钎焊时可以去除母材表面和钎料表面的氧化膜,改善钎料对基体金属的润湿性。

钎焊前零件和钎料要仔细清理,可依次用碳酸钠水溶液、氢氧化钠水溶液和硝酸(25% ~ 30%)进行清洗。清洗后的零件要及时装配并钎焊,以免待焊表面被污染和重新生成氧化膜,装配时要保持叶轮盘和叶轮盖同轴度要求,并保持钎焊间隙在 0.20 ~ 0.35 mm 范围内,这时可将适量的钎料放在待焊叶片的外沿,主要放在叶片圆弧的外侧端头,然后覆盖上钎剂。

钎焊时应控制焊件的加热速度:加热不可太慢,否则钎剂容易失效;过快则容易使钎料流失和基体金属过烧。钎料熔化后应停留适当时间,使钎料能全部填充满间隙,并使钎料与基体金属之间相互充分扩散,以得到良好的钎焊连接。

残留钎剂对零件有很强的腐蚀作用,焊后应将零件表面的钎剂清理干净。钎焊后的离心轮,不允许焊脚处有断续的未焊透区域;气孔直径应不大于 1 mm;叶片通道处不能有焊瘤,此处若有焊瘤,不但打磨困难,而且也影响离心轮性能。

离心轮应在钎焊之后、精加工之前进行淬火时效处理,目的是使淬火时产生的强化相溶入固溶体而获得过饱和组织,从而得到较好的综合力学性能。离心轮结构复杂、壁薄,且精加工余量很少,因此热处理时要防止淬裂,并尽可能减少变形。

(3)离心轮切削加工。

钎焊后离心轮切削加工时,要保证外圆 D_1、D_2 对花键定位孔 d 的同轴度要求,并保证各加工端面对 d 的垂直度要求,其误差值均不大于 0.02 mm,如图 8.69 所示。

①拉削花键孔。离心轮上渐开线花键孔(或矩形花键孔)一般是在拉床上由花键拉刀拉削而成。拉床选用 L620 型,拉刀切削部分的几何参数及制造精度见表 8.9。拉削高温合金(GH4169)零件时,拉削速度为 0.25 ~ 0.30 m/min,拉削铝合金(LD2)时,拉削速度可增加 1 倍以上,通常采用菜籽油作为切削液,但拉削 LD2 时,最好用煤油加松节油作为切削液。

表 8.9　花键孔和键槽拉刀　　　　　　　　　　　　　　　mm

拉削材料 / 拉削型孔 / 拉刀			LD2		GH4619
			渐开线花键	键槽	矩形花键
拉刀材料			W18Cr4V		M12,HSP15, M2A1,C₀5Si
切削部分硬度(HRC)			61 ~ 67		65 ~ 69
切削部分几何参数	齿升量	基孔齿		0.03 ~ 0.05	
		切削齿	0.04 ~ 0.20		0.05 ~ 0.06
		校准齿	0.03 ~ 0.15		0.023 ~ 0.040
	轴向齿距		4.5 ~ 7.0		6 ~ 7
	刃带		0.1 ~ 0.4		—
	前角		15° ~ 25°		8° ~ 18°
	后角	切削齿	4° ~ 6°		2°45′ ~ 4°
		校准齿	4° ~ 8°		2°30′ ~ 2°45′
制造精度和技术要求	直径公差	基孔齿		−0.005 ~ −0.006	
		切削齿	−0.01 或±0.005		−0.008
		校准齿	−0.008		−0.005
	圆周齿距积累误差		0.02		
	齿侧面对中心线平行度误差		0.02		—
	键宽在全长上的反锥误差		0.03		
	拉刀全长最大弯曲度误差				0.02
	键齿对规定位置对称度误差		—		0.005
	键齿沿轴向螺旋偏差				0.005

②精车密封凸肩。为保证各加工面对花键孔的形位公差要求,车削密封凸肩时,采用心轴装夹零件,如图 8.73 所示。

在阳极化之前、车削两密封凸肩(D_1、D_2)时,应稍留余量,待阳极化后再精车这两凸肩。工艺上必须考虑到硬阳极化后零件尺寸的增大量,增大的数值通常是硬阳极化层厚度的一半,如硬阳极化后凸肩尺寸为 $\phi60^0_{-0.05}$ mm,硬阳极化层厚度为 40 ~ 60 μm,则精车凸肩的尺寸应为

$\phi 60_{-0.09}^{-0.06}$ mm。为使精车时表面粗糙度值
达到 $Ra0.4$ μm,可用清洁的煤油作为切
削液。

(4)离心轮的阳极化处理。

切削加工后的离心轮,需在两个密封
凸肩(图 8.69 的 D_1、D_2)处做硬阳极化处
理,其余部分则进行普遍阳极化处理。普
通阳极化能提高离心轮的耐腐蚀能力,而
硬阳极化层硬度高,耐磨性好,可避免或
减轻密封凸肩的磨损,有利于保持泵性能的稳定。

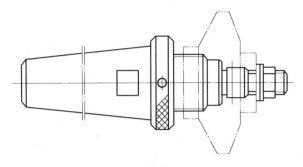

图 8.73　精车密封凸肩的定位心轴

阳极化处理工艺中的主要工序:

①装挂零件。普通阳极化时,用直径为 $\phi 3 \sim \phi 4$ mm 的 L4(工业纯铝)或 LF3(退火防锈
铝)装挂零件,并要防止在阳极化时,因产生气泡而使零件局部未能形成阳极化层。硬阳极化
时,为保证导电良好,使用夹具装挂零件,并要求夹具与零件接触部位除净氧化膜。

②涂绝缘胶。硬阳极化前,需在零件的普通阳极化表面涂绝缘胶,其配方为:Q98-1 硝基
胶 5 份;Q04-3 红色硝基磁漆 1 份。

绝缘胶涂刷要均匀,每涂一遍要自然干燥 30 min 左右,共涂三遍。涂后要自然干燥24 h,
方可进行阳极化。若在非绝缘表面涂上胶液,要在未完全干燥前刮除干净,然后用少量丙酮擦
净。

③硬阳极化(直流恒电流法)的溶液配方。

a. 硫酸(H_2SO_4):170 ~ 200 g/L;

b. 铝离子(Al^{+++})<25 g/L(新配制溶液时可加入少量硫酸铝),用蒸馏水或冷凝水配制溶
液。

工艺参数:温度为-3 ~ -60 ℃;阳极电流密度为2.0 ~ 2.5 A/dm²;初电压为5 ~ 20 V;终电
压为 60 ~ 90 V;时间为 80 ~ 95 min。

硬阳极化时,离心轮挂在阳极导电棒上,阴极用铝板,溶液要用干净的压缩空气搅拌。

8.8　涡轮泵装配及试验技术

8.8.1　装配特点及技术要求

涡轮泵装配的主要特点是:泵中轴承孔之间同轴度要求高;配合间隙(或过盈量)的测量、
计算和调整复杂;转动零件要进行高精度动平衡试验,并需精细调整跳动量;装配后要进行动、
静密封性试验,以确保高密封性要求。

由于装配批量小,配合精度高,调整计算复杂,因此采用固定式装配,即涡轮泵固定于装配
台架上,从零件装配成产品的全部过程均由固定人员集中装配完成。装配过程中选用合适的
调整件(例如垫圈、套筒等),来满足各零件之间的配合间隙和压缩量等技术要求。利用变动
零件之间角向位置,使各零件相互抵消其加工误差所产生的影响,来达到转动零件最小跳动量
要求。

涡轮泵装配及试验的主要技术要求如下：

（1）为使涡轮转子转动灵活，泵中两轴承孔要保持同轴度要求，其误差值一般为 0.02~0.03 m。

（2）离心轮、诱导轮和涡轮转子等各转动件，需进行动平衡试验，要求不平衡量为 9.8~50 $\mu N \cdot m$。

（3）装配中，按要求调整各零件之间的配合间隙，如涡轮转子端面与喷嘴环的间隙为 2.5~3.0 mm。调整静环组件的压缩量，一般要求为 1.6~1.8 mm。

（4）调整离心轮、涡轮转子等各转动件的跳动量，一般要求径向或端面跳动为 0.03~0.05 mm。

（5）装配后，要进行静密封和动密封试验，静密封试验的压力为 0.5~0.6 MPa，时间为 5 min，用皂泡法检查各密封面，其中氢氧涡轮泵还要进行氦质谱检漏。动密封试验的压力为 0.5 MPa，其中唇式密封要求 100 s 内，压降不大于 0.03~0.05 MPa，端面密封则要求泄漏量不大于 3 个泡/s。

涡轮泵装配及试验典型工艺过程：液流试验泵装配→液流试验→壳体组合→镗销子孔及同轴度检查→动平衡试验→零组件配套→清洗、烘干→涡轮泵装配→密封性试验→氦质谱检漏→焊密封板→射线检查→涡轮泵交付。

8.8.2 液流试验泵的装配

每台氧化剂泵和燃料泵在参加涡轮泵装配配套前，都必须单独经过液流试验，以测定泵的性能参数，作为发动机调整试验用。

泵的零件虽然根据设计图纸制造加工，但不可避免地存在着加工误差（尤其是铸造成形的零件，误差较大），会直接影响性能参数，所以每台泵只有通过液流试验，才能确定其实际的参数值，泵的性能参数包括：流量、扬程、转速、效率及气蚀性能。

液流试验泵装配时，除离心轮、诱导轮、泵壳体和进口管用产品件外，其余均可用工艺件，并要专门设计制造一个泵架组件，以便于将泵与试验台相连接，如图 8.74 所示。配套齐全后，用汽油清洗零件并吹干，装配过程中间隙的测量与调整，密封组件的过盈量（或压缩量）测量与调整，及离心轮跳动量的测量与调整，均与涡轮泵装配相同。

液流试验在专用的试验台上进行。若发现泵的扬程偏高，则可车削离心轮外径尺寸来调整；若扬程偏低，只能更换离心轮或泵壳体。因此液流实验前的离心轮外径要留有适当余量。如果气蚀性能不合格，可修刮诱导轮和离心轮叶片的进口边，若不能排除，则更换诱导轮和离心轮。

经液流试验合格的泵，分解时在离心轮、诱导轮、泵壳体和进口管上，分别打上相同的配套泵号，不能随意更换，

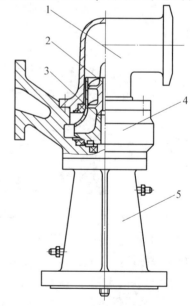

图 8.74 液流实验泵
1—进口管；2—诱导轮；3—离心轮；
4—泵壳体；5—泵架组件

否则要重新进行液流试验。分解后的零件要清洗、烘干,还要根据零件故障和磨损情况,进行必要的修复工作。

8.8.3　涡轮泵装配

配套齐全的零组件经清洗和烘干后,即可进行涡轮泵装配,装配间温度应保持在 15 ~ 25 ℃,相对湿度不大于80%。

涡轮泵装配基准的选择常与设计基准重合,即选在有端面定位的轴承一端,以此为起点,依次装配涡轮转子及泵壳体内部的零件,一般的装配次序是:由下至上,由内到外,但通往内腔的通道和管嘴应预先用工艺堵盖堵住,以防多余物进入。

滚动轴承是支承涡轮转子高速旋转的精密零件,常用的有整体向心球轴承和分离型向心推力球轴承(低温轴承)两种,精度为 D 级或 E 级,装配整体型轴承时,根据涡轮泵的结构,用压入法将轴承压到壳体内,在施压过程中,要随时检查轴承是否倾斜,防止切伤壳体内孔。安装分离型轴承时,先将分离的外圈(或内圈)压入壳体中(或转子轴上),在安装滚珠和保持架时,注意滚珠不可散落或碰伤,更不能混套。

装配时,轴承的滚道内要注满润滑脂,内、外圈上涂少量即可,为防止螺纹咬死,允许在螺纹连接处薄涂一层润滑脂,由于某些润滑脂与推进剂不相容,所以要严格按规定的牌号使用,动密封面不准涂任何润滑脂,以免影响密封性试验的真实性。氢氧涡轮泵中的低温轴承不涂润滑脂,并要擦净从螺纹部分挤出的微量润滑脂,以免掉入内腔,在低温下冻成硬块,影响涡轮泵的正常运转。

(1) 装配间隙的测量与调整。

为保证涡轮转子、离心轮和液封轮等转动件正常运转,并满足其性能要求,装配时对某些间隙或压缩量需进行测量和调整,通常有涡轮转子与喷嘴弧段面的间隙;液封轮与密封组件的间隙;离心轮与泵壳体的轴向间隙;离心轮与进口管的轴向间隙;以及端面密封组件的压缩量等。这些间隙与压缩量一般要求较严,其偏差范围仅为 0.2 ~ 0.4 mm。而影响该间隙的零件(组成环)数量又多,因此选用调整法装配,即选择组成环中的某个调整件(例如垫圈、衬套和密封垫等)。按尺寸链计算值,将其厚度分组加工,装配时通过测量和计算,选用合适厚度的调整件,即可满足要求的间隙值。

涡轮转子和喷嘴弧段端面的间隙 k 可利用调整垫厚度 δ 来调整,如图 8.75 所示,在装配过程中需要测量的尺寸是:涡轮盖大端面到动环端面尺寸 l_1;衬套长度 l_2;涡轮盖大端面到喷嘴弧段端面尺寸 l_3。

按尺寸链计算,取调整垫厚度 δ 为封闭环,其厚度计算公式如下:

$$\delta = l_1 + k - l_2 - l_3 \tag{8.6}$$

为复验间隙 k 的实际值,尚需测量出叶片厚度 b,待装上转子后,再测出转子叶片端面到涡轮盖大端面尺寸 l_4。即可算出 k 的实际值为

$$k = l_3 - l_4 - b \tag{8.7}$$

(2) 跳动量的测量与调整。

在涡轮泵装配中,需要测量与调整的有径向跳动和端面跳动两种。离心轮要测量密封凸肩的径向跳动量,一般要求不大于 0.05 mm,但对高转速的小直径离心轮,则要求不大于 0.03 mm,涡轮转子和齿轮通常是测量端面跳动量,要求不大于 0.03 mm。

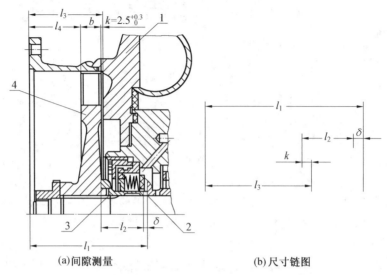

(a)間隙測量　　　　　　　　(b)尺寸鏈圖

图 8.75　涡轮转子间隙测量与计算

1—涡轮壳体;2—调整垫;3—封套;4—涡轮转子

测量跳动量时,应考虑尽量将被测零件装于转轴上,待两支承定位以后进行测量,测后不再拆卸,这样可保证其真实跳动量。若由于结构限制达不到时,就要设计工艺支承,但被测件的定位部分应与实际装配时一致,以减少定位误差。

测量离心轮径向跳动量时,千分表用表架固定在泵壳体上,离心轮缓慢匀速转动一周,千分表上最大示值变化即为离心轮密封凸肩的跳动量,如图 8.76 所示。

(3)平行度的测量与调整。

涡轮泵装配时,要保持进口管端面对泵腿安装面的平行度,其偏差值不大于 0.2 mm。进口管端面平行度测量时,以安装面为基准,涡轮泵安放于测量平台上,将千分表靠在进口管端面上,使表座在平台上移动,测出进口管端面上各点的示值,其最大与最小示值之差即为平行度误差值,如图 8.77 所示。

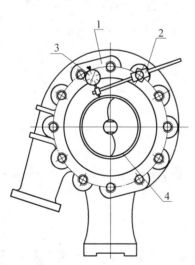

图 8.76　测量离心轮跳动量

1—泵壳体;2—表架;3—千分表;4—离心轮

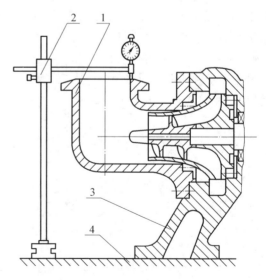

图 8.77　进气管端面平行度测量

1—进口管;2—表架;3—安装面;4—平台

8.8.4　密封性试验和氦质谱检漏

（1）静密封试验。

静密封是指涡轮壳体、泵壳体、齿轮箱和进口管等法兰结合面，以及旋入接管嘴、堵头和堵塞结合处的密封。

涡轮泵的静密封常用皂泡法进行试验，此法属于压力检漏法，即向涡轮腔和两个泵腔同时充入 0.6 MPa 压缩空气，然后在静密封的结合面上涂以中性皂液，形成皂泡的地方便是漏孔所在的部位。密封要求高的涡轮泵采用高灵敏度的氦质谱检漏方法。

（2）动密封试验。

动密封是指装在涡轮泵内腔，密封转动轴的唇式密封组件和端面密封组件。试验方法有定时压降法和定量试验法。

①定时压降法：向氧化剂泵和燃料泵内腔充入 0.5 MPa 的压缩空气，关闭气源开关。在 100 s 内压降不大于 0.03 MPa 为合格。

②定量试验法：向泵内腔充入 0.5 MPa 的压缩空气，用工艺软管将泄漏出来的气体引入水中，用量杯收集，测出单位时间内的泄漏量，如图 8.78 所示。当泄漏量不大时，用单位时间内漏气泡个数来测定，通常规定每秒不多于 3 个泡即为合格。

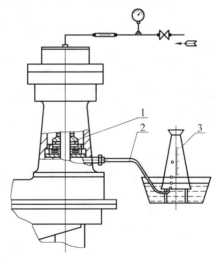

图 8.78　端面密封泄漏量试验
1—端面密封组件；2—工艺软管；3—量杯

第9章 卫星典型零部件的制造技术

9.1 金属结构件制造技术

金属结构件制造技术是卫星制造技术的基础和重要组成部分,不仅涉及传统的机械加工方法(如车削、铣削、刨削、磨削和研磨等),还涉及材料学及其热处理技术、检测技术、设备和工艺装备的选取与研制等;同时,对工艺规程的编制、工艺参数的选取(如切削用量;切削力、装卡力和切削热等)、加工过程中的误差分析(如工艺基准的选取和误差分析)、工艺因素的影响分析(如润滑液、刀具的选取和环境要求等)提出要求。

卫星金属结构件制造技术的特点:

(1)有色金属结构件制造技术占据重要地位。卫星结构件中,主要的结构件均采用有色金属材料,如卫星舱体为铝合金结构,贮箱和压力容器及管路系统为钛合金结构,返回式卫星相机大机架为铸造镁合金结构件。

(2)技术要求高。卫星金属结构件尺寸较大,壁薄,刚度较差,而精度要求高,尺寸稳定性要求好。这对制造技术提出了较高技术要求,除采用先进的设备和工艺装备外,还应正确地选取各种工艺规范、技术参数和工艺方法。

(3)卫星金属结构件制造技术必须具有技术门类齐全、设备配套和适应性强,满足卫星金属结构件品种多、批量小、生产周期短的要求。如各种冷加工技术、热加工技术、表面处理技术等。

(4)高可靠、高质量的检测技术。各种计量技术、无损检测、理化试验和例行试验等,作为金属结构件制造技术的组成部分,体现其制造技术特点和高质量的要求。

9.1.1 铝合金仪器舱口框零件的加工工艺

1.结构特点及技术要求

仪器舱上的口框零件是舱门的框架,它占整个密封舱锥面的1/4,材料为LF6铝合金,两侧与蒙皮熔焊对接,上下面与仪器舱的过渡框和后端框熔焊对接,形成一个密封整体,如图9.1所示。

口框的形状呈梯形空间曲面,尺寸为1 944.0 mm×965.7 mm,最薄部位仅2.5 mm。由于仪器舱的气密性要求,口框的四周有长达4 m多的密封槽。槽的圆角处属空间曲面形状,加工精度和粗糙度直接影响整个仪器舱气密性能,而且,在口框上84-ST8×1.25的钢丝螺套螺孔,其轴线必须向心,用以安装钢丝螺套以增强螺纹的强度和耐磨性,否则将影响门盖的安装及仪器舱的整体性能,口框的基本尺寸如图9.2所示。

口框加工的主要技术要求:

(1)密封槽尺寸为12$^{+0.2}$ mm×4.4$^{+0.2}$ mm,粗糙度 Ra<1.6 μm。

(2)84-ST8×1.25 钢丝螺套螺孔应与门盖相应孔协调一致。

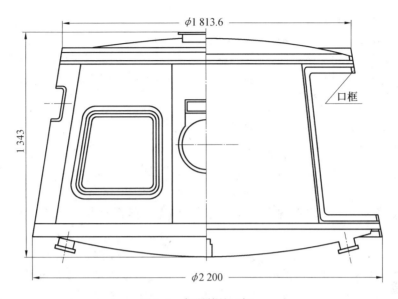

图 9.1　仪器舱的口框

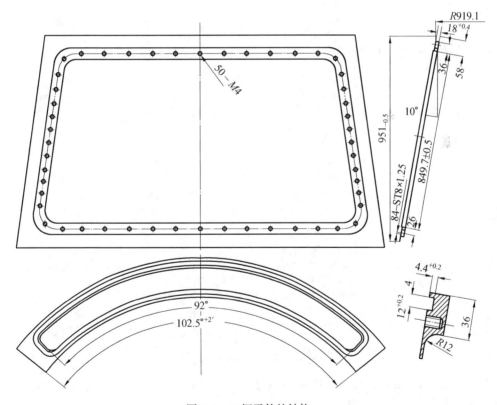

图 9.2　口框零件的结构

（3）口框锥面圆弧的中心夹角为 102.5°+2′，圆弧尺寸符合样板要求。

2. 工艺分析及工艺过程

口框是形状复杂的薄壁结构件，可采用两种制造工艺方法：一是先实现锥形圆弧面的成形，再进行相关外形及密封槽和螺纹的加工；二是先进行工件展开前的密封槽等型面加工，再完成锥形圆弧面的成形。

第一种方法适用于采用五轴联动加工中心机床加工,第二种方法适用于采用普通机床加工。第二种加工方法的工艺路线:下料→整平→刨上、下平面→划线→粗铣→退火→车上、下平面→划精铣加工线→精铣→修整边角毛刺→时效热处理→划线→压弯成形→整形→探伤→热校形→切周边→钻攻各螺纹孔→检验→入库。

3. 关键工序的加工工艺

(1)压弯成形前展开尺寸计算。

口框展开尺寸是机械加工的主要依据,板料较厚工件在弯曲变形时,外层拉长、内层缩短。在计算展开尺寸时,以变形最小的中性层作展开尺寸的基准。

①中性层确定。中性层的理论位置通过截面的型心坐标公式确定,也可按下面经验公式计算:

$$R = r + kt \tag{9.1}$$

式中,R 为从弯曲件内圆角半径中心至中性层的距离,mm;r 为弯曲件内圆角半径,mm;t 为材料厚度,mm;k 为中性层系数,与相对弯曲圆角半径 r/t 有关,数值可查阅冷冲压手册。$r/t = 30$ 时,$k = 0.496$,r/t 值越大,其值越趋于 0.5。

②其他参数的确定。口框的外形为截锥的 1/4 弧面,由平面展开状态弯成锥面时,主要变化尺寸是在圆周方向,母线方向的尺寸可视为不变,零件展开图如图 9.3 所示。

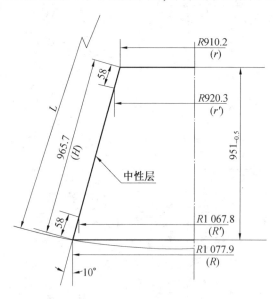

图 9.3 口框中性截面尺寸

根据零件设计图纸尺寸:截圆锥大端半径 R、小端半径 r、锥面长 H、中心角 $\beta = 102.5°$ 和中心角 $\beta_1 = 92°$,利用各尺寸间的关系式

$$L = \frac{R}{\sin 10°}, \quad l = L - H, \quad \alpha = \beta \sin 10°, \quad B = 2L\sin\left(\frac{\alpha}{2}\right), \quad b = 2l\sin\left(\frac{\alpha}{2}\right) \tag{9.2}$$

计算的展开尺寸为:$L = 6\ 207.0$ mm,$l = 5\ 241.0$ mm,$B = 1\ 920.7$ mm,$b = 1\ 622.0$ mm,$\alpha = 17.8°$,$L_1 = 6\ 149.0$ mm,$l_1 = 5\ 299.0$ mm,$B_1 = 1\ 711.5$ mm,$b_1 = 1\ 475.0$ mm,$\alpha_1 = 16°$。机械加工后工件的展开外形如图 9.4 所示。

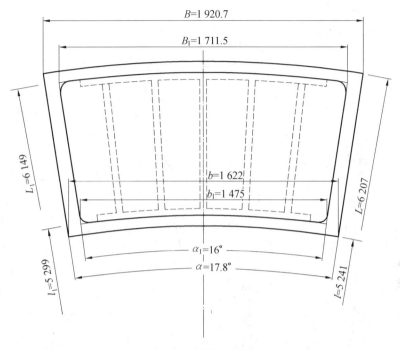

图 9.4　口框展开尺寸

（2）口框的机械加工。

通过以上计算，将空间尺寸转化为平面尺寸，机械加工也可转变成平面加工。按图 9.4 的展开尺寸，选用厚 $t=25$ mm 的 LF6R 铝板，按划线样板划出外形、内壁及加强筋的加工轮廓线。用等离子切割去除多余料，再通过车削使板厚减到 $18^{+0.4}$ mm，不平度小于 0.1 mm。在成形前，采用数控铣床精铣出外形、内腔、密封槽及其余尺寸。由于密封槽是保证气密性的重要环节，因此，在各圆弧间不得有接刀痕迹，为满足表面粗糙度要求，在机械加工上采取如下措施：

①根据积屑瘤产生的规律，尽量避开中等切削速度（20 ~ 50 m/min），采用低速或高速保证表面粗糙度 Ra 较小。

②采用顺铣有利于提高表面质量，在精铣时，必须单边铣削，以免多边铣削引起振动。

③在刀具材料和刀具几何形状上，采用高速钢粗齿立铣刀，保持较大容屑空间，并磨制光洁而锋利的刃口，前角 $\gamma_0 = 25°$，后角 $\alpha_0 = 14°$，副后角 $\alpha'_0 = 6°$。

④进行充分的冷却。

（3）口框曲面压弯成形。

在弯曲成形中，回弹和扭翘变形是影响工件外形准确性的主要因素。在口框内壁增加纵向工艺加强筋是提高口框刚度、减小变形的重要方法，如图 9.4 中的虚线部分。

控制大曲率半径工件压弯的回弹，最常用的是补偿法。即根据工件的回弹趋势和回弹大小，反向修正模具工作部分的几何形状和尺寸，使工件产生回弹恰好得到补偿。

9.1.2　铸造镁合金井字梁的加工工艺

1. 结构特点及技术要求

井字梁的结构特点是中间有加强筋，上下翼板是圆盘状的平板，外形尺寸较大，呈扁平状，如图 9.5 所示。技术要求：

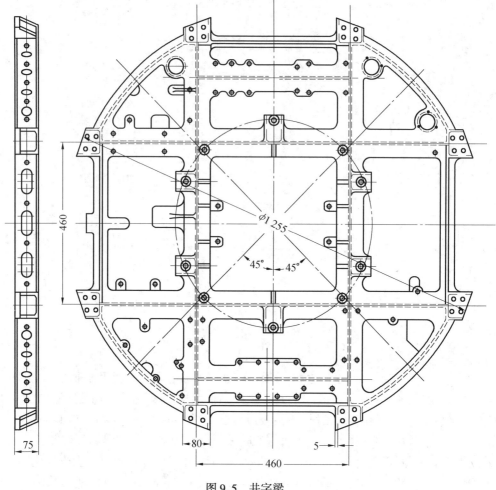

图 9.5　井字梁

（1）材料采用 ZM5 铸镁合金。

（2）外形直径为 1 255 mm，上下翼板厚（6.6±0.5）mm。

（3）安装面的表面粗糙度为 $Ra1.25 \sim 2.5$ μm，平面度公差为 0.05 mm，平行度公差为 0.1 mm。

（4）成组的螺纹孔位置度公差为 0.2 mm。为提高构件螺纹的耐磨性和强度要求，螺纹孔内需装入钢丝螺套。

（5）所有部位都要求进行萤光检查和 X 光照相。

2. 工艺分析及工艺过程

井字梁是薄壁盘形零件，毛坯采用 ZM5 铸造镁合金。镁合金质轻，流动充填性差，冷凝过程中容易出现缩孔、滞流、夹渣现象，影响毛坯质量。

镁合金化学稳定性差，工件表面易腐蚀。零件加工过程中要采取防腐措施。

镁合金薄壁件在机械加工和热处理中容易出现变形，切削力和夹紧力过大，热处理工艺不当，导致上、下翼板厚度不均匀。

工艺路线:毛坯铸造→氧化处理→热处理(T6)→划线→车削→镗铣型面→钻孔攻螺纹→氧化处理→喷漆→称重→检验→入库。

3. 关键工序的加工工艺

(1)氧化处理。

镁合金工件在毛坯、半成品和成品状态都应经过氧化处理,使工件表面生成致密的保护膜。井字梁采用化学氧化法进行氧化处理。

铸件首次氧化处理工艺流程:清洗前验收→有机溶剂除油→化学除油→冷水洗→化学氧化→温水洗→冷水洗→烘干→检验→包装→转运。

成品氧化工艺流程:氧化前验收→有机溶剂除油→化学除油→冷水洗→去膜→热水洗→冷水洗→中和→冷水洗→流动水洗→化学氧化→温水洗→冷水洗→封闭→温水洗→冷水洗→烘干→检验→包装→转运。

封闭处理的溶液采用重铬酸钾($K_2Cr_2O_7$)100 ~ 150 g/L,溶液温度为 85 ~ 100 ℃,持续时间 35 ~ 45 min。首次氧化和工序间氧化的色泽为草黄色到棕色,成品氧化膜的色泽为褐色到棕黑色。ZM5 铸镁合金化学氧化溶液的配方及工作条件见表 9.1。

表 9.1　铸镁合金化学氧化溶液的配方及工作条件

配　　方		首次或工序间氧化	成品氧化
溶液组成 /(g·L^{-1})	重铬酸钾($K_2Cr_2O_7$)	40 ~ 50	—
	氯化钠(NaCl)	0.8 ~ 1.2	—
	硝酸(HNO_3)	90 ~ 110	—
	氟化钠(NaF)	—	35 ~ 40
	氢氟酸(HF)	—	3 ~ 5
工作条件	温度/℃	50 ~ 60	18 ~ 25
	时间/min	1 ~ 3	15 ~ 20

(2)喷漆保护。

铸造镁合金工件在机械加工完成并经氧化处理后,需喷涂过氯乙烯磁漆保护,喷涂工艺流程:涂前验收→清洗→干燥→保护→底漆配制→喷底漆→底漆烘烤→检验→打磨→清洗→面漆配制→喷面漆→面漆烘烤→清理→检验。

喷漆温度应在 15 ~ 25 ℃为宜,不允许低于 12 ℃ 或高于 38 ℃,相对湿度应低于 65 ℃,工件在氧化后 48 h 之内应进行喷漆处理,否则将会影响保护膜的质量。底漆、面漆的成分质量比见表 9.2。

表 9.2　铸镁件保护漆质量比

材　料　名　称	型号	标准号	底漆质量比	面漆质量比
H02-2 锌黄环氧底漆	H06-02	HG2605	100	
G04-9 过氧乙烯磁漆	G04-09	HG2621		100
101# 铝银浆	101#		10	2
环氧漆稀释剂	X-7		适量	
过氧乙烯漆稀释剂	X-3			适量

（3）镁合金铸件的热处理（T6）。

ZM5 铸镁属可热处理强化的合金，采用固溶处理、人工时效（T6）可提高工件的机械强度。在处理镁合金时，由于合金元素在镁中扩散缓慢，易形成低熔点偏析物，因此，镁合金的固溶和时效处理具有固溶温度低、固溶加热速度缓慢、保温时间长、必须在保护气氛中加热等特点。因此，进行井字梁固溶时效处理时应注意以下几点：

①控制固溶处理温度、加热速度和保温时间。在镁合金中低熔点偏析物的熔点比铝合金中的偏析物更低，固溶处理加热时比铝合金更容易过烧，所以应严格控制固溶处理温度。

加热速度也与其他合金有所不同，如果将镁合金工件很快加热到固溶处理温度，往往会出现低于固溶温度的低熔点偏析物且来不及扩散，在晶粒边界发生局部熔化现象。为防止这种现象发生，通常采取较低温度入炉，随炉缓慢加热或者采取分段加热方法，入炉温度应低于镁合金最低可能熔点（ZM5 的最低可能熔点为 383 ℃）。在采用分段加热固溶处理方法时，入炉温度应控制在（360±5）℃的范围内，并在此温度下保温 3 h，再加热至（415±5）℃的固溶处理温度。

为了达到合金强化目的，应使过剩相充分溶入固溶体中。所以，固溶处理所需保温时间较长，一般都在 16～22 h，然后在空气中冷却。

②加热介质。固溶处理的加热应在密封性较好的空气循环电炉中进行。为减少氧化和防止着火，需采用保护气氛，常用保护气体为氩、二氧化碳或二氧化硫。

③时效处理。镁合金固溶处理后所得到的过饱和固溶体比较稳定，通过人工时效处理能使强度接近最大值。井字梁的人工时效温度为（175±5）℃，保温 16 h，空气冷却。

（4）机械加工。

井字梁的主要加工面为上下两平面、型腔侧面及螺纹，车削、铣削占有很大比重。井字梁工件的加工特点：

①上下平面加工，一般采取车削为宜，既能有高的生产率，又能得到较好的表面质量。

②基准选择时，应选用圆柱面和端面作为定位基准，并满足定位基准与设计基准重合和基准单一的原则，当定位基准不平时，则应采用辅助支承，避免压紧力引起工件变形。井字梁车削加工选用上、下端面及 φ1255 外圆作为定位基准。

③螺纹的加工，井字梁有 M3、M5、M6 普通螺纹，ST8×1.25 及 ST6×1 的钢丝螺套螺纹。对于直径小、切削力矩不大的螺纹，采用丝锥手工加工。对于 ST6×1 钢丝螺套螺纹加工应满足内螺纹中装入梯形截面的不锈钢钢丝螺套后，能依靠丝套本身弹性固定在螺孔内，而不必另外采取锁紧措施。

9.1.3　钛合金分离座的加工工艺

1. 结构特点及技术要求

分离座是承受爆炸螺栓冲击载荷的薄壁型结构件，采用 TC4 钛锻件经机械加工制成，具有高强度及耐高温性能。结构尺寸为 86 mm×98 mm×64 mm，质量为 0.49 kg，如图 9.6 所示。为在分离座内安放螺母组件和缓冲组件，型腔内需做出较大空腔，壁厚均在 3 mm 之内。另外，该工件要与返回舱的下框相连，在外侧面具有 10°的锥形圆弧。外表面有大小不等的 20多个螺孔或圆柱孔。

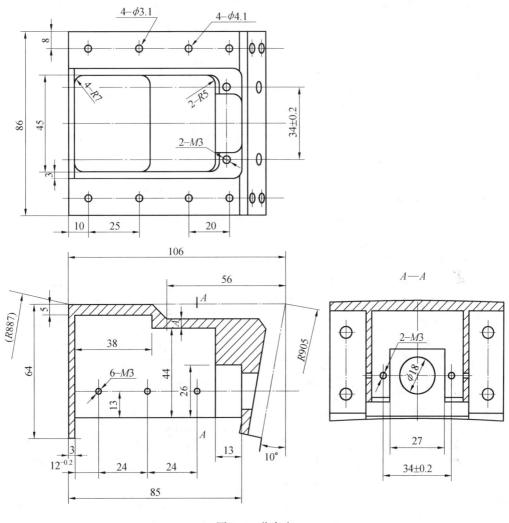

图 9.6　分离座

主要技术要求：

(1)钛锻件不得有裂纹、夹渣,含氢量不大于 $150×10^{-6}$,含氧量小于 $1\,500×10^{-6}$,抗拉强度 $\sigma_b=930$ MPa。

(2)型面粗糙度为 $Ra1.25\sim2.5$ μm,壁厚公差为 IT10,外形锥面斜角公差为 $10'$。

(3)螺孔的孔间距公差为 0.2 mm。

2. 工艺分析及工艺过程

钛合金工件通常采用切削加工的方法获得所需形状和尺寸,加工特点:

(1)钛合金热导率低、强度极限高,切削加工性差,刀具使用寿命很短。

(2)钛合金与 YT 类硬质合金的化学亲和性高,容易在刀具前面产生粘附,形成月牙洼,加速了刀具的损坏,加工钛合金宜选钨钴类硬质合金。

(3)钛的弹性模量小、屈强比大,切削加工变形和已加工表面回弹大,容易引起工件尺寸超差和后刀面的磨损加剧。

分离座制造的工艺路线:下料→毛坯锻造→热处理→喷砂→刨削外形→超声波探伤→划铣削加工线→铣型腔外形→车外锥圆弧面→划孔加工线→钻各孔。

3. 关键工序的加工工艺

(1)毛坯锻造。

始锻在高于 β 相相变温度下进行,β 相为体心立方结构,具有高的塑性,锻造压力小。终锻在低于 β 相相变温度下进行,防止 β 晶粒的过度长大和随之而来的塑性降低。TC4 钛合金的 β 相相变温度为(993±14)℃,坯料的始锻温度为(980±20)℃,终锻温度为(825±25)℃。

经锻造后的毛坯应进行消除应力退火,退火温度一般在 538~650 ℃下,保温 0.5~1 h,然后空气中冷却。

(2)型面的铣削加工。

铣削时,刀齿断续切削,切屑与刀刃容易发生粘结。当粘屑的刀齿再次切入工件时,粘屑被碰掉的同时会带走一小块刀具材料,形成崩刃。为改善铣削质量,正确选择钛合金铣削方式、铣削用量和合理的刀具结构是十分重要的。

①铣削方式。型腔加工可以先用钻头钻出铣加工的落刀孔,然后再从中心向外铣加工,最终加工周边的表面。立铣刀铣削时,采用顺铣加工。切削厚度由大逐渐减小,切屑由厚变薄,当刀齿切离工件时,切屑不易粘结在切削刃上。用端铣刀铣削平面,可采用不对称顺铣。

②铣削用量的选择。增大径向切深、轴向切深和增加铣刀的工作齿数,有利于提高铣削生产率,高速钢立铣刀铣削用量的选择参见表 9.3。

表 9.3　高速钢立铣刀铣削钛合金切削量

铣刀直径 /mm	工件材料 σ_b/MPa	粗　铣			精　铣		
		速度 v /(m·min^{-1})	进给量 a_f /mm	铣削深度 a_e /mm	速度 v /(m·min^{-1})	进给量 a_f /mm	铣削深度 a_e /mm
10	≤1 078	12~19	0.08~0.10	1.5~3	12~19	0.04~0.08	0.2~0.5
	≥1 078	7.5~15			7.5~15	0.03~0.08	
20	≤1 078	10~19	0.10~0.13		10~19	0.04~0.08	
	≥1 078	8~15			8~15		

③刀具选择。铣削时,若工艺系统刚性好,使用硬质合金铣刀能获得较高生产率。硬质合金铣刀可应用 YG10H 和 YG8 两种牌号。YG10H 是亚细颗粒合金,耐磨性较好,抗冲击和抗振性能提高,铣削钛合金比较适宜。

如果是断续铣削或有冲击时,选用 W2Mo9Cr4VCo8 高速钢铣刀。采用大螺旋角(角度达45°),使刀具具有较高切削能力,且形成紧紧卷曲的切屑很容易离开刀具。如果采取通用标准的立铣刀,应对刀具角度略做修磨,使前角减小,后角增大,避免后刀面过快磨损。

④切削液的使用。为了降低铣削温度和降低粗糙度,采用冷却液可获得良好的效果,特别是使用高速钢铣刀时,切削液要有足够大的流量,一般可按每把铣刀大于 19 L/min 的流量为宜。

冷却液种类较多,一般使用硫化矿物油或水基冷却液。冷却方式可以是浇注式,也可以用喷雾式。使用含 5% 氢氧化钡的冷却液,特别是以喷雾式冷却时,刀具寿命可以提高 3 倍。要注意钡的剧毒性,必须将有毒气体从加工场地排除干净。在选用冷却液时,若对工件的疲劳强度要求较高时,切削液中不应含有氯的成分,因为切削液中的碳氯化物,在高温下将分解释放出氢气,部分氢气被钛吸收会引起氢脆,或者放出氯化物,氯可引起钛合金高温应力腐蚀开裂。

目前,使用 HGS-113 切削液,效果较好,它由水溶性极压剂、复合型缓蚀剂、防腐剂及助剂配制而成,不含矿物油和亚硝酸盐,适用于钛合金的车、铣、钻加工。

(3)车削加工。

①刀具材料及几何角度确定。粗车刀选用钨钴类硬质合金刀具,精车时选用立方氮化硼刀具。车刀几何参数见表9.4。

表 9.4　车刀几何参数

工序	材料种类	前角	后角	副后角	主偏角	副主偏角	刀尖圆弧半径
粗车	TC4、TA7	5°~8°	10°	6°~8°	45°~70°	6°	1~2 mm
	TB2（淬火时效）	0°~5°	6°~8°		75°~90		
精车	TC4、TA7	5°~8°	15°				0.5 mm
	TC4、TB2（淬火时效）	5	6°~8°				

前角 γ_0:为使切削刃和刀头强度好,改善散热条件,应取较小前角,一般为 5°~10°。如果前角过大,刀具强度降低,磨损加快,容易出现打刀现象。

后角 α_0:钛合金的弹性恢复大,加工硬化程度高,所以刀具后角应大些。如果后角过小,切削表面与车刀后面接触面积增大,摩擦产生的高温区集中在车刀后角,使车刀磨损加快,被加工表面粗糙度增大。后角过大,又会降低刀刃强度,使刀具的耐用度下降。

主偏角 κ_r:当主偏角小时,刀刃工作长度增加,散热性好,刀具耐用度相对提高。但切削过程中,容易产生振动。

刀尖圆弧半径 r_s:刀尖圆弧半径增大而磨损减小。刀尖圆弧半径过大,径向力 F_y 增大容易造成振动。

②切削用量的确定。一般情况,工件形状和前后工序就预先决定了切削深度的大小,因而车削用量的选择,实际上主要是确定切削速度和进给量的适当组合的问题。

选择切削用量时,在确保刀具具有一定耐用度情况下,采用较大的进给量,适当地降低切削速度,则能获得较高的生产率。但进给量过大时,不仅加工表面粗糙,还容易造成刀具崩刃,车削钛合金时,通常进给量 $f \leq 0.25$ mm/r。硬质合金车刀车削钛合金的切削用量见表9.5。

表 9.5　车削钛合金构件的切削用量

工序	材料名称	切削深度/mm	进给量/mm	切削速度/(m·mim⁻¹)
粗车	TA7、TC4（退火）	大于氧化皮厚度	0.10~0.20	25~30
	TC4（淬火时效）		0.08~0.15	16~21
	TB2（淬火时效）		0.07~0.12	8~13
半精车	TA7、TC4（退火）	≥2	0.20~0.40	40~50
	TC4（淬火时效）		0.20~0.30	26~34
	TB2（淬火时效）		0.20~0.30	13~23

续表9.5

工序	材 料 名 称	切削深度/mm	进给量/mm	切削速度/(m·mim^{-1})
精车	TA7、TC4（退火）	0.08~0.50	0.10~0.20	74~93
	TC4（淬火时效）		0.07~0.15	52~60
	TB2（淬火时效）		0.07~0.15	24~43

（4）钻削加工。

为减小钻削力和钻削热,改善排屑能力,提高钻头使用寿命,对标准麻花钻头的切削刃进行修磨,切削刃的几何参数见表9.6,钻削用量见表9.7。

表9.6　切削刃的几何参数

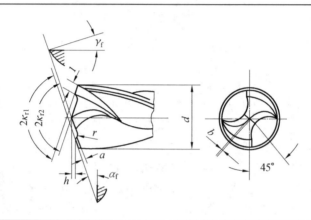

钻头参数	钻 头 直 径 d/mm			
	>3~6	>6~10	>10~18	>18~30
外刃锋角 $2\kappa_{r1}$	130°			
内刃锋角 $2\kappa_{r2}$	140°			
刃前角 γ_i	0~5°			
刃后角 α_i	15~18°			
圆弧半径 r/mm		2.5~3	3~4	4~6
钻尖高度 h/mm		0.6~1.0	1.0~1.5	1.5~2.0
倒棱宽度 a/mm	≈0.6	≈0.8	≈1.0	≈1.5
外刃长 l/mm		1.5~2.5	2.5~4.0	4.0~5.0
横刃长 b/mm	0.3~0.6	0.4~0.8	0.6~1.2	0.8~1.5

表9.7　钛合金钻削用量

钻头直径/mm	主轴转速/(r · min⁻¹)	进给量/(mm · r⁻¹)
≤3	1 000 ~ 600	手动进给
>3 ~ 6	650 ~ 450	0.05 ~ 0.10
>6 ~ 10	500 ~ 300	0.06 ~ 0.12
>10 ~ 15	350 ~ 200	0.07 ~ 0.15
>15 ~ 20	250 ~ 150	0.08 ~ 0.15
>20 ~ 25	150 ~ 100	0.09 ~ 0.20
>25 ~ 30	100 ~ 60	0.10 ~ 0.20

为了提高钻头寿命,可采用内冷却或外冷却方法,冷却液采用30∶1的水溶性油进行喷雾冷却。钻削过程中,应周期地从孔中退出钻头,以便清除切屑和便于冷却。钻削过程要防止钻头在孔中停顿状态,避免钻刃摩擦已加工表面而引起孔的加工硬化,加速钻头的变钝,特别对钻孔后需攻螺纹或铰孔的情况更应避免钻头在孔中停顿现象。

(5)螺纹的攻制。

钛合金弹性模量小,弹性回弹大,攻螺纹时,产生较大的扭矩,使刀具急剧磨损或产生崩刃,甚至折断。攻丝的关键是减少丝锥与钛合金的接触面积,防止粘结,减小切削扭矩,常用的办法有:

①通用丝锥改制。在校准外圆处的刃瓣宽度刃磨出20° ~ 30°后角,只留圆柱刃带0.1 ~ 0.3 mm,在切削锥的前面做出10° ~ 15°的刃倾角,以利于切屑向前排出,如图9.7所示。

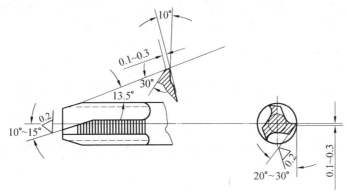

图9.7　钛合金丝锥改制图

②专用丝锥制作。丝锥材料采用钨钼系高速钢W6M05Cr4Al。钛合金螺纹丝锥设计制作应在结构和刀具几何参数上做如下改进:小直径丝锥可做成单支结构,当螺距小于1 mm时,可以在淬火后直接磨出螺纹。如果螺距大于1 mm,需做成两支一组的成组丝锥,改进丝锥负荷分配比例,使头锥负荷提高到75%,二锥负荷降至25%。采取较窄的刃瓣,宽度不超过0.3 mm。在螺纹型面上铲磨后角,在大径和中径上铲磨出后角为2°左右。增大丝锥中径倒锥,倒锥量为0.04 ~ 0.08 mm/25 mm。每齿的切削厚度应大于0.04 mm。

切削部分前角$\gamma_0 = 0° ~ 7°$,材料强度大则取小值;后角$\alpha_0 = 15° ~ 18°$,切削部分应磨成尖齿;切削锥角$\kappa_r \geqslant 10$;前、后刀面的粗糙度为$Ra0.16 ~ 0.32\ \mu m$。

③工艺参数的改进。螺纹底孔对钛合金结构件螺孔的制作影响甚大,通常,将螺纹牙高度与基本牙型高度的比值称为牙高率,其大小对攻制螺纹的效果和经济性起着十分重要的作用。若牙高率太大,则切除的金属量较多,攻制螺纹所需功率加大,这就增大了丝锥折断的可能性,特别对小直径的螺纹,更要引起注意。因此,确定螺纹底孔直径时,取牙高率为70%为宜。钛合金结构件螺纹底孔钻孔直径参见表9.8。

表9.8　推荐钻孔直径

螺纹规格	钻头直径	螺纹规格	钻头直径	螺纹规格	钻头直径	螺纹规格	钻头直径
M2×0.40	1.65	M8×1.25	6.90	M16×2.00	14.20	M24×3.00	21.30
M2×0.25	1.80	M8×1.00	7.10	M16×1.50	14.60	M24×2.00	22.20
M3×0.50	2.60	M8×0.75	7.30	M16×1.00	15.10	M24×1.50	22.70
M3×0.35	2.70	M10×1.50	8.60	M20×2.50	17.70	M24×1.00	23.10
M4×0.70	3.40	M10×1.25	8.90	M20×2.00	18.20	M30×3.50	26.80
M4×0.50	3.60	M10×1.00	9.10	M20×1.50	18.60	M30×2.00	28.20
M5×0.80	4.30	M12×1.75	10.40	M20×1.00	19.10	M30×1.50	28.70
M5×0.50	4.60	M12×1.50	10.60				
M6×1.00	5.10	M12×1.25	10.90		—		
M6×0.75	5.30	M12×1.00	11.10				

9.2　聚合物基复合材料零件制造技术

聚合物基复合材料零件的制造工艺是直接用原材料或预浸料铺叠成形后,经加温加压固化成形制造零件毛坯,零件毛坯经后序机械加工等工艺过程制成零件。制造流程是:预浸料制造→铺叠成形→加温加压固化定形→制件后处理→机械加工等。

9.2.1　预浸料的制造方法

根据制造复合材料零件的工艺需要,可把预浸料分为预浸带、预浸布、单向纤维预浸料(俗称无纬布)。

制备预浸料的方法可分为湿法和干法,即树脂基体以溶液形式浸渍增强材料的方法叫湿法;非溶液形式的方法叫干法。用湿法制预浸料又称溶液浸渍法,纤维织物多采用湿法在专用浸胶机上制备预浸料,如图9.8所示。

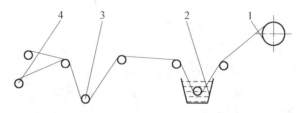

图9.8　制备不连续无纬布的缠绕机示意图
1—缠绕滚筒;2—胶槽;3—张紧轮;4—纱筒

用缠绕机制备无纬布,是将单束连续长纤维通过胶槽浸渍胶后,以环形缠绕方式连续缠绕在滚筒上,然后沿轴向切断,从滚筒上取下,展平,即成无纬布。缠绕机只能间歇不连续生产,无纬布的长度与宽度分别受滚筒直径大小和长度所限,纤维排列稀密不均匀,生产效率低。

干法有直接热熔法和薄膜压延法两种。直接热熔法是将基体材料各组分混合均匀,在烘箱中熔化。将熔融的基体材料涂覆在设备中电热板的离型纸上,经刮制成规定厚度的胶膜。胶膜与来自纱架平行排列的纤维或织物相遇,再经过电热板和数组压辊压延,使纤维嵌入胶膜中并均化,制成预浸料。预浸料通过冷却装置冷却后,进行切边、收卷、包装入库或冷却储存。工艺过程如图9.9所示。

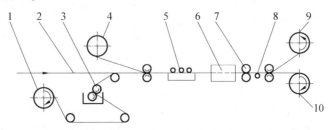

图9.9 热熔法制备预浸料设备示意图

1—离型膜;2—纤维;3—涂基体材料辊;4—离型纸;5—热熔辊压;
6—冷却装置;7—驱动辊;8—切刀;9—废纸收卷辊;10—预浸料收卷辊

薄膜压延法与直接热熔法的主要区别,在于将混熔的基体材料在涂膜机上预制成一定厚度的薄膜,收卷包装待用。使用时,在预浸机上使它与纤维或织物结合,经热熔并用压辊压延,使纤维嵌入,制成预浸料。

9.2.2 铺叠成形和加热固化的方法及特点

1. 手糊成形法

手糊成形法是用手工法将纤维织物裱糊在模具上,并用简单工具(如胶刷、刮板等)传递胶液,使其浸渍织物,然后固化成形。此法使用的工艺装备简单,常温常压下固化成形,设备投资小,模具费用低。主要缺点是:零件强度低,性能分散性大,生产效率低,劳动强度大,劳动条件差。适用于受力不大、性能要求不高的产品。

2. 袋压成形法

袋压成形法是将预浸料在模具上铺叠,制成坯件。在坯件上加盖一层软质而不透气材料,将它的周边与模具边缘粘接而密封,采用抽真空加压,实现坯件的固化成形。按制件固化时加压方式分为真空袋法、压力袋法和气压室法,如图9.10~9.12所示。

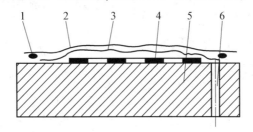

图9.10 真空袋法

1—密封胶条;2—真空袋膜;3—透气毡;4—网格制件;5—模板;6—抽真空嘴

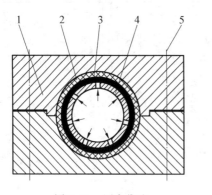 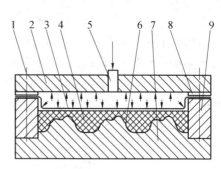

图9.11　压力袋法　　　　　图9.12　气压室法

1—阴模;2—制件;3—压力袋;　1—紧固件;2—盖板;3—压力袋;4—传压垫;5—充气;

4—圆管;5—紧固件　　　　　6—制件;7—成形膜;8—密封垫;9—边框

　　工艺过程由工艺准备、制备坯件、工艺组合、固化成形、产品与模具分离、清理和加工和质量检验七部分组成。工艺流程如图9.13所示,固化工艺参数见表9.9。真空袋法是以抽真空方法实现加压,故最大成形压力只有0.098 MPa,一般为0.03~0.095 MPa,压力袋法和气压室法因受模具结构限制,成形压力一般不超过0.5 MPa。

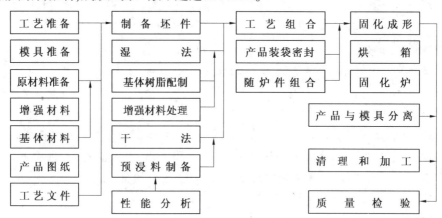

图9.13　袋压成形复合材料制件工艺流程图

表9.9　袋压成形固化参数(参考值)

方法分类	温度/℃	真空压力/MPa	充气压力/MPa
真空袋法	≤200	0.03~0.095	
压力袋法			0.1~0.5
气压室法		0.03~0.095	0.1~0.5

　　该方法制成的零件组织致密,性能较高,制造周期较短,使用设备简单,投资费用较低。适用于固化压力不大于0.5 MPa和性能要求不太高的坯件制造。

3. 真空袋–热压罐成形法

　　真空袋–热压罐成形法是将组装并经密封的复合材料坯件置于热压罐中,完成坯件的加温加压、固化定形。该方法是成形复合材料零件的通用方法,可成形夹层结构和层合结构零件、共固化组合零件和胶接零件。

热压罐是真空袋-热压罐成形法的主要设备,主要由壳体、加热系统、压力系统、鼓风装置、真空系统、冷却系统和计算机控制系统等部分组成,如图9.14所示。成形工艺流程主要包括模具准备、工艺组合和加热固化等工序,如图9.15所示。

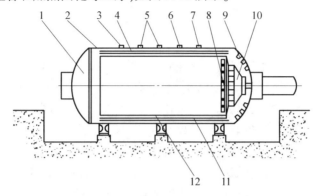

图 9.14　热压罐结构组成示意图

1—罐门;2—罐体;3—排气阀;4—隔热层;5—安全阀;6—薄膜调节阀;7—压力表;
8—冷却管路系统;9—加热系统;10—鼓风系统;11—导电板;12—导轨

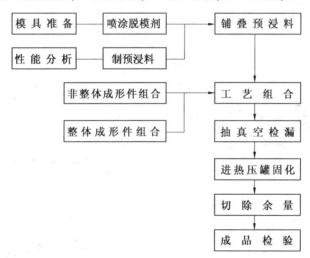

图 9.15　真空袋-热压罐成形复合材料制件工艺流程图

(1)模具准备。

将模具表面用溶剂清洗,清除多余物及油污,然后喷涂脱模剂,加热烘干;或者不涂脱模剂,直接在模具表面上贴脱模布。当模具成形面为双曲面或形状不规则的曲面时,不宜贴脱模布。

(2)工艺组合。

工艺组合分为非共固化件组合和共固化件组合两种。非共固化用于形状简单制件的工艺组合,共固化用于形状复杂较大尺寸制件的工艺组合。工艺组合包含如下两项主要内容:一是坯件组装定位以及模具定位件的安装;二是材料及辅助材料铺装到位,主要有隔离层、吸胶材料、透气材料、密封材料和真空袋材料。

(3)固化工艺。

结构形状复杂、尺寸较大、制造困难大的复合材料零件,在制造时,先进行工艺分离,分部制坯,分部完成各几何要素的预成形,并经加温加压,使热固性基体材料有一定的交联度,然后将这些预成形件组合在一起,送入热压罐加温、加压,完成制件的共固化。

该方法的成形压力和温度均匀,生产效率高。但一次性投资大,适用于成形压力不超过2 MPa的坯件制造。

4. 热胀软模成形法

热胀软模成形法是以软质材料为芯模,刚体材料为阴模,复合材料坯件置于芯模与阴模中间,用紧固件紧固,组成封闭型模具,如图9.16所示。模具放入加热炉中加热,芯模材料的线膨胀系数比阴模材料线膨胀系数大几倍至十几倍,当模具温度升高时,芯模的体积膨胀受到阴模的限制,则阴模内壁受压,实现对复合材料制件的固化成形。

图9.17为真空成形压力、热压罐充气压力和芯模膨胀压力的比较图,可看出芯膜膨胀压力远高于充气压力,特别是在基体材料过凝胶终止温度后,增压呈直线上升,可获得很大压力。但是真空压力、热压罐充气压力可以控制,需要加压时,可随时加压,并可改变压力的大小。而芯模膨胀压力,是自身随温度的升高而逐渐增大,因此难以控制在热固性基体凝胶的温度点施加合理的压力。热胀软模成形法和真空袋–热压罐成形法成形复合材料零件的质量差异见表9.10。

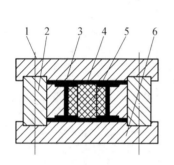

图9.16 热胀软模成形法示意图
1—紧固件;2—模框;3—上模;4—预成形坯件;
5—芯模;6—下模

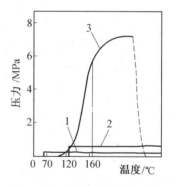

图9.17 不同成形压力的比较
1—真空压力;2—热压罐充气压力;
3—芯模膨胀压力

表9.10 不同成形方法制件质量差异

	项目	热胀软模成形法	真空袋–热压罐法
	纤维取向变化	基本上无变化	略有变化,影响外形平直
	钢件外形	光滑平直	非贴模面不光
	壁厚偏差/%	≤6	≤8
	拐角处积胶	有积胶,但不疏松	有积胶,积胶层疏松
	框的立边与翻边	平直光滑	不平直,有疏松缺陷
	腹板与面板不垂直	≤2°	≤8°
机械性能	轴向压缩载荷/kN	34.18	31.23
	压缩弹性模量/GPa	73.10	70.07

5. 树脂传递模塑法

树脂传递模塑法（Resin Transfer Moulding，RTM）是采用注射设备将专用树脂体系注入模腔内，树脂在压力下流动，浸润已铺放好或经预成形的增强材料，并固化成形。工艺过程主要有树脂流动充模过程、放热固化过程和压力波动过程，如图9.18所示。

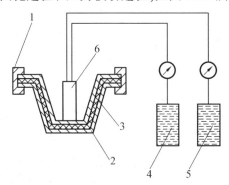

图9.18　RTM工艺示意图

1—夹具；2—增加材料；3—模具；4—催化剂；5—树脂；6—树脂体系

（1）树脂流动。

当树脂由注入点受压进入到铺有增强材料预成形体的闭模腔中，树脂在压力及增强材料的毛细管的作用下迅速浸润增强材料，排出模腔中的空气。树脂的浸润与树脂体系、树脂的流速、树脂的温度及树脂注入点的位置、注入压力等因素有关。应合理选择树脂体系、加热温度、注射压力、注点位置、排气孔位置，使树脂在充模过程中能尽快充满模腔，避免腔内积存空气。

（2）模腔热循环。

树脂在模腔中进行固化反应，其热循环过程如图9.19所示，图中 A 点表示树脂注入过程，B 点为树脂开始固化反应，C 点为反应放热峰，D 为树脂浸润增强材料及对树脂进行加热的时间。

树脂的热循环过程决定了工艺的成形周期与注点位置的选择，必须保证在 B 点以前树脂充满模腔，在 C 点之后进行脱模。模腔中不同部位的热循环过程有明显区别，溢料口处由于树脂在模腔中受热的时间长，此处固化反应迅速，其反应放热峰时间只为注射口处的几分之一。所以在模具设计时，应合理选择注点位置，保证在第一个反应放热峰到来之前，树脂能充满模腔。

（3）模腔中压力循环过程。

注射树脂压力为0.15～0.4 MPa，模腔压力变化过程如图9.20所示。从图中看出，A 区为树脂注射充模过程，模腔内各点压力随树脂流动前峰到来持续升高。B 区为静态液压平衡区，注射停止，腔内压力较平稳。C 区随树脂反应腔内压力波动较大。固化反应后期，在注射口处出现高压峰，这是由于位于注射口处树脂的固化引起周围已固化树脂体积迅速膨胀，造成注射口处压力迅速升高，随后压力又随着该处树脂固化反应后的体积收缩而减小。由于压力高峰值的出现，说明注射口处存在着一个压力冲击，必须对模具注射口进行加强，增加刚度。

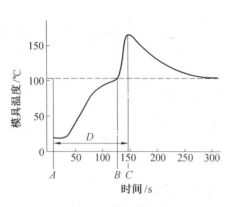

图 9.19　模腔内树脂固化热循环图

图 9.20　模腔压力变化

6.缠绕成形法

　　缠绕成形法是将连续长纤维、布带,在张力作用下按预定的线型有规律地缠绕到相应于制件内腔尺寸的芯模上,形成坯件,然后经加热固化制成制件,如图 9.21 所示。由于增强材料在制件内保持连续,可充分发挥复合材料组分材料的本性,并且纤维铺设方向准确,产品一般不需机械加工,可避免因加工导致的损伤。适用于成形各种回转体零件,如容器、球形、圆形或非圆形截面管件,非直线变截面异型件以及圆形或非圆形截面框类件。

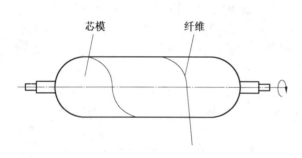

图 9.21　纤维缠绕示意图

　　纤维缠绕工艺过程:纤维通过浸胶槽,使纤维浸渍胶。芯模旋转,使纤维缠绕到芯模上。给纤维施加张力,恒定纤维的张紧程度。纤维沿芯模轴线运动,使纤维按预定线型在芯模上排布,如图 9.22 所示。

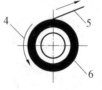
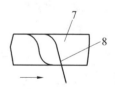

(a) 纤维浸胶　　　　(b) 芯模旋转　　　　(c) 纤维施加张力　　　(d) 纤维沿芯模轴线运动

图 9.22　纤维缠绕工艺过程

1、3、5、8—纤维;2、7—芯模;4—张力方向;6—纱锭

7. 其他成形固化方法

（1）模压成形法。

模压成形法是将增强材料（短纤维、毡点和布片等）放入模具中，然后倒入树脂基体，或者将已干燥的预浸料裁成一定尺寸并叠成坯件，放入模具中，放到加压设备上，在一定温度、压力作用下压制成形。制成的制件尺寸精确，表面光滑，无须辅助加工或再加工，生产效率高。设备投资大，模具造价高。适用于要求在高温、高压下成形的中、小型批量生产制件。

（2）拉挤成形法。

拉挤成形法是在牵引装置的牵引下，将连续纤维及纤维制品浸渍树脂基体，通过具有一定截面形状的预成形模和成形模，并在成形模中加热固化，连续地制造不同截面形状的型材，再经过切断装置切成预定长度的制件。此法使用专用设备，成形时各工艺参数稳定，增强纤维铺设定位准确，产品性能稳定可靠。拉挤成形属连续生产，制品长度可任意，能自动化作业，生产效率高，经济效果好。由于纤维沿轴向布置，制成零件的强度和物理性能沿轴向与垂直于轴向方向截然不同，所以零件性能具有较强的方向性。拉挤成形法适用于制造等截面的直线形制件，如工字形、角形、圆形、矩形及具有组合截面的各种型材。也可拉挤空心、实心、纵向波形、纵向加强筋和纵向中空断面、纵向槽、纵向嵌入金属条的零件。

9.2.3　碳波纹承力筒制造工艺

1. 结构特点和技术要求

碳纤维增强树脂基复合材料波纹承力筒是某型号卫星的主承力结构件，其外壳由 19 块蜂窝夹层结构板组成六面箱体筒形结构，如图 9.23 所示。筒体由 48 个双峰波纹构成，高度为 1 983 mm。上段为圆筒体，内径为 1 084 mm。下段为锥形筒体，大端内径为 1 162 mm，筒体外部加强件由端框、隔框、长桁和支承件组成。

2. 工艺分析及工艺过程

碳波纹承力筒的结构工艺难度：

（1）结构薄厚比为 1∶17，相差悬殊，很难保证铺层的对称性，固化后结构的变形难控制；图 9.23 为碳波纹承力筒结构示意图。

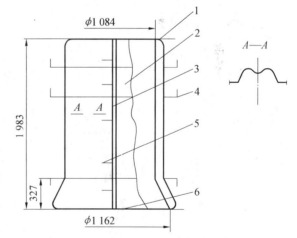

图 9.23　碳波纹承力筒结构示意图
1—上端框；2—筒体；3—长桁；
4—隔框；5—支承件；6—下端框

（2）波纹构形复杂，由 8 条圆弧线段和 2 条直线段组成双峰纹波形，同一波节上有 10 个不同线段相接的拐点，工艺上难以保证产品表面质量和尺寸公差。

（3）结构外形复杂：筒体由单曲面、双曲面和平面构成筒体表面形状，由异型框、长桁和支承件组成的筒体外部加强结构。

（4）碳波纹承力筒处于星体结构的中心部位，上、中、下和内、外表面均与其他部件相连，工艺上很难实现成形时的贴模面与各部件装配基准面相一致,从而增大星体装配的难度。

波纹承力筒制造可采用两种不同的工艺方法:一是"分体成形,组装连接"法,即将筒体、框和支承件分别铺层成形固化,然后进行机械加工、钻孔、装配,用机械连接或各零件经表面处理、涂胶、组合、胶接固化。二是"分体制坯,整体成形"法,即共固化法。

针对碳波纹承力筒的结构特点,用前一种工艺方法,各零件间的配合间隙难以控制在允许范围内,因而连接质量得不到保证,而后一种工艺方法,虽然工艺难度大,但易保证产品整体质量。

碳波纹承力筒采用共固化成形,技术难点在于不但要使框、长桁和支承件共400多零件与筒体一次成形完成固化,还应保证整体和各局部的尺寸公差。筒体铺层在共固化模具上完成,框、长桁和支承件的铺层在专业模具上进行,然后在共固化模上进行组合和共固化。

3. 关键工序的加工工艺

(1)原材料的选择。

为满足碳波纹承力筒的性能要求,增强材料选用高模量碳(HM)纤维,主要性能见表9.11。为了使基体材料与高模量碳纤维的匹配,选用4211。4211是由648酚醛环氧树脂与三氟化硼单乙胺络合物固化剂组成。预浸料采用固化后单层厚度为0.076 mm和0.11 mm的吸胶型单向预浸料,规格和性能指标见表9.12。

表9.11 HM碳纤维性能

性 能	性 能 指 标		实 测 值	
	最大值	最小值	最大值	最小值
拉伸模量/GPa	365	421	345	355
拉伸强度/MPa	2 150	—	1 774	2 666
线密度/(g·m^{-1})	0.174	0.190	—	0.182
密度/(g·m^{-3})	1.77	1.85	—	1.84
断裂延伸率/%	0.55	—	0.55	0.8

表9.12 90911批预浸料检测结果

检 测 项 目	检 测 结 果	
	厚度0.076 mm	厚度0.110 mm
外观	均匀平整	
单位面积纤维质量/(g·m^{-2})	88.3	117.8
树脂质量分数/%	39.3	39.8
凝胶时间(150 ℃下)/s	145	153
流动性/%	22	22
黏性	合格	合格
挥发物质量分数/%	1.2	1.8

(2)预浸料的制造。

采用湿法制造HM/4211预浸料,将648树脂和三氟化硼单乙胺按100∶3(质量比),用溶剂配制成一定浓度的胶液。纤维从胶液中通过,使它浸渍上一定量胶液,缠绕在滚筒上。从滚筒上切开取下,成为一定长度和一定宽度的预浸料。

9.2.4 卫星天线基架制造工艺

1. 结构特点和技术要求

卫星天线基架是用碳纤维增强树脂基复合材料制成的高低不同、宽窄不同的空腔不规则零件。基架上平面安装螺旋天线及展开机构,下部支承在前、后支柱上,如图9.24所示。总长为(1 402±0.25)mm,厚度分别为111.5 mm、79.5 mm、29.5 mm 和6 mm,宽度分别是156 mm、150 mm、70 mm 和300 mm,空腔壁厚为3 mm 或2 mm。上面有47 个铝合金镶嵌件和2 个光孔,空腔内有8 处用碳纤维增强树脂基复合材料块增强。

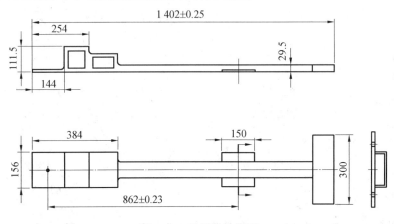

图9.24 基架结构简图

2. 工艺分析及工艺过程

基架是不规则结构件,各型面相交处不恰当的成形方法会使其成为薄弱处,将导致整体性能下降,受力时这些部位将首先产生破坏。基架的成形方法有分体成形胶接连接法和共固化法两种。

(1)分体成形胶接连接法。

将基架分解为1,2,3,4 部分,分别成形,各部分胶接制成零件,如图9.25 所示。其优点是各部分分别成形固化,使铺层简化。缺点是结构件的整体性能不佳。

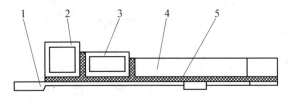

图9.25 基架工艺分解图
1—工字型件;2—高台;3—低台;4—T 型件;5—胶黏剂

(2)共固化法。

将基架分解高台盒形件、低台盒形件、T 型盒形件三部分,分别铺层,经组合后进行共固化。其优点是整体性好,模具数量小。缺点是铺层较复杂,难保证铺层的对称性,模具结构较复杂。

3. 关键工序的加工工艺

（1）预浸料下料、铺层。

按基架结构分解为高台、低台、T型件、侧板、端板、增强块和增强角片等几个部分，进行铺层时，先按各部分的展开图下料，然后将裁好的料一层一层包贴在芯模上。对于有接缝要求的高台、低台的铺层，接缝应均匀地错开，分布在四个面上。T形铺层和连续铺层应均匀错开分布在上、下表面上。为了防止机械加工时产生分层破坏，应在制件的内、外表面各铺一层玻璃布，纤维取向见表9.13。

表9.13　铺层方案表

序号	名　　称	纤　维　取　向
1	高台层	玻璃布/−45/+45/90/0/−45/+45/90/0
2	低台层	同上
3	T形层	同上
4	左(中)固定板铺层	−45/+45/90/0/−45/+45/90/0/−45/+45/90/0
5	左(外)固定板铺层	0/90/+45/−45/0/90/+45/−45/0/90/+45/−45
6	中(中)固定板铺层	−45/+45/90/0/−45/+45/90/0/−45/+45/90/0
7	中(外)固定板铺层	0/90/+45/−45/0/90/+45/−45/0/90/+45/−45
8	端板层	−45/+45/90/0
9	侧板层	−45/+45/90/0

（2）加压固化。

基架是高低、宽窄、壁厚尺寸均不同的零件，为保证零件各部位(特别是在各个面相交处)在固化时加上压力，采用热胀软模成形法。固化参数见表9.14。

表9.14　固化规范

烘箱内空气温度/℃	模具温度/℃	保温时间/min	升温速率/(℃·min^{-1})
室温	室温	—	
180	160	—	1~2
170	160	120	
打开烘箱门降温	模具温度降至室温、零件脱模		

（3）机加。

按图纸规定尺寸铣切，在铣切过程中铣刀的切削方向应是从两头往中间进刀，以免出刀处分层。将端板、侧板、角片、增强块按图要求装到基架上，再钻预埋件孔及光孔。

9.3 铝蜂窝夹芯结构件制造技术

9.3.1 铝蜂窝夹芯制造技术

1.铝蜂窝夹芯的结构和材料

铝蜂窝夹芯的格子形状如图 9.26 所示。最常用的是正六角形芯格,几何参数以边长 a 表示,常用的 a 为 2 mm,3 mm,4 mm,5 mm,6mm。

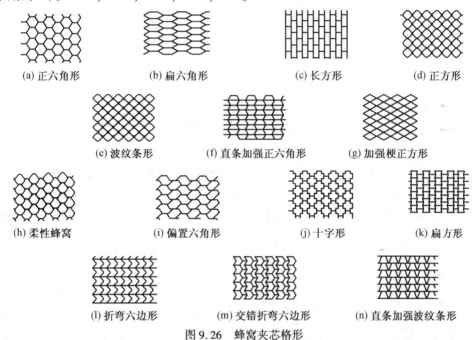

(a) 正六角形 (b) 扁六角形 (c) 长方形 (d) 正方形

(e) 波纹条形 (f) 直条加强正六角形 (g) 加强梗正方形

(h) 柔性蜂窝 (i) 偏置六角形 (j) 十字形 (k) 扁方形

(l) 折弯六边形 (m) 交错折弯六边形 (n) 直条加强波纹条形

图 9.26 蜂窝夹芯格形

正六角形蜂窝夹芯格形的铝蜂窝夹芯有两种:有孔蜂窝和无孔蜂窝,如图 9.27 所示。有孔蜂窝夹芯的强度比无孔蜂窝低,湿气等杂物可渗入蜂窝夹芯结构的内部,影响结构的寿命。由于卫星的蜂窝夹层结构件长期工作在大气层之外,处于高真空状态下,有孔蜂窝可保持蜂窝夹层内部和周围环境的压力平衡。

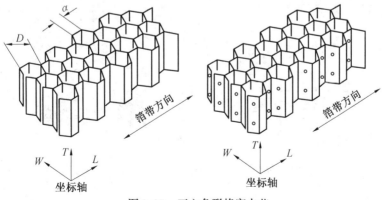

图 9.27 正六角形蜂窝夹芯

无孔蜂窝夹芯内部会形成正压,使面板向外凸鼓。卫星结构上常采用有孔蜂窝夹层结构,当蜂窝夹芯高度大于 10 mm 时,工艺孔应超过两个,孔径一般为 0.3 mm。常用铝箔的材料品种及机械性能见表 9.15。

表 9.15　常用铝箔机械性能

材料牌号	厚度/mm	拉伸强度/MPa	延伸率/%
L3	0.012 ~ 0.04	1	0.5
	0.05 ~ 0.20		
LF2Y	0.03 ~ 0.04	2.6	1
	0.05 ~ 0.20		0.5
LF21	0.016 ~ 0.04	1.5	—
	0.05 ~ 0.20		

2. 铝蜂窝夹芯的成形工艺

(1)成形法。成形法是先将铝箔轧制成或冲压成波纹条,然后将波纹条胶接成或点焊成蜂窝夹芯。其优点是蜂窝的尺寸准确,缺点是需用专用模具,从而使制造困难,生产效率较低。

成形法适合于制造不锈钢箔、钛合金箔和厚度较大的铝合金箔的蜂窝夹芯。

(2)拉伸法。制造铝蜂窝夹芯的工艺流程如图 9.28 所示。其优点是节点强度高,质量好,易于实现机械化和自动化,生产效率高,制造的蜂窝夹芯叠块便于保存和运输,适合于工业生产。

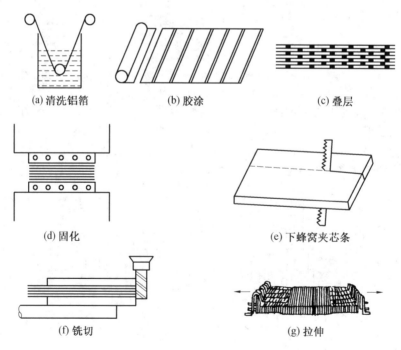

(a) 清洗铝箔　　　(b) 胶涂　　　(c) 叠层
(d) 固化　　　(e) 下蜂窝夹芯条
(f) 铣切　　　(g) 拉伸

图 9.28　拉伸法制造铝蜂窝夹芯的工艺流程图

3. 关键工序的加工工艺

(1)清洗铝箔。

铝箔清洗目的是:去除铝箔表面润滑油膜,提高胶接强度;提高铝箔表面的粗糙度,提高胶接强度;提高胶接表面的化学活性,增加胶接强度和耐腐蚀性。清洗流程如图9.29所示。

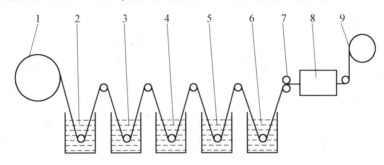

图9.29 铝箔清洗流程图

1—铝箔卷;2—碱洗除油槽;3—热水槽;4、6—冷水槽;5—硝酸光化槽;7—挤水辊;8—烘干箱;9—收铝箔卷

(2)铝箔的涂胶。

①鼠笼式涂胶法。鼠笼涂胶辊是由一个胶带尺寸相同的钢丝和两个圆板组装而成。涂胶辊上的钢丝在圆周上分布均匀,尺寸公差为0.08 mm。铝箔包在鼠笼的上部,当涂胶辊转动时,钢丝从胶槽中蘸取胶液涂于铝箔上,如图9.30所示。鼠笼式涂胶法的结构简单、易于操作。应注意控制胶液的黏度、胶液的液面高度和涂胶速度等因素,以保证涂胶的质量。

②齿轮式涂胶法。辊轮1和2之间、辊轮2和3之间及3和4之间分别有0.36 mm,0.22 mm和0.11 mm的间隙,以保证胶液的传递。齿轮的宽度较胶条尺寸小0.2~1 mm,如图9.31所示。胶条的宽度与齿轮宽度、胶液的黏度、固化压力和辊轮之间的间隙有关。

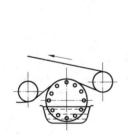

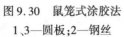

图9.30 鼠笼式涂胶法

1、3—圆板;2—钢丝

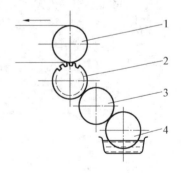

图9.31 齿轮式涂胶法

1—辊4;2—辊3;3—辊2;4—辊1

③凹印涂胶法。凹印涂胶法是目前采用最普遍的涂胶方法,凹印条是由凹、凸的网点所组成的,装于胶辊上,胶辊直接从胶液槽中蘸取胶液。凹印条的宽度和胶条的宽度相接近,胶辊上装有一刮刀,将胶辊上多余的胶液刮掉,使得只在凹印条上的凹陷处留有胶液。当铝箔和凹印胶辊相接触时,胶液就涂印在铝箔上,如图9.32所示。

(3)蜂窝夹芯的固化。叠合的蜂窝夹芯置于热压机上或热压罐中加热、加压并固化。在热压罐内固化时,需预先将蜂窝夹芯叠层置于热压机上进行预压实,以使铝箔之间进行定位连接。当在热压机上进行蜂窝夹芯叠块固化时,若叠层的厚度较大,除夹芯叠块的上、下有加热

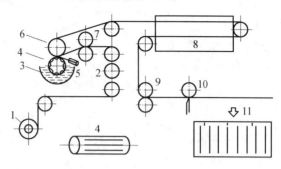

图 9.32　凹印涂胶法

1—待涂胶铝箔;2—张紧辊;3—胶槽;4—凹印辊;5—刮刀;6—压辊;7—冲定位孔;

8—烘箱;9—传动辊;10—剪刀;11—已涂胶铝箔

板外,四周应围以石棉毡保温。若一次同时固化两件夹芯叠块时,可在两块之间加入加热板进行加热。

9.3.2　铝蜂窝夹芯面板制造技术

1. 蜂窝夹芯面板的结构

蜂窝夹芯面板由面板和蜂窝夹芯胶接而成,面板承受弯曲应力,如图 9.33 所示。蜂窝夹层结构板上需埋入埋件,以供安装仪器、固定管路和连接之用。

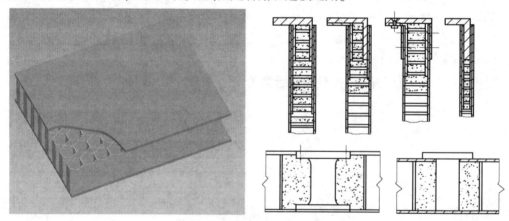

图 9.33　铝蜂窝夹芯面板的结构

埋入埋件的方法有两种:一种是在蜂窝夹层结构复合组装时就埋入埋件,进行共固化,称为预埋;另一种是面板和蜂窝夹芯复合固化后,在蜂窝夹层结构板上加工孔、灌胶、埋入埋件并固化,称为后埋。

2. 蜂窝夹芯面板制作的工艺过程

铝蜂窝夹层结构共固化工艺流程如图 9.34 所示,先将下面板放于工艺板上,并用定位螺钉固定埋件,放置蜂窝夹芯;再埋入埋件,放置上面板和工艺板或垫块固定埋件,定位螺钉上应涂脱模剂并应防止脱模剂污染零件,零件上应加盖透气隔离布和透气毡,用真空薄膜和密封胶条进行密封,经试抽真空和证明密封良好后,即可入热压罐加温加压固化。

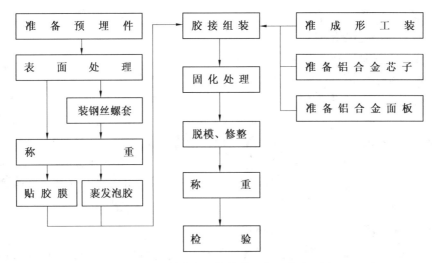

图 9.34　铝蜂窝夹层结构共固化工艺流程图

3. 铝合金面板的表面处理

胶接前的表面处理过程基本上可分为两步:第一步,清除待胶接表面上的油污及疏松的自然氧化膜,简称"脱脂"或"侵蚀";第二步,在新鲜的零件表面上制备出一层适合胶接的表层,称为"改性",表面处理流程见表 9.16。

表 9.16　铝合金面板胶接前表面处理流程图

序号	工序名称	工 艺 参 数
1	脱脂处理	用汽油或丙酮擦洗
2	除油处理	Na_2CO_3 30 ~ 50 g/L,Na_3PO_4 30 ~ 50 g/L,Na_2SiO_3 20 ~ 30 g/L,温度 50 ~ 70 ℃,时间 3 ~ 5 min
3	热水清洗	温度 60 ℃,时间 1 min
4	冷水清洗	时间 3 ~ 5 min
5	碱液清洗	NaOH 40 ~ 60 g/L,NaF 40 ~ 50 g/L,温度 50 ~ 0 ℃,时间 1 min
6	热水清洗	温度 50 ~ 0 ℃,时间 1 min
7	冷水清洗	时间 3 ~ 5 min
8	硝酸出光	HNO_3 300 ~ 400 g/L,时间 3 ~ 5 min
9	冷水清洗	时间 3 ~ 5 min
10	阳极化或化学清洗	时间 3 ~ 5 min
11	冷水清洗	温度 60 ℃,时间 1 min
12	烘干处理	

4. 结构胶黏剂的选择

结构胶黏剂的性能要求:

(1)能满足蜂窝夹层结构件高温(+100 ℃)和低温(-180 ℃)条件下的强度要求。

(2)有一定的韧性。

（3）耐湿热老化性能。

（4）耐电子、质子、紫外辐照。

（5）真空失重不大于1%，真空可凝挥发物不大于0.1%。

（6）固化时有一定的流动性，能自行爬升，与蜂窝芯形成圆角。

（7）呈胶膜状供应，厚度均匀，无溶剂，在常温下不自粘。

结构胶J-47是常用的中温固化结构，它是以双酚A缩水甘油醚环氧为基体，液体端羧基丁晴和固体丁晴橡胶为增韧剂，改性双氰胺为固化剂所组成。

J-47A无溶剂结构胶，用于铝合金的钣金胶接、铝合金板与碳纤维复合材料的胶接以及碳纤维复合材料之间的胶接。J-47B用作底胶；J-47C是无溶剂不浸胶瘤的蜂窝结构胶；J-47D为泡沫胶。

5. 面板、蜂窝夹芯和埋件的共固化技术

蜂窝夹层结构板上需埋入埋件，以供安装仪器、固定管路和连接之用。埋入埋件的方法有两种：一种是在蜂窝夹层结构复合组装时就埋入埋件，进行共固化，称为预埋；另一种是面板和蜂窝夹芯复合固化后，在蜂窝夹层结构板上加工孔、灌胶、埋入埋件并固化，称为后埋。

面板、蜂窝夹芯和埋件组装：先将下面板放于工艺板上，用定位螺钉固定埋件，放置蜂窝夹芯；再埋入埋件，放置上面板和工艺板或垫块固定埋件；定位螺钉上应涂脱模剂并应防止脱模剂污染零件；零件上应加盖透气隔离布和透气毡，用真空薄膜和密封胶条进行密封，抽真空；装入热压罐加温加压固化，如图9.35所示，固化参数见表9.17。

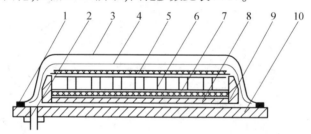

图9.35　蜂窝夹层结构组装示意图

1—密封胶条；2—抽真空接嘴；3—真空袋膜；4—透气毡；5—透气隔离布；

6—工件；7—隔离层；8—工艺板；9—挡块；10—固化模板

表9.17　常用结构胶黏剂的固化工艺参数

胶黏剂牌号	固化温度/℃	固化压力/MPa	固化时间/h
J-78	90	0.1～0.3	4
J-47	130	0.1～0.3	2
Jx-10	160	0.2	3
J-30	170	0.1～0.3	3
SL-4	175	0.1～0.3	3

6. 后埋技术

埋件由上、下凸缘和中间为空心带内螺纹的圆柱体组成，上、下两个凸缘与树脂固化后使埋件胶接得更牢靠。上凸缘有两个小孔，一个用作注射充填的树脂，另一个用作排气和溢胶，

并提供检查胶是否充满之用。有的埋件下凸缘两侧切去一部分形成反旋面,克服扭紧力矩,防止埋件随之转动,如图 9.36 所示。

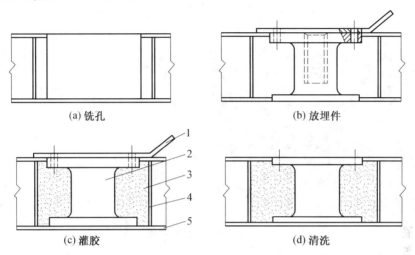

(a) 铣孔　　　　　　　　　　　(b) 放埋件

(c) 灌胶　　　　　　　　　　　(d) 清洗

图 9.36　后埋工艺示意图

1—工艺板;2—埋件;3—灌注胶;4—蜂窝夹芯;5—面板

孔的加工:铝面板蜂窝夹层结构板埋件孔采用铣削加工方法,碳纤维面板和碳纤维网络面板采用柱形砂轮加工。

灌注胶:灌注胶需要常温固化,剪切强度和压缩强度要高,满足空间环境要求。蜂窝夹层结构常用的灌注胶性能见表 9.18。

表 9.18　灌注胶的性能

性能	国产 J-153 胶		进口 EA934NA	
剪切强度/MPa	35		23.2	
压缩强度/MPa	67.7		24.8	
真空失重/%	0.99		0.37	
真空可疑物/%	0		0.02	
剪切强度/MPa	辐照前	辐照后	辐照前	辐照后
	32.4	32.9	22.1	22.4

后埋技术的优点:可缩短结构件的研制周期;后埋技术工装简单,缩短加工周期和降低成本;在卫星研制过程中,仪器安装位置经常会发生变化,采用后埋技术,可根据需要变更埋件之间的尺寸埋入埋件,适应卫星的发展;装配工艺简单,操作方便。

后埋技术的缺点:后埋用灌注胶的密度大,用量多,会增加结构质量;后埋灌注胶常温固化,使用温度会受到限制。

9.3.3　热管-蜂窝夹层结构仪器板的制造工艺

1. 结构组成

热管-蜂窝夹层结构仪器板的外径为 2 098 mm,内径为 632 mm,面板为厚 0.3 mm 的

LY12CZ 铝合金板,蜂窝夹芯材料为厚度 0.04 mm 的 LF2Y 铝箔,夹芯高度为 34 mm。蜂窝夹芯的六个槽内镶嵌 8 根圆弧形热管,热管高度为 9 mm,宽为 18 mm。仪器板的结构如图 9.37 所示。

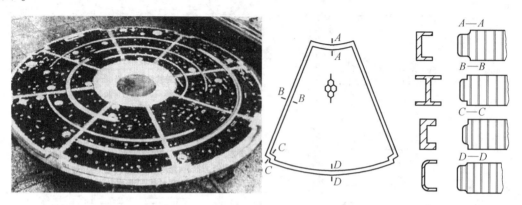

图 9.37　热管-蜂窝夹层结构仪器板的结构组成

2. 工艺方案和工艺过程

(1)胶黏剂选用 J-78B 结构胶,J-78D 发泡胶,W-29-1 导热胶,W-29-2 液态结构胶。

(2)承力框、辐条、端框之间采用开工艺孔和相对可拆卸的定位方法,实现一次胶接共固化。

(3)使用专用样板定位镶嵌热管。热管与蜂窝夹芯之间用 J-78B 胶粘接,热管侧面与蜂窝夹芯之间用 J-78D 发泡胶粘接,热管与面板之间用 W-29-1 导热胶胶接。

(4)蜂窝夹芯与承力框、辐条和端框之间采用嵌接,蜂窝夹芯四周采用压下陷处理,蜂窝夹芯嵌入框和辐条等零件中,如图 9.38 所示。

热管-蜂窝夹层结构仪器板制造工艺流程如图 9.38 所示。

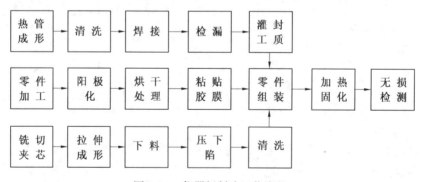

图 9.38　仪器板制造工艺流程

9.3.4　平板型太阳电池阵制造技术

1. 结构组成

太阳电池阵由连接架和基板组成,基板用于支承太阳电池片,保障太阳电池片在飞行过程中的安全。

某型号卫星太阳电池阵基板采用刚性基板,由高模量碳纤维/环氧网格面板、超薄铝蜂窝夹芯,薄壁网状槽形截面碳纤维/环氧边缘件,钛合金压紧点加强件,碳纤维/环氧拐角连接件以及聚酰亚胺薄膜等胶接而成,外形尺寸约为2 581 mm×1 755 mm×22 mm,如图9.39所示。

2. 工艺方案和工艺过程

（1）原材料选择。

增强材料选用高模碳纤维 M40-1000B,基体材料选用耐低温性好的 TDE-85 树脂,胶黏剂选用 J-47 系列结构胶粘接蜂窝夹芯与碳/环氧网格面板,sat-4 胶用于聚酰亚胺薄膜的胶接。蜂窝夹芯选用 Hexcel 公司的 CR111-3/8-5056-0007P-1.01 铝蜂窝夹芯,聚酰亚胺薄膜选用 Dupout 公司的 Kapton。

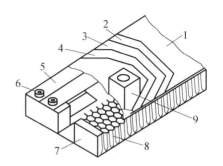

图 9.39　太阳电池基板结构图
1—聚酰亚胺薄膜;2—碳纤维/环氧网格面板;
3—碳纤维/环氧面板加强件;4—胶膜;
5—碳纤维/环氧拐角加强件;6—聚酰亚胺衬套;
7—碳纤维/环氧边缘件;8—铝蜂窝夹芯;
9—钛合金帆板压紧点加强件

（2）组装复合工艺。

碳纤维/环氧网格面板易破碎,采用专用工装搬运。使用碳纤维/环氧工艺定位板保证帆板压紧点和铰链连接位置精度要求。网格面板与蜂窝夹芯之间的胶接采用热破胶,把热破胶贴到网格面板上,在升温过程中,在一定温度下,胶膜从网格中间破裂。在张力的作用下,胶收缩到网格上和蜂窝夹芯上,实现网格面板与蜂窝夹芯复合胶接。蜂窝夹芯之间的拼接使用发泡胶带。

太阳电池基板制作的工艺流程如图9.40所示。

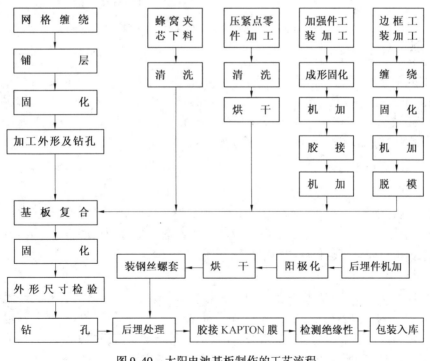

图 9.40　太阳电池基板制作的工艺流程

9.3.5　圆柱型太阳电池阵制造技术

1. 结构组成

圆柱型太阳电池阵常采用卫星的壳体作为基板,如某型号卫星的太阳电池阵采用玻璃钢/铝蜂窝圆柱型太阳电池壳结构,直径为 $\phi2\,000$ mm,如图 9.41 所示。圆柱型基板由玻璃钢外面板、铝蜂窝芯子、端框和铝合金内面板胶接而成。

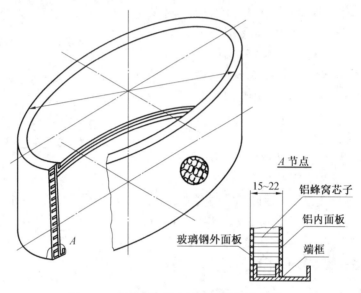

图 9.41　圆柱型太阳电池壳的结构示意图

2. 工艺方案和工艺过程

圆柱型太阳电池壳有 F 形端框、玻璃钢外面板。玻璃钢不导电,太阳电池片可直接胶接在上面。采用分瓣阴模成形,玻璃钢外板可直接在阴模上铺层和固化成形。F 形端框壁薄、刚度小,使用模具定位。蜂窝夹芯在未拉伸之前先机加成下陷的尺寸,嵌入 F 形框内。圆柱型蜂窝夹芯采用辊弯成形工艺制作。工艺过程如图 9.42 所示。

3. 关键工序的加工工艺

(1)生产准备。

模具应进行气密性检查,用溶剂清洗干净。预埋金属零、部件在模具的定位环上试装端框,调整圆度。铝合金内面板裁剪后,用工业丙酮或乙酸乙酯溶剂擦洗干净。胶接的金属零、部件表面进行无色硫酸阳极化或磷酸阳极化处理。

(2)玻璃钢外面板的制作。

首先将玻璃纤维布装在浸胶机上以(110±5)℃温度烘干 3 ~ 5 min,将环氧酚醛树脂按比例倒入配胶容器内,然后加入一定比例的丙酮、酒精溶剂进行稀释,搅拌均匀,在浸胶机上浸胶。预浸布裁剪成一定尺寸的布片,每块布片间用聚乙烯塑料薄膜隔开。外面板采用手糊铺层并用气囊预压实,温度为 60 ~ 80 ℃,保温 8 ~ 12 h,气囊表面压强应低于 0.08 MPa。

(3)铝蜂窝夹芯准备。

铝蜂窝芯按要求铣成蜂窝芯条,通过拉伸机拉伸成正六边形蜂窝芯子,并按蜂窝芯子下料

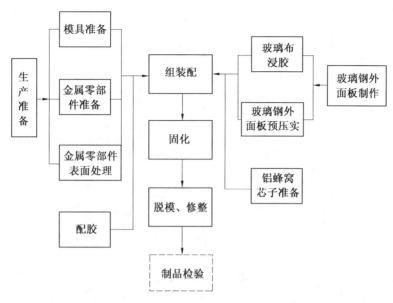

图 9.42　玻璃钢/铝蜂窝太阳电池壳制造工艺流程

样板裁切成块,然后按端框尺寸进行压下陷,压下陷后,放在辊形机上辊压,使其曲率与模具吻合,最后铝蜂窝芯子用工业丙酮或乙酸乙酯溶剂清洗干净、晾干。

(4)配胶。

用环氧树脂、端羟竣基丁晴橡胶、2,4-二甲基咪唑、二氰二胺和气相白炭黑按比例配制KH-802 胶。

(5)组装配。

模具、夹紧器及定位件均应涂敷硅脂脱膜剂,在模具上铺放不透气的聚四氟乙烯玻璃布。在预压实的玻璃钢外面板上按要求装配金属零、部件,在蜂窝芯子压下陷面及蜂窝芯子接缝间放一条相应尺寸的泡沫胶带加热粘牢。待胶接的零、部件涂胶后按顺序装配,在其表面铺放隔离膜、透气吸胶材料及工艺面板。糊制气囊抽真空后表压低于 0.039 MPa,即可进行加温固化,固化的工艺参数见表 9.19。

表 9.19　固化的工艺参数

温度/℃	室温 ~115±5	115±5	115 ~ 160±5	160±5	160±5 ~ 60±5
升降温速度/(℃·min⁻¹)	0.5 ~ 1	—	0.5 ~ 1	—	0.5 ~ 1
保温时间/h	—	1	—	3	—
压力/MPa	表压小于 0.093				

9.3.6　卫星推力舱的面板制造技术

1.结构组成

卫星推力舱的面板由碳纤维/环氧面板、铝蜂窝夹芯和预埋件组装复合而成。其外形尺寸为 2 158 mm×1 668 mm×21 mm,中间有 φ1 208 的圆孔。上面板、下面板和板的侧面共有 328 件预埋件,如图 9.43 所示。

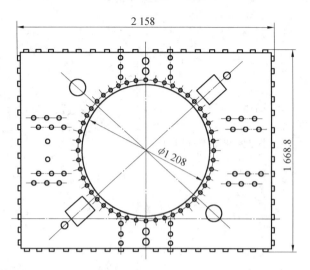

图 9.43　面板结构图

2. 工艺方案和工艺过程

（1）原材料选择。

面板的增强材料为 T50-3000B 高模碳纤维,树脂基体为 648 环氧和三氟化硼单乙胺,无纬布的树脂质量分数为 38% ±3% 。预浸料厚度为 0.08 mm,挥发分质量分数为 1.2%。铝蜂窝夹芯由 0.03 的 LF2Y 铝箔和蜂窝夹芯胶 J-71 制成,边长为 5 mm,节点强度为 2 kg/cm。结构胶为 J-47(B+C),胶膜厚度为 0.15 mm,发泡胶为 J-47D。

（2）碳纤维/环氧面板的成形和加工。

碳纤维/环氧面板成形用高压水切割加工外形和大尺寸圆孔,然后将卷曲的碳纤维/环氧面板用双面压敏胶带胶粘于工艺板上。按钻孔样板,使用风钻进行钻孔。

（3）预埋件的定位。

上、下碳纤维/环氧面板预埋件的定位如图 9.44(a)所示,预埋件由垫块与碳纤维/环氧面板进行连接。面板侧面埋件的定位如图 9.44(b)所示,将贴模面的碳纤维/环氧面板尺寸比设计要求增大 50 mm,在碳纤维/环氧面板上打出工装的定位孔,并用碳纤维/环氧面板定位。

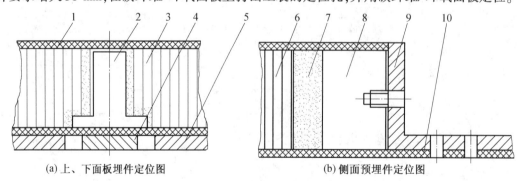

(a)上、下面板埋件定位图　　　　　　　　(b)侧面预埋件定位图

图 9.44　预埋件定位图

1—碳纤维/环氧面板;2—预埋件;3—铝蜂窝夹芯;4—垫板;5—工艺板;6—铝蜂窝夹芯;
7—发泡胶;8—埋件;9—定位工装;10—碳纤维/环氧面板

（4）组装复合。

面板制造的工艺流程如图 9.45 所示。组装复合时，先将下面板用定位螺钉将垫块和预埋件连接并置放于工艺板上，安装铝蜂窝夹芯并放置其余预埋件。再放置上面板并用定位螺钉和垫块将预埋件固定，然后安装侧面埋件。

面板采用真空袋热压罐法，固化温度为 130 ℃，保温时间为 2 h，固化压力为 0.15 MPa。

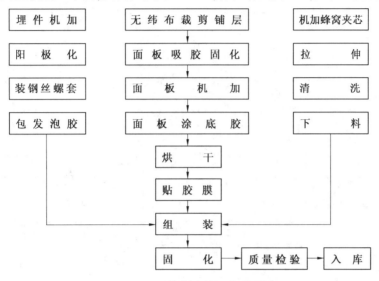

图 9.45　面板制造的工艺流程图

9.3.7　蜂窝夹层结构缺陷的修补

1. 缺陷类别和修补方法

（1）表面损伤。

蜂窝夹层结构的面板上有擦伤、划伤、轻度的凹坑或压陷。修补时着眼于恢复表面质量，或阻止损伤的扩展。

（2）脱粘。

面板与夹芯之间的脱粘，面板与梁、肋、接头之间的脱粘。修补时着眼于脱粘区重新胶接以恢复力学性能。

（3）单面损伤。

单面面板破裂、单面面板及夹芯压陷、单面面板及夹芯破损。修补时着眼于充填、止裂或更换损伤部位以恢复力学性能。

（4）穿透损伤。

面板和夹芯严重压陷或破损穿洞。修补时着眼于局部更换以恢复力学性能。

2. 修补方法

（1）填补法。

修补时局部打磨损伤部位，清除表面伤痕并对胶接表面进行表面处理。配修补胶，填平表面凹陷。如果板上有短裂纹，在裂纹端头钻直径不大于 2 mm 的止裂孔，胶接补片加强。当蜂窝夹层结构板强度要求较高时，需在修补区胶接补片加强并进行固化，如图 9.46 所示。

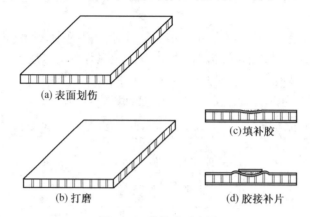

图 9.46　填补法示意图

（2）注胶法。

修补时在脱粘区钻若干的注胶孔及溢胶孔，使其与脱胶区相通。配制修补胶，用注射器从注胶孔向脱胶区注胶黏剂。用带胶的隔离布封住所有孔，将蜂窝夹层结构板翻转，使灌注的修补胶在脱粘区夹芯根部胶接。固化后，再胶接补片，进行固化，如图 9.47 所示。

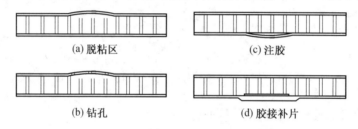

图 9.47　注胶法示意图

（3）镶补法。

镶补法是针对单面面板损伤的修补方法，如构件损伤不大时，可直接向损伤区灌注修补胶黏剂。结构件损伤较大时，必须更换蜂窝夹芯，夹芯与夹芯之间用发泡胶进行胶接。蜂窝夹层结构强度要求较高，在修补区应加补片加强，如图 9.48 所示。

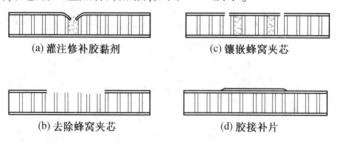

图 9.48　镶补法示意图

（4）挖补法。

挖除损伤部位，修配所需蜂窝夹芯，并试装和协调蜂窝夹芯与结构件高度一致，用发泡胶带胶接蜂窝夹芯。胶接补片，并固化，如图 9.49 所示。

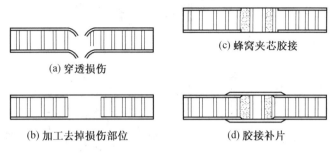

(a) 穿透损伤

(c) 蜂窝夹芯胶接

(b) 加工去掉损伤部位

(d) 胶接补片

图 9.49　挖补法示意图

9.4　防热结构制造技术

9.4.1　防热结构简介

1. 吸热式防热结构

吸热式防热就是利用材料的热容在材料温升时进行吸热的一种防热方法。在返回式卫星结构外层包裹一层热容大的材料，这层材料就会吸收大部分进入大气层时的气动热，使传入星体内部的热量减少，保证内部的结构和装置处于给定的温度范围内。

吸热式防热有以下特点：

(1)防热层的总质量与表面的总热量成正比。该方法适用于加热时间短、热流密度不大的情况下使用。

(2)防热层受热温度不能超过材料的熔点，吸热式防热层使用温度一般为 600 ～ 700 ℃。

(3)防热层的比热容和热导率越高，防热效果越好。

2. 辐射防热结构

辐射防热结构由外蒙皮、中间的隔热材料和内部结构三部分组成。辐射防热是典型的防热形式，外蒙皮用耐高温的材料制成，表面有高辐射涂层，把来流传给卫星的大部分热量辐射到周围的空间中去。外蒙皮和结构之间充填耐高温的隔热毡(如石英纤维，高硅氧纤维)，从而保证内部结构的工作温度。

辐射防热层的作用不随加热时间增长而衰退，且外形也不变，可重复使用，结构较轻。但辐射防热结构的工作热流受材料熔点的限制，如钼合金的使用温度不得高于 1 500 ℃，钼、铌合金均属稀有难熔金属，冶炼、轧制、成形等工艺均较复杂，生产成本高。

3. 烧蚀防热结构

烧蚀防热结构是返回式卫星防热结构中重要的防热形式，由于烧蚀防热不受热流密度的限制，成为应用最广的防热形式。

烧蚀防热是利用材料在加热过程中气化、分解、气体引射及表面辐射等效应来达到防热目的。烧蚀材料的种类很多，如熔化类、升化类、炭化类。

4. 低温炭化烧蚀材料的防热机理

当材料表面受到加热时，表面温度不断升高，材料表层产生梯度很大的温度场。材料在不同温度下具有不同状态,即炭化区、热解区和原始材料区,如图9.50所示。常用的烧蚀材料见表9.20。

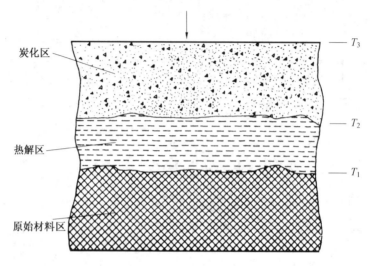

图 9.50 炭化烧蚀材料的剖面图

T_1—材料受热后开始热解温度;T_2—材料完全热解为炭层时的温度;T_3—表面温度

表 9.20 几种烧蚀材料主要性能比较

材 料 性 能		酚醛-尼龙	酚醛-尼龙-玻璃	酚醛-涤纶
抗弯强度/MPa	−100 ℃	64.9	—	91.8
	常温	58.5	56.1	62.6
密度/(g·cm⁻³)		1.20	1.33	1.31
−100 ℃时弹性模量/MPa		7 140	—	3 770
线膨胀系数/(10^{-8}·℃⁻¹)		50 ~ 70	30.0	21.3
比热容/(kg·℃)		−0.42	0.36	0.30
线烧蚀率/(mm·s⁻¹)		1.08×10^{-2}	3.58×10^{-2}	1.14×10^{-2}
质量烧蚀率/(g·cm⁻²·s)		7.32×10^{-2}	8.83×10^{-2}	9.23×10^{-2}
最高背面温度/℃		25	105	32
辐射系数		0.83	0.85	0.69
800 ℃时氧化百分数/%		79.5	—	72.0
有效比热容/(kJ·kg⁻¹·℃)		34.40	9.05	17.80

(1)炭化区。

材料升温至T_2时,其中有机物已被全部分解。分解的产物为两部分:热解气体在炭化区内从温度T_2升高到表面温度T_3,在升温过程中吸收一部分热量。温度为T_3的热解气体离开炭层表面进入来流的边界层,并与系统气体相混合,吸收一部分热量,使来流不可能以原来的热流加热于材料表面,即产生一种引射效应。材料经热解后剩下的残留炭层是一种多孔体泡沫状炭,由于多孔,其热导系数较小,在残留表面形成一层高温辐射层,防止热流大量向结构内部传导。由于炭本身熔点很高,在来流加热下,表面温度允许升高到很高温度。炭的辐射系数很大,炭层表面的高温辐射向周围空间散发了大量热量,另外炽热的炭层暴露于空气中会产生炭的燃烧,又会放出一部分热量,所以发生在残留表面的热现象是极其复杂的。

(2)热解区。

热解区材料正处于不断分解的过程中,是个不稳定区,其内边界温度为 T_1,外边界温度为 T_2。这两个边界的温度均以一定的速度向内不断移动,一面逸出很多气体,另一面又残留下泡沫状固体炭层。因此,该区是一个多相共存的区域,不仅其密度发生变化,而且各类热物理性发生急剧的变化,吸收了一部分由于物态变化所需要的潜热——热解热。

(3)原始材料区。

材料除了温度分布发生变化外,物态无变化。

9.4.2　卫星头部和裙部防热结构件制造技术

1. 结构组成

返回式卫星回收舱由头部(前端头、后端头)、裙部、裙底组成,如图 9.51 的示。头部和裙部在再入大气层时受热流密度大,一般采用烧蚀式防热结构,烧蚀材料选用酚醛–涤纶。裙底采用辐射式防热结构。

返回式卫星防热结构材料的技术要求:

(1)良好的烧蚀和隔热性能。

(2)材料与内衬结构的线膨胀系数接近。

(3)耐真空、紫外、电子、质子辐射。

(4)良好的成形工艺性。

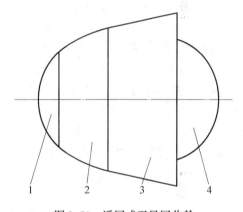

图 9.51　返回式卫星回收舱
1—前端头;2—后端头;3—裙部;4—裙底

2. 工艺方案和工艺过程

(1)前端头整体模压成形。

前端头采用涤纶碎布模压成形:涤纶布浸胶,裁成碎布块,放入模具中进行模压成形。碎布尺寸影响模压件的质量,布块太大,碎布易出现空隙。当温度升高时,树脂受压流动,集结在空隙中,形成树脂积聚。树脂积聚区容易产生裂纹,影响产品质量。碎布块尺寸对树脂积聚的影响见表 9.21。

表9.21　碎布块尺寸对树脂积聚的影响

碎布尺寸/(mm×mm)	成形压力/MPa	抗弯强度/MPa	产　品　外　观
10×10		51.0	均匀,无树脂积聚
10×15	20	55.7	尚均匀
15×20		52.1	有少量树脂积聚

挥发分、可溶树脂及树脂的质量分数是影响胶布质量的主要因素,见表 9.22。树脂质量分数由 35% 升至 55%,其抗拉强度和抗弯强度均有所下降,弹性模量提高,一般选择树脂质量分数为 43%±3%,胶布的挥发分一般控制在 4%±1.5%。

表 9.22　树脂质量分数对酚醛–涤纶力学性能影响

树脂质量分数/%	35	45	55
抗拉强度/MPa	62.5	53.4	53.2
弹性模量/MPa	1 860	2 020	2 370
抗弯强度/MPa	84.5	85.5	68.1

固化参数:加热 90 ℃,加压 20 MPa,保温 1 h;加热 130 ℃,压力 20 MPa,保温 4 h;自然冷却,卸压。

(2)后端头螺旋手糊成形。

先把涤纶织物浸胶,裁成一定的形状,在模具上按图 9.52 所示的方法铺层。

胶布层在空间的位置可用三个参数表示:弧角,由垂直于模胎中心线的平面内的布层方向决定;螺旋角,是布层在外锥面投影线与外锥面母线之间的夹角;表面角,是在通过中心线的剖面上布层投影线与母线的夹角。

产品性能与这三个参数有关:热导系数、抗拉强度与弧角成反比;耐烧蚀性和环向强度与螺旋角成正比;径向强度和伸长率与螺旋角

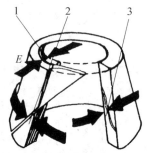

(a) 铺层的方向　　　(b) 铺层的角度

图 9.52　螺旋手糊示意图
1—弧角;2—表面角;3—螺旋角

成反比;耐烧蚀性和环向强度与表面角成正比;径向强度和伸长率与表面角成反比。

固化参数:加热温度 100 ℃,外部加压 1.5 MPa,内部抽真空,保温 2 h;加热温度 130 ℃,外部加压 3.0 MPa,内部抽真空,保温 4 h;最后卸压,停真空泵,冷却降温。

(3)裙部缠绕成形。

裙部缠绕成形是将预浸涤纶带剪裁成宽带,平行于芯模中心线进行缠绕,然后在液压釜内固化。重叠缠绕主要应控制好缠绕布带的张力和温度,缠绕布带张力为 80 ~ 150 N,温度为 57 ℃左右。

不同成形方法与酚醛–涤纶材料的烧蚀率和力学性能的关系见表 9.23。螺旋手工铺层的材料烧蚀性能最好,因为这种工艺成形的材料,只有布边暴露在热气流的冲刷下,材料被冲刷损失较少。模压成形的材料是整层布暴露于气流冲刷下,材料被冲刷损失较多。模压的力学性能低,重叠缠绕和螺旋手糊铺层材料周向与轴向力学性能也有较大差别。

表 9.23　不同成形工艺对材料烧蚀性能影响

	材料工艺状态	模压成形	重叠缠绕	螺旋手糊
烧蚀实验条件	焓值/(kJ · kg⁻¹)	1.5×10^4	5.4×10^3	13×10^4
	热流/(kJ · m⁻² · s)	2.4×10^3	7.1×10^2	7.9×10^2
	压力/MPa	0.1	—	0.085
	总加热量/(kJ · m⁻²)	1.7×10^3	3.5×10^4	5.0×10^4
线烧蚀率/(mm · s⁻¹)		3.2	1.6	1.1

续表 9.23

材料工艺状态		模压成形	重叠缠绕	螺旋手糊
质量烧蚀率/(g·cm^{-2}·s)		12.0	—	8.3
碳化层厚度/mm		5.4	3.0	3.4
热分解层厚度/mm		2.5	—	—
抗拉强度/MPa	周向	24.7	61.0	38.0
	轴向		20.0	26.0
抗弯模量/GPa	周向	2.3	3.1	2.2
	轴向		1.8	1.9
抗弯强度/MPa	周向	3.1	74.0	75.5
	轴向		—	64.9

9.4.3　远地点发动机防热结构制造技术

1. 结构组成

远地点固体发动机由装药燃烧室、喷管和点火装置等组成,如图9.53 所示。

(1)装药燃烧室。

装药燃烧室由壳体、衬层和药柱组成,壳体由复合材料壳体、绝热层、人工脱粘层、前后连接裙和前后接头组成,如图9.54 所示。

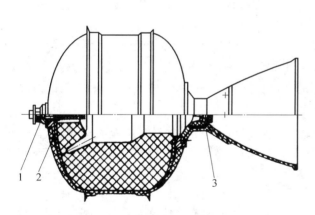

图9.53　远地点发动机示意图
1—点火装置;2—装药燃烧室;3—喷管

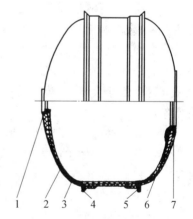

图9.54　装药燃烧室壳体
1—前接头;2—复合材料壳体;3—绝热层;
4—前连接裙;5—后连接裙;6—人工脱粘层;
7—后接头

前、后接头及两裙为 LD10 铝合金材料机加工制成,壳体由玻璃纤维/环氧树脂缠绕制成,绝热层材料以丁腈橡胶为基体、石棉和白炭黑为增强材料的软片,前、后封头的绝热层采用变厚度整体模压成形,圆柱段用软片粘接而成,人工脱粘层设置在燃烧室后封头开口处,材料与绝热层相同。

（2）喷管。

喷管由法兰连接件、收敛段、喉衬、绝热衬套、扩张段和堵盖组合件组成，如图 9.55 所示。法兰连接件为 LD10 铝合金材料机加件，收敛段为高硅氧/酚醛模压制品，喉衬由 C-C 复合材料制成，绝热衬套是石棉/酚醛模压件，扩张段由高硅氧/酚醛布带缠绕而成。

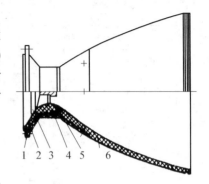

图 9.55　喷管

1—法兰连接件；2—收敛段；3—堵盖组合件；4—绝热衬套；5—喉衬；6—扩张段

2. 壳体与绝热层制造技术

（1）壳体制造工艺流程。

壳体采用干法缠绕纤维缠绕工艺成形，壳体制造的工艺流程如图 9.56 所示。

（2）芯模制备。

壳体内型面模具结构采用石膏面层金属骨架组合芯模。

图 9.56　壳体制造的工艺流程

骨架组装：将隔板、铝管、封头衬瓦等组装于芯轴上并牢固连接，铝管及封头衬瓦的表面缠上细苎麻绳，以利于和石膏粘接。

石膏面层刮制：将组装好的芯模骨架装卡在芯模成形机上，并用水将骨架的苎麻绳表面润湿。石膏粉和水按 1：1 比例在石膏搅拌机中充分搅拌。待石膏浆开始初凝时，迅速、均匀地涂敷于芯模骨架表面，开动成形机使芯模转动进行刮制。刮制时要求石膏层密实，及时排除气孔等缺陷。

烘干和修整：芯模在鼓风干燥炉中烘干，炉温为 (60 ± 5) ℃，升温时间为 3 ~ 4 h，恒温时间一般不少于 60 h。停止加热后芯模随炉冷却，当炉温与室温之差不大于 5 ℃时方可出炉；芯模烘干后，进行表面修整和尺寸测量。

（3）绝热层制备与粘贴。

9621 软片是一种以丁腈橡胶为基体，配以石棉、白炭黑等多种填料及配合剂制得的片材。9621 软片是弹性基体内绝热材料，具有相当高的变形适应性。将软片制备成壳体内绝热层的工艺流程为封头模压预成形及筒体段手工贴片，如图 9.57 所示。

封头模压预成形：按壳体内绝热层材料种类及厚度尺寸的分布要求，用模具将绝热层预热压成形。在后封头烧蚀条件恶劣处设计成双层绝热结构，即用石棉/丁腈（9621）为底层与壳体胶接，具有较高的柔性与隔热性能；用碳纤维/丁腈-酚醛为面层，具有优异的耐烧蚀、抗冲刷性能。将前、后封头绝热层模压件粘贴到缠绕芯模上。

筒体段手工贴片将规定厚度的未硫化片材料裁剪成所需尺寸，经清洗涂胶，即可与封头模压预制件粘结。粘贴到缠绕芯模外表面的绝热层，经清洗涂胶后就可在其上直接进行纤维缠

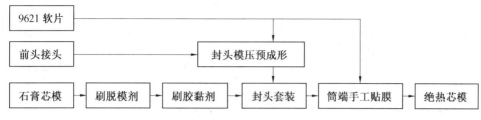

图 9.57 贴片工艺流程

绕,绝热层的硫化与壳体复合材料的固化同时进行。

(4)壳体缠绕成形和固化。

壳体缠绕成形工艺见 9.2 节图 9.22。缠绕完成的壳体在固化炉中常压加热固化,固化时升温不能太快,以免低分子物激烈析出形成气泡。升温速度一般为 0.5 ~ 1 ℃/min,降温也应缓慢,以免在壳体内形成热应力。由于壳体缠绕层和橡胶基的绝热层一起固化,为防止绝热层热老化,壳体的最高固化温度不宜超过 150 ℃。

壳体固化温度参数:室温 →50 ℃/16 h → 80 ℃/2 h → 100 ℃/h → 150 ℃/8 h → 随炉冷却。

3. 喷管制造技术

(1)喷管制造工艺流程。

固体火箭发动机喷管是一种非冷却型喷管,喷管喉衬及内壁直接承受推进剂燃烧所产生的高温、高压和高速燃气的冲刷。为保持喷管内型面的气动外形,喷管上采用了碳基防热材料作为喉衬,并在喷管收敛段、喉衬背壁及扩散段使用了树脂基防热材料。喷管制造的工艺流程如图 9.58 所示。

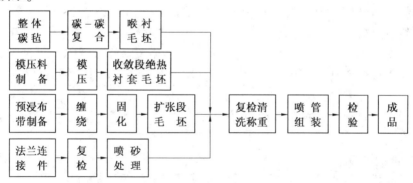

图 9.58 喷管制造的工艺流程

(2)喉衬整体毡碳-碳制造。

碳毡碳-碳材料是以碳毡作增强剂、沉积碳或浸渍碳作为基体的复合材料,基体碳可用化学气相沉积或浸渍树脂获得。

整体毡的制备:利用纺织针刺技术在专用针刺机上将一层聚丙烯腈纤网先针刺成毡,然后将另一层纤网铺在该毡上再进行针刺,使纤网的部分纤维刺进毡内,从而使纤网与毡牢固地结合。如此依次循环,最终成为具有一定厚度的整体毡。预氧丝制成的整体毡应进行碳化,以使预氧丝转变为碳丝,碳化须在氮气保护下进行,碳化时的升温速度要严格控制。

碳-碳复合工艺:采用浸渍法或化学气相沉积法把织物坯体中的孔隙填满高质量的碳,并获得良好的界面结合。浸渍法渗透填孔效果较好,沉积碳的抗烧蚀性能优于浸渍碳。为了改善填孔效果,提高整体毡碳-碳材料的性能,采用了化学气相沉积和浸渍工艺并用的复合工艺,其流程如图 9.59 所示。

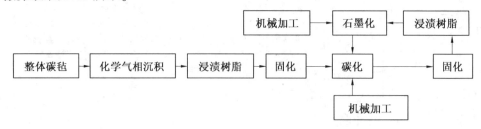

图 9.59 整体毡碳-碳复合工艺流程

均热法碳毡化学气相沉积工艺:将碳毡坯体放在气相沉积炉内,使坯体保持均匀温度,碳氢化合物气体自然流过炉腔,从多孔坯体表面依靠浓度梯度逐渐向内部扩散,并在碳纤维的表面上沉积碳。

浸渍工艺:常用糠酮树脂作为浸渍剂,将工件放入浸渍罐内,预热到 60 ℃。为了使浸渍剂能够进入到多孔的毡体孔隙中,必须先排除毡体中的空气。在浸渍温度下抽真空 1 ~ 2 h 去气,使罐内压强处在 1.3 ~ 3.9 kPa,抽真空后,罐中加入配制好的糠酮树脂,使树脂浸没工件,为了促使浸渍剂进入到毡体内微细孔隙中,罐内须用氮气加压至 1.96 MPa。

固化后的工件在井式碳化炉的罐体内碳化,碳化是在氮气保护下,按规定的加热速率升温,使树脂进行热分解、聚合反应,排除氢、氮、氧等挥发组分,留下纯碳的过程。

浸渍:碳化工序需多次重复,一般要进行 3 ~ 4 次,待工件的体积密度达到 1.65 g/cm³ 以上时,即可转入下道工序。

石墨化:在 1 500 ℃ 以下生成的无定形结构碳,通常要进行 2 500 ℃ 以上的石墨化处理,形成三维有序的石墨结构。石墨化处理对碳-碳材料的热学性能有明显影响,随着石墨化程度的提高,材料的热导率提高,热膨胀系数减小,力学性能略有降低,而耐烧蚀性能提高。

石墨化在立式炭管炉中进行,石墨化时,工件需埋在石墨碎粒中与大气隔绝,并需在炉内通入氩气以保护工件不被氧化。

石墨化后的工件再经过树脂浸渍、固化和碳化 3 ~ 4 个循环,使其体积密度达到 1.75 ~ 1.80 g/cm³。

(3)模压件的压制。

远地点发动机喷管上使用了高硅氧/酚醛、石棉/酚醛两种模压件,成形工艺过程如图 9.60 所示。

模压料制备:将纤维长度切至 20 ~ 40 mm,按照规定的纤维/树脂比例,在混合机内混合均匀,然后在一定温度下烘干。

模压成形:将定量模压料在(85±5)℃ 下预热,装入事先预热的金属模具内,在压机上加温加压并控制升温速度、最高成形压力和保温时间。加压时机与物料的状态有关,当物料的挥发分偏高时,升到一定温度后加全压;物料挥发分偏低时,装完料后立即加全压。

模压工艺中,应掌握好涂脱模剂和装模两个环节,脱模剂采用 5% ~ 10% 的硅油甲苯溶液。装模时,物料铺放应尽可能均匀,以使物料中纤维沿其流动方向取向。

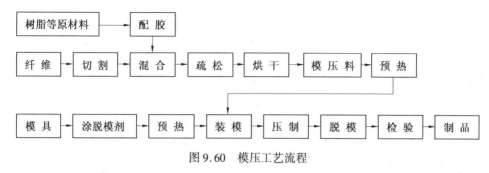

图 9.60　模压工艺流程

（4）扩张段的布带缠绕件制造。

采用高硅氧/酚醛布带缠绕复合材料喷管扩张段的防热件,其工艺流程如图 9.61 所示。

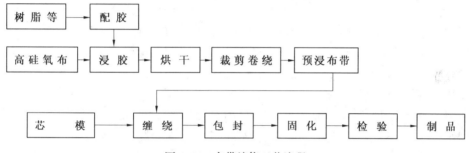

图 9.61　布带缠绕工艺流程

浸胶布带制备:浸胶通常在卧式浸胶机上进行,胶液为具有一定浓度的钡酚醛树脂酒精溶液。高硅氧玻璃布经 160 ℃ 热处理烘烤后,通过胶槽浸渍胶液,调节胶布的牵引速度以控制浸渍时间,然后经烘干炉 120 ℃ 烘干,使浸胶布带达到规定的技术指标。

固化:缠绕制件在液压釜内固化。酚醛树脂在固化过程中有低分子挥发物产生,需要对工件加压并抽出低分子挥发物,液压釜采用软化水作为传热和传递压力的介质,并有一套真空系统抽真空。缠绕制件要进行包封,即在其外面用多层吸胶布包扎、橡胶袋包封,然后装上真空管道和密封件,经过真空检漏合格后,方可放入釜内加温加压进行固化。

（5）喷管组装。

喷管组装包括喷管零(部)件装配、胶接和检测等的工艺过程。

喉衬组件胶接:用丙酮清洗绝热衬套及喉衬的胶接面,室温晾干 0.5 h,然后涂胶,将衬套压入喉衬,加接触压,在 18 ℃ 以上室温下固化 24 h。

喉衬组件与法兰连接件装配:根据尺寸复检情况修配喉衬组件的配合面尺寸,以保证过盈量。用丙酮清洗配合面,晾干后,用专用工装将喉衬组件压入法兰连接件体。

收敛段和扩张段试装修配:试装修配目的是控制收敛段与喉衬组件、喉衬组件与扩张段的对接间隙至满足不大于 0.1 mm 的要求。

组装:清洗各部件的胶接面,晾干,涂胶,把收敛段和扩张段装入法兰内,用专用工装定位并加压,组装后的喷管在烘箱内进行固化,固化参数为 80 ℃/1 h,130 ℃/4 h。

胶接堵盖和气密试验:将堵盖组合件胶接在收敛段上,室温加压固化 24 h;气密试验目的是检测喷管组装质量,气密试验方法是在专用气密装置上,用氮气充压至 0.196 1 MPa,经 48 h后喷管内压力应不低于 0.166 7 MPa。

参 考 文 献

[1] 国家自然科学基金委员会,中国科学院.未来10年中国学科发展战略—空间科学[M].北京:科学出版社,2012.

[2] 褚桂柏.航天技术概论[M].北京:中国宇航出版社,2002.

[3] 关慧贞,冯辛安.机械制造装备设计[M].3版.北京:机械工业出版社,2010.

[4] 黄鹤汀.机械制造装备[M].2版.北京:机械工业出版社,2010.

[5] 于本水.防空导弹总体设计[M].北京:中国宇航出版社,1995.

[6] 于翘.材料工艺[M].北京:中国宇航出版社,1989.

[7] 黄开榜.金属切削机床[M].2版.哈尔滨:哈尔滨工业大学出版社,2006.

[8] 张芙丽,张国强.机械制造装备及其设计[M].北京:国防工业出版社,2011.

[9] 陈立德.机械制造装备设计[M].北京:国防工业出版社,2010.

[10] 王心清.结构设计[M].北京:中国宇航出版社,1994.

[11] 文怀兴,夏田.数控机床系统设计[M].2版.北京:化学工业出版社,2011.

[12] 王云.航空航天概论[M].北京:北京航空航天大学出版社,2009.

[13] 刘正川.控制系统设备制造技术[M].北京:中国宇航出版社,1992.

[14] 车剑飞,黄洁雯,杨娟.复合材料及其工程应用[M].北京:机械工业出版社,2006.

[15] 钟万登.液浮惯性器件[M].北京:中国宇航出版社,1994.

[16] 龙乐豪.总体设计[M].北京:中国宇航出版社,1989.

[17] 丘哲明.固体火箭发动机材料与工艺[M].北京:中国宇航出版社,1995.

[18] 袁家军.卫星结构设计与分析[M].北京:中国宇航出版社,2004.

[19] 杨炳渊.航天技术导论[M].北京:中国宇航出版社,2009.

[20] 高慎斌.卫星制造技术[M].北京:中国宇航出版社,1998.

[21] 黄立德.发动机制造技术[M].北京:中国宇航出版社,1990.

[22] 徐福祥.卫星工程概论[M].北京:中国宇航出版社,2003.

[23] 王立工.防空导弹地面设备总体工程[M].北京:中国宇航出版社,1996.

[24] 易维坤.航天制造技术[M].北京:中国宇航出版社,2003.

[25] 余金培,杨根庆,梁旭文.现代小卫星技术与应用[M].上海:上海科学普及出版社,2004.

[26] 沈世锦.飞航导弹加工工艺[M].北京:中国宇航出版社,1992.

[27] 胡忠利.防空导弹弹体制造工艺[M].北京:中国宇航出版社,1992.

[28] 尚育如.弹头弹体制造与火箭总装技术[M].北京:中国宇航出版社,1989.

[29] 尚育如.航天工艺基础知识培训教材[M].北京:中国宇航出版社,2005.

[30] 尚育如.弹头弹体制造工艺与总装技术[M].北京:中国宇航出版社,1989.

[31] 尚育如.弹头弹体制造与火箭总装技术[M].北京:中国宇航出版社,1989.

[32] 王启义.机械制造装备设计[M].北京:冶金工业出版社,2002.